普通高等院校工程实践系列规划教材

工程训练与创新

主　编　杨　钢

副主编　罗天洪　李　敏

参　编　王正伦　潘雪娇　苗长斌

科学出版社

北　京

内 容 简 介

本书是以教育部工程训练教学指导委员会的最新指导精神和教育部颁发的“金工实习教学基本要求”为指导，并结合作者和各院校多年的教学经验编写而成。

全书由切削加工基础与普通加工、数控加工、材料成形、特种加工与产品探伤四篇，共20章组成，基本涵盖了工程训练和金工实习教学的所有内容。

本书可作为高等学校本科机械类、近机械类和非机械类专业的工程训练教材，也可作为专科和高职院校的金工实习教材，各学校在使用本书时可根据各专业和自身设备情况进行调整。本书还可供工程技术人员和技术工人参考。

图书在版编目(CIP)数据

工程训练与创新/杨钢主编. —北京：科学出版社，2015.1
普通高等院校工程实践系列规划教材
ISBN 978-7-03-042835-6

Ⅰ. ①工… Ⅱ. ①杨… Ⅲ. ①机械制造工艺-高等学校-教材 Ⅳ. ①TH16

中国版本图书馆CIP数据核字（2014）第301026号

责任编辑：邓　静　张丽花 / 责任校对：桂伟利
责任印制：霍　兵 / 封面设计：迷底书装

科学出版社出版
北京东黄城根北街16号
邮政编码：100717
http://www.sciencep.com
保定市中画美凯印刷有限公司印刷
科学出版社发行　各地新华书店经销
*
2015年1月第　一　版　开本：787×1092　1/16
2017年1月第四次印刷　印张：23 1/2
字数：557 000

定价：48.00 元
（如有印装质量问题，我社负责调换）

版权所有，侵权必究
举报电话：010-64030229；010-64034315

前　言

“教育回归工程，教学回归实践”已成为国际高等工程教育改革发展的共识，各国都在探索符合自身国情的改革道路和对策。

工程训练中心是以综合性为特点的工程实践性教学基地，工程训练是高校工程人才培养的重要实践教学环节，是给大学生以工程实践、工业制造和工程文化教育与体验的场所，具有实用性、综合性、开放性和广阔性。2013 年 5 月，我国教育部正式组建高校工程训练教学指导委员会，这意味着工程训练在高校教育教学活动中已具有与理论教学同等重要的地位。

为了适应科学技术的发展和由传统的金工实习向工程训练转换，我们编写了本书。全书各章节除了编写必要的理论知识外，更加注重实践的安全操作与创新能力的培养，而且加强了各工种间的联系。

全书由切削加工基础与普通加工(工程材料基础、切削加工基础知识、车削加工、钳工及装配、铣削、刨削、磨削)、数控加工(数控车床、数控铣及加工中心)、材料成形(铸造、折弯机、液压机、冲压机、注塑机、焊接)、特种加工与产品探伤(线切割、数控电火花、激光加工、三维扫描与快速成形技术、产品检测与探伤)四篇共 20 章组成，有助于学生建立大工程意识和理论与实践知识的融合。

本书的第 1～10 章、第 17 章由重庆交通大学杨钢编写，第 11～16 章由重庆交通大学李敏编写，第 19 章由重庆交通大学王正伦编写，第 18、20 章由重庆交通大学罗天洪、苗长斌编写。杨钢任主编，罗天洪、李敏任副主编，全书由杨钢负责统稿和定稿，潘雪娇负责校对。

本书引用了部分优秀教材的一些内容，在此表示衷心感谢。由于编者的经验和水平有限，书中难免有欠妥之处，恳请广大读者批评指正，以便再版时修改和完善。

编　者

2014 年 10 月

目　录

第一篇　切削加工基础与普通加工

第1章　工程材料基础 …… 1
1.1　常用金属材料及其性能简介 …… 1
1.2　钢的热处理简介 …… 4
第2章　切削加工基础知识 …… 7
2.1　切削加工概述 …… 7
2.2　切削加工的基本术语和定义 …… 7
2.3　刀具材料 …… 9
2.4　常用量具 …… 10
2.5　零件机械加工流程 …… 25
2.6　切削加工质量评价 …… 25
第3章　车削加工 …… 27
3.1　车工概述 …… 27
3.2　车床的基本操作方法与注意事项 …… 31
3.3　车工的常见装夹方法与主要附件 …… 38
3.4　车削加工的常用方法与操作技巧 …… 45
3.5　车工技能综合训练 …… 58
3.6　车工创新训练 …… 61
3.7　普通车工安全操作规范 …… 62
第4章　钳工及装配 …… 63
4.1　钳工基本知识 …… 63
4.2　划线 …… 66
4.3　锯削与錾削 …… 70
4.4　锉削 …… 75
4.5　钻孔与攻丝 …… 80
4.6　钳工装配 …… 87
4.7　钳工技能综合训练 …… 91
4.8　钳工创新训练 …… 96
4.9　钳工安全操作规范 …… 96
第5章　铣削 …… 98
5.1　铣削加工的工作特点和基本内容 …… 98
5.2　铣床基本知识 …… 100
5.3　铣刀基本知识 …… 105
5.4　铣床常用附件 …… 106
5.5　铣削技能综合训练 …… 109

5.6　铣工创新训练……112
5.7　铣削安全操作规程……112
第 6 章　刨削……113
6.1　刨削基本知识……113
6.2　牛头刨床的操作与刨平面……117
6.3　刨削技能综合练习……119
6.4　刨工创新训练……122
6.5　刨削安全操作规程……122
第 7 章　磨削……123
7.1　概述……123
7.2　磨外圆……128
7.3　磨平面……130
7.4　磨床安全操作规范……133

第二篇　数控加工

第 8 章　数控车床……134
8.1　数控车削概述……134
8.2　数控车床编程基础……137
8.3　数控车床工艺基础……143
8.4　华中数控系统(HNC-21T)介绍……148
8.5　典型数控车床零件工艺分析及编程……164
8.6　数控车工创新训练……169
8.7　数控车床安全技术操作规程……169
第 9 章　数控铣及加工中心……170
9.1　数控铣及加工中心生产工艺过程、特点和加工范围……170
9.2　数控系统及编程基础……179
9.3　数控铣削加工工艺的制订……182
9.4　数控铣床及加工中心基本操作……194
9.5　典型零件的数控铣削加工工艺分析……200
9.6　数控铣工创新训练……202
9.7　数控铣床安全技术操作规程……203

第三篇　材料成形

第 10 章　铸造……204
10.1　铸造概述……204
10.2　砂型铸造……205
10.3　铸造合金的熔炼与浇注……213
10.4　铸件的落砂与清理……214
10.5　常见铸造缺陷及分析……215
10.6　特种铸造……216

10.7 铸造生产的技术经济分析 ……218
10.8 铸造工安全技术操作规范 ……218
第 11 章 折弯机 ……219
11.1 折弯成形概述 ……219
11.2 折弯成形基础知识 ……219
11.3 数控折弯加工工艺的制订 ……223
11.4 数控折弯加工编程基础 ……227
11.5 数控折弯加工实例 ……229
11.6 折弯机安全操作规范 ……232
第 12 章 液压机 ……233
12.1 液压机概述 ……233
12.2 液压机的主要应用 ……233
12.3 液压机的类型及基本组成 ……234
12.4 Y32-300 型液压机 ……236
12.5 液压机安全操作规范 ……240
第 13 章 冲压机 ……241
13.1 冲压机概述 ……241
13.2 冲压成形基础知识 ……241
13.3 冲压机加工工艺的制订 ……243
13.4 冲压机安全操作规范 ……248
第 14 章 注塑机 ……249
14.1 注塑机概述 ……249
14.2 注塑机操作面板介绍 ……251
14.3 注塑机操作界面及功能介绍 ……254
14.4 注塑机安全技术操作规程 ……261
第 15 章 焊接 ……263
15.1 概述 ……263
15.2 手工电弧焊 ……264
15.3 气焊 ……270
15.4 切割 ……273
15.5 其他焊接方法 ……275
15.6 焊接技术发展趋势 ……292
15.7 焊接缺陷 ……293
15.8 焊接创新训练 ……294
15.9 焊接安全技术操作规程 ……294

第四篇 特种加工与产品探伤

第 16 章 线切割 ……296
16.1 线切割加工基本原理、特点及应用范围 ……296
16.2 线切割机床的型号与主要结构 ……297

16.3　线切割机床操作要领 …… 299
16.4　线切割机床操作及系统介绍 …… 302
16.5　线切割创新训练 …… 309
16.6　线切割训练安全技术操作规程 …… 309
第 17 章　数控电火花 …… 310
17.1　电火花成形加工的基本原理及工艺指标 …… 310
17.2　电火花加工机床的操作与编程 …… 315
17.3　数控电火花典型零件加工 …… 322
17.4　电火花成形加工安全技术操作规程 …… 323
第 18 章　激光加工 …… 324
18.1　激光加工的基本原理、特点 …… 324
18.2　激光加工的主要应用领域 …… 325
18.3　激光加工的精度控制 …… 327
18.4　激光加工的基本操作 …… 328
18.5　激光切割机安全操作规程 …… 329
第 19 章　三维扫描与快速成形技术 …… 330
19.1　三维扫描技术 …… 330
19.2　快速成形技术 …… 335
19.3　快速成形创新训练 …… 339
第 20 章　产品检测与探伤 …… 340
20.1　产品检测与探伤概述 …… 340
20.2　常用产品检测与探伤方法 …… 343
20.3　其他产品检测与探伤方法 …… 361
参考文献 …… 368

第一篇　切削加工基础与普通加工

第 1 章　工程材料基础

教学目的　使读者对常用金属材料的基础知识有一定的掌握，为后续的理论学习和实训操作打下基础。

教学要求

(1) 了解常用金属材料的分类与性能。

(2) 掌握常用碳素钢、合金钢、铸铁、有色金属的牌号和应用范围。

(3) 掌握常用金属热处理的工艺与适用范围。

1.1　常用金属材料及其性能简介

材料是人类赖以生存和发展的物质基础。20 世纪 70 年代人们把信息、材料和能源誉为当代文明的三大支柱。80 年代以高技术群为代表的新技术革命，又把新材料、信息技术和生物技术并列为新技术革命的重要标志。这主要是因为材料与国民经济建设、国防建设和人民生活密切相关。材料除了具有重要性和普遍性，还具有多样性。由于材料多种多样，分类方法也就没有统一的标准。

机械加工工程所接触到的所有物质也都是由不同的材料组成的，因此，掌握材料的性质是加工制造的前提条件。由于材料的种类繁多，本节只简要介绍金属材料的性能。

1.1.1　常用工程材料的分类

按照化学成分的不同，工程材料可分为金属材料、非金属材料和复合材料三大类，如图 1.1 所示。随着科学技术的不断发展，非金属材料和复合材料的应用也更加广泛(特别是在航空、军事等领域)，对于这两类材料的加工制造和工艺也是各国研究的重点。

1.1.2　金属材料的性能

金属材料的性能主要包括使用性能、工艺性能和经济性能，如图 1.2 所示。

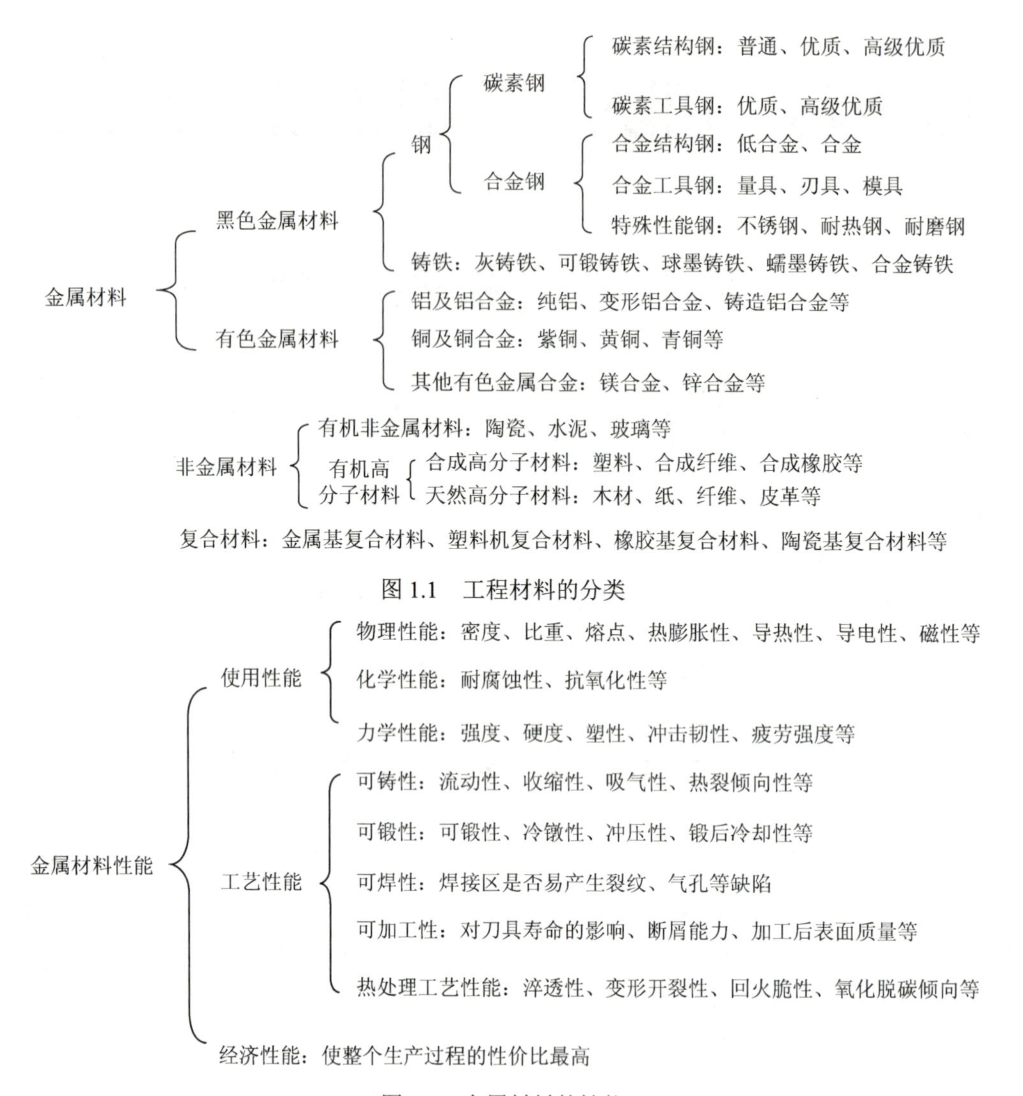

图 1.1　工程材料的分类

图 1.2　金属材料的性能

1.1.3　常用金属材料的牌号、应用及说明

1. 碳素钢

碳素钢是指碳的质量分数<2.11%的铁碳合金。碳钢的价格低廉、工艺性能良好、广泛应用于机械加工。常用碳素钢的牌号、主要特性和应用范围如表 1-1 所示。

表 1-1　常用碳素钢的牌号、主要特性和应用范围

名称	牌号	主要特性	应用举例
碳素结构钢	Q215	具有较高的韧性、塑性和焊接性能，以及良好的压力加工性能，但强度低	用于制造铆钉、垫圈、地脚螺栓、薄板、拉杆、烟筒等
	Q235	具有高的韧性、塑性和焊接性能、冷冲压性能，以及一定的强度和好的冷弯性能	广泛应用于制造一般要求的零件和焊接件，如受力不大的拉杆、连杆、销、轴、螺钉、螺母、支架、基座等

续表

名称	牌号	主要特性	应用举例
优质碳素结构钢	15	强度低，塑性、韧性很好，焊接性能优良，无回火脆性。容易冷热加工成形，脆透性很差，正火或冷加工后切削性能好	用于制造机械上的受力不大，形状简单，但韧性要求较高或焊接性能较好的中小结构件、螺栓、螺钉、法兰盘等
	45	综合力学性能和切削性能均较好，用于强度要求较高的重要零件	主要用于制造强度高的运动件，如活塞、轴、齿轮、齿条、蜗杆、曲轴、传动轴、齿轮、连杆等
铸造碳钢	ZG200-400	有良好的塑性、韧性和焊接性能、用于受力不大、要求韧性较好的各种机械零件	如机座、变速器壳等

2. 合金钢

所谓合金钢是指在优质碳素结构钢的基础上适当加入一种或几种合金元素(如硅、锰、铬、镍、钼、钒以及稀土元素等)炼制而成的钢种。合金钢具有屈服强度高、韧性和塑性好、淬透性好、耐腐蚀、耐低温、高磁性、高耐磨性等优点。常用合金钢的牌号、主要特性和应用范围如表 1-2 所示。

表 1-2　常用合金钢的牌号、主要特性和应用范围

牌号	主要特性	应用举例
45MnB	可用来代替 40Cr、45Cr 钢，制造较耐磨的中、小截面的调质件和高频淬火件等	机床上的齿轮、曲轴齿轮、花键轴和套、钻床主轴等
40Gr	调质后有良好的综合力学性能，用于较重要的调质零件，如在交变负荷下工作的零件、中等转速和中等负荷的零件、表面淬火后可用作负荷及耐磨性较高、而无很大冲击的零件。表面淬火硬度可达 48～55HRC	齿轮、套筒、轴、曲轴、销、连杆螺钉、螺母、进气筒等
20CrMo	强度好、韧性较高，在 500℃以下有足够的高温强度，焊接性能好	轴、活塞连杆等
42CrMo	淬透性比 35CrMo 高，调质后有较高的疲劳极限和抗多次冲击能力，低温冲击韧性好，表面淬火硬度可达 54～60HRC	牵引用的大齿轮、增压器传动齿轮、发动机气缸、石油探井钻杆接头与打捞工具等

3. 铸铁

铸铁是一种以 Fe、C、Si 为基础的复杂多元合金，其含碳量在 2.0%～4.0%。铸铁具有优良的铸造性、减振性和耐磨性，且价格低廉，在制造业使用相对广泛。铸铁的种类有灰铸铁、球墨铸铁和可锻铸铁三类，常用铸铁的牌号、主要特性和应用范围如表 1-3 所示。

表 1-3　常用铸铁的牌号、主要特性和应用范围

名称	牌号	主要特性	应用举例
灰铸铁	HT100	铸造性能好、工艺简单、铸造应力小、不用人工时效处理、减振性好	用于负荷低，对摩擦和磨损无特殊要求的场合，如外罩、手轮、支架等
	HT200	强度、耐磨性、耐热性均较好，铸造性能好，需进行人工时效处理	用于承受较大应力(弯曲应力<29.4MPa)，摩擦面间单位应力<0.459MPa 条件下受磨损的零件，如气缸、机床床身与床面、制动轮、联轴器盘、活塞环等
球墨铸铁	QT400-15 QT400-18	焊接性和切削性能好，常温下冲击韧性高，脆性转变温度低	汽车、拖拉机轮毂，驱动桥、离合器、差速器、减速器等的壳体。通用机械的 1.6～6.4MPa 气压阀门的阀体、阀盖，压缩机上承受一定温度的高低压气缸、电动机机壳等
	QT450-10	焊接性、切削性均较好，韧性略低于 QT400-18，强度和小能量冲击力优于 QT400-18	
可锻铸	KTH300-06	黑心可锻铸铁强度高、韧性和塑性好，抗冲击，有一定耐腐蚀性，切削性能好	管路配件(弯头、三通、管体)、中低压阀门、农机中一般零件等
	KTZ450-06 KTZ550-4 KTZ650-02 KTZ700-2	珠光体可锻铸铁韧性较低、强度大、硬度高、耐磨性好。可替代中低碳钢，低合金钢及有色合金等耐磨性和强度要求较高的零件	曲轴、传动箱体、凸轮轴、活塞环、犁刀、齿轮、连杆等

4. 有色金属

有色金属的种类繁多，虽然其产量和使用不及黑色金属，但是由于它具有某些特殊性能，现已成为工业生产中不可缺少的材料。常用有色金属的牌号、主要特性和应用范围如表 1-4 所示。

表 1-4　常用有色金属的牌号、主要特性和应用范围

名称	牌号	主要特性	应用范围
纯铜	T1、T2	有良好的导电、导热、耐蚀和加工性能，可焊接和钎焊	电线、电缆、导电螺钉、化工用蒸发器、各种管道等
黄铜	H62、H63	有良好的力学性能，热态下塑性良好，可加工性好，易钎焊和焊接，耐蚀，但易产生腐蚀裂纹，应用广泛	各种拉伸和和折弯的受力零件，如销钉、铆钉、螺母、导管、气压表弹簧、散热器零件等
铝合金	2A11	是应用最为广泛的一种硬铝，一般称为标准硬铝。它具有中等强度，在退火、刚淬火和热态下的可塑性较好，可热处理强化，在淬火和自然时效状态下使用，点焊焊接性能良好	用作各种中等强度的零件和构件，冲压的连接部件，如螺栓、铆钉等

1.2　钢的热处理简介

金属热处理是机械制造中的重要工艺之一，与其他加工工艺相比，热处理一般不改变工件的形状和整体的化学成分，而是通过改变工件内部的显微组织，或改变工件表面的化学成分，以使工件达到其相应的技术指标。

为使金属工件具有所需要的力学性能、物理性能和化学性能，除合理选用材料和各种成形工艺外，热处理工艺往往是必不可少的。钢铁是机械工业中应用最广的材料，钢铁显微组织复杂，可以通过热处理予以控制，所以钢铁的热处理是金属热处理的主要内容。另外，铝、铜、镁、钛等及其合金也都可以通过热处理改变其力学、物理和化学性能，以获得不同的使用性能。

热处理工艺一般包括加热、保温、冷却三个过程，有时只有加热和冷却两个过程。这些过程互相衔接，不可间断。

加热是热处理的重要工序之一，加热温度则是其中的重要工艺参数之一，选择和控制加热温度，是保证热处理质量的主要问题。加热温度随被处理的金属材料和热处理的目的不同而异，但一般都是加热到相变温度以上，以获得高温组织。

为保证显微组织转变完全，当金属工件表面达到要求的加热温度时，还须在此温度保持一定时间，使内外温度一致，这段时间称为保温时间。当采用高能密度加热和表面热处理时，加热速度极快，一般就没有保温时间，而化学热处理的保温时间往往较长。

冷却也是热处理工艺过程中不可缺少的步骤，冷却方法因工艺不同而不同，主要是控制冷却速度。

金属热处理工艺大体可分为整体热处理、表面热处理和化学热处理三大类。根据加热介质、加热温度和冷却方法的不同，每一大类又可分为若干不同的热处理工艺。同一种金属采用不同的热处理工艺，可获得不同的组织，从而具有不同的性能。钢铁是工业上应用最广的金属，而且钢铁显微组织也最为复杂，因此钢铁热处理工艺种类繁多。

1.2.1　整体热处理

整体热处理是对工件整体加热，然后以适当的速度冷却，获得需要的金相组织，以改变

其整体力学性能的金属热处理工艺。钢铁整体热处理大致有退火、正火、淬火和回火四种基本工艺。

1. 退火

退火是将工件加热到适当温度(相变或不相变)，保温后缓慢冷却，目的是消除应力，降低硬度，获得良好的工艺性能和使用性能，或者为进一步淬火做好组织准备。

退火的方式较多，如扩散退火、完全退火、不完全退火、等温退火、球化退火、去应力退火、锻后余热等温退火等。

2. 正火

正火是将工件加热至 Ac3 或 Acm+40～60℃，保温一定时间，达到奥氏体化和均匀化后在自然流通的空气中均匀冷却的方式。正火能调整钢件的硬度、细化组织及消除网状碳化物，并为淬火做好组织准备。正火常用于改善材料的切削性能，也有时作为一些要求不高的零件的最终热处理。

3. 淬火

淬火是将工件加热至 Ac3 或 Ac1+20～30℃，保温一定时间后，在水、油或其他无机盐、有机水溶液等淬火介质中快速冷却，以获得均匀细小的马氏体组织和粒状渗碳体混合组织。淬火可提高钢件硬度和耐磨性，但同时也会变脆，因此，一般淬火后要经中温或高温回火，以获得良好的综合力学性能。

淬火的方式一般有单液淬火、双液淬火、分级淬火、等温淬火等。

4. 回火

回火是将淬火后的钢件重新加热至 Ac1 以下某一温度，保温一定时间，再进行冷却的工艺。回火具有降低钢件脆性、消除内应力、减少工件的变形和开裂、提高塑性和韧性、稳定工件尺寸的作用。

回火的方式有低温回火、中温回火和高温回火三种。

退火、正火、淬火、回火是整体热处理中的“四把火”，随着加热温度和冷却方式的不同，又演变出不同的热处理工艺，读者可查阅相关资料。

1.2.2　表面热处理

表面热处理是仅对工件表面进行热处理，以改变其组织和性能的热处理工艺。其中表面淬火应用最为广泛。

表面淬火是通过加热感应线圈使工件表面迅速加热升温到临界温度以上，然后快速冷却的热处理工艺。表面淬火只改变工件表层一定深度的组织和性能，并未改变表层与心部的化学成分，因此，对于需要表面具有较高硬度和耐磨性、心部要求具有足够塑性和韧性的零件就需要用表面淬火工艺，如凸轮轴、曲轴、床身导轨等。

按照加热方式的不同，表面淬火主要有感应加热表面淬火、火焰加热表面淬火和激光加热表面淬火等。

1. 感应加热表面淬火

利用感应电流使零件表面在交变磁场中产生感应电流和集肤效应，以涡流形式将零件表面快速加热，而后急冷的淬火方法。根据感应电流的使用频率不同，可以分为超高频(27MHz)、高频(200～250kHz)、中频(2500～8000Hz)和工频(50Hz)四种方式。

感应加热表面淬火的特点是：

(1) 加热速度快，热效率高。

(2)零件表面氧化脱碳少，与其他热处理相比，废品率极低。

(3)零件脆性小，表面的硬度高，心部能保持较好的塑性和韧性，同时还能提高零件的力学性能。

(4)不仅应用于零件的表面淬火，还可以用于零件的内孔淬火。

(5)生产过程清洁、无高温、设备紧凑、占地面积小、使用简单、劳动条件好。

2. 火焰加热表面淬火

利用氧-乙炔气体或可燃气体(天然气、石油气、焦炉煤气等)以一定比例混合进行燃烧，形成强烈的高温火焰，将零件迅速加热至淬火温度，然后急速冷却(用水或乳化液做冷却介质)的工艺。

火焰加热表面淬火的特点是：

(1)设备简单、使用方便、加工零件的大小不受限制。

(2)加热温度高、加热快、零件表面容易过热、适用于处理硬化层较浅的零件。

(3)表面温度不宜控制，表面硬化层深度不易控制。

3. 渗碳

将工件置入具有活性渗碳介质中，加热到900～950℃的单相奥氏体区，保温足够时间后，使渗碳介质中分解出的活性碳原子渗入钢件表层，从而获得表层高碳心部仍保持原有成分的化学热处理工艺。

渗碳工件的材料一般为低碳钢或低碳合金钢(含碳量<0.25%)。渗碳后钢件表面的化学成分可接近高碳钢。工件渗碳后还要经过淬火，以得到高的表面硬度、高的耐磨性和疲劳强度，并保持心部有低碳钢淬火后的强韧性，使工件能承受冲击载荷。渗碳工艺广泛用于飞机、汽车和拖拉机等的机械零件，如齿轮、轴、凸轮轴等。

按含碳介质的不同，渗碳可分为气体渗碳、固体渗碳、液体渗碳和碳氮共渗(氰化)。

4. 渗氮

渗氮是在一定温度下将零件置于渗氮介质中加热、保温，使活性氮原子渗入零件表层的化学热处理工艺。零件渗氮后表面形成氮化层，氮化后不需要淬火，钢件的表面层硬度高达950～1200HV，并能在560～600℃的工作环境下不降低，因此，具有很好的热稳定性、高的抗疲劳和耐腐蚀性，广泛应用于精密零件的最终热处理，如各类主轴、丝杆、曲轴、齿轮和量具等。

第2章　切削加工基础知识

教学目的　使读者对切削加工的基础知识有一定的掌握，为后续的理论学习和实训操作打下基础。

教学要求

(1) 了解切削加工的分类。

(2) 掌握切削运动的作用和切削三要素对加工的影响。

(3) 了解制造刀具的常用材料和各类刀具材料的适用范围。

(4) 了解各类量具的应用场合和正确使用与保养常规量具的方法。

(5) 了解机械加工的常规流程。

2.1　切削加工概述

所谓切削加工是指用比工件更硬的刀具将工件多余的材料去除并达到预期技术要求的过程。

零件的形状、材料和技术要求的多样性，使得切削加工过程所需要的机床、刀具、夹具、量具、辅具和各类工具都相当繁杂，因此，如何利用自身掌握的资源合理安排切削加工过程，以获得较高的性价比，将是参与切削加工过程所有人员的主要工作。

传统切削加工可分为机械加工和钳工两大类。所谓机械加工是指利用机床产生的切削力使得机床上工件和刀具进行相对运动从而达到加工目的的过程。钳工则是由人工利用各类工具(锉刀、锯条等)对零件进行加工的过程。随着现代加工技术的不断发展和自动化程度的不断提高，除切削加工的手段不断增多，其特种加工技术(利用各种能量，如电能、激光、等离子、超声波等)也不断推陈出新，使得加工的手段和工艺更加广泛，机械加工(特别是钳工)的许多内容被取代。但钳工也具有它独有的优势(如成本低、操作方便、异形零件的单件加工、模具特殊型腔的打磨、产品的装配与修理等)，尤其是一些掌握特殊技能的操作工人，其加工单件产品的质量和配合部位的精度会比机械加工更高，因此，钳工这个工种仍然具有强大的生命力。

到目前为止，切削加工仍占机械加工中的大部分，但随着特种加工技术的不断成熟和设备的不断普及，最终会逐渐取代切削加工的地位。

2.2　切削加工的基本术语和定义

2.2.1　切削运动

切削运动是机床上工件和刀具进行相对运动而达到加工的目的，因此，根据在切削加工过程所起的作用不同，可分为主运动和进给运动。常见机床的切削运动如图2.1所示。

1. 主运动

主运动是保证机床完成切削加工可能性的运动，它是最基本的运动。主运动在切削加工过程的转速(速度)最高，消耗的功率也最大。通常主运动只有一个，如车床的主运动是工件的旋转运动，铣床的主运动是铣刀的旋转运动，但对于车铣复合机床等，其主运动的形式可以互换。

2. 进给运动

在主运动的前提下，为保证加工表面的连续可切削性所辅助的运动。由于零件表面的多样性，进给运动可以有一个或多个。例如，车床上有车刀沿工件的轴向和径向两个进给运动，但两个运动不能同时进行；数控铣床的进给运动通常有沿空间三个坐标的移动，而且数控系统能同时控制该三个轴沿空间轨迹的移动。

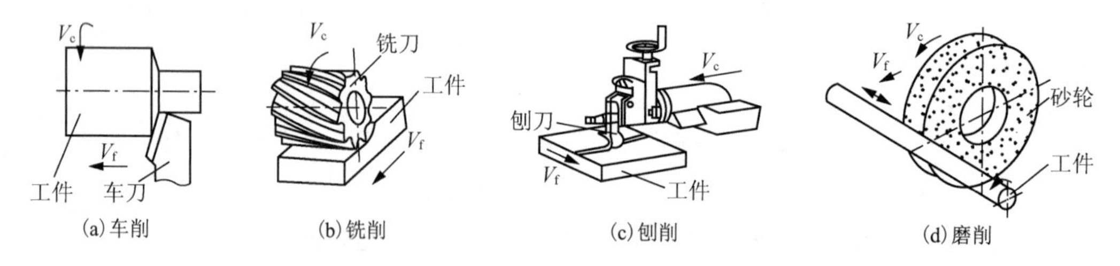

图 2.1　常见机床切削运动

2.2.2　切削过程中形成的三个表面

随着切削过程的连续进行，零件的表面上也会连续存在着三个不断变换的表面，如图 2.2 所示。

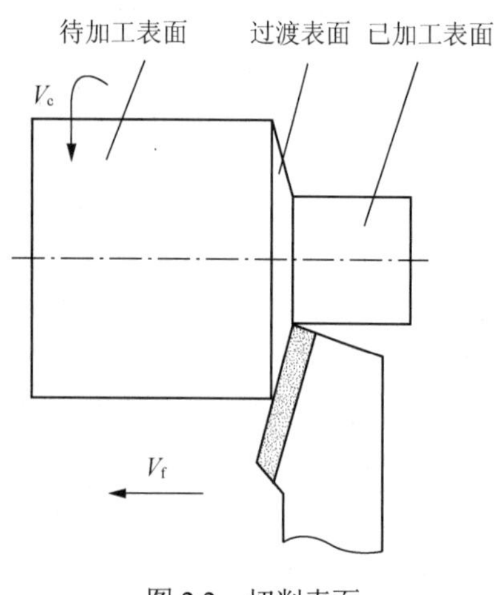

图 2.2　切削表面

(1) 待加工表面：零件上等待加工的表面。

(2) 已加工表面：零件上已经过刀具加工后形成的表面。

(3) 过渡表面：在当前刀具的主切削刃正在切削的零件所形成的轨迹表面。

2.2.3　切削用量

切削用量是指切削速度、进给量和背吃刀量三者的总称，也称为切削三要素。切削三要素的合理选择是保证切削加工顺利进行的首要条件，在实际生产过程由于加工零件的材料、热处理状态、加工性质、工艺状态和生产调度等多方面的因素变化，切削要素具有较大的不确定性，特别是不断涌现的新材料和新工艺。因此，作为一个合格的工艺人员或操作人员，如何适应上述变化，在制订工艺过程或加工过程选择较合理的切削要素，将是一个不断学习的过程。

如今，国内外的众多刀具生产厂家和研究机构对各种工艺环节下切削用量的合理选择做了大量的工作，读者可通过查阅各类资料获取相关信息，但对于一些特殊材料和新材料新工艺的切削用量仍然作为保密资料不会被相关国家或研究机构公开，因此，这还需要我们做出相当大的努力来完成此项工作，以使其发挥更大的经济效益。

1. 切削速度

切削速度是指刀具切削刃上选定点相对于零件待加工表面在主运动方向上的瞬时速度，用 v_c 表示。常用的单位有 m/s 或 m/min。

当主运动为旋转运动时(如车削、铣削、磨削等)，切削速度的计算公式为

$$v_c = \frac{\pi Dn}{1000 \times 60}(\mathrm{m/s}) \quad 或 \quad v_c = \frac{\pi Dn}{1000}(\mathrm{m/min}) \tag{2-1}$$

当主运动为往复直线运动时(如刨床、插削、拉削等)，切削速度的计算公式为

$$v_c = \frac{2Ln_r}{1000 \times 60}(\mathrm{m/s}) \quad 或 \quad v_c = \frac{2Ln_r}{1000}(\mathrm{m/min}) \tag{2-2}$$

式中，D 为待加工表面直径或刀具切削刃的最大直径，mm；n 为工件或刀具的转速，r/min；L 为往复运动的行程长度，mm；n_r 为主运动每分钟往复的次数，str/min。

切削速度对加工质量的影响较大。在粗加工阶段，其切削加工的主要矛盾是用最短的时间将工件多余的毛坯去除，因此为保证刀具的耐用度和切削力对工艺系统的影响，往往取值较低；在精加工阶段，其切削加工的主要矛盾是保证加工质量(这里主要体现为表面粗糙度)，因此，往往取较高值。

对于普通机床而言，主轴的转速在一个工步过程是保持不变的，因此为保证加工质量，其切削速度公式中的 D 往往取大值。但对于加工零件直径是连续变化的工件(如车床加工锥度、成形面、端面等)，在确定切削速度后(即线速度恒定)，随着直径的连续变化其主轴的转速也应随之变化，但普通机床不能达到此项功能。而对于数控机床(如配备伺服电机)则就具有恒线速功能(即在加工过程，在线速度恒定的情况下，主轴转速的变化是与工件直径呈反比的关系，即 $n = \frac{1000v_c}{\pi d}$)，就其这一点功能上就比普通机床更胜一筹。

2．进给量

进给量是指主运动在一个工作循环内，刀具与零件在进给方向上的相对位移量，用 f 表示。进给量常用单位有：当主运动为旋转运动(如车床)时，用每转进给量 mm/r 表示；当主运动为往复直线运动(如刨床)时，用每行程进给量 mm/str 表示；对于多齿刀具(如铣刀)，用每齿进给量 mm/z 表示。

对于单位时间的进给量用进给速度 V_f 表示，常用单位有 mm/s 或 mm/min。

3．背吃刀量

背吃刀量是指零件待加工表面与已加工表面间的垂直距离，用 a_p 表示。如车削外圆时的背吃刀量为

$$a_p = \frac{D-d}{2}(\mathrm{mm}) \tag{2-3}$$

式中，D 为待加工表面直径；d 为已加工表面直径。

4．切削三要素选择原则

粗加工阶段的主要矛盾是尽快地将零件多余的毛坯去除，因此，在工艺系统刚性允许的情况下，首选较大的背吃刀量，其次选择较大的进给量，最后选择较小的切削速度。精加工阶段的主要矛盾是保证加工质量，因此，在主轴转速和刀具允许的情况下，首选较高的切削速度，其次选择较低的进给量，最后选择较小的背吃刀量。

2.3 刀具材料

由前述可知，所有的切削加工过程都是由各种刀具(工具)参与加工的，因此，刀具的好坏直接关系到加工的质量和效率。对于刀具的选择主要考虑刀具的材料和几何角度。

2.3.1 刀具材料应具备的性能

在切削加工过程，刀具要承受切削区域的高温、高压和高的摩擦力以及来自工件或工艺系统的冲击振动等，因此，刀具应具备高硬度、足够的强度和韧性、良好的耐磨性、高耐热

性、良好的工艺性和经济性等。

2.3.2　刀具材料

刀具的材料较多，主要有工具钢(碳素工具钢、合金工具钢、高速工具钢)、硬质合金、陶瓷、立方氮化硼和人造聚金金刚石等。本节只介绍几种常用的刀具材料。

1. 碳素工具钢

该材料属于优质高碳钢，淬火后硬度大于62HRC，但淬火后易产生变形和开裂，由于其红硬温度仅为200～300℃，所以常用于制造手工工具和切削速度较低的钳工刀具，如锉刀、手工锯条、刮刀等。

2. 合金工具钢

在碳素工具钢中加入了少量的硅、锰、铬、钨等合金元素，使其硬度和耐磨性均有所提高，其红硬温度可达300～400℃，淬火变形较小，因此，常用于制造形状复杂的刀具，如铰刀、丝锥、板牙等。

3. 高速钢

在合金工具钢中加入了钨、铬、钒等合金元素，使其硬度达62～65HRC、红硬温度达500～600℃，且具有较高的强度和韧性，因此，常用于制造各类形状复杂的刀具，如钻头、铣刀、拉刀、丝锥、板牙、齿轮刀具等，应用相当广泛。

4. 硬质合金

硬质合金是由难熔金属碳化物(WC、TiC)和金属黏结剂(如Co)经粉末冶金方法制成的。可分为碳化钨基和碳(氮)化钛基两大类。我国常用的碳化钨基硬质合金有钨钴类(如YG3、YG6、YG8)和钨钛钴类(如YT30、YT15、YT5等)，随着技术的不断进步，新牌号的硬质合金也非常多，且已在切削加工中广泛使用。

硬质合金根据所含合金元素的比例其性能也各有不同，但一般情况下硬质合金的硬度可达78HRC左右，耐热温度可达1000℃以上，其耐磨性也比高速钢好。正是因为硬质合金具有上述优点，其抗弯强度、冲击韧性和工艺性能较差，因此，只能制造形状相对于高速钢更简单的刀具，如各种形状的刀片、整体硬质合金的铣刀、铰刀、钻头等。

随着涂层技术(在韧性较好的硬质合金或高速钢刀具的基体上，通过化学气相沉积法(CVD)或物理气相沉积法(PVD)涂上一薄层耐磨性较高的难熔化合物，如TiC或TiN，在提高刀具耐磨性的情况下而不降低其韧性，同时提高了刀具的抗氧化和抗黏结的性能，提高了刀具的寿命)的不断发展，现在也大量使用该类刀具。

硬质合金刀具(片)的成本比高速钢高，但若能合理使用，其性价比也是比较高的。

2.4　常用量具

2.4.1　钢直尺、内外卡钳及塞尺

1. 钢直尺

钢直尺是最简单的长度量具，它的长度有150mm、300mm、500mm和1000 mm四种规格。图2.3是常用的300mm钢直尺。

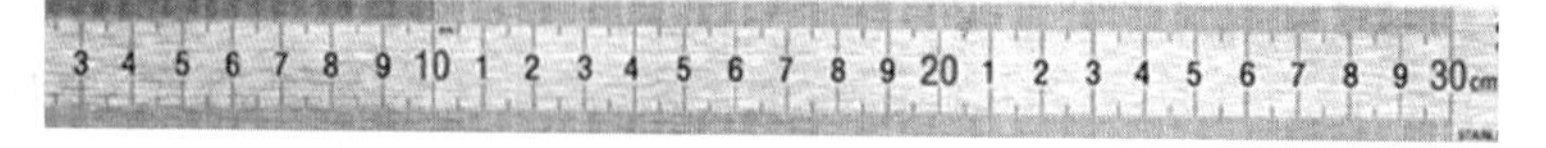

图2.3　300mm钢直尺

钢直尺的测量误差较大(在前端有部分刻线为 0.5mm，以后的刻线均为 1mm)，因此只能用于测量毛坯尺寸或零件的大致尺寸。

2. 内外卡钳

图 2.4 是常见的两种内、外卡钳。内、外卡钳是最简单的比较量具，具有结构简单、制造方便、价格低廉、维护和使用方便等特点，广泛应用于要求不高的零件尺寸测量，尤其是对锻铸件毛坯尺寸的测量，卡钳是最合适的测量工具。

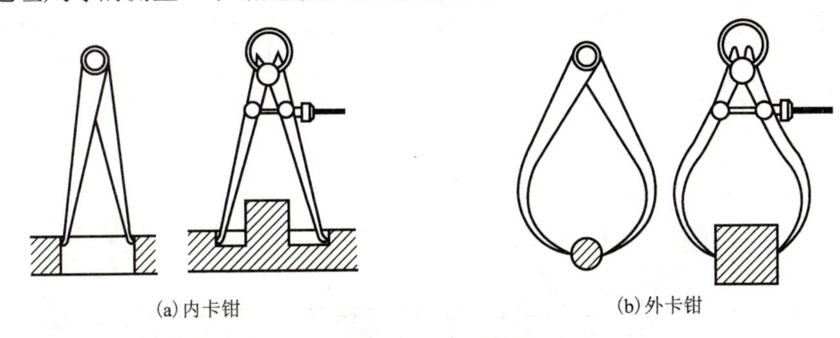

(a) 内卡钳　　(b) 外卡钳

图 2.4　内外卡钳

外卡钳主要用来测量外径和平面间的距离，内卡钳则主要用来测量内径和凹槽。卡钳本身都不能直接读出测量结果，而是把测量的长度尺寸在钢直尺上进行读数，或在钢直尺上先取下所需尺寸，再测量零件的尺寸是否符合。

卡钳的使用技巧：

(1) 调节卡钳开度时，不能直接敲击钳口，这会因卡钳的钳口损伤测量面而引起测量误差。更不能在机床的导轨上敲击卡钳。

(2) 用已在钢直尺等量具上取好尺寸的外卡钳去测量外径时，应使两个测量面的连线垂直于零件的轴线。在靠外卡钳的自重滑过零件外圆时，外卡钳与零件外圆正好是点接触，此时外卡钳两个测量面之间的距离就是被测零件的外径。如果卡钳与外径千分尺配合使用，只要使用得当，也可测量一些精密量具不好测量而精度较高的场合(精度可达到 0.01mm)。

3. 塞尺

塞尺又称厚薄规或间隙片，主要用来测量配合零件结合面之间的间隙。塞尺是由许多厚薄不一的薄钢片组成的，如图 2.5 所示。每片塞尺上都有厚度标记，以供组合使用。

测量时根据结合面间隙的大小，用一片或数片重叠在一起塞进间隙内。例如，用 0.05mm 的一片能插入间隙，而 0.04mm 的不能插入，则说明间隙在 0.04～0.05mm，所以塞尺也是一种界限量规。塞尺的规格较多，读者可查阅相关厂家的资料。

图 2.5　塞尺

使用塞尺时必须注意下列几点：

(1) 根据结合面的间隙情况选用塞尺片数，但片数越少越好；

(2) 测量时不能用力太大，以免塞尺遭受弯曲和折断；

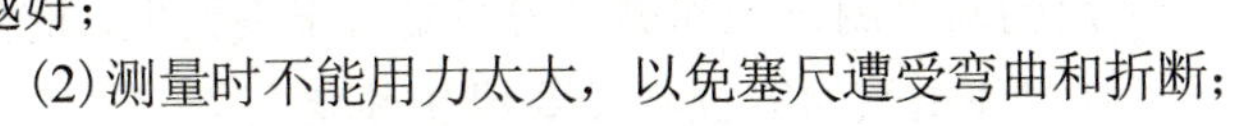

(3) 不能测量温度较高的工件。

2.4.2　游标读数量具

应用游标读数原理制成的量具称为游标读数零件，主要有游标卡尺、高度游标卡尺、深度游标卡尺、游标量角尺和齿厚游标卡尺等，用于测量零件的外径、内径、长度、宽度、厚度、高度、深度、角度以及齿轮的齿厚等，应用范围非常广泛。

1. 游标卡尺

1）游标卡尺的结构形式

游标卡尺是一种常用的量具，具有结构简单、使用方便、精度中等(一般有 0.02mm 和 0.05mm 两种测量精度)和测量的尺寸范围大等特点，是生产中应用最为广泛的量具之一。

游标卡尺有三种结构形式，如图 2.6 所示。刻线式的游标卡尺有读数不很清晰、容易读错的缺点，而带表卡尺(图 2.6(d))和数字显示游标卡尺(图 2.6(e))就能克服上述缺点，但其结构较复杂，成本较高。

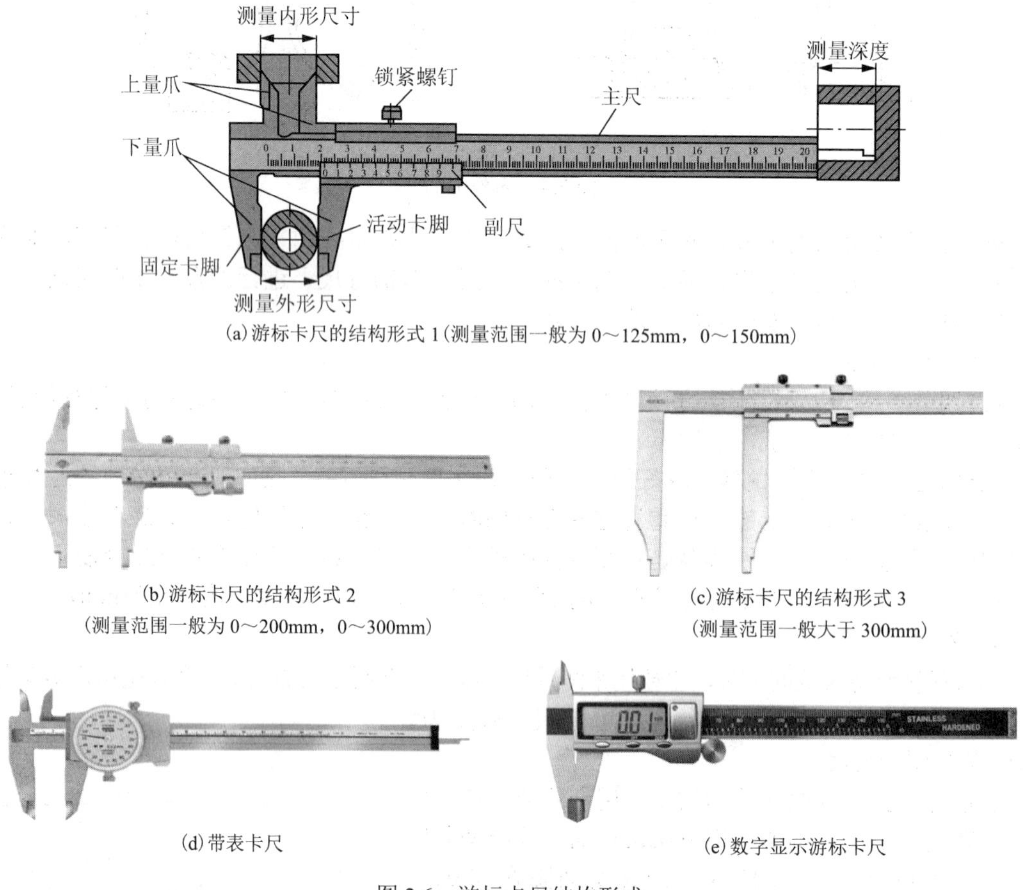

(a)游标卡尺的结构形式 1(测量范围一般为 0～125mm，0～150mm)

(b)游标卡尺的结构形式 2
(测量范围一般为 0～200mm，0～300mm)

(c)游标卡尺的结构形式 3
(测量范围一般大于 300mm)

(d)带表卡尺

(e)数字显示游标卡尺

图 2.6　游标卡尺结构形式

2）游标卡尺的读数原理和读数方法(表 2-1)

3）游标卡尺的使用方法

使用游标卡尺测量零件尺寸时，必须注意下列几点(图 2.7)：

(1)测量前应把卡尺擦拭干净，检查卡尺的两个测量面和测量刃口是否平直无损，把两个量爪紧密贴合时，应无明显的间隙，同时副尺和主尺的零位刻线要相互对准。

(2)移动游标卡尺的副尺时要活动自如，不能过松或过紧，更不能有晃动现象。用固定螺钉固定副尺时，卡尺的读数不应有所改变，在移动副尺时，要松开锁紧螺钉。

(3) 卡尺两测量面的连线应垂直于被测量表面，不能歪斜。测量时应先把卡尺的活动量爪张开(或缩小)，使量爪能自由地卡进工件外圆或内孔，把零件贴在固定量爪上，然后移动副尺，用轻微的压力使活动量爪接触零件，测量时可以轻轻摇动卡尺以找到正确位置进行测量和读数。

(4) 测量外形尺寸时，应当用量爪的平面测量刃进行测量；而对于圆弧形沟槽尺寸，则应当用刃口形量爪进行测量，以减少测量误差，如图 2.7 所示。

(5) 用游标卡尺测量零件时，不能过分地施加压力，所用压力应使两个量爪刚好接触零件表面。如果测量压力过大，不但会使量爪弯曲或磨损，且量爪在压力作用下产生弹性变形会使测量尺寸不准确。

(6) 在游标卡尺上读数时，应保持卡尺水平并朝着亮光的方向，使人的视线尽可能和卡尺的刻线表面垂直，以免由于视线的歪斜造成读数误差。

(7) 为了获得正确的测量结果，可以多测量几次。即在零件的同一截面上的不同方向进行测量。对于较长零件，则应当在全长的各个部位进行测量，以获得一个比较正确的测量结果。

表 2-1　游标卡尺的刻线原理与读数方法

精度值	刻线原理	读数方法
0.02mm	主尺 1 格=1mm 副尺 1 格=0.98mm，共 50 格 主、副尺每格之差(精度)=1−0.98=0.02(mm) 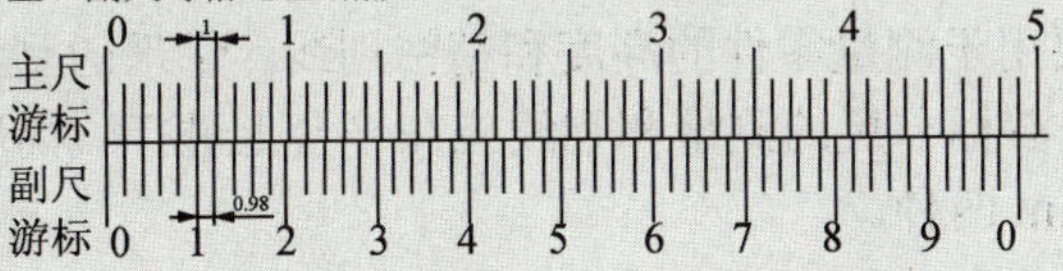 主尺游标：0 1 2 3 4 5 副尺游标：0 1 2 3 4 5 6 7 8 9 0 0.98	整数位=副尺 0 位在主尺整数位上的读数 小数点后第一位=副尺游标标示的数字 小数点后第二位=副尺游标大格间小格的格数×0.02 (1) 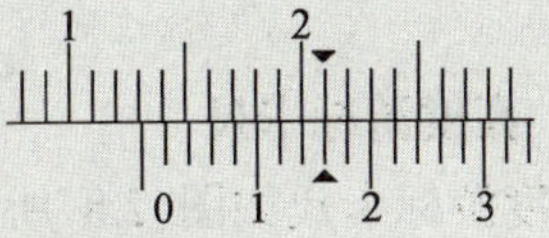 主尺：1 2 副尺：0 1 2 3 读数=13+0.1+3×0.02=13.16(mm) (2) 主尺：0 1 副尺：0 1 2 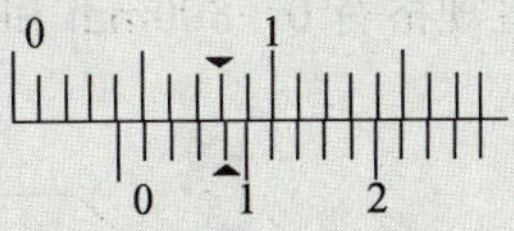 读数=4+0+4×0.02=4.08(mm)
0.05mm	主尺 1 格=1mm 副尺 1 格=0.95mm，共 20 格 主、副尺每格之差(精度)=1−0.95=0.05(mm) 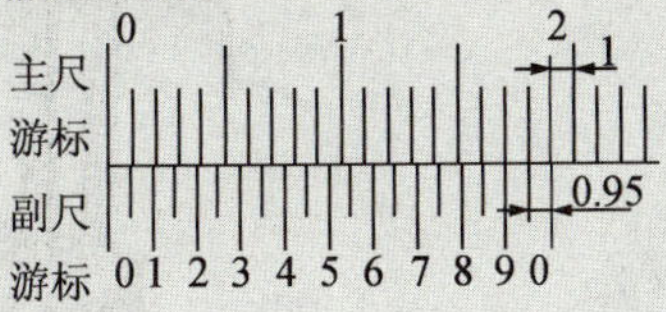 主尺游标：0 1 2 1 0.95 副尺游标：0 1 2 3 4 5 6 7 8 9 0	读数方法与上述方法一致 (1) 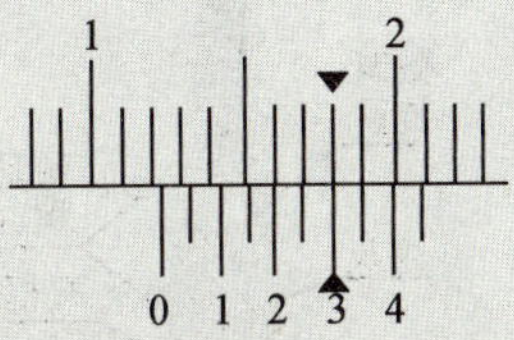 主尺：1 2 副尺：0 1 2 3 4 读数=12+0.3=12.3(mm) (2) 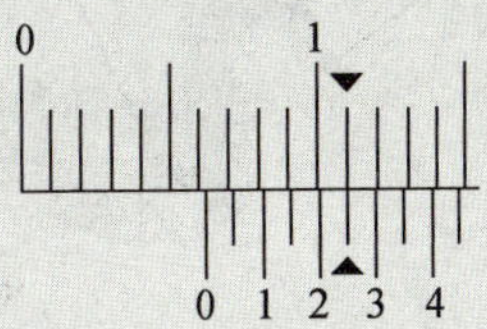 主尺：0 1 副尺：0 1 2 3 4 读数=6+0.2+1×0.05=6.25(mm)

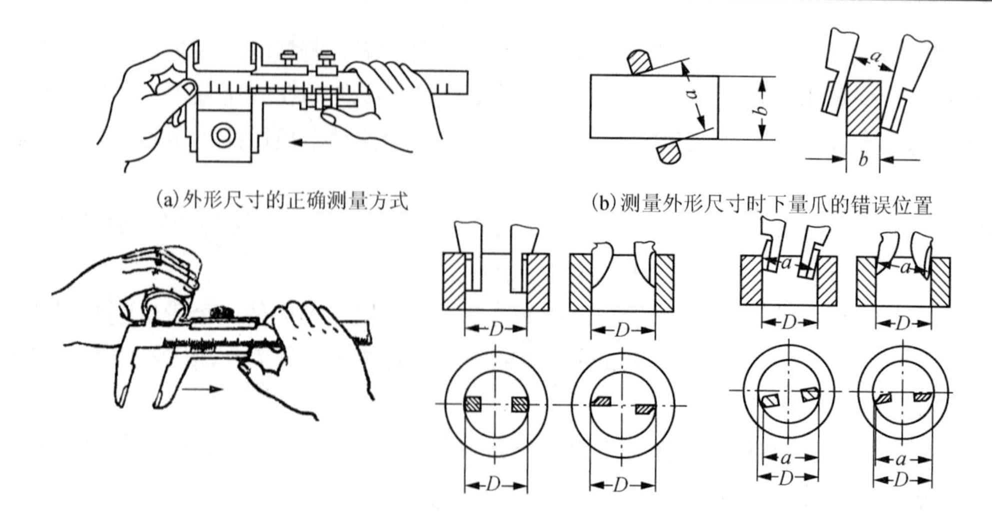

(a) 外形尺寸的正确测量方式　　(b) 测量外形尺寸时下量爪的错误位置

(c) 内孔尺寸的正确测量方式　　(d) 测量内孔时上量爪的准确位置　(e) 测量内孔时上量爪的错误位置

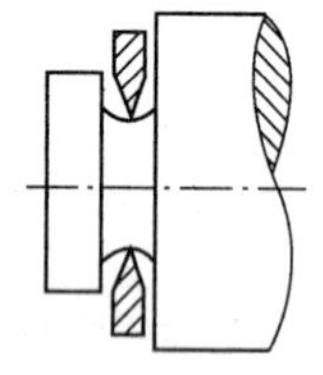

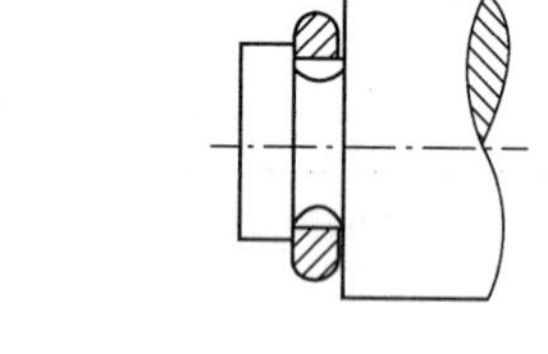

(f) 测量沟槽时下量爪的准确位置　　(g) 测量沟槽时下量爪的错误位置

图 2.7　游标卡尺测量位置示例

2. 高度游标卡尺

高度游标卡尺如图 2.8 所示，主要用于测量零件的高度和精密划线。量爪的测量面上镶有硬质合金以提高量爪使用寿命。高度游标卡尺的测量和划线应在平台上进行。高度游标卡尺的常见规格有 0～300mm 和 0～500mm 两种。

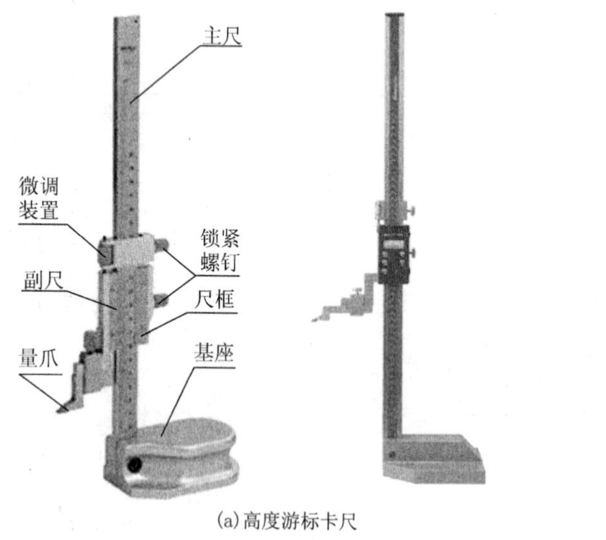

(a) 高度游标卡尺

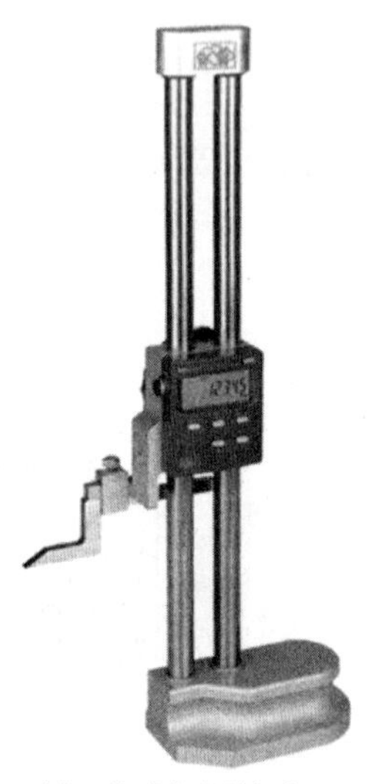

(b) 双柱式高度游标卡尺

图 2.8　高度游标卡尺

3. 深度游标卡尺

深度游标卡尺如图 2.9 所示，主要用于测量零件的深度尺寸、台阶高低和槽的深度等。它的结构特点是尺框的两个量爪连在一起成为一个带游标测量基座，基座的端面和尺身的端面就是它的两个测量面。如测量内孔深度时应把基座的端面紧靠在被测孔的端面上，使尺身与被测孔的中心线平行，伸入尺身，则尺身端面至基座端面之间的距离就是被测零件的深度尺寸，它的读数方法和游标卡尺完全一样。

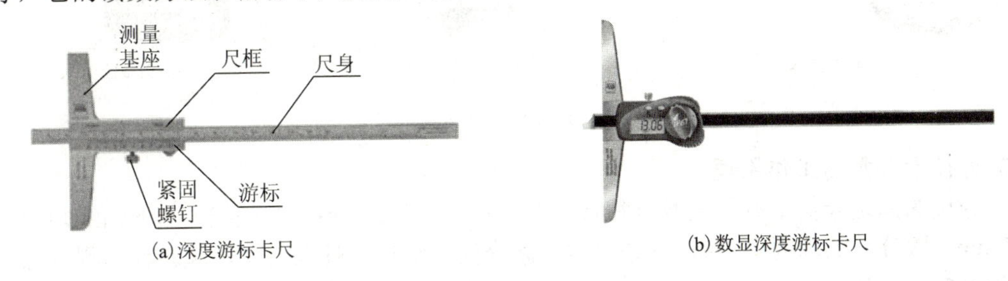

(a) 深度游标卡尺　(b) 数显深度游标卡尺

图 2.9　深度游标卡尺

使用深度游标卡尺测量零件尺寸时，必须注意下列问题：

(1) 测量时先把测量基座轻轻压在工件的基准面上，两个端面必须接触工件的基准面再移动尺身，直到尺身的端面接触到工件的测量面上，然后用紧固螺钉固定尺框，提起卡尺，读出深度尺寸，如图 2.10 所示。

(2) 当基准面是曲面时，测量基座的端面必须放在曲面的最高点上，测量出的深度尺寸才是工件的实际尺寸，否则会出现测量误差。

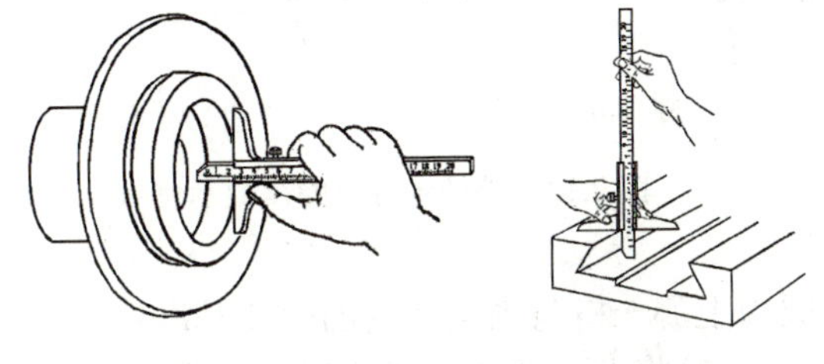

图 2.10　深度游标卡尺的使用方法

2.4.3　螺旋测微量具

应用螺旋测微原理制成的量具，称为螺旋测微量具。它的精度有 0.01mm(百分尺) 和 0.001mm(千分尺) 两种，工厂习惯上都叫做千分尺或分厘卡，而 0.01mm 的千分尺使用最为普遍。

常见的千分尺种类有外径千分尺、内径千分尺、深度千分尺、螺纹千分尺和公法线千分尺等。

1. 外径千分尺

1) 外径千分尺的结构

外径千分尺用以测量零件的外径、凸肩厚度和板厚或壁厚等（测量孔壁厚度的千分尺，其测量面呈球弧形 ）。千分尺的组成如图 2.11 所示，其中砧座和测量螺杆的测量面上都镶有硬质合金，以提高测量面的使用寿命。尺架的两侧面覆盖着绝热板，以防止人体的热量影响千分尺的测量精度，同时在测量时也应注意工件温度和环境温度对测量精度的影响。

2) 千分尺的测量范围

千分尺测量螺杆的移动量为 25mm，所以千分尺的测量范围一般为 25mm。为了使千分尺能测量更大范围的长度尺寸，千分尺的尺架做成各种尺寸，形成不同测量范围的千分尺。常用千分尺的规格为 0～25mm、25～50mm、50～75mm、75～100mm、100～125mm 等，更多的规格可参考相关资料。

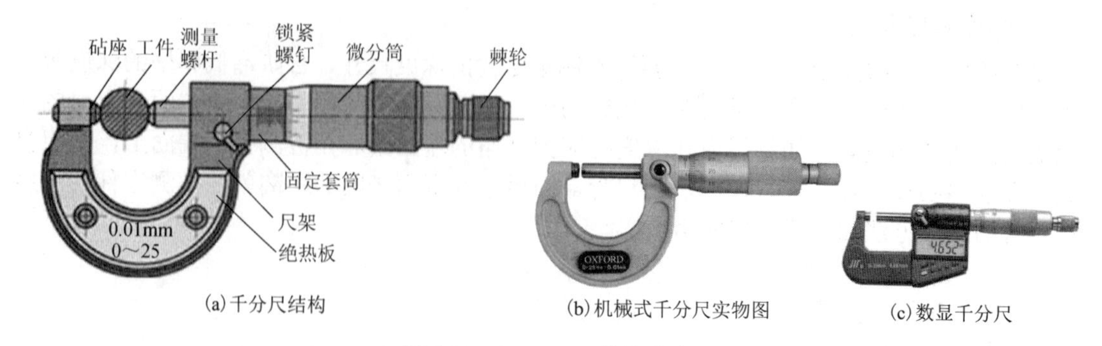

(a) 千分尺结构　(b) 机械式千分尺实物图　(c) 数显千分尺

图 2.11　0～25mm 外径千分尺

3) 外径千分尺的工作原理

千分尺的固定套筒上有一条基准线，上下分别刻有间距 1mm 的刻线，上下刻线则相互错开 0.5mm。微分筒的圆周上刻有 50 条刻线，微分筒与测量螺杆固定在一起转动，测量螺杆的螺距为 0.5mm，因此，当测微螺杆顺时针旋转一周时，两测量面之间的距离就缩小 0.5mm，同理，当微分筒转动一小格时，两测砧面之间转动的距离为 0.5/50=0.01 (mm)，也就是千分尺的读数精度为0.01mm，如图2.12 所示。

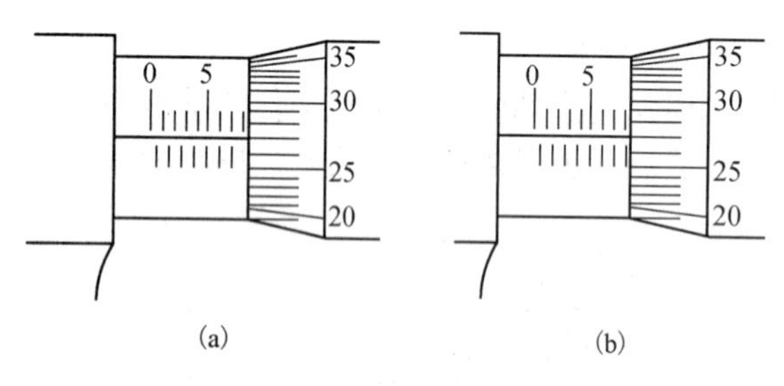

图 2.12　外径千分尺的读数示例

4) 千分尺的具体读数方法

(1) 读出固定套筒上露出的刻线尺寸。先读上排的刻线，然后再读下排的刻线(如果下排的刻线露出，一定要读出 0.5mm 的值，否则整个读数将差 0.5mm)。

(2) 读出微分筒上的尺寸。看清微分筒圆周上哪一格与固定套筒的中线基准对齐，所对应的数字乘以 0.01mm 即微分筒上的尺寸。

(3) 将上面的两个读数相加，即工件的测量尺寸。

如图 2.12(a)，在固定套筒上读出的尺寸为 8mm，微分筒上读出的尺寸为 27(格)×0.01mm=0.27mm，上两数相加即得被测零件的尺寸为 8.27mm；如图 2.12(b)，在固定套筒上读出的尺寸为 8.5mm(上排刻线为 8mm，下排的刻线已露出，应加 0.5mm)，在微分筒上读出的尺寸为 27(格)×0.01mm =0.27mm，上两数相加即得被测零件的尺寸为 8.77mm。

5) 外径千分尺的使用方法

使用千分尺测量零件尺寸时，必须注意以下几点：

(1) 使用前应先对千分尺进行校零的工作。将两个测量面擦干净，转动微分筒，使两测量面接触(若千分尺规格不是 0～25mm，应在两测量面之间放入配套的校对量杆)，接触面上应没有间隙和漏光现象，同时微分筒和固定套筒上的零位要对准。

(2) 转动微分筒时应能自由灵活地沿着固定套筒活动，没有任何不灵活的现象。若有活动不灵活的现象，应送计量站及时检修。

(3) 测量前应把零件的被测量表面擦干净，以免脏物存在影响测量精度。绝对不允许用千分尺测量带有研磨剂的表面和表面粗糙的零件，这样易使测量面过早磨损。

(4) 当千分尺测量面接近零件时，应当缓慢转动棘轮使测量面与零件接触，以使测量面保持标准的测量压力(听到棘轮打滑的声音)，表示压力合适，并可开始读数。绝对不允许用力旋转微分筒来增加测量压力，使测量螺杆过分压紧零件表面而致使精密螺纹发生变形而损坏千分尺的精度。

(5) 使用千分尺测量零件时，要使测量螺杆与零件被测量的尺寸方向一致，不要歪斜，测量时可在转动棘轮的同时，轻轻地晃动尺架，使测量面与零件表面接触良好。

(6) 用千分尺测量零件时，最好在零件上进行读数，然后松开测量螺杆后再取出千分尺，这样可减少测量面的磨损。如果必须取下读数，则应先用锁紧螺钉锁紧活动套筒，再轻轻滑出零件。

(7) 在读取千分尺上的测量数值时，要特别留心不要读错 0.5mm。

(8) 为了获得正确的测量结果，可在同一位置上再测量一次。尤其是测量圆柱形零件时，应在同一圆周的不同方向测量几次，检查零件外圆有没有圆度误差，再在全长的各个部位测量几次，检查零件外圆有没有圆柱度误差等。

(9) 对于超常温的工件，不要进行测量，以免产生读数误差。

(10) 用千分尺测量工件时应双手测量(左手握住绝热板，右手旋转活动套筒或棘轮)，尽量避免单手操作。

(11) 不能用千分尺测量运动中的工件。

(12) 千分尺是精密量具，一定要按照上述方法正确使用。不能将量具当玩具，拿在手中玩耍。

2. 内径千分尺

如图 2.13 所示的内径千分尺为两点测量量具，因此，在测量时应先将尺寸调整到略小于测量尺寸后，再将千分尺平稳地放入孔内，然后调整微分筒进行测量，如图 2.14 所示。(由于没有棘轮装置，因此其松紧程度应掌握好，以避免产生较大的示值误差。)

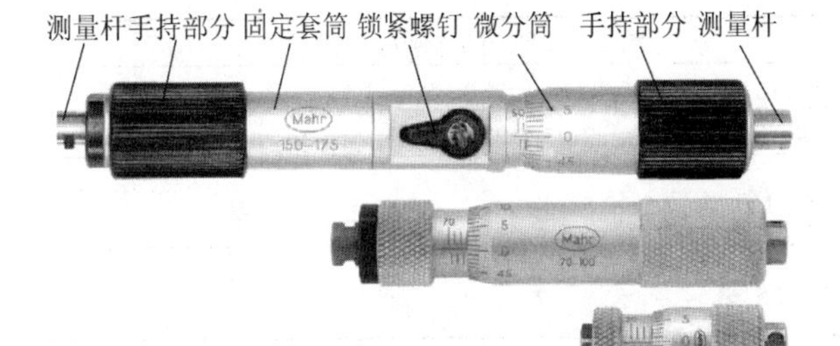

图 2.13　内径千分尺

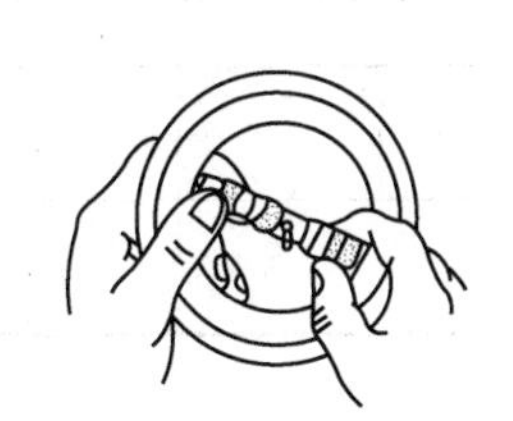
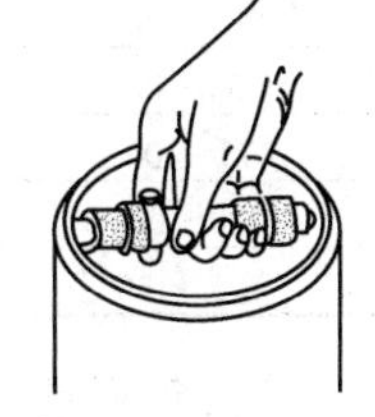

图 2.14　内径千分尺的使用

内径千分尺，除可用来测量内径外，也可用来测量槽宽和机体两个内端面之间的距离等尺寸。但 50mm 以下的尺寸不能测量，需用内测千分尺。

3. 三爪内径千分尺

三爪内径千分尺克服了上述的两点式内径千分尺的缺点，其测量内径尺寸的准确度大为提高，如图 2.15 所示。但该千分尺只能测量内孔尺寸，不能测量槽宽和机体两个内端面之间的距离等尺寸。

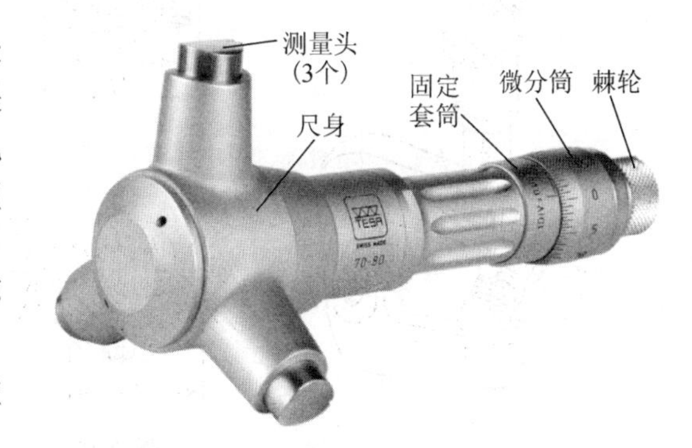

图 2.15　三爪内径千分尺

内径千分尺在使用前需要用配套的标准环规进行校正零位后再使用。

三爪内径千分尺由于没有锁紧装置，因此在工件上测量读数后，应随即松开千分尺然后取出。

三爪内径千分尺的测量范围一般为 5mm，

其规格也较多，使用者可根据需要成套购买或单独购买。相关规格读者可查阅相关厂家的资料。

4. 螺纹的测量

螺纹工件是否合格，就其螺纹部分应着重测量牙型角、螺距和中径。

1) 螺纹千分尺

螺纹千分尺主要用于测量普通螺纹的中径和螺距，如图 2.16 所示。

螺纹千分尺的结构与外径千分尺相似，所不同的是它有两个可调换的测量头，以对应不同螺距和牙形角的螺纹。

使用螺纹千分尺必须注意的是，当选择所需的测量头插入轴杆砧座的孔内之后，应调整砧座的位置，使千分尺先对准零位。测量时，与螺纹牙型角相同的上、下两个测量头正好卡在螺纹的牙侧上。螺纹千分尺的测量范围与测量螺距的范围如表 2-2 所示。

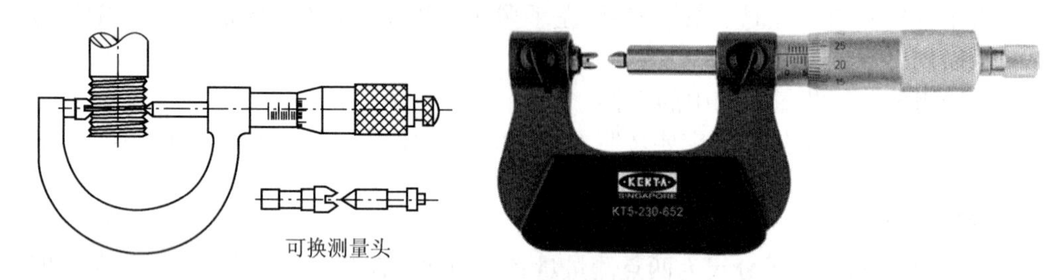

图 2.16　螺纹千分尺

表 2-2　普通螺纹中径测量范围

测量范围/mm	测头数量/副	测头测量螺距的范围/mm
0～25	5	0.4～0.5、0.6～0.8、1～1.25、1.5～2、2.5～3.5
25～50	5	0.6～0.8、1～1.25、1.5～2、2.5～3.5、4～6
50～75	4	1～1.25、1.5～2、2.5～3.5、4～6
75～100		
100～125	3	1.5～2、2.5～3.5、4～6
125～150		

2) 三针测量

这是一种间接测量的方法，也是测量中径的一种比较精确的方法，如图 2.17 所示。

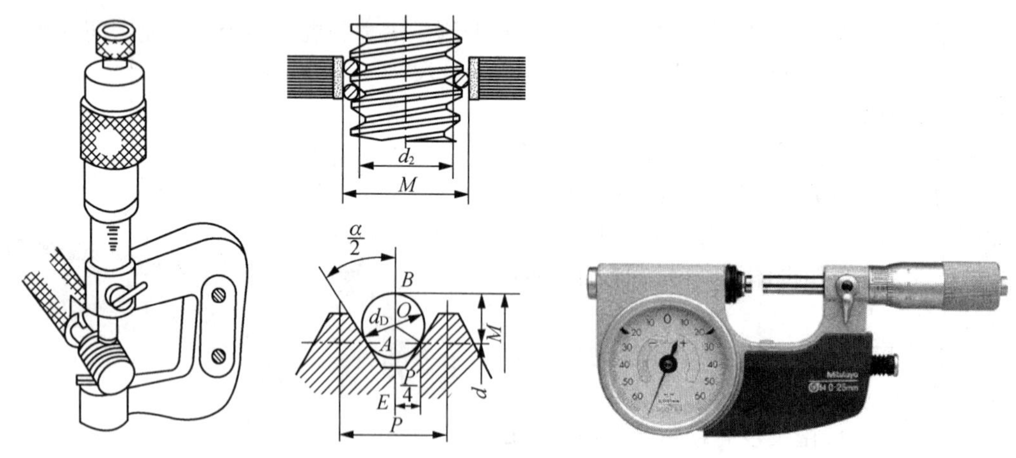

图 2.17　三针测量螺纹中径

3) 螺距规

对于螺距和压型的测量可用螺距规，因为螺距规有一定的读数范围，所以它能适用于多种螺距规格的测量，如图 2.18 所示。

4) 综合测量法

在实际工作中，多采用螺纹塞规和环规对螺纹进行测量，如图 2.19 所示。

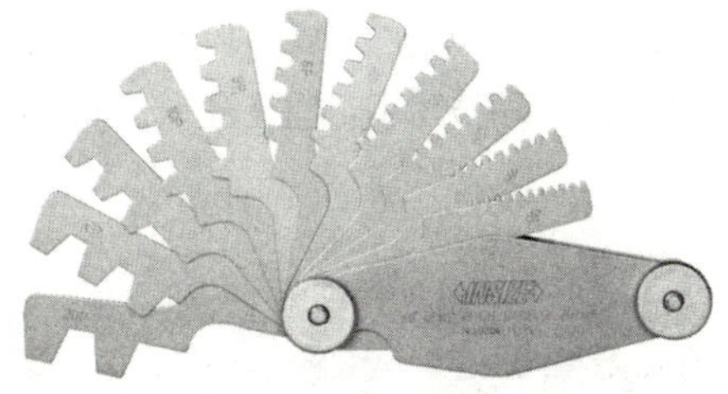

图 2.18　螺距规

螺纹塞规或环规均具有一定的尺寸和精度要求，对螺纹的牙型角、螺距和中径进行综合测量，并设置“通端”和“止端”两部分，被测螺纹工件将较快地得到合格或不合格的测量结果，故这种测量方法得到广泛应用。

测量前应先对螺纹的直径、螺距、牙型和表面粗糙度进行检查，然后再用螺纹塞(环)规测量内(外)螺纹的尺寸精度是否符合要求。如果环规“通端”正好能拧进去，而“止端”拧不进去，则说明螺纹精度是符合要求的。检查有退刀槽的螺纹时，环规的“通端”应通过退刀槽与台阶平面靠平。如果“通端”难以拧进，应对螺纹的直径、牙型角和螺距进行检查后再进行修正。

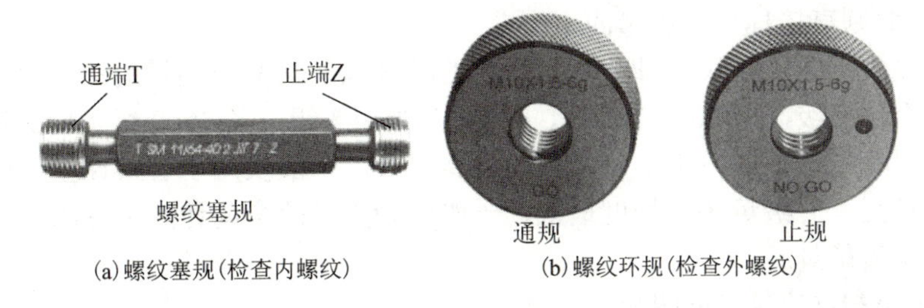

(a) 螺纹塞规(检查内螺纹)　　(b) 螺纹环规(检查外螺纹)

图 2.19　螺纹量规

千分尺的种类还有较多，如内测千分尺、公法线长度千分尺、壁厚千分尺、板厚千分尺、尖头千分尺、深度千分尺等(图 2.20)，均在不同的场合使用，读者可根据需要查阅相关资料。

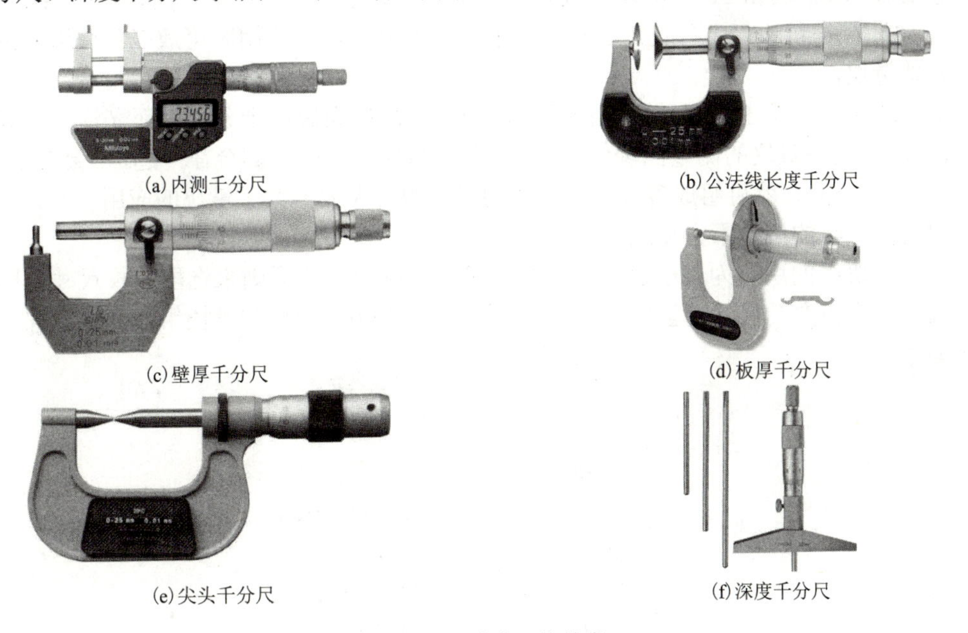

(a) 内测千分尺　　(b) 公法线长度千分尺

(c) 壁厚千分尺　　(d) 板厚千分尺

(e) 尖头千分尺　　(f) 深度千分尺

图 2.20　千分尺的种类

2.4.4 量块

1. 量块的用途和精度

量块又称块规，它是制造业中控制尺寸的最基本量具，是从标准长度到零件之间尺寸传递的媒介，是技术测量上长度计量的基准。

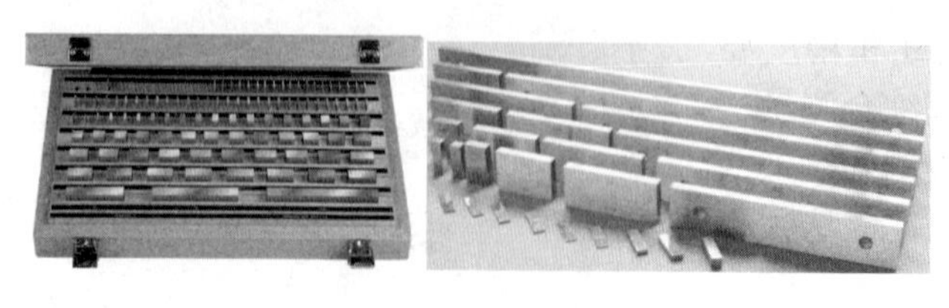

图 2.21　量块

长度量块是用耐磨性好、硬度高而不易变形的轴承钢制成矩形截面的长方块，它的两个测量面是经过精密研磨和抛光加工的粗糙度值很低的平行平面，其余四个面是非测量面，如图 2.21 所示。

量块的工作尺寸是指中心长度，即量块的一个测量面的中心至另一个测量面相贴合面(其表面质量与量块一致)的垂直距离(因为两测面不是绝对平行的)。每个量块上都标记着它的工作尺寸，当量块尺寸等于或大于 6mm 时标记在非工作面上，当量块在 6mm 以下时则直接标记在测量面上。

量块的精度根据它工作尺寸(即中心长度)的精度以及与两个测量面的平面平行度的准确程度，分成五个精度级，即 00 级、0 级、1 级、2 级和 3 级。其中 00 级量块的精度最高，工作尺寸和平面平行度等都做得很准确，精度为微米级，一般仅用于省市计量单位作为检定或校准精密仪器使用。3 级量块的精度最低，一般作为工厂或车间计量站使用，用来检定或校准车间常用的精密量具。

2. 成套量块和量块尺寸的组合

量块是成套供应的，每套装成一盒，每盒中有各种不同尺寸的量块，其尺寸编组有一定的规定。

在总块数为 83 块和 38 块的两盒成套量块中，有时带有四块护块，所以每盒有 87 块和 42 块。护块即保护量块，主要是为了减少常用量块的磨损，在使用时可放在量块组的两端，以保护其他量块。

每块量块只有一个工作尺寸。但由于量块的两个测量面做得十分准确而光滑，具有可黏合的特性(即将两块量块的测量面轻轻地推合后，这两块量块就能黏合在一起，不会自己分开，好像一块量块一样)，就可组成各种不同尺寸的量块组，大大扩大了量块的应用。但为了减少误差，组成量块组的块数不宜超过 5 块。

为了使量块组的块数为最小值，在组合时就要根据一定的原则来选取块规尺寸，即首先选择能去除最小位数的尺寸的量块。例如，若要组成 33.625mm 的量块组，其量块尺寸的选择方法如下：

33.625 -------- 量块组合尺寸
— 1.005 -------- 第1块量块的尺寸
32.620
— 1.02 -------- 第2块量块的尺寸
31.600
— 1.6 -------- 第3块量块的尺寸
30 ------------ 第4块量块的尺寸

量块是很精密的量具，使用时必须注意以下几点：

(1) 使用前先在煤油中洗去防锈油，再用清洁的麂皮或软绸擦干净。不要用棉纱擦量块的工作面，以免损伤量块的测量面。

(2) 清洗后的量块不要直接用手去拿，应当用软绸衬起来拿。当必须用手拿量块时，应当把手洗干净，并且要拿在量块的非工作面上。

(3) 把量块放在工作台上时，应使量块的非工作面与台面接触。

(4) 不要使量块的工作面与非工作面进行推合，以免擦伤测量面。

(5) 量块使用后，应及时在煤油中清洗干净，用软绸揩干后，涂上防锈油，放在专用的盒子里。若需要经常使用，可在洗净后不涂防锈油，放在干燥的密闭盒内保存。绝对不允许将量块长时间黏合在一起，以免由于金属黏结而引起不必要损伤。

2.4.5　指示式量具

指示式量具是以指针指示出测量结果的量具。工厂常用的指示式量具有百(千)分表、杠杆百(千)表和内径百(千)分表等。主要用于校正零件的安装位置，检验零件的形状精度和相互位置精度，以及测量零件的内径等。

1. 百分表

1) 百分表的结构

百分表和千分表，都是用来校正零件或夹具的安装位置，检验零件的形状精度或相互位置精度。它们的结构原理相同，只是千分表的读数精度为 0.001mm，而百分表的读数精度为 0.01mm。本节主要介绍百分表。

百分表的外形如图 2.22 所示。表盘上刻有 100 个等分格，其刻度值为 0.01mm。当指针转一圈时，小指针即转动一小格，转数指示盘的刻度值为 1mm。用手转动表圈时，表盘也跟着转动，可使指针对准任一刻线。测量杆是沿着套筒上下移动的，套筒可作为安装百分表用。

图 2.23 是百分表的内部机构示意图。测量杆的齿距为 0.625mm，当其上升 16 齿轮时正好是 10mm，齿轮 Z1、Z2、Z3、Z4 的齿数分别为 16、100、10、100 齿，Z1 和 Z2 为同轴的齿轮，Z2、Z3、Z4 为相互啮合的齿轮，这样当测量杆上升 1mm 时，大指针就刚好旋转 1 轴，而表盘上的刻线有 100 格，即指针转过 1 格就为 0.01mm。齿轮 Z4 上的盘形弹簧使齿轮传动的间隙始终在一个方向，并起着稳定指针位置的作用。测量杆上的弹簧用来控制百分表的测量压力。

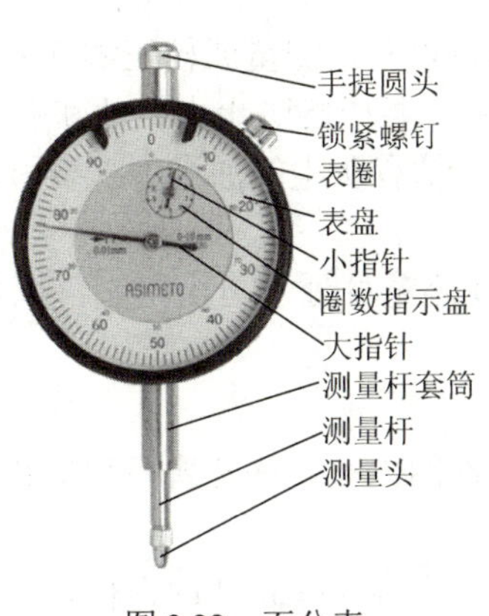

图 2.22　百分表

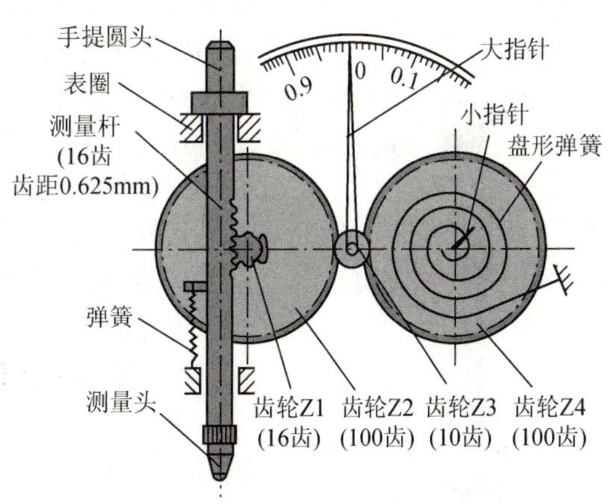

图 2.23　百分表的内部结构

2) 百分表的使用方法

使用百分表时应注意以下几点：

(1) 使用前应检查测量杆活动的灵活性。即轻轻推动测量杆时，测量杆在套筒内的移动要灵活，没有任何轧卡现象，且每次放松后，指针能回复到原来的刻度位置。

(2) 使用百分表时，必须把它固定在可靠的夹持架上(如固定在万能表架或磁性表座上，如图 2.24 所示)，夹持架要安放平稳，避免使测量结果不准确或摔坏百分表。用夹持百分表的套筒来固定百分表时，夹紧力不要过大，以免因套筒变形而使测量杆不灵活。

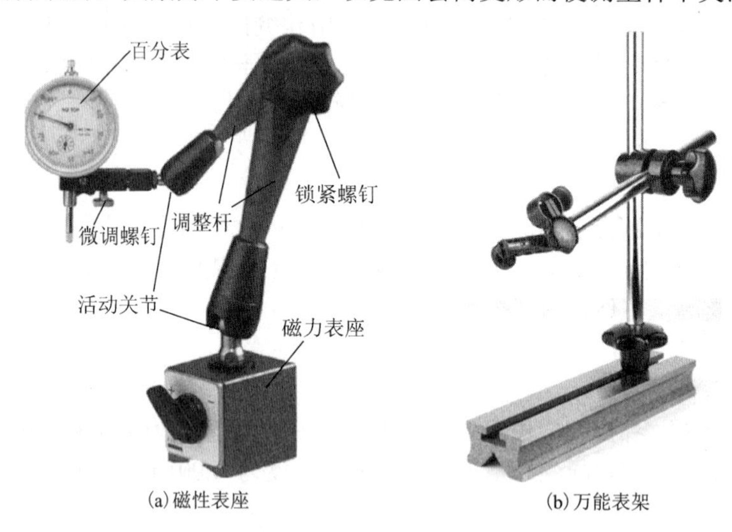

(a) 磁性表座　　(b) 万能表架

图 2.24　安装在专用夹持架上的百分表内测千分尺

(3) 用百分表测量零件时，测量杆必须垂直于被测量表面，使测量杆的轴线与被测量尺寸的方向一致，否则将使测量杆移动不灵活或使测量结果不准确。

(4) 测量时，不要使测量杆的行程超过其测量范围；不要使测量头突然撞在零件上；不要使百分表受到剧烈的振动和撞击，也不要把零件强迫推入测量头下，避免损坏百分表的零件而失去精度。因此，不能用百分表测量表面粗糙或有显著凹凸不平的零件。

(5) 用百分表校正或测量零件时，应当使测量杆有一定的初始测力，即在测量头与零件表面接触时，测量杆应有 0.3～0.5mm 的压缩量(千分表可小一点，有 0.1mm 即可)，使指针转过半圈左右，然后转动表圈，使表盘的零位刻线对准指针。轻轻地拉动手提测量杆的圆头，拉起和放松几次，检查指针所指的零位有无改变。当指针的零位稳定后，再开始测量或校正零件的工作。

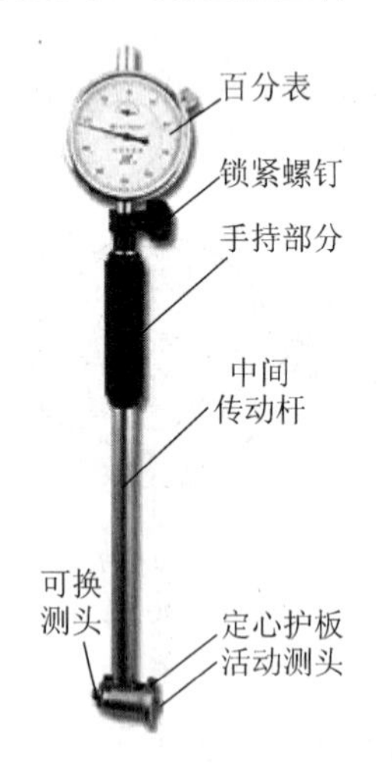

图 2.25　内径百分表

(6) 在使用百分表的过程中，要严格防止水、油和灰尘渗入表内，测量杆上也不要加油，避免粘有灰尘的油污进入表内，影响表的灵活性。

(7) 百分表不使用时，应使测量杆处于自由状态，以免表内的弹簧失效。

2. 内径百分表

内径百分表是用以测量零件的内孔、深孔直径和形状精度的，如图 2.25 所示。

两触点量具在测量内径时，不容易找正孔的直径方向，定心护板和活动测头内的弹簧就起到使内径百分表的两个测量头正好在内孔直径两端的作用。

内径百分表活动测头的移动量对于小尺寸的只有 0～1mm，大尺寸的可有 0～3mm，它的测量范围是由更换或调整可换测头的长度来达到的。因此，每个内径百分表都附有成套的可换测头，其测量范围主要有 10～18mm、18～35mm、35～50mm、50～100mm 等。

内径百分表测量内径是一种比较量法，测量前应根据被测孔径的大小，在外径千分尺上调整好尺寸后才能使用。

使用内径百分表时应注意以下几点：

(1) 将外径千分尺调整到需要测量的尺寸值上，用游标卡尺检查(有无 0.5mm 的读数误差)无误后锁紧。

(2) 根据孔的尺寸选择测头并与千分尺两测头的距离进行比较，粗调整测头的位置。

(3) 用手握住内径百分表的手持部分，将两测头放入千分尺的两测量面之间(可换测头对应砧座，活动测头对应测量螺杆)，观察百分表的指针转动格数是否合适(一般应使指针转动 30～50 格为宜)，合适后即可将可换测头上的锁紧垫圈锁紧测头。

(4) 再按照步骤(3) 观察百分表的指针位置后，取出内径百分表并调整表盘的位置，直至百分表的指针调到零位并复核后，内径百分表的调整工作即可结束。

(5) 用内径百分表测量时，连杆中心线应与工件中心线平行，不得歪斜，同时应在圆周上多测几个点，找对孔径的实际尺寸，以测得正确的尺寸。

2.4.6　万能角度尺

万能角度尺是用来测量精密零件内外角度或进行角度划线的角度量具。

万能角度尺的读数机构，如图 2.26 所示。

万能角度尺尺座上的刻度线每格 1°。由于游标上刻有 30 格，所占的总角度为 29°，因此，两者每格刻线的度数差是 $1^\circ - \frac{29^\circ}{30} = \frac{1^\circ}{30} = 2'$，即万能角度尺的精度为 2′。

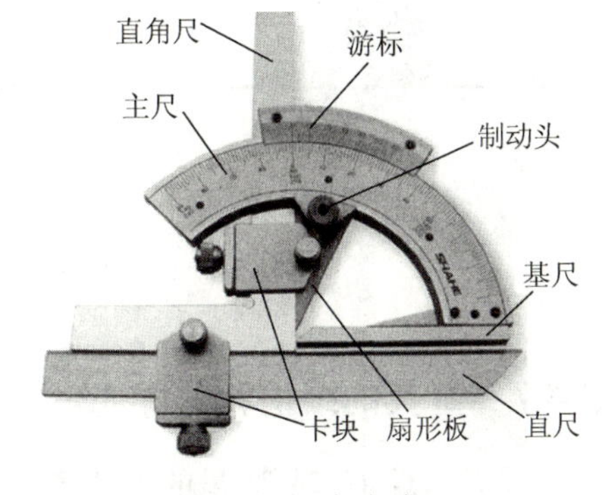

图 2.26　万能角度尺

万能角度尺的读数方法和游标卡尺相同，先读出游标零线前的角度，再从游标上读出角度“分”的数值，两者相加就是被测零件的角度数值。

在万能角度上，基尺是固定在尺座上的，直角尺是用卡块固定在扇形板上的，直尺是用卡块固定在直角尺上的。若把直角尺拆下，也可把直尺固定在扇形板上。由于直角尺和直尺可以移动和拆换，使万能角度尺可以测量 0°～320° 的任何角度，如图 2.27 所示。

由图 2.27 可见，将直角尺和直尺全装上时，可测量 0°～50° 的外角度；仅装上直尺时，可测量 50°～140° 的角度；仅装上直角尺时，可测量 140°～230° 的角度；把直角尺和直尺全拆下时，可测量 230°～320° 的角度(也可测量 40°～130° 的内角度)。

用万能角度尺测量零件角度时，应使基尺与零件角度的母线方向一致，且零件应与量角尺的两个测量面的全长上接触良好，以免产生测量误差。

测量角度的量具还有游标量角器、带表角度尺、万能角度尺等，如图 2.28 所示，其使用方法读者可查阅相关资料。

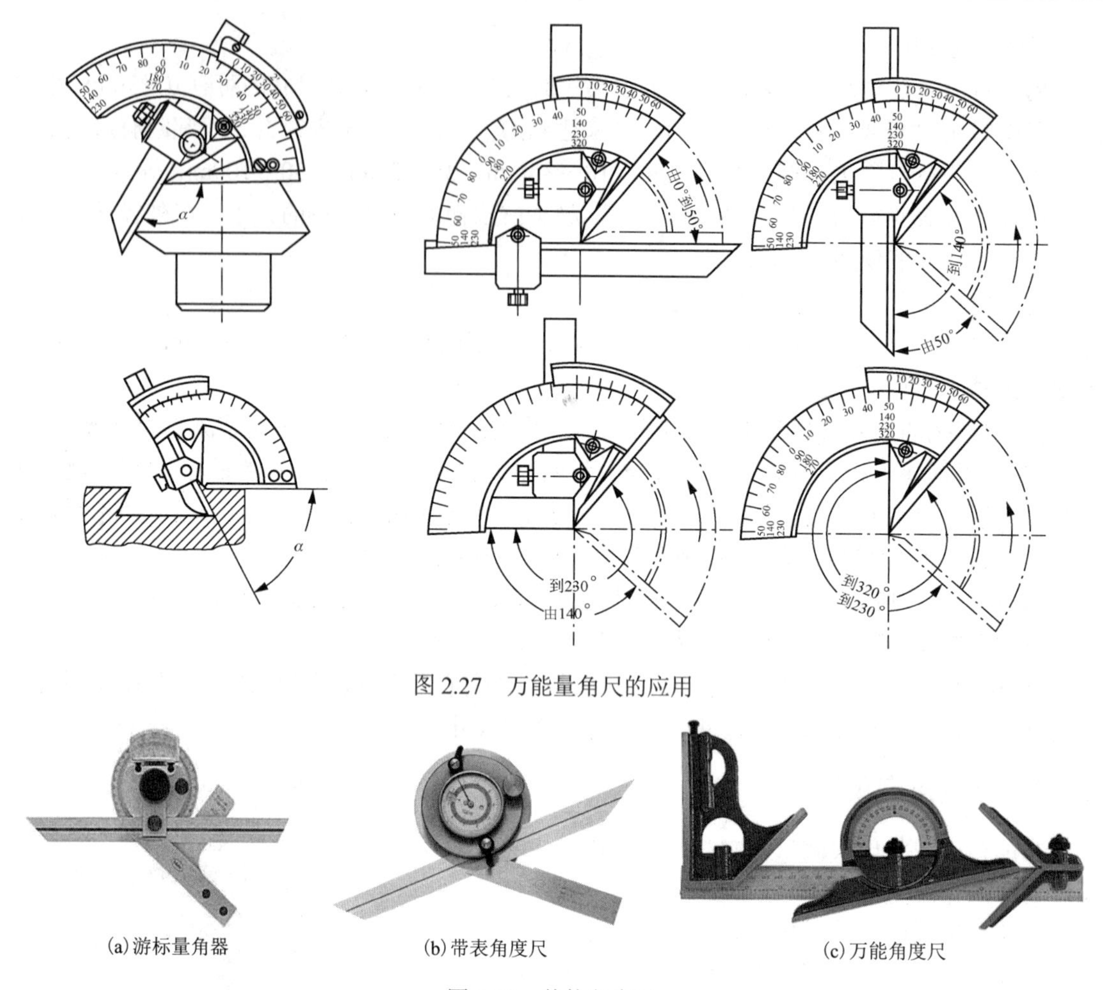

图 2.27　万能量角尺的应用

(a) 游标量角器　(b) 带表角度尺　(c) 万能角度尺

图 2.28　其他角度尺

2.4.7　量具的维护和保养

量具是保证产品质量的重要条件之一，要保持量具的精度和它工作的可靠性除了在使用中要按照合理的使用方法进行操作以外，还必须做好量具的维护和保养工作。以下是量具维护和保养需要注意的问题：

(1) 在机床上测量零件时，必须等零件完全停稳后进行，否则不但使量具的测量面过早磨损而失去精度，而且会造成事故。

(2) 测量前应把量具的测量面和零件的被测量表面都擦拭干净，以免因有脏物存在而影响测量精度。不能用精密量具如游标卡尺、百分尺和百分表等，测量锻铸件毛坯，或带有研磨剂(如金刚砂等)的表面。

(3) 量具在使用过程中不要和工具、刀具堆放在一起，以免碰伤量具。也不要随便放在机床上，应平放在专用盒子里，以免尺身变形。

(4) 量具是测量用的专用工具，绝对不能作为其他工具的代用品。如用游标卡尺划线、用千分尺当小榔头、用钢直尺当起子、用钢直尺清理切屑等。也不能把量具当玩具，如把千分尺等拿在手中任意挥动或摇转等。

(5) 温度对量具精度的影响亦很大，量具不应放在阳光下或床头箱上，更不要把精密量具放在热源(如电炉、热交换器等)附近，以免使量具受热变形而失去精度。

(6) 不要把精密量具放在磁场附近，如磨床的磁性工作台上。

(7) 发现精密量具有不正常现象时，如量具表面不平、有毛刺、有锈斑以及刻度不准、尺身弯曲变形、活动不灵活等，使用者不应当自行拆修，更不允许自行用榔头敲、锉刀锉、砂布打光等粗糙办法修理，以免继续增大量具误差。发现上述情况，使用者应当主动送计量站检修，并经检定量具精度后再继续使用。

(8) 量具使用后，应及时擦拭干净，除不锈钢量具或有保护镀层者外，金属表面应涂上一层防锈油，放在专用的盒子里，保存在干燥的地方，以免生锈。

(9) 精密量具应实行定期检定和保养，长期使用的精密量具，要定期送计量站进行保养和检定精度，以免因量具的示值误差超差而造成产品质量事故。

2.5　零件机械加工流程

零件的机械加工必须遵循一定的加工原则和流程，以保障产品质量。但加工流程又与零件的加工批量、加工精度、材质情况、资源(如人、设备等)配置等诸多因素有关，因此，加工流程的安排需因地制宜，统筹合理，才能保障生产的正常进行。在通常情况下，零件的机械加工流程可如下安排：

(1) 读懂零件图、装配图和毛坯图。零件图反映了需要加工零件的全部信息(如材料类型、零件数量、加工精度、几何形状等)；装配图反映了零件在机构或机器中所处的装配关系；毛坯图反映了零件在本工序前的尺寸余量、热处理状态和其他相关信息。以上三种图是安排零件机械加工流程、工序、工步、生产节奏控制的重要依据，也是各个生产环节相关资源准备的重要依据。

(2) 根据自身资源配置情况合理安排生产流程。由于每个生产企业所配置的人、设备、各类工艺装备等各方面的多样性，使得在加工流程的安排上有诸多选择，因此，根据自身实际情况安排出的生产流程，只要能保证零件的质量，就是最合理的流程。

(3) 生产资源准备。一个零件的加工，特别是复杂性或精密度较高的零件，根据其生产批量的要求，对生产资源的准备过程尤其重要。首先是人、设备、环境必须满足，其次才是相应的刀、夹、量、辅具的准备，只有当这些条件具备后才能保障生产的正常进行。

(4) 合理安排各工序间的生产阶段。零件的生产过程一般是按照粗加工、半精加工和精加工三个阶段来安排的，同时中间穿插一些如热处理、检验等工序。在各加工阶段的工艺顺序安排上又要遵循基准先行、先粗后精、先主后次、先面后孔等原则。

通过上述的具体工序安排，就可大致对零件的生产环节、时间进度、成本核算等有了初步的了解，为后续工作的开展打下了基础。

2.6　切削加工质量评价

经过切削加工后，其加工质量主要由加工精度来判断。加工精度分为以下三个部分：

(1) 尺寸精度。尺寸精度是指零件的直径、长度、两平面之间的距离、角度等尺寸的实际数值与理论值的接近程度。尺寸精度用公差来控制，根据 GB/T 1800.2—1998《极限与配合 基础第 2 部分：公差、偏差和配合的基本规定》，尺寸公差分 20 个等级，用符号 IT+阿拉伯数字来表示，分别为：IT01、IT0、IT1～IT18，其中 IT01 级公差最高(即尺寸精度要求最高)，IT18 级最低(即尺寸精度要求最低)。一般尺寸后未标注公差等级的(即只有尺寸值)按照 IT12 来制造。

(2)形状和位置精度。形状和位置精度是指加工后零件上的点、线、面的实际形状和位置与理想位置相符合的程度。形状精度和位置精度的最大区别在于前者是单一要素，与其他要素没有关系，如直线度、平面度等；而后者是关联要素，必须与某一要素为基准，如平行度、垂直度等。按照 GB/T 1182—2008《产品几何技术规范(GPS)几何公差 形状、方向、位置和跳动公差标注》规定，评定形状精度的项目有 6 项(直线度、平面度、圆度、圆柱度、线轮廓度、面轮廓度)，评定方向公差精度的项目有 5 项(平行度、垂直度、倾斜度、线轮廓度、面轮廓度)，评定位置公差精度的项目有 6 项(同轴度、同心度、对称度、位置度、线轮廓度、面轮廓度)，评定跳动公差的项目有 2 项(圆跳动、全跳动)。

(3)表面粗糙度。表面粗糙度是指加工表面所具有的较小间距和微小峰谷的一种微观几何形状误差。正是由于切削加工的性质(加工过程工艺系统的振动、刀具与工件在加工过程的摩擦等)使得其加工表面总存在着这样的误差，而这种误差的大小会直接影响零件的配合性质、工作过程的准确性、耐磨性等。常见的机械加工表面粗糙度值有 *Ra*12.5、*Ra*6.3、*Ra*3.2、*Ra*1.6、*Ra*0.8、*Ra*0.4，值越小表面越光洁。

以上三个部分是评价零件精度缺一不可的，是作为从零件的设计过程、加工工艺设计、工艺装备的准备、加工过程、质量检验都应一直贯穿的内容。

第3章 车削加工

📖 **教学目的** 本章是为进一步强化对普通机加工技能的掌握而开设的项目。通过车削加工的训练，使之能够掌握普通车削加工工艺基本理论的应用与实践技能、技巧；加强动手能力及劳动观念的培养；掌握一般车工零件的加工方法。

该内容尤其在培养学生对所学专业知识综合应用能力、认知素质和学科竞赛零件加工制造与工艺编制等方面是不可缺少的重要环节。

📖 **教学要求**

(1) 掌握普通车床的型号、用途及各组成部分的名称与作用。

(2) 掌握车工常用刀具、量具以及车床主要附件的结构和应用。

(3) 掌握车削外圆、端面、锥面、切槽、螺纹和孔加工的方法与操作要领。

(4) 了解车削加工可达到的精度等级和表面粗糙度的大致范围。

(5) 掌握车工的安全操作规程。

3.1 车工概述

3.1.1 车削加工的工艺范围

车削是以工件旋转做主运动，车刀移动做进给运动的切削加工方法，它最适合加工各类回转体的零件。同时，对于非回转体零件中具有回转体要素的部分也可以应用相应的方法通过车削完成。车削加工的基本工作内容有车外圆、车端面、车槽与切断、钻中心孔、钻孔、车内孔、铰孔、车螺纹、车圆锥、车成形面、滚花、盘绕弹簧等，如图 3.1 所示。车削加工的尺寸精度一般可达 IT7～IT8，表面粗糙度 *Ra* 可达 3.2～1.6μm。

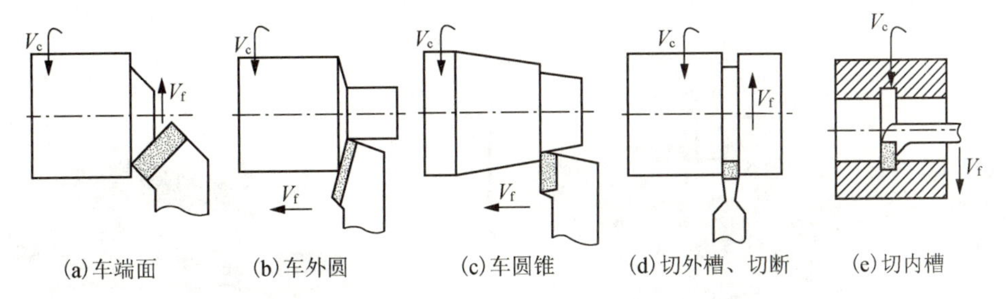

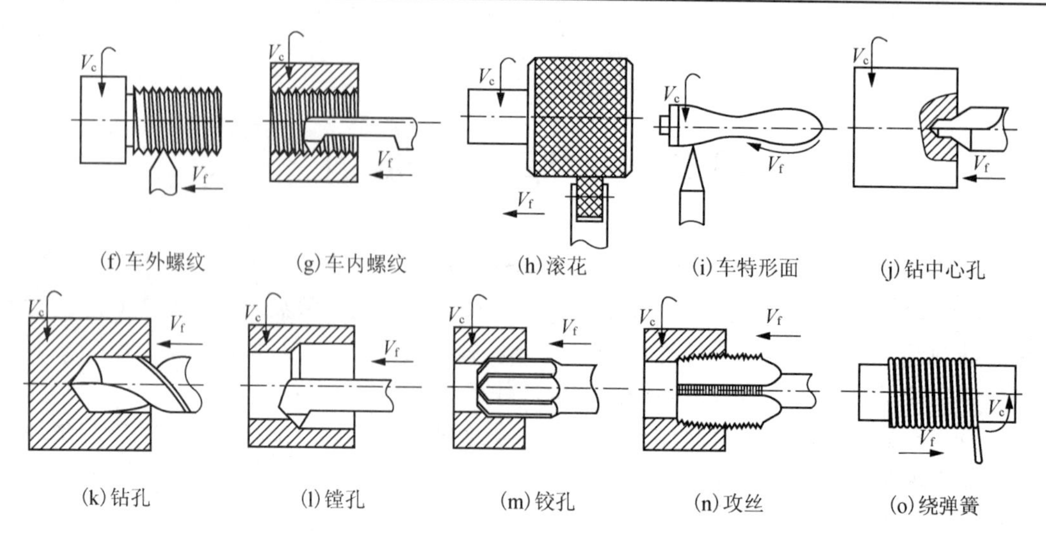

图 3.1　车削加工的主要工作内容

正是由于车削加工的工艺范围广，车削加工是机械加工中最常用的加工方法之一，无论在单件或小批生产及机械修配工作中，还是在成批、大量生产时，车削加工都占有很重要的地位。

3.1.2　车床简介

车床的种类较多，根据其用途和结构不同，主要有卧式车床、立式车床、转塔车床、回轮车床、仿形车床、多刀车床、自动车床和各类专门化车床等，图 3.2 列出了几种常见的车床。

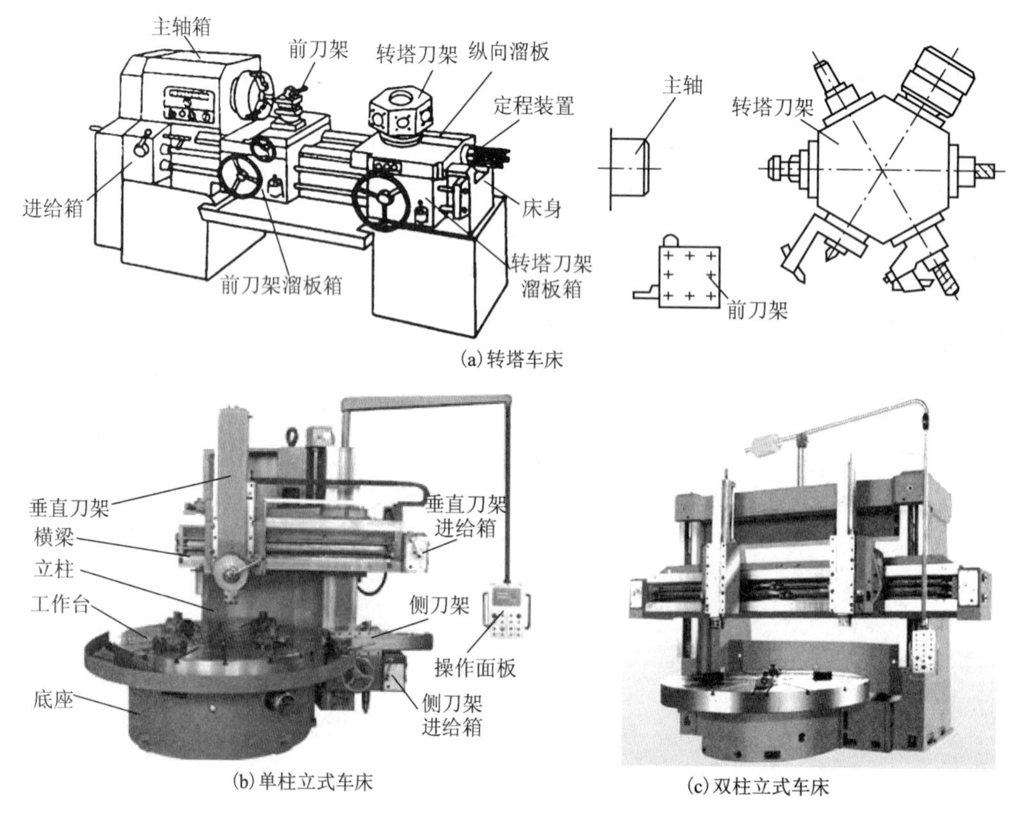

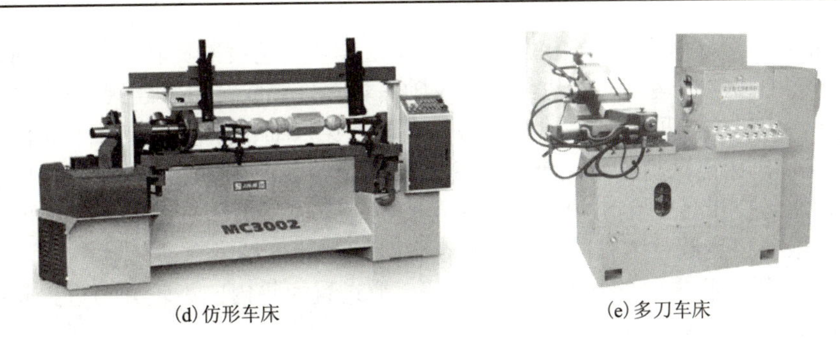

(d) 仿形车床　　(e) 多刀车床

图 3.2 其他常见车床

3.1.3 C6132A 型卧式车床简介

由于车床种类繁多，本书只介绍 C6132 型卧式车床，其他种类的车床读者可根据自身情况查阅相关资料。

1. 车床型号代码介绍

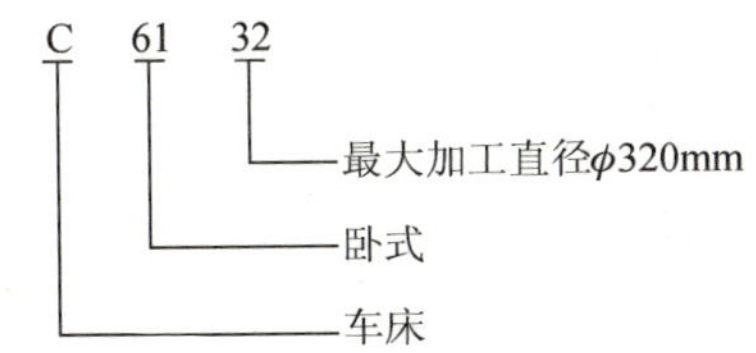

2. 车床的主要组成部分及作用

为了完成车削加工，车床必须具有带动工件作旋转运动和使刀具作直线运动的机构，并要求两者都能变速和变向。卧式车床的主要部件如图 3.3 所示。

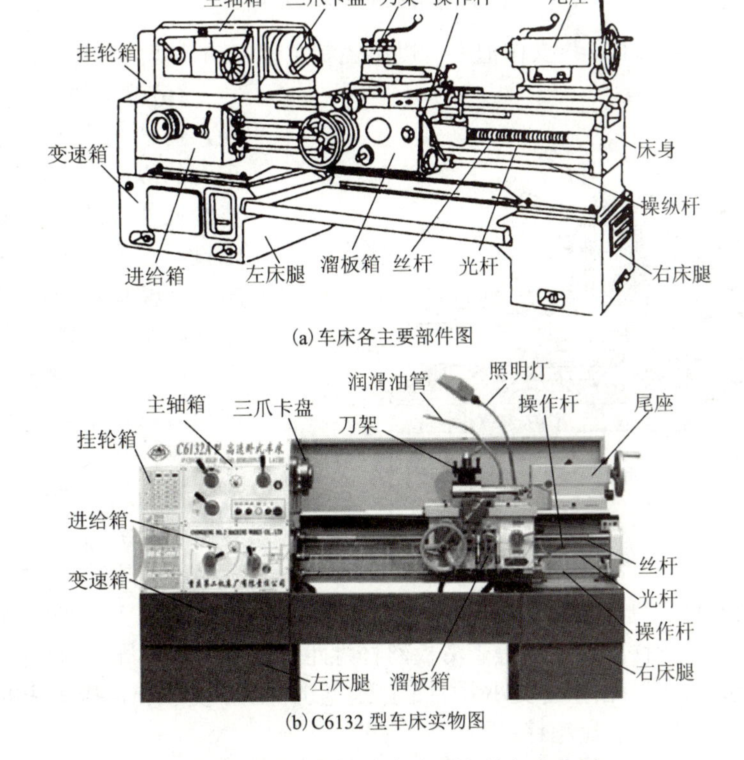

(a) 车床各主要部件图

(b) C6132 型车床实物图

图 3.3 C6132 型车床各主要部件与实物图

(1) 主轴箱。用于支承主轴并通过变速齿轮使之作多种速度的旋转运动。同时，主轴通过主轴箱内的另一些齿轮将运动传入进给箱。主轴右端有外螺纹，用以连接卡盘、拨盘等附件，主轴内有锥孔，用以安装顶尖。主轴为空心件，以便穿入细长棒料和用顶杆卸下顶尖。

(2) 变速箱。机床电动机的动力通过变速箱内的变速齿轮，使变速箱输出轴可获得 6 级不同的转速，并通过皮带传动至主轴箱。变速箱的位置在远离机床主轴的地方，可以减少机械传动中产生的振动和热量对主轴的不利影响，提高切削加工精度。

(3) 挂轮箱。用于将主轴的转动传给进给箱。通过置换箱内的齿轮并与进给箱配合，可以车削各种不同螺距的螺纹。

(4) 进给箱、光杠、丝杠。进给箱内安装有进给运动的变速齿轮，用以传递进给运动、调整进给量和螺距。进给箱的运动通过光杠或丝杠传给溜板箱，光杠使车刀车出圆柱、圆锥、端面等光滑表面，丝杠使车刀车出螺纹。

上述部件的传动关系如图 3.4 所示。

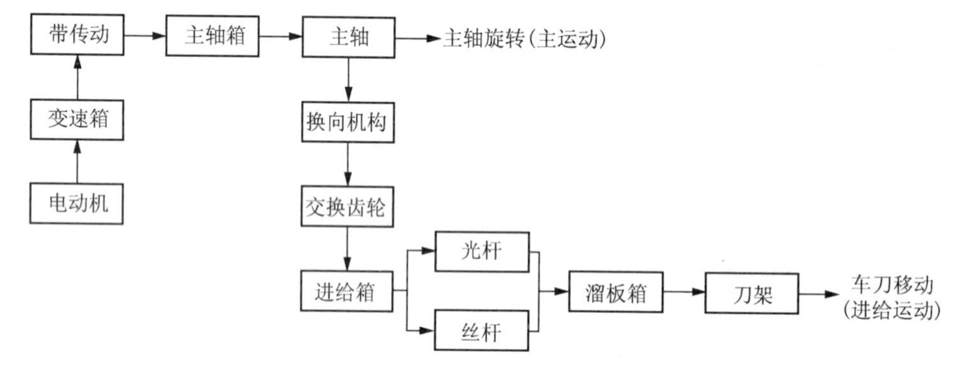

图 3.4　C6132A 车床传动框图

(5) 主轴操作杆。用于安装操作把手，以便控制主轴起动、变向和停止。

(6) 溜板箱（图 3.5）。与床鞍相连，可使光杠传来的旋转运动变为车刀的纵向或横向直线移动，也可将丝杠传来的旋转运动通过开合螺母直接变为车刀的纵向移动以车削螺纹。溜板箱内设有互锁机构，使光杆和丝杆不能同时使用。

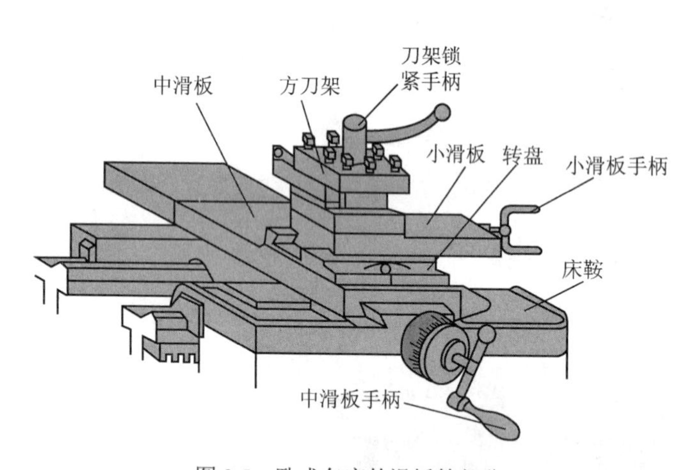

图 3.5　卧式车床的滑板箱部分

(7) 中、小滑板。滑板上面有转盘和刀架。小滑板手柄与小滑板内部的丝杆连接，摇动此手柄时，小滑板就会纵向进或退。中滑板手柄装在中滑板内部的丝杆上，摇动此手柄，中滑板就会横向进或退。中、小滑板上均有刻度盘，刻度盘的作用是在车削工件时能准确移动车刀以控制背吃刀量。刻度盘每转过一格，车刀所移动的距离等于滑板丝杆螺距除以刻度盘圆周上等分的格数。

(8) 床身和床腿。床身由床腿支承并固定在地基上，用于支承和连接车床的各个部件。床身上面有两条导轨供床鞍和尾座移动。

(9)床鞍。床鞍与床面导轨配合，摇动手轮可以使整个溜板箱部分作左右纵向移动。小滑板下面的转盘上有两个固定螺钉，松开该螺钉，将小滑板转过一定的角度，就可以车出圆锥。

(10)刀架。固定于小滑板上，用于夹持车刀(刀架上可同时安装四把车刀)。刀架上有锁紧手柄，松开锁紧手柄即可转动方刀架以选择车刀或将车刀转动一定的角度。在加工状态必须旋紧手柄以固定刀架。

(11)尾座。安装在车床导轨上并可沿导轨移动，尾座的结构如图3.6所示。尾座内的套筒1前端是莫氏锥孔，用于安装顶尖、钻夹头、钻头、铰刀等(莫氏锥度有1～5号，对于不能与本尾座配套的其他莫氏刀具可通过相应的转换套进行转换)；当安装顶尖用于支承细长工件时，应将套筒锁紧手柄锁紧，防止顶尖松动；当用尾座钻孔时，应松开用压板压紧导轨的尾座锁紧手柄，待尾座与工件之间的距离合适后，再锁紧该手柄以固定尾座，使钻头在钻孔时的切削力由尾座来支撑。如该手柄不能锁紧尾座则需旋转固定螺钉，以减小压板与尾座的间隙；如需车削小锥度、长锥面工件，则需松开固定螺钉，旋转调整螺钉使尾座沿工件直径方向偏移一定的位置，然后安装上顶尖后顶住工件进行加工；通过转动手轮可使套筒在座体内缩进或伸出，将套筒缩进到最后位置时即可卸出顶尖或刀具。

除以上主要构件外，车床上还有将电能转变为主轴旋转机械能的电机、润滑油和切削液循环系统、各种开关和操作手柄，以及照明灯、切削液供应管等附件。

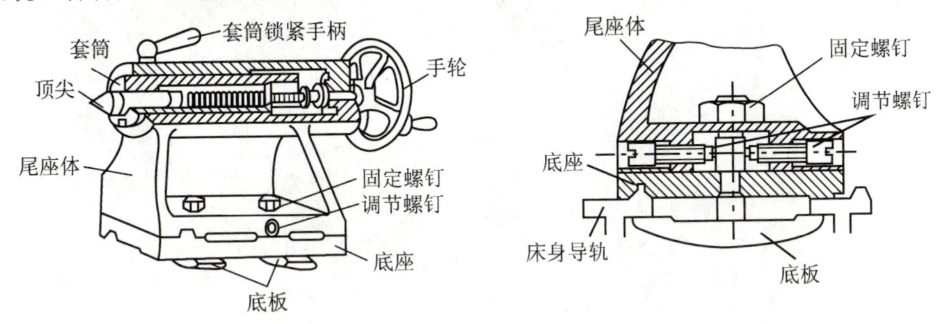

图3.6 尾座

3.2 车床的基本操作方法与注意事项

3.2.1 各手柄的认识与变换

车削加工的首要条件是机床的主轴必须旋转，而在不同的加工条件下其主轴转速的改变必须由人工来完成。

1. **床头箱手柄介绍**(图3.7)

1)主轴转速调整

对照主轴转速表中的转速，通过改变“变速手柄1”“变速手柄2”和“主轴高/低速转换旋钮”的位置即可实现。“变速手柄1”有“蓝、红、黄”三个位置；“变速手柄2”有“左、中、右”三个位置；“主轴高/低速转换旋钮”有“H、L”两个挡位。图3.7所示的手柄位置，对应到主轴转速表就为240r/min。

变速时的注意事项如下：

(1)转动手柄时一定要将各手柄的位置转到位，否则在机床启动时主轴不会旋转，而且将伴随有主轴箱内传出的“哒哒声”，即齿轮未啮合到位的声音。

(2) 各手柄转到位后，在启动主轴前一定要检查卡盘扳手是否从三爪卡盘上取下，工件是否夹紧或有无其他物品干涉到主轴的旋转，否则极易发生伤人事件。

(3) 加工过程如果需要改变主轴转速，必须将主轴停止后才能转动相关手柄。严禁在主轴旋转过程或主轴未完全停止的情况下变速。

(4) 如果手柄在变换过程不能到达正常的位置，则有可能是主轴箱内的齿轮未能达到正常啮合位置所致，此时只需轻轻转动三爪卡盘即可将手柄转动相应的位置。

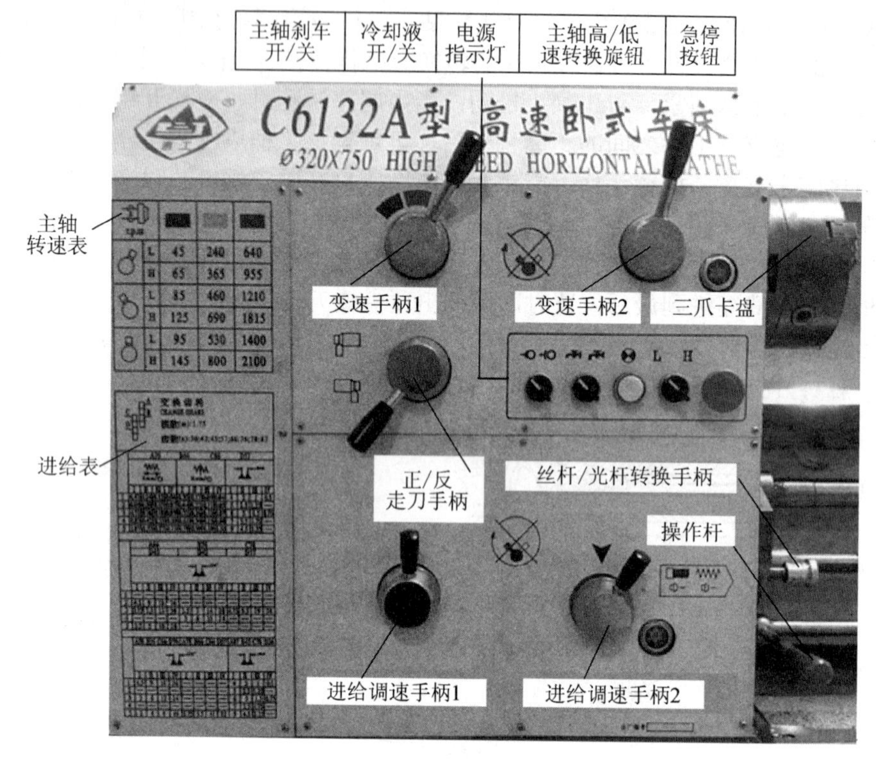

图 3.7　车床床头箱手柄

在上述操作完成后，即可将主轴操作杆提起来验证主轴的转速是否变换到位。主轴启动手柄的操作应注意以下问题：

(1) 向上提起手柄是使主轴正转(从尾座方向向主轴观察为逆时针旋转)，在正常加工工件的过程都应使主轴正转，严禁反转主轴进行加工。

(2) 手柄的中间位置是使主轴停止。手柄到达该位置后，主轴的刹车装置将使主轴缓慢停止。

(3) 向下按下手柄是使主轴反转(从尾座方向向主轴观察为顺时针旋转)。主轴反转一般在螺纹加工过程中为了不发生乱牙现象，在刀具的退回过程需要主轴反转。在正常加工过程严禁用反转迫使主轴快速停止，以免损坏主轴电机。

2) 进给速度调整

进给速度表内有“进给速度、公制螺纹螺距、英制螺纹螺距”三种表格，每个表格的横排均有“1、2、3、4、5”行，由“进给调速手柄 1”控制；纵排有“Ⅰ、Ⅱ、Ⅲ、Ⅳ”列，由“进给调速手柄 2”控制，如图 3.8 所示。

3) 正/反走刀手柄

该手柄置于位置，控制机床自动走刀为“从右往左进刀(正走刀)”；将手柄置于位置，控制机床自动走刀为“从左往右进刀(反走刀)”。一般情况下该设备均应放在“正走刀”位置。

4) 丝杆/光杆转换手柄

该手柄往左按下为丝杆转动(用于螺纹的加工)，往右拉出为光杆转动(用于圆柱面的加工)。如图3.7所示为拉出状态。

5) 主轴刹车开/关

将旋钮拧到左侧位置，即主轴刹车开关有效，此时主轴由旋转状态到停止状态的时间较短；将旋钮拧到右侧位置，即主轴刹车开关无效，此时主轴由旋转状态到停止状态的时间较长。

6) 冷却液开/关

将旋钮拧到左侧位置，即关闭冷却液；将旋钮拧到右侧位置，即打开冷却液。

7) 电源指示灯

机床电源通电后，该灯处于点亮状态，否则为熄灭状态。

8) 急停按钮

当机床在操作过程遇到紧急情况时，应立即按下该按钮，以切断机床的所有运动。当要解除急停状态时，可顺时针旋转该旋钮。

2. 进给速度手柄介绍

通过改变“进给调速手柄1”和“进给调速手柄2”的位置来实现进给速度的变换。在手柄左侧有机床的进给速度表(图3.8)，按照表的指示扳转手柄至相应的位置即可。变速时的注意事项与主轴转速变换的方法一致。

注意：主轴转速与进给速度是切削三要素中的两个，它们的取值一定要根据实际情况，在查阅相关切削手册或在指导老师的指导下进行选择，切忌随意变换。

3. 自动走刀手柄介绍(图3.9)

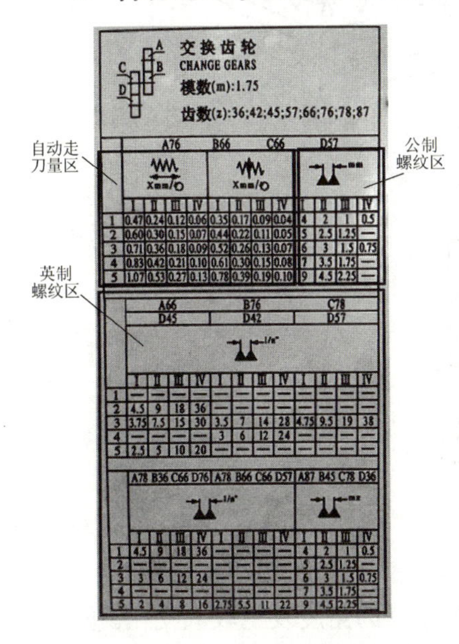

交换齿轮
CHANGE GEARS
模数(m):1.75
齿数(z):36;42;45;57;66;76;78;87

A76 B66 C66 D57

	Xmm/○ I	II	III	IV	Xmm/○ I	II	III	IV	mm I	II	III	IV
1	0.47	0.24	0.12	0.06	0.35	0.17	0.09	0.04	4	2	1	0.5
2	0.60	0.30	0.15	0.07	0.44	0.22	0.11	0.05	5	2.5	1.25	—
3	0.71	0.36	0.18	0.09	0.52	0.26	0.13	0.07	6	3	1.5	0.75
4	0.83	0.42	0.21	0.10	0.61	0.30	0.15	0.08	7	3.5	1.75	—
5	1.07	0.53	0.27	0.13	0.78	0.39	0.19	0.10	9	4.5	2.25	—

A66 B76 C78; D45 / D42 / D57; 1/n"

	D45 I	II	III	IV	D42 I	II	III	IV	D57 I	II	III	IV
1	—	—	—	—	—	—	—	—	—	—	—	—
2	4.5	9	18	36	—	—	—	—	—	—	—	—
3	3.75	7.5	15	30	3.5	7	14	28	4.75	9.5	19	38
4	—	—	—	—	3	6	12	24	—	—	—	—
5	2.5	5	10	20	—	—	—	—	—	—	—	—

	A78 B36 C66 D76 (1/n") I	II	III	IV	A78 B66 C66 D57 (1/n") I	II	III	IV	A87 B45 C78 D36 (mz) I	II	III	IV
1	4.5	9	18	36	—	—	—	—	4	2	1	0.5
2	—	—	—	—	—	—	—	—	5	2.5	1.25	—
3	3	6	12	24	—	—	—	—	6	3	1.5	0.75
4	—	—	—	—	—	—	—	—	7	3.5	1.75	—
5	2	4	8	16	2.75	5.5	11	22	9	4.5	2.25	—

图3.8　车床进给速度表

图3.9　车床自动走刀手柄

将“丝杆/光杆手柄”向右拉出置于光杆转动状态，抬起“操作杆”使主轴正转，然后将“大滑板自动走刀手柄”抬起，此时机床将沿工件轴线方向自动走刀，即车外圆；如果将“中滑板自动走刀手柄”抬起，此时机床将沿工件直径方向自动走刀，即车端面。

4. 螺纹加工手柄介绍

将“丝杆/光杆手柄”向左按下置于丝杆转动状态，抬起“操作杆”使主轴正转，然后将“开合螺母手柄”按下，此时开合螺母与丝杆连接，机床将按进给速度手柄所对应的导程加工螺纹。如将“开合螺母手柄”抬起，则开合螺母与丝杆断开，机床停止移动。

5. 车刀的安装(图 3.10)

在加工前必须正确安装车刀，否则极易发生安全事故或造成产品质量的不合格。

刀具安装在刀架上，刀架最上方的手柄(图 3.5)用于松开(逆时针转动手柄)或锁紧(顺时针转动手柄)刀架。刀架在加工、装刀和卸刀过程必须锁紧。刀架在进行选刀或改变刀具角度过程处于松开状态。

安装车刀的步骤如下：

(1)用1～3张垫片调整车刀刀尖高度与主轴中心线或尾座顶尖的高度一致，如图3.10(a)、(b)、(c)所示。如果刀尖高于工件轴线，会使前角增大而后角减小；相反，则会使前角减小，后角增大。注意垫片在放置时应叠放整齐，如图3.10(d)、(e)所示。

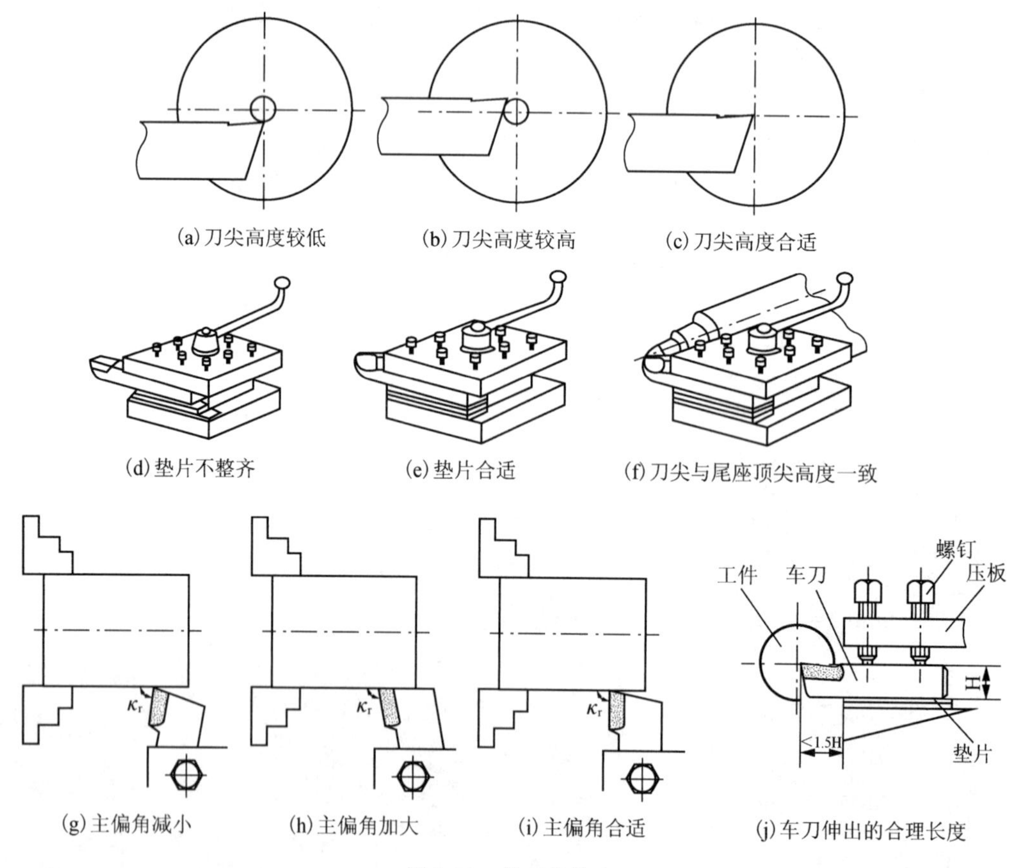

(a)刀尖高度较低　(b)刀尖高度较高　(c)刀尖高度合适

(d)垫片不整齐　(e)垫片合适　(f)刀尖与尾座顶尖高度一致

(g)主偏角减小　(h)主偏角加大　(i)主偏角合适　(j)车刀伸出的合理长度

图 3.10　车刀的装夹

(2)调整刀体的中心线尽量与主轴中心线垂直，以避免刀具的角度发生较大变化。如果刀体轴线不垂直于工件轴线，将影响主偏角和副偏角，会使切断刀切出的断面不平，甚至使刀头折断，会使螺纹车刀车出的螺纹产生牙型半角误差，如图3.10(g)、(h)、(i)所示。

(3)调整刀头的伸出长度小于刀杆厚度的1～1.5倍(避免刀具的刚性较差，在加工过程发生振动)，并保证刀架上至少有两个压紧螺钉压紧刀体，如图3.10(j)所示。

(4)用刀架扳手交替旋转压紧螺钉以压紧刀具。注意：压紧过程严禁使用加力棒，以免损坏螺钉。

(5)锁紧刀架后，仔细检查刀具是否会与机床的其他附件(特别是主轴和尾座，小托板与三爪卡盘)发生干涉现象，或超出加工极限位置等现象。

(6)检查刀具的中心高是否合适，有三种方法：车工件的端面，在要到工件的回转中心处即可观察到刀具的中心高是否合适，如图3.10(c)所示；用钢直尺测量从中滑板到刀尖的高度；用刀具与尾座上安装的顶尖高度重合，如图3.10(f)所示。

6. 工件的装夹(图3.11)

根据工件的形状、大小和加工数量不同，一般可采用四种装夹方法：三爪卡盘安装、四爪卡盘安装、两顶尖安装和一夹一顶安装。下面介绍用三爪卡盘的安装步骤：

(1)将主轴转速处于空挡位置(避免由于误操作使主轴旋转而造成人身伤害事故)。

(2)旋转卡盘扳手使三爪卡盘扩张(缩小)到适当的位置。

(3)将工件装入三爪卡盘内，旋转卡盘扳手使三爪卡盘轻轻夹住工件。

(4)用钢直尺测量工件的伸出长度是否大于需要加工的长度尺寸。注意：在满足加工需要的情况下，应尽量减少工件的伸出长度。

(5)用卡盘扳手将工件适度地夹紧。

(6)用低速(300r/min左右)启动主轴正转，观察工件跳动是否正常。三爪自定心卡盘是自动定心夹具，装夹工件一般不需校正，用目测方式观察即可。当工件夹持长度较短且伸出长度较长时，往往会产生歪斜，离卡盘越远跳动越大，当跳动量大于工件加工余量时，必须校正后方可车削。

校正的方法如图3.12所示：将划线盘针尖靠近轴最右端外圆，左手转动卡盘，右手轻轻敲动划针，使针尖与外圆的最高点刚好接触，然后目测针尖与外圆之间的间隙变化，当出现最大间隙时，用工具将工件轻轻向针尖方向敲动，使图示工件的校正间隙缩小约1/2，然后将工件再夹紧些。重复上述检查和调整，直到跳动量小于加工余量即可。如果是对工件进行二次装夹(如调头进行精加工)，则需要用百分表进行检查。

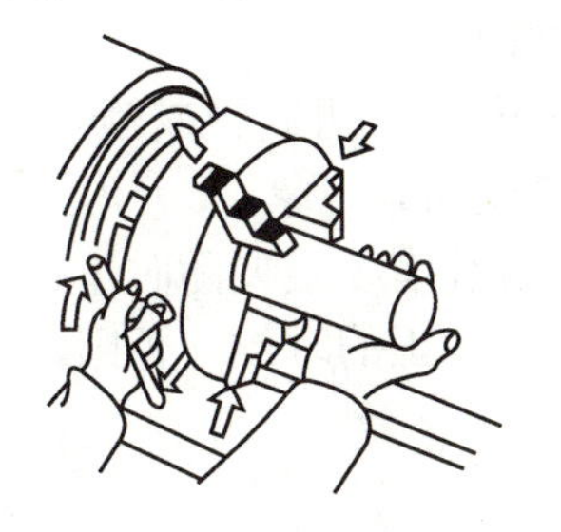

图3.11　工件的装夹

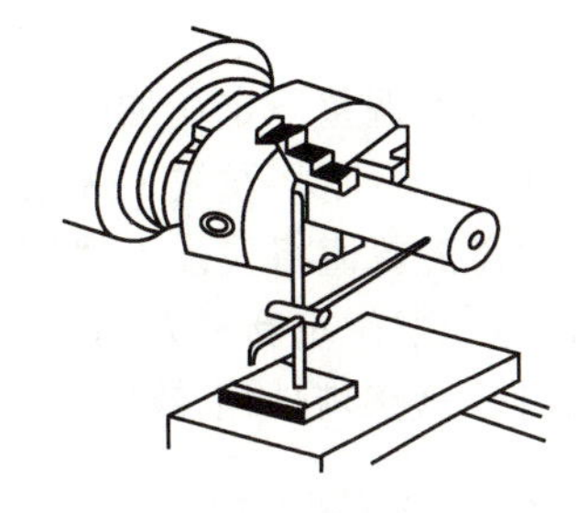

图3.12　工件的校正

(7)停主轴，用卡盘扳手和加力棒将工件夹紧。如果是薄壁工件则夹紧力量需要适当，否则会造成工件变形。

3.2.2　车床刻度盘及其手柄的操作方法

在加工过程的背吃刀量调整和各类尺寸的保证都需要用到刻度盘，因此，正确认识和操作刻度盘是车工必须掌握的一个重要知识点。

1. 刻度盘的认识

车床的刻度盘有 4 个，下面以 C6132 型卧式车床的刻度盘为例进行说明，如表 3-1 所示。

表 3-1 刻度盘的使用

刻度盘名称	作用	刻度距离	使用注意事项
大滑板刻度盘	控制车床轴向移动的距离	一圈共 220 格，每小格 1mm	大滑板一般通过自动走刀移动，以控制工件的表面粗糙度，也可小范围手动移动，以控制工件的轴向尺寸
中滑板刻度盘	控制车床径向移动的距离	一圈共 200 格，每小格在半径上移动 0.02mm	该距离为半径值。注意：有些机床为直径值。因此在加工过程应仔细阅读说明书或试切后再确定
小滑板刻度盘	控制车床轴向移动的距离。但主要用于小范围的调整	一圈共 60 格，每小格 0.05mm	(1)在螺纹加工中可用于螺距的调整 (2)在台阶的加工过程中可用于保证台阶的轴向尺寸 (3)在锥度加工过程用于加工锥度的外(或内)表面
尾座刻度盘	用于在钻孔过程观察钻孔的深度	共 150 格，每小格 1mm	有的机床尾座没有此刻度盘，有的机床以直线的刻度形式刻于尾座的套筒上

2. 刻度盘的操作注意事项

(1)刻度盘顺时针转动为刀具接近工件(进刀)方向，逆时针为远离工件(退刀)方向。

(2)在操作刻度盘接近需要的刻度值时，应缓慢进行逐渐达到。如果不小心超过了刻度值，应反转 0.5～1 圈后再逐渐接近需要的刻度值，以此消除螺纹的反向间歇，如图 3.13 所示。

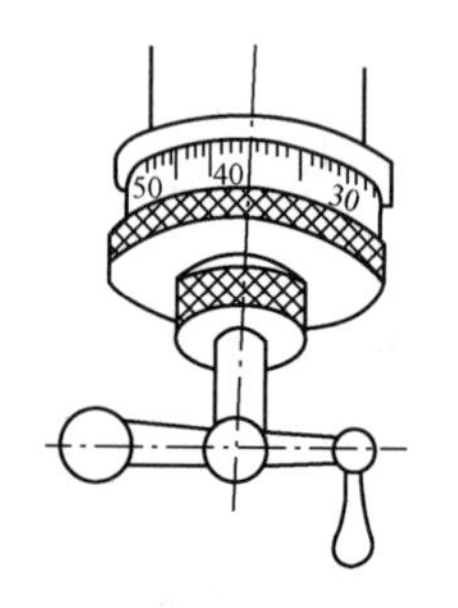

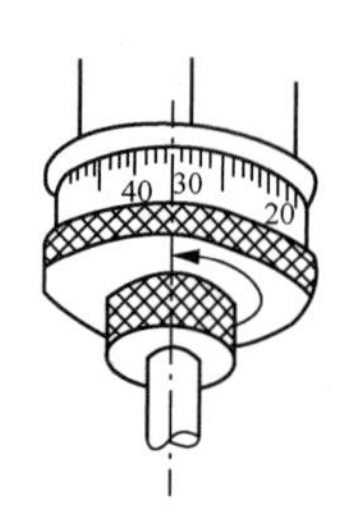

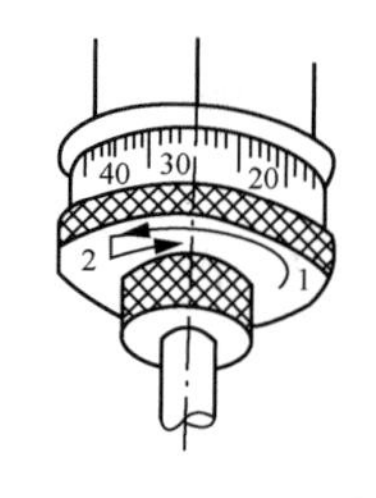

图 3.13 刻度盘的使用

(3)在顺时针或逆时针旋转中滑板或小滑板的过程中，应注意观察刀架的前端不要超过主轴的中心线，后端不要与刻度盘等凸台碰撞等现象，以上两个位置都将造成滑板中的丝杆与螺母发生脱离，而需要拆卸相关部件进行修理的情况。

(4)刻度盘的调整一定在加工前就完成，在自动走刀过程严禁再旋转或触碰刻度盘(特别是进刀的方向)，否则将发生工件报废、刀具损坏、操作者受伤等现象。

(5)刻度盘的数值将关系工件尺寸的准确与否，因此，操作者一定要随时牢记这几个刻度盘的数值，避免发生重新对刀的现象，特别是在即将进行精加工的时候，否则，不但尺寸不易保证，而且还会影响加工效率。

3.2.3 试切方法(图 3.14)

在掌握上述操作方法后就可以启动机床进行试切工作。试切步骤如下：

(1)启动主轴正转后，通过旋转手柄使刀尖到达工件右端外圆表面并轻轻接触，如图 3.14(a)所示。

(2)刀具向右退出工件表面，记下中滑板的刻度值，如图 3.14(b)所示。

(3)按照背吃刀量的要求，旋转中滑板的刻度盘至相应的刻度值，如图 3.14(c)所示。

(4)手动慢慢旋转大滑板手柄，使刀具向左试切工件表面 2～3mm，如图 3.14(d)所示。

(5) 向右退刀并停止主轴。

(6) 用游标卡尺测量工件尺寸，如图 3.14(e)所示。如果是粗加工，则只要在规定的吃刀深度并且有加工余量即可；如果是精加工，则需要仔细测量，如果尺寸公差要求较高还必须用千分尺进行测量。

(7) 如果需要调整尺寸值，则通过中滑板刻度盘进行调整后，使用自动走刀方式将该表面加工完成，如图 3.14(f)所示。

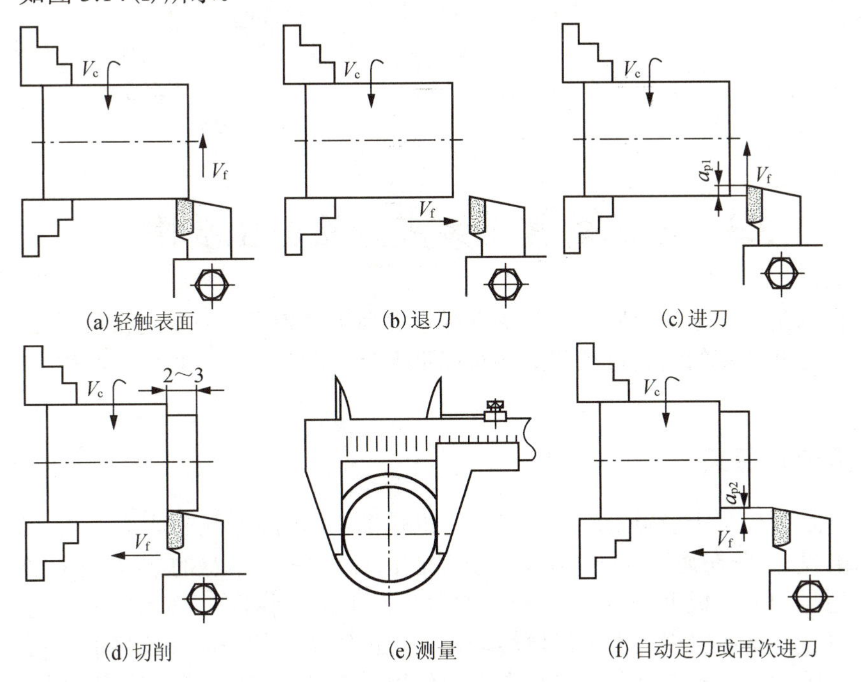

图 3.14 车床试切方法

试切过程除了测量尺寸公差达到预定的要求之外，还可以观察表面粗糙度是否达到零件图的规定，如果不能达到则需要重新调整主轴转速和进给量。另外，在精加工过程为了避免由于试切而留下的接刀痕迹和使表面粗糙度一致，常见的做法应该是：在试切时留 0.1mm 左右的加工余量，在仔细测量工件尺寸准确后，再用中滑板调整到最终的尺寸值，然后将该表面加工完成。

3.2.4 切削方法(图 3.15)

通过试切后，一般情况就可以用自动走刀的方式完成工件的加工。其步骤如下：

(1) 为保证工件的长度尺寸，一般先用刀尖和钢直尺在需要保证的长度尺寸处旋转主轴刻出一个记号，如图 3.15(a)所示。

(2) 在试切获得尺寸后，在纵向自动进刀至记号前的 1～2mm 处就需要停止，然后改用手动进刀方式切削到记号处，如图 3.15(b)所示。

(3) 旋转中滑板手柄，使刀尖离开工件已加工表面，然后将刀具退至上一刀的起刀点，进行下一次的切削准备。

(4) 在最后一次进刀时，车刀在纵向进刀结束后，须摇动中滑扳手柄均匀退出车刀，以确保台阶面与外圆表面垂直，如图 3.15(c)所示。

(5) 对于余量较大的台阶，通常先用 75° 车刀粗车，再用 90° 车刀精车。

切削过程是切削三要素密切配合的过程，它所涉及的因素较多(如工件材料、刀具材料、切削状态、机床刚性等)，初学者应在指导教师的指导下进行。

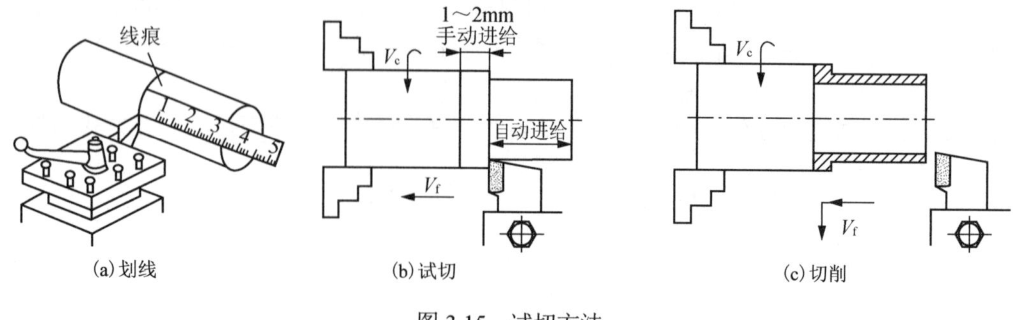

图 3.15　试切方法

3.3　车工的常见装夹方法与主要附件

装夹的目的是在保证加工质量的前提下尽量提高生产效率。对于通常可以在车床上加工的零件种类，卧式车床的装夹方法和附件有三爪卡盘、四爪卡盘、顶尖、心轴、花盘、中心架和跟刀架等。

3.3.1　三爪卡盘装夹

三爪卡盘是卧式车床使用最广泛的附件，也是最常用的装夹方法，购买机床时厂家也是只配备三爪卡盘(除非在购买合同中签订有其他的附件)，三爪卡盘的结构如图 3.16 所示。操作时将专用型号的卡盘扳手(型号不一样的卡盘其方孔的大小不一)插入三个方孔中的任意一个转动，即可使小锥齿轮带动大锥齿轮转动，大锥齿轮背面的平面螺纹将带动三个卡爪同时做径向移动。因此，三轴卡盘具有自动定心的作用，它装夹方便，省去了许多校正零件的准备时间，其自动定心的精度为 0.05～0.15mm。

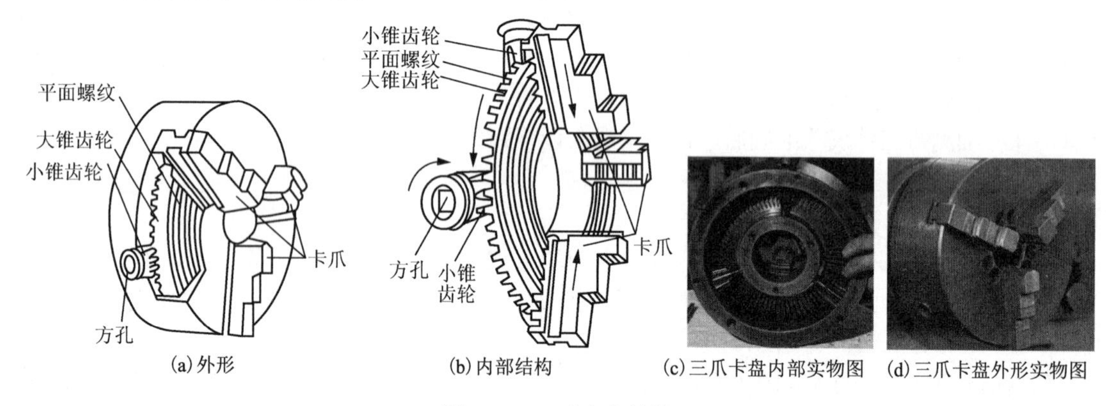

图 3.16　三爪卡盘结构

三爪卡盘适合装夹以下零件：

(1) 中、小型轴类和盘类零件。

(2) 截面为正三角形、正六角形等中心与外形边缘等距的零件。

(3) 当工件内孔直径较大时，可用正爪的外台阶将工件的内孔反撑装夹，如图 3.17(b) 所示。

(4) 对工件直径较大但重量不宜太重的工件，可用反爪装夹，如图 3.17(c) 所示。

(5) 对于要求装夹精度较高且不能夹伤已加工表面的工件，可用软爪(三个卡爪未经过热处理工艺)装夹，但装夹前需要根据零件的直径自行车削一个与之相配合的内孔，以保证装夹精度。软爪卡盘的通用性没有三爪卡盘高。

三爪卡盘的使用注意事项：

(1)装夹过程应先将主轴处于空挡位置，避免误操作启动机床出现伤人现象。

(2)由于三爪卡盘的夹持力不大，在用卡盘扳手夹紧时应用加力棒辅助，且最好在三个方孔内均要进行夹紧(但对于薄壁零件就需要控制夹紧力)。

(3)一般零件的夹持长度应不小于10mm。对于直径小于30mm的零件，其悬伸长度不大于直径的5倍；对于直径大于30mm的零件，其悬伸长度不大于直径的3倍。

(4)零件装夹完毕后，应立即取下卡盘扳手，放入工具箱内，如机床配有专用的安全保护器，应放入安全保护器内(必须将卡盘扳手放入安全保护器内，使其接通保护器内的开关，否则机床主轴不能启动)，避免主轴启动时卡盘扳手飞出伤人或损坏机床。

(5)机床挂抵挡，启动机床，检查零件是否夹正，如有问题应将工件校正后再按照上述步骤重新装夹。

(6)再次将机床挂空挡，移动车刀至加工行程的最左端，用手旋转卡盘，检查刀架与卡盘是否有干涉现象。

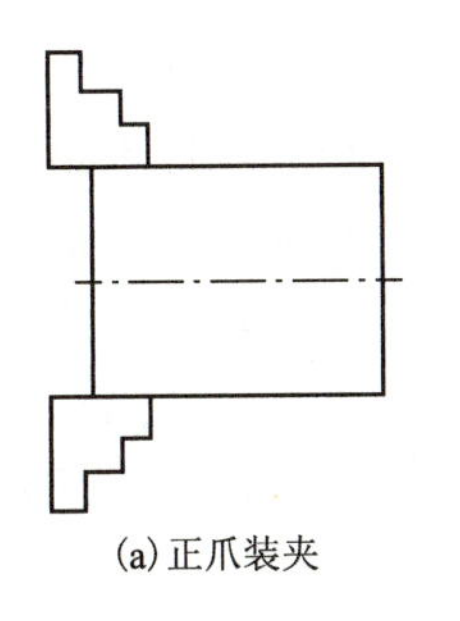
(a)正爪装夹

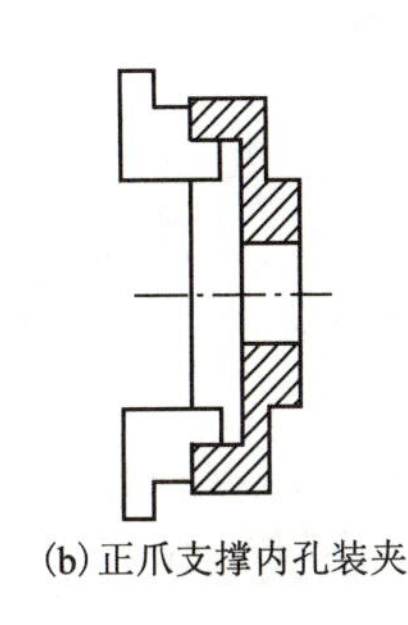
(b)正爪支撑内孔装夹

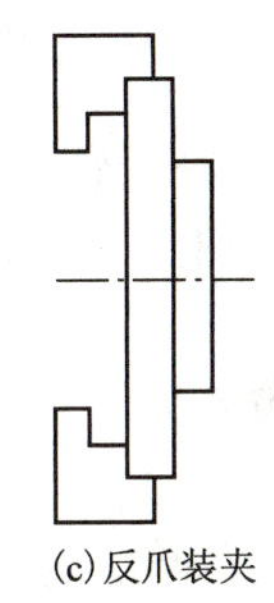
(c)反爪装夹

图3.17 装夹形式

3.3.2 四爪卡盘装夹

四爪卡盘也是卧式车床常见的附件，其结构如图 3.18(a)、(b)所示。由于它的四个卡爪分别由四个螺杆来控制其径向的位移，因此也叫四爪单动卡盘。由于不能像三爪卡盘那样进行自动定心，因此对工件的调整找正时间较长，对个人的技术水平要求较高。四爪卡盘与三爪卡盘相比具有以下优点：

(1)除三爪卡盘适合装夹的零件之外，还适合装夹各类方形、偏心和形状不规则的零件。

(2)夹持力量比三爪卡盘大，因此适合加工一些重量较重的零件。

(3)装夹的精度优于三爪卡盘，调整好后可达0.01mm。

(4)由于上述特点，四爪卡盘更适合加工批量零件。

按照定位精度的要求，四爪卡盘可分别用划线找正和百分比找正。划线找正的精度可达0.02～0.05mm，百分表找正的精度可达0.01mm。

下面简单介绍用划线找正的方法(图3.18(c))：

(1)将事先划好线的零件初步装夹于卡盘上。

(2)将划线盘放在中滑板平面上，并调整划针的位置靠近零件的端面。

(3)手动转动卡盘，观察划针与零件端面的位置，如有距离不相等的地方应用榔头轻轻敲击距离最近的地方。

(4)将划针放于划线的轮廓处，手动转动卡盘，观察划针与划线轮廓的位置，如有偏离，应将离针尖最远的卡爪松开，拧紧对面的一个卡爪，如此反复直至校正。

注意：当用四爪卡盘装夹重量较重的偏心或形状不规则工件时，必须使用配重块进行平衡，以减少旋转和加工时的振动。

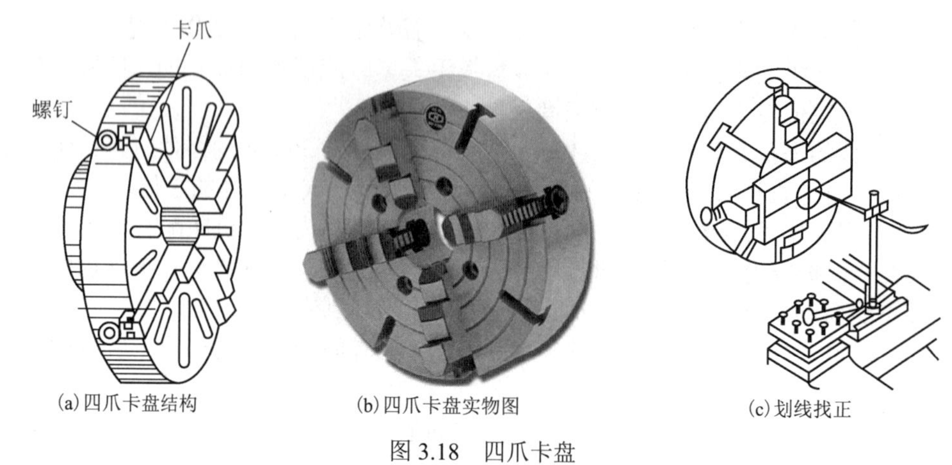

(a) 四爪卡盘结构　(b) 四爪卡盘实物图　(c) 划线找正

图 3.18　四爪卡盘

3.3.3　顶尖、中心架和跟刀架装夹

对于加工细长轴(长度与直径的比大于 20)的工件，由于零件本身的刚性不足，且加工时在刀具切削力的作用下会使零件发生变形，因此在加工时需用顶尖安装，或用中心架、跟刀架等作辅助支撑以保证同轴度。以上三种附件可单独使用，也可结合使用。

1. 顶尖装夹

对于工序较多的细长轴工件，可采用一夹一顶(左端用三爪卡盘装夹，右端用顶尖支撑)或两顶尖(左右两端均用顶尖支撑)装夹方式，如图 3.19 所示。

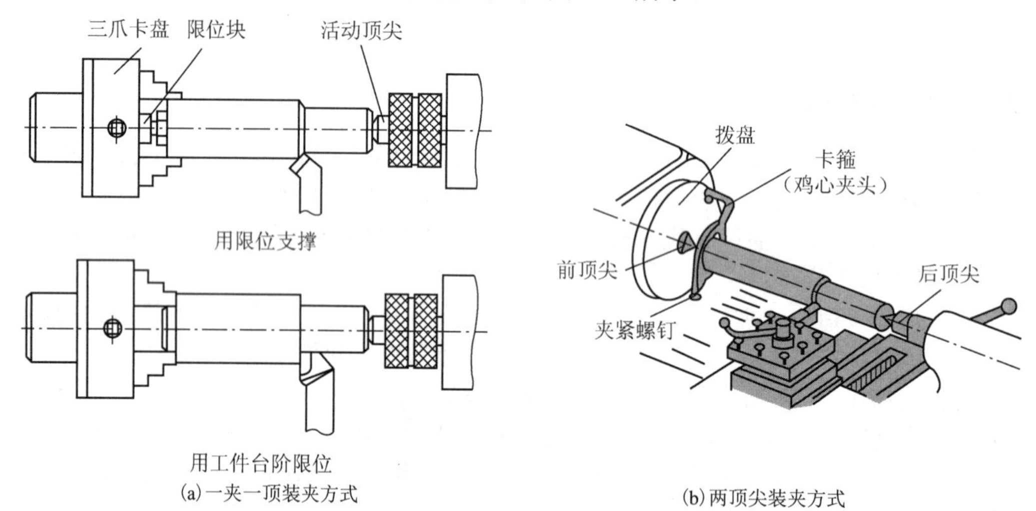

(a) 一夹一顶装夹方式　(b) 两顶尖装夹方式

图 3.19　用顶尖装夹

顶尖有固定顶尖和活动顶尖两种形式，如图 3.20 所示。前顶尖采用固定顶尖，用拨盘或卡箍(鸡心夹头)传递扭矩，如图 3.19(b)所示，后顶尖视主轴的转速和加工精度而定。固定顶尖的定位精度高，但它不跟随工件一起旋转，故在高速状态顶尖与中心孔的发热量大，因此适合低速加工。为提高固定顶尖的磨损量，其头部也有镶嵌的形式；活动顶尖可跟随工件一起旋转，故适合高速加工，但由于其结构较固定顶尖复杂，故定位精度较低。

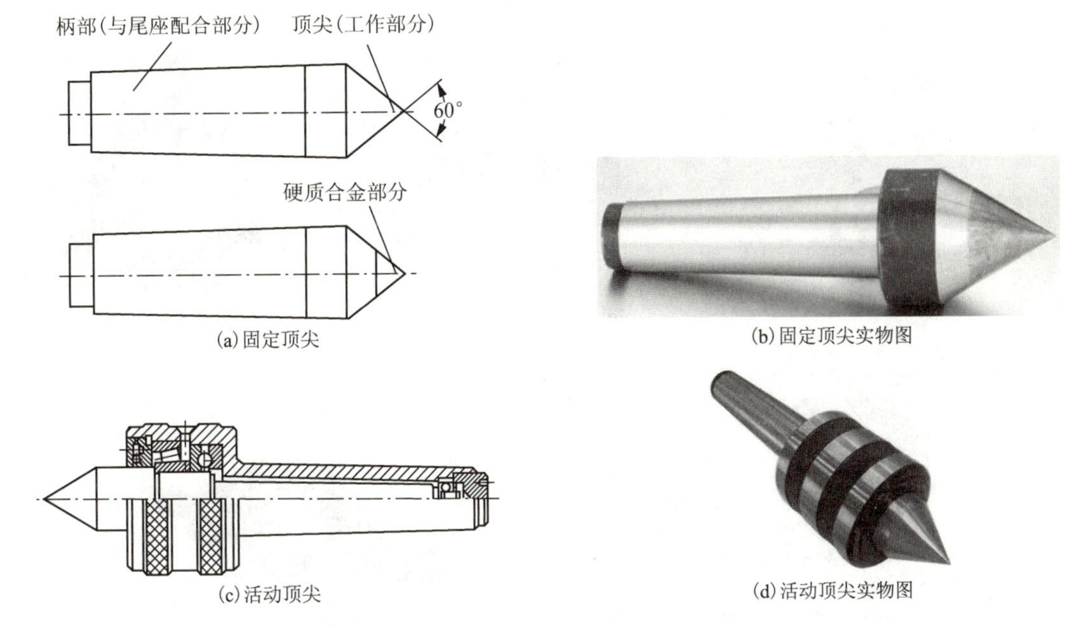

(a)固定顶尖

(b)固定顶尖实物图

(c)活动顶尖

(d)活动顶尖实物图

图3.20 顶尖的类型与结构

下面介绍用两顶尖装夹工件的操作步骤：

(1)先将工件的两个端面加工平整并钻出中心孔(对于工序流程较长的工件应钻B型中心孔)。

(2)在卡盘端安装拨盘、前顶尖和卡箍等附件，并用手轻轻拧紧卡箍的夹紧螺钉。

(3)将后顶尖安装于尾座上，调整尾座的径向距离，直至前后顶尖的轴线重合。

(4)将工件两端中心孔内填充一定的润滑脂后放于两顶尖之间，视零件的长短调整尾座的位置，在保证刀具能移动至工件最右端而不发生任何干涉的情况下使尾座的伸出长度越短越好。

(5)固定尾座后，用手转动尾座手柄，调节顶尖与零件间的松紧度(既能自由旋转又无轴向松动为宜)，最后锁紧尾座套筒。

(6)转动溜板箱手轮，使车刀移至加工行程最左端，观察刀具是否与拨盘和卡箍等附件有干涉现象。

(7)上述步骤完成后拧紧卡箍螺钉，整个装夹步骤即可完成。

注意：在操作过程应注意观察零件的发热现象，特别是粗加工阶段，如工件因切削热导致发热量较大而出现伸长的状态，应及时调整后顶尖至合适位置。

2. 中心架和跟刀架装夹

对于重量更重、长径比更大或用两顶尖加工仍然不能保证加工质量的零件，就应选择用中心架或跟刀架作为辅助支撑，以提高加工刚度，消除加工时的振动和工件的弯曲变形。

(1)中心架适合于加工细长台阶轴、需要调头加工的细长轴、对细长轴端面进行钻孔或镗孔和零件直径不能通过主轴锥孔的大直径长轴车端面等零件，如图3.21所示。

(2)跟刀架适合精车或半精车不宜调头加工的细长光轴类零件，如丝杆或光杆等。跟刀架有二爪和三爪两种形式，如图3.22所示。由于三爪的支撑位置比二爪多限制了零件的一个自由度，因此其加工过程更加平稳，不易产生振动。

加工前先在零件最右端车出一小段圆柱面，然后将跟刀架固定在机床的床鞍上，使其能跟随刀架一起移动，根据之前加工出的圆柱面调整跟刀架支撑钉至合适位置后即调整完毕。

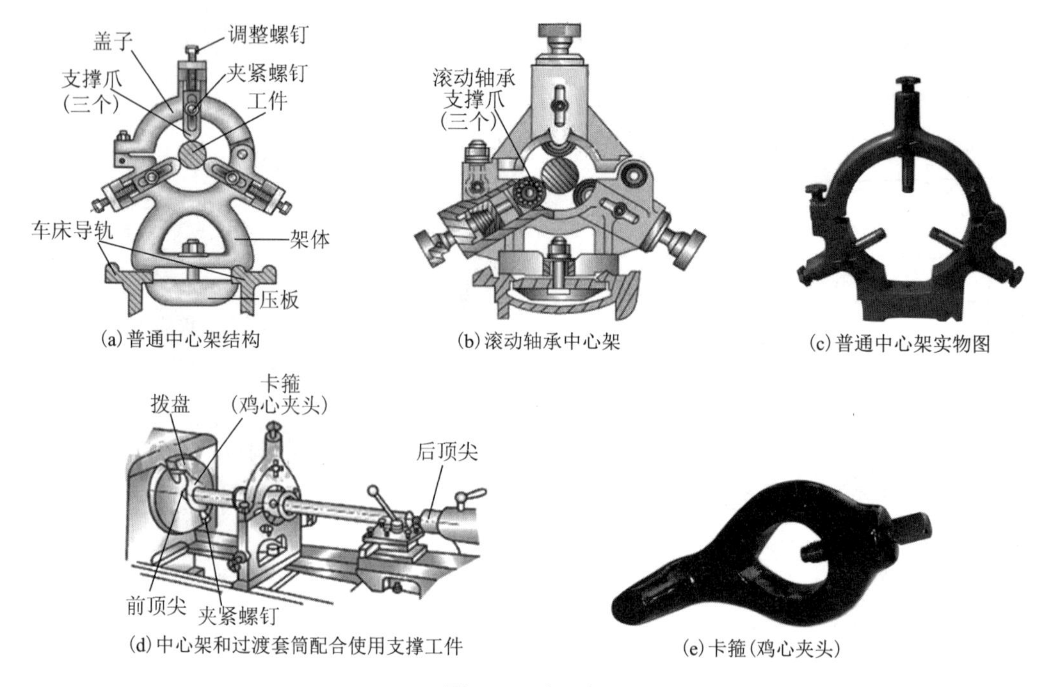

(a) 普通中心架结构　(b) 滚动轴承中心架　(c) 普通中心架实物图

(d) 中心架和过渡套筒配合使用支撑工件　(e) 卡箍(鸡心夹头)

图 3.21　中心架

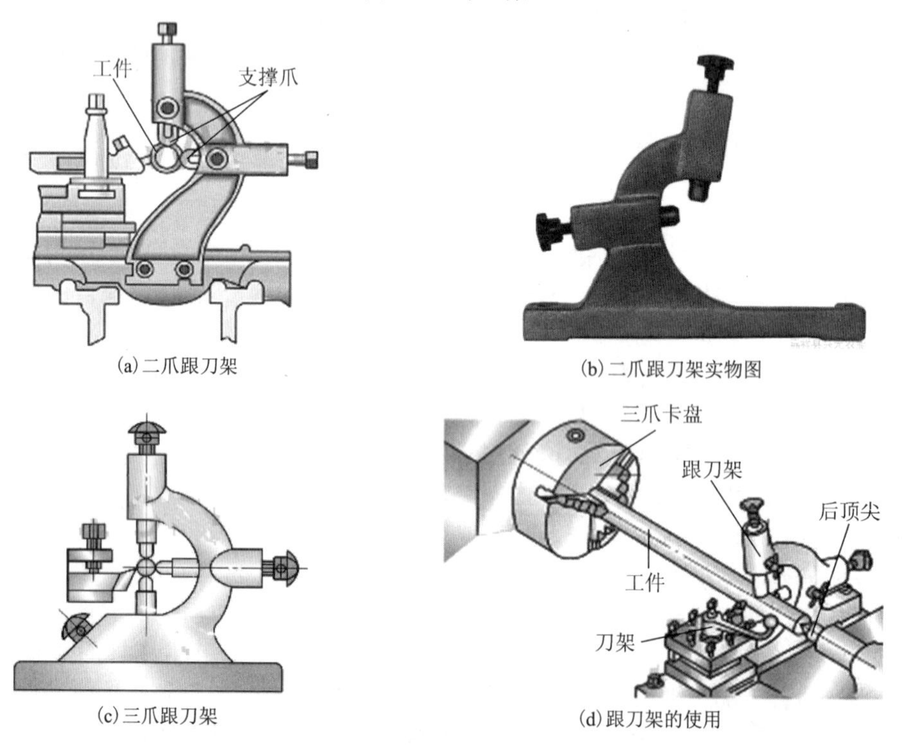

(a) 二爪跟刀架　(b) 二爪跟刀架实物图

(c) 三爪跟刀架　(d) 跟刀架的使用

图 3.22　跟刀架

3. 中心架和跟刀架的使用注意事项

(1) 中心架和跟刀架在使用时一般是与零件的已加工表面接触，为避免损坏零件的支撑部位和减少零件与支撑钉的摩擦热，在支撑部位应加注润滑脂。

(2) 为减少摩擦热，加工时主轴的转速不能过高。

(3) 支撑钉与工件间的支撑压力不能调节过大，以减少摩擦热。

(4) 加工一定时间后应注意观察支撑钉的摩擦状态，如有摩擦应及时调整支撑钉的位置，如磨损过大应及时更换。

(5) 用一夹一顶装夹时，卡盘夹持工件的长度不能过长，以防产生过定位。

3.3.4 心轴装夹

对于盘套类零件的形位精度要求往往较高(如同轴度、垂直度和平行度要求，如图 3.23 所示)，因此，从工艺路线的安排上往往是先以零件外圆表面作为粗基准将内孔精加工后，然后将事先加工好的心轴用两顶尖或一夹一顶的形式安装调整定位，再将工件的内孔套于心轴的外圆上(即以工件的内孔定位)加工其余尺寸。

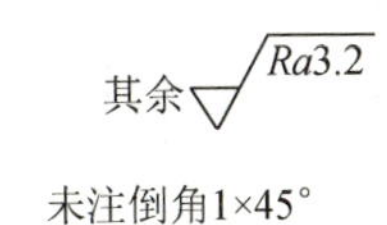

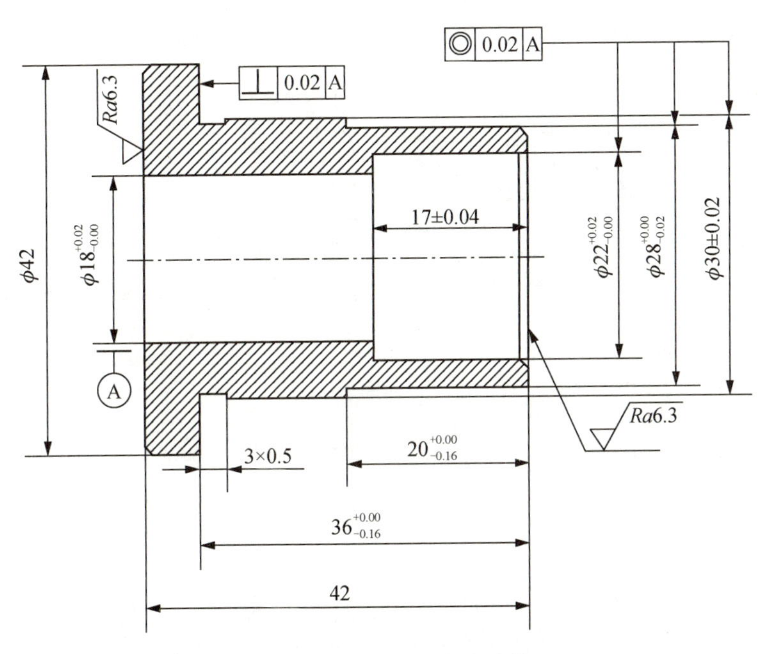

图 3.23 盘套类零件

由于工件的形状、尺寸、质量要求和生产类型的不同，心轴的结构形式较多，但根据其装夹定位的形式主要有以下几种(图 3.24)。

1. 圆柱心轴

该心轴适合加工长径比小于 1 的零件，如图 3.24(a)所示。由于圆柱心轴采用的是间隙配合(一般为 H7/h6)，因此，为保证零件的同轴度，孔与心轴之间的配合应尽可能小一些。用圆柱心轴的同轴度误差一般可达 0.02～0.03mm。

2. 小锥度心轴

该心轴适合加工长径比大于 1 的零件，其锥度尺寸一般为 1∶3000、1∶5000 或 1∶8000，如图 3.24(b)所示。锥度心轴靠与零件内孔接触面压紧后的弹性变形来夹紧零件，因此，切削力不能过大，避免产生工件与心轴的滑动现象。锥度心轴的定心精度较高，其精度可达 0.005～0.01mm。综合上述原因，锥度心轴适合精加工盘套类零件的外圆或端面，而且也适合在磨床上磨削零件。

由于内孔尺寸的加工误差，导致每个零件安装在锥度心轴上的轴向位置都具有不确定性，因此，轴向尺寸的保证需要仔细。

3. **胀力心轴**

该心轴是通过调整锥形螺杆使心轴一端作微量的径向扩张，以将零件孔胀紧的一种快速装拆夹具，适合加工中小型零件，如图 3.24(c)所示。

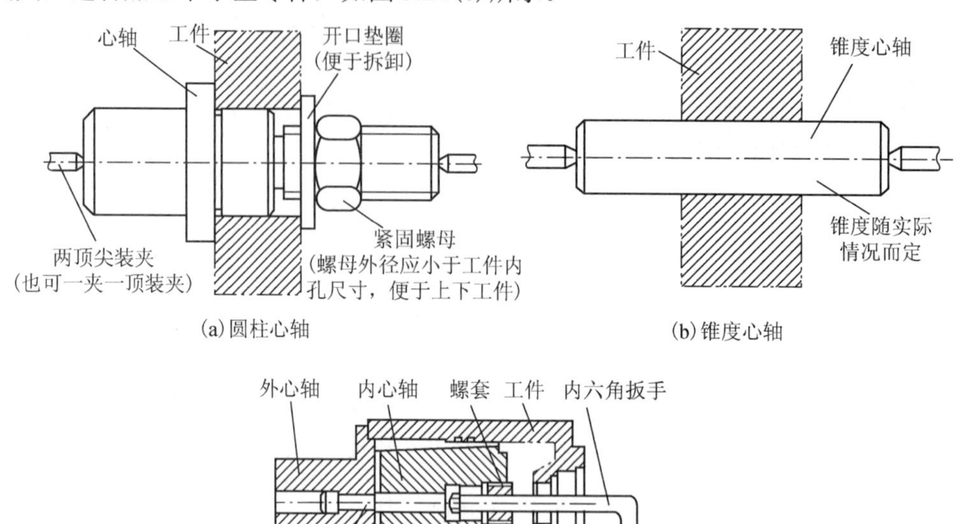

图 3.24 心轴种类

心轴的形式还有较多，如螺纹伞形心轴、弹簧心轴和离心力夹紧心轴等，读者可根据自身需要查阅相关资料。

3.3.5 花盘装夹

对于一些外形是异形的工件，用上述四种方法均不好装夹时，可用花盘进行装夹。花盘的结构如图 3.25 所示。花盘端面上制造有多条 T 形槽用以安装压紧螺栓或相关附件，中心的内螺纹可直接安装在车床的主轴上。根据工件的结构形状和加工部位的情况，工件可直接定位于花盘上，也可将零件安装在角铁上，然后将角铁定位于花盘上。

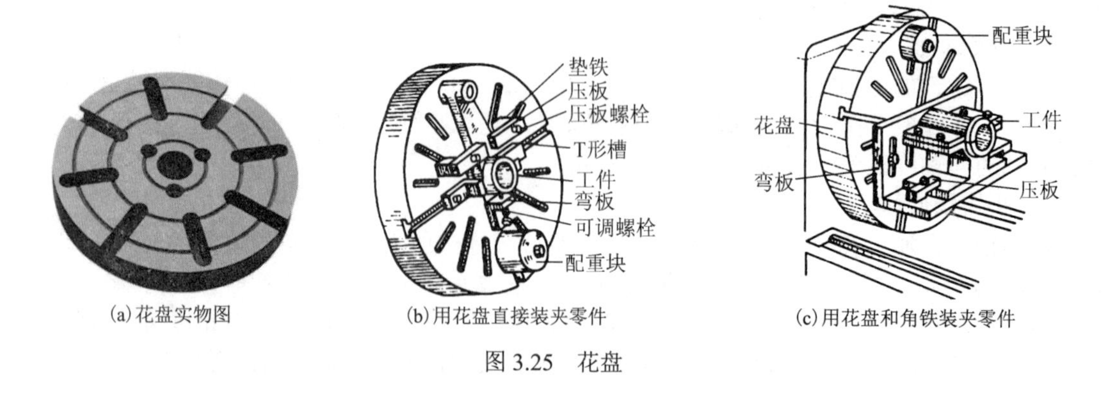

图 3.25 花盘

花盘除在安装过程需要找正外，在其上安装的角铁和工件也需要找正，且为保证安全还必须添加配重块并低速旋转。

3.4　车削加工的常用方法与操作技巧

车床由于加工的工艺范围较广，其使用的刀具种类也较多，本节将重点介绍其较常用的几种加工方法与操作技巧。

3.4.1　车外圆与端面

1. 外圆与端面车刀类型

对于刀具材料用高速钢或焊接式的车刀，常用的外圆和端面车刀根据主偏角的不同，主要有45°、75°和90°车刀，如图3.26所示。如果刀具材料采用机夹可转位式刀片，则根据其制造厂商有较多的选择。

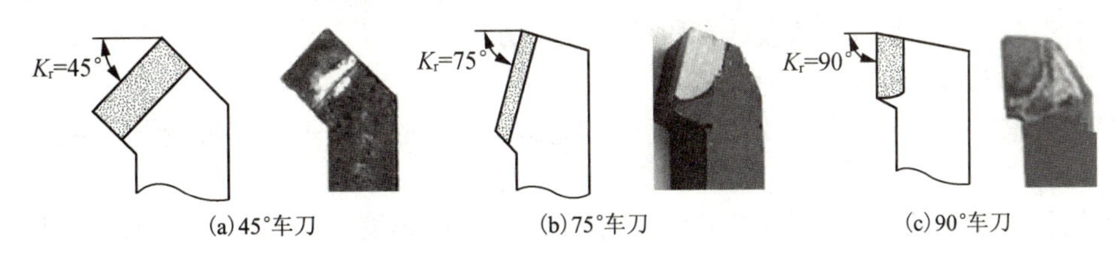

图3.26　常见外圆与端面车刀

2. 端面车削方法

根据刀具的类型和加工零件的情况，端面的车削方法主要有以下几种，如图3.27所示。

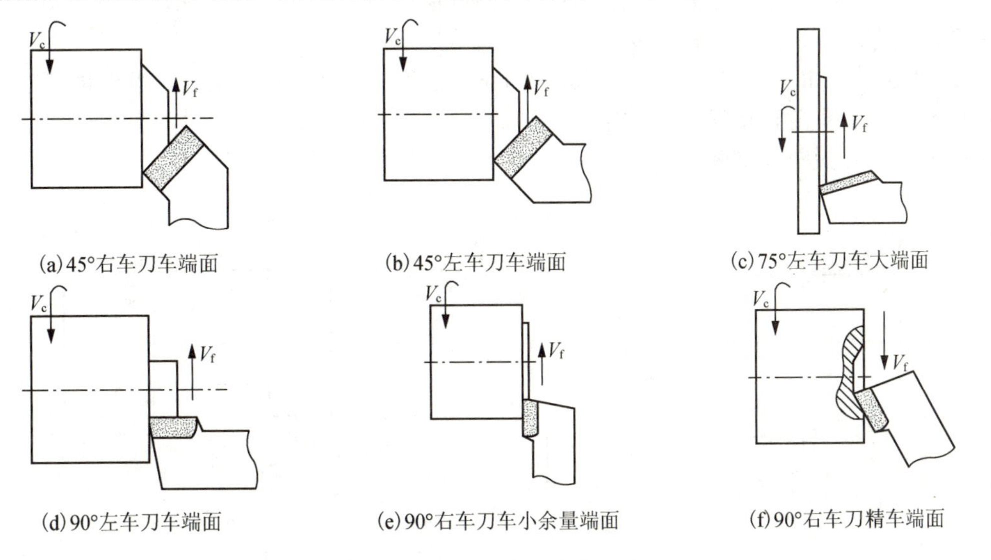

图3.27　常见的端面车削方法

3. 外圆车削方法

如图3.28所示。

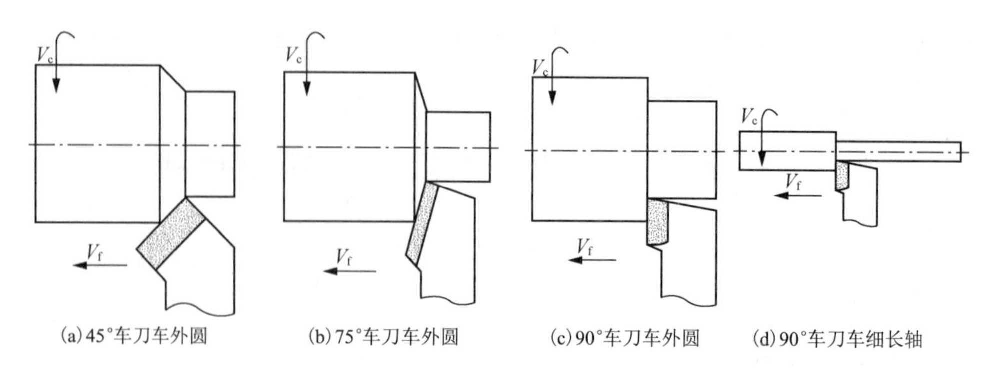

图 3.28　常见的外圆车削方法

3.4.2　切槽与切断

轴类或盘类零件的内外表面多存在一些槽（车螺纹的退刀槽、砂轮磨削时的越程槽、润滑或储油用的油槽、密封或安装弹簧用的沟槽以及一些端面上的沟槽等），用车床加工这些槽的方法叫切槽，而将工件切成两段或多段的方法叫切断。

1．切断前的准备

(1) 工件装夹应牢固，工件伸出长度在满足切断位置的前提下应尽可能短，避免发生振动现象。

(2) 调整主轴转速来选定切削速度。一般切断时切削速度较低，用高速钢切断刀切断时切削速度为 0.15～0.35m/s。用硬质合金切断刀切断时切削速度为 0.6～1.2m/s。

(3) 移动床鞍，用钢直尺对刀，确定切断位置并做记号，如图 3.29 所示。

2．切断方法

(1) 切断方法有直进法与左右借刀法。工件直径较小时可采用直进法，如图 3.30 (a) 所示，工件直径较大时可采用左右借刀法，如图 3.30 (b) 所示。

(2) 切断时，如手动进给，中滑板进给的速度应均匀，并要控制断屑，工件直径较大或长度较长时，一般不能直接切到工件中心，当切至离工件中心 2～3mm 时，应将车刀退出，停车后用手将工件扳断或锯断。

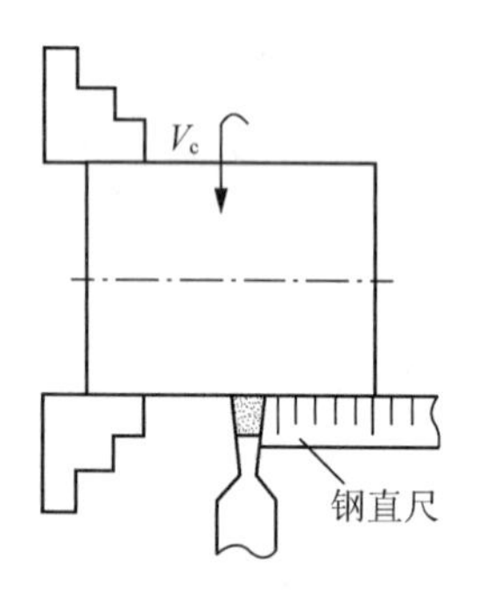

图 3.29　确定切断位置

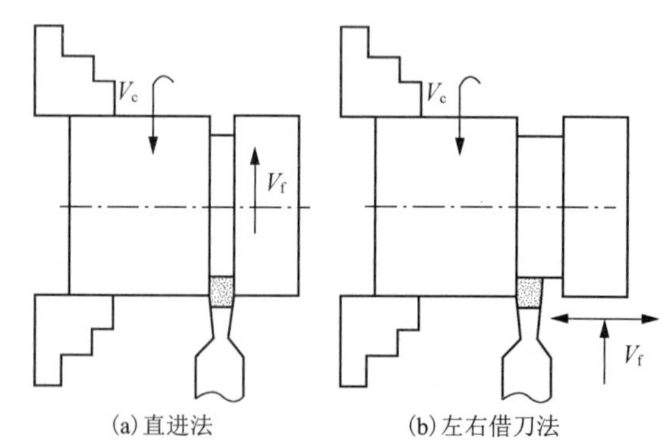

图 3.30　切断方法

3．切断时的注意事项与安全技术

(1) 切断工件前应先用外圆车刀将外圆车圆。在切断刀刚开始切入工件时，进给速度应慢些，但不能停留，以防发生“扎刀”现象。

(2) 当用一夹一顶装夹工件时，不要把工件全部切断，在离工件中心 2～3mm 时，应将车刀退出，停车后用手将工件扳断或锯断。

(3)发现切断表面凹凸不平或有明显扎刀痕迹时应及时修磨切断刀。

(4)发生车刀切不进时，应立即退刀，检查机床是否反转、车刀是否对准工件中心或车刀是否锋利等情况。

4. 切断刀折断的原因

(1)切断刀的几何形状刃磨不正确。副后角、副偏角太大，主切削刃太窄，刀头过长削弱了刀头的强度；切削刃前角过大造成扎刀；另外，刀头歪斜，切削刃两边受力不均，也易使切断刀折断。

(2)切断刀安装不正确。两副偏角安装不对，或刀尖没有对准工件中心。

(3)进给量太大或排屑不畅。

5. 防止切削振动的措施

切削时往往会产生振动，使切削无法进行，甚至损坏刀具，可采用下述措施防止振动：

(1)机床主轴间隙及中、小滑板间隙应尽量调小。

(2)适当增大前角，使切削锋利且便于排屑，适当减小后角，以使车刀能“撑住”工件。

(3)切断刀离卡盘的距离一般应小于被切工件的直径。

(4)适当加快进给速度或减慢主轴转速。

(5)选用合适的主切削刃宽度。在主切削刃中间磨出0.5mm的槽，起到消振、导向作用。

6. 切槽的方法

常见的切槽形式如图3.31所示。切外槽和端面槽用的刀具与切断刀很相似，故一般可采用切断刀代替车槽刀。专用的车槽刀可根据槽的宽度和深度来刃磨。

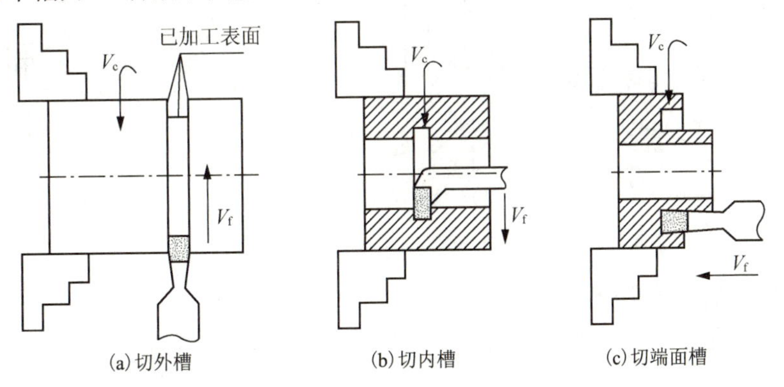

图3.31　常见的切槽形式

在车床上切槽主要分为窄槽和宽槽两种形式。窄槽是指槽宽在5mm以下的，加工时可以采用刀头宽度等于槽宽的车槽刀一次车成；宽槽是指槽的宽度在5mm以上的，加工时一般采取先粗车后精车，并且是分段、多次车削完成。

3.4.3　车圆锥面

1. 圆锥的各部分名称及计算

圆锥面可分为外圆锥面和内圆锥面两种。通常把外圆锥面称为圆锥体，内圆锥面称为圆锥孔。

圆锥有以下四个基本参数：①圆锥的斜角(α)或锥度(K)；②圆锥的大端直径(D)；③圆锥的小端直径(d)；④锥形部分的长度(L)。

以上四个参数，只要知道任意三个参数，最后一个未知参数就可以求出。锥度的计算公式为

$$K=\frac{D-d}{L}$$

当圆锥斜角α＜6°时，可用近似公式：$\alpha\approx28.7°\times K$

2. 车圆锥体的方法

在车床上加工圆锥的方法主要有四种：转动小滑板法、偏移尾座法、宽刃刀车削法、仿形法。其中以转动小滑板法车圆锥适用范围最广，本书也只介绍该方法，其他方法读者可参考相关资料。

转动小滑板车圆锥的操作方法如下：

(1) 小滑板转动的角度应等于工件圆锥半角$\alpha/2$，转动的方向应与工件圆锥素线的方向一致，如图 3.32 所示。转动小滑板前要先松开小滑板转盘两侧的压紧螺母，转动时要看转盘上的刻度，每转过一小格为 1°，角度大小与转动方向均符合要求后应将转盘位置固定。

(2) 确定小滑板的工作位置和调整小滑板导轨的间隙。车圆锥前将小滑板先向后退一段距离，以保证车削时有足够的行程。小滑板导轨的间隙应对镶条进行调整，不能过紧或过松。过紧会使手动进给费力，且进给速度也不会均匀；间隙过大，会影响圆锥角度的正确性。

(3) 检查车刀刀尖高度。车圆锥面要求车刀刀尖严格对准工件轴线。如用目测有一定误差，可采用车端面的方法来验证，若端面能车平则说明车刀刀尖高度位置正确。

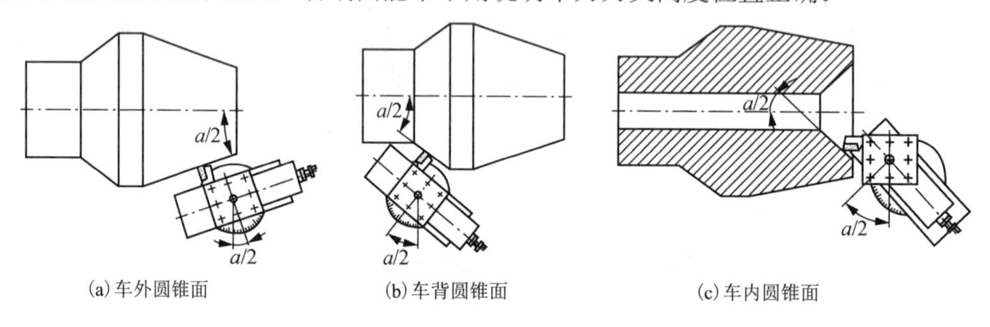

(a) 车外圆锥面　　(b) 车背圆锥面　　(c) 车内圆锥面

图 3.32　转小滑板车圆锥

3. 车圆锥面的具体步骤

(1) 车大端圆柱体。车削圆锥，一般应先按锥体的大端直径和锥体长度车成圆柱体后再车圆锥体。

(2) 转动小滑板的角度。首先应根据圆锥的形状确定小滑扳的转动方向。松开小滑板转盘固定螺母，按要求转动转盘至所需要的刻度后再拧紧固定螺母。

(3) 确定小滑板行程。先将小滑板退至行程起始位置，然后试移动一次，检查工作行程是否足够，确定行程后再固定大滑板位置。

(4) 粗车。

① 中滑板进刀。第一次的背吃刀量不能太大，以免由于转动角度误差导致工件报废。车削时双手应交替摇动小滑板进刀手柄，手摇速度要均匀不间断，随着车削长度的增加，背吃刀量随之减小，车完圆锥体后应退出刀具，同时小滑板也应立即回复到起始位置。

② 停车测量，调整圆锥角度。可用游标卡尺测量圆锥小端尺寸与圆锥长度。若圆锥有误差，应松开小滑板固定螺母，轻轻敲动小滑板，使其转角向相应方向略调小一些；也可用万能角尺直接测量工件角度后再调整小滑板角度。

③ 圆锥角初调整后，在中滑板原刻度上，再次进刀车锥体。车完后退出车刀，小滑板随即复位，最后停车。

(5) 精车。调整好最后进刀尺寸后进行精车，并保证相应的精度要求。

4．圆锥的精度检测

(1) 首先要有套规也就是一个标准的内圆锥，将红丹或蓝油均匀涂抹2～4条线在工件上，然后将套规套入工件锥面，相对转动60°～120°后取出套规，看工件锥面涂料的擦拭痕迹来判断，接触面积越多锥度越好，反之则不好。

(2) 一般用标准量规检验锥度接触要75%以上，而且靠近大端。

(3) 通过观察通端端面和止端端面可以检查锥度的大、小端直径是否在尺寸范围内。只要工件的端面在通端和止端之间，即说明尺寸正确，如图3.33所示。

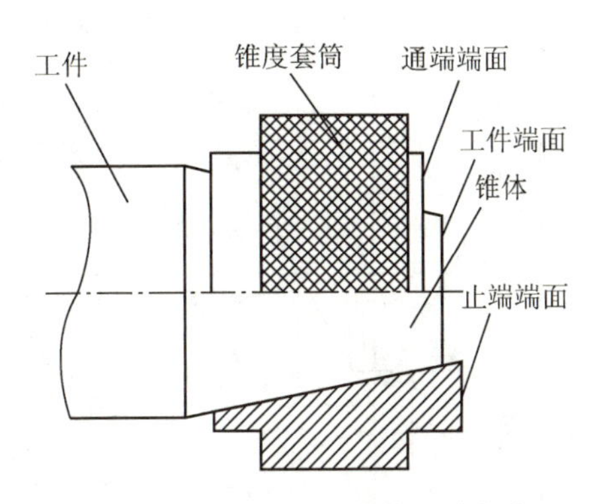

图3.33　用锥度套规检验圆锥角度

内圆锥的检查方法与外圆锥一样，只是量具采用锥度塞规来检查。

3.4.4　车螺纹

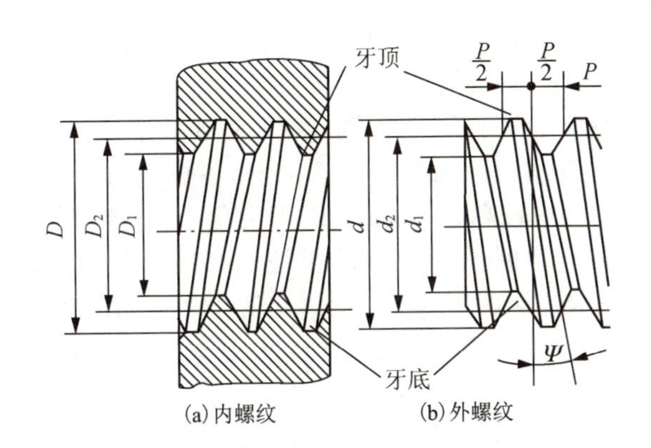

图3.34　普通螺纹截面形状及螺纹要素

1．螺纹的分类

螺纹主要分为普通(标准)螺纹、特殊螺纹与非标准螺纹。普通螺纹具有较高的通用性与互换性，应用较普遍。其中普通螺纹(牙型角为60°)应用最广，特殊螺纹与非标准螺纹一般用于一些特殊的装置中。

2．螺纹要素

主要由截形(俗称牙型)、公称直径、螺距(导程)、线数、旋向与精度等级等组成，普通螺纹形状如图3.34所示。普通螺纹的代号如表3-2所示。标准螺纹的名称如表3-3所示。

表3-2　普通螺纹的代号

螺纹类型	牙型代号	示例	示例说明
粗牙普通螺纹	M	M16-7H	普通粗牙内螺纹，大径ϕ16mm，中径公差和顶径公差为7H
细牙普通螺纹	M	M10×1-5g6g	细牙普通外螺纹，大径ϕ10mm，螺距1 mm，中径公差为5g，小径公差为6g
梯形螺纹	T	T30×10/2-3左	梯形螺纹，大径ϕ30mm，导程10 mm，线数2，3级精度，左旋螺纹
锯齿形螺纹	S	S70×10-2	锯齿形螺纹，大径ϕ70mm，螺距10 mm，2级精度
55°圆柱管螺纹	G	G3/4 "	55°圆柱管螺纹，管子孔径为3/4英寸
55°圆锥管螺纹	ZG	ZG5/8 "	55°圆锥管螺纹，管子孔径为5/8英寸
60°圆锥螺纹	Z	Z1 "	60°圆锥螺纹，管子孔径为1英寸

表 3-3　标准螺纹的名称

基本牙型	尺寸计算
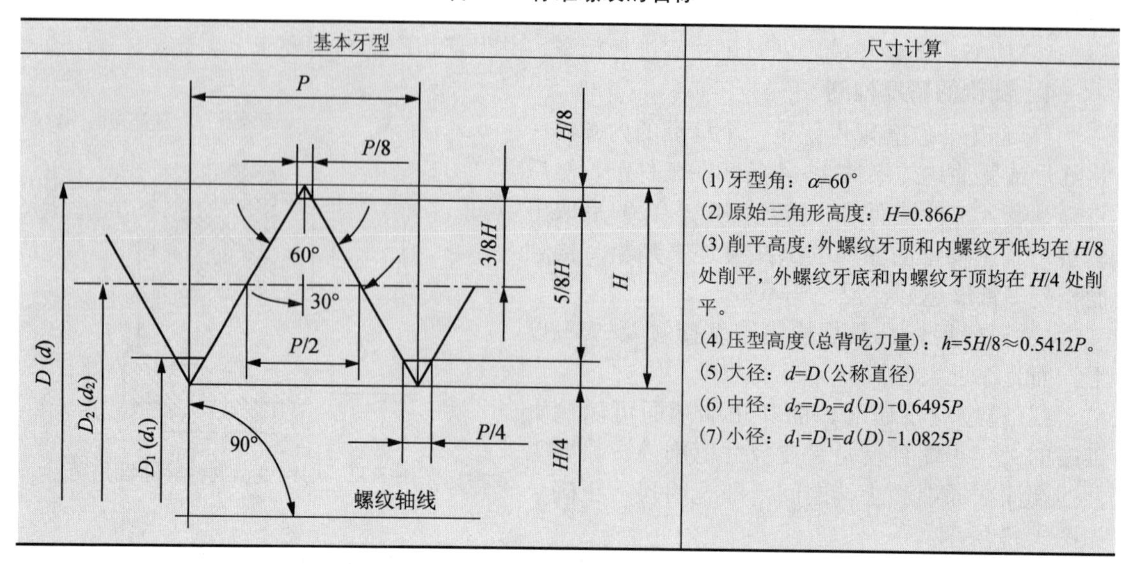	(1)牙型角：α=60° (2)原始三角形高度：H=0.866P (3)削平高度：外螺纹牙顶和内螺纹牙低均在 H/8 处削平，外螺纹牙底和内螺纹牙顶均在 H/4 处削平。 (4)压型高度(总背吃刀量)：h=5H/8≈0.5412P。 (5)大径：d=D(公称直径) (6)中径：d_2=D_2=d(D)−0.6495P (7)小径：d_1=D_1=d(D)−1.0825P

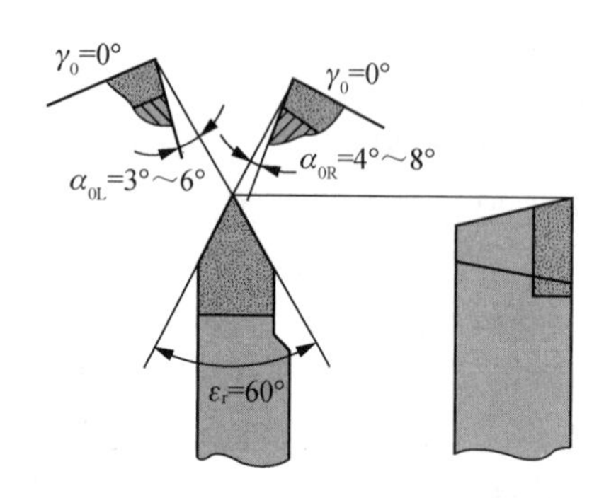

图 3.35　外螺纹车刀的几何角度

3. 螺纹车刀

螺纹车刀是一种成形刀具，螺纹截面精度取决于螺纹车刀刃磨后的形状及其在车床上安装位置是否正确，常用的螺纹车刀材料有高速钢与硬质合金两种。

(1)螺纹车刀的几何角度，如图 3.35 所示。

① 前角γ_0。粗车时γ_0＝10°～25°，精车时γ_0 =5°～10°，精度要求较高时γ_0=0°。② 刀尖角ε_r。普通螺纹车刀在前角γ_0=0°时的刀尖角等于被切螺纹牙型角，即ε_r=60°；但当γ_0≠0°时其刀尖角ε_r仍等于牙型角α，则车出的螺纹牙型角会增大，所以应对螺纹车刀的刀尖角ε_r进行修正。

③ 侧刃后角α_{0L}、α_{0R} 。螺纹车刀左右两侧切削刃的后角α_{0L} 与α_{0R} 由于受螺旋线升角ψ的影响，进给方向上的侧刃后角应比另一侧刃后角大一个ψ。通常两侧切削刃的工作后角$\alpha_{0工}$=3°～8°。

(2)螺纹车刀的安装。首先使刀尖与工件中心等高，装得过高或过低都将导致切削难以进行。车刀对中后应保证刀尖角的中心线垂直于工件轴线，否则会使螺纹的牙型半角(α/2)不等，造成截面的形状误差。对刀方法如图 3.36 所示。如车刀歪斜，应轻轻松开车刀紧定螺钉，转动刀杆，使刀尖对准角度样板，符合要求后将车刀紧固，一般需复查一次。

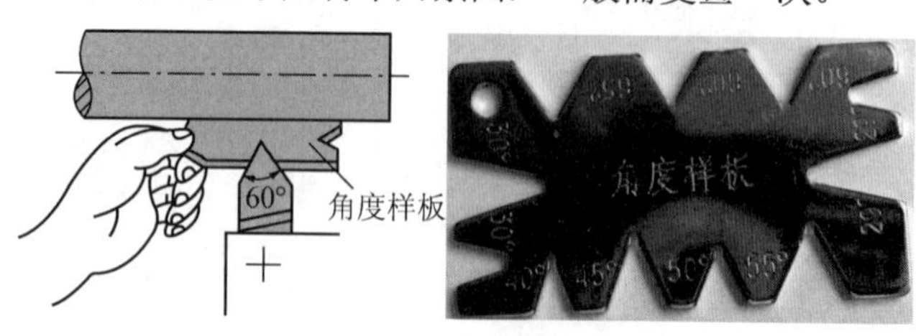

图 3.36　用角度样板对刀

4. 车螺纹前的准备

1)进退刀动作的操作

进退刀进给动作要协调、敏捷。操作的基本方法有两种：一种是用开合螺母法，一种是用正反车法。

(1)开合螺母法。要求车床丝杠螺距与工件螺距成整数倍，否则会使螺纹产生乱扣(乱牙)。操作时先启动主轴，摇动大滑板使刀尖离工件螺纹轴端5～10mm，中滑板进刀后右手合上开合螺母。开合螺母一旦合上后，床鞍就按照所设定的螺距向前或向后移动，此时右手仍须握住开合螺母手柄，当刀尖车至退刀位置时，左手要迅速摇动中滑板退出车刀，同时右手立即提起开合螺母使床鞍停止移动，然后再手动移动大滑板至上次加工的起刀，准备下次车削。

(2)正反车法。当丝杠螺距与工件螺距不成整数倍时，必须采用正反车法。操作方法如下：在对好刀后，移动床鞍使车刀靠近工件右端 3～5mm(起始位置)，左手向上提起操纵杆启动机床，左手操作中滑板完成背吃刀量的控制后，右手合上开合螺母机床便开始执行螺纹的加工。当刀尖离退刀位置 2～3mm 时，应用左手按下操纵杆至中间位置使转速逐渐减慢，当车刀进入退刀位置时，应用右手迅速退出中滑板，然后左手压下操纵杆至反转位置，使主轴反转，此时机床大滑板向回运动，直到车刀退到起始位置，此时即可将操纵杆向上提起至中间位置，使主轴停转。

在做进退刀操作时，必须精力集中，眼看刀尖，动作果断。在正反车过程开合螺母一直处于闭合状态，严禁在螺纹加工完成之前打开，否则会发生乱扣(乱牙)现象。在开合螺母闭合状态，大滑板用手不能移动，也不能执行自动走刀操作，这是机床的互锁装置在起作用。

2)车螺纹前的工作

(1)按螺纹规格车螺纹外圆及长度，并按要求车螺纹退刀槽。对无退刀槽的螺纹，应事先刻出螺纹长度终止线，如图3.37所示。螺纹外圆端面处必须倒角，倒角大小为$C=0.75P\times45^\circ$。

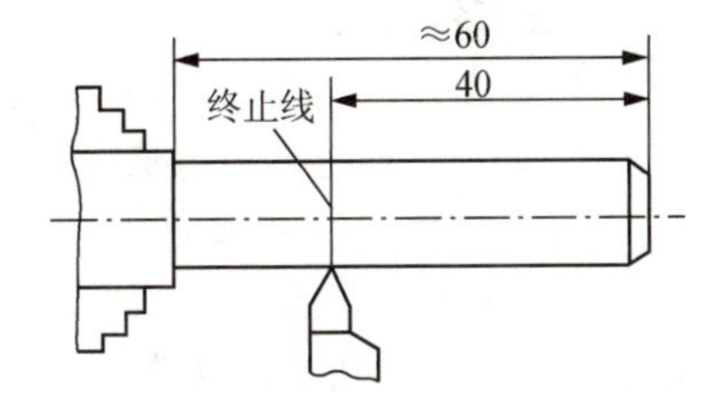

图3.37 车螺纹外圆、倒角、刻长度终止线

(2)按导程L或螺距P查进给标牌，调整挂轮与进给手柄位置。

(3)调整主轴转速，选取合适的主轴转速。

(4)开动机床，摇动中滑板，使螺纹车刀刀尖轻轻地和工件接触，以确定背吃刀量的起始位置，再将中滑板刻度调整至零位，在刻度盘上做好螺纹总背吃刀量调整范围的记号。

(5)开动机床(选用低速)，合上开合螺母，用车刀刀尖在外径上轻轻车出一道螺旋线，然后用钢直尺或游标卡尺检查螺距是否正确。测量时，为减少误差应多量几牙，如检查螺距1.5mm的螺纹，可测量10牙，即15mm(图3.38(a))；也可用螺距规检查螺距(图3.38(b))。若螺距不正确，则应根据进给标牌检查挂轮及进给手柄位置是否正确。

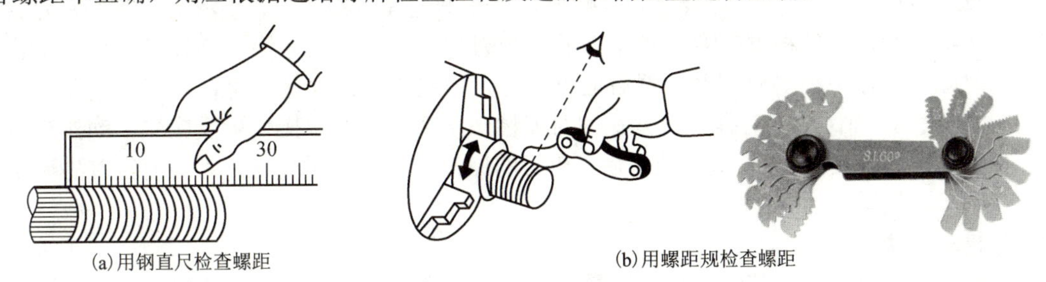

(a)用钢直尺检查螺距　(b)用螺距规检查螺距

图3.38 检查螺距

5. **车三角螺纹**

1) 直进法车螺纹的操作要领

(1) 进刀方法。进刀时，利用中滑板作横向垂直进给，在几次进给中将螺纹的牙槽余量切去，如图 3.39(a) 所示。特点是：可得到较正确的截面形状。但车刀的左右侧刃同时切削，不便排屑，螺纹不易车光，当背吃刀量较大时，容易产生扎刀现象，一般适用于车削螺距小于 2mm 的螺纹。

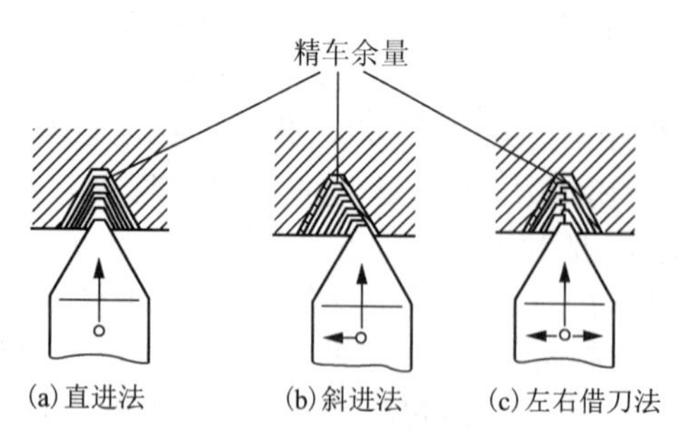

图 3.39　车螺纹的进刀方法

(2) 背吃刀量的分配。根据车螺纹总的背吃刀量 a_p，第一次背吃刀量 $a_{p1} \approx a_p/4$，第二次背吃刀量 $a_{p2} \approx a_p/5$，以后根据切屑情况，逐渐递减，最后留 0.2mm 余量以便精车。

2) 斜进法车螺纹

(1) 进刀方法。操作时，每次进刀除中滑板作横向进给外，小滑板向同一方向作微量进给，多次进刀将螺纹的牙槽全部车去，如图 3.39(b) 所示。车削时，开始一、二次进给可用直进法车削，以后用小滑板配合进刀。特点是：单刃切削，排屑方便，可采用较大的背吃刀量，适用于较大螺距螺纹的粗加工。

(2) 吃刀量的分配。中滑板的吃刀量随牙槽加深逐渐递减，每次进刀小滑板的进刀量是中滑板的 1/4，以形成梯度，粗车后留 0.2mm 作精车余量。

3) 左右借刀法

(1) 进刀方法。每次进刀时，除了中滑板作横向进给外，同时小滑板配合中滑板作左或右的微量进给，这样多次进刀可将螺纹的牙槽车出，小滑板每次进刀的量不宜过大，如图 3.39(c) 所示。

(2) 小滑板消除间隙方法。左右借刀法进刀时，应注意消除小滑板左右进给的间隙。其方法如下：如先向左借刀，即小滑板向前进给，然后小滑板向右借刀移动时，应使小滑板比需要的刻度多退后几格，以消除间隙部分，再向前移动小滑板至需要的刻度上。以后每次借刀，使小滑板手轮向一个方向转动，可有效消除间隙。

4) 车削过程的对刀及背吃刀量的调整

螺纹车削过程中，刀具磨损或折断后需拆下修磨或换刀。重新装刀车削时会出现刀具位置不在原螺纹牙槽中的情况，如继续车削会乱扣，这时须将刀尖调整到原来的牙槽中方能继续车削，这一过程称为对刀。对刀方法有静态对刀法和动态对刀法。

(1) 静态对刀法。主轴慢转并合上开合螺母，转动中滑扳手柄，待车刀接近螺纹表面时慢慢停车(主轴不可反转)，待机床停稳后，移动中、小滑板，目测将车刀刀尖移至牙槽中间，然后记下中小滑板刻度后退出。

(2) 动态对刀法。主轴慢转合上开合螺母，在开车过程中移动中、小滑板，将车刀刀尖对准螺纹牙槽中间。也可根据需要，将车刀的一侧刃与需要切削的牙槽一侧轻轻接触，待有微量切屑时即刻记住中小滑板刻度，然后退出车刀。为避免对刀误差，可在对刀的刻度上进行 1～2 次试切削，确保车刀对准。该方法的对刀精确度高，但要求操作者反应快、动作迅速。

(3) 吃刀量的重新调整。重新装刀后，车刀的原来位置发生了变化，对刀前应首先调整好吃刀量的起始位置。

5) 精车方法

螺纹的精车可通过调整吃刀量或测量螺纹牙顶宽度值来控制尺寸，并保证精车余量。步骤如下：

(1) 对刀。使螺纹车刀对准牙槽中间，当刀尖与牙槽底接触后，记下中小滑板刻度并退出车刀。

(2) 分 1～2 次进给。用直进法车到牙槽底径，并记下中滑板的最后进刀刻度。

(3) 车螺纹牙槽一侧。在中滑板牙槽底径刻度上采用小滑板借刀法车削，观察并控制切屑形状，每次偏移量为 0.02～0.05mm，为避免牙槽底宽扩大，最后 1～2 次进给时中滑板可作适量进给。

(4) 用同样的方法精车另一侧面，同时注意螺纹尺寸。当牙顶宽接近 $P/8$ 时，可用螺纹环规检查螺纹尺寸。

(5) 精车时应加注切削液，并尽量将精车余量留给第二侧面。

(6) 螺纹车完后，牙顶上应用细齿锉修去毛刺。

(7) 检验。螺纹工件是否合格，就其螺纹部分应着重测量牙型角、螺距和中径，看这些要素是否符合图样要求。

3.4.5 孔加工

车床上加工内孔的方法有钻孔、扩孔、镗孔和铰孔。其中钻孔、扩孔适用于粗加工；镗孔用于半精加工与精加工；铰孔通常只用于精加工。

1. 钻中心孔

1) 中心孔的形式与选用

中心孔是用来支承工件并起定位作用，通常在实心零件上钻孔之前必须先钻出中心孔。常用形式有 A 型(不带保护锥)、B 型(带保护锥)，如图 3.40 所示。其形式的选择主要根据工艺要求来确定。中心钻由高速钢制成。

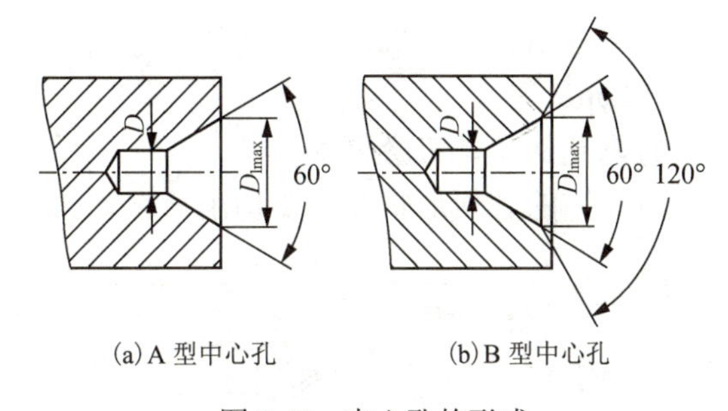

图 3.40 中心孔的形式

2) 钻中心孔的方法

直径在 6mm 以下的 A 型、B 型中心孔通常用中心钻直接钻出，如图 3.41 所示。

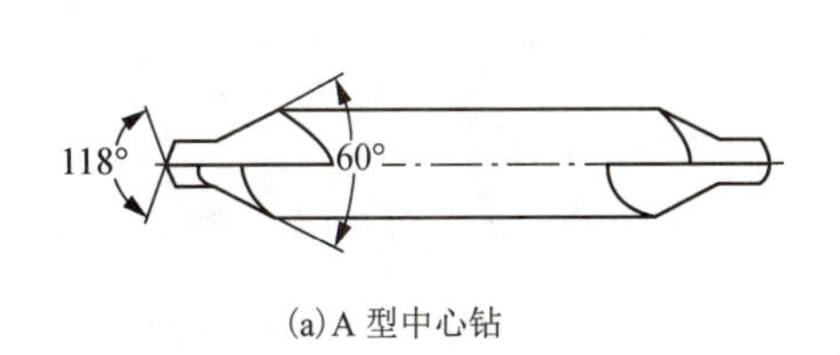

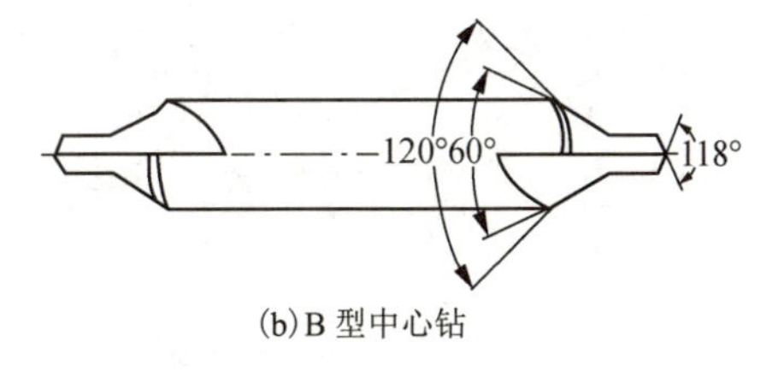

图 3.41 中心钻

(1) 钻削前的准备。

① 装夹并校正好工件并将工件端面车平。

② 将钻夹头锥柄擦净后，装入车床尾座套筒内。

③ 选用中心钻，将中心钻装入钻夹头内，并用锥齿扳手拧紧。中心钻在钻夹内伸出长度应尽量短。移动尾座并调整尾座套筒伸出长度，然后将尾座锁紧。

④ 选择主轴转速。由于中心钻直径较小，主轴转速一般应高些，通常在 720r/min 以上(如

工件直径较大，则转速应该降低)。

(2)钻削要领。

① 试钻。启动车床，摇动尾座套筒，当中心钻钻尖钻入工件约 0.5mm 时退出，目测判断中心钻是否对准工件中心。当中心钻对准工件旋转中心时，钻出的孔呈锥形；若中心偏移，则钻出的孔呈环形。纠偏方法是松开尾座紧定螺钉，调整尾座两侧的调整螺钉，使尾座横向移动，目测钻尖与工件旋转中心的位置，待钻尖与工件中心对准后再锁紧两侧螺钉。

② 钻削方法。当中心钻钻削工件时，进给速度要缓慢而均匀，并经常退出中心钻以清除切屑及充分冷却。当钻至圆锥孔规定的尺寸时，应先停止进给，这时利用主轴惯性，再轻轻送进中心钻，使中心钻切削刃切下薄薄一层金属，以降低粗糙度并修正中心孔。

③ 工件直径大或形状复杂的零件不便在车床上钻中心孔，可先在工件上划好中心，然后在钻床上或用手电钻钻出中心孔。

3)钻中心孔时中心钻折断的原因

① 端面未车平、有凸台或中心钻未对准工件的旋转中心。

② 进给速度太快、用力过猛或主轴转速太低。

③ 中心钻磨损严重、切屑堵塞。

2. 麻花钻钻孔

用麻花钻钻孔是最常用的孔加工方法，其公差等级可达 IT10～IT11、表面粗糙度 Ra 可达 6.3～12.5μm。

1)麻花钻及其刃磨要求

麻花钻的几何形状及主要切削角度如图 3.42 所示，钻头刃磨的质量会直接影响加工质量。

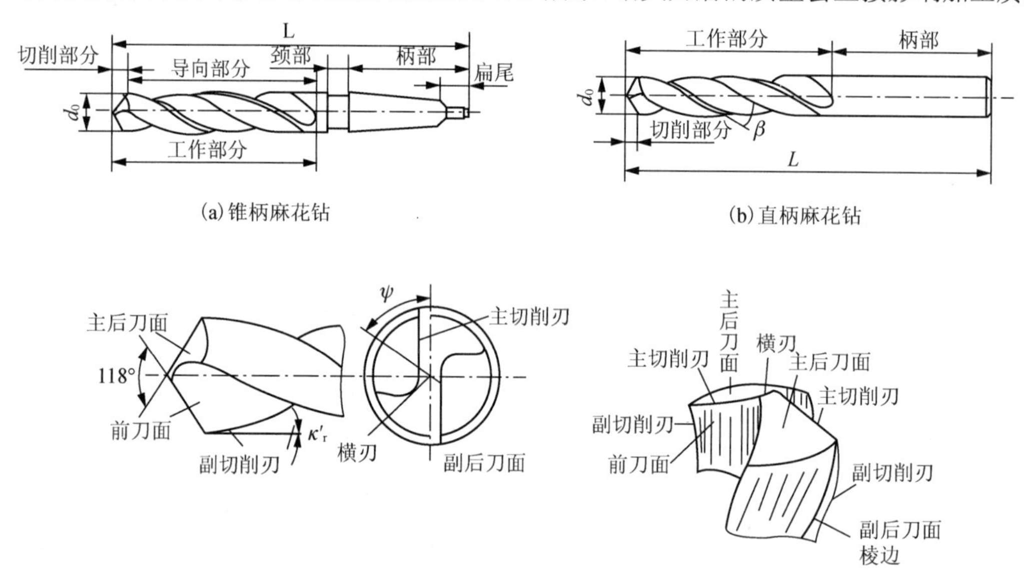

图 3.42 钻头

2)麻花钻角度的检测方法

(1)两主切削刃对称性的检测。可用万能角度尺直接测量。测量时将刻度值调至 120°，角度尺另一边检查主切削刃长度。检查时可用透光法来比较两切削刃的高低。两主切削刃高度不一致时应修磨，直至相等。

(2) 钻头后角的检测。钻头的后角可用目测法。如图 3.43 所示，在后刀面上主切削刃应在最高处，说明后角方向正确。

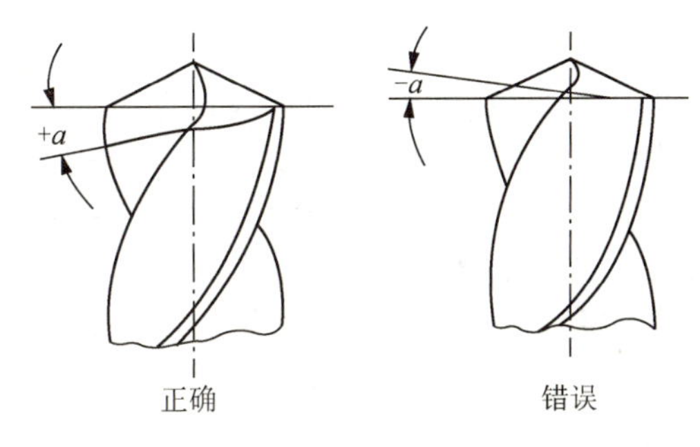

图 3.43 钻头后角

3) 钻头的装卸

直柄麻花钻用钻夹头装夹，如图 3.44 所示。锥柄麻花钻用一个或数个锥形过渡套(变径套)装夹，如图 3.45 所示。钻头装入尾座套筒时，必须擦净各结合面，同时应用力顶紧。

4) 钻削用量的选择

在实体工件上钻孔时吃刀量 a_p 为钻头直径一半，通常取进给量 f=0.1～0.3mm/r。钻脆性材料时，可选取较大值。用高速钢钻头钻孔时，切削速度通常取 V_c=0.25～0.5m/s。钻较硬材料时应选用较小值。

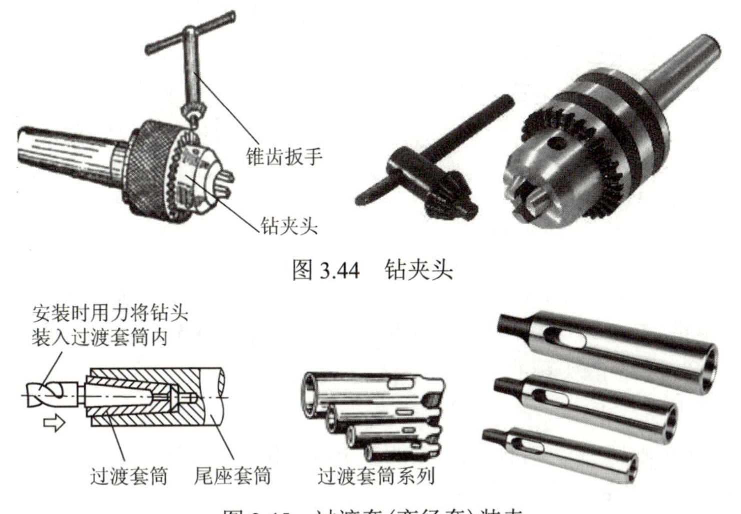

图 3.44 钻夹头

图 3.45 过渡套(变径套)装夹

5) 钻孔的操作要领

(1) 钻孔前应根据钻孔直径选择尺寸合适的钻头，工件端面须车平，中心处不得有凸台。

(2) 钻头装入尾座套筒后必须校正钻头中心位置，使其与工件回转中心一致。

(3) 当钻头刚切入工件端面时不可用力过大，以免钻偏或折断钻头。

(4) 钻小直径孔时应先钻定位中心孔，再钻孔。

(5) 当用直径较小而长度较长的钻头钻孔时，为防止钻头晃动导致钻偏，可在刀架上夹一挡铁，当钻头与工件端面相接触时，移动床鞍与中滑板，使挡铁顶住钻头头部，如图 3.46 所示。但支撑力不可过大，否则会使钻头偏向另一边。当钻头在工件内正常切入后，即可退出挡铁。

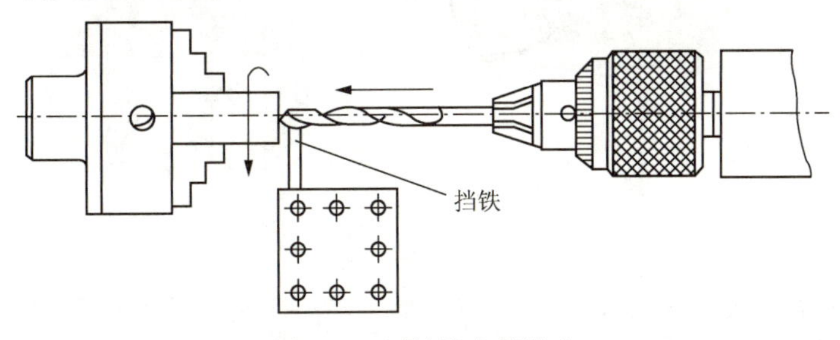

图 3.46 用挡铁支撑钻头

(6) 当钻入工件 2～3mm 时应及时退出钻头，停车测量孔径是否符合要求。

(7) 钻较深孔时，手动进给时速度要均匀，并经常退出钻头以清除切屑。同时，应注入充分的切削液。对于精度要求不高、孔较深的工件，可采用调头钻孔的方法，先在工件一端将孔钻至大于工件长度的 1/2 后，再调头装夹校正，将另一半钻通。

(8) 对于钻通孔，当孔即将钻通时钻尖部分不参加工作，切削阻力明显减少，进刀时就会觉得很轻松，这时应及时减慢进给速度，直至完全钻穿，待钻头完全从孔内退出后再停车。

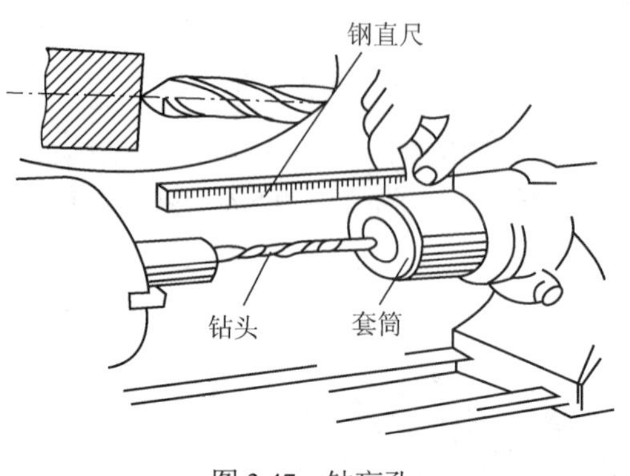

图 3.47　钻盲孔

(9) 对于钻盲孔，为了控制钻孔深度，在钻头开始切入端面时即记下尾座套筒上的标尺刻度，或用钢直尺量出此时套筒的伸出长度(图 3.47)，也可在钻头上做记号以控制孔深。钻入工件后，根据刻度或用钢直尺及时测量钻孔深度。

(10) 刚钻完孔的工件与钻头一般温度都比较高，不可用手去摸。

3. 扩孔

用扩孔刀具将工件原来的孔径扩大加工，称为扩孔。常用的扩孔刀具有麻花钻、扩孔钻等。一般工件的扩孔可用麻花钻加工，对于精度要求较高的孔，可用扩孔钻加工。

1) 用麻花钻扩孔

在实心工件上钻孔时，小孔径可一次钻出。如果孔径大，钻头直径也大，由于横刃长，轴向切削力大，钻削时很费力，这时可分两次钻削。如钻ϕ 50mm 的孔，可先用ϕ 25mm 的钻头钻孔，然后用ϕ 50mm 的钻头将孔扩大。

2) 用扩孔钻扩孔

扩孔钻有高速钢和硬质合金两种，常见的扩孔钻如图 3.48 所示。扩孔钻在自动机床和镗床上用得较多，它的主要特点是：

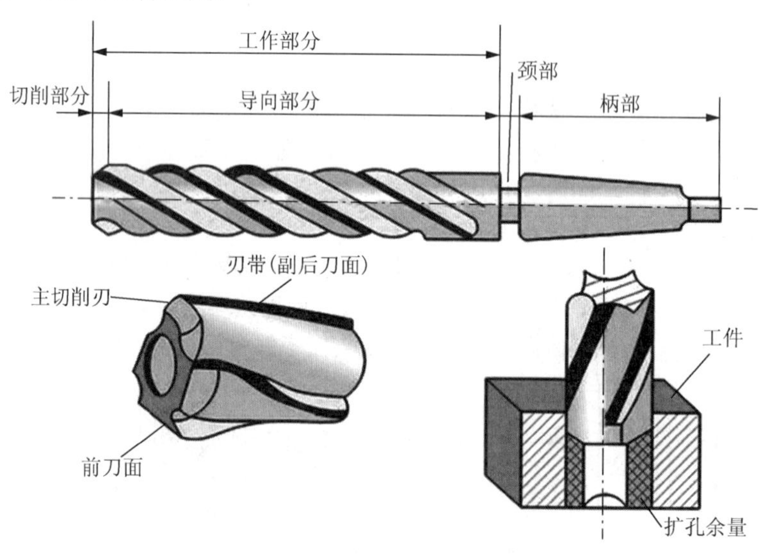

图 3.48　扩孔钻

(1) 刀刃不必自外缘一直到中心，这样就避免了横刃所引起的不良影响。

(2) 由于扩孔钻钻心粗，刚性好，且排削容易，可提高切削用量。

(3) 由于切削少，容削槽可以做得小些，因此扩孔钻的刃齿可比麻花钻多，导向性比麻花钻好。因此，可提高生产效率，改善加工质量。

扩孔精度一般可达到 IT9～IT10，表面粗糙度 *Ra* 为 6.3～12.5μm，用扩孔钻加工一般是孔的半精加工工序。

4. 镗孔

镗孔是最常用的孔加工方法，其公差等级可达 IT9～IT7、表面粗糙度 *Ra* 可达 3.2～1.6μm。

内孔车(镗)刀可分为通孔车刀与盲孔车刀两种，如图 3.49 所示。其切削部分的几何形状与外圆车刀相似。通孔车刀用于车通孔，其主偏角一般为 60°～75°，副偏角为 10°～20°；盲孔车刀用于车不通孔或台阶孔，其主偏角通常为 92°～95°，刀尖到刀杆背面的距离必须小于孔径的一半，否则无法车平底平面。为了增加刀具刚度，选用内孔车刀时，刀杆应尽可能粗，刀杆工作长度应尽可能短，一般取大于工件孔长为 4～10mm 即可。

内孔车刀的后角为避免刀杆后刀面与孔壁相碰，一般磨成双重后角α_1、α_2，以提高刀具的刚性，如图 3.50 所示。刃磨前刀面时如需磨断屑槽，应注意断屑槽的刃磨方向。粗车刀刃磨方向应平行于主切削刃刃磨，使切屑流向待加工表面，如图 3.49(a) 所示；精车刀应平行于副切削刀刃磨，以提高表面粗糙度，如图 3.51 所示。

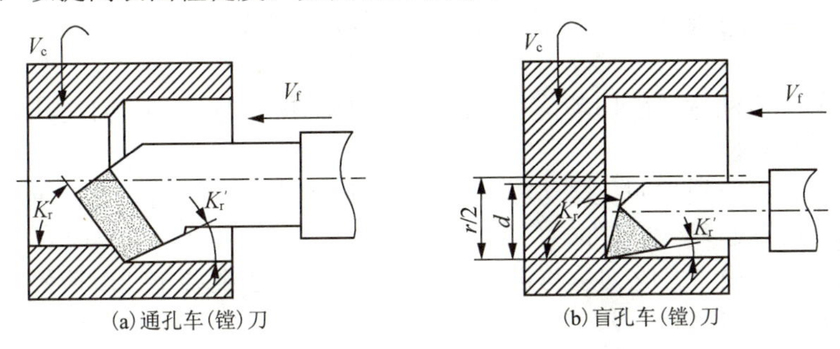

(a) 通孔车(镗)刀　　(b) 盲孔车(镗)刀

图 3.49　内孔车(镗)刀

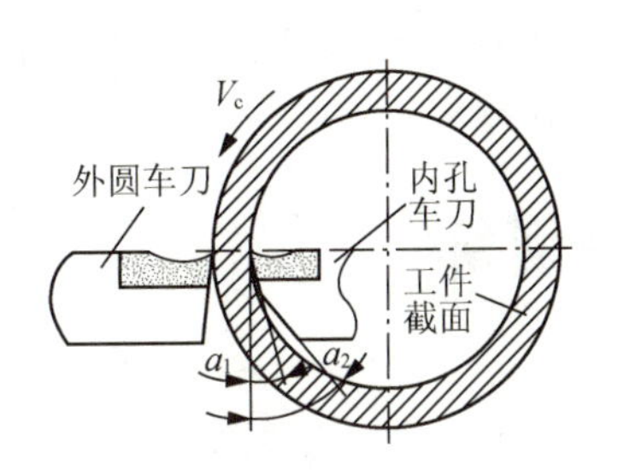

图 3.50　内孔车刀的后角

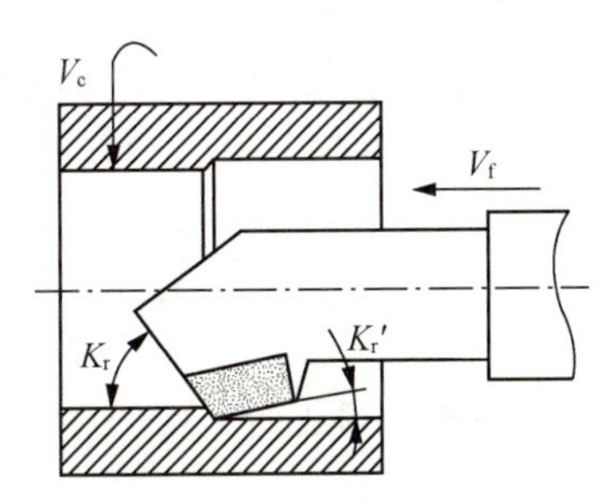

图 3.51　内孔精车刀前刀面

1) 车刀的装夹

(1) 装夹内孔车刀，原则上刀尖高度应与工件旋转中心等高，实际加工时要适当调整。粗车时刀尖略低于工件中心，以增加前角；精车时可装得略高些，使工件后角稍增大些，这既减少刀具与工件的摩擦，又不会出现“扎刀”现象。

(2) 刀杆应与孔中心线平行，车刀伸出长度应尽可能短。

(3) 车刀装夹后，在车孔前应移动床鞍手轮使刀具在毛坯孔内来回移动一次，以检查刀具和工件有无碰撞。

2) 镗内孔的操作要领

镗孔时车刀在工件内部进行，不便观察且不易冷却与排屑，刀杆尺寸受孔径限制，不能制得太粗又不能太短，对于薄壁工件车孔后易产生变形，尤其是小孔，加工难度更大。因此，镗内孔的操作较车外圆较难掌握。镗孔与车外圆的操作方法基本相同，不同的是镗内孔时中滑板进退刀的动作正好与车外圆相反，操作时必须引起重视。

(1)粗车孔。

① 根据加工余量确定背吃刀量与进刀次数。通常背吃刀量 a_p=1～3mm；进给量 f=0.2～0.6mm/r；切削速度 V_c应比车外圆的速度低 1/3 左右。粗车后留给精车的余量通常为 0.5～1mm。

② 控制孔径尺寸的方法与车外圆一样，也要进行试切。试切深度一般至孔口 1～3mm 内。

③ 当长度车至规定尺寸时应迅速停止进给，此时车刀横向可不退刀，应直接纵向退出再停车。

(2)精车孔。

① 精车时，最后一刀的吃刀量以 a_p=0.1～0.2mm 为宜，进给量 f=0.08～0.15mm/r，用高速钢车刀精车时，切削速度 V_c=0.05～0.1m/s。

② 精车孔时尺寸的控制是关键。控制尺寸的方法同样采用试切法来完成。试切时对刀要细心、精确。

③ 当长度车至尺寸位置时应立即停止进给，并记下中滑板刻度，摇动中滑板手柄(注意退刀方向)，使刀尖刚好离开孔壁即可，待车刀退出后再停车。

3)注意事项

(1)车削过程中应注意观察切削情况。如排屑不畅，应及时修正车刀的几何角度或改变切削用量，确保排屑流畅。

(2)车削过程中如发现尖叫、振动等情况，应及时停止车削退出车刀，通过修磨车刀或减小切削用量等办法来改善切削条件。

(3)粗车通孔时，由于背吃刀量与进给量都较大，所以当孔要车通时应停止自动进给，改用手摇床鞍慢慢进给，以防崩刃。

(4)孔口应按要求倒角或去锐边。

5. 内孔尺寸的测量

内孔的尺寸精度要求低时，通常用内卡钳与游标卡尺测量；孔的尺寸精度要求较高时，可用塞规或内径千分尺测量；当孔较深时，宜用内径百分表测量。

3.5　车工技能综合训练

3.5.1　台阶轴的加工(图 3.52)

工艺分析：

(1)毛坯及装夹：该零件的毛坯尺寸为ϕ30mm×50mm，用三爪卡盘夹持。

(2)刀具分析：工件为台阶轴，两个台阶的余量均分别为 6mm、8mm，且表面粗糙度为 3.2，故需一把 90°的外圆车刀和一把 45°端面车刀，即可满足该零件的加工(如外圆车刀的刃磨不理想，还需要增加一把 90°的精车刀)。

(3)加工工艺分析：加工时为达到掌握车工基本技能的目的，加工外圆的顺序应为ϕ28mm→ϕ22mm→ϕ14mm(在实际加工状态，零件外圆加工顺序可从小到大，其中的主要原因是减少了多余的走刀路线)。

(4)工艺参数：该零件的材料为 45 钢，切削性能良好。根据现有工艺装备查询相应的切削手册后，选定粗加工的切削三要素为：主轴转速 350r/min、进给量 0.1mm/r、背吃刀量 1mm；精加工的切削三要素为：主轴转速 450r/min、进给量 0.06mm/r、背吃刀量 0.3mm。

加工工序如表 3-4 所示。

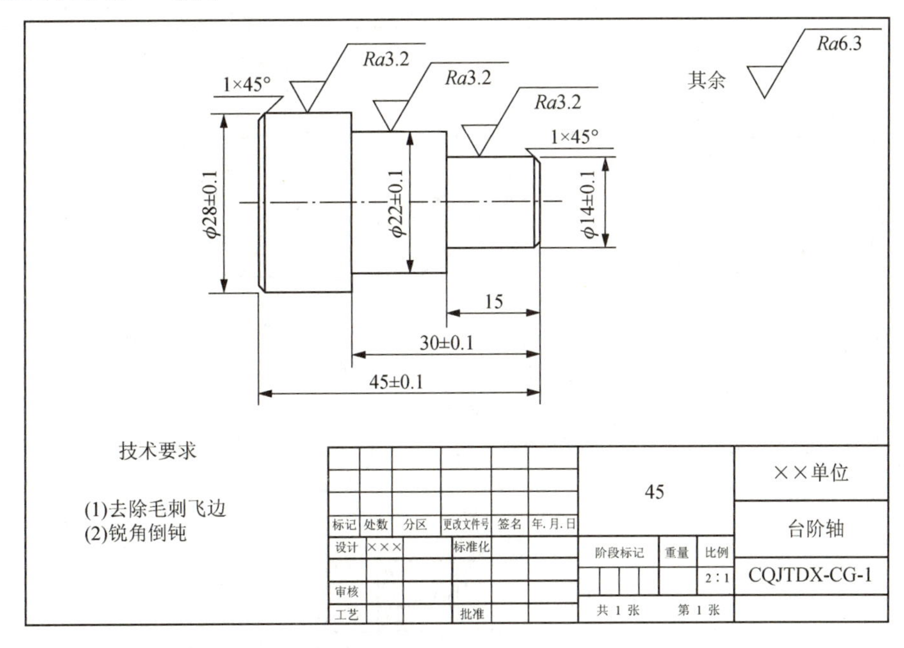

图 3.52　台阶轴零件图

表 3-4　台阶轴加工工序

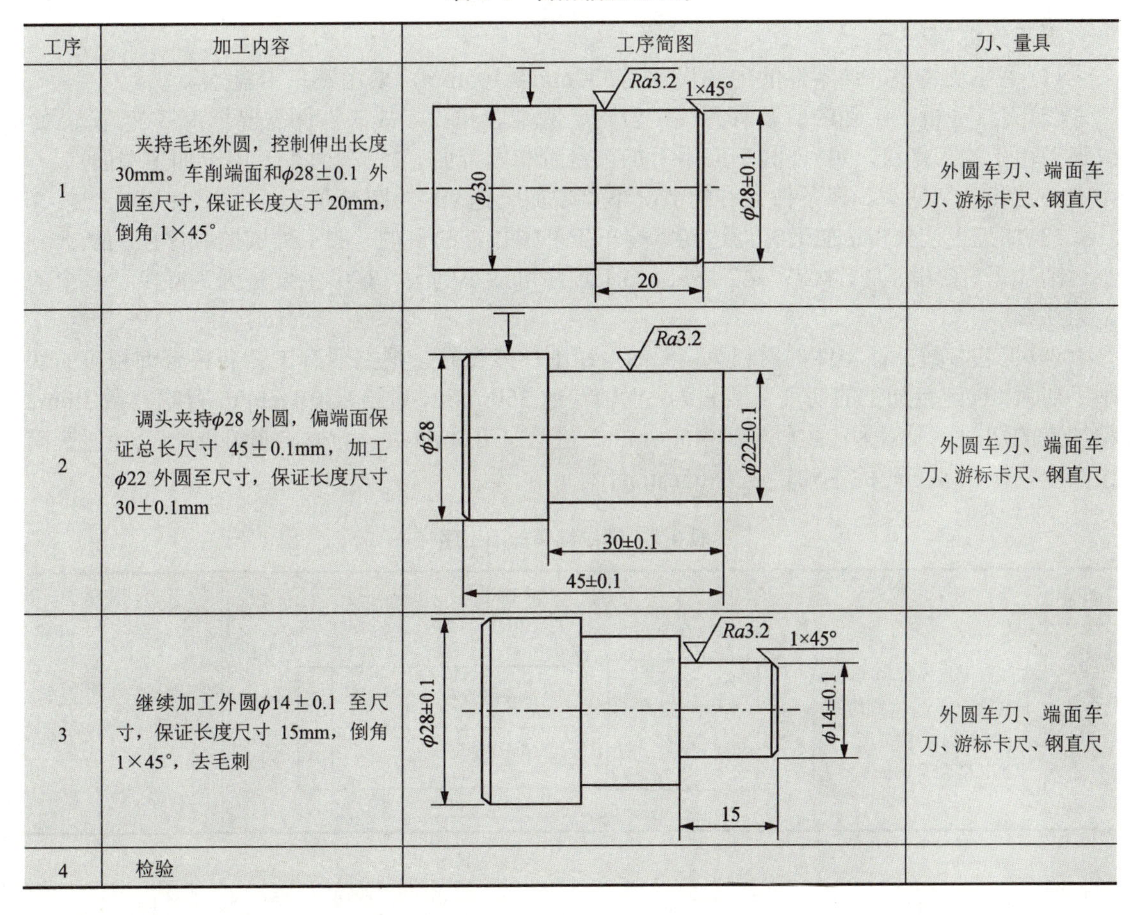

工序	加工内容	工序简图	刀、量具
1	夹持毛坯外圆，控制伸出长度 30mm。车削端面和φ28±0.1 外圆至尺寸，保证长度大于 20mm，倒角 1×45°	Ra3.2　1×45°　φ30　φ28±0.1　20	外圆车刀、端面车刀、游标卡尺、钢直尺
2	调头夹持φ28 外圆，偏端面保证总长尺寸 45±0.1mm，加工φ22 外圆至尺寸，保证长度尺寸 30±0.1mm	Ra3.2　φ28　φ22±0.1　30±0.1　45±0.1	外圆车刀、端面车刀、游标卡尺、钢直尺
3	继续加工外圆φ14±0.1 至尺寸，保证长度尺寸 15mm，倒角 1×45°，去毛刺	Ra3.2　1×45°　φ28±0.1　φ14±0.1　15	外圆车刀、端面车刀、游标卡尺、钢直尺
4	检验		

3.5.2 螺纹锥销的加工(图 3.53)

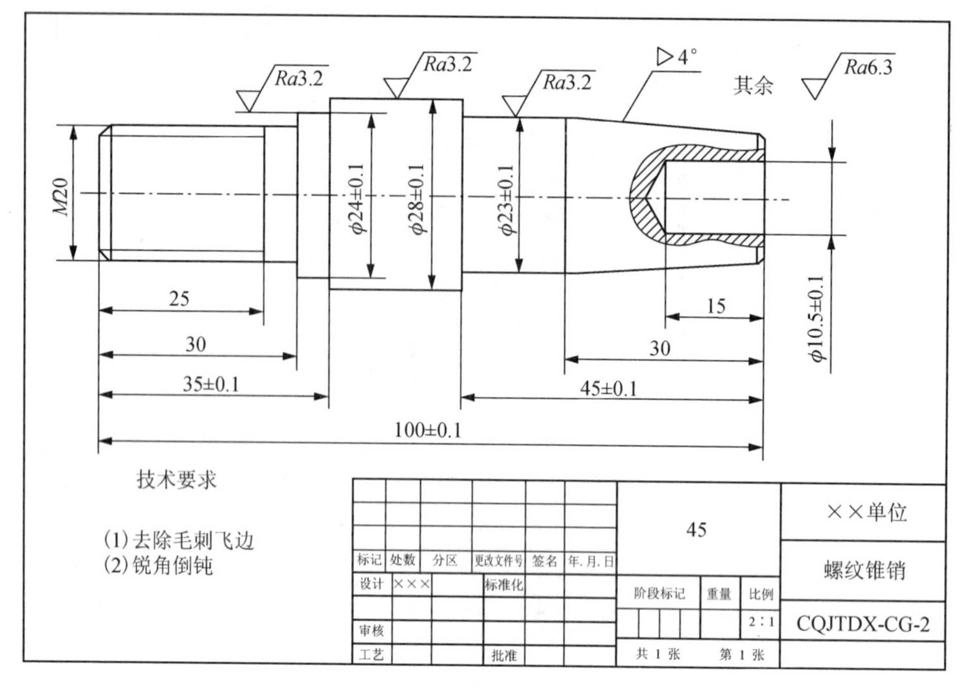

图 3.53 螺纹锥销零件图

工艺分析(表 3-5):

(1)毛坯及装夹:该零件的毛坯尺寸为ϕ30mm×105mm,采用三爪卡盘。

(2)刀具分析:工件的要素有螺纹、台阶、圆锥面和孔,故该零件需要至少 3 把车刀(螺纹车刀用于加工螺纹,90°外圆车刀用于加工台阶和圆锥面、45°端面车刀用于加工端面)、一个中心钻和一个钻头。在条件允许的情况下可增加一把 90°外圆精车刀。

(3)加工工艺分析:加工时为达到掌握车工基本技能的目的,加工外圆的顺序应为从大到小逐渐加工(在实际加工状态,零件外圆加工顺序可从小到大,其中主要是因为减少了多余的走刀路线)。

(4)工艺参数:该零件的材料为 45 钢,切削性能良好。根据现有工艺装备查询相应的切削手册后,选定粗加工的切削三要素为:主轴转速 350r/min、进给量 0.1mm/r、背吃刀量 1mm;精加工的切削三要素为:主轴转速 450r/min、进给量 0.06mm/r、背吃刀量 0.3mm;为保证操作安全,螺纹加工时的主轴转速为 65r/min。

表 3-5 螺纹锥销加工工序

工序	加工内容	工序简图	刀、量具
1	夹持毛坯外圆,控制伸出长度 70mm。车削端面和ϕ28±0.1 外圆至尺寸,保证长度大于 65mm	Ra3.2 ϕ30 ϕ28±0.1 65	外圆车刀、端面车刀、游标卡尺、钢直尺

续表

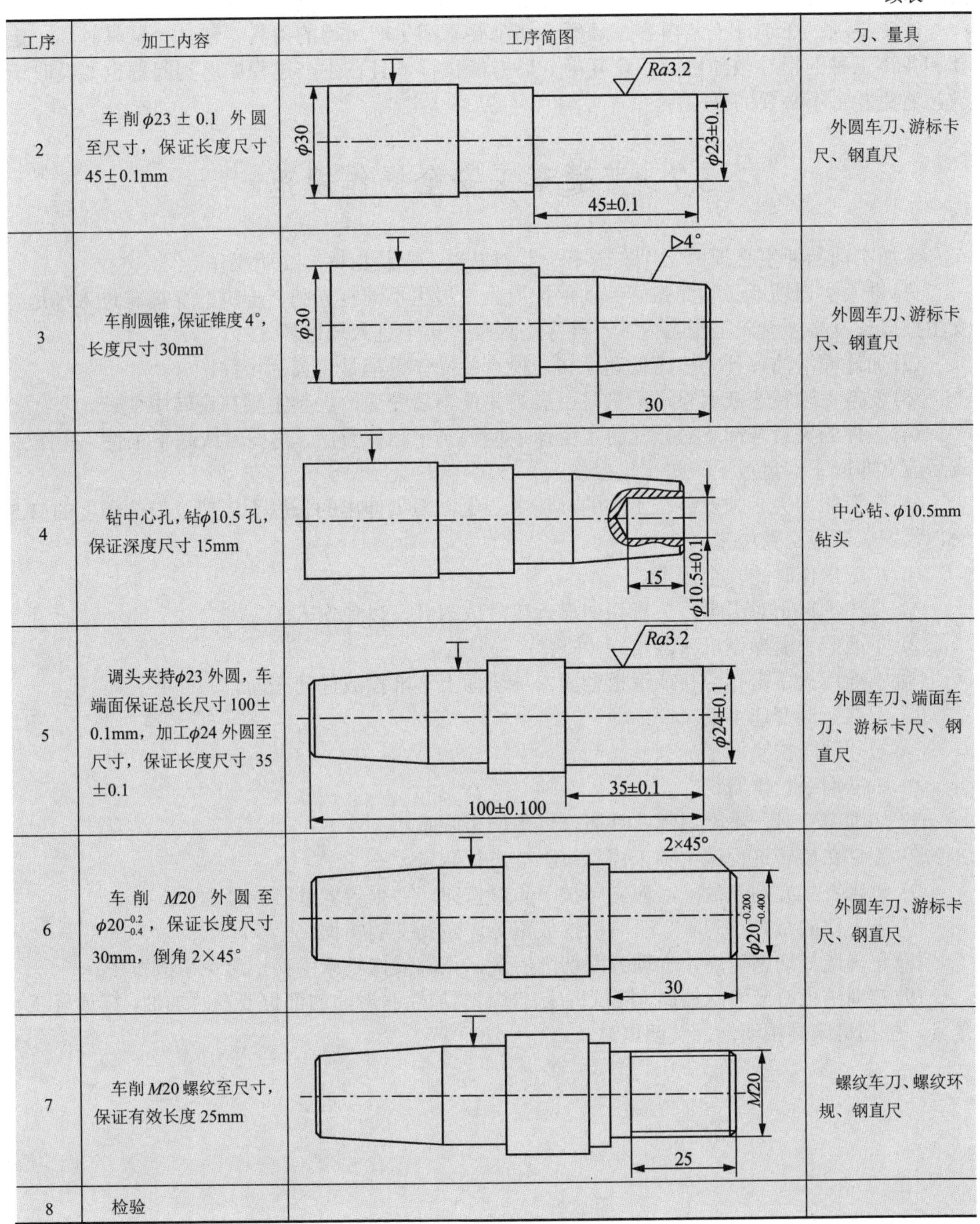

工序	加工内容	工序简图	刀、量具
2	车削$\phi 23\pm0.1$外圆至尺寸，保证长度尺寸45 ± 0.1mm	$Ra3.2$；$\phi 30$；$\phi 23\pm0.1$；45 ± 0.1	外圆车刀、游标卡尺、钢直尺
3	车削圆锥，保证锥度4°，长度尺寸30mm	▷4°；$\phi 30$；30	外圆车刀、游标卡尺、钢直尺
4	钻中心孔，钻$\phi 10.5$孔，保证深度尺寸15mm	15；$\phi 10.5\pm0.1$	中心钻、$\phi 10.5$mm钻头
5	调头夹持$\phi 23$外圆，车端面保证总长尺寸100 ± 0.1mm，加工$\phi 24$外圆至尺寸，保证长度尺寸35 ± 0.1	$Ra3.2$；$\phi 24\pm0.1$；35 ± 0.1；100 ± 0.100	外圆车刀、端面车刀、游标卡尺、钢直尺
6	车削M20外圆至$\phi 20_{-0.4}^{-0.2}$，保证长度尺寸30mm，倒角2×45°	2×45°；$\phi 20_{-0.400}^{-0.200}$；30	外圆车刀、游标卡尺、钢直尺
7	车削M20螺纹至尺寸，保证有效长度25mm	M20；25	螺纹车刀、螺纹环规、钢直尺
8	检验		

3.6　车工创新训练

读者可自行设计一个与钳工技能综合训练二(榔头)相配合的手柄，在编写其工艺和相应的生产准备工作后进行实际加工。

零件加工完成后应从使用情况、外观形状、尺寸精度、加工成本与工艺过程等各方面对其进行分析，总结优缺点，对不足之处提出改进措施，并写出心得与体会。

注意事项：在制订工艺内容、顺序、切削要素和生产所需的刀具、辅具、量具时，一定要和各该工种的指导教师协商，在其确认后方能执行，且在生产过程如遇到问题也要及时请教，避免发生不必要的事故。

3.7　普通车工安全操作规范

参加实训的师生必须树立“安全第一”的思想，听从指挥，文明操作。

(1) 进入实训场地必须穿戴好劳动保护用品。男生不准打赤膊、赤脚、穿拖鞋进入场地。女生披肩长发必须盘入工作帽内，不准穿高跟鞋、裙子进入场地。

(2) 加好润滑油，开动机床低速运转，检查各操作手柄是否灵活可靠。

(3) 变换主轴转速或调整进给量时，必须先停车后变速，严禁主轴在旋转中变速。

(4) 工件的夹紧与卸下必须先将主变速手柄调到空挡位置后，再夹紧或卸下工件。操作完成后应立即取下卡盘扳手，防止飞出伤人。

(5) 车刀的刀尖必须安装在工件的旋转中心上，刀尖伸出的长度不应超过刀体厚度的 1.5 倍，紧固螺钉应交替压紧。

(6) 车床操作时的安全规范：

① 身体不准正对卡盘，头部切勿靠近工件或刀具，以免伤人。

② 不准戴手套操作机床。

③ 不准用扳手击打导轨或滑板台面，导轨面上不准摆放任何东西。

④ 不准扳动变速手柄。

⑤ 必须戴防护镜。

⑥ 不准用手拉铁屑。

⑦ 切削铸件时，不准用嘴吹铁屑，以免伤害眼睛。

⑧ 工件在旋转过程或主轴未停稳时不准进行测量。

⑨ 机床发生异响或故障，应立即按下急停按钮，并报告老师等候处理。

(7) 各工位的量具、刀具、工具应摆放整齐，做到文明实训。

(8) 正确选择切削速度，合理分配切削用量，正确操作机床手柄，避免事故发生。

(9) 实训结束时应清除铁屑，擦拭机床，对需要加注润滑油的部位要及时加油，摆放好工、量具，打扫机床周围清洁，关闭电源。

第4章　钳工及装配

教学目的　本实训内容是为进一步强化对普通机加工技能的掌握和专业知识的理解所开设的一项基本训练科目。

通过钳工实习，使学生能初步接触在机械制造、修理和装配中钳工工种的工作过程，获得钳工常用材料和加工的工艺基础知识，熟悉常用加工方法及所使用的主要设备和工具，初步掌握钳工常用基本操作技能，并具有一定的操作技巧。为相关课程的理论学习及将来从事生产技术工作打下基础。

教学要求

(1) 了解钳工在机器制造课程中的作用、主要工作及基本操作方法。

(2) 了解钳工常用设备和工夹具的用途和大致规格。

(3) 熟悉钳工主要工作(锯削、锉削、钻孔、攻丝、錾削、划线等)基本操作方法及其所使用的工、量具，并具有基本的操作技能。

(4) 了解常见的装配方法。

(5) 了解钳工的安全操作规程。

4.1　钳工基本知识

4.1.1　钳工的工艺范围和重要性

钳工是切削加工中的重要工种之一，它大多是在台虎钳上用手工操作方法进行工作的，在机械加工方法不太适宜或难以进行机械加工的场合下使用。钳工工作的内容主要包括划线、锯削、锉削、錾削、钻孔、铰孔、攻丝、套扣、刮削、研磨、装配和修理等。

随着生产的日益发展，目前，钳工工种已有专业的分工，主要有普通钳工(简称钳工)、划线钳工、工具钳工、装配钳工和修理钳工等。钳工是机械制造工厂中不可缺少的一个工种，它的工作范围很广，因为任何机械设备的制造，必须经过装配才能完成，而装配工作正是钳工的主要任务之一。

随着机械制造业的发展及科学技术的不断进步，在钳工基本操作方面，部分手工工作已被取代，如以磨代刮、以冲代剪、线切割、电火花加工、数控机床加工等。在装配操作方面，一些专业化生产厂家为提高装配质量和经济效益，逐步运用机械化、半自动化或自动化生产流水线作业代替手工装配。但是，一些机床无法完成或工具无法进入的零件、产品研制、模具的修配、机器及生产线维修等方面仍然离不开手工操作的钳工。因此，钳工工作在机械制造和维修中仍然有着重要的作用。

4.1.2　钳工常用设备和工具

1. 钳台

用来安装台虎钳、放置工具、量具和工件等。台面一般用硬木或钢板制成，台上安装有安全防护网。钳台高度一般为 800～900mm，或以台面上安装台虎钳后钳口高度与人手肘部平齐为宜，如图 4.1 所示。钳台的长度和宽度则随工作需要而定。

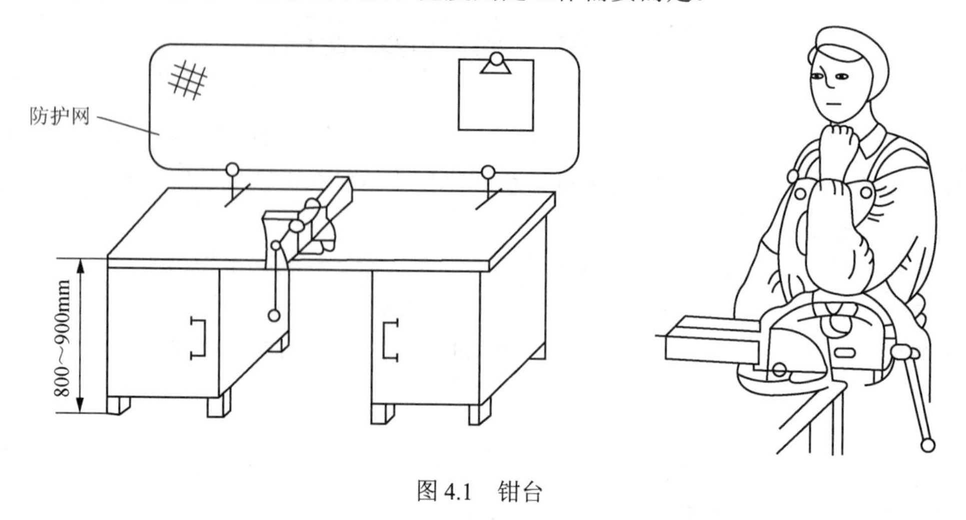

图 4.1　钳台

2. 台虎钳

台虎钳是用来夹持工件的通用夹具，其规格以钳口的宽度表示。常用的有 100mm、125mm、150mm、200mm 等。按结构分又有固定式和回转式两种类型，如图 4.2 所示。两种台虎钳的主要结构和工作原理基本相同。回转式台虎钳的整个钳身可以在水平面内回转，能满足不同方位的加工需要，因此使用方便，应用较广。

回转式台虎钳(图 4.2(b))的构造和工作原理如下：活动钳身 1 通过导轨与固定钳身 4 的导轨孔作滑动配合，丝杆 13 装在活动钳身上，可以旋转，但不能轴向移动，并与安装在固定钳身内的丝杆螺母配合。当摇动手柄 12 使丝杆旋转，就可带动活动钳身相对于固定钳身作轴向移动，夹紧和松开工件。弹簧 11 借助挡圈 10 和销 9 固定在丝杆上，其作用是当松开丝杆时，可使活动钳身及时退出。在固定钳身和活动钳身上，各装有钢质钳口 3，并用螺钉 2 固定。钳口的工作面上刻有交叉的网纹，使工件夹紧后不易产生滑动。钳口经过热处理淬硬，具有较好的耐磨性。固定钳身装在转座 8 上，能绕转座轴心转动，当转到要求的方向时，扳动手柄 6 使夹紧螺钉旋紧，便可在夹紧盘 7 的作用下把固定钳身固紧。转座上有三个螺栓孔，通过螺栓连接与钳台固定。

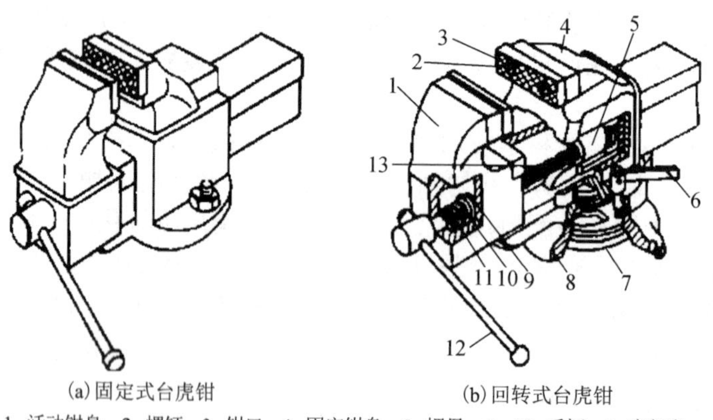

(a)固定式台虎钳　　(b)回转式台虎钳

1. 活动钳身；2. 螺钉；3. 钳口；4. 固定钳身；5. 螺母；6、12. 手柄；7. 夹紧盘；8. 转座；9. 销；10. 挡圈；11. 弹簧；13. 丝杆

图 4.2　台虎钳

台虎钳的使用和维护应注意以下几点：

(1) 台虎钳应牢固地固定在钳台上，不能出现松动。

(2) 夹紧工件时只能用手扳紧丝杆手柄，严禁用手锤敲击手柄或加力棒转动手柄，以免丝杆、螺母或钳身受力过大而损坏。

(3) 强力作业时，应尽量使力朝向固定钳身，否则丝杆和螺母套会因受到较大的力而损坏。

(4) 工件尽量装夹在钳口中部，以使钳口受力均匀。

(5) 丝杆、螺母和各滑动表面应注意保持清洁并加润滑油，以延长使用寿命。

3. 砂轮机

用来刃磨钻头、錾子等刀具或其他工具等。它由电动机、砂轮和机体组成，如图 4.3 所示。

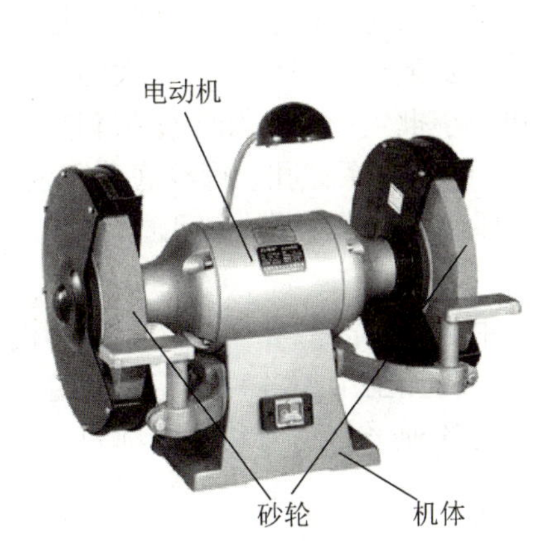

图 4.3　台式砂轮机

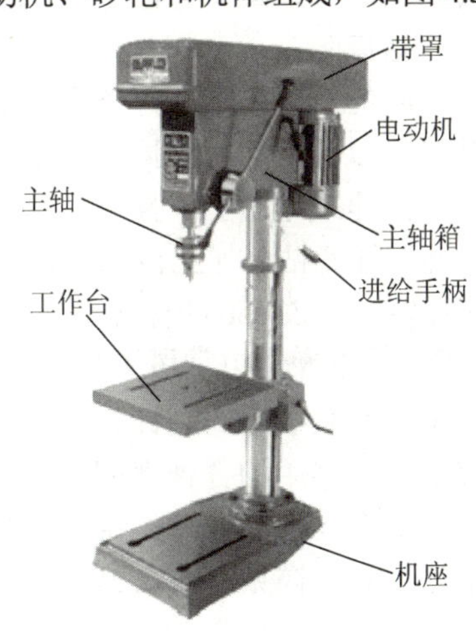

图 4.4　台式钻床

4. 钻床

用来加工工件上的各类孔，常用的有台式钻床、立式钻床和摇臂钻床等，如图 4.4～图 4.6 所示。

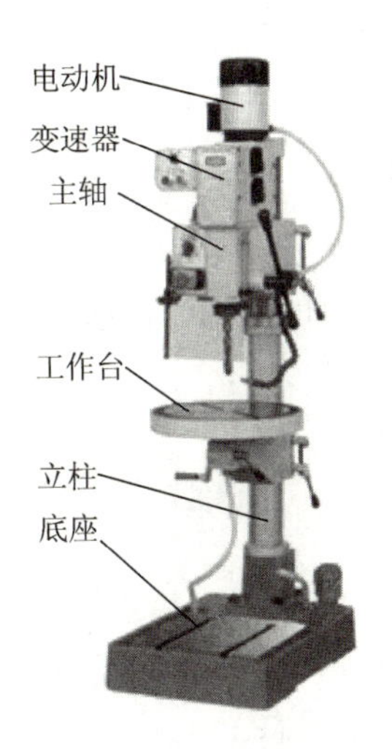

图 4.5　立式钻床

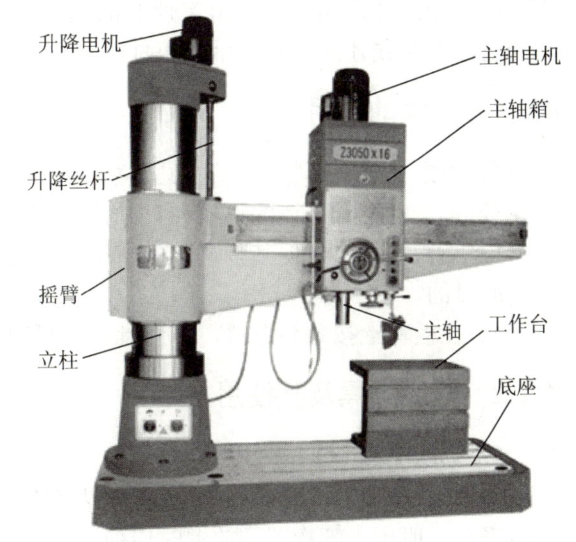

图 4.6　摇臂钻床

1) 台式钻床

台式钻床简称台钻，它体积小巧，操作简便，通常适用于加工小型孔的机床。台式钻床钻孔直径一般在ϕ13mm以下，一般不超过ϕ25mm，其主轴变速一般通过改变三角带在塔型带轮上的位置来实现，主轴进给靠手动操作。

2) 立式钻床

立式钻床可以自动进给，它的功率和机构强度允许采用较高的切削用量，因此用这种钻床可获得较高的劳动生产率，并可获得较高的加工精度。立式钻床的主轴转速、进给量都有较大的变动范围，可以适应不同材料的刀具在不同材料的工件上的加工。并能适应钻、锪、铰、攻螺纹等各种不同工艺的需要，在立式钻床上装一套多轴传动头，能同时钻削几十个孔，可作为批量生产的专用机床使用。

常用立式钻床Z5140的含义是：Z表示钻床，51表示立式，40表示最大钻孔直径为ϕ40mm。

3) 摇臂钻床

摇臂钻床的主轴箱可在摇臂上左右移动，并可沿摇臂绕立柱回转±180°，摇臂还可沿立柱上下升降，以适应加工不同高度的工件。较小的工件可安装在工作台上，较大的工件可直接放在机床底座或地面上。摇臂钻床广泛应用于单件和中小批生产中，加工体积和重量较大的工件的孔。摇臂钻床加工范围广，可用来钻削大型工件的各种螺钉孔、螺纹底孔和油孔等。

常用摇臂钻床Z3050的含义是：Z表示钻床，30表示摇臂，50表示最大钻孔直径为ϕ50mm。

5. 钳工基本操作中常用工具

常用工具有划线用的划针、划针盘、划规(圆规)、中心冲(样冲)和平板；錾削用的手锤和各种錾子；锉削用的各种锉刀；锯割用的锯弓和锯条；孔加工用的各种麻花钻、锪孔钻和铰刀；攻丝、套丝用的各种丝锥、板牙和绞手；刮削用的各种平面刮刀和曲面刮刀；各种扳手和起子等工具，详见后面章节。

4.2 划　　线

根据图样或实物的尺寸，准确地在工件表面上划出加工界线的操作称为划线。只需在一个平面上划线即能明确表示出工件的加工界线的称为平面划线，要同时在工件上几个不同方向的表面上划线才能明确表示出工件的加工界线的，称为立体划线。

4.2.1 划线的作用

(1) 确定工件上各加工面的加工位置和加工余量。

(2) 可全面检查毛坯的形状和尺寸是否符合图样，能否满足加工要求。

(3) 当在坯料上出现某些缺陷的情况下，往往可通过划线时的所谓“借料”方法，来达到补救的目的。

(4) 在板料上按划线下料，可做到正确排料，合理使用材料。

4.2.2 划线工具及其使用方法

1. 划线平台(图4.7)

又称划线平板，由铸铁制成。工作表面经过精刨或刮削加工，作为划线时的基准平面。划线平台一般用木架搁置，放置时应使平台工作表面处于水平状态。

使用注意要点：平台工作表面应经常保持清洁；工件和工具在平台上都要轻拿、轻放，不可损伤其工作面；用后要擦拭干净，并涂上机油防锈。

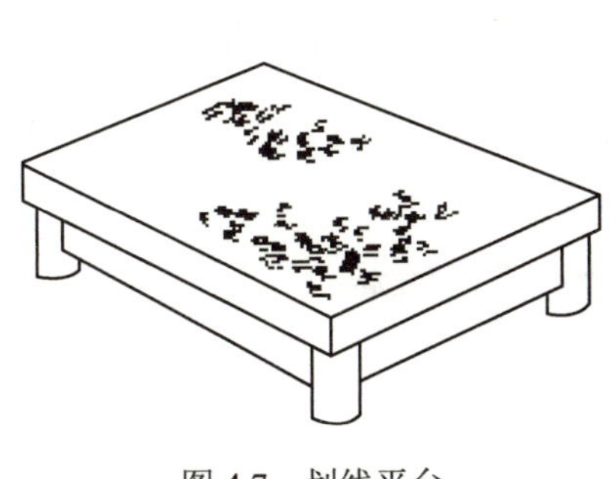

图 4.7　划线平台

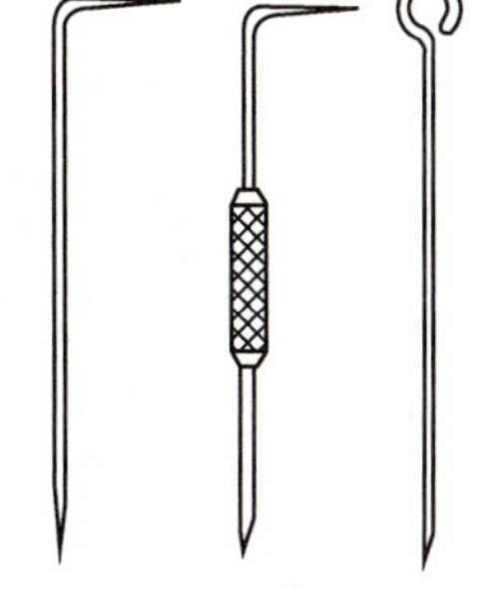

图 4.8　划针

2. 划针(图 4.8)

用来在工件上划线条。一般由直径为$\phi 3 \sim \phi 5$mm 的钢丝制成，尖端磨成 15°～20° 的尖角，并经热处理淬火使之硬化。有的划针在尖端部位焊有硬质合金，其耐磨性更好。

使用注意要点：在用钢直尺和划针划连接两点的直线时，应先用划针和钢直尺定好后一点的划线位置，然后调整钢尺使与前一点的划线位置对准，再开始划出两点的连接直线。划线时，针尖要紧靠导向工具的边缘，上部向外侧倾斜 15°～20°，向划线移动方向倾斜约 45°～75°(图 4.9)，针尖要保持尖锐，划线要尽量做到一次划成，使划出的线条既清晰又准确；不用时划针不能插在衣袋中，最好套上塑料管不使针尖外露。

3. 划线盘(图 4.10)

用来在划线平台上对工件进行划线或找正工件。划针的直头端用来划线，弯头端用于对工件安放位置的找正。

使用注意要点：

(1) 用划线盘进行划线时，划针应尽量处于水平位置，不要倾斜太大，划针伸出部分应尽量短些，并要牢固地夹紧，以避免划线时产生振动和尺寸变动。

(2) 划线盘在划线移动时，底座的底面始终要与划线平台的平面贴紧，不能出现摇晃或跳动。

(3) 划针与工件划线表面之间保持夹角 30°～60°(沿划线方向)，以减小划线阻力和防止针尖扎入工件表面。

(4) 在用划线盘划较长直线时，应采用分段连接划法，这样可对各段的首尾作校对检查，避免在划线过程中由于划针的弹性变形和划线盘本身移动所造成的划线误差。

(5) 划线盘用完后应使划针处于直立状态，保证安全和减少所占的空间位置。

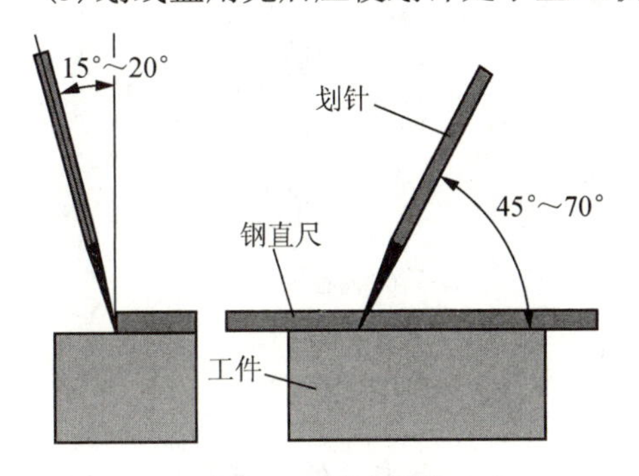

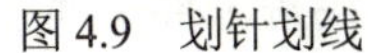

图 4.9　划针划线

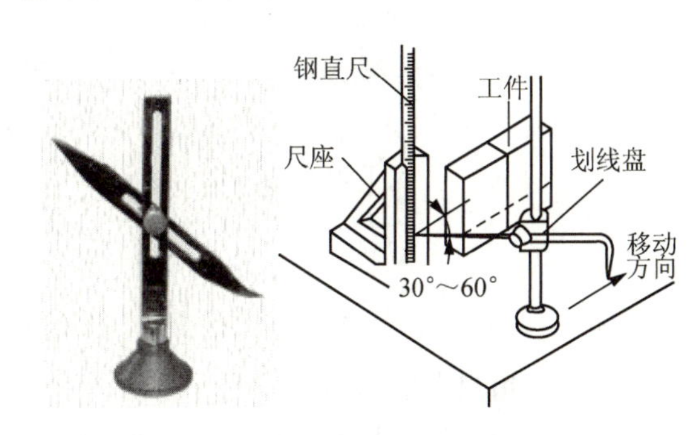

图 4.10　划线盘及其应用

4. 划规

用来划圆、圆弧、等分线段、等分角度以及量取尺寸等，如图 4.11 所示。

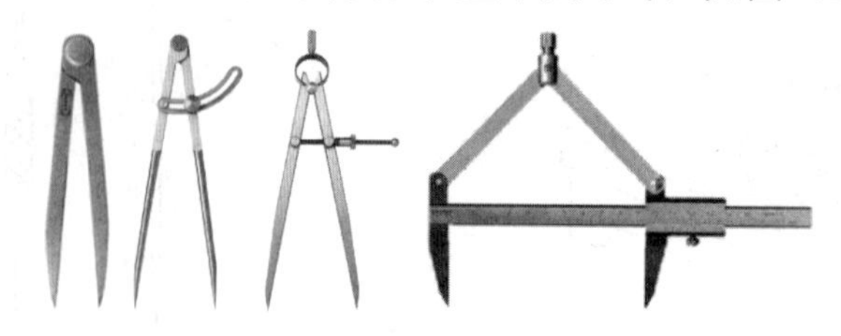

图 4.11　划规

使用注意：划规两脚的长短要磨得稍有不同，而且两脚合拢时脚尖能靠紧，这样才可划出尺寸较小的圆弧。划规的脚尖应保持尖锐，以保证划出的线条清晰。用划规划圆时，作为旋转中心的一脚应施加较大的压力，另一脚则以较轻的压力在工件表面上划出圆或圆弧，这样可使中心不致滑动。

5. 样冲(图 4.12)

用于在工件所划加工线条上冲点，作加强界限标志(称检验样冲点)和划圆弧或钻孔定中心(称中心样冲点)。它一般用工具钢制成，尖端处淬硬，其顶尖角度在用于加强界限标记时大约为 40°，用于钻孔定中心时约取 60°。

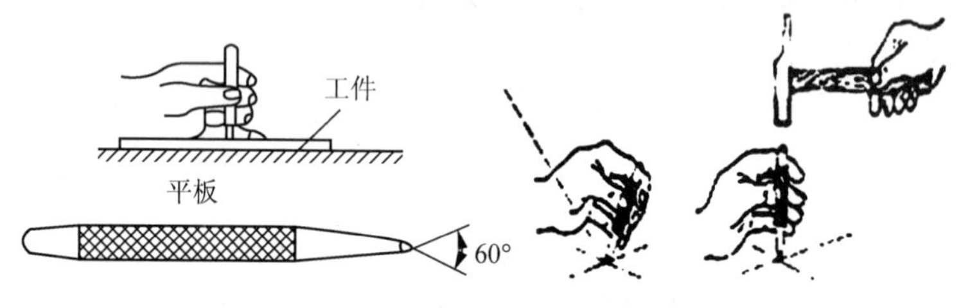

图 4.12　样冲

冲点方法：先将样冲外倾，使尖端对准线的正中，然后再将样冲立直冲点。

冲点要求：位置要准确，中点不可偏离线条(图 4.13)，在曲线上冲点距离要小些，如直径小于ϕ20mm 的圆周线上应有四个冲点，而直径大于ϕ20mm 的圆周线上应有八个以上冲点，在直线上冲点距离可大些，但短直线至少有三个冲点；在线条的交叉转折处则必须冲点，冲点的深浅要掌握适当，在薄壁上或光滑表面上冲点要浅，粗糙表面上要深些。

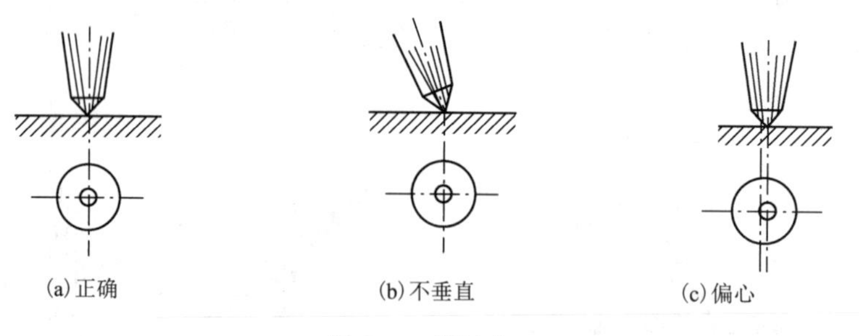

图 4.13　样冲点

6. 90°角尺(图 4.14)

在划线时常用作划平行线或垂直线的导向工具，也可用来找正工件平面在划线平台上的垂直位置。

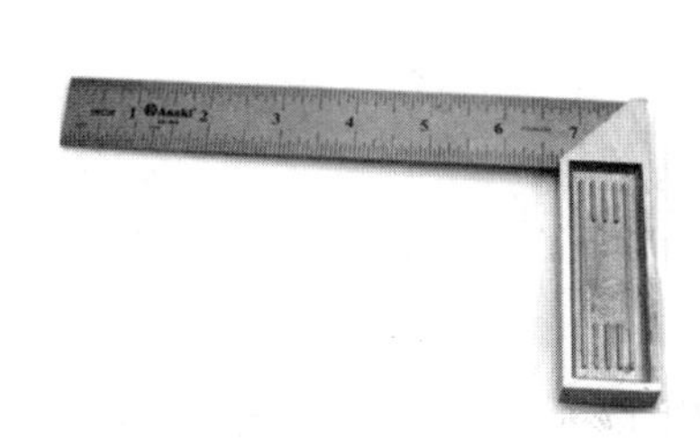

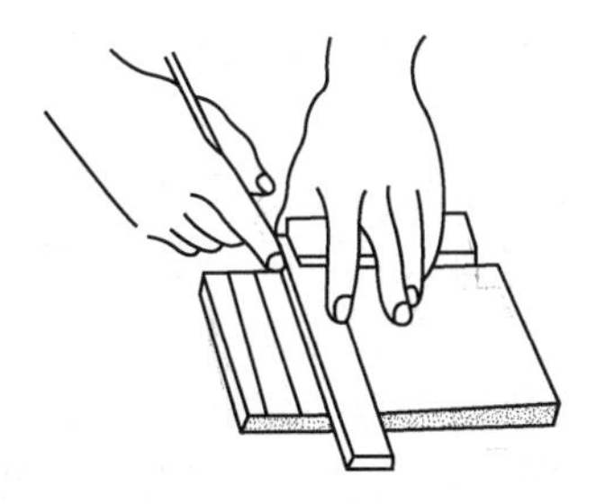

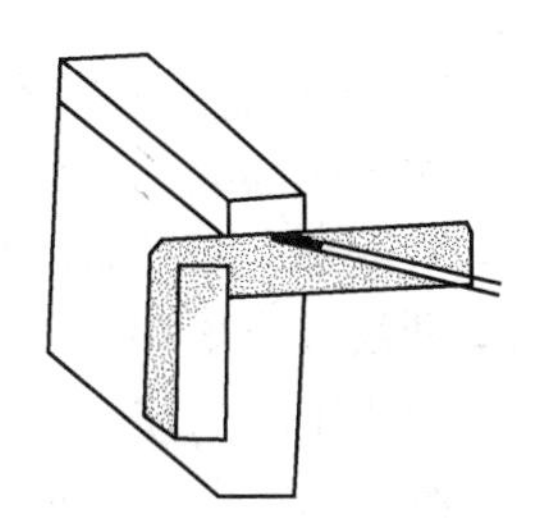

图 4.14　90°角尺及其使用

4.2.3　划线的操作要领

划线基准是划线时确定工件各几何要素间的尺寸大小和位置关系所依据的一些点、线、面。设计图样时确定的基准为设计基准。划线基准的确定要综合考虑工件的整个加工过程及各工序所使用的检测手段，应尽可能使划线基准与设计基准一致，以减少由于基准不一致所产生的累积误差。同时，合理地选择划线基准能使划线方便、准确、迅速。

1．划线基准的选择原则

(1) 尽量使划线基准与工件图样的设计基准重合。

(2) 工件上没有已加工表面时，以较大、较长的不加工表面作为划线基准；工件上有已加工表面时，以已加工表面作为划线基准。

(3) 以对称面或对称线作为划线基准。

(4) 需两个以上的划线基准时，以互相垂直的表面作为划线基准。

2．划线步骤(图 4.15)

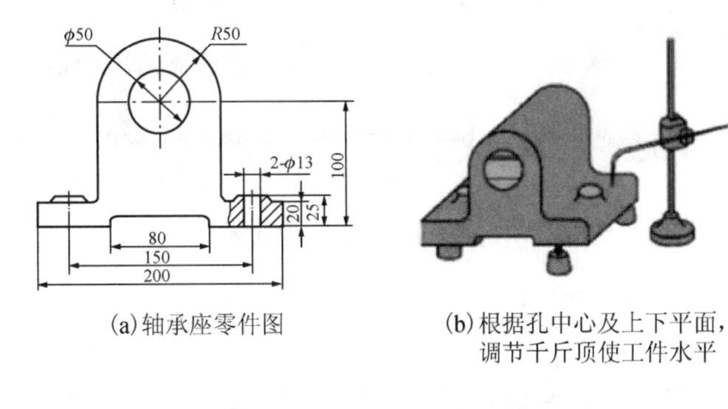

(a) 轴承座零件图

(b) 根据孔中心及上下平面，调节千斤顶使工件水平

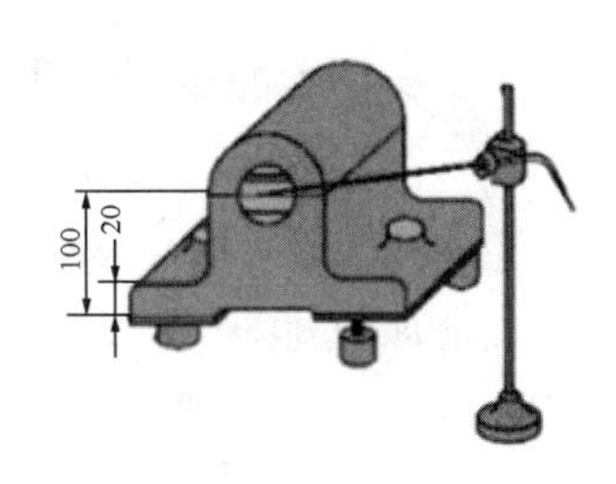

(c) 划底平面加工线和大孔的水平中心线

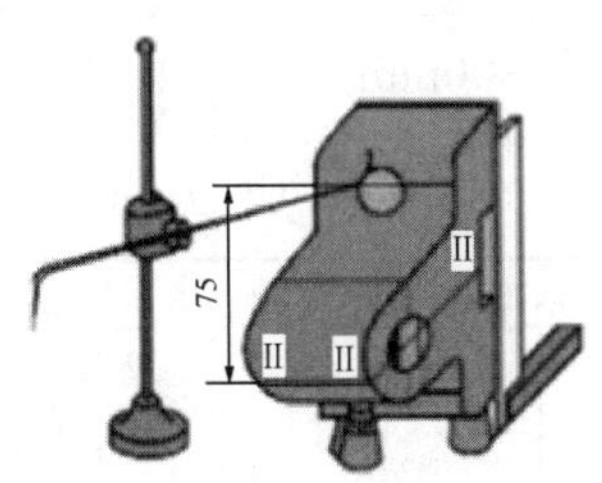

(d) 转90°，用角尺找正，划大孔的垂直中心线及螺孔中心线

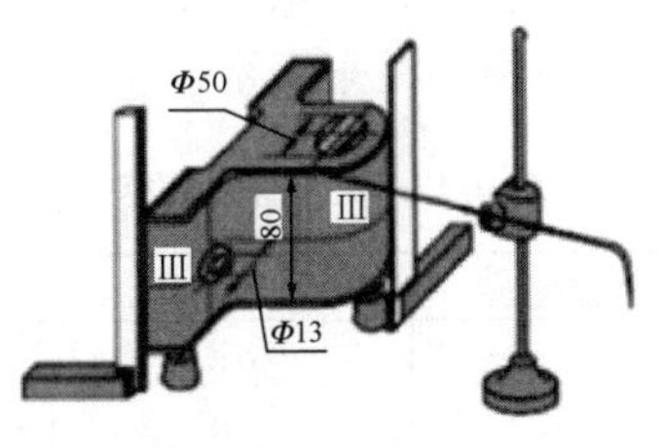

(e) 转90°，用直尺两个方向找正，划螺钉孔、另一方向的中心孔及大端面加工线

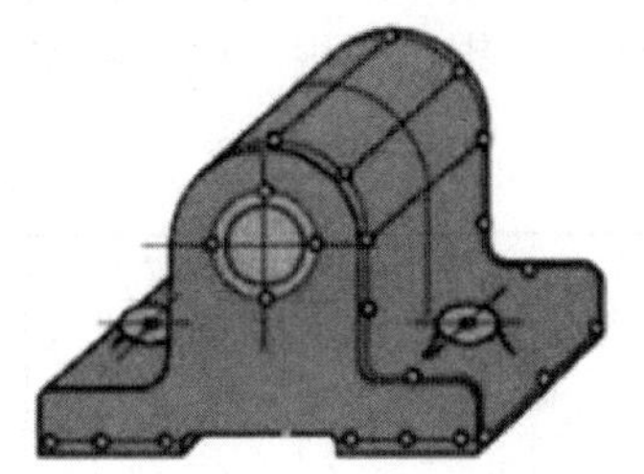

(f) 打样冲眼

图 4.15　划线实例

(1) 准备好所用的划线工具，并对实习工件进行清理和划线表面涂色。

(2) 熟悉各图形，并按各图应采取的划线基准及最大轮廓尺寸，安排好各图基准线在实习工件上的合理位置划好基准线。

(3) 按各图的编号顺序及所标注的尺寸，依次完成划线。

(4) 对图形、尺寸复检校对，确认无误后，敲上样冲点。

3. 划线注意事项

(1) 划线工具的使用方法及划线动作必须掌握正确。

(2) 练习的重点是如何才能保证划线的尺寸准确性、划出的线条细而清楚及样冲点的准确性。

(3) 工具要合理放置。要把左手用的工具放在工件的左面，右手用的工具放在工件的右面，并要整齐、稳妥。

(4) 任何工件在划线后，都必须作一次仔细的复检校对工作，避免差错。

4.3　锯削与錾削

4.3.1　锯削

用手锯对工件或材料进行切断或切槽的加工方法称为锯削。

1. 手锯的构造

手锯由锯弓和锯条构成，如图 4.16 所示。锯弓是用来安装锯条的，有固定式(图 4.16(a))和可调式(图 4.16(b))两种。固定式锯弓只能安装一种长度的锯条，而可调式锯弓通过调整可以安装几种长度的锯条，因此得到广泛的使用。

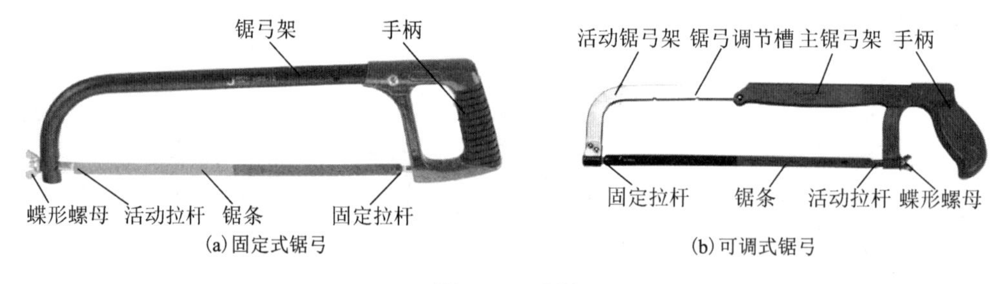

图 4.16　手锯

2. 锯条及其正确选用

锯条是用来直接切削工件或材料的刃具，一般用碳素工具钢或合金工具钢制成，并经热处理淬硬。锯条的规格以两端安装孔的中心距来表示，常用规格为 300mm，如表 4-1 所示。

表 4-1　手工锯条规格　　(单位：mm)

形式	长度 l	宽度 a	厚度 b	齿距 p	销孔 $d/e \times f$		全长 L
A 型	300	12.0 或 10.7	0.65	0.8	3.8		≤315
				1.0			
				1.2			
	250			1.4			≤265
				1.5			
				1.8			
B 型	296	22	0.65	0.8、1.0、1.4		8×5	≤315
	292	25				12×6	

使用时应根据所锯材料的软硬和厚薄来选用。锯削铜、铝、铸铁等软材料或较厚工件时应选用粗齿锯条；锯削普通钢及中等厚度工件时应选用中齿锯条；锯削工具钢、合金钢等硬材料，或者薄板、管子等薄材料时应选用细齿锯条。

3．锯条的安装

手锯向前推进时为切削作用，因此，锯条安装时应使齿尖的方向朝前，如图 4.17(a)所示。齿条平面要与中心平面平行，不得歪斜和扭曲。锯条的松紧可通过蝶形螺母调节。锯条过松或过紧都易使折断，过松还会使锯缝歪斜。

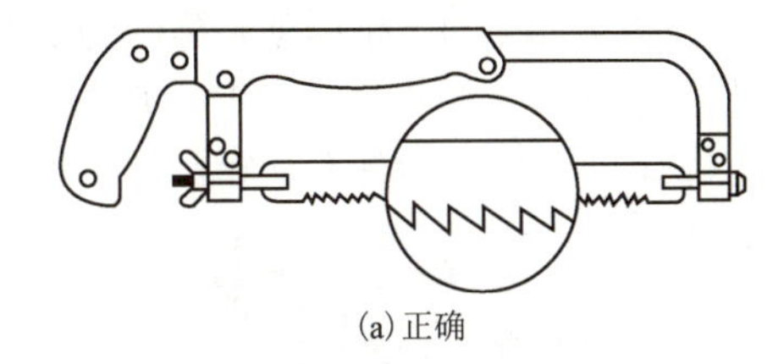
(a)正确

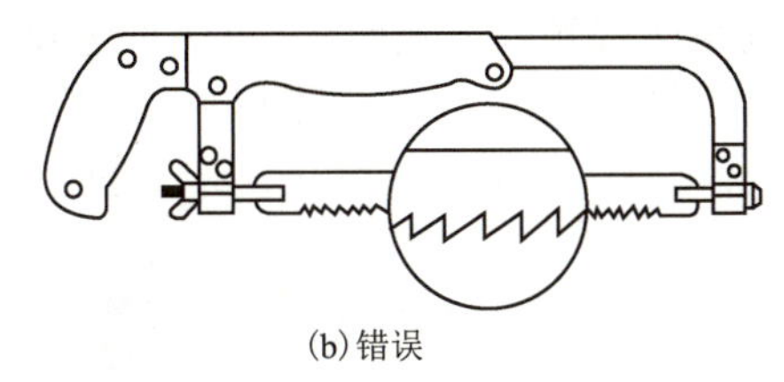
(b)错误

图 4.17　锯条的安装

4．锯割操作方法

1)工件的夹持

工件一般应夹在台虎钳的左面，以便操作和观察。工件伸出钳口不应过长，应使锯缝离开钳口侧面 20mm 左右。锯缝线要与钳口侧面保持平行，便于控制锯缝不偏离划线线条。夹紧要牢靠，同时要避免工件变形和损伤已加工面。

2)手锯的握法

手锯的常见握法是右手满握锯柄，左手扶住锯弓前端，如图 4.18 所示。锯削时，推力和压力由右手控制，左手主要配合右手扶正锯弓，压力不要过大。

3)站立位置与锯削姿势

锯削时操作者面对台虎钳，并站立在台虎钳左侧，站立位置如图 4.19(a)所示。后腿伸直、前腿微弯、身体前倾、两脚站稳，靠前膝屈伸使身体作往复摆动，如图 4.19(b)所示。起锯时，身体前倾与竖直方向成 10°左右，随着推锯行程增大，身体逐渐向前倾斜，当行程达到 2/3 时，身体倾斜为 18°左右，左右臂均向前伸出，当锯削最后 1/3 行程时，用手腕推进锯弓，身体随锯的反作用力退回到 15°位置。行程结束后，取消压力，回到初始位置。

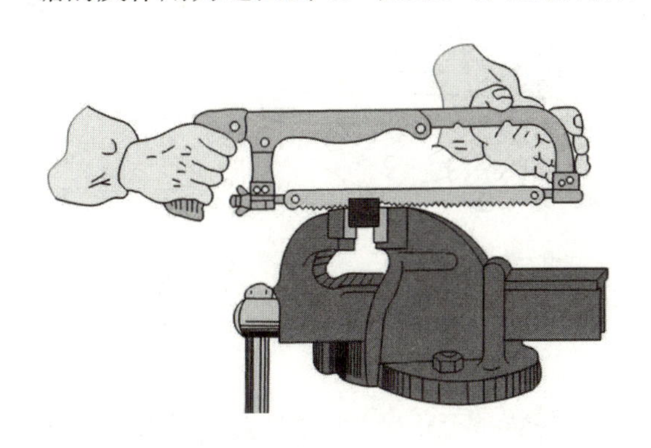
图 4.18　手锯的握法

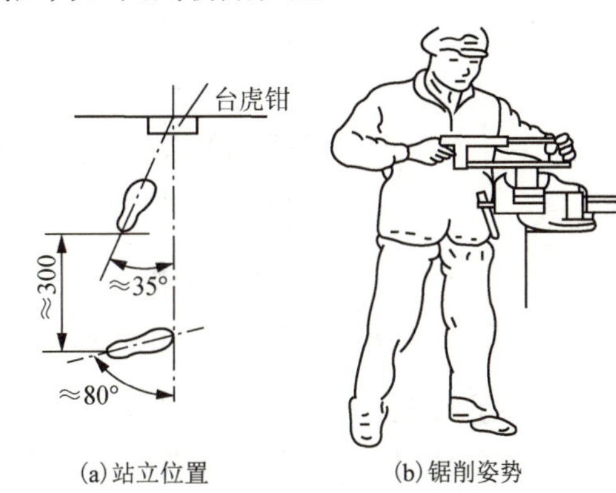

(a)站立位置　(b)锯削姿势

图 4.19　锯削姿势

4)起锯方法

起锯是锯割工作的开始，起锯质量的好坏直接影响锯割质量，如果起锯不正确，会使锯条跳出锯缝将工件拉毛或者引起锯齿崩裂。起锯有远起锯和近起锯(图 4.20)两种。起锯时，左手拇指靠住锯条，使锯条能正确地锯在所需要的位置上，行程要短，压力要小，速度要慢，起锯角在 15°左右。如果起锯角太大，则起锯不易平稳，尤其是近起锯时锯齿会被工件棱边卡住引起崩裂。但起锯角也不宜太小，否则由于锯齿与工件同时接触的齿数较多，不易切入材料，多次起锯往往容易发生偏离，使工件表面锯出许多锯痕，影响表面质量。 一般情况下采用远起锯较好，因为远起锯锯齿是逐步切入材料，锯齿不易卡住，起锯也较方便。如果用近起锯，在操作时若掌握不好，锯齿会被工件的棱边卡住，此时也可采用向后拉手锯作倒向起锯，使起锯时接触的齿数增加，再作推进起锯就不会被棱边卡住。起锯锯到槽深为 2～3mm，锯条已不会滑出槽外，左手拇指可离开锯条，扶正锯弓逐渐使锯痕向后(向前)成为水平，然后往下正常锯割。正常锯割时应使锯条的全部有效齿在每次行程中都参加锯割。

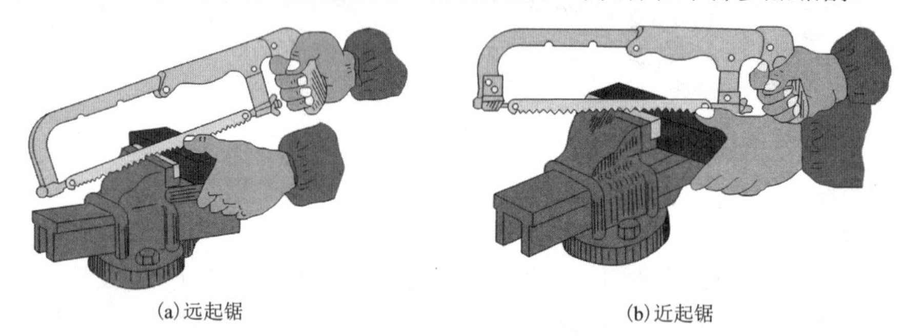
(a) 远起锯　　(b) 近起锯

图 4.20　起锯方法

5) 锯割(图 4.21)

锯削时应尽量利用锯条的有效长度，一般往复行程不应小于锯条全长的 2/3。行程过短，锯条会因局部磨损加快而缩短寿命。手锯向前推为切削行程，应施加推力和压力，返回行程不切削，不加压力作自然拉回，工件快要锯断时压力要小。锯割运动一般采用小幅度的上下摆动式运动，就是手锯推进时，身体略向前倾，双手随着压向手锯的同时，左手上翘、右手下压；回程时右手上抬、左手自然跟回。对锯缝底面要求平直的锯割，必须采用直线运动。锯割运动的速度一般为 40 次/分左右，锯割硬材料慢些，锯割软材料快些，同时，锯割行程应保持均匀，返回行程的速度应相对快些。

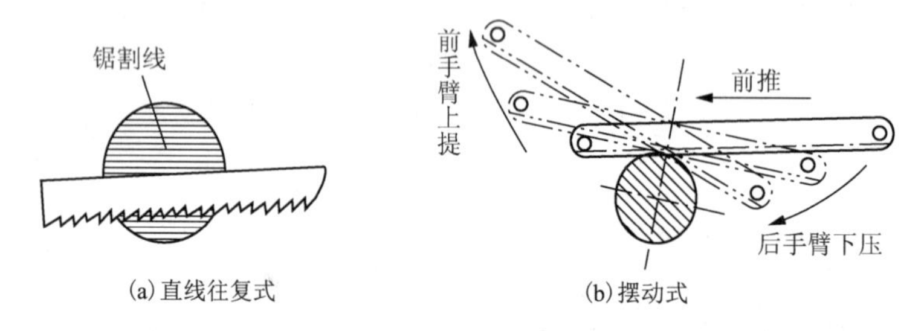

(a) 直线往复式　　(b) 摆动式

图 4.21　锯削运动方式

5. 注意事项

(1) 锯割练习时必须注意工件的安装夹持及锯条的安装是否正确，并要注意起锯方法和起锯角度的正确，以免一开始锯割就造成废品和锯条损坏。

(2) 初次练习时对锯割速度不易掌握，往往退出速度过快，这样容易使锯条很快磨钝。同时，也常会出现摆动姿势不自然，摆动幅度过大等错误姿势，应注意及时纠正。

(3) 要适时注意锯缝的平直情况，及时借正(歪斜过多再作借正时，就不能保证锯割的质量)。

(4) 在锯割钢件时，可加些机油以减少锯条与锯割断面的摩擦并能冷却锯条，同时可以提高锯条的使用寿命。

4.3.2　錾削

用手锤锤击錾子，对金属工件进行切削加工的方法称为錾削。錾削工作效率比较低，劳动强度大，但由于使用的工具简单，操作方便，常用在不便于机械加工或单件生产的场合，如去除毛坯飞边、毛刺、浇冒口、凸缘以及錾削平面、板料、油槽等。

1. 錾削工具

1) 錾子

錾子是錾削工件的刀具，用碳素工具钢(T7A 或 T8A)锻打成形后再进行刃磨和热处理而成。钳工常用錾子主要有阔錾(扁錾)、狭錾(尖錾)、油槽錾和扁冲錾四种，如图 4.22 所示。阔錾用于錾切平面、切断和去毛刺，狭錾用于开槽，油槽錾用于錾切润滑油槽，扁冲錾用于打通两个钻孔之间的间隔。錾子的楔角主要根据加工材料的硬软来决定。柄部一般做成八棱形，便于控制握錾方向。头部做成圆锥形，顶端略带球面，使锤击时的作用力方向便于朝着刃口的錾切方向。

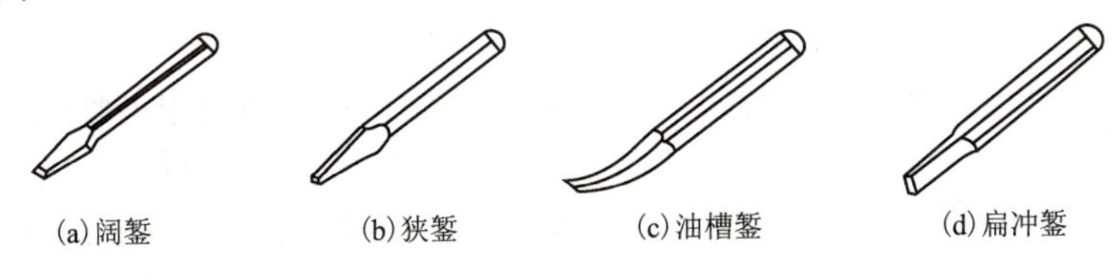

(a) 阔錾　(b) 狭錾　(c) 油槽錾　(d) 扁冲錾

图 4.22　常用錾子

2) 手锤

手锤是钳工常用的敲击工具，由锤头、木柄和楔子组成，如图 4.23 所示。手锤的规格以锤头的重量来表示，有 0.25kg、0.5kg 和 1kg 等。锤头用 T7 钢制成，并经热处理淬硬。木柄用比较坚韧的木材制成，常用的 1kg 手锤柄长约 350mm。木柄装入锤孔后用楔子楔紧，以防锤头脱落。

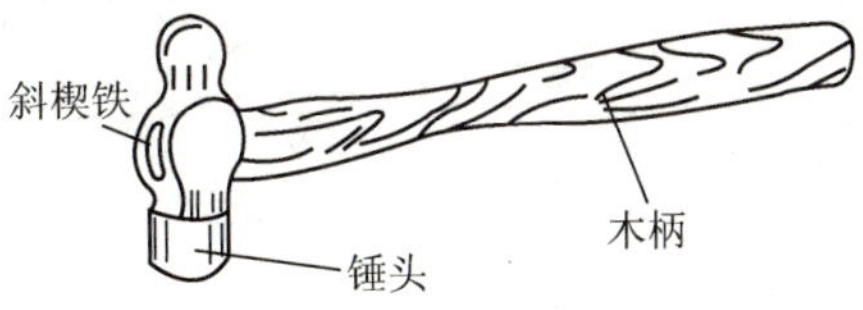

斜楔铁　木柄　锤头

图 4.23　手锤

2. 錾削姿势

1) 手锤的握法(图 4.24)

(1) 紧握法。用右手五指紧握锤柄，大拇指合在食指上，虎口对准锤头方向(木柄椭圆的长轴方向)，木柄尾端露出 15～30mm。在挥锤和锤击过程中，五指始终紧握。

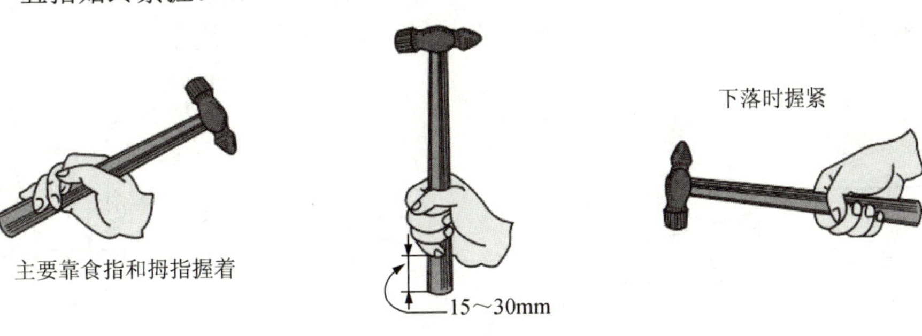

图 4.24　手锤握法

(2)松握法。只用大拇指和食指始终握紧锤柄。在挥锤时，小指、无名指、中指则依次放松，在锤击时，又以相反的次序收拢握紧。这种握法的优点是手不易疲劳，且锤击力大。

2)站立姿势(图 4.25)

身体与虎钳中心线大致成 45°，且略向前倾，左脚跨前半步，膝盖处稍有弯曲，保持自然，右脚要站稳伸直，不要过于用力。

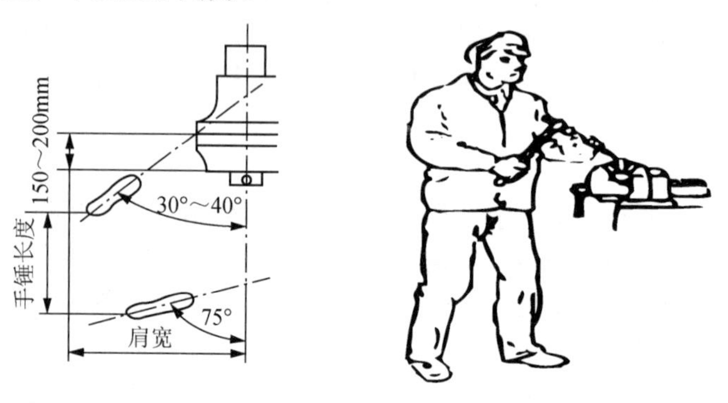

图 4.25　站立位置与錾削姿势

3)挥锤方法

挥锤有腕挥、肘挥和臂挥三种方法，如图 4.26 所示。腕挥是仅用手腕的动作进行锤击运动，采用紧握法握锤，一般用于錾削余量较少或錾削开始或结尾。肘挥是用手腕与肘部一起挥动做锤击运动，采用松握法握锤，因挥动幅度较大，故锤击力也较大，这种方法应用最多。臂挥是用手腕、肘和全臂一起挥动，其锤击力最大，用于需要大力錾削的工作。

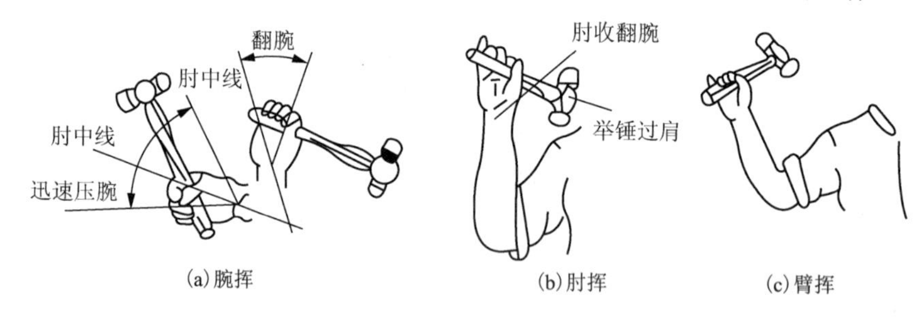

图 4.26　挥锤方法

4)錾削方法

起錾时应将錾子握平或使錾头稍向下倾，以便錾刃切入工件，如图 4.27 所示。錾削时，錾子与工件夹角如图 4.28 所示。粗錾时，錾刃表面与工件夹角α为 3°～5°；细錾时，α角略大些。当錾削到靠近工件尽头时，应调转工件从另一端錾掉剩余部分。

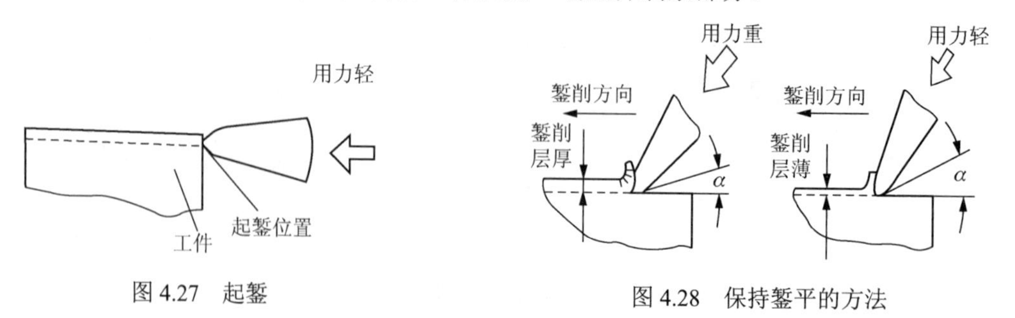

图 4.27　起錾

图 4.28　保持錾平的方法

5) 锤击速度

錾削时的锤击要稳、准、狠，其动作要有节奏地进行，一般在肘挥时为 40 次/分左右，腕挥时为 50 次/分左右。錾削姿势如图 4.29 所示。

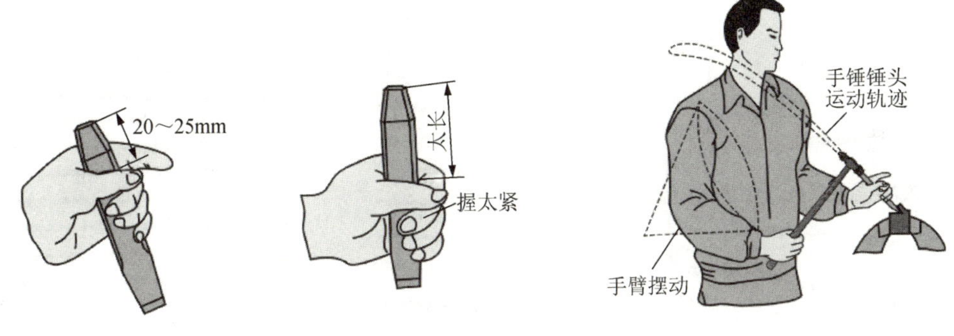

图 4.29　錾削姿势

4.4　锉　　削

锉削是用锉刀对工件表面进行加工的操作。锉削精度最高可达 0.005mm，表面粗糙度 *Ra* 最小可达 0.4μm。锉削是钳工最基本的操作，应用范围广泛，尤其是复杂曲线样板工作面的整形修理、异形模具型腔孔的精加工、零件的锉配等都离不开锉削加工。

4.4.1　锉削工具及其基本操作

1. 锉刀的构造及种类

1) 锉刀的构造

锉刀结构如图 4.30 所示。锉刀规格以工作部分的长度来表示。分 100mm、150mm、200mm、250mm、300mm、350mm、400mm 七种。

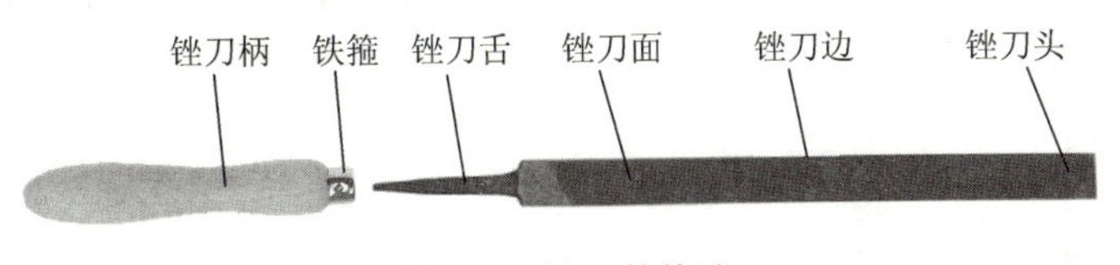

图 4.30　锉刀的构造

2) 锉刀种类

锉刀按每 10mm 锉面上齿数多少，分为粗锉刀(4～12 齿)、细锉刀(13～24 齿)和光锉刀(30～40 齿)三种。

粗锉刀的齿间容屑槽较大，不易堵塞，适于粗加工或锉削铜和铝等软金属，细锉刀多用于锉削钢材和铸铁；光锉刀又称油光锉，只适用于最后修光表面。此外，根据尺寸的不同，又可分为钳工锉、特种锉和整形锉，结构如图 4.31 所示。整形锉刀尺寸较小，通常以 10 把形状各异的锉刀为一组，用于修锉小型工件以及某些难以进行机械加工的部位。

2. 锉刀的规格

尺寸规格：圆锉以直径表示，方锉以边长表示，其他锉刀均以长度表示。

粗细规格：根据锉刀齿距的大小将锉纹分为 1～5 号，号数越大锉纹越细。

3. 锉刀的齿纹

锉刀面上的齿纹有单齿纹和双齿纹两种。单齿纹锉刀在锉刀面上只有一个方向的齿纹，用于锉削软金属，如铝、铜等；双齿纹锉刀在锉刀面上有两个方向交叉的齿纹，适用于锉削硬材料。

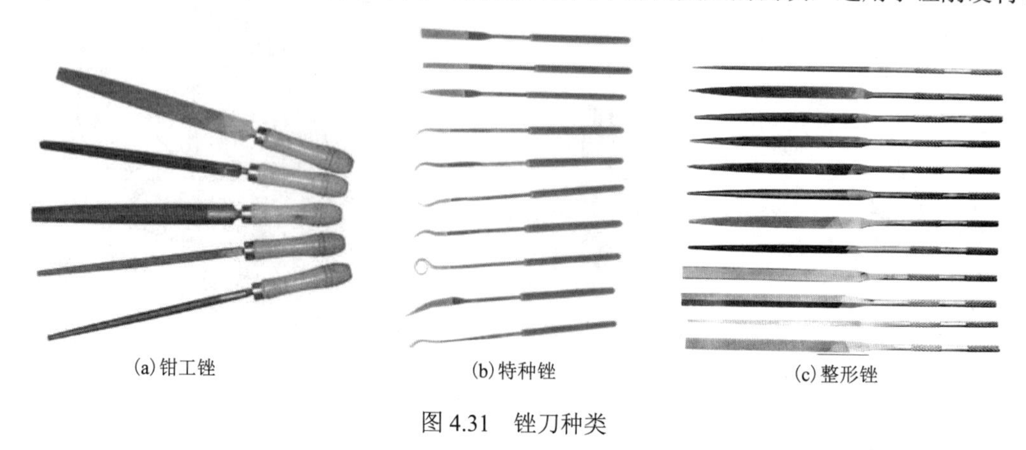

(a) 钳工锉　(b) 特种锉　(c) 整形锉

图 4.31　锉刀种类

4. 锉刀的选择

1) 长度的选择

锉刀长度尺寸的选用取决于工件的加工面积与加工余量、表面粗糙度的要求及工件材料的软硬。一般加工面积小、精度高、余量少的工件，选用较短的锉刀；加工面积大、余量多的工件，选用较长的锉刀。

2) 锉齿粗细的选择

锉齿的粗细取决于工件的加工精度、加工余量、表面粗糙度。加工精度高、加工余量小、表面粗糙度值低而材料较硬的工件，选用细齿锉刀。反之，则选用粗齿锉刀。油光锉一般用于最后修光工件表面。

3) 锉刀形状的选择

应使锉刀的断面形状和工件加工部位的形状相适应，如图 4.32 所示。普通锉刀的应用如表 4-2 所示。

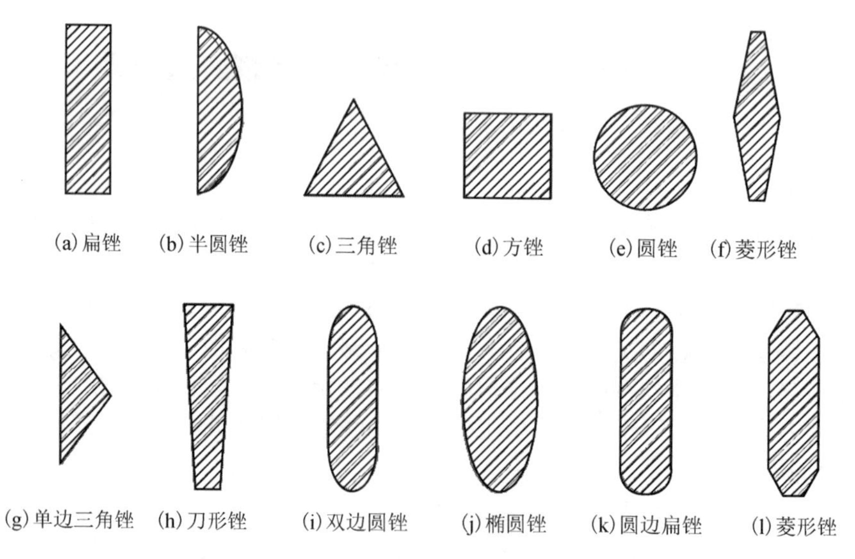

(a) 扁锉　(b) 半圆锉　(c) 三角锉　(d) 方锉　(e) 圆锉　(f) 菱形锉

(g) 单边三角锉　(h) 刀形锉　(i) 双边圆锉　(j) 椭圆锉　(k) 圆边扁锉　(l) 菱形锉

图 4.32　锉刀断面形状的选择

表 4-2　普通锉刀应用举例

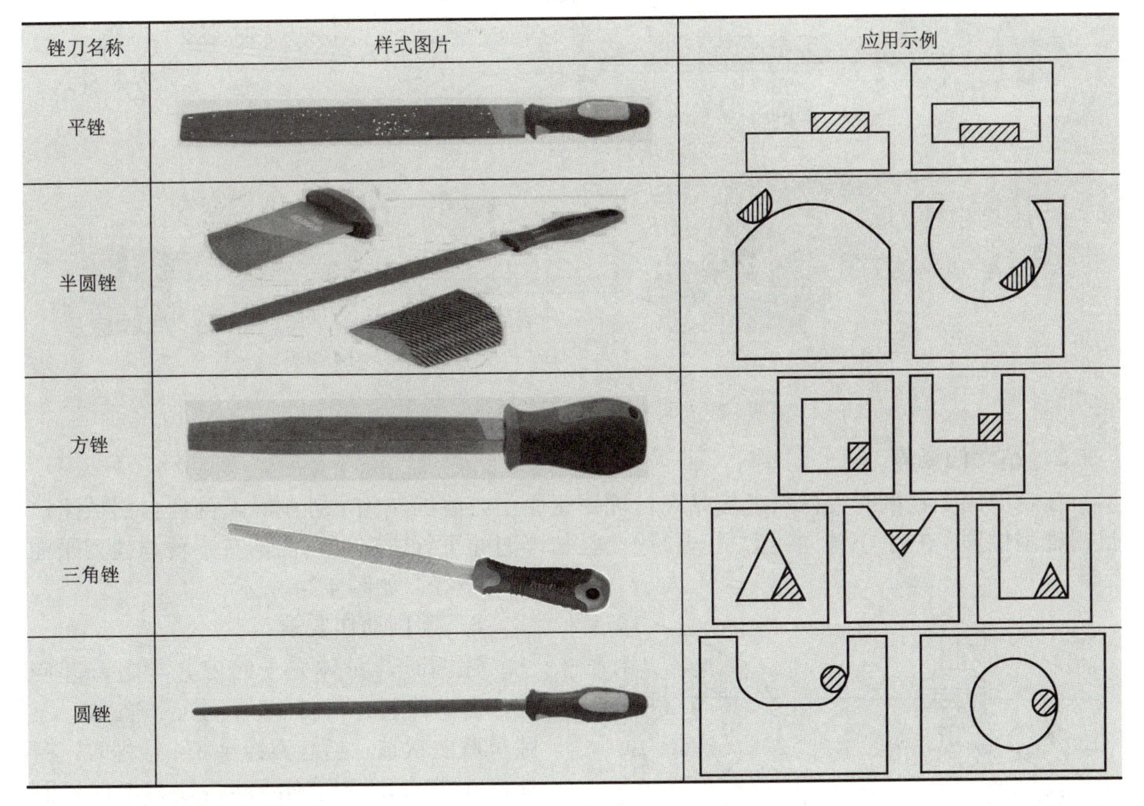

锉刀名称	样式图片	应用示例
平锉		
半圆锉		
方锉		
三角锉		
圆锉		

5．锉刀柄的安装

装锉刀柄前，先在木柄中部钻出相应的孔，并检查手柄上铁箍是否牢固，然后用锉刀舌进行扩孔，再将锉刀扶正装入，最后墩紧。

6．锉刀的使用与保养

(1) 充分利用锉刀的有效长度，防止局部磨损。新锉刀应先使用一面，直到用钝后再使用另一面，这样可延长使用寿命。

(2) 不能使用无柄或破柄锉刀，防止伤手；不能将锉刀当锤子或撬杠使用，避免损坏锉刀或锉刀断裂后伤人；锉刀柄要装紧，以免刀柄脱落造成事故。

(3) 锉刀不能锉削淬火表面的工件或毛坯件的硬皮表面。对于后者，通常先用錾子去掉硬皮后再锉削。

(4) 锉刀在使用中应及时用钢丝刷顺齿纹方向去除齿槽内的切屑，以提高锉削效率和质量。用完后也要钢丝刷除切屑，防止锉刀生锈。

(5) 锉刀不可沾水或油，否则会生锈或锉削时打滑。

4.4.2　锉削方法

1．锉刀的握法

锉削时，一般右手握住锉刀柄(图 4.33(a))，左手握住或压住锉刀。左手的握法应根据锉刀长短规格、锉削行程长短、锉削余量大小等来选择：较大型锉刀采用重压法(图 4.33(b))；中小型锉刀只需轻轻捏住或压住即可(图 4.33(c))；整形锉较小，一般只需右手握持即可(图 4.33(d))。

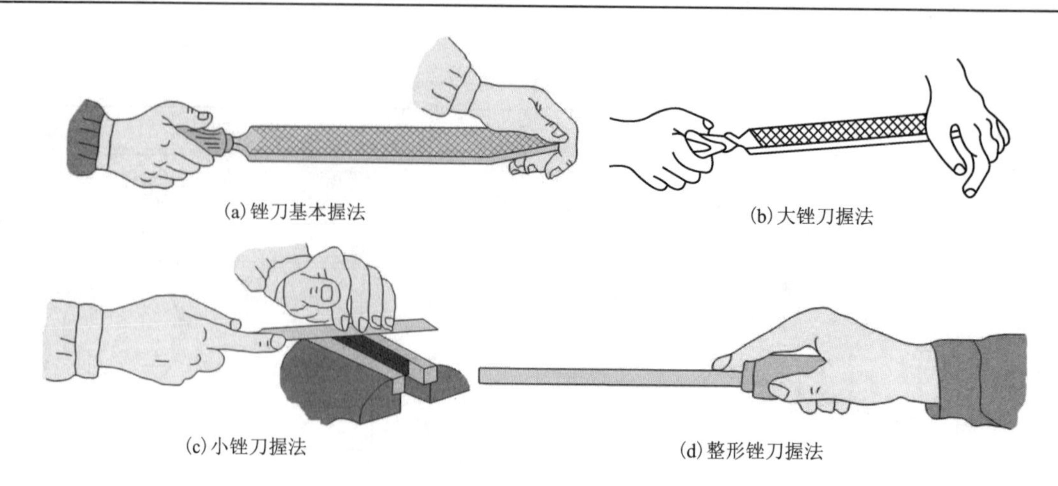

图 4.33　锉刀的握法

2. 站立的姿势

在台虎钳上锉削时，操作者应站在台虎钳正面中心线的左侧。锉削时，两肩自然放平，目视锉削位置，右手小臂同锉刀呈一直线，且与锉刀面平行，左臂弯曲，左小臂与锉刀平面基本平行，如图 4.34 所示。

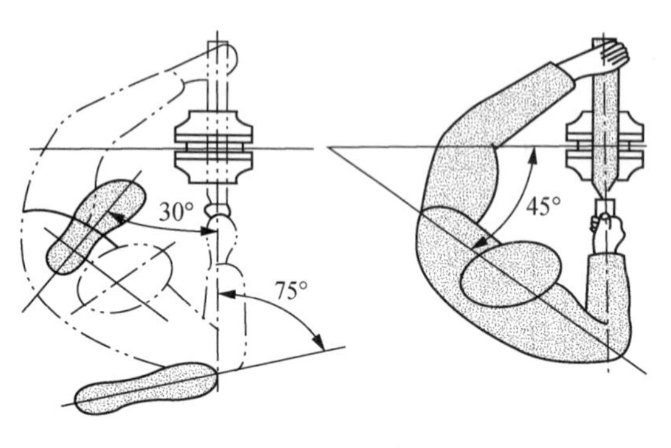

图 4.34　站立的姿势

3. 锉削动作要领

锉削时，身体先于锉刀并与之一起向前，右脚伸直并稍向前倾，重心在左脚，左膝呈弯曲状态。当锉刀锉至 3/4 行程时，身体停止前进，两臂则继续将锉刀向前锉到头，同时，左脚自然伸直并随锉削时的反作用力将身体重心后移，使身体恢复原位，并顺势将锉刀收回。当锉刀收回将近结束时，身体又开始先于锉刀前倾，做第二次锉削的向前运动，如图 4.35 所示。要锉出平直的平面，必须使锉刀保持直线的锉削运动。为此，锉削时右手的压力要随锉刀推动而逐渐增加，左手的压力要随锉刀推动而逐减减小，如图 4.36 所示。回程时不加压力以减少锉齿的磨损，锉削速度一般是每分钟 40 次左右，退出时稍慢，回程时稍快，动作要自然协调。

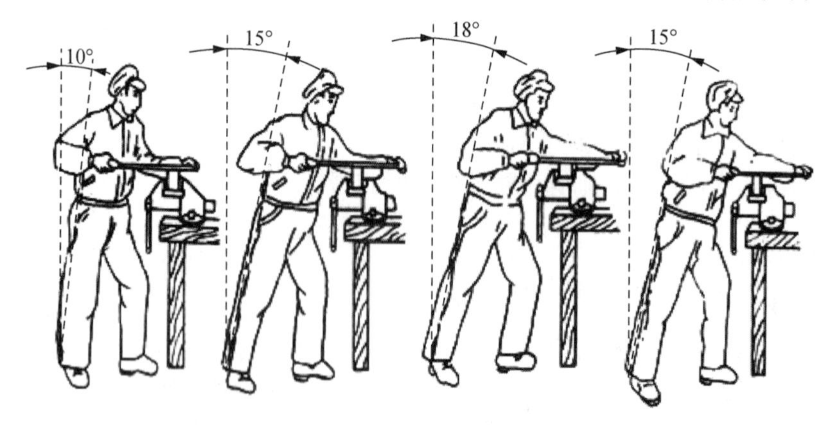

图 4.35　锉削动作

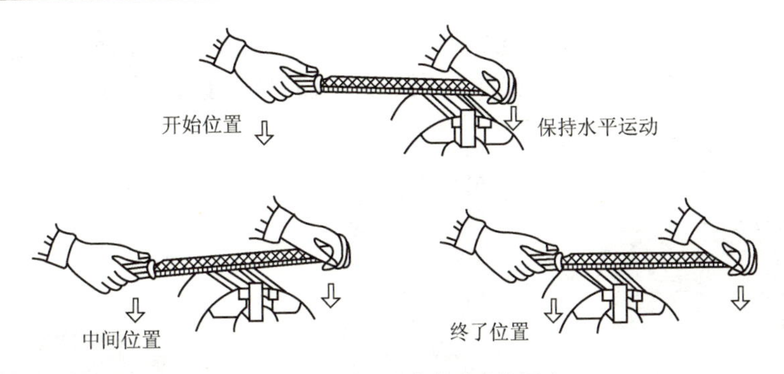

图 4.36　锉削平面时两手的用力

4．锉削时工件的装夹

(1) 工件尽量装夹在钳口宽度方向的中间，锉削面应靠近钳口，防止振动影响锉削质量。

(2) 装夹力适当，保证工件夹持稳固又不变形。

(3) 装夹精密工件和已加工表面时，应在钳口上加衬纯铜皮或铝皮，防止夹伤工件表面。

4.4.3　平面锉削

1．锉削方法

锉削平面通常有顺向锉、交叉锉和推锉三种锉法。

(1) 顺向锉。锉刀的运动方向与工件夹持方向始终保持一致(顺着同一方向)的锉削方法称为顺向锉，如图 4.37(a)所示。一般锉削不大的平面和精锉都用这种方法。其特点是锉纹正直，整齐美观。

(2) 交叉锉。锉刀从两个交叉的方向对工件表面进行锉削的方法称为交叉锉，如图 4.37(b)所示。交叉锉时，锉刀与工件接触面大、锉刀掌握平衡、容易锉平，但表面较粗糙。因此，交叉锉适用于粗锉，最后用顺锉法精锉。

(3) 推锉。两手对称握住锉刀，用两大拇指均衡用力推着锉刀进行切削的方法称为推锉，如图 4.37(c)所示。推锉法由于切削量小及效率不高，通常用于狭长平面或局部修整的场合。

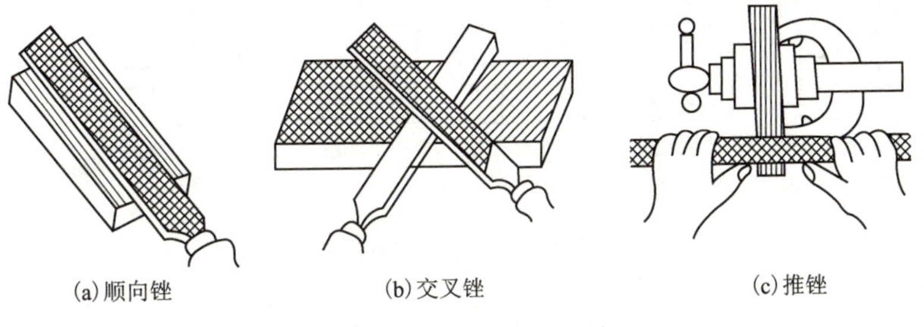

(a) 顺向锉　　(b) 交叉锉　　(c) 推锉

图 4.37　平面锉削的方法

2．平面的检测

1) 平面度的检验

一般用透光法来检验锉削平面的平面度。

检测方法：用刀口尺沿加工面的纵向、横向和对角方向作多处检查，根据刀口和被测平面间的透光强弱和是否均匀来判断，如图 4.38 所示。如果刀口尺与工件平面间透光微弱而均匀，说明该方向是直的，如果透光强弱不一，说明该方向是不直的。

平面度误差值的确定，可用塞尺作塞入检查。对于中凹平面，其平面度误差可取各检查部位中的最大直线度误差值计；对于小凸平面，则应在两边以同样厚度的塞尺作塞入检查，其平面度误差可取各检查部位中的最大直线度误差值计。刀口尺在被检查平面上改变位置时，不能在平面上拖动，应提起后再轻放到另一检查位置，否则刀口尺的测量棱边容易磨损而降低其精度。

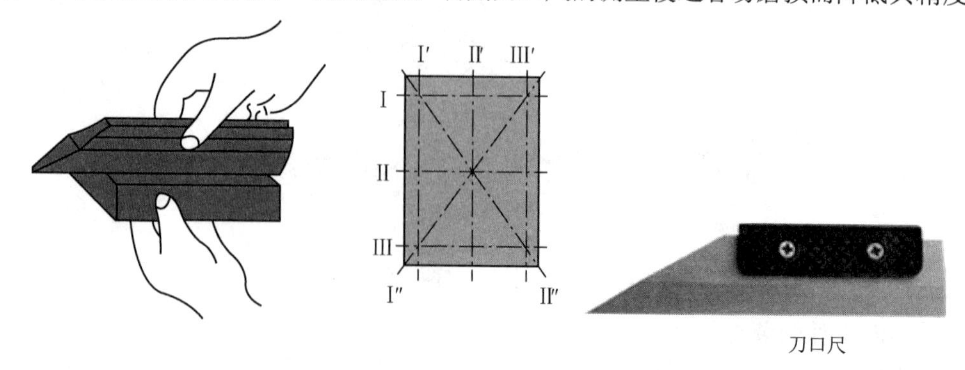

图 4.38　平面度的检验

2) 垂直度的检验

一般用 90° 直角刀口尺检测锉削平面之间的垂直度，检测方法如图 4.39 所示。检查工件垂直度前，应首先用锉刀将工件的锐边进行倒棱，检查时应注意：

(1) 先将直角刀口尺尺座的测量面紧贴工件基准面，然后从上逐步轻轻向下移动，使角尺的测量面与工件的被测表面接触，眼光平视观察其透光情况，以此来判断工件被测面与基准面是否垂直。检查时，角尺不可斜放，否则会得到不准确的检查结果。

(2) 在同一平面上改变不同的检查位置时，角尺不可以在工件表面上拖动，以免磨损影响角尺本身精度。

(3) 工件的倒角与倒棱。一般对工件的各锐边需倒角，若图样上注有 0.5×45° 倒角，表示倒去 0.5mm 且与平面成 45°。若图样上没有注倒角时，一般可对锐边进行倒棱，即倒出 0.1～0.2mm 的棱边。如果图样上注明不准倒角或倒棱时，则在锐边去毛刺即可。

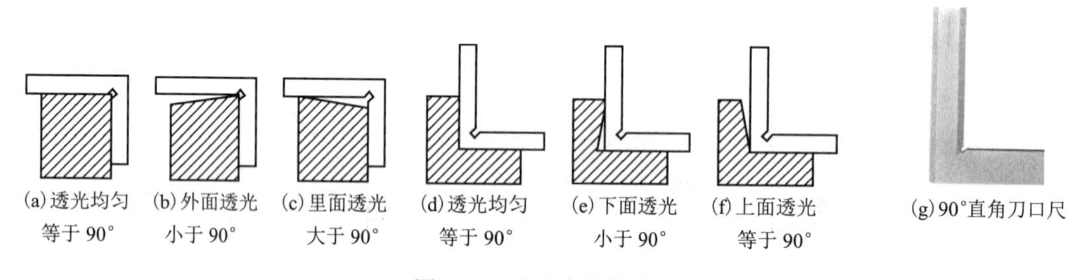

图 4.39　垂直度的检验

4.5　钻孔与攻丝

4.5.1　钻孔

用钻头在工件实体上加工孔的方法称为钻孔。钻孔时，工件固定，钻头装夹在钻床主轴上做旋转运动，称为主运动；钻头同时沿轴线方向运动，称为进给运动，如图 4.40 所示。

1. 麻花钻的构造

钻头是钻孔的刀具，其中以麻花钻应用最为广泛。麻花钻通常用高速钢制成，其主要组成部分，如图 4.41 所示。

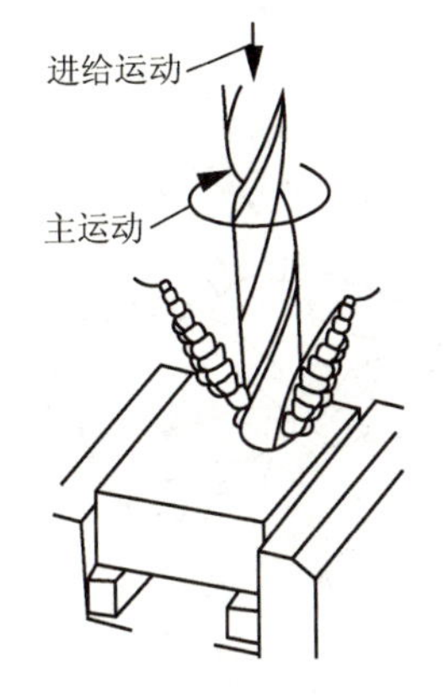

图 4.40　钻孔时钻头的运动

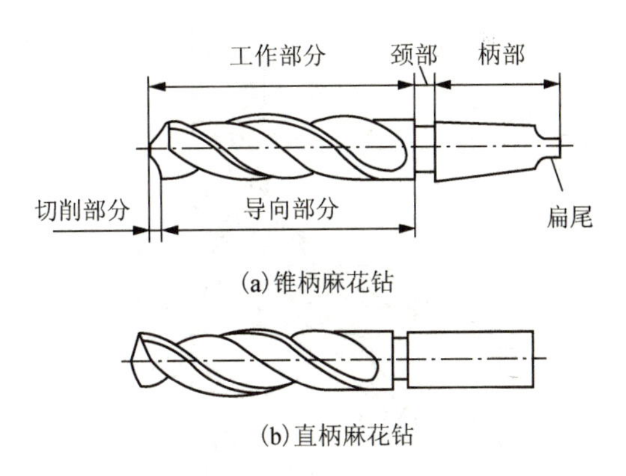

图 4.41　麻花钻的结构

2. 麻花钻的主要角度

麻花钻的切削性能、效率、质量与其切削部分的几何角度有着密切关系。标准麻花钻的角度主要有顶角、后角和横刃斜角，如图 4.42 所示。

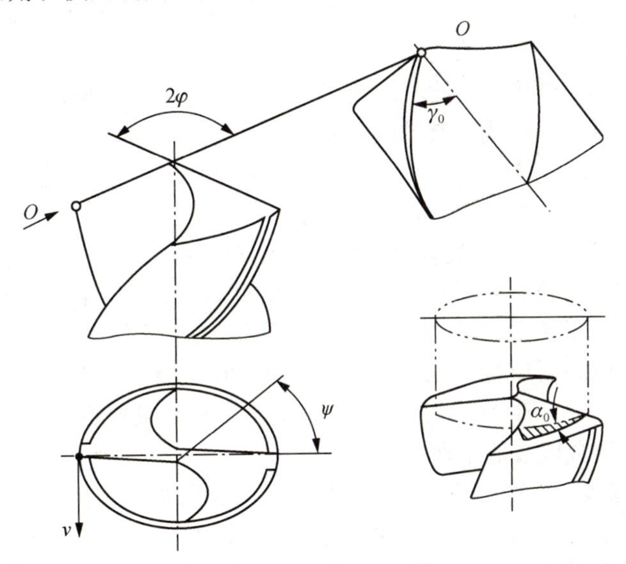

图 4.42　麻花钻的主要角度

(1) 顶角 2ϕ 又称锋角，是两主切刃之间的夹角，通常 $2\phi=118°\pm2'$ 。

(2) 后角 α_0 是钻头后面与切削平面之间的夹角。钻头切削刃上各点的后角并不相等，外小内大，通常指的后角是麻花钻外缘处的后角。一般小直径钻头的后角 α_0=10°～14°，大直径钻头的后角 α_0=8°～12°。

(3) 刃斜角 ψ 是横刃与主切削刃在钻头端面投影之间的夹角。大小与钻心处刀刃上的后角大小有关，通常 ψ=50°～55°。

3. 麻花钻的刃磨要求

顶角 2ϕ、后角 α_0 和横刃斜角 ψ 应准确、合理，两主切削刃长度相等且对称，两后面要光滑。

4. 标准麻花钻的刃磨及检验方法

(1) 两手握法。右手握住钻头的头部，左手握住柄部，如图 4.43(a) 所示。

(2) 钻头与砂轮的相对位置。钻头轴心线与砂轮圆柱母线在水平面内的夹角等于钻头顶角 2ϕ 的 1/2，被刃磨部分的主切削刃处于水平位置，如图 4.43(b) 所示。

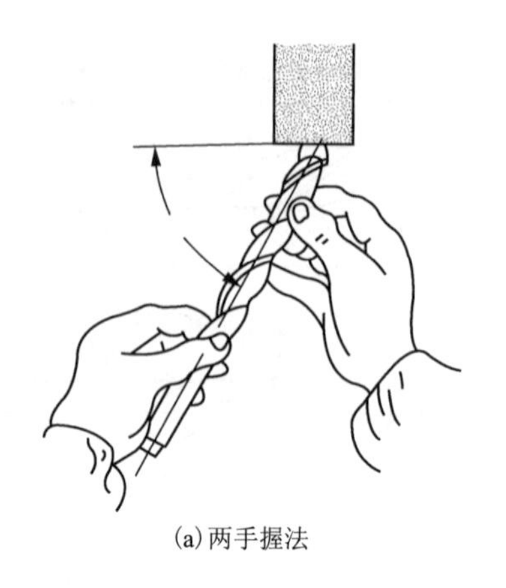

(a) 两手握法

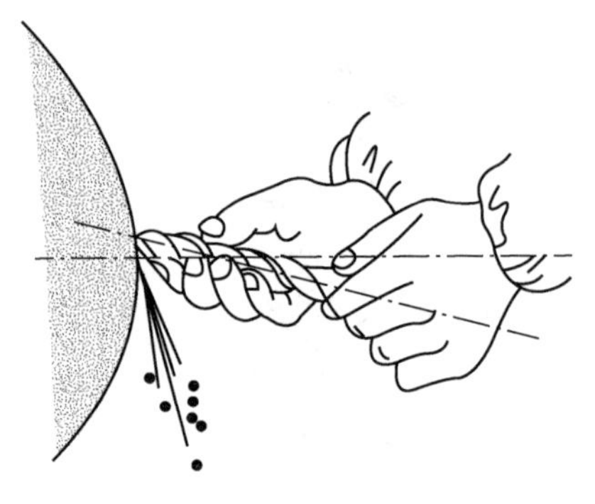

(b) 钻头与砂轮的相当位置

图 4.43　标准麻花钻的刃磨

(3) 刃磨动作。将主切削刃在略高于砂轮水平中心平面处先接触砂轮，右手缓慢地使钻头绕自己的轴线上下转动，同时施加适当的刃磨压力，这样可使整个后刀面都磨到。左手配合右手做缓慢的同步下压运动，刃磨压力逐渐加大，这样就便于磨出后角，其下压的速度及其幅度随后角大小而变，为保证钻头近中心处磨出较大后角，还应做适当的右移运动。刃磨时两手动作的配合要协调、自然。按此不断反复，两后刀面经常轮换，直至达到刃磨要求。

(4) 钻头冷却。钻头刃磨压力不宜过大，并要经常用水冷却，防止因过热退火而降低硬度。

(5) 砂轮选择。一般采用粒度为 46～80，硬度为中软级(K、L)的氧化铝砂轮为宜。砂轮旋转必须平稳，对跳动量大的砂轮必须进行修整。

(6) 刃磨检验。钻头的几何角度及两主切削刃的对称等要求，可利用检验样板进行检验，如图 4.44 所示。但在刃磨过程中最经常的还是采用目测的方法。目测检验时把钻头切削部分向上竖立，两眼平视，由于两主切削刃一前一后会产生视差，往往感到左刃(前刃)高而右刃(后刃)低，所以要旋转 180°后反复看几次，如果结果一样，就说明对称了。钻头外缘处的后角要求，可对外缘处靠近刃口部分的后刀面的倾斜情况来进行直接目测。近中心处的后角要求，可通过控制横刃斜角的合理数值来保证。

(7) 钻头横刃的修磨。标准麻花钻的横刃较长，且横刃处的前角存在较大的负值。因此在钻孔时，横刃处的切削为挤刮状态，轴向抗力较大，同时，横刃长定心作用不好，钻头容易发生抖动。所以，对于直径在ϕ6mm 以上的钻头必须修短横刃，并适当增大横刃处的前角。

① 修磨要求。把横刃磨短成 b=0.5～1.5mm，修磨后形成内刃，使内刃斜角τ=20°～30°，内刃处前角γ_τ=0°～−15°，如图 4.45 所示。

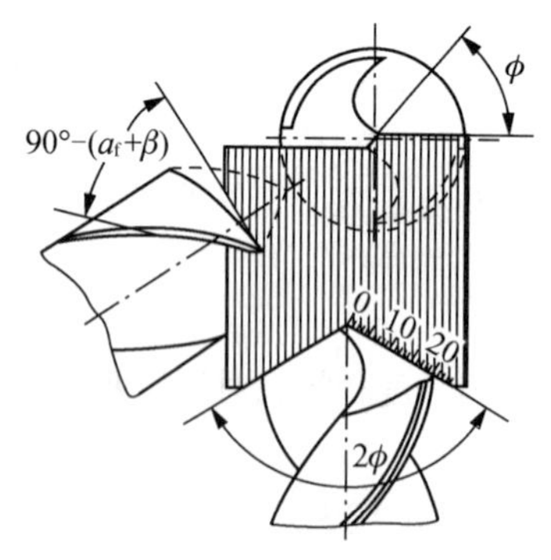

图 4.44　钻头角度检测

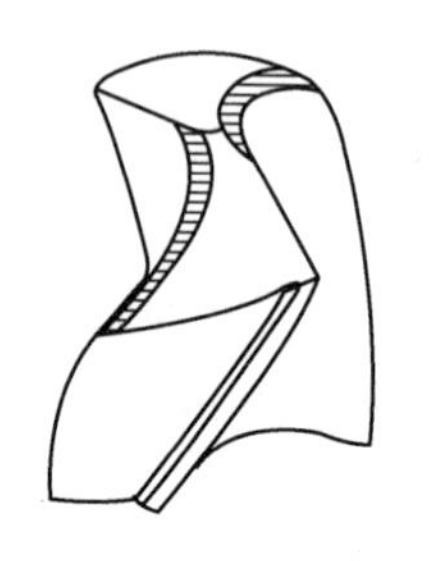

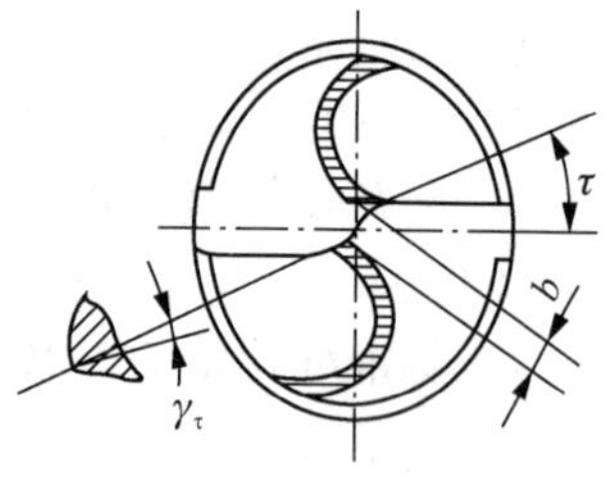

图 4.45　钻头横刃的修磨角度

② 修磨时钻头与砂轮的相对位置。钻头轴线在水平面内与砂轮侧面左倾约 15° 夹角，在垂直平面内与刃磨点的砂轮半径方向约成 55° 摆角，如图 4.46 所示。

5. 划线钻孔的方法

(1) 钻孔时的工件划线。按钻孔的位置尺寸要求，划出孔位的十字中心线，并在中心打上样冲点(要求冲点要小，位置要准)，按孔的大小划出孔的圆周线。对钻直径较大的孔，还应划出几个大小不等的检查圆，以便钻孔时检查和借正钻孔位置。当钻孔的位置尺寸要求较高时，为了避免敲击中心样冲点时所产生的偏差，也可直接划出以孔中心线为对称中心的几个大小不等的方格，作为钻孔时的检查线。然后将中心样冲点敲大，以便准确落钻定心，如图 4.47 所示。

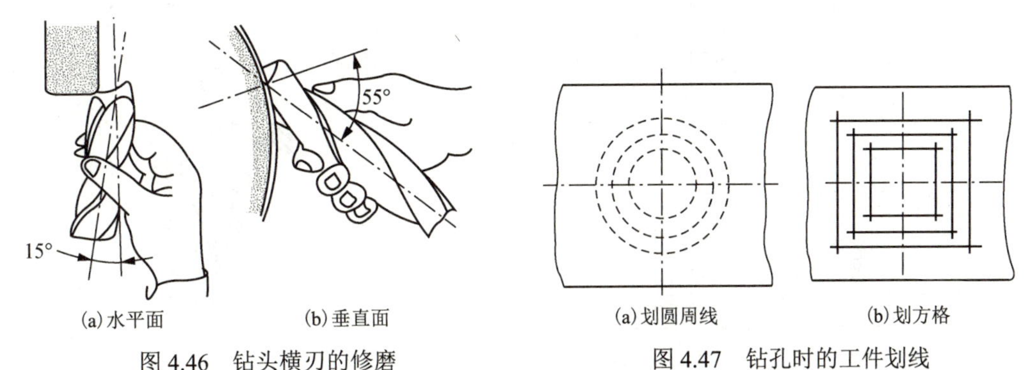

(a) 水平面　(b) 垂直面

图 4.46　钻头横刃的修磨

(a) 划圆周线　(b) 划方格

图 4.47　钻孔时的工件划线

(2) 工件的装夹。工件钻孔时，要根据工件的不同形体以及钻削力的大小(或钻孔的直径大小)等情况，采用不同的装夹、定位和夹紧方法，以保证钻孔的质量和安全。常用的基本装夹方法如下：

① 平正的工件可用平口钳装夹。装夹时，应使工件表面与钻头垂直。钻直径大于 ϕ8mm 孔时，必须将平口钳用螺栓、压板固定。用虎钳夹持工件钻通孔时，工件底部应垫上垫铁，空出落钻部位，以免钻坏虎钳。

② 圆柱形的工件可用 V 形铁对工件进行装夹，如图 4.48 (a) 所示。装夹时应使钻头轴心线与 V 形体斜面的对称平面重合，保证钻出孔的中心线通过工件轴心线。

③ 对较大的工件且钻孔直径在 ϕ10mm 以上时，可用压板夹持的方法进行钻孔，如图 4.48 (b) 所示。

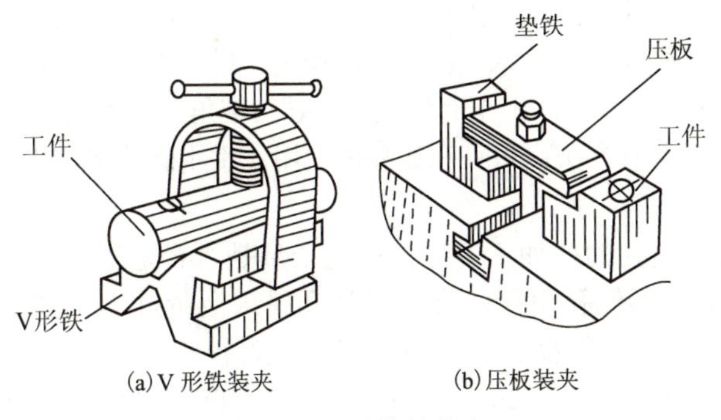

(a) V 形铁装夹　(b) 压板装夹

图 4.48　工件的装夹

(3) 起钻。钻孔时先使钻头对准钻孔中心起钻出一浅坑，观察钻孔位置是否正确，并要不断校正，使起钻浅坑与划线圆同轴。校正方法：若偏位较少，可在起钻的同时用力将工件向偏位的反方向推移，达到逐步校正；若偏位较多，可在校正方向打上几个中心样冲点或用油槽錾錾出几条槽(图 4.49)，以减少此处的钻削阻力，达到校正目的。但无论何种方法，都必须在锥坑外圆小于钻头直径之前完成，这是保证达到钻孔位置精度的重要步骤。如果起钻锥坑外圆已经达到孔径，而孔位仍偏移再校正就困难了。

(4)手进给操作。当起钻达到钻孔的位置要求后，即可压紧工件完成钻孔。手进给时进给用力不应使钻头产生弯曲现象，以免使钻孔轴线歪斜(图 4.50)，钻小直径孔或深孔，进给力要小，并要经常退钻排屑，以免切屑阻塞而扭断钻头，一般在钻深达直径的 3 倍时，一定要退钻排屑，钻孔将穿时，进给力必须减小，以防进给量突然过大，增大切削抗力，造成钻头折断，或使工件随着钻头转动造成事故。

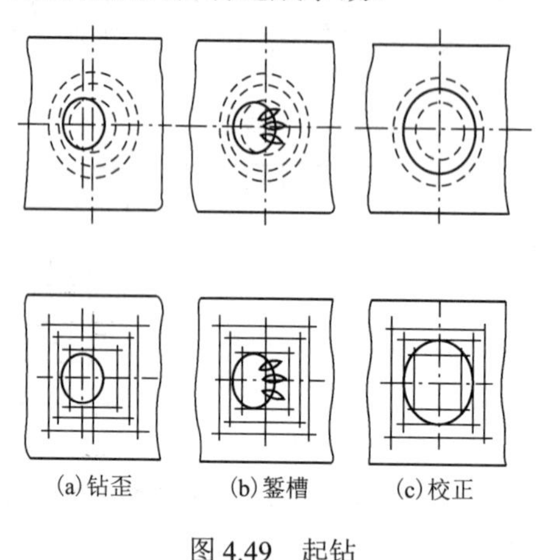

图 4.49 起钻

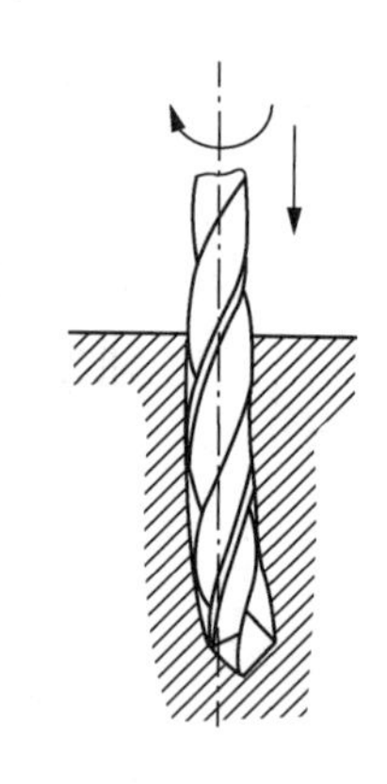

图 4.50 钻孔轴线歪斜

4.5.2 铰孔

用铰刀对已经粗加工的孔进行精加工称为铰孔。可加工圆柱和圆锥形孔。由于铰刀的刀刃数多(6～12 个)、导向性好、尺寸精度高而且刚性好，因此其加工精度一般可达 IT9～IT7，表面粗糙度 *Ra* 可达到 3.2～0.8μm。工件铰孔前一般应经过钻孔和扩孔等加工。

1. 铰刀的种类及特点

铰刀按使用方式分为机用铰刀和手用铰刀；按铰孔形状分为圆柱形铰刀和圆锥形铰刀；按铰刀容屑槽的形状分为直槽铰刀和螺旋槽铰刀；按结构分为整体式铰刀和调节式铰刀。铰刀的材料一般是由高速钢和高碳钢制成。

(1)机用铰刀。其工作部分较短，导向锥角 2ϕ 较大，切削部分有圆柱和圆锥两种。柄部有圆柱和圆锥两种，分别装在钻夹头和钻床主轴锥孔内使用。机用锥柄圆柱形铰刀如图 4.51(a)所示。

(2)手用铰刀。用于手工铰孔，工作部分较长，导向锥角 2ϕ 较小，切削部分也有圆柱和圆锥两种，柄部为圆柱形，端部有方头，可夹在铰杠内使用。手用圆柱形铰刀如图 4.51(b)所示。

2. 铰孔方法

(1)铰孔余量。铰孔是孔的精加工工序，铰孔余量是否合适，对孔的表面质量和尺寸精度影响很大。若余量太大，不但孔粗糙，且铰刀易磨损；余量过小，则不能去掉上道工序留下的刀痕，也达不到要求的表面粗糙度。一般情况下，直径小于ϕ 5mm 的孔，预留的直径余量为ϕ 0.08～ϕ 0.15mm；直径ϕ 6～ϕ 20mm 的孔，余量为ϕ 0.12～ϕ 0.25mm；直径ϕ 20～ϕ 35mm 的孔，余量为ϕ 0.2～ϕ 0.3mm。

(2)铰圆柱孔步骤和方法。对于精度要求不高的孔可用钻→扩→铰的方法；对于精度要求高的孔可用钻→扩→粗铰→精铰的方法进行加工。如精度较高的ϕ30mm 的孔的加工过程为：钻孔ϕ28→扩孔ϕ29.6→粗铰ϕ29.8→精铰ϕ30 至尺寸。

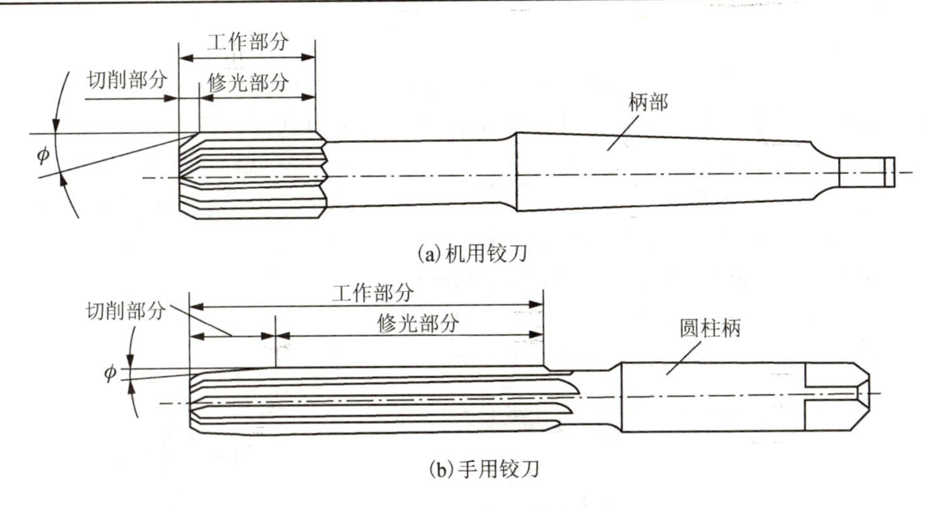

图 4.51　圆柱形铰刀

3. 铰孔注意事项

(1) 手动铰孔时，应放平铰杠，两手用力均匀，旋转速度均匀平稳，铰杠不能摇摆，以免扩大口径或孔口出现喇叭形。无论进刀或退刀，均要顺时针方向转动，禁止反转。

(2) 机动铰孔时，一般应一次装夹完成孔的钻削和铰削，以确保铰孔精度。铰刀退出时不能反转，待铰刀退出后方可停机。

(3) 铰削时，应选用适当的切削液，以减少铰刀与孔壁的摩擦，降低温度，提高铰孔质量。

4.5.3 攻丝

攻丝和套丝是钳工的重要工作内容之一。攻丝就是用丝锥在孔中加工出内螺纹，套丝就是用板牙在外圆柱体上加工出外螺纹。

1. 丝锥和铰杠

1) 丝锥

(1) 丝锥的构造。丝锥是攻制内螺纹的刀具，一般由合金工具钢或高速钢制成(图 4.52)。前端切削部分制成圆锥，有锋利的切削刃。中间为导向校正部分，起修光校正和引导丝锥轴向运动的作用。柄部都有方头，用于连接工具。

(2) 丝锥的种类。常用的丝锥分为手用丝锥与机用丝锥两种。手用丝锥由两支或三支组成一套。通常 M6～M24 的丝锥一套有两支，M24 以上的一套有三支，分别称为头锥、二锥和三锥。细牙丝锥均为两支一套。识别等径丝锥的头锥、二锥、三锥的方法如图 4.53 所示。

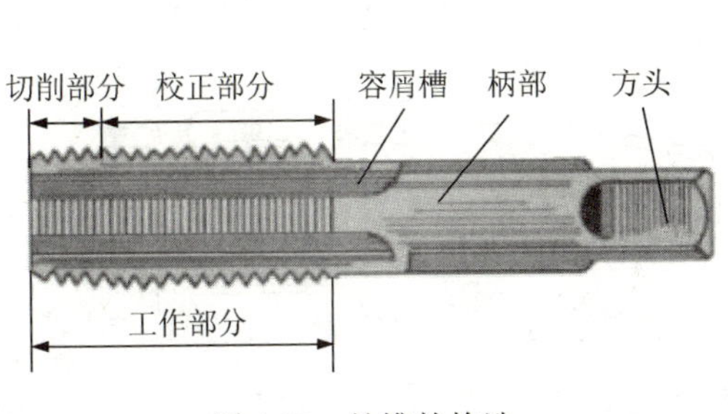

图 4.52　丝锥的构造

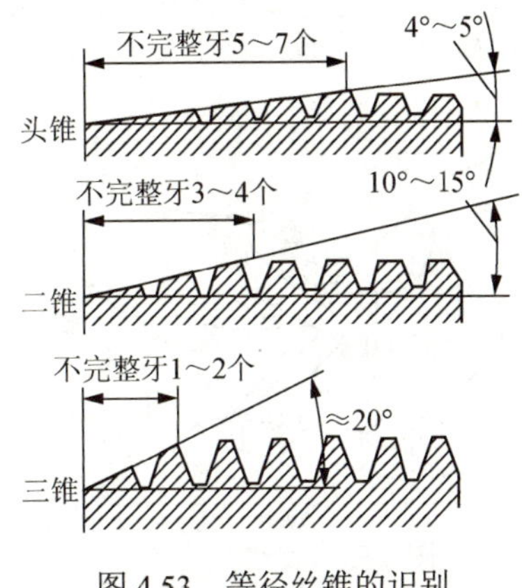

图 4.53　等径丝锥的识别

2) 铰杠(手)

铰杠即丝锥扳手，是用于夹持和扳动丝锥的工具。分普通铰杠和丁字形铰杠两种。按照是否可调，又分为固定铰杠和可调铰杠。固定铰杠受规格限制，可调式铰杠可以调节方孔尺寸，应用范围广。丁字形铰杠一般用于加工工件内部螺纹或带台阶工件侧边螺纹。常见铰杠如图 4.54 所示。铰杠的规格用其长度表示，应根据丝锥的尺寸大小合理选用：

丝锥直径≤ϕ6mm，选用长度 150～200mm。

丝锥直径ϕ8～ϕ10mm，选用长度 200～250mm。

丝锥直径ϕ12～ϕ14mm，选用长度 250～300mm。

丝锥直径≥ϕ16mm，选用长度 400～500mm。

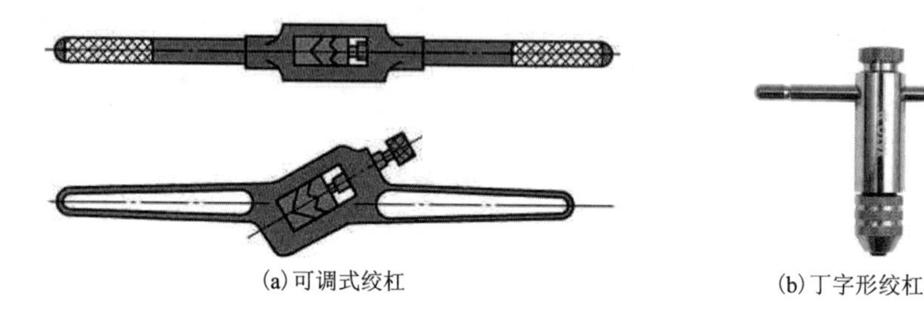

(a) 可调式绞杠　　(b) 丁字形绞杠

图 4.54　常用铰杆

2. 攻丝操作步骤

(1) 攻丝前必先钻孔，钻孔直径 D 应略大于螺纹的小径，可查表或根据下列经验公式计算：

加工钢料及塑性金属时：　$D=d-P$　(4-1)

加工铸铁及脆性金属时：　$D=d-1.1P$　(4-2)

式中，d 为螺纹大径，mm；p 为螺距，mm。

若孔为盲孔(不通孔)，由于丝锥不能攻到孔底，所以钻孔深度要大于螺纹长度，其深度按下式计算：

$$孔的深度=要求的螺纹长度+0.7d \quad (4-3)$$

(2) 攻丝时，两手握住铰杠中部，均匀用力，使铰杠保持水平转动，并在转动过程中对丝锥施加垂直压力，使丝锥切入孔内 1～2 圈，如图 4.55 所示。

(3) 用 90° 角尺检查丝锥与工件表面是否垂直。若不垂直，丝锥要重新切入，直至垂直，如图 4.56 所示。

(4) 深入攻丝时，两手紧握铰杠两端，正转 1～2 圈后反转 1/4 圈，如图 4.57 所示。在攻丝过程中，要经常用毛刷对丝锥加注机油。在攻不通孔螺纹时，攻丝前要在丝锥上作好螺纹深度标记。在攻丝过程中，还要经常退出丝锥，清除切屑。当攻比较硬的材料时，可将头、二锥交替使用。

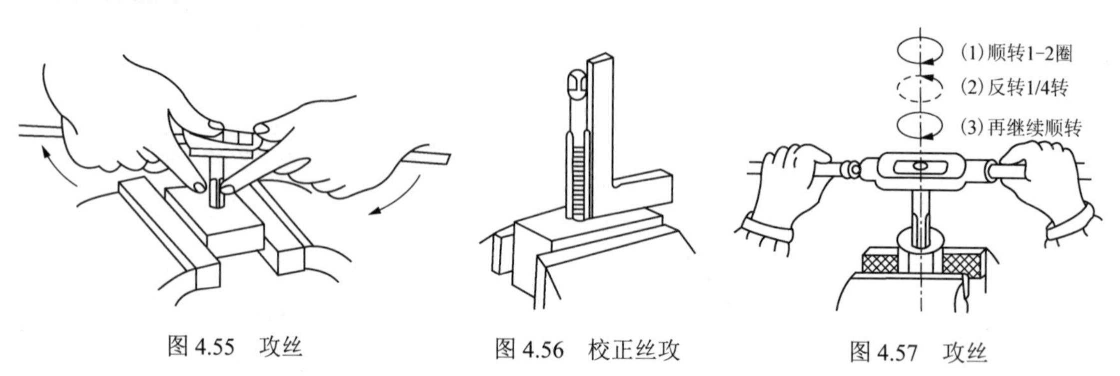

图 4.55　攻丝　　图 4.56　校正丝攻　　图 4.57　攻丝

(5) 将丝锥轻轻倒转，退出丝锥，注意退出丝锥时不能让丝锥掉下。

4.5.4　套丝

套丝是用板牙在圆杆上加工外螺纹的操作。

1. 套丝工具

套丝用的工具是板牙和板牙架。板牙有固定式和可调式两种，如图 4.58 所示。可调式螺纹孔的大小可作微量的调节。板牙架如图 4.59 所示。

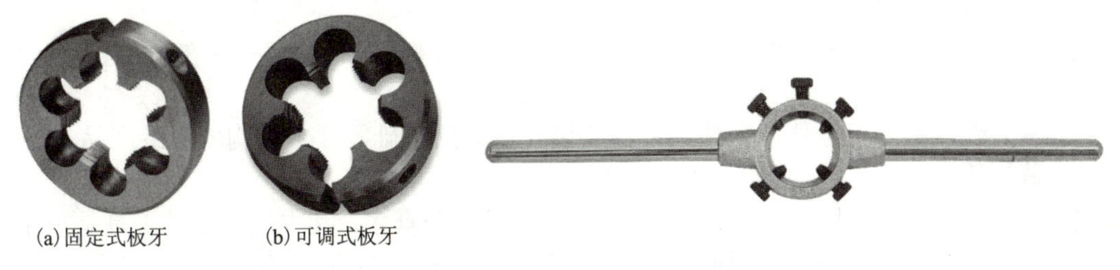

图 4.58　板牙　　　　图 4.59　板牙架

2. 套丝操作步骤

(1) 确定圆柱直径。圆柱直径应小于螺纹公称尺寸。可通过查阅有关表格或用下列经验公式来确定：

$$\text{圆柱直径}\ D=d-0.2P \tag{4-4}$$

式中，d 为螺纹大径；P 为螺距。

(2) 将圆杆顶端倒 15°～20° 的角，如图 4.60 所示。

(3) 将圆柱夹在软钳口内，要夹正紧固，位置尽量低些。

(4) 板牙开始套丝时，要检查校正，务必使板牙与圆柱垂直，然后适当加压力按顺时针方向扳动板牙架，当切入 1～2 牙后就可不加压力旋转。套丝和攻丝一样要经常反转，以使切屑断碎并及时排除，如图 4.61 所示。

(5) 在钢件上套丝时，应加注机油。

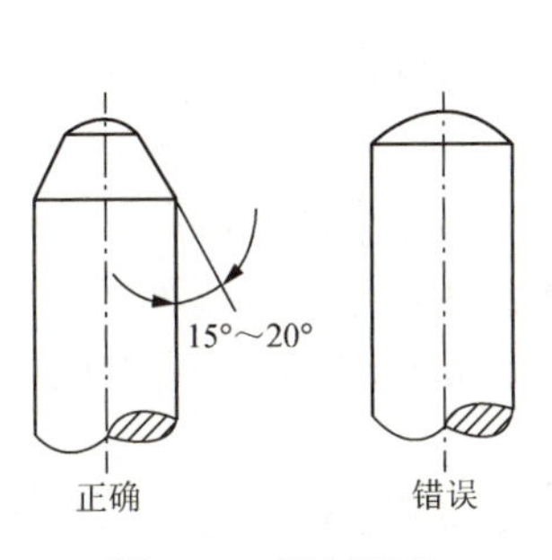

图 4.60　圆杆倒角

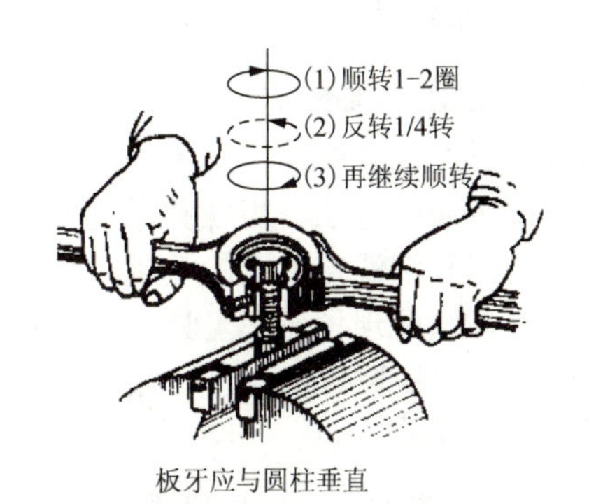

图 4.61　套丝

4.6　钳 工 装 配

4.6.1　装配概述

装配是将合格的零件按照装配工艺进行组装，并经调试使之成为合格产品的过程。

1. 装配的作用

合格的零件必须经过合理的装配工艺、正确的装配工具和规范的操作才能使整机成为合格品，否则，仍然会使产品出现精度低、性能差、寿命短的现象，并存在大量隐形问题造成巨大的损失。在大批量生产中，装配工时约占机械加工工时的 20%，而在单件小批量的生产中，占 40%左右。

2. 装配的分类

(1) 组件装配：将若干零件安装在一个基础零件上而构成一个组件的过程。如有轴、齿轮、轴承定位件等组成一根传动轴的装配。

(2) 部件装配：将若干零件、组件安装在另一个基础零件上而构成一个部件的过程。如车床的床头箱、汽车的发动机、起重机的吊臂等。

(3) 总装配：将若干零件、组件、部件安装在产品的基础零件上而构成最终产品的过程。

3. 装配工具

根据不同的装配零件和装配方式，所使用的工具种类众多，其中最常用的工具是扳手(活动扳手、呆扳手、内六角扳手、梅花扳手、套筒扳手、扭力扳手)、起子(能适用于各种螺钉头部形状)、手锤(铁锤、铜棒、木锤)、夹钳、拉出器(拉马)、拔销器、压力机、手钻、台钻、装配工作台等。

4. 装配要求

(1) 装配前应对需要装配的零部件进行仔细检查，避免碰伤、变形、损坏等，并注意零件上的标记，防止错装。

(2) 严格按照配合性质进行装配。

(3) 检查各运动表面是否润滑充分，油路是否通畅。

(4) 对密封件、液压部件在装配后不能出现跑、冒、滴、漏的现象。

(5) 装配高速旋转的零部件一定要进行平衡试验，防止事故的发生。

(6) 试车前应检查各部件的可靠性和运动的灵活性。试车时应从低速到高速循序渐进，逐步调整，使其达到最终的运动要求。

4.6.2 装配过程

1. 装配前的准备工作

(1) 熟悉产品装配图及技术要求，零件产品结构、零件作用和相互间的连接工具。

(2) 确定装配方法、步骤和所需工具。

(3) 清理和清洗零件上的毛刺、铁屑、锈蚀、油污，并涂防护润滑油。

(4) 整理装配现场，如工具、零件的分类摆放，清理不相关的物品、地面的清洁等，如对装配环境有特殊要求的(温度、湿度、灰尘的控制等)，还必须按照规定的要求进行准备。

2. 装配工作

按照事先的准备工作，按组件装配→部件装配→总装配的顺序依次进行，并进行相应的调整、试验和喷涂等工作。

3. 调试与检验

装配完毕后，首先对零件或机构的相互位置、配合间隙、结合部位的松紧程度等进行调整，然后进行全面的精度检验后进行试车。试车检验包括运转的灵活性、温升、密封性、振动、噪声、功率等性能指标。

4. 涂油、装箱

产品的工作表面、运动部位应涂防锈油，贴标签、装说明书、合格证、清单等，最后装箱。

4.6.3　装配方法

1. 完全互换法

所装配的同一种零件能互换装入，装配时可以不加选择，不进行调整和修配。该方法操作简单、容易掌握、生产效率高、便于组织流失作业、零件更换方便，但这类零件的加工公差要求严格，它与配合件公差之和应符合装配精度要求。因此，这种配合方法主要适用于生产批量大的产品，如汽车、家电等某些部件的装配。

2. 选配法

也称不完全互换法，装配前按照严格的尺寸范围，将零件分成若干组，然后将对应的各组装配件装配在一起，以达到所要求的装配精度，零件的制造公差可适当放大。用于成批生产的某些精密配合件。如活塞与气缸的配合、车床尾座与套筒的配合等。

3. 修配法

在单件、小批量的生产中，对于装配精度要求较高的多环数尺寸链，各组成环可先按经济加工精度加工，装配时通过修配某一组成环的尺寸使封闭环达到规定精度的方法。如车床的前后顶尖中心不等高，装配时可将尾座底部进行精磨或修刮来达到精度要求。该方法可降低零件的加工精度和生产成本，但增加了装配的难度。

4. 调整法

对于通过调整一个或几个零件的位置来消除相关零件的累积误差，从而达到装配精度要求的方法。如用楔铁调整机床导轨间隙、用预紧方法调整螺母与丝杆的间隙等。调整法装配的零件不需要任何修配加工就可达到装配精度，磨损后还可以进行再调整。

4.6.4　典型零件的装配

1. 螺纹连接的装配

在拧紧成组螺钉、螺母时，为使配合面的受力均匀，应按照一定的顺序进行拧紧操作，如图 4.62 所示。拧紧过程应按顺序分 2～3 次才能完全拧紧。

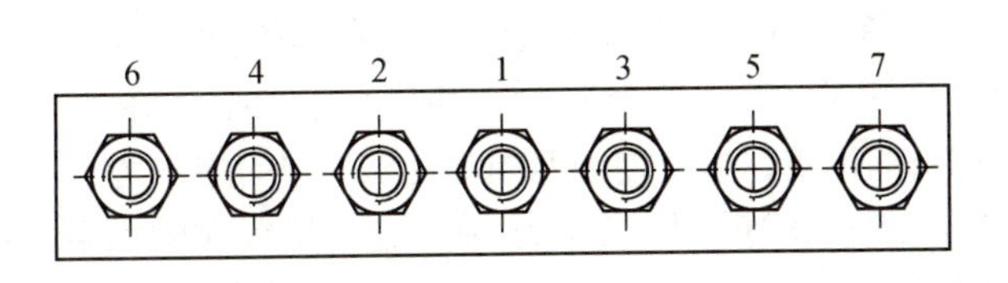

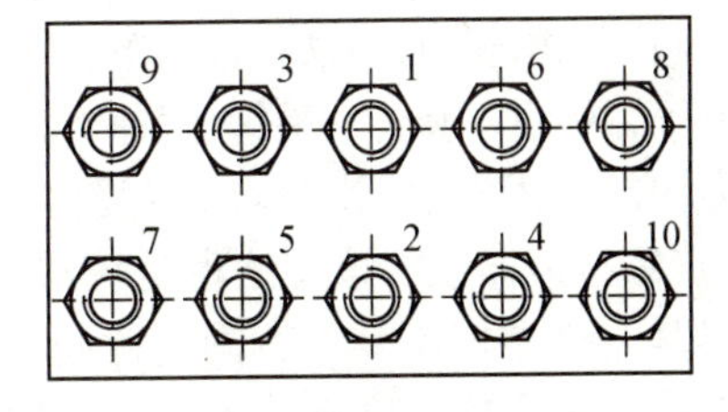

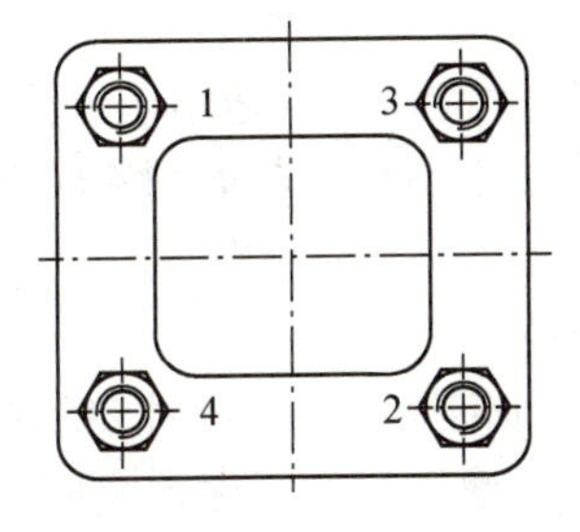

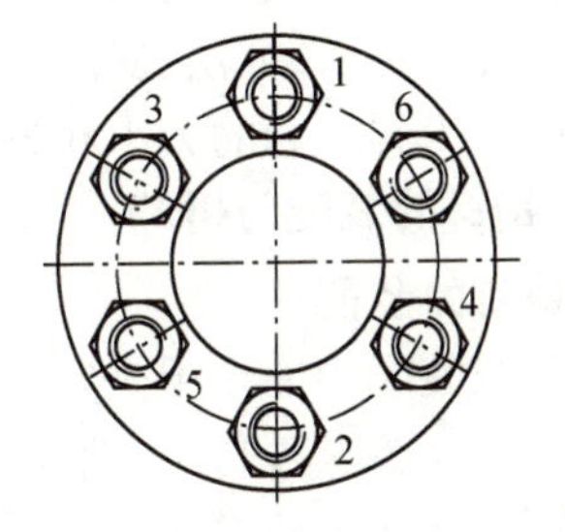

图 4.62　成组螺母拧紧顺序

为保证拧紧力量的均匀，可采用扭力扳手，如图 4.63 所示。

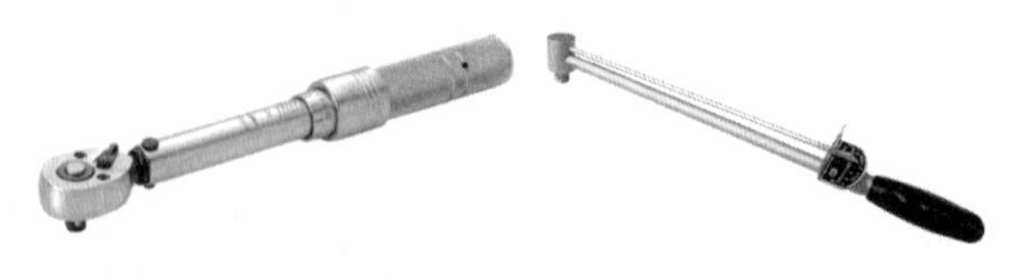

图 4.63　扭力扳手

2. 滚动轴承的装配与拆卸

1)滚动轴承的装配

滚动轴承工作时，多是轴承内圈随轴一起转动，外圈在与之配合的孔内固定不动。因此，轴承内圈与轴的配合要紧一些，多为较小的过盈配合。其装配方法有直接敲入法、压入法、热套法。对不同的装配情况，作用力作用在内、外圈的情况也不一样，如图 4.64 所示。

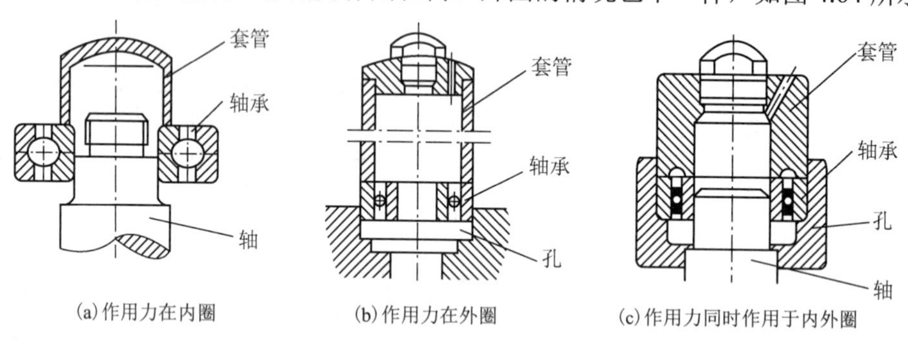

(a)作用力在内圈　(b)作用力在外圈　(c)作用力同时作用于内外圈

图 4.64　滚动轴承的装配

装配要点：装配前应将轴颈和轴承孔涂抹机油，轴承标有规格牌号的端面应朝外，便于更换时的识别；准备装配工具，对于过盈量较小的轴承借助套管用手锤或压力机装入，对于过盈量较大的，则应用热套法(将轴承放在 80～90℃的机油中加热)配合压力机装入。

2)滚动轴承的拆卸

滚动轴承的拆卸方法有敲击法、拉拔器法、压出法、油压法。

(1)敲击法：该方法是最简单、最常见的，对于过盈量较小的轴承可以采用该方法。工具通常为冲子、垫块、套管、手锤(木锤、铜锤)。拆卸时，敲击的力量必须集中在滚动轴承的内圈上，用力均匀，每敲击一次就应变换受力点至相对的位置，以使内圈四周都受到均匀的敲击力。

(2)拉拔器法：该方法也是较常用的滚动轴承的拆卸方法，适用于过盈量较大的场合。拉拔器是一种螺旋工具，有固定臂和活动臂之分，有双拉杆和三拉杆之分。拆卸时仍然要将拉力器的拉杆安放在轴承的内圈上，如图 4.65 所示。

(3)压出法：该方法必须使用压力机和相应的垫圈才能操作，适用于过盈量较大的场合。该方法施力均匀、力的大小和方向容易控制，而且零件不易损坏，如图 4.66 所示。

3. 销钉的装配与拆卸

1)销钉的装配

销钉在装配中的作用是定位和连接，有圆柱销和圆锥销两种。圆柱销和销孔的配合为过盈配合，精度要求较高，一般需配合零件的两个销孔要通过配作工序来完成。

销钉在装配时应涂抹机油后用铜棒轻轻敲入即可，敲入的开始阶段一定要仔细观察销钉与孔是否垂直，避免发生歪斜现象造成零件或销钉的损坏。

圆锥销装配时，也需通过配作工艺来保证精度。钻孔时的钻头按孔的小径选取，铰刀一般用 1∶50 的锥度铰刀，当铰到圆锥销能自由插入 80%～85%孔深即可，然后用手锤敲入到与零件上表面齐平即可。

2) 销钉的拆卸

销钉一般用冲子和手锤轻轻敲击拆除，如果过盈量较大的也可用压力机将其顶出。销钉不宜多次拆装，否则会降低其定位精度和连接的可靠性。

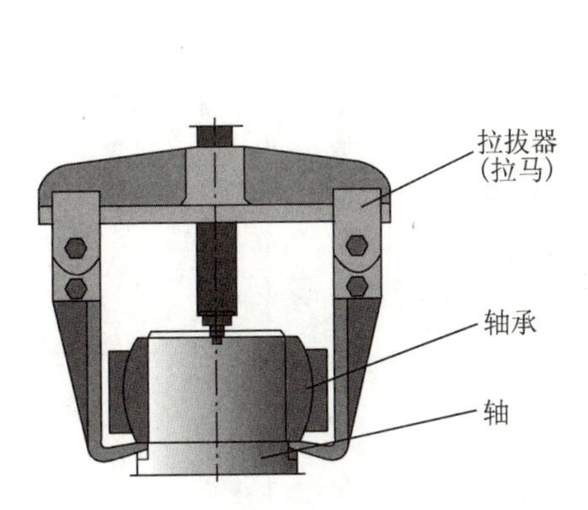

图 4.65　用拉拔器拆卸滚动轴承

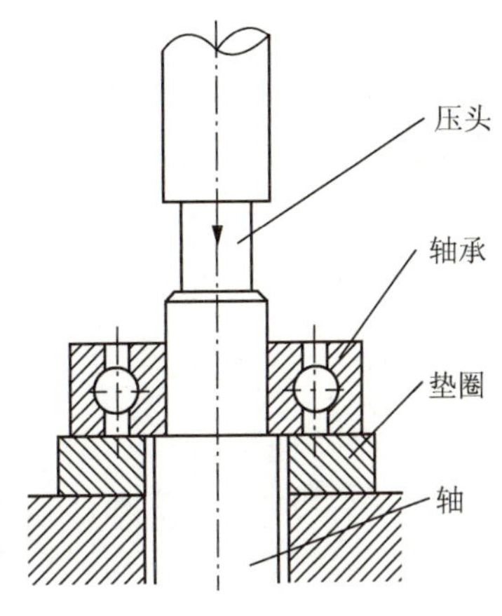

图 4.66　用压力机拆卸滚动轴承

4.7　钳工技能综合训练

4.7.1　钳工技能综合训练一

1. 零件图(图 4.67)

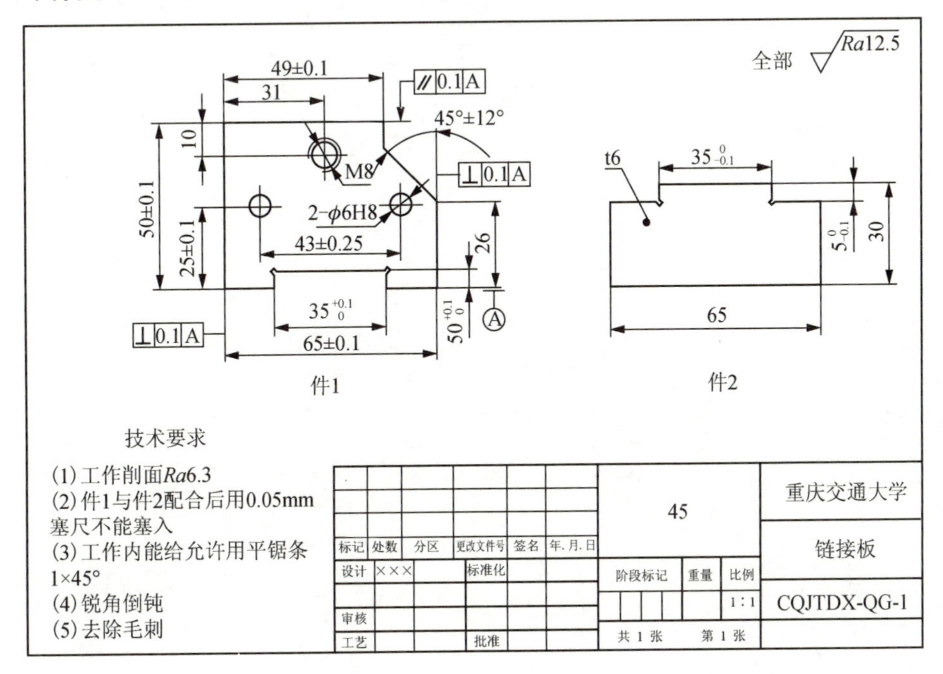

图 4.67　钳工综合训练零件一

2. 件 1 加工工序(表 4-3)

表 4-3　件 1 加工工序

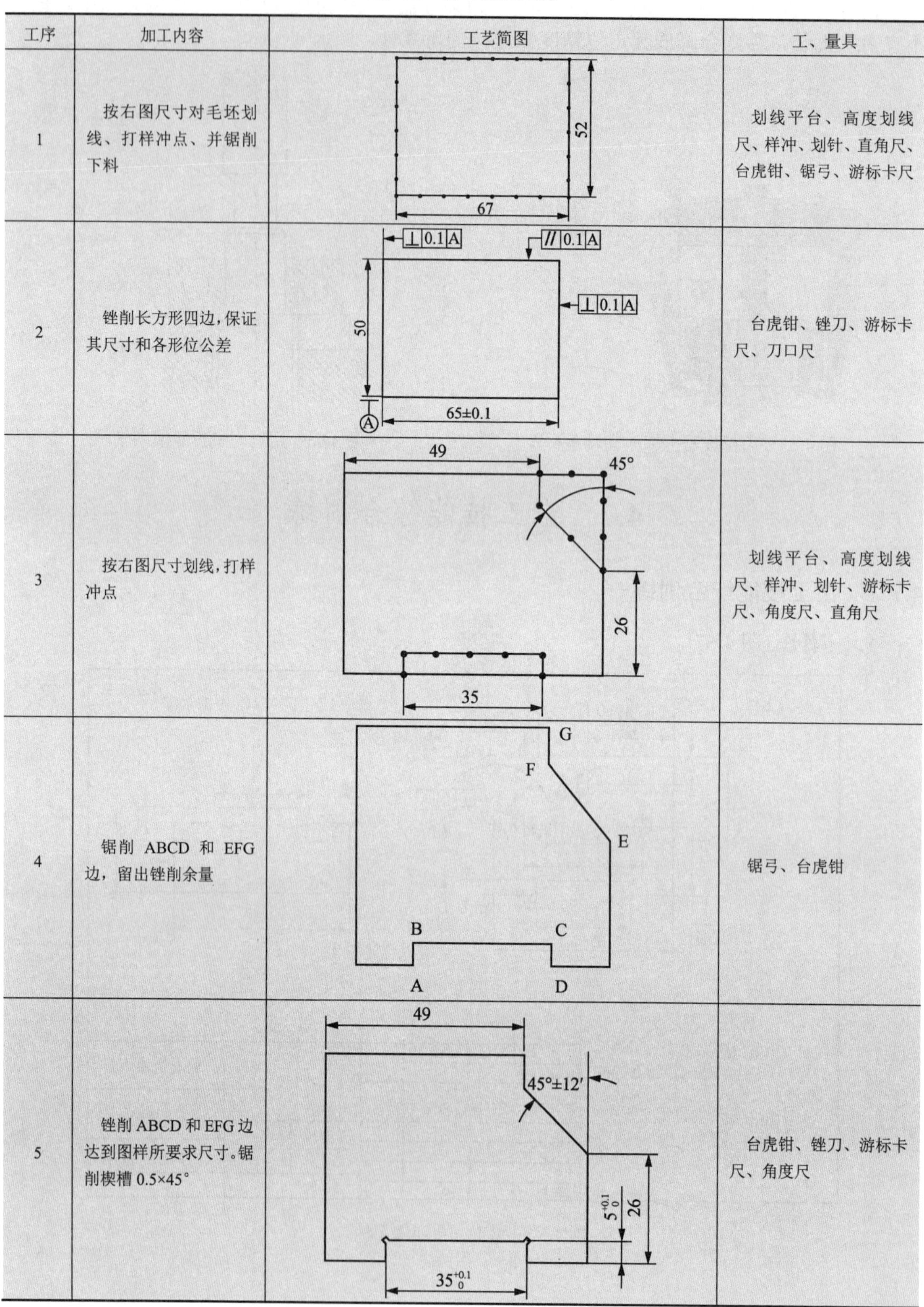

工序	加工内容	工艺简图	工、量具
1	按右图尺寸对毛坯划线、打样冲点、并锯削下料		划线平台、高度划线尺、样冲、划针、直角尺、台虎钳、锯弓、游标卡尺
2	锉削长方形四边，保证其尺寸和各形位公差		台虎钳、锉刀、游标卡尺、刀口尺
3	按右图尺寸划线，打样冲点		划线平台、高度划线尺、样冲、划针、游标卡尺、角度尺、直角尺
4	锯削 ABCD 和 EFG 边，留出锉削余量		锯弓、台虎钳
5	锉削 ABCD 和 EFG 边达到图样所要求尺寸。锯削楔槽 0.5×45°		台虎钳、锉刀、游标卡尺、角度尺

续表

工序	加工内容	工艺简图	工、量具
6	按图样尺寸划三个孔的中心线并打出样冲点	31 10 11 43±0.25 25±0.1	划线平台、高度划线尺、样冲、划针
7	按图样中心线钻孔	31 10 $\phi6.5$ 2-$\phi6.3$ 43±0.25 25±0.1	台钻、钻头、游标卡尺
8	攻 M8 螺纹	M8	丝锥、丝锥绞手、台虎钳
9	铰孔 2-ϕ 6.5	2-$\phi6.5$	手铰刀、铰杠、塞规
10	检验	按零件图检验	

3. 件 2 加工工序(表 4-4)

表 4-4 件 2 加工工序

工序	加工内容	工艺简图	工、量具
1	按右图尺寸对毛坯划线、打样冲点、并锯削下料	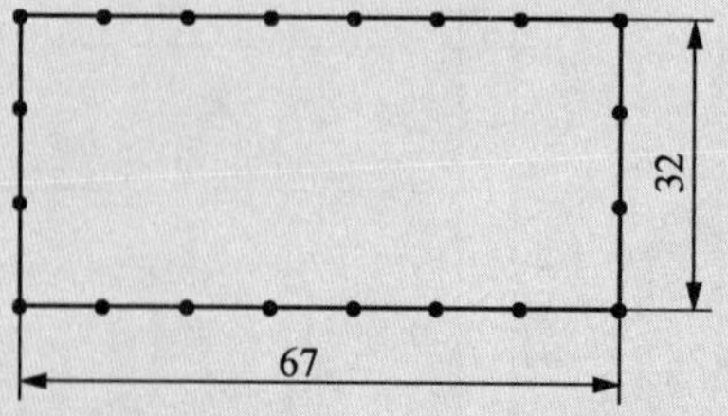 32 67	划线平台、高度划线尺、样冲、划针、直角尺、台虎钳、锯弓、游标卡尺
2	锉削长方形四边，保证尺寸	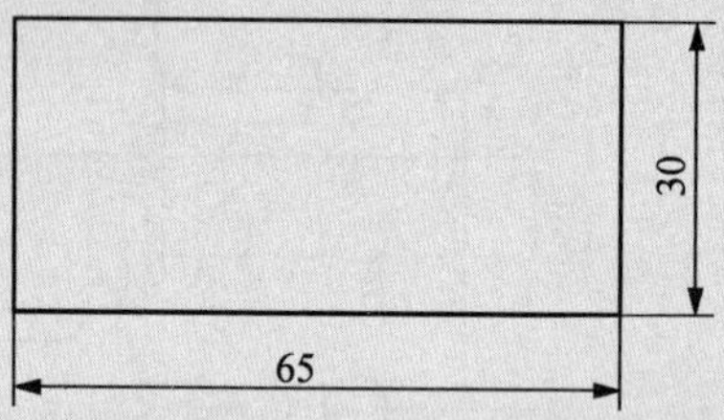 30 65	台虎钳、锉刀、游标卡尺、刀口尺
3	按右图尺寸划线，打样冲点	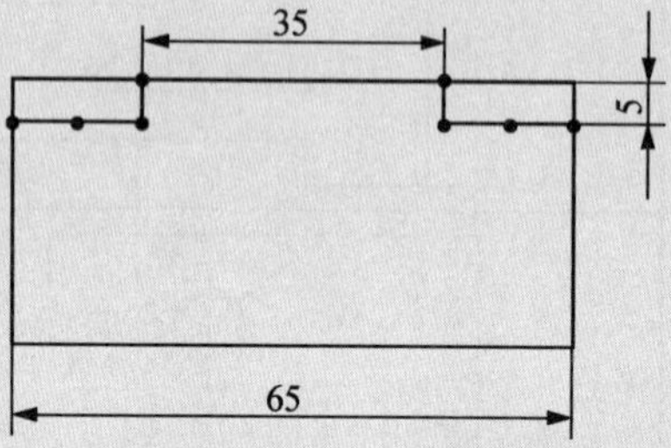 35 5 65	划线平台、高度划线尺、样冲、划针、游标卡尺
4	锯削 ABC 和 DEF 边，留出锉削余量	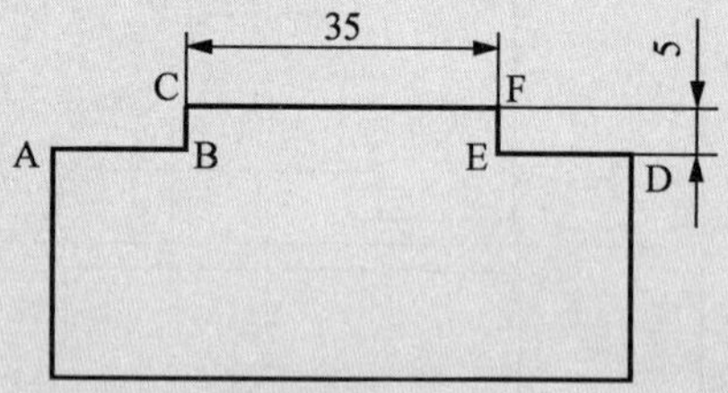 35 5 C F A B E D	锯弓、台虎钳
5	锉削 ABC 和 DEF 边，达到图样所要求尺寸 件 1 与件 2 配合后用 0.05mm 塞尺不能塞入 锯削楔槽 0.5×45°	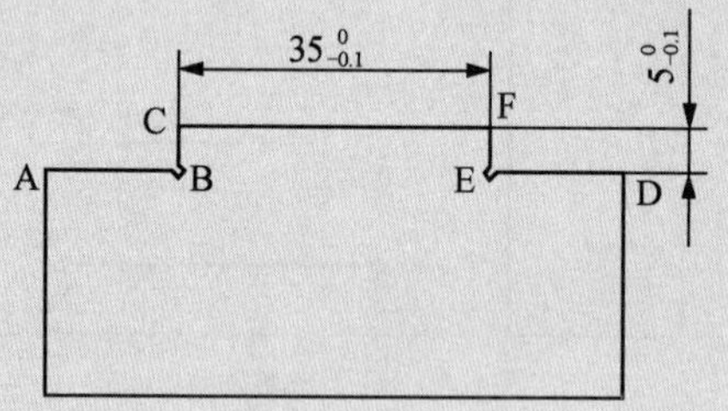 $35_{-0.1}^{0}$ $5_{-0.1}^{0}$ C F A B E D	台虎钳、锉刀、游标卡尺、刀口尺

4.7.2　钳工技能综合训练二

1. 零件图(图 4.68)

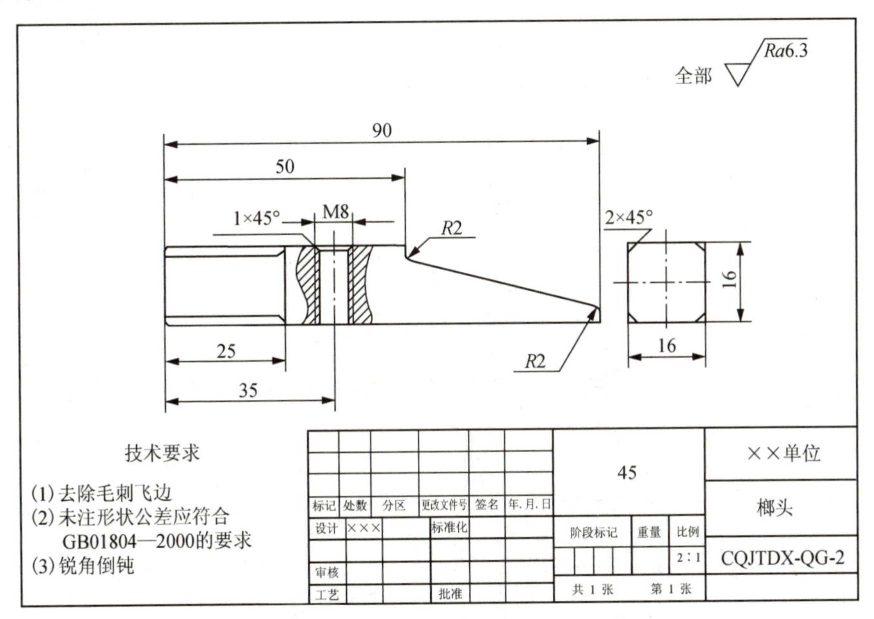

图 4.68　钳工综合训练零件二(榔头)

2. 加工工序(表 4-5)

表 4-5　件 1 加工工序

工序	加工内容	工序简图	工、量具
1	下料	毛坯 18×18×92	
2	按右图尺寸对毛坯划线、打样冲点	90 50 2 16 2	划线平台、高度划线尺、样冲、划针、直角尺、游标卡尺
3	锉削榔头四边，保证其尺寸和各相邻面的垂直度	90 16	台虎钳、锉刀、游标卡尺、刀口尺
4	锯削斜面，留锉削余量	90 50 2 2	锯弓、台虎钳
5	锯削斜边至尺寸，倒 2 处 *R*2 圆角	*R*2 *R*2	台虎钳、锉刀、游标卡尺、刀口尺

续表

工序	加工内容	工序简图	工、量具
6	锉削四周倒角，保证长度尺寸 25mm	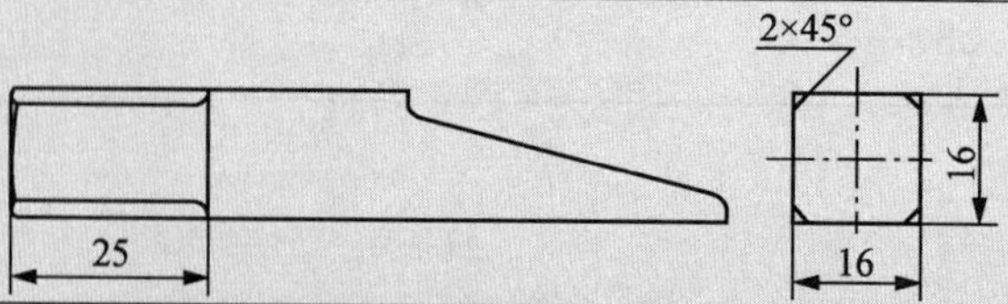 2×45°　25　16　16	台虎钳、锉刀、游标卡尺、角度尺
7	按图样尺寸划 M8 孔的中心线并打出样冲点	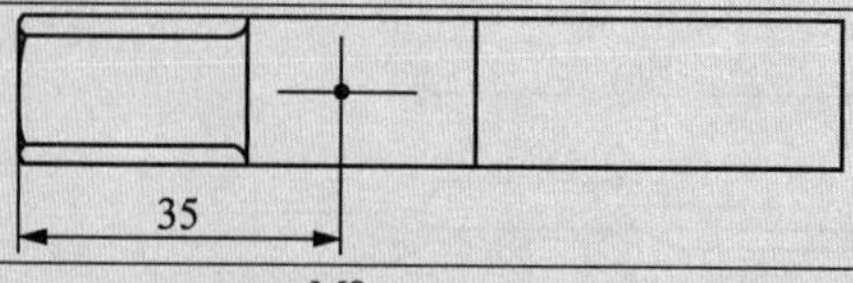 35	划线平台、高度划线尺、样冲、划针
8	按上图划线尺寸钻 M8 螺纹孔的底孔，倒 1×45°角，攻 M8 螺纹孔	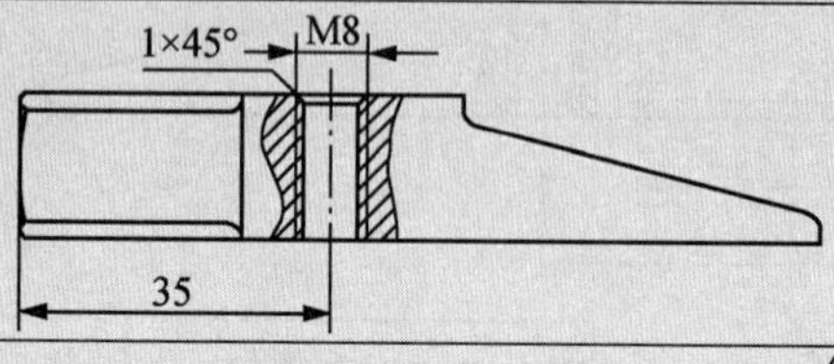 1×45°　M8　35	台钻、ϕ 6.6 钻头、倒角钻、M8 丝锥、M8 螺纹塞规
9	检验	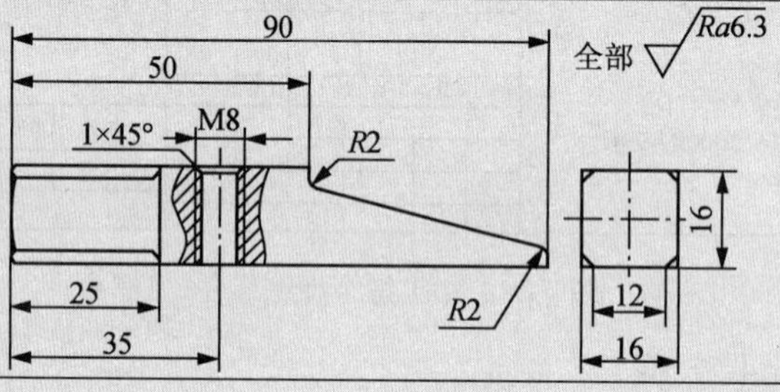 90　50　1×45°　M8　R2　25　35　R2　全部 $Ra6.3$　16　12　16	
10	将榔头柄装配到榔头上，打学号(有条件可进行热处理)		
11	检验		

4.8　钳工创新训练

读者可自行设计其他形状的榔头(除了可用钳工加工外，也可通过其他工种进行加工，如车工、铣工、数控、特种加工等)，并分析该榔头的加工成本、质量与工艺过程。

零件加工完成后应从外观形状、尺寸精度、表面粗糙度、加工成本与工艺过程等各方面对其进行分析，总结优缺点，对不足之处提出改进措施，并写出心得与体会。

注意事项：在设计榔头的形状时一定要与相关工种的指导教师协商，确认其结构的合理性和加工的成本控制。在生产过程若遇到问题也要及时请教，避免发生不必要的事故。

4.9　钳工安全操作规范

(1) 进入工程实训场地须着装整齐，穿戴好防护用品。

(2) 钳台上的操作规范：

① 工件应牢固地夹紧在虎钳上，夹紧小工件时要注意手指。

② 拧紧或松开虎钳时应防止夹伤手指或工件跌落时伤人。

③ 不能使用无手柄或手柄松动的锉刀。

④ 锉刀齿内的切屑应用钢丝刷子剔除，禁止用手挖、嘴吹。

⑤ 使用手锤时应先检查锤头安装是否牢固，是否有裂缝或油污。挥动手锤时，前方不得有人，以防锤头脱落伤人。

⑥ 使用手锯下料时，不可用力过猛或扭转锯条。材料将断时，应轻轻锯割。

⑦ 铰孔或攻丝时，不要用力过猛，以免折断铰刀或丝锥。

⑧ 禁止混用工具，以免损坏工具或发生伤害事故。

(3) 台钻操作规范：

① 由专人负责设备的定期保养，严禁设备带病操作，严禁未经操作培训的人员使用。

② 使用钻床时，严禁戴手套，变速时必须先停车再变速。

③ 安装钻头前，需仔细检查钻套锥面是否有碰伤或凸起，若有，应用油石修磨擦净后才可使用。拆卸时必须使用标准斜铁。装卸钻头要用夹头扳手，不得用敲击的方法装卸钻头。

④ 钻孔时不可用手直接拉切屑，也不能用棉纱或嘴吹清除切屑，头部不能与钻床旋转部分靠得太近。机床未停稳，不得变速。严禁用手把握未停止的钻夹头，操作时只允许一人进行。

⑤ 钻孔时工件装夹应稳固，特别是在钻薄板零件、小工件、扩孔或钻大孔时，严禁用手把持进行加工。孔即将钻穿时，要减小压力与进给速度。

⑥ 钻孔时严禁在主轴旋转状态下装卸工件。利用机用平口钳夹持工件钻孔时，要扶稳平口钳，防止掉落砸脚。钻小孔时，压力相应要小，以防钻头折断飞出伤人。

⑦ 钻通孔时可在工件下垫木块，避免损伤工作台面。

⑧ 钻削时用力不可过大，钻削量必须控制在允许的技术范围内。

⑨ 工作结束后，要对机床进行日常保养，切断电源，打扫场地卫生。

第 5 章　铣　　削

教学目的　本项实训内容是为进一步强化对普通机加工技能的掌握和专业知识的理解所开设的一项基本训练科目。

通过铣削实习，使学生能初步接触在机械制造中铣床的作用及工作过程，获得机械加工常用的工艺基础知识，为相关课程的理论学习及将来从事生产技术工作打下基础。

教学要求

(1) 了解铣床的用途、型号、规格及主要组成部分。

(2) 了解铣工常用工具、量具以及机床主要附件的大致结构及应用。

(3) 了解铣削加工的基本方法及可达到的精度等级和表面粗糙度的大致范围。

(4) 了解铣工的安全操作规程。

5.1　铣削加工的工作特点和基本内容

5.1.1　铣削加工的特点

当刀具作旋转运动、工件作进给时称为铣削。铣削是机械加工中应用最为广泛的切削加工方法之一，铣床也是各机械零件生产厂家必不可少的机床之一。铣床利用各种刀具可以加工各类平面(水平面、垂直面、斜面、台阶面)、沟槽(直角沟槽、键槽、燕尾槽，T 形槽、外圆槽、螺旋槽)、成形面、孔和各种需要分度(花键、齿轮、离合器)的零件等，如图 5.1 所示。

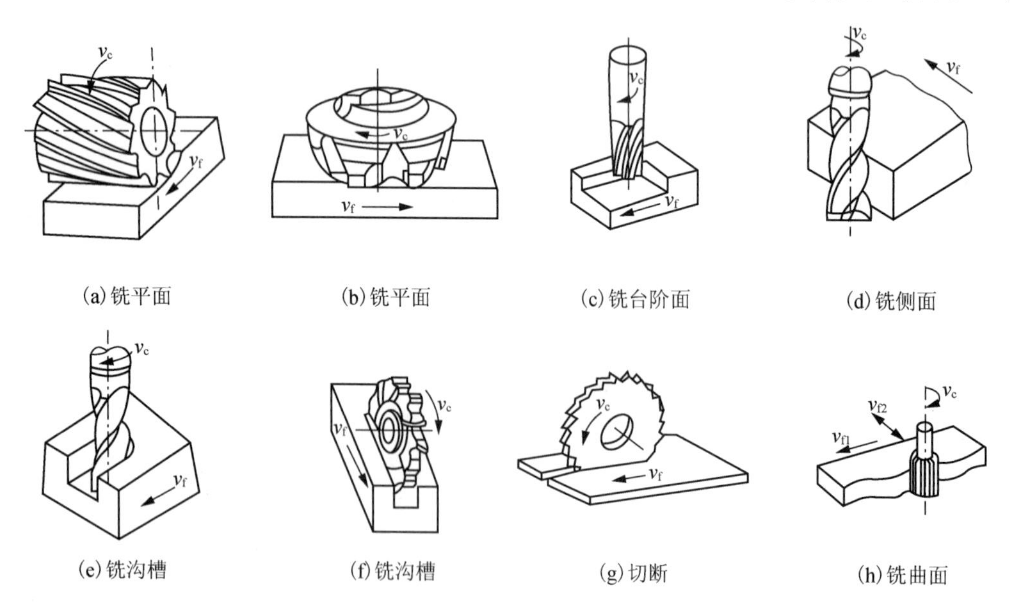

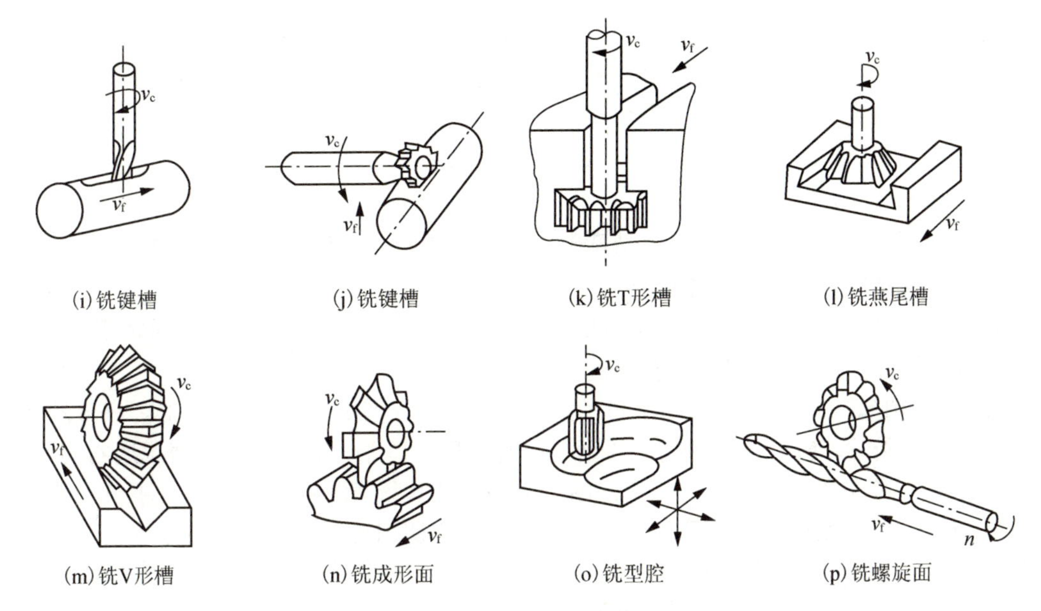

图 5.1　铣床的加工内容

铣削加工相对于其他机床具有如下主要特点：

(1) 由于铣削是靠刀具的旋转运动进行切削，因此，铣刀是多刃刀具，磨耗比较缓慢，不用经常修磨刀刃。

(2) 铣削加工是多刃连续切削，能缩短加工时间，提高生产效率。

(3) 铣刀的切削刃是周期性切入和切出工件，其切削层厚度不断变化，因此易引起切削力的变化并出现振动现象。

(4) 铣削加工精度一般可达 IT7～IT9，表面粗糙度 Ra 可达 1.6～6.3μm。

5.1.2　铣削过程基本知识

1. 铣削运动

铣削运动是指在铣床上加工时，铣刀和工件的相对运动。铣刀的旋转运动是通过铣床主轴带动铣刀杆上的铣刀进行旋转，这是主运动；进给运动是通过机械传动实现自动进给或操作者摇动工作台手柄实现手动进给的运动，它是铣削中的辅助运动。铣床上的进给运动分为纵向、横向和垂直三个方向。

2. 铣削用量及其选择方法

铣削用量是铣削速度、进给量和吃刀量的总称，它表示铣削运动的大小和铣刀切入被加工表面的深浅程度。

(1) 铣削速度。铣削速度就是主运动的线速度，即铣刀最大直径处的线速度，单位为 m/min，可计算为

$$v_c = \pi dn / 1000 \tag{5-1}$$

式中，d 为铣刀直径，mm；n 为铣刀每分钟转速，r/min。

(2) 进给量。铣削中工件相对于铣刀在进给方向上所移动的距离。它有三种表示形式：

① 每齿进给量 f_z。铣刀每转过一齿，工件相对于铣刀移动的距离，单位为 mm/z 。

② 每转进给量f。铣刀每转过一转，工件相对于铣刀移动的距离，单位为mm/r 。

③ 进给速度v_f。工件在每分钟内相对于铣刀移动的距离，单位为mm/min 。

以上三者的关系为

$$v_f = fn = f_z zn \tag{5-2}$$

式中，z为铣刀齿数。

(3) 背吃刀量(铣削深度) a_p。它是铣削中已加工表面和待加工表面的垂直距离，即平行于铣刀切削时的轴线方法上测量出的切削层深度。

(4) 侧吃刀量(铣削宽度) a_e。它是铣削一次进给过程中测得的已加工表面宽度，即在垂直于铣刀旋转平面上测量出的切削层尺寸。

(5) 铣削用量选择方法。铣削用量的选择与确定需视实际加工过程各工艺环节的情况而定，如不能判断时，应查阅相关切削手册。但对于粗、精加工的两类总体情况通常的原则是：粗加工时主要考虑在保证铣刀有一定的耐用度和工艺系统有足够刚度的前提下，应优先选择大的吃刀量，其次是增加进给速度，最后选择合适的切削速度；精加工时在保证工件的加工精度前提下，一般先选择大的铣削速度，其次选择较小的背吃刀量，最后选择较小的进给速度。

5.2　铣床基本知识

5.2.1　常用铣床的基本结构

铣床的种类很多，如卧式铣床、立式铣床、摇臂铣床、龙门铣床、仿形铣床等。各种形式的铣床为制造不同类型的零件提供了各种可靠的加工方法，保证了它们加工的精度和要求。如图 5.2～图 5.7 所示。

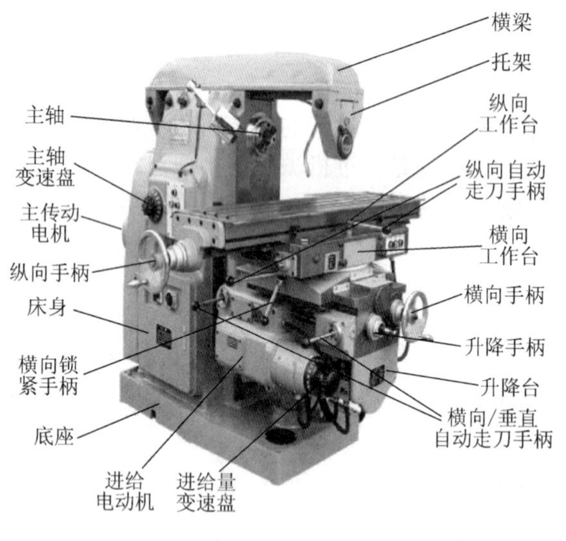

图 5.2　卧式铣床的外形及各部分名称

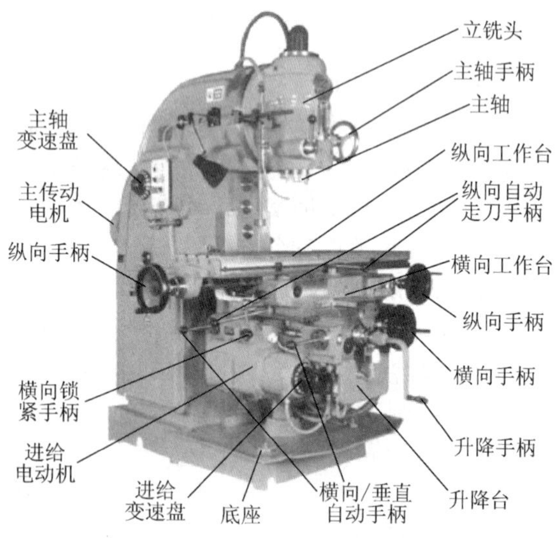

图 5.3　立式铣床的外形及各部分名称

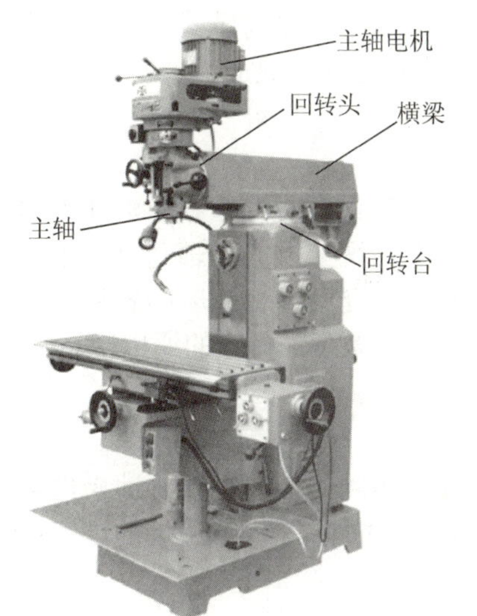

图 5.4 工具铣床

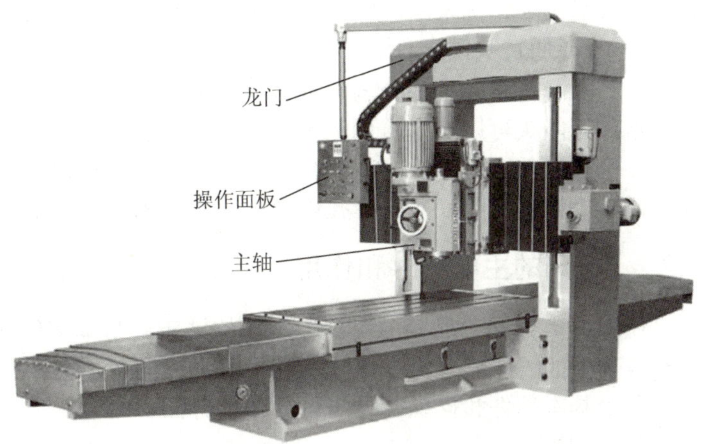

图 5.5 龙门铣床

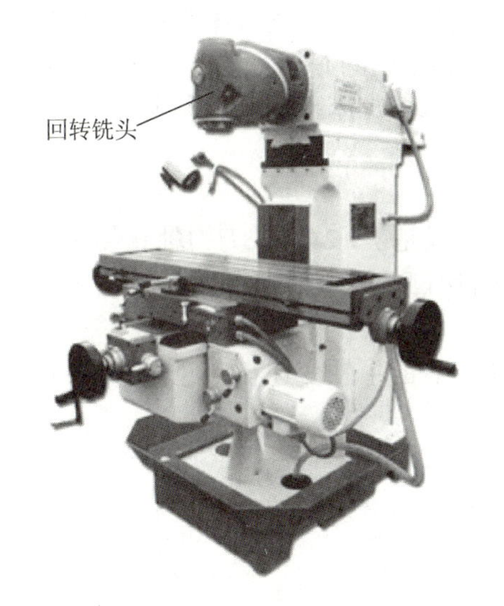

图 5.6 万能回转头铣床

图 5.7 仿形铣床

1. 卧式万能升降台铣床(简称万能铣床)

图 5.2 所示为卧式铣床 X6132(编号的含义是：X 表示铣床类、6 表示卧式、1 表示万能升降台，32 表示工作台宽度的 1/10，即工作台的宽度为 320mm。)的外形。其主要特征是主轴与工作台的台面平行，在铣削时铣刀水平装在主轴上，绕主轴轴线旋转，主轴的旋转运动由电动机带动。工件安装在工作台上，工作台的纵向、横向和升降三个运动，既可手动进给，又可自动进给。

这种铣床的纵向工作台与横向工作台之间有一个回转盘，并刻有度数。按照此刻度盘，可将纵向工作台转动±45°。当转到所需要的位置时，再用螺钉紧固。除此之外，其他各部分的构造和立式铣床无任何区别。另外，因为万能铣床的附件较多，所以它的工作范围就更为广泛。

2. 立式铣床

图 5.3 所示为立式铣床的外形。其主要特征是主轴与工作台的台面垂直。这种铣床在安装主轴的部分称为立铣头，立铣头与床身有整体式和组合式两种。后者的立铣头可左右转动

±45°，即主轴与工作台台面可倾斜成一个所需的度数。其他各部分的构造与卧式升降台铣床完全相同。立式铣床由于工人在操作时，观察、检查和调整都比较方便，故加工一般工件时，其生产效率比卧式铣床高，因此，在生产车间里应用较为广泛。

3. **万能回转头铣床**(图 4.6)

它的升降台和床身部分与万能升降台完全相同，只是顶部的悬梁内装有单独的电动机和变速器。万能头可以在垂直面内和水平面内各自回转某一个角度。铣床上的主轴则可以单独使用，也可以与万能铣头同时使用。因此，这种铣床除了能完成万能升降台铣床的各种加工外，还可以作钻孔、铰孔、镗孔以及深度不大的斜孔加工等，大大提高了机床的通用性。

5.2.2 铣床的主要部件和作用

铣床的类型虽然很多，但同一类型的铣床其基本部件都基本相同，当能够熟练地操作某一种较典型的铣床后，再去操作其他型号的铣床就不会很困难。下面将图 5.2 所示的卧式铣床的各个基本部件和操纵部分进行简略的介绍。

1. **床身**

床身是机床的主体，大部分的部件都安装在床身上，如主轴、主轴变速机构等装在床身的内部。床身的前壁有燕尾形的垂直导轨，升降台可沿导轨上下移动。床身的上面有水平导轨，横梁可在上面移动。床身呈箱体形，其刚性、强度和精度的好坏对铣削工作的影响很大，所以床身一般用优质灰铸铁铸成。床身里壁有肋条，用以增加床身的刚性和强度。对床身上的重要部位，都必须进行非常精密的加工和处理。

2. **主轴**

主轴是一根空心轴，在孔的前端为圆锥孔，锥度一般是 7∶24，铣刀刀轴就装在锥孔中。主轴要用优质的结构钢制造，并须经过热处理和精密的加工，这样才能使主轴在运转时平稳。

3. **主轴变速机构**

由电动机通过变速机构带动主轴旋转。通过操纵床身的主轴变速盘，经变速机构可改变主轴的转速。

4. **进给变速机构**

电动机通过进给变速机构带动工作台移动。要改变进给量，可拉出进给量变速盘转动到相应速度后复位即可。

5. **横梁**

用于支撑铣刀刀轴的外端，横梁的伸出长度可以调整，以适应各种长度的铣刀刀轴。

6. **纵向工作台**

用于安装夹具、工件和作纵向移动。工作台上面三条 T 形槽，用于安放 T 形螺钉以固定夹具工作台。

7. **横向工作台**

位于纵向工作台的下面，用以带动纵向工作台作横向(前后)移动。在横向工作台与纵向工作台之间，万能铣床还有回转盘。

8. **升降台**

用于支承工作台，并带动工作台上下移动。机床进给系统中的电动机、变速机构和操纵机构等都安装在升降台内。所以它的刚性和精密度都要求很高，否则在铣削时会造成很大的振动，同时也影响铣削质量。

9. **底座**

冷却系统的切削液泵在床身下面的底座内，它将切削液沿着冷却液管输送到喷嘴，对工件进行冷却。

5.2.3　铣床的操作

1. 铣床电器部分操作(图 5.8)

(1) 电源开关。用于接通和断开铣床电源作用。顺时针方向旋转为接通，逆时针为断开。

(2) 主轴换向开关。用于改变主轴旋转方向的作用。当开关处于中间位置时，主轴不转。

(3) 主轴及工作台启动、停止按钮。按主轴启动按钮，即可启动主轴，同时使进给传动系统接通。同理，按下主轴停止按钮，即可使主轴停转，进给传动系统停止。

(4) 工作台快速移动按钮。要使工作台快速移动，应先按进给方向扳动进给手柄，再按住快速移动按钮，工作台即按设定方向快速移动；松开按钮，快进给立即停止，但仍以原进给方向与速度移动。

(5) 主轴装刀与换刀开关。当需装刀或换刀时，接通装刀换刀开关，以防止主轴旋转，安装、换刀结束应旋至断开位置。

(6) 冷却泵旋钮开关。用以接通和断开冷却泵。

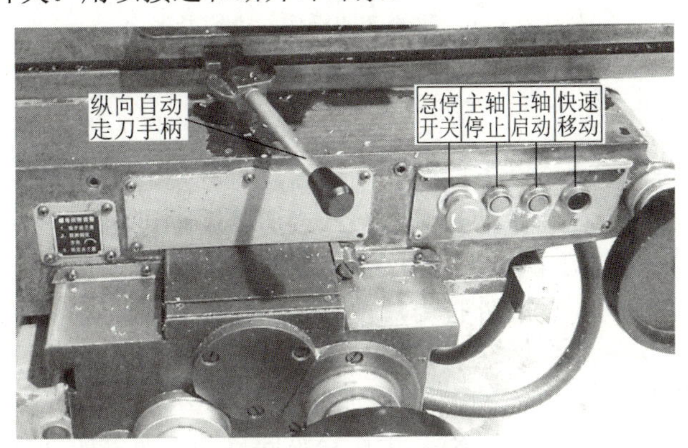

图 5.8　部分电气按钮

2. 主轴与进给变速操作

(1) 主轴变速操作(图 5.9)。变速时，应把变速手柄向下压，再将手柄向外转出，然后转动主轴变速盘至所需的转速并对准指示箭头，最后把变速手柄向下压后推回到原来的位置即可。变速时，为防止齿轮相碰，应等主轴停稳后再进行，严禁主轴转动时变速。

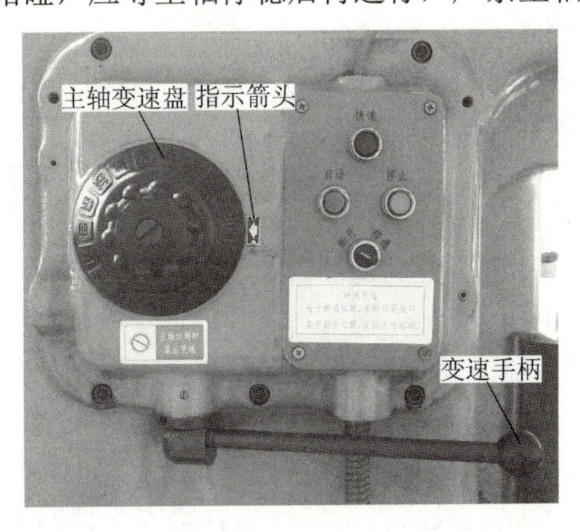

图 5.9　主轴变速操作

(2) 进给变速操作(图 5.10)。变换进给速度时，先用双手将变速手柄向外拉出，再转动手柄，使进给量变速盘上所需的进给速度对准指示箭头，然后将手柄推回原位置。如发现手柄无法推回，可重新变速或将机动进给手柄扳动一下即可。允许在机床主轴旋转情况下变速，但在机动进给工作时不允许变速。

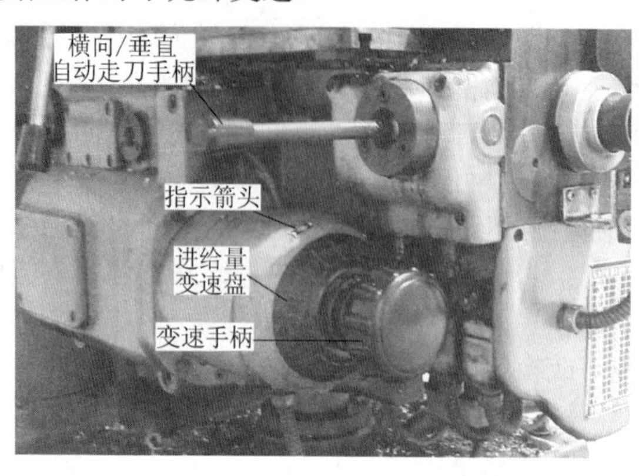

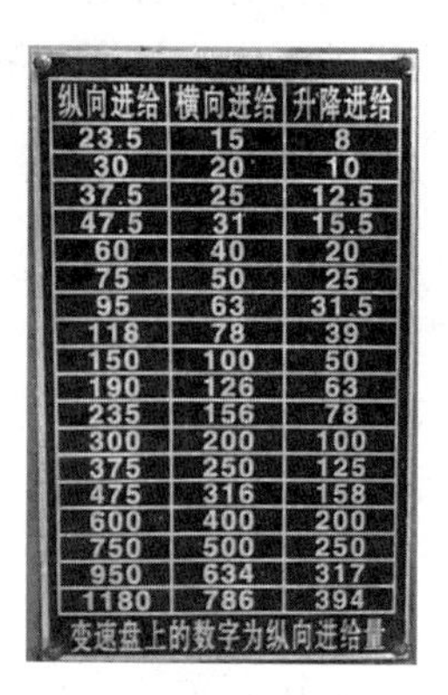

纵向进给	横向进给	升降进给
23.5	15	8
30	20	10
37.5	25	12.5
47.5	31	15.5
60	40	20
75	50	25
95	63	31.5
118	78	39
150	100	50
190	126	63
235	156	78
300	200	100
375	250	125
475	316	158
600	400	200
750	500	250
950	634	317
1180	786	394

变速盘上的数字为纵向进给量

图 5.10　进给变速操作与进给量表

3. 工作台操作

(1) 工作台手动操作。

工作台纵向、横向与垂直三个方向的手动进给，可分别通过三个手动进给手轮来实现。操作时，应轴向稍微加力，以将手柄与进给丝杠接通。手动进给时，手轮每转一转，工作台进给 6mm，手轮每转一格，工作台进给 0.05mm。进给时，应注意进给丝杠与螺母之间的间隙。同时，进给完毕时应将手柄往外拉出，使离合器与丝杠脱开，以防快速移动时手柄转动伤人。

(2) 工作台自动操作。

① 纵向自动进给(图 5.2 和图 5.8)。工作台纵向自动走刀手柄有左、中、右三个位置，手柄在左或右位置时表示纵向向左或向右自动进给；手柄在中间位置，为纵向自动停止。

② 横向/垂直自动进给(图 5.2 和图 5.10)。工作台横向/垂直自动进给由球铰式手柄操纵，共有五个位置，分别表示向上、向下、向前、向后进给，中间为停止状态。当手柄向上扳时，工作台垂直向上进给，反之向下；当手柄向前扳时，工作台横向向里进给，反之向外；手柄在中间位置，进给停止。

4. 机动进给的注意事项

(1) 机动进给前应确认进给方向是否正确，不能两个方向同时使用自动进给。

(2) 当某进给方向被锁紧后，该方向禁止自动进给。

(3) 不能将自动手柄在瞬间从一个方向变换为另一个方向。进给结束，应首先将手柄置于停止位置。

(4) 自动进给时，应调整好进给方向上的限位挡块，并注意经常检查挡块螺钉是否松动。

5. 工作台紧固手柄操作

无论是手动，还是自动进给，为减少振动，保证加工精度，对暂不使用的工作台进给方向上应予以紧固，工作完毕后应松开。纵向工作台的紧固，可通过工作台侧面两个紧固螺钉来调整。横向工作台的紧固由左、右各一个紧固手柄控制。紧固时，将手柄向下推，松开时，手柄向上提。升降工作台的紧固，只需将工作台垂直紧固手柄向下推即可，向上扳即松开。

5.2.4　铣床的维护保养

(1) 铣床的润滑。根据铣床说明书的要求，按期加油或更换润滑油。对每天要加油的地方，如 X6132 型铣床的手拉油泵、X5032 型铣床工作台底座上的“按钮式滑阀”等，以及各注油孔，都应按时加注润滑油。铣床启动后，检查其床身上各油窗的油标位置。润滑油泵和油路发生故障时要及时维修或更换。

(2) 铣床的清洁保养。开机前必须将导轨、丝杆等部件的表面进行清洁并加上润滑油，工作时不要把工夹量具放置在导轨面或工作台表面上，以防不测。

(3) 合理使用铣床。合理选用铣削用量、铣削刀具及铣削方法，正确使用各种工夹具，熟悉所操作铣床的性能。不能超负荷工作，工件和夹具的重量不能超过机床的载重量。

(4) 进行切削工作前，必须注意各变速手柄、进给手柄和锁紧手柄等是否放在规定和需要的位置。

(5) 变速前应停车，否则容易碰坏齿轮、离合器等传动零件。

(6) 工作过程中若要暂离机床，必须关掉电源。

(7) 工作完毕后，必须清除铣床上的铁屑和油污等杂物。擦干净机床，对于台面、导轨面、丝杠等各滑动面，只能用毛刷和软布擦净并上油。并在各运动部位适当加油，以防生锈。尤其对各滑动面和传动件，一定要擦净，并涂上润滑油。

5.3　铣刀基本知识

在铣床上加工工件大体上有两种方式：一种是使用高速钢铣刀采用一般铣削用量进行普通铣削；另一种是使用硬质合金铣刀采用较大的铣削用量进行高速铣削。

1．铣刀的材料

铣削过程中，铣刀的切削刃部分经受着很大的切削力和很高的温度，所以铣刀的材料必须能承受这样的工作条件。对它的基本要求是：有足够的硬度和耐磨性，当铣刀刀齿切入工件后，在高温下不能变软，同时，要求它具有一定的强度和韧性，这样才能经得起加工中的冲击和振动，保证切削加工的顺利进行。

普通铣削时使用的铣刀多为整体式和镶齿式铣刀，是用高速钢材料制成的。高速钢其常用牌号有 W18Cr4V、W6Mo5Cr4V2 等。高速钢的硬度较高，在常温下能达到 62～65HRC，在 600℃高温下，仍能保持较高的硬度。高速钢材料韧性好，可以进行锻造和热扎，容易将铣刀制成所需要的各种复杂形状和规格尺寸，而且价格较低，所以普通铣削中用的铣刀都是这种材料制成的。

2．铣刀的种类

铣刀的种类很多，可用来加工各种平面、沟槽、斜面和成形面。常用铣刀的形状如图 5.11 所示。

(a) 圆柱形铣刀

(b) 面铣刀

(c) 三面刃圆盘铣刀

(d) 立铣刀

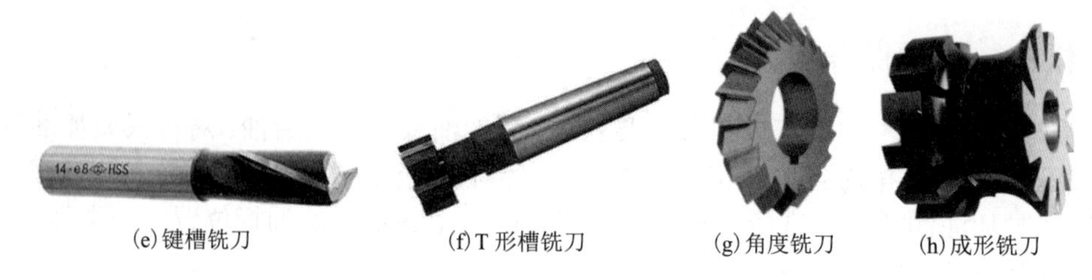

(e) 键槽铣刀　(f) T 形槽铣刀　(g) 角度铣刀　(h) 成形铣刀

图 5.11　常用铣刀的形状

3. 铣刀的装夹

在卧式铣床上多使用刀杆安装刀具，如图 5.12 所示。刀杆的一端为锥体，装入机床主轴前端的锥孔中，并用拉杆螺钉穿过机床主轴将刀杆拉紧。主轴的动力通过锥面和前端的键来带动刀杆旋转。铣刀装在刀杆上尽量靠近主轴的前端，以减少刀杆的变形。

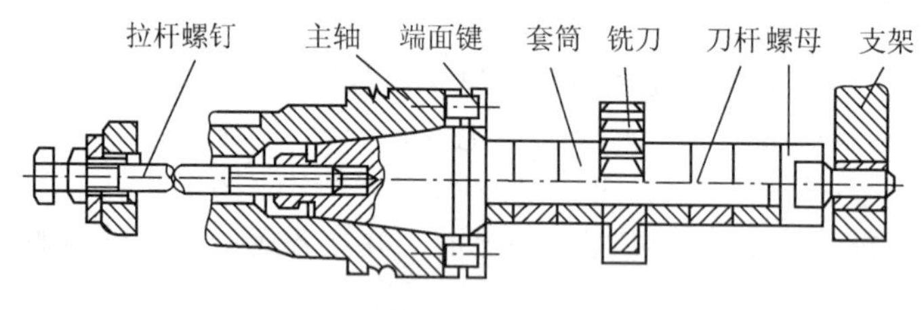

图 5.12　刀杆

5.4　铣床常用附件

在铣床上使用的附件较多，其主要作用是：减少划线和夹紧工件的辅助时间；便于装夹各种类型的零件，提高了铣削效率；便于一次安装加工各种类型的零件，提高加工精度，以达到减轻劳动强度，扩大了铣床的使用范围。铣床常用的附件有平口虎钳、分度头、回转工作台、万能铣头等。

5.4.1　分度头

分度头是铣床的重要附件之一，如图 5.13 所示，主要用来加工齿轮、花键、键槽等需要分度的零件。

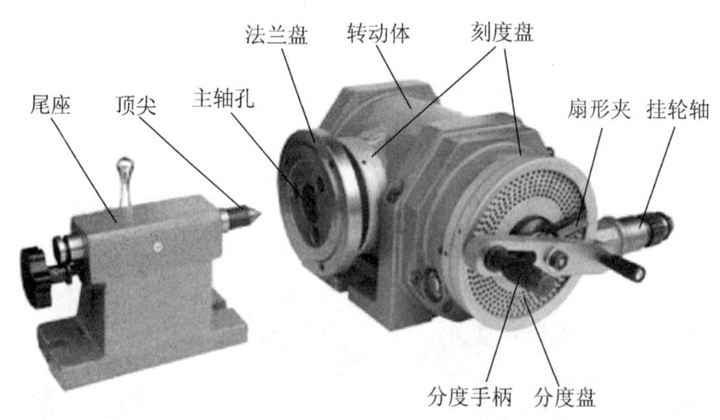

图 5.13　FW250 万能分度头

1. 分度头结构与传动原理

FW250 分度头是铣床上最常用的一种万能分度头。其型号中 F 表示分度头，W 表示万能，250 表示分度头上夹持工件的最大回转直径为ϕ250mm。分度头的主轴为空心轴，安装在转动体上，转动体可在垂直面内作-10°～110°的转动，即可将工件装夹成水平、垂直与倾斜。主轴两端均为莫氏 4 号锥孔，前锥孔用来安装带有拔盘的顶尖；主轴前端的外锥体用于安装卡盘或拨盘；后锥孔可安装心轴，作为差动分度或作直线移动分度时安装交换挂轮，如加工螺旋槽等。操作时，从分度盘定位孔中拔出定位销，转动分度手柄，通过传动比为 1∶1 的直齿圆柱齿轮和 1∶40 的蜗杆副传动，使分度头主轴旋转带动工件进行分度，即分度手柄转一圈，主轴转 1/40 圈，如图 5.14 所示。

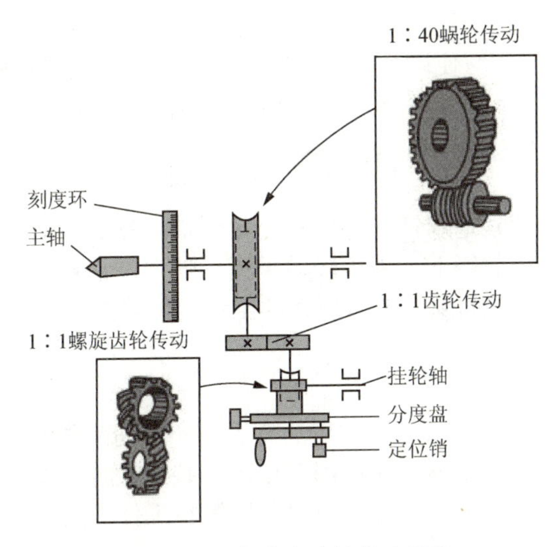

图 5.14 万能分度头的传动系统

若工件在整个圆周上的分度数目 z 为已知，则每转过一个等分，主轴需转过 $1/z$ 圈。这时手柄所需的转数可由下述关系式确定：

$$1:40=\frac{1}{z}:n \tag{5-3}$$

即

$$n=\frac{40}{z} \tag{5-4}$$

式中，n 为手柄转数；z 为工件的等分数。

例如，铣削 $z=7$ 的齿轮，$n=\frac{40}{7}=5\frac{5}{7}$圈，即每铣一齿，手柄需要转过$5\frac{5}{7}$圈。

2. 分度盘的结构与使用方法

分度手柄的准确分度应借助分度盘(图 5.15)来确定。

分度盘正、反两面由许多孔数不同的孔圈组成。如国产 FW250 型分度头备有两块分度盘，第一块正面有 24、25、28、30、34、37 六组孔圈；反面有 38、39、41、42、43 五组孔圈。第二块正面有 46、47、49、51、53、54 六组孔圈；反面有 57、58、59、62、66 五组孔圈。

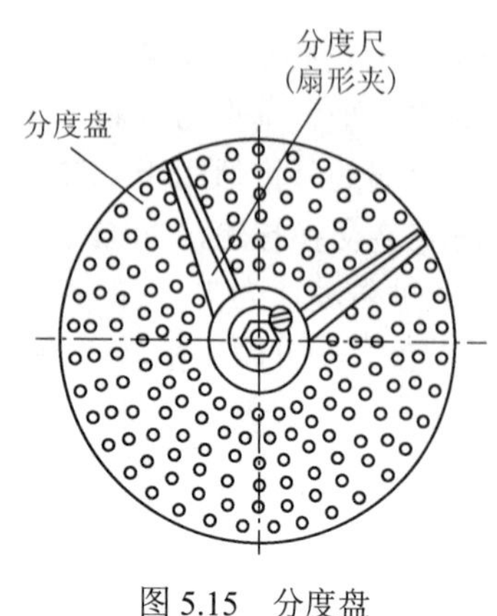

图 5.15　分度盘

当 $n=5\frac{5}{7}$ 圈时，先将分度盘固定，再将分度手柄的定位销调整到孔数为 7 的倍数的孔圈上，如在孔数为 28 的孔圈上，此时手柄转过 5 圈后，再沿孔数为 28 的孔圈上转过 20 个孔距即可。但为了提高等分精度，应采用孔数较多的孔圈。

为避免每分度一次要数一次孔距的麻烦，可使用分度尺(扇形夹)。分度尺两块叉板之间的夹角可通过松开分度尺紧固螺钉来调整。调整时，首先将分度定位销插入选定分度盘孔中，然后将左侧叉板紧贴定位销，如分度手柄要转过 20 个孔距，则顺时针方向转过20个孔距后将右侧叉板拔贴在第20个孔距处(两叉板间包含 21 个孔数)，然后再紧固分度尺紧定螺钉。使用时，在每次分度后，必须顺着手柄转动方向拨动分度叉，以备下一次使用。使用分度叉时，应特别注意孔数与孔距的关系。

3. 分度要领

分度时，应锁紧分度盘紧定螺钉，并先拔出定位销，然后转动手柄，注意不可转过头。一般可使定位销在预定的孔前停下，用手轻敲手柄，使定位销弹入孔中。若转过了头，必须退回大半周，以清除蜗杆副的间隙，再重新转动至预定位置上。

5.4.2　回转工作台

回转工作台又称圆转台(图 5.16)，常用的有手动和机动两种结构形式。它的用途主要是利用转台进行圆弧面和内外曲线形面的铣削工作。安装工件时，将工件放在转台上面，利用转台中间的圆孔定位后，使用 T 形螺栓、螺母和压板将工件夹紧进行铣削。

5.4.3　万能铣头

万能铣头是一种能扩大卧式铣床加工范围的附件，它能将卧式铣床变为立式铣床进行加工，且能绕两个方向的轴线进行角度加工，如图 5.17 所示。

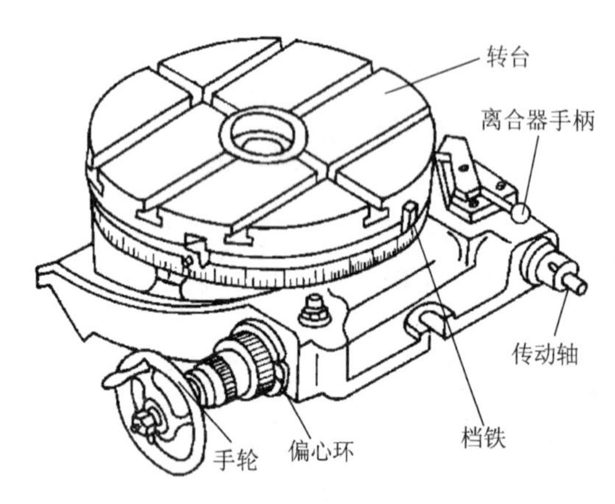

图 5.16　回转工作台

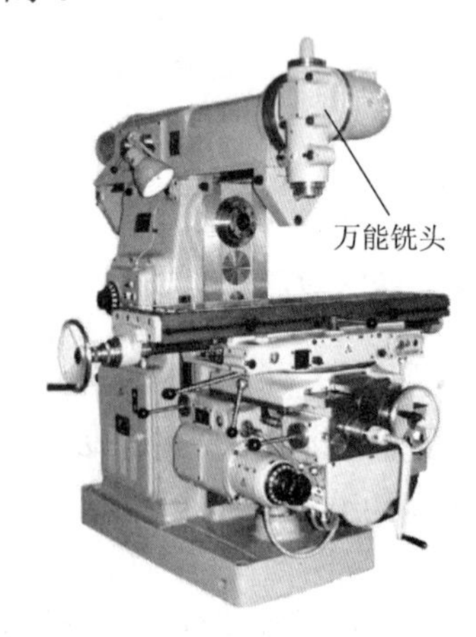

图 5.17　安装万能铣头的卧式铣床

5.4.4 机用平口虎钳

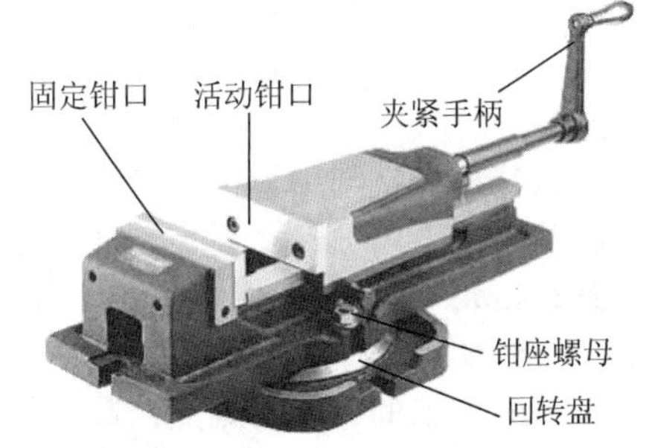

图 5.18 机用平口虎钳

机用平口虎钳如图 5.18 所示，使用时松开钳座上的螺母，可将上钳座转到任意角度的位置。平口虎钳常用于安装矩形和圆柱形工件，使用平口虎钳安装工件的方法和注意事项如下：

(1) 平口虎钳固定到工作台面上后，两钳口面与工作台面应该垂直。因此，在安装时一定要把钳口面、虎钳底面、工作台面擦干净，防止有切削或其他杂物影响虎钳安装的位置。

(2) 平口虎钳的钳口面应根据需要使其处于与某一轴垂直、平行或倾斜的位置。当需要转动上钳座时，所转动角度可根据回转盘上的刻度进行控制。

(3) 铣垂直面时，要使工件上的基准面与固定钳口面接触好，这时可使用一根圆棒放在活动钳口面处，当夹紧工件时，圆棒和工件呈直线接触，这样工件基准面与固定钳口面能够贴合好，保证了工件铣出后垂直面的准确。

(4) 在工作台上固定虎钳时，要选择好安装方向，应使切削中的铣削力方向指向固定钳口，如果使铣削力指向活动钳口，容易引起振动和切削中的不稳定。

(5) 夹紧手柄的长度足以将工件夹紧，不能使用加力棒，否则会损坏虎钳的丝杆。

(6) 应将工件放在虎钳的中间，不应放在某一头，否则会损坏虎钳的夹持精度。

5.5 铣削技能综合训练

5.5.1 双台阶工件加工(图 5.19)

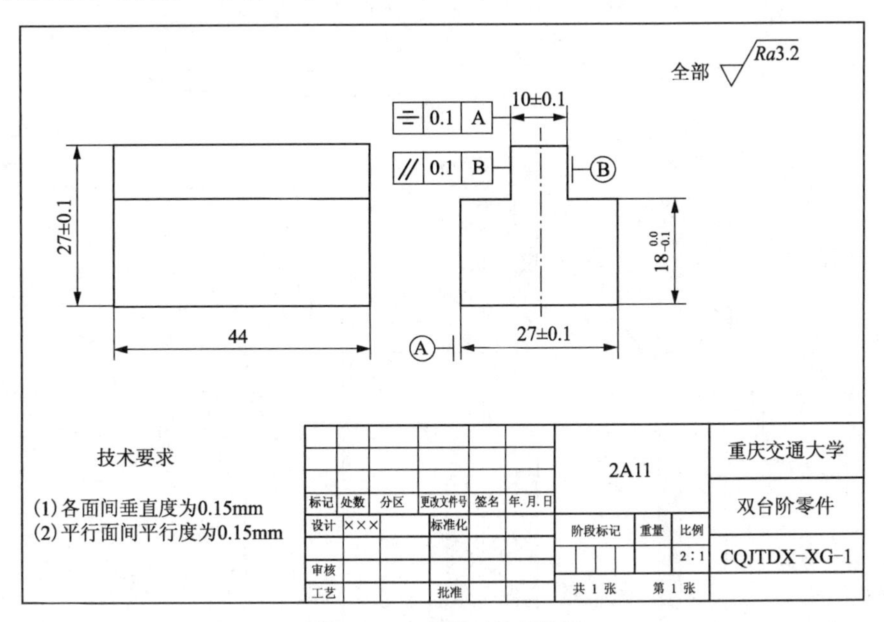

图 5.19 双台阶工件零件图

工艺分析：

(1) 毛坯及装夹：该零件的毛坯尺寸为ϕ35mm×47mm，用机用虎钳夹持。

(2) 刀具分析：根据图样给定的尺寸，选用ϕ30mm 的锥柄立铣刀。

(3) 选择铣床：该零件的加工在立式和卧式铣床上均可加工，本例选用 X6132 型卧式万能铣床。

(4) 选择铣削用量：该零件的材料为铝合金(2A11)，切削性能良好。根据现有工艺装备查询相应的切削手册后，选定粗加工的切削三要素为主轴转速 375r/min、进给量 90mm/min、背吃刀量 3mm；精加工的切削三要素为主轴转速 600r/min、进给量 60/min、背吃刀量 0.1～0.3mm。

(5) 加工工序如表 5-1 所示。

(6) 加工的重点与难点：重点是掌握铣刀铣削台阶的方法；难点是台阶宽度尺寸、对称度和平行度的控制。

表 5-1　双台阶工件铣削工序

工序	铣削内容	工艺简图	尺寸参数
1	按右图尺寸对毛坯铣削一个基面作为基准面 1	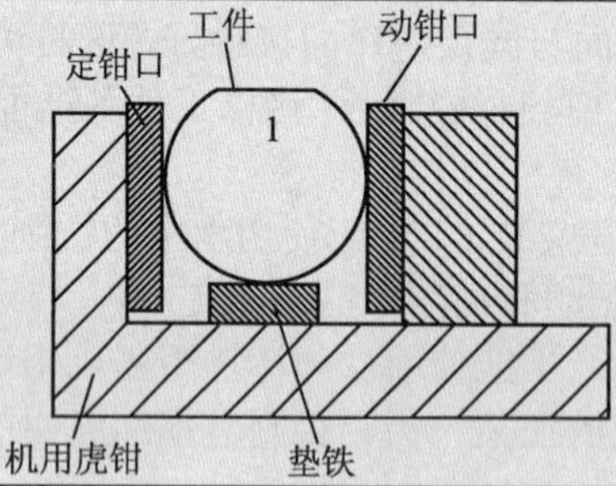 工件；定钳口；动钳口；1；机用虎钳；垫铁	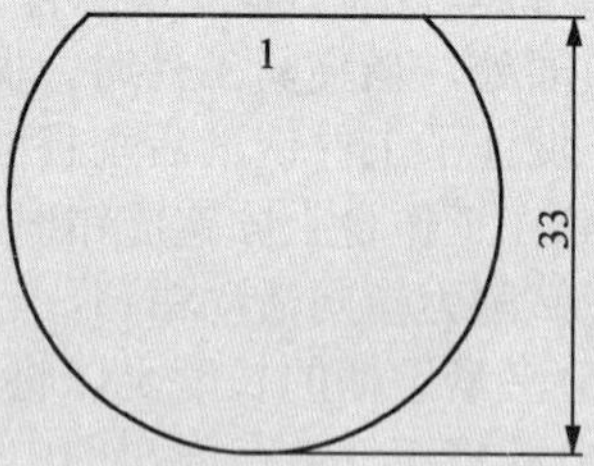 1；33
2	加工定位面 2，并与基准面 1 垂直	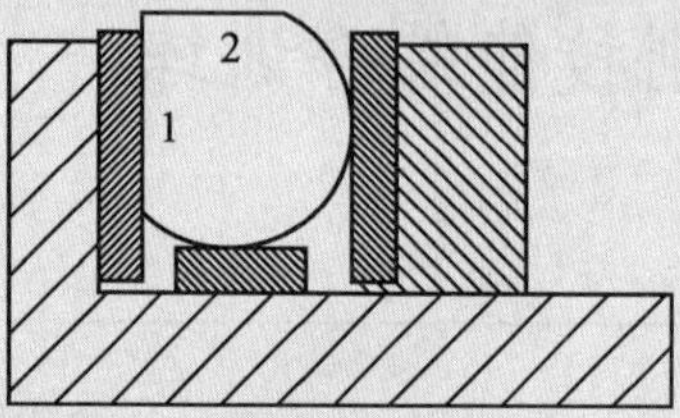 2；1	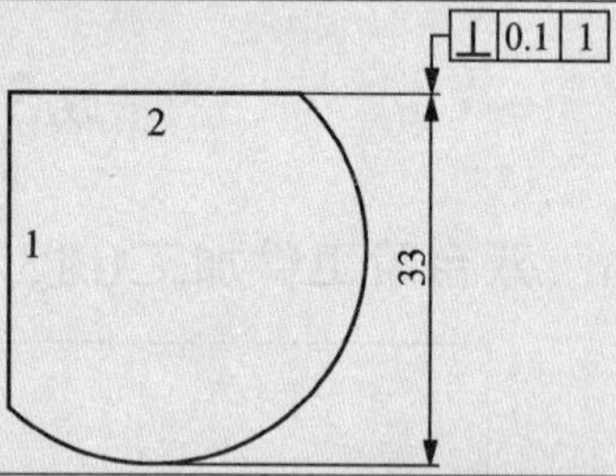 ⊥ 0.1 1；2；1；33
3	以面 1 为基准，面 2 为定位，加工平面 3，并保证平行度和尺寸要求	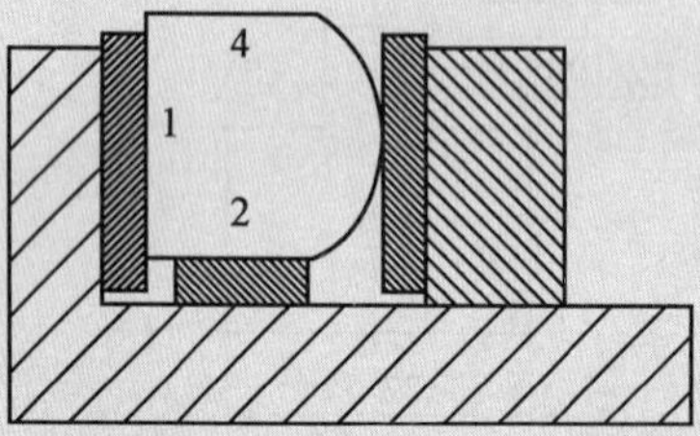 4；1；2	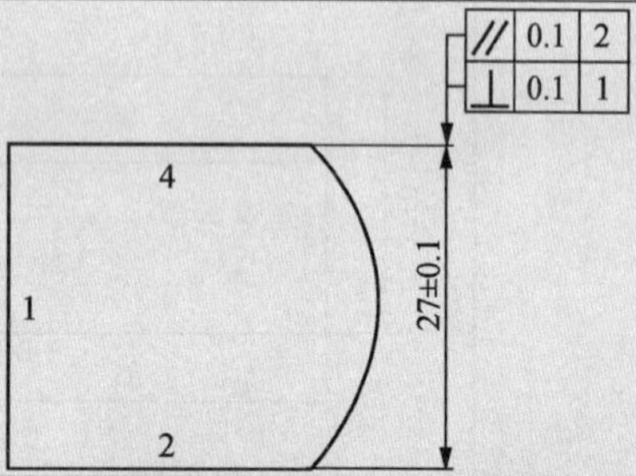 // 0.1 2；⊥ 0.1 1；4；1；2；27±0.1
4	以面 2 为基准，面 1 为定位面，加工面 4，使工件成矩形，并保证平行度和尺寸要求	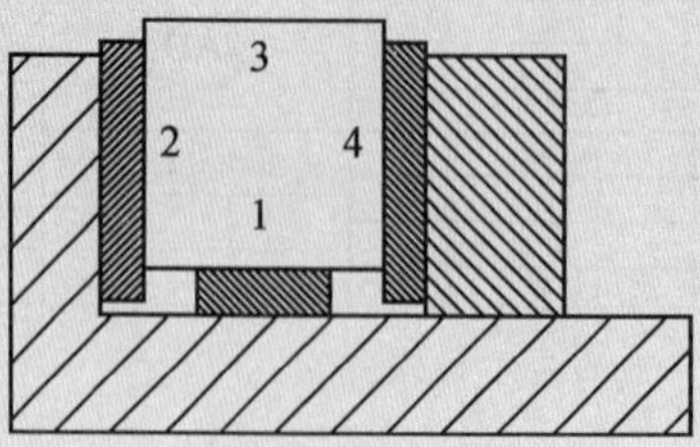 3；2；4；1	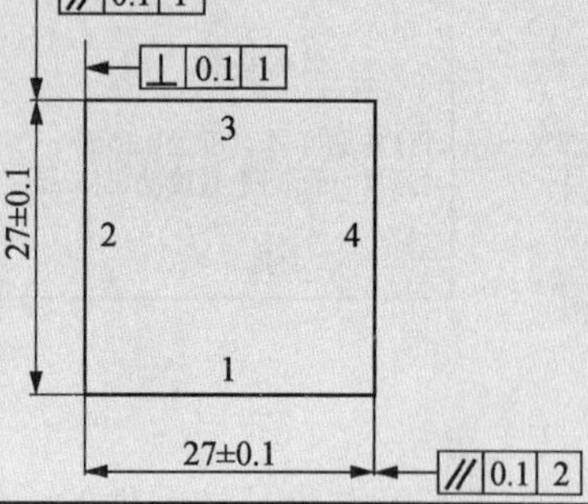 // 0.1 1；⊥ 0.1 1；3；2；4；1；27±0.1；27±0.1；// 0.1 2

续表

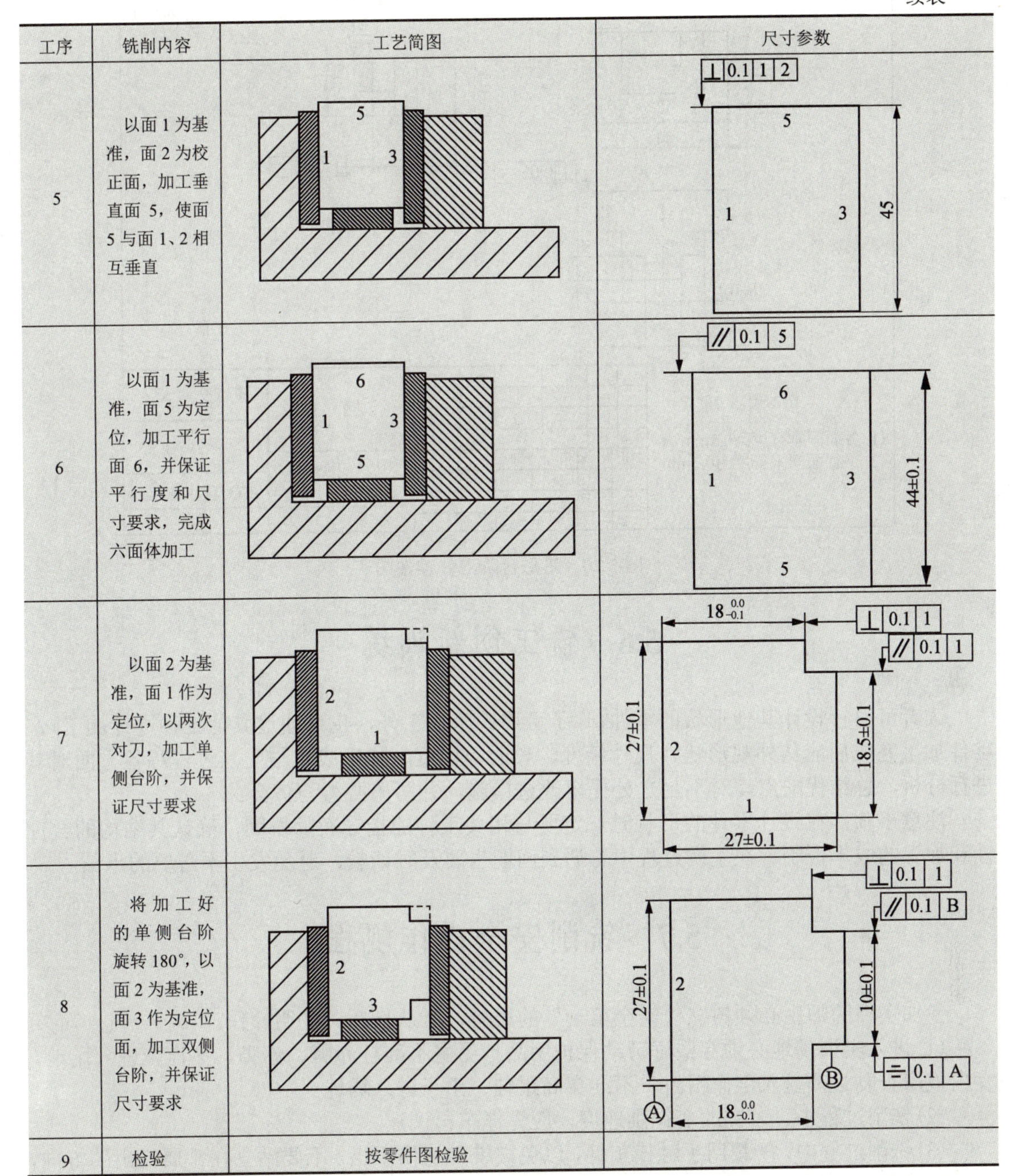

工序	铣削内容	工艺简图	尺寸参数
5	以面 1 为基准，面 2 为校正面，加工垂直面 5，使面 5 与面 1、2 相互垂直		
6	以面 1 为基准，面 5 为定位，加工平行面 6，并保证平行度和尺寸要求，完成六面体加工		
7	以面 2 为基准，面 1 作为定位，以两次对刀，加工单侧台阶，并保证尺寸要求		
8	将加工好的单侧台阶旋转 180°，以面 2 为基准，面 3 作为定位面，加工双侧台阶，并保证尺寸要求		
9	检验	按零件图检验	

5.5.2 塔形台阶工件加工(图 5.20)

以双台阶工件加工为例，读者自行编制该零件的加工工艺，并加工成形。

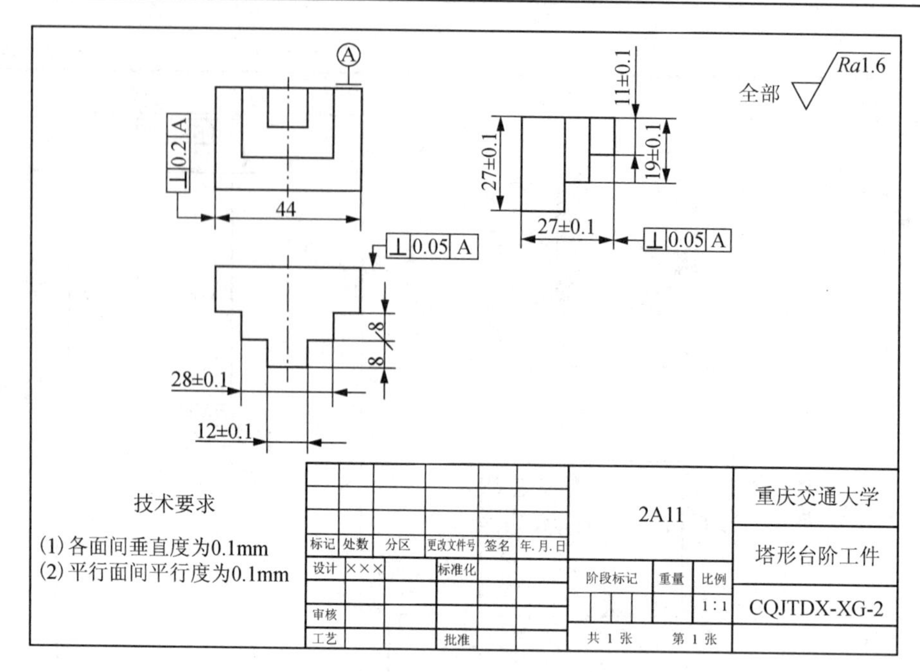

图 5.20 塔形台阶工件零件图

5.6 铣工创新训练

读者可自行设计其他形状的零件(除了可用铣床加工外，也可通过其他工种进行加工)，零件加工完成后应从外观形状、尺寸精度、表面粗糙度、加工成本与工艺过程等各方面对其进行分析，总结优缺点，对不足之处提出改进措施，并写出心得与体会。

注意事项：在设计零件的形状时一定要与相关工种的指导教师协商，确认其结构的合理性和加工的成本控制。在生产过程中若遇到问题也要及时请教，避免发生不必要的事故。

5.7 铣削安全操作规程

参加实训的师生必须树立“安全第一”的思想，听从指挥，文明操作。

(1) 进入实训场地必须穿戴好劳动保护用品。男生不准打赤膊、赤脚、穿拖鞋进入场地。女生披肩长发必须盘入工作帽内，不准穿高跟鞋、裙子进入场地。

(2) 铣削过程中，若需改变铣削速度，应先停车再调速。

(3) 铣削过程中，严禁用手触摸工件，以免被铣刀切伤手指。不要站立在铁屑飞出的方向，以免铁屑飞入眼中。

(4) 用分度头时，必须待铣刀完全离开工件后，才可转动手柄。

(5) 铣刀未完全停止转动前，不得用手去触摸、制动。

(6) 使用扳手时，用力方向应避开铣刀，以防扳手打滑时造成伤害。

(7) 操作中，若突发故障或异响，应立即停机，并报告指导老师等候处理。

(8) 清除铁屑时要用毛刷，不可用手抓、嘴吹或棉纱。

(9) 实训结束后应清除铁屑，擦拭机床，滑动面上加润滑油，摆放好工、量具，打扫机床周围清洁，关闭电源。

第6章　刨　　削

教学目的　本项实训内容是为进一步强化对普通机加工技能的掌握和专业知识的理解所开设的一项基本训练科目。

通过刨削实习，使学生能初步接触在机械制造中刨床的作用及工作过程，获得机械加工常用的工艺基础知识，为相关课程的理论学习及将来从事生产技术工作打下基础。

教学要求

(1) 了解刨床的用途、型号、规格及主要组成部分。

(2) 了解刨床各部件的大致结构及其工作原理。

(3) 了解刨削加工的基本方法及可达到的精度等级和表面粗糙度的大致范围。

(4) 了解刨工的安全操作规程。

6.1　刨削基本知识

6.1.1　刨削的工艺范围

刨削是用刨刀对工件作相对直线往复运动的切削加工方法。刨削就其基本工作内容，可分为加工平面(水平面、垂直面、斜面)、沟槽(直槽、燕尾槽、T 形槽、V 形槽)及某些成形面，如图 6.1 所示。刨削加工时的切削速度较低，且刨刀在回程时不工作，所以生产效率较低，大量生产时为提高生产效率，常采用以铣削的方法来代替刨加工。但刨加工刀具远比铣加工简单，因此，在单件或小批量生产中，使用仍很普遍。

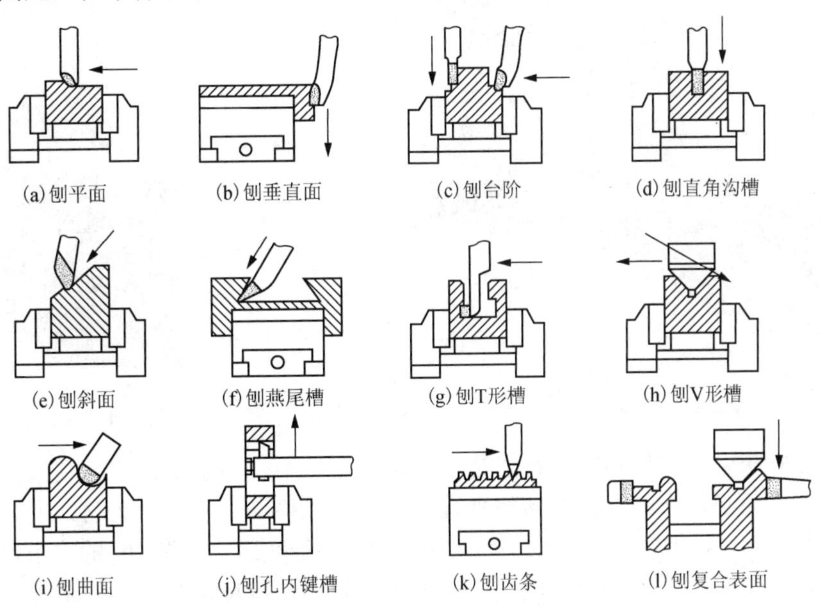

图 6.1　刨削加工内容

刨削公差等级一般能达到 IT8～IT9，表面粗糙度 Ra12.5～1.6μm。

6.1.2　刨床的基本知识

常用的刨床有牛头刨床、龙门刨床与插床等，如图 6.2～图 6.4 所示。牛头刨床主要用来加工中小型零件。龙门刨床属于大型机床，其刚性好，功率大，适用于加工大型零件或多件同时刨削。插床主要用于单件、小批量加工工件的内表面。

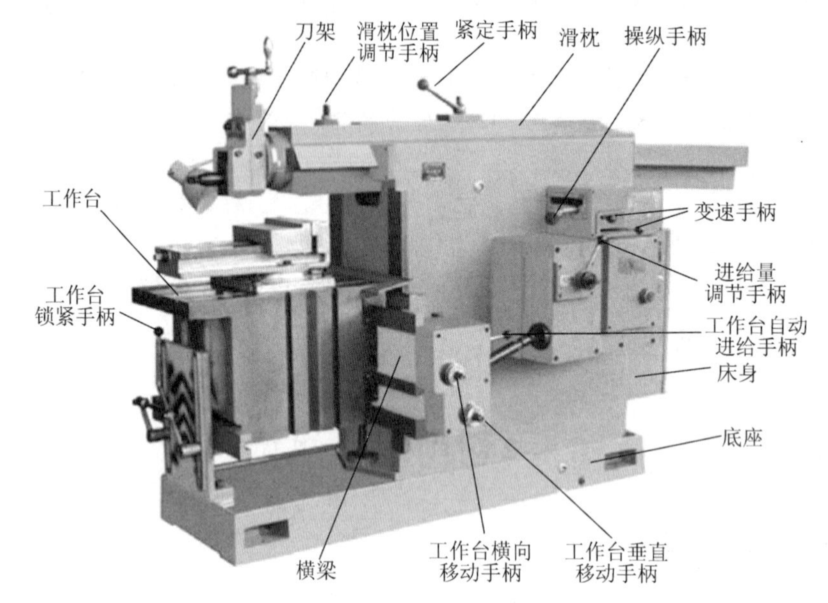

图 6.2　牛头刨床的外形

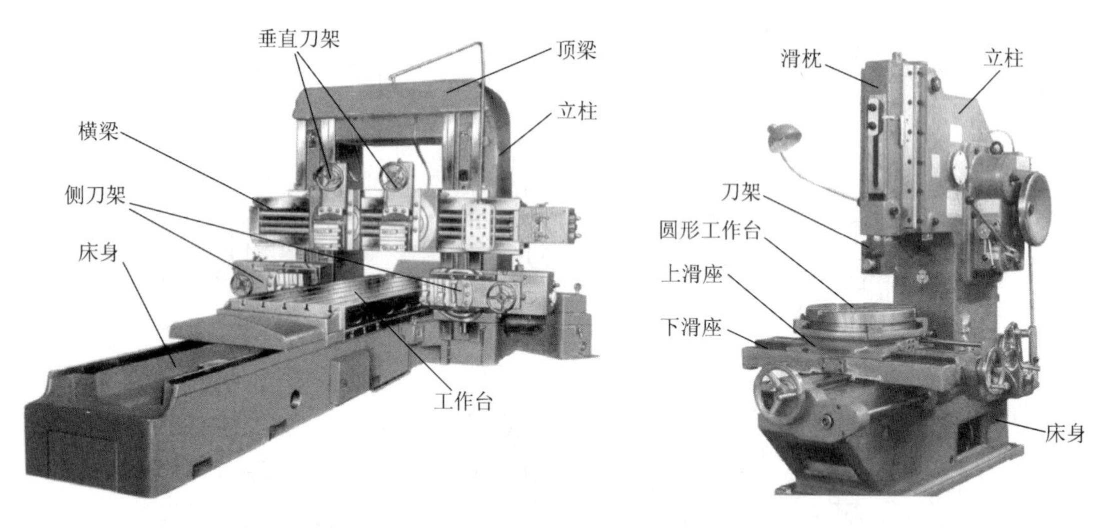

图 6.3　龙门刨床　　图 6.4　插床

在刨削类机床中，它们共同的特点是：机床在工作中，除了工件或刀具作往复直线运动外，刀具或工件还必须作与行程方向相垂直的间歇直线移动，即进给运动。牛头刨床主要用于加工中、小型工件，刨削长度一般不超过 1m。根据所能加工工件尺寸的大小，牛头刨床可分为大型、中型和小型三种。小型牛头刨床的刨削长度在 400mm 以内，中型牛头刨床的刨削长度为 400～600mm，刨削长度超过 600mm 的即大型牛头刨床。

1. 牛头刨床的组成

牛头刨床主要由床身、底座、横梁、工作台、滑枕、刀架、曲柄摇杆机构、变速机构，进给机构和操纵机构等组成，如图 6.5 所示。

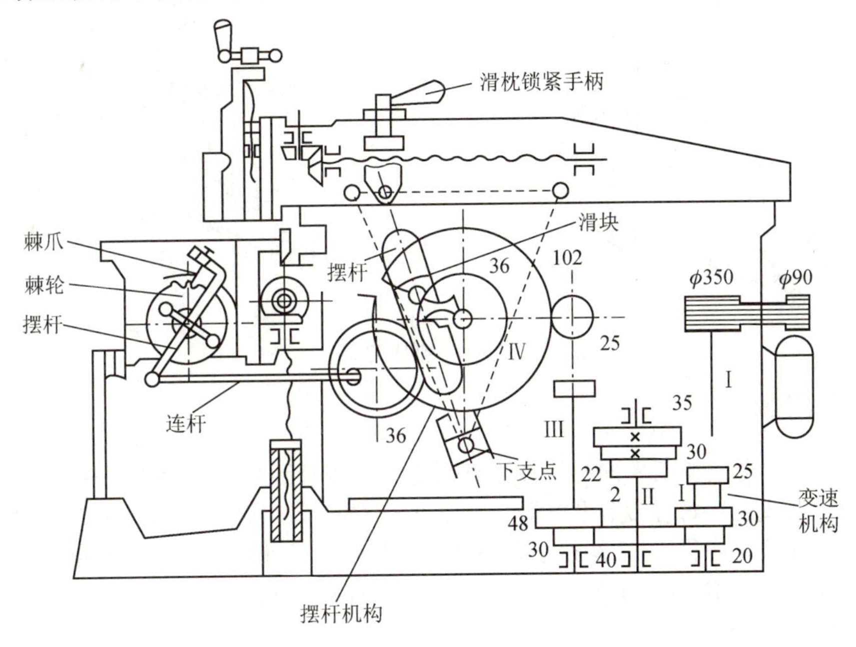

图 6.5　牛头刨床结构图

2. 牛头刨床的运动

牛头刨床的工作运动分为主运动(滑枕的往复直线移动)和进给运动(工作台的间歇移动)两种。如图 6.5 所示，主运动由电动机输出动力，经 V 带传动给变速机构，通过变换变速手柄的位置，可使齿数不同的齿轮相啮合，以达到大齿轮的变速，然后借助于曲柄摇杆机构的往复摆动，将大齿轮的旋转运动转变为滑枕的往复直线运动，大齿轮每转一周，滑枕作一次往复行程。因此，在滑枕端部的刀架、刀具也随着作往复运动。

进给运动是在刨刀切入工件之前的一瞬间进行的，它是间歇的直线移动，即当滑枕每往复一次，工作台或工件相对于刀具间歇移动一个距离。大齿轮每转一周，经曲柄摇杆机构使棘爪拨动棘轮带动横向或垂直丝杠作间歇转动，从而使工作台自动地作横向或垂直的间歇进给运动。

3. 牛头刨床的刀架

刀架用于装夹刨刀，并使刨刀能沿垂直方向移动。刀架可在转盘上回转±60°，进刀时使刨刀沿倾斜方向移动。刀架的具体组成如图 6.6 所示。

手柄装在刀架丝杠上，并与滑板连在一起，螺母固定在刻度转盘上，当转动手柄时，由于螺母被固定，所以丝杠随手柄转动的同时还带动滑板和刨刀上下移动，实现刨刀的进刀或退刀。手柄上装有刻度环，用以控制刀架上下移动(进给)距离的数值。

拍板的圆孔中装有夹刀座，刨刀就装在它的槽孔内，并用紧固螺钉固定。拍板用铰链销与拍板座的凹槽相配合，且绕铰链销可向上抬起，这样可避免滑枕回程时刨刀与工件发生摩擦。拍板座是用螺钉固定在滑板上的，旋松螺母，可使拍板座绕弧形槽在滑板上作±15°的偏转，以便于在刨削垂直面或斜面时，使拍板将刀具抬离加工表面。

整个刀架和刻度盘用 T 形螺栓安装在滑枕的前端，刻度转盘的圆周上有刻度值，可按加工需要转动一定角度，进行对斜面的刨削加工。

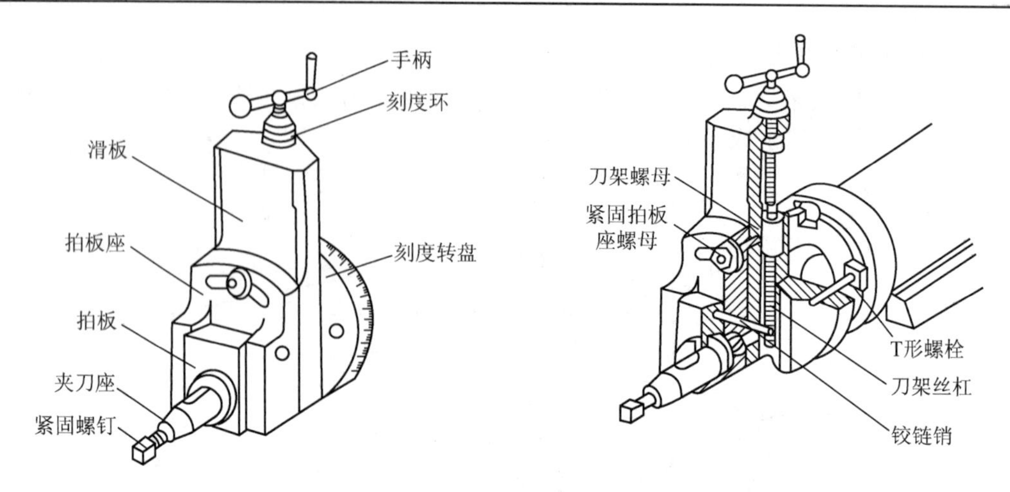

图 6.6　刨床刀架

6.1.3　刨削用量

刨削时，工件上已加工表面与待加工表面之间的垂直距离，称为刨削深度用 a_p 表示(单位：mm)。刨刀或工件每往复行程一次，刨刀与工件之间相对移动的距离称为进给量，用 f 表示(单位：mm/往复行程)。工件和刨刀在切削时相对运动速度的大小，称为切削速度，用 v_c 表示(单位：m/min)，这个速度在龙门刨床上是指工件移动的速度，在牛头刨床上是指刀具的移动速度(图 6.7)，其计算公式为

$$v_c \approx 0.0017nl \tag{6-1}$$

式中，n 为刨刀或工件每分钟往复行程次数，往复次数/min；l 为刀具或工件往复行程的长度，mm。

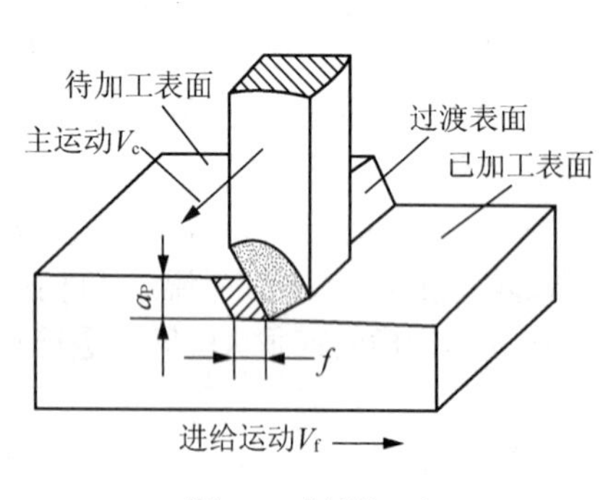

图 6.7　刨削运动

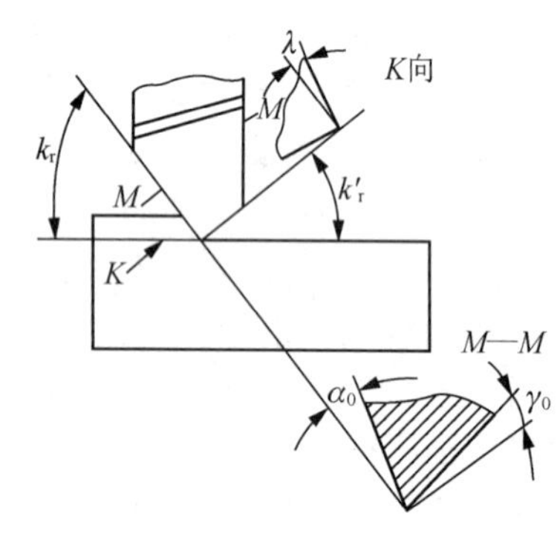

图 6.8　刨刀的几何角度

6.1.4　刨刀的几何参数

刨刀的几何参数见图 6.8。刨刀的几何参数与车刀相似，但刨削的冲击力较大，因此，刨刀刀杆的横截面均比车刀大。为了增加刀尖的强度，刨刀刀尖处圆弧较大，且刃倾角取负值，根据刨削材料不同也可取正值，平面刨刀几何角度的名称和参考值如下：

(1) 前角 γ_0，一般取 5°～25°。

(2) 后角 α_0，一般取 6°～8°。

(3) 主偏角 k_r，通常取 30°～75°。

(4) 副偏角 k_r'，通常取 5°～10°。

(5) 刃倾角 λ，取−5°～0°。

6.2 牛头刨床的操作与刨平面

6.2.1 牛头刨床的调整

1. 行程长度的调整

滑枕行程长度必须与被加工工件的长度相适应，如图 6.9 所示。先松开手柄端部的压紧螺母，再用扳手转动调节行程长短的方头，顺时针转动行程增长，反之行程缩短。行程长短是否合适，可用手柄转动机床右侧下方的方头使滑枕往复移动，观察是否合适，调整后应锁紧压紧螺母。

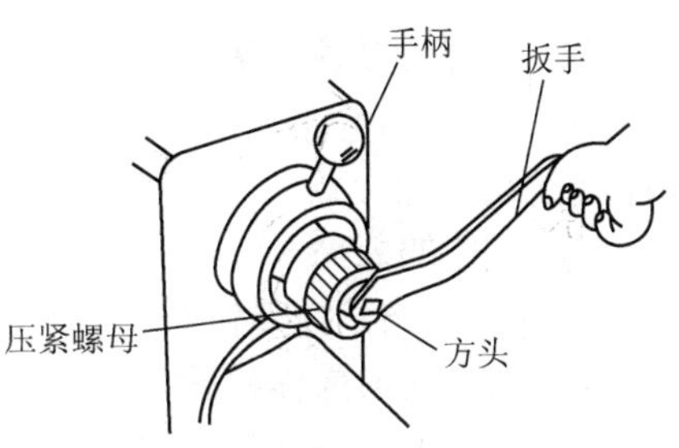

图 6.9　行程长度的调整

2. 行程起始位置的调整

如图 6.9 所示，松开滑枕上部的紧固手柄，转动调节滑枕起始位置方头，顺时针转动滑枕位置向后，反之滑枕向前。其起始位置是否合适，同样可通过转动机床右侧下方的方头，使滑枕往复移动后观察确定，调好后应锁紧滑枕紧固手柄。

3. 刀架角度的调整

如图 6.6 所示，刀架可沿滑枕前端的环状 T 形槽作±60°的偏转，松开拍板的刀架螺母，可使滑板与拍板座间作±15°的偏转。

4. 切削用量的调整

如图 6.2 和图 6.5 所示，进给量大小与方向可通过进给量调节手柄拨动棘轮齿数和棘爪来调整，滑枕移动速度的快慢可根据标牌指示、变换变速手柄不同位置获得。

6.2.2 刨削平面

1. 刨刀的选用

常用的平面刨刀有三种形式，如图 6.10 所示。尖头刨刀用于粗刨，圆头和平头刨刀用于精刨。刨刀切削部分的材料和刃磨方法与车刀相同。

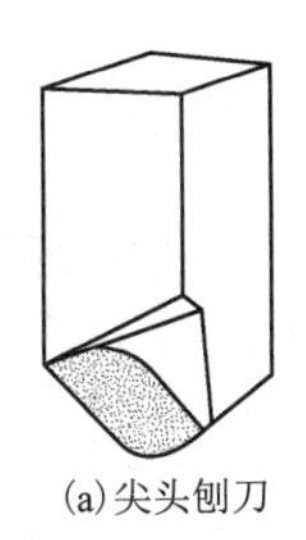

(a) 尖头刨刀

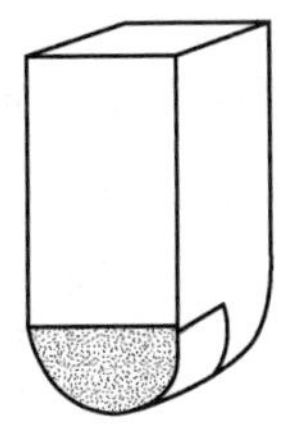

(b) 圆头刨刀

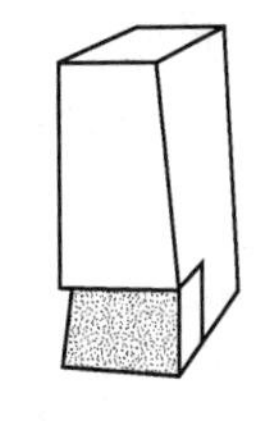

(c) 平头刨刀

图 6.10　平面刨刀的形状

2. 刨刀的装夹

刨刀在刀架上不宜伸出太长，以免刨削时引起振动，伸出长度不超过刀杆厚度的 1.5～2 倍，如图 6.11 所示。弯头刨刀可以伸出稍长些。

(a) 直体刨刀的伸出长度　　(b) 弯头刨刀的伸出长度

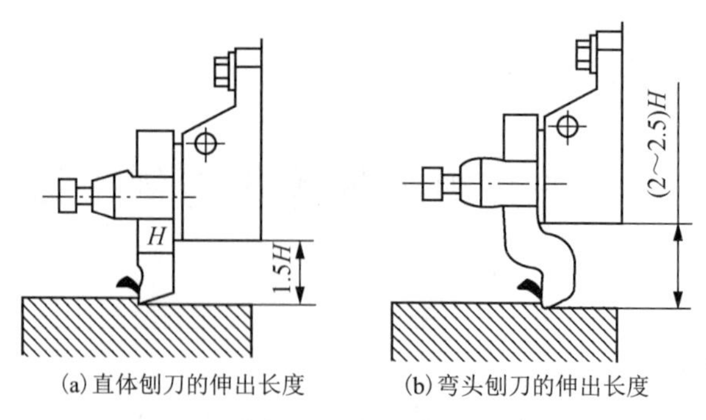

图 6.11　刨刀安装

3．装夹刨刀的方法

装夹刨刀的方法，如图 6.12 所示。左手握住刨刀，右手使用扳手自上而下用力，以免拍板翻起碰伤手指。

4．工件的装夹

工件一般用平口虎钳装夹，其装夹方法与铣床一样。

5．刨平面的操作步骤

(1) 调整工作台位置，使刨刀刀尖离开工件待加工面 3～5mm，如图 6.13 所示。

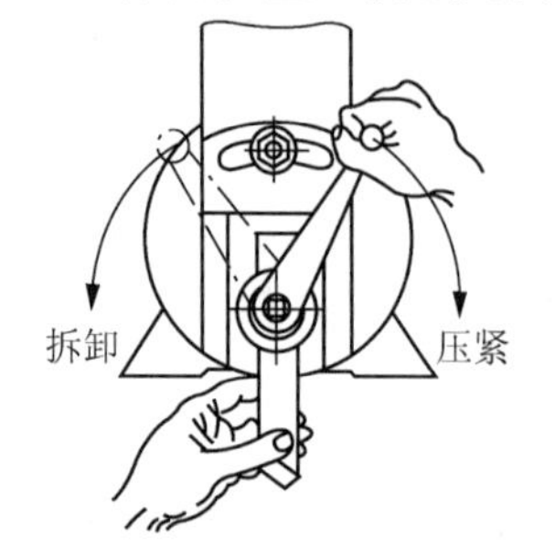

图 6.12　装夹刨刀的方法

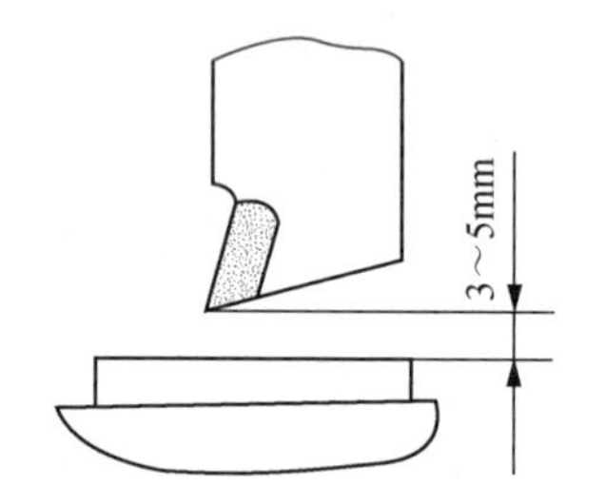

图 6.13　工作台位置

(2) 调整滑枕的起始位置和行程，如图 6.14 所示。

滑枕的起始位置应根据工件在工作台上的位置确定，一般刨刀刀尖的起始位置应离开工件端点 5～10mm，调整好后应将滑枕顶部压紧手柄固紧。滑枕的行程应根据工件的长短作相应调整，行程的终点位置应使刨刀超出工件 5～10mm。

(3) 调整滑枕的行程速度。行程速度大小可根据工件的加工要求选择，变换行程速度一定要停车，以免损坏机床。

(4) 刨平面时，刀架和拍板座均应在中间垂直位置，如图 6.15 所示。

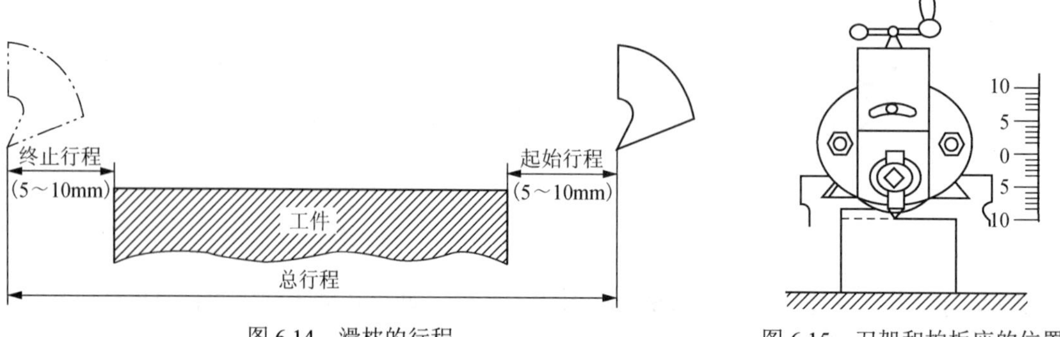

图 6.14　滑枕的行程

图 6.15　刀架和拍板座的位置

(5) 移动工作台，使工件靠近刨刀左侧。

(6) 粗刨平面。开动机床，手动进给使刨刀逐渐接近工件，进行试切削，目测吃刀量1～2mm 进给完成后，紧固螺钉要压紧，如图 6.16 所示。然后可利用自动进给刨削，若用手动进给，则每次进给应在滑枕回程后，再次切入前的间歇进行。

(7) 精刨平面。为了获得较高的表面质量，刨刀刀尖处圆弧应大些 r=1～3mm，圆弧处应用油石研光滑，吃刀量应减少，一般为 0.1～0.2mm，在滑枕回程时，可将拍板向前上方抬起，可防止滑枕回程时刨刀将已加工表面划伤。

(8) 平面的检验。平面度可用刀口形直尺透光检查，表面粗糙度要求达到 Ra3.2μm。

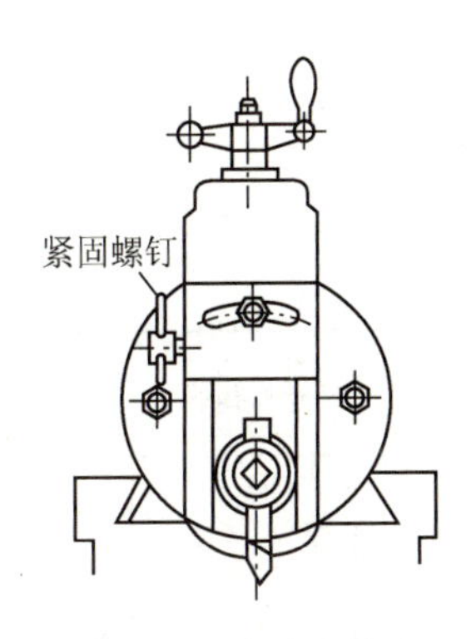

图 6.16 刀架紧固螺钉

6.3 刨削技能综合练习

6.3.1 六面体工件加工(图 6.17)

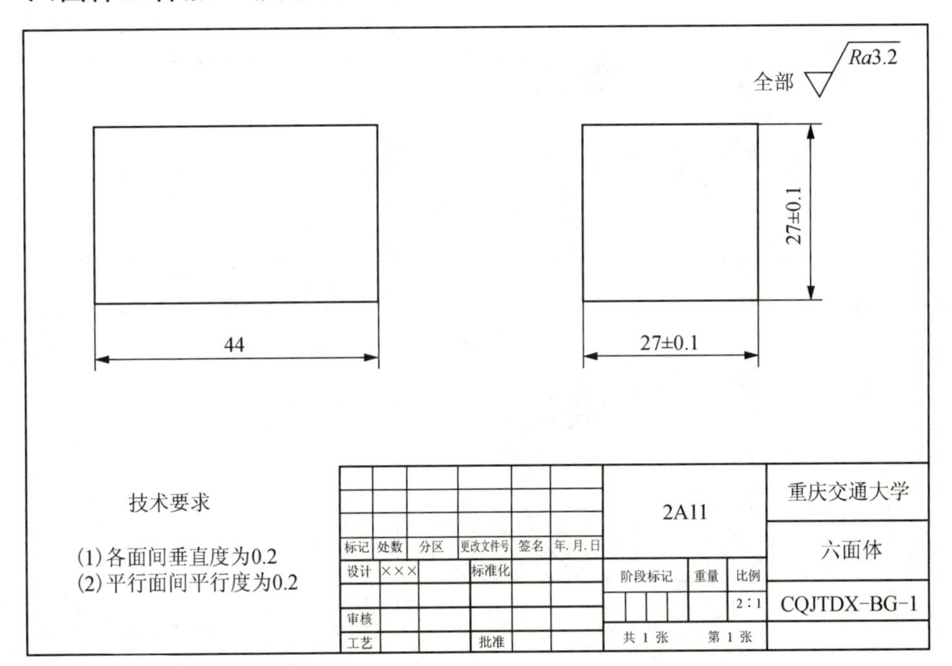

图 6.17 六面体工件零件图

工艺分析：

(1) 毛坯及装夹：该零件的毛坯尺寸为ϕ35mm×47mm，用机用虎钳夹持。

(2) 刀具分析：根据图样给定的尺寸，选用尖头刨刀粗刨，圆头刨刀精刨。

(3) 选择铣床：该零件的加工在 BC6063 型刨床上进行。

(4) 选择铣削用量：该零件的材料为铝合金(2A11)，切削性能良好。根据现有工艺装备查询相应的切削手册后，选定粗加工的切削三要素为刨刀每分钟往复行程次数 80 次/min、进给量 0.3mm/往复行程、背吃刀量 3mm；精加工的切削三要素为刨刀每分钟往复行程次数 80 次/min、进给量 0.3 mm/往复行程、背吃刀量 1mm。

(5)加工工序如表 6-1 所示。

(6)加工的重点与难点：重点是掌握刨刀刨平面的方法；难点是各平面间形位公差的保证。

表 6-1　六面体工件刨削工序

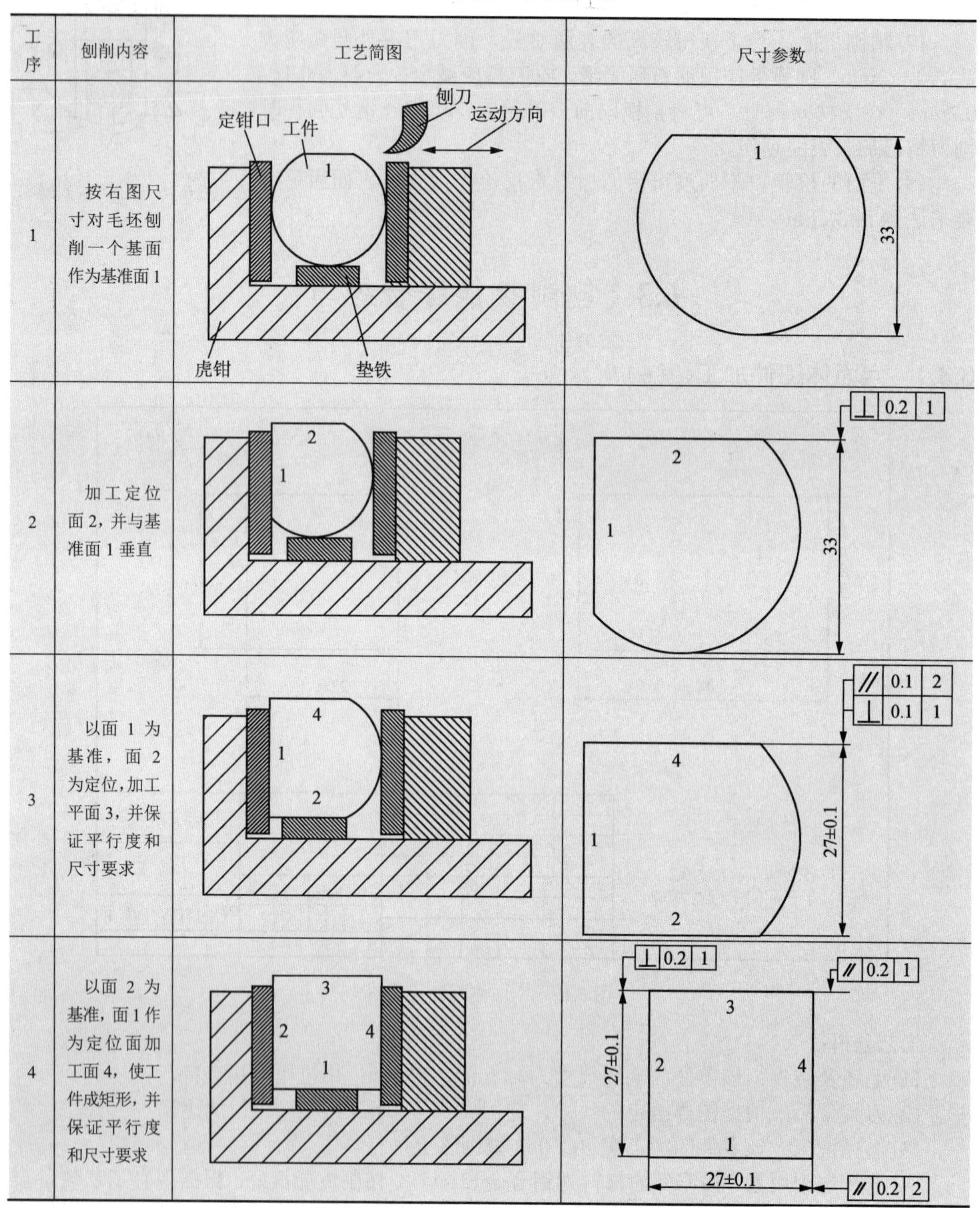

工序	刨削内容	工艺简图	尺寸参数
1	按右图尺寸对毛坯刨削一个基面作为基准面 1		
2	加工定位面 2，并与基准面 1 垂直		
3	以面 1 为基准，面 2 为定位，加工平面 3，并保证平行度和尺寸要求		
4	以面 2 为基准，面 1 作为定位面加工面 4，使工件成矩形，并保证平行度和尺寸要求		

续表

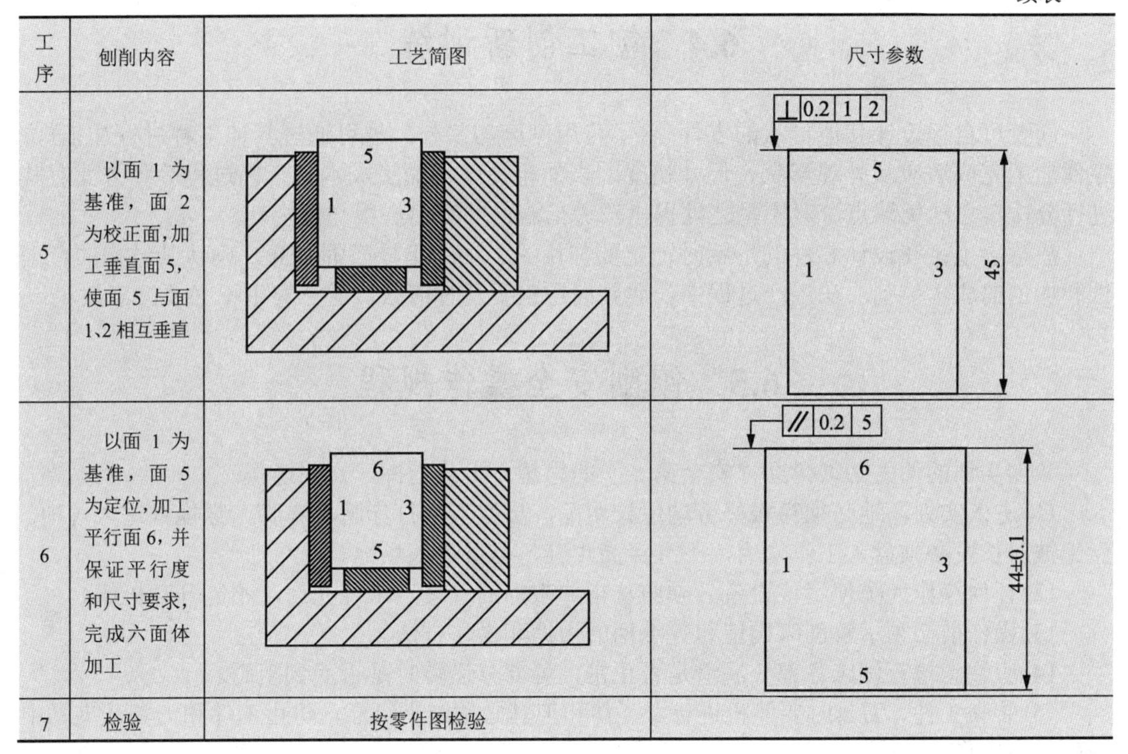

工序	刨削内容	工艺简图	尺寸参数
5	以面 1 为基准，面 2 为校正面，加工垂直面 5，使面 5 与面 1、2 相互垂直	5 1 3	⊥ 0.2 1 2；5 1 3；45
6	以面 1 为基准，面 5 为定位，加工平行面 6，并保证平行度和尺寸要求，完成六面体加工	6 1 3 5	// 0.2 5；6 1 3 5；44±0.1
7	检验	按零件图检验	

6.3.2 刨平面槽(图 6.18)

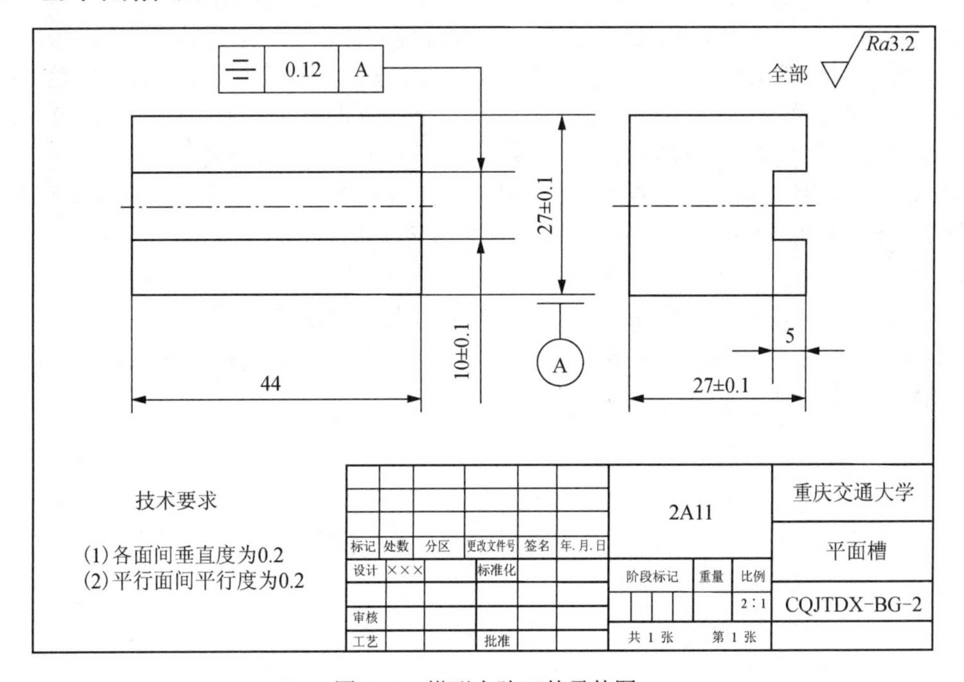

图 6.18　塔形台阶工件零件图

以六面体工件加工为例，读者自行编制该零件的加工工艺，并加工成形。

6.4　刨工创新训练

读者可自行设计其他形状的零件(除了可用刨床加工外，也可通过其他工种进行加工)，零件加工完成后应从外观形状、尺寸精度、表面粗糙度、加工成本与工艺过程等各方面对其进行分析，总结优缺点，对不足之处提出改进措施，并写出心得与体会。

注意事项：在设计零件的形状时一定要与相关工种的指导教师协商，确认其结构的合理性和加工的成本控制。在生产过程中若遇到问题也要及时请教，避免发生不必要的事故。

6.5　刨削安全操作规程

参加实训的师生必须树立“安全第一”的思想，听从指挥，文明操作。

(1)进入实训场地必须穿戴好劳动保护用品。男生不准打赤膊、赤脚、穿拖鞋进入场地。女生披肩长发必须盘入工作帽内，不准穿高跟鞋、裙子进入场地。

(2)任何操作人员使用该设备必须服从指导教师的管理，未经允许，不能开动机床。

(3)操作前必须了解刨床构造和各手柄的用途和操作方法。

(4)应注意检查刨床各部分润滑是否正常，各部分运转时是否受到阻碍。

(5)装夹工件、刀具时要停机进行。工件和刀具必须装夹可靠，防止工件和刀具从夹具中脱落或飞出伤人。

(6)禁止将工具或工件放在机床上，尤其不得放在机床的运动件上。

(7)操作时，手和身体不能靠近机床的移动和旋转部件，应注意保持一定的距离。

(8)操作时应注意工件夹具位置与刀架或刨刀的高度，防止发生碰撞，刀架螺丝要随时紧固，以防刀具突然脱落。工作中若发现工件松动，必须立即停车，紧固后再进行加工。

(9)运动中严禁变速。变速时必须等停车后待惯性消失后再扳动换挡手柄。

(10)机床运转时，操作者不能离开工作地点，发现机床运转不正常时，应立即停机检查，并报告设备指导教师。当突然意外停电时，应立即切断机床电源或其他启动机构，并把刀具退出工件部位。

(11)切削时产生的铁屑应使用刷子及时清除，严禁用手清除。

(12)实训结束后应清除铁屑，擦拭机床，滑动面上加润滑油，摆放好工、量具，打扫机床周围清洁，关闭电源。

第7章 磨 削

教学目的 本实训内容是为进一步强化对普通机加工技能的掌握和专业知识的理解所开设的一项基本训练科目。

通过磨工实习，使学生能初步接触在机械制造中磨工工种的工作过程，获得磨工常用加工方法的工艺基础知识及所使用的主要设备和工具，初步掌握磨工常用基本操作技能并具有一定的操作技巧。为相关课程的理论学习及将来从事生产技术工作打下基础。

教学要求

(1) 了解磨床的用途、型号、规格及主要组成部分。

(2) 了解磨工常用工具、量具以及机床主要附件的大致结构及应用。

(3) 掌握平面磨床和外圆磨床的基本加工方法和加工工艺流程。

(4) 了解磨工的安全操作规程。

7.1 概 述

7.1.1 磨削概述

磨削加工是用砂轮以较高的线速度对工件表面进行加工的方法，砂轮是由磨料和结合剂黏结而成的磨削工具。加工时切削厚度极薄，可达数微米，因而能获得很高的加工精度和表面粗糙度，其尺寸精度可达IT5～IT6，表面粗糙度值可达Ra0.8～0.1μm。

磨削加工的应用广泛，可加工内外圆柱面、内外圆锥面、平面、成形面(如花键、齿轮、螺纹等)、刃磨各种刀具等。

磨削时砂轮的旋转运动为主运动，其余的三个运动为进给运动，如图7.1所示。

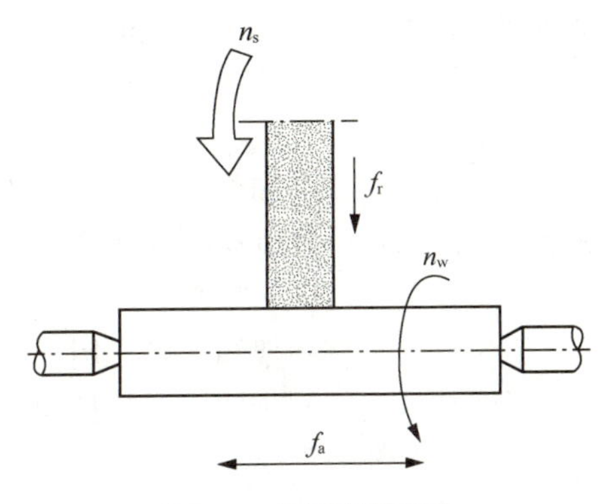

图7.1 外圆磨削运动

(1) 磨削速度v_s。指砂轮外圆的线速度，即

$$v_s = \frac{\pi D_s n_s}{1000 \times 60} (\text{m/s}) \tag{7-1}$$

式中，D_s为砂轮直径，mm；n_s为砂轮转速，r/min。

(2) 工件圆周进给速度v_w。指磨削工件外圆处的线速度，即

$$v_w = \frac{\pi D_{ws} n_w}{1000} (\text{m/min}) \tag{7-2}$$

式中，D_{ws}为工件直径，mm；n_w为工件转速，r/min。

(3) 纵向进给量f_a。指工件相对于砂轮沿轴向的移动量，单位mm/r。

(4) 横向进给量 f_r。指工件相对于砂轮沿横向的移动量，又称磨削深度 a_p，单位 mm/双行程。

7.1.2　磨削加工的特点

(1) 磨削用的砂轮是由许多细小而坚硬的磨料和结合剂黏结在一起，经焙烧而构成的多孔体(在砂轮表面每平方厘米有 60～1400 颗磨粒，这些锋利的磨料就像刀具的切削刃，在砂轮的高速旋转下对工件进行切削)，因此，磨削是一种多刃、微刃的切削过程。

(2) 磨粒材料是一种具有极高硬度的非金属晶体，其硬度大于经热处理后钢材的硬度，具有极高的可加工性。因此，砂轮可以磨削各种碳钢、铸铁、有色金属，还能磨硬度很高的淬火钢、各种切削刀具和硬质合金。

(3) 磨削具有自锐性。在磨削过程中，磨粒在高速、高压与高温的作用下，将逐渐破碎形成新的锋利棱角进行磨削，当切削刃超过结合剂的黏结强度时，最终使磨粒破碎或脱落而形成新的微刃继续切削，砂轮的这种自行推陈出新以保持自身锋利的性能，称为自锐性。砂轮的自锐性保证了磨削过程的顺利进行，但时间长了，切屑和碎磨粒会把砂轮堵塞，使砂轮失去切削能力。另外，破碎的磨粒一层层脱落下来会使砂轮失去外形精度，为了恢复砂轮的切削能力和外形精度，磨削一定时间后，需对砂轮进行修整。

(4) 磨削加工一般作为精加工工艺安排在热处理之后，往往用于加工零件的重要表面。

(5) 磨削温度高。由于磨削速度很高(可高达 800～1000℃，甚至更高)，挤压摩擦严重，而砂轮导热性很差，因此，在磨削过程中应大量使用切削液。

7.1.3　磨床的主要类型

为了适应各种形状的磨削加工，磨床的类型也较多，磨床按不同用途可分为外圆磨床、内圆磨床、平面磨床、无心磨床、螺纹磨床、齿轮磨床以及其他各种专用磨床。使用最广泛的是外圆磨床、内圆磨床和平面磨床。下面介绍几种常用磨床的构造及其磨削工作。

1. 外圆磨床

图 7.2 所示为 M1432A 型万能外圆磨床外形图，它可用来磨削内圆柱面，外圆柱面，圆锥面和轴、孔的台阶端面。M1432A 的型号含义为：M 表示磨床类，14 表示万能外圆磨床，32 表示最大磨削直径为ϕ320mm。

万能外圆磨床通常由以下几部分组成。

1) 床身

床身用于安装各部件。上部装有工作台和砂轮架，内部装有液压传动系统，砂轮架用于安装砂轮，并有单独电动机带动砂轮旋转，砂轮架可在床身后部的导轨上作横向移动。

2) 工作台

工作台上装有头架和尾座，用于装夹工件并带动工件旋转。磨削时，工作台可自动作纵向往复运动，其行程长度可调节挡块位置。万能外圆磨床的工作台台面还能转动一个很小的角度，以便磨削圆锥面。

3) 头架

头架内的主轴由单独电动机带动旋转。主轴端部可装夹顶尖、拨盘或卡盘，以装夹工件。

4) 尾座

尾座是用后顶尖支承长工件，它可在工作台上移动，调整位置以装夹不同长度的工件。

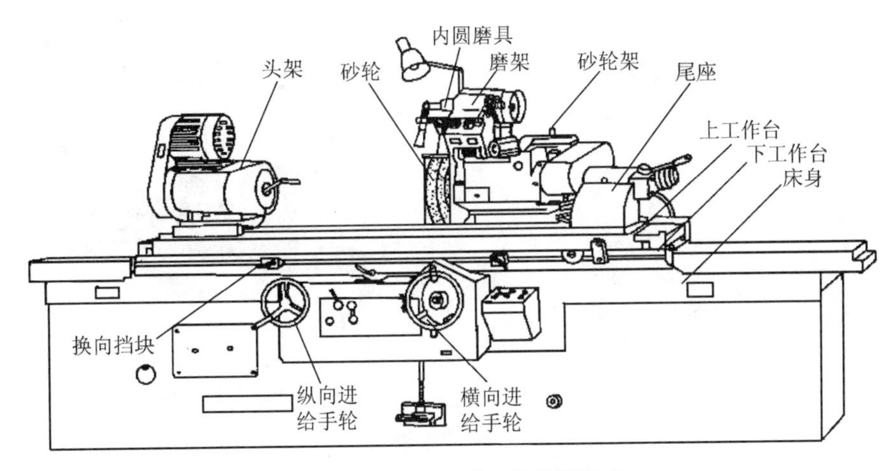

图 7.2　M1432A 型万能外圆磨床

2. 内圆磨床

内圆磨床主要用于磨削圆柱孔、圆锥孔及端面等。图 7.3 所示为某公司生产的 150 型内圆磨床的外观图。内圆磨床的头架可在水平方向转动一个角度，以便磨削锥孔。工件转速能作无级调整，砂轮架安放在工作台上，工作台由液压传动作往复运动，也能作无级调速，而且砂轮趋近及退出时能自动变为快速，以提高生产率。常用内圆磨床的型号为 M2110A，其含义为：M 表示磨床类，21 表示内圆磨床，10 表示最大磨削孔径的 1/10，即最大磨削孔径为 ϕ100mm。

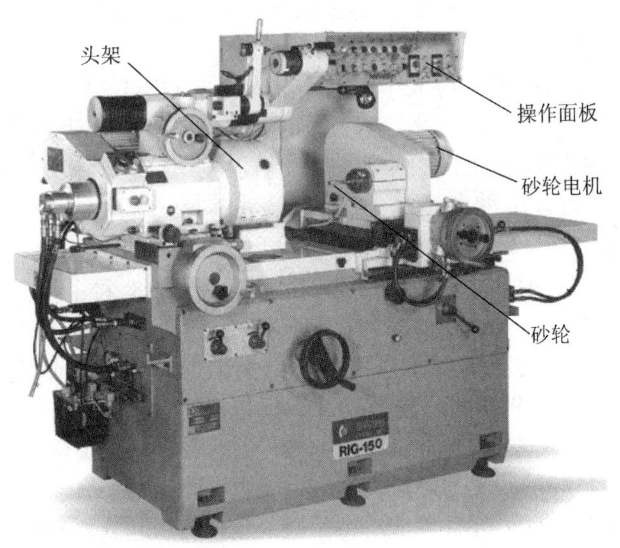

图 7.3　内圆磨床

3. 平面磨床

平面磨床用来磨削工件的平面。图 7.4 所示为平面磨床的外观图。工作台上装有电磁吸盘或其他夹具，用以装夹工件。磨削时的主运动为砂轮的高速旋转运动，进给运动为工件随工作台作纵向直线往复运动以及磨头作横向间歇运动。

常见的平面磨床型号如 M7120A，其含义为：M 表示磨床类，71 表示卧轴矩形工作台平面磨床，20 表示工作台宽度的 1/10(即工作台宽度为 200mm)，A 表示经第一次重大结构改进。

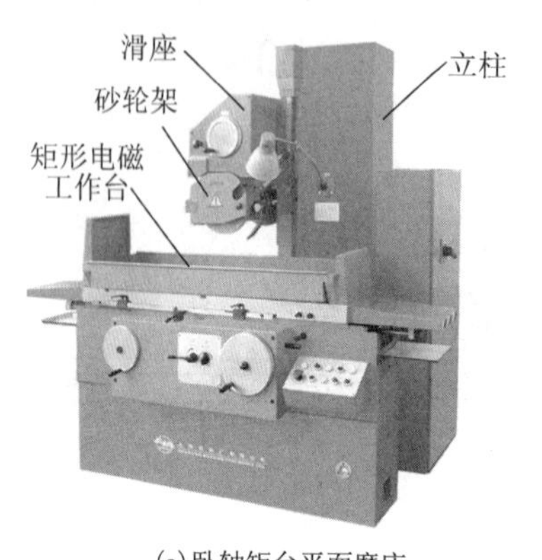

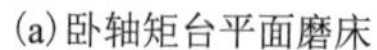
(a) 卧轴矩台平面磨床

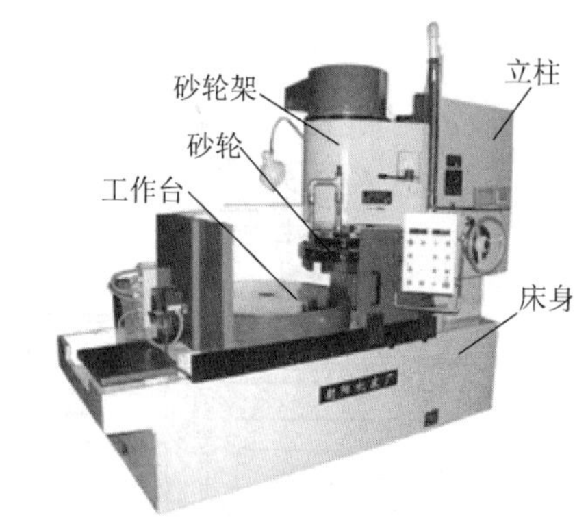

(b) 立轴圆台平面磨床

图 7.4　平面磨床

7.1.4　砂轮简介

1. 砂轮的组成与特性

砂轮是磨削的主要工具。它由磨料、结合剂和孔隙 3 个基本要素组成。砂轮表面上杂乱地排列着许多磨粒，磨削时砂轮高速旋转，切下的切屑呈粉末状。随着磨料、结合剂及制造工艺的不同，砂轮的特性可能会产生很大的差别。砂轮的特性由下列因素决定。

(1) 磨料。磨料是制造砂轮的主要原料，直接担负着切削工作。它必须具有高的硬度以及良好的耐热性，并具有一定的韧性。常用磨料有刚玉类(棕刚玉 A、白刚玉 WA、络刚玉 PA、微晶刚玉 MA、单晶刚玉 SA)、碳化物类(黑碳化硅 C、绿碳化硅 GC)和超硬类(人造金刚石 MBD、立方氮化硼 CBN)。

(2) 粒度。粒度表示磨料的颗粒大小。根据磨料标准 GB/T 2481.1—1998 对磨料尺寸的分级标记，粒度用 37 个代号表示，粒度号越大颗粒越小。它对磨削生产率和表面粗糙度都有很大的影响。一般粗颗粒用于粗加工，细颗粒用于精加工；磨软材料时为防止砂轮堵塞，用粗磨粒；磨削脆、硬材料时，用细磨粒。

(3) 结合剂。砂轮的强度、抗冲击和耐热性等，主要取决于结合剂的种类和性能。常用的结合剂有陶瓷结合剂(V)、树脂结合剂(B)和橡胶结合剂(R)3 种。除切断砂轮外，大多数砂轮都采用陶瓷结合剂。

(4) 硬度。砂轮的硬度是指砂轮上的磨粒在磨削力的作用下从砂轮表面上脱落的难易程度。根据国标 GB/T 2481—1994 的磨粒硬度分级标记，用代号 A、B、C、D、E、F、G、H、J、K、L、M、N、P、Q、R 表示，硬度代号由软至硬递增。若磨粒容易脱落表明砂轮硬度低，反之表明砂轮硬度高。砂轮的硬度与磨料的硬度是完全不同的两个概念，它主要取决于结合剂的性能。工件材料越硬，磨削时砂轮硬度应选得软些；工件材料越软，砂轮的硬度应选得硬些。

(5) 组织。砂轮的组织是磨料和结合剂的疏密程度。它反映了磨粒、结合剂和气孔三者所占体积的比例。砂轮组织分布为紧密、中等和疏松 3 大类。共 15 级(0～4 号组织紧密，5～8 号组织中等，9～14 号组织较松)，常用的是 5 级、6 级。

(6) 形状和尺寸。为了适应磨削各种形状和尺寸的工作，砂轮可以做成不同的形状。按 GB2484—84 规定其标志顺序及意义，举列如下：PSA400×100×127A60L5B35，其中 PSA 表示形状代号(双面凹)；400×100×127 表示外径 D×厚度 H×孔径 d; A 表示磨料(棕刚玉)；60 表示粒度(60 号)；L 表示硬度(中软 2 号)；5 表示组织号(磨粒率 52%)；B 表示结合剂为树脂；35 表示最高工作线速度(m/s)。常用砂轮的形状、代号及用途见表 7-1。

表 7-1　常用砂轮的名称、形状、代号及用途

砂轮名称	代号	断面图	基本用途
平形砂轮	1		用于外圆、内圆、平面、无心磨床，刃磨刀具，螺纹磨削
筒形砂轮	2		用在立式平面磨床
单斜边砂轮	3		45°单斜边砂轮多用于磨削各种锯齿
双边斜砂轮	4		用于磨齿轮面和磨单线螺纹
单面凹砂轮	5		多用于内圆磨削，外径较大者多用于外圆磨削
杯形砂轮	6		刃磨铣刀、铰刀、拉刀等
双面凹一号砂轮	7		主要用于外圆磨和刃磨刀具
碗形砂轮	11		刃磨铣刀、铰刀、拉刀、盘形车刀等

2. 砂轮的平衡和安装

不平衡的砂轮在高速旋转时会产生振动，影响加工质量和机床精度，严重时还会造成机床损坏和砂轮碎裂，因此在安装砂轮之前必须进行平衡。砂轮的平衡有静平衡和动平衡两种。

砂轮因在高速下工作，安装前必须经过外观检查，不应有裂纹，并经过平衡试验，如图 7.5 所示为砂轮的静平衡机。

砂轮安装方法如图 7.6 所示。大砂轮通过台阶法兰盘装夹，不太大的砂轮用法兰盘直接装在主轴上。砂轮工作一定时间后，磨粒逐渐变钝，砂轮工作表面空隙被堵塞，砂轮的正确几何形状被破坏，这时必须进行修整。砂轮的修整一般利用金刚石工具进行，如图 7.7 所示。

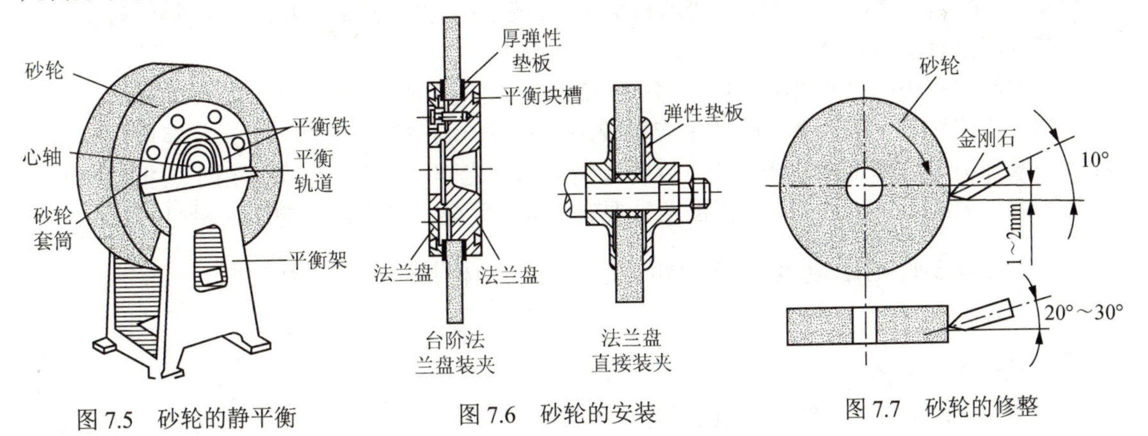

图 7.5　砂轮的静平衡　　图 7.6　砂轮的安装　　图 7.7　砂轮的修整

7.2 磨 外 圆

7.2.1 外圆磨削方法

外圆磨削一般在普通外圆磨床或者万能外圆磨床上进行。对于成批大量磨削细长轴和无中心孔的短轴类零件也常在无心外圆磨床上进行。

在外圆磨床上磨削外圆时，轴类零件常用顶尖装夹，其方法与车削相同，盘套类零件则利用心轴和顶尖安装。

常用外圆磨削方法如图 7.8 所示。

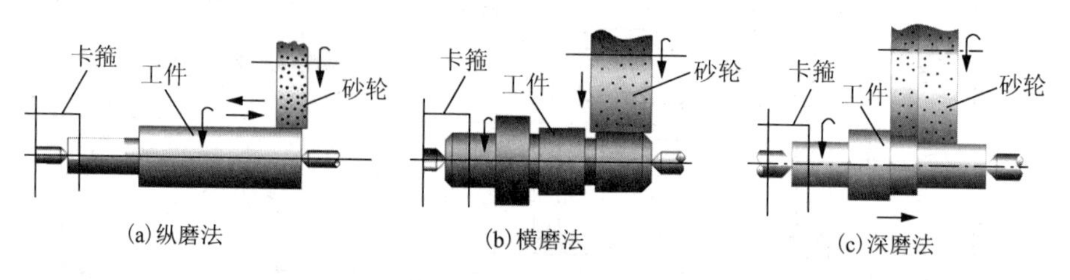

图 7.8　外圆磨削方法

1）纵磨法（图 7.8(a)）

纵磨法是最常用的磨削方法，磨削时工作台作纵向往复进给，砂轮作周期性横向进给，工件的磨削余量要在多次往复行程中磨去。砂轮超越工件两端的长度一般为砂轮宽度的 1/3～1/2，否则工件两端直径将被磨小。为减少工件表面粗糙度值还可以利用最后几次无横向进给的光磨进程进行精磨。

纵磨法具有较大的适应性，可以用一个砂轮加工不同长度的工件，但是它的生产效率低，故广泛用于单件、小批量生产及精磨，特别适用于细长轴的磨削。

2）横磨法（图 7.8(b)）

横磨法又称切入磨法，磨削时工件不作纵向移动，而由砂轮以慢速作连续的横向进给，直至磨去全部磨削余量。

横磨法生产率较高，适用于成批及大量生产，尤其是工件上的成形表面，只要将砂轮修整成形，就可以直接磨出，较为简单。但是，横磨时砂轮与工件接触面积大、磨削力较大、热量多、磨削温度高，工件易发生变形和烧伤，故仅适于加工表面不太宽且刚性较好的工件。

3）深磨法（图 7.8(c)）

磨削时用较小的纵向进给量（一般取 1～2mm/r），较大的背吃刀量（一般为 0.3mm 左右），在一次进给中切除全部余量，因此生产率较高。砂轮前端被修成锥形，以进行粗磨。砂轮直径大的圆柱部分应修整得精细一些，以便起精磨和修光作用。深磨法只适用于大批量生产中加工刚度较大的工件，且被加工表面两端要有较大的距离，允许砂轮的切入和切出。

7.2.2 典型零件的磨削及工艺分析（用纵向法、横磨法磨削台阶轴）

1. 工艺准备

1）阅读分析图样

图 7.9 所示为零件简图。加工的尺寸公差等级为 IT6，圆柱度公差为 0.005mm，外圆柱表面对中心孔的径向圆跳动公差为 0.01mm。外圆柱面和台阶面的表面粗糙度为 *Ra*0.8μm。工件

材料为40Gr，并经调质处理，三外圆面为装配表面，故有较高的加工要求。

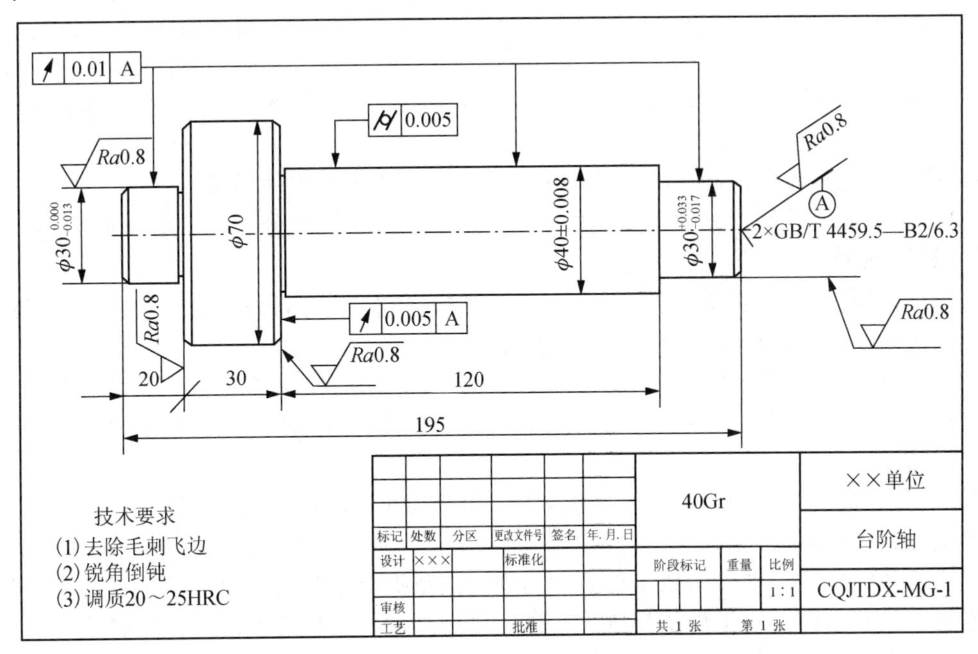

图7.9　轴类零件图

2)磨削工艺

分别用纵向法、切入法磨削台阶轴。留精磨的余量为0.05mm。粗磨的磨削用量：v_s=35m/s，n_w=100～180r/min，a_p=0.015mm，f=(0.4～0.8)B mm/r。精磨的磨削用量：v_s=35m/s，n_w=100～180r/min，a_p=0.005mm，f=(0.2～0.4)B mm/r(B为砂轮宽度)。

3)工件的定位夹紧

工件的定位基准为中心孔，两中心孔构成了中心孔的中心轴线。采用两顶尖装夹方法，工件的中心孔需经研磨工序。装夹时需检查中心孔的精度。工件的加工面较多，可采用硬质合金顶尖，以减少顶尖磨损对加工精度的影响。

4)选择砂轮

选择砂轮：WA F180 L 6 V。

5)选择设备

M1432B型万能外圆磨床，M1412型外圆磨床等。

2. 工件磨削步骤及注意事项

操作的关键是将工件的径向圆跳动控制在公差范围内，磨削步骤如下：

(1)磨$\phi40\pm0.008$mm外圆。找正工作台，保证圆柱度误差在0.005mm以内，留精磨余量0.05mm。

(2)粗磨$\phi30^{0}_{-0.013}$mm、$\phi30^{+0.033}_{+0.017}$mm外圆，留精磨余量0.05mm。

(3)精细修整砂轮。

(4)用纵向法精磨$\phi40\pm0.008$mm至尺寸，磨台阶面，保证端面的圆跳动0.005mm。

(5)用切入法精磨$\phi30^{+0.033}_{+0.017}$mm至尺寸。

(6)调头，用切入法精磨$\phi30^{0}_{-0.013}$mm至尺寸，磨台阶面至技术要求。

注意事项：

(1) 首先用纵向法磨削长度最长的外圆，以便找正工作台，使工件的圆柱度达到公差要求。

(2) 用纵向法磨削台阶旁外圆时，需细心调整工作台行程，使砂轮不撞到台阶面上。

(3) 纵向法磨削台阶轴时，为了使砂轮在工件全长能均匀地磨削，待砂轮在磨削至台阶旁换向时，可使工作台停留片刻。

(4) 磨削时注意砂轮横向进给手柄刻度位置，防止砂轮与工件碰撞。

(5) 砂轮端面的狭边要修整平整。磨台阶面时，切削液要充分，适当增加光磨时间。

3. 精度检测

(1) 台阶轴圆跳动的测量，将工件安装在两顶尖之间，用杠杆百分表分别测量径向圆跳动和端面圆跳动误差。杠杆式百分表测量头角度应适宜。

(2) 工件端面平面度的测量，用样板平尺测量平面度的方法。把样板平尺紧贴工件端面用光隙法测量，如果样板平尺与工件端面间不透光，就表示端面平整。否则是内凹或内凸，一般允许内凹。

(3) 误差分析。当工件端面的磨削花纹为双向花纹线时，表示端面平整；当为单向花纹时，表示尾座顶尖中心偏低，端面不平整。

当工艺系统出现振动，造成工件表面出现直波形振痕误差时，可主要排查以下问题：砂轮不平衡；砂轮磨钝，对工件的挤压大；砂轮硬度过硬，自锐性差；工件圆周速度过高；磨床部件的振动，引起共振；砂轮主轴轴承间隙太大，引起砂轮振动；中心孔有多角形误差；工件细长，在磨削力作用下弹性变形，引起自激振动。

7.3 磨　平　面

7.3.1 磨削平行平面的一般工作步骤

在卧轴矩台平面磨床上磨削工件上相互平行的两个平面，其工作步骤如下：

(1) 检查毛坯余量。

(2) 擦净电磁吸盘台面，用锉刀或油石等清除毛坯定位基准面上的毛刺，把工件按顺序排列在电磁吸盘上，并通电将工件吸住。

(3) 横向移动磨头和纵向移动工作台，使砂轮处于工件上方，再用手摇动磨头垂直下降，使砂轮圆周面的最低点距离工件表面 0.5～1mm，然后调整工作台换向撞块，使其行程略大于工件加工平面即可。

(4) 粗磨平面，开动机床使砂轮旋转，工作台作往复运动。用手慢慢摇动砂轮下降(砂轮即将接近工件时应特别留心，以免吃刀太大造成事故)，使砂轮接触工件发出火花，然后就可以开动横向自动进给进行磨削。当整个平面磨完一次后，砂轮作一次垂直进给。粗磨时的横向进给量 $S=(0.2～0.4)B$ (B 为砂轮宽度)，垂直进给量 $t=0.02～0.05$mm。

(5) 修整砂轮，把工作台移到行程一端后停止，利用装在磨头或工作台上的修整器修整砂轮。

(6) 精磨平面，修整好砂轮后，对工件平面进行精磨，精磨时 $S=(0.05～0.1)B$，$t=0.005～0.015$mm。垂直进给停止后，需重复磨 1～2 遍，直到火花基本消失。

7.3.2 平面磨削的方法

平面磨削分为周磨法和端磨法两种。周磨法是利用砂轮的外圆面进行磨削，卧轴的平面磨床属于这种形式；端磨法则是利用砂轮的端面进行磨削，立轴的平面磨床属于这种形式。

1. 周磨法

砂轮与工件接触面积小，散热、冷却和排屑好，因此加工质量较高。适合磨削易翘曲变形的薄长件，能获得较好的加工质量，但磨削效率较低。

2. 端磨法

砂轮轴伸出的长度较短，刚性好，允许采用较大的磨削用量，故生产率较高，但砂轮与工件接触面积较大，磨削热量多，冷却排削困难，故加工质量比周磨法低。

7.3.3 典型零件的磨削及工艺分析(平行面的磨削)

1. 工艺准备

1) 阅读分析图样

图 7.10 为垫块，材料 45 钢，热处理淬火硬度为 40～45HRC，尺寸为 50mm×100mm，平行度公差为 0.015mm，B 面的平面度公差为 0.01mm，磨削表面粗糙度为 *Ra*0.8μm。

2) 磨削工艺

采用横向磨削法，考虑刀工件的尺寸精度和平行度要求较高，应划分粗、精磨，分配好两面的磨削余量，并选择合适的磨削用量。平面磨削基准面的选择准确与否将直接影响工件的加工精度，其选择原则如下：

(1) 在一般情况下，应选择表面粗糙度值较小的面为基准面。

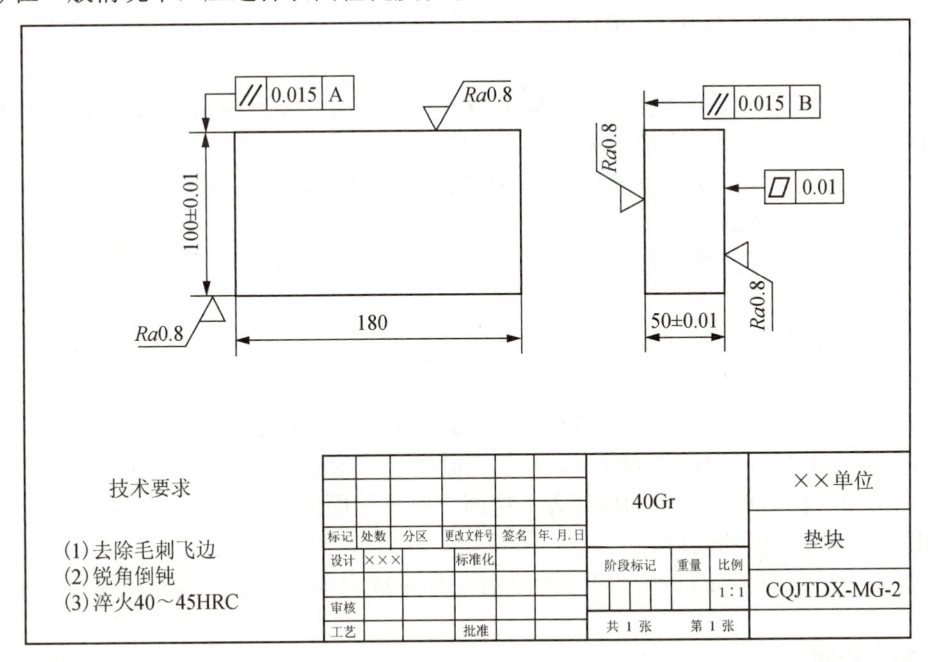

图 7.10　垫块

(2) 在磨大小不等的平行面时，应选择大面为基准，这样装夹稳固，并有利于磨去较小余量达到平行度工差要求。

(3) 在平行面有形位公差要求时，应选择工件形位公差较小的面或者有利于达到形位公差的面为基准面。

(4) 根据工件的技术要求和前道工序的加工情况来选择基准面。

3) 工件的定位夹紧

用电磁吸盘装夹，装夹前要将吸盘台面和工件的毛刺、氧化层清除干净。

4) 选择砂轮

平面磨削应采用硬度软、粒度粗、组织疏松的砂轮。所选砂轮的特性为 WAF46K5V 的平行砂轮。

5) 选择设备

在 M7120A 型卧轴矩台平面磨床上进行磨削操作。

2. 工件磨削步骤及注意事项

(1) 修整砂轮。

(2) 检查磨削余量。批量加工时，可先将毛坯尺寸粗略测量一下，按尺寸大小分类，并按序排列在台面上。

(3) 擦净电磁吸盘台面，清除工件毛刺、氧化皮。

(4) 将工件装夹在电磁吸盘上，接通电源。

(5) 启动液压泵，移动工作台行程挡铁位置，调整工作台行程距离，使砂轮越出工件表面 20mm 左右。

(6) 先磨尺寸为 50mm 的两平面。降低磨头高度，使砂轮接近工件表面，然后启动砂轮，作垂向进给，先从工件尺寸较大处进刀，用横向磨削法粗磨平面，磨平即可。

(7) 翻面装夹，装夹前清除毛刺和清洁工作台。

(8) 粗磨另一平面，留 0.06～0.08mm 精磨余量，保证平行度误差不大于 0.015mm。

(9) 精修整砂轮。

(10) 精磨平面，表面粗糙度在 *Ra*0.8μm 以内，保证另一面磨削余量为 0.04～0.06mm。

(11) 翻面装夹，装夹前清除毛刺和清洁工作台。

(12) 精磨另一平面，保证厚度尺寸为 50(在公差范围内)，平行度误差不大于 0.015mm，表面粗糙度值在 *Ra*0.8μm 以内。

(13) 重复上述步骤，磨削尺寸为 100mm 的两面至图样要求。

注意事项：

(1) 装夹工件时，应将工件定位面毛刺去除，并清理干净；擦净电磁吸盘台面，以免影响工件的平行度和划伤工件表面。

(2) 在磨削平行面时，砂轮横向进给应选择断续进给，不能选择连续进给；砂轮在工件边缘越出砂轮宽度 1/2 距离时应立即换向，不能在砂轮全部越出工件平面后换向，以免产生塌角。

(3) 粗磨第一面后应测量平面度误差，粗磨一对平行面后应测量平行度误差，以及时了解磨床精度和平行度误差的数值。

(4) 加工中应经常测量尺寸，尺寸测量后工件重放台面时，必须将台面和工件基准面擦干净。

3. 精度检测

尺寸精度用千分尺测量；平面度误差用样板直尺目测；平行度误差用千分尺或千分表测量。

4. 误差分析

在磨削平行面的过程中经常会出现以下误差：

(1) 表面粗糙度超差

产生的主要原因是：砂轮垂向或横向进给量过大；冷却不充分；砂轮钝化后没有及时修整；砂轮修整不符合磨削要求等。

(2) 尺寸超差

产生的主要原因是：量具选用不当；测量方法或手势不准确；进给量没有控制好等。

(3) 平面度超差

产生的主要原因是：工件变形；砂轮垂向或横向进给量过大；冷却不充分。

(4) 平行度超差

产生的主要原因是：工件定位面或工作台不清洁；工作台面或工件表面有毛刺，或工件本身平面度已经超差；砂轮磨损不均匀等。

7.4　磨床安全操作规范

参加实训的师生必须树立“安全第一”的思想，听从指挥，文明操作。

(1) 进入实训场地必须穿戴好劳动保护用品。男生不准打赤膊、赤脚、穿拖鞋进入场地。女生披肩长发必须盘入工作帽内，不准穿高跟鞋、裙子进入场地。

(2) 磨床启动前，先检查各运动部件的保护装置是否完好，若砂轮没有防护罩应严禁加工。

(3) 砂轮有裂缝或缺损，严禁使用。

(4) 砂轮必须校正平衡后方能使用。安装、紧固必须良好无误。

(5) 禁止使用硬物敲击工作台面或砂轮。

(6) 拆卸工件时，必须先退出砂轮，防止伤人事故发生。

(7) 操作时不要正对旋转中的砂轮，使用快速进退装置要格外小心，尽量避免砂轮直接碰撞工件。

(8) 调整行程时，避免砂轮碰撞头架或尾座。

(9) 磨完工件后，砂轮应继续空转 1min，以除去冷却液。

(10) 实训结束后应清除工作台面上的铁末，擦拭机床，滑动面加上润滑油，摆放好工、量具，打扫机床周围清洁，关闭电源。

第二篇　数 控 加 工

第8章　数 控 车 床

教学目的　数控加工在现代机械加工中占有越来越重要的地位，对于《金属工艺学实习》也是需要读者重点掌握和了解的内容。通过本章的教学，要求读者掌握数控车工基本加工常识和技能，加强加工工艺基本理论与实践技能的结合。

该内容尤其在培养学生对所学专业知识综合应用能力、认知素质和学科竞赛零件加工制造与工艺编制等方面是不可缺少的重要环节，同时也为以后学习《数控加工技术》理论课程打下基础。

教学要求

(1)掌握数控车床的型号、用途及各组成部分的名称与作用。

(2)掌握数控车床常用刀具、主要附件的结构和应用。

(3)能熟练操作数控车床的开启、关闭及操作面板的使用方法。

(4)能正确安装刀具、工件和对刀操作。

(5)能读懂简单数控车床零件的加工程序。

(6)掌握数控车工的安全操作规程。

8.1　数控车削概述

8.1.1　数控车削概述

数控车床是一种高精度、高效率的自动化机床，也是使用数量最多的数控机床，约占数控机床总数的25%。它主要用于精度要求高、表面粗糙度好、轮廓形状复杂的轴类、盘类等回转体零件的加工，能够通过程序控制自动完成圆柱面、圆锥面、圆弧面和各种螺纹的切削加工，并进行切槽、钻、扩、铰孔等加工。若能配合C轴功能和动力刀具，则可形成车铣复合加工，使得加工的工艺范围更加宽广，如图8.1所示。

图8.1　数控车床加工零件

由于数控车床的系统较多，国内使用较多的主要有：FANUC(日本)、SIEMENS(德国)、华中数控系统(中国)、广州数控系统(中国)。不同系统的编程指令和格式均有一定的相同或不同之处，读者只需熟练掌握1～2种数控系统，其余系统均可根据说明书自学。

8.1.2　数控车床特点

随着控制技术、电子技术、制造技术和网络技术等的高速发展，数控机床也在发生着飞速的变化，就目前来说主要有以下特点：

(1) 全封闭防护。

(2) 主轴转速、进给速度、刚性、动态性能和机床可靠性较高。

(3) 以两轴联动车削为主，向多轴、多刀架、车铣复合、网络化和智能化加工发展。

(4) 换刀时间更短、刀库数量更多。

8.1.3　数控车床分类

1. 按主轴位置分

(1) 卧式数控车床

卧式数控车床又分为数控水平导轨卧式车床(图 8.2(a)、(b))和数控倾斜导轨卧式车床(图 8.2(c)～(e))。其中倾斜导轨结构可以使车床具有更大的刚性，并易于排除切屑。

(2) 立式数控车床

立式数控车床简称为数控立车，其车床主轴垂直于水平面，装夹工件由一水平放置的圆形工作台来实现。这类机床主要用于加工径向尺寸大、轴向尺寸相对较小的大型复杂零件(图 8.2(f))。

2. 按刀架数量分类

(1) 单刀架数控车床

数控车床一般都配置有各种形式的单刀架，如电动四方刀架或多工位转塔式自动转位刀架(图 8.2(a)～(f))。

(2) 双刀架数控车床

这类车床的双刀架配置有平行分布，也可以是相互垂直分布(图 8.2(e)、(g))。

3. 按功能分类

(1) 经济型数控车床

采用步进电动机和单片机对普通车床的进给系统进行改造后形成的简易型数控车床，成本较低，自动化程度和功能都比较差，车削加工精度也不高，适用于要求不高的回转类零件的车削加工(图 8.2(a))。

(2) 普通数控车床

根据车削加工要求在结构上进行专门设计并配备通用数控系统而形成的数控车床，数控系统功能强，自动化程度和加工精度也比较高，适用于一般回转类零件的车削加工。这种数控车床可同时控制两个坐标轴，即 X 轴和 Z 轴(图 8.2(b)～(f))。

(3) 车铣复合机床

在普通数控车床的基础上，增加了 C 轴和动力头，更高级的数控车床带有刀库，可控制 X、Y、Z 和 C 四个坐标轴。由于增加了 Y、C 轴和铣削动力头，这种数控车床的加工功能大大增强，除可以进行一般车削外，还可以进行径向和轴向铣削、曲面铣削、中心线不在零件回转中心的孔和径向孔的钻削等加工(图 8.2(g))。

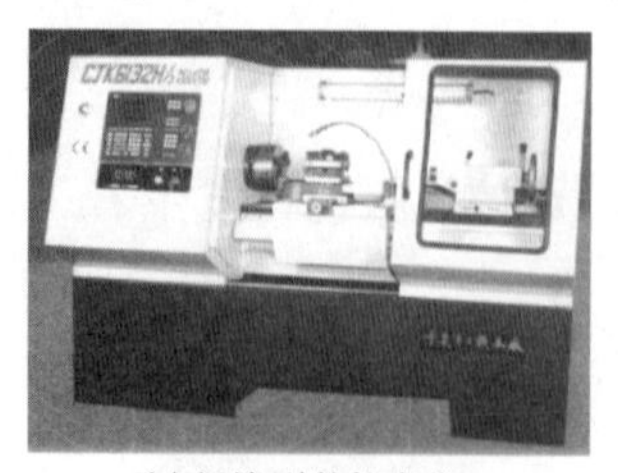
(a) 经济型数控车床

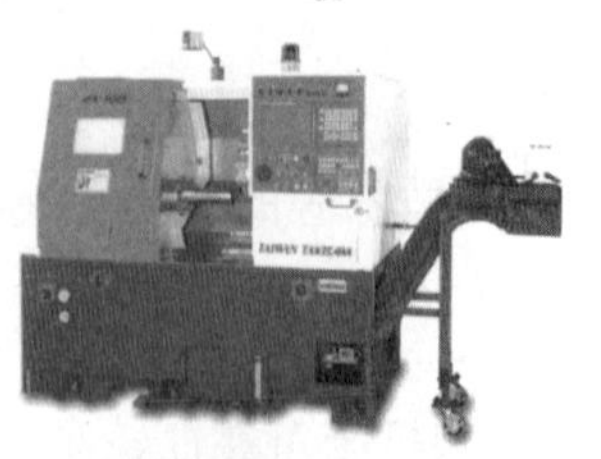
(b) 普通数控车床

(c) 一种全功能型数控车床

(d) 倾斜床身数控车床

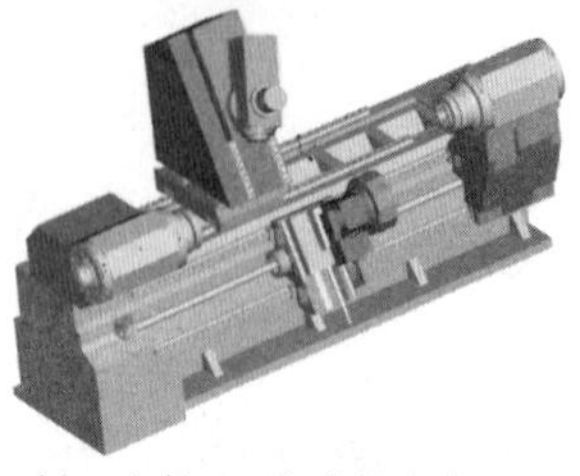
(e) 双主轴双刀架数控车床

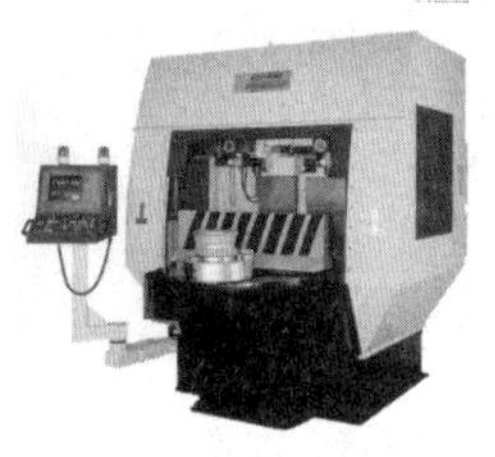
(f) 立式数控车床

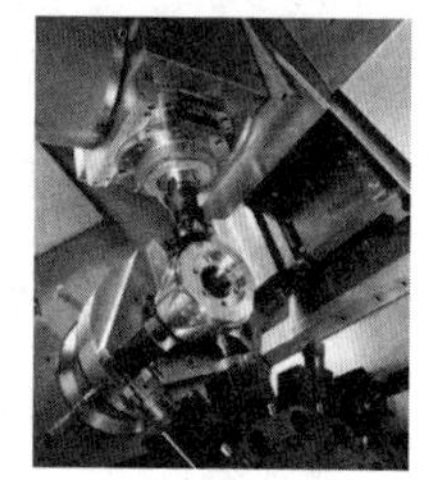
(g) 车铣复合机床

图 8.2　常见数控机床类型

8.1.4　数控车床的主要组成与选配装置

数控车床一般由数控装置、床身、主轴箱、刀架进给系统、尾座、液压系统、冷却系统、润滑系统、排屑器等部分组成。另外，根据需要还可以选择配备自动送料机、工件装卸机械手、动力刀架等功能，如图 8.3 所示。

(a) 进给传动系统

(b) 滚珠丝杠螺母副+滑动导轨

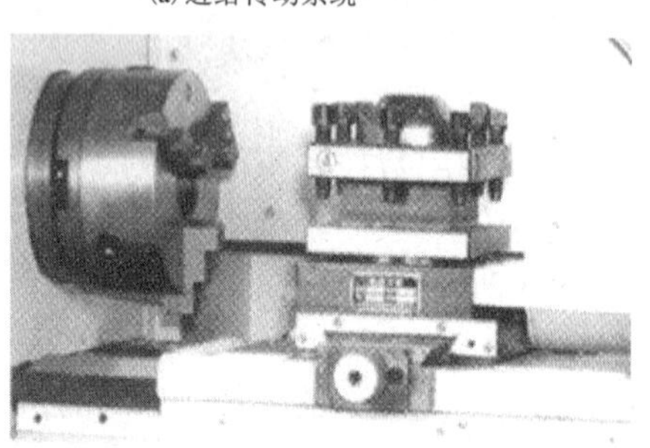
(c) 电动四方刀架

(d) 液压卡盘

(e) 排式刀架　(f) 带动力回转刀架　(g) 弹簧夹头卡盘　(h) 可编程控制液压尾座

(i) 光学对刀仪　(j) 接触式对刀仪　(k) 跟刀架

(l) 带自动送料机的数控车床　(m) 工件装卸机械手　(n) 工件装卸机器人

图 8.3　数控车床主要组成与可配装置

8.2　数控车床编程基础

8.2.1　坐标系

通常情况下数控车床坐标系只有 X 轴和 Z 轴，Z 轴为主轴的回转中心线，X 轴与 Z 轴相垂直(即工件的直径方向)，其正方向均以远离工件为正，如图 8.4 所示。

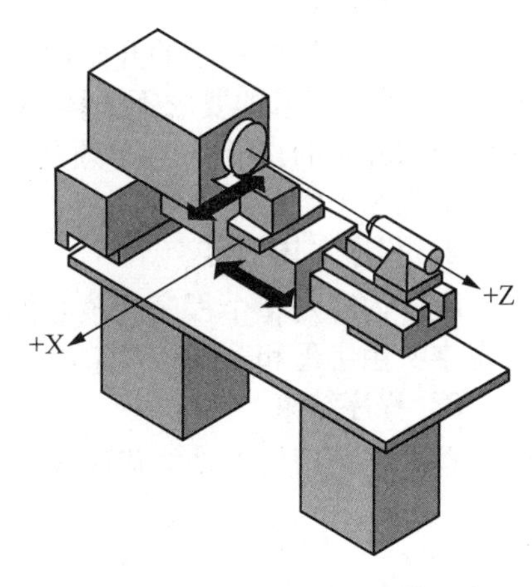

图 8.4　数控车床坐标轴及其方向

1. 机床坐标系

在数控车床上，机床原点一般取在卡盘端面与主轴中心线的交点处，如图 8.5 所示。

2. 工件坐标系(WCS)

为了编程方便，数控车床的工件坐标系原点一般取在主轴轴线与工件左端面(图 8.5(a)或右端面(图 8.5(b))的交点处。

(1) 在单件加工中一般将工件坐标系原点设置在主轴轴线与工件右端面的交点处，其主要目的是便于编程和减少计算量。

(2)在批量加工时，由于零件的总长尺寸总存在一定的制造误差，因此，常用专用夹具装夹工件，并以工件的左端面作为长度基准。所以，此时一般设置工件左端面与主轴轴线的交点处作为工件坐标系原点。

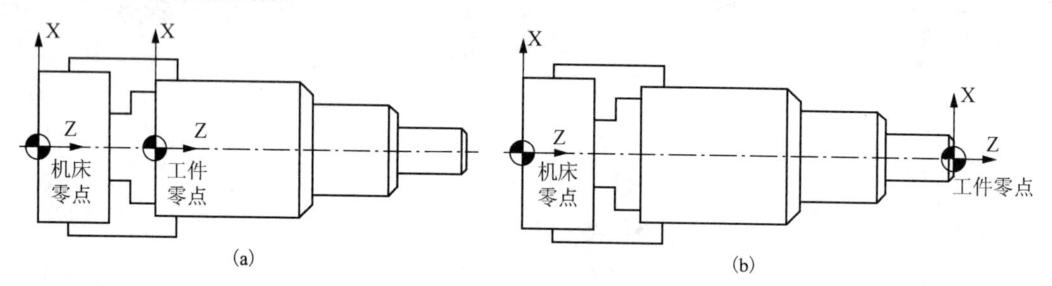

图 8.5　工件坐标系

8.2.2　程序结构

一个完整的数控加工程序由程序号、程序内容和程序结束三部分组成。

示例如下：

```
O1234                          ；程序号(起始行)
N5  G00 G90 G54 X50 Z200       ；以下为程序内容(程序段)
N10  T0101
N15  M3 S800
N20  X30 Z20
N25  Z3
N30  G01 Z-10 F300
/N35  X32                      ；程序段可以被跳跃
N40  Z-20
N45  X35 Z-22
N50  X35
N55  G00 X50 Z200
N60  M30                       ；程序结束(结束段)
```

1. 程序号

程序号是每个程序的开始部分，为程序的开始标记，以便于程序的查找、调用。对于不同系统，其程序号的要求不一样。如 FANUC 系统要求以字母 O 开头，后接四位数字；SIMENS 系统要求开始的 2 个符号必须是字母，其后的符号可以是字母、数字或下划线的组合，程序号最多为 8 个字符。

2. 程序主体内容

程序内容是整个程序的核心部分，它由多个程序段组成。每个程序段由若干个字组成，每个字又由字母和若干个数字组成。每个程序段占一行。

3. 程序结束

程序结束用辅助功能代码 M02 或 M30 来表示，要求单列一行。

8.2.3　程序段格式

一个程序段由一个以上的代码组成。代码又由相应的大写字母加数值组成。字母用 A～Z 表示，相应的字母决定了跟在其后面的数字的意义。相同的字母会因指令的不同而有差异。下面是构成单个程序段的基本要素：

N10	G01	X50　Y-70　Z20	F200	M03	S1000	;
程序段号	准备功能	坐标字	进给功能	辅助功能	主轴功能	程序段结束符号

各常用代码字母的含义如表 8-1 所示。

表 8-1　常用代码字母意义

功能	代码字母	意义描述
程序段号	N	程序段的顺序编号，可以省略，仅作为程序段的识别或检索。程序是按照输入的顺序执行，而不是按照程序段号的大小执行
程序段结束符号	L_F ;	SIMENS 系统程序段结束符 FANUC 系统程序段结束符
准备功能	G	指定加工运动和插补方式，后跟 2～3 位数字，如数字首位为零时可以省略
辅助功能	M	指定辅助装置的接通和断开，后接数字要求与装备功能相同
坐标字	X、Y、Z A、B、C U、V、W I、J、K R	坐标轴的移动指令 附加轴的移动指令 X、Y、Z 轴的增量坐标；第二附加轴的移动指令 圆弧圆心的增量坐标 指定圆弧半径
进给功能	F	进给速度指令(mm/min、r/min)
主轴功能	S	主轴速度(r/min)
刀具功能	T	刀具编号

8.2.4　基本指令

1. G 功能——准备功能

G 功能定义为机床的运动方式，由字符 G 及后面两位或三位数字构成。由于数控系统较多，且各自有一套指令代码，本节仅列出部分常用数控系统的 G 代码(表 8-2)，但其具体功能仍然需要根据系统而定，读者在使用时应查阅相关机床的说明书。

表 8-2　G 功能代码

指令	分组	功　能
G00	01	快速定位
G01		直线插补
G02		顺圆插补
G03		逆圆插补
G04	00	定时延时
G20	06	英制输入
G21		公制输入
G28	00	X、Z 回参考点
G29		从参考点返回
G32	01	螺纹切削
G40	07	取消刀尖半径补偿
G41		刀尖半径左补偿
G42		刀尖半径右补偿

续表

指令	分组	功　能
G71	07	外圆粗车复合循环
G72		端面粗车复合循环
G73		轮廓粗车复合循环
G76		螺纹粗车复合循环
G80	01	外圆车削单一固定循环
G81		端面车削单一固定循环
G82		螺纹车削单一固定循环
G96	02	主轴恒线速控制
G97		取消主轴恒线速控制
G98	05	每分钟进给
G99		每转进给

上述指令中除 00 组以外的 G 代码均为模态代码，即 00 组的代码为非模态代码。模态代码是指该指令一旦在程序中出现后就一直有效，直到被同组的其他 G 代码取代；非模态代码则只在本程序段内有效。

2. M 功能——辅助功能

M 功能指令主要用于控制机床的某些动作的开关以及加工程序的运行顺序，M 功能指令由地址符 M 后跟两位整数构成，常用数控系统的 M 代码如表 8-3 所示，但其具体功能仍然需要根据系统而定，读者在使用时应查阅相关机床的说明书。

表 8-3　M 功能代码

指令	功能	功能说明
M00	程序暂停	执行该指令后，机床主轴停止旋转、所有轴的进给停止、冷却液关闭，直至再次按下“循环启动”按钮，机床继续执行 M00 后的程序。该指令通常用于换刀、主轴变速和测量等操作。由于之前的主轴已处于停止状态，故在 M00 指令的下一程序段应编入 M03 代码
M01	选择停止	与 M00 的功能相同，但必须按下机床操作面板上的“选择停止”按钮才有效，既操作者可以选择是否让该指令有效。该指令主要用于关键尺寸的抽样检测
M02	程序结束	程序结束、关冷却液、主轴停，用于程序的最后一行，作为程序结束的标志，也可用 M30 代替
M03	主轴正转	从尾座往主轴的方向看，对于前置式刀架为逆时针方向旋转，对于后置式刀架为顺时针方向旋转
M04	主轴反转	与 M03 方向相反
M05	主轴停	
M08	冷却液开	一般安排在刀具接近工件且在正式加工之前
M09	冷却液关	一般安排在切削加工完成后，刀具远离工件之前
M98	子程序调用	转入由格式中代码 P 指定的子程序；由 L 指定子程序调用的次数
M99	子程序返回	在子程序最后一行指定，执行后返回主程序 M98 的下一行执行

注：(1)每个程序段只能有一个 M 代码，前面的 0 可以省略，如 M02 可写成 M2。
(2)在 M 指令与 G 指令同在一个程序段中时 M03、M04、M08 优于 G 指令执行；M00、M02、M05、M09 后于 G 指令执行。
(3)M98 或 M99 只能单独在一个程序段内，不能与其他 G 指令或者 M 指令共段。

3. F、S、T 功能

1)进给功能(F)

进给功能是决定刀具切削进给速度的功能，其单位有两种：每分钟进给量(mm/min)和每转进给量(mm/r)；通常具有恒线速功能的数控车床以主轴每转进给量(mm/r)作为机床上电默认值，用 G99 指定；而经济性数控车床则以每分钟进给量(mm/min)作为机床上电默认值，用 G98 指定。

每转进给量和每分钟进给量的关系如下：

每分钟进给量(mm/min)=每转进给量(mm/r)×主轴转速(r/min)

2) 主轴功能(S)

主轴功能用来设定主轴转速，单位为 r/min。S 功能的指定方法视机床性能而定，通常有三种表示方法。

(1) 直接指定法

S 后面的数值就是主轴的转速值，应用于主轴能做无级变速的机床。

(2) S 后面跟数字 1 或 2 表示

此类表示方法的机床主轴电机通常为双速电机，用 S1 表示某挡位下的低速挡，用 S2 表示某挡位下的高速挡，该挡位下的高低速变换可自动进行，而挡位之间的变换则必须由人工进行，具体挡位的高低转速可从机床床头箱上的速度表中查得。

(3) 由 M 代码后面跟 1～2 位数字代码表示

此类表示方法的主轴转速通常分为高、中、低三个挡位，而每个挡位下通常有三个及以上的转速。高、中、低挡的变换需由人工完成，挡位内的转速变化则可由程序控制。

由上述可知，第一种主轴指定法适用于全功能型数控车床，第二、三种主轴指定法适用于经济型数控车床。

例如，M3 S200；表示主轴的正转的速度为 200r/min。

M3 S1；表示主轴在某挡位下的低速运转。

3) 刀具功能(T)

刀具功能应视数控系统而定，通常有两种表示方法：

(1) 对于采用四方电动刀架的经济型数控车床，其格式通常为字母 T 后跟 2 位数字组成，如 T22，其前一个数字表示刀具号，后一个数字表示刀具补偿号，即 T22 表示调用 2 号刀，同时调用 2 号刀具补偿。

(2) 对于采用转塔式电动刀架的全功能型数控车床，其格式通常为 T 后跟 4 位数字组成，如 T0202，其前两位数字表示刀具号，后两位数字表示刀具补偿号，即 T0202 表示调用 2 号刀，同时调用 2 号刀具补偿。

当然，也有经济型数控车床采用第二种表示方法，读者在使用前应仔细阅读说明书。

在使用刀具功能时，一般要求刀具号与刀具偏置号要一一对应，主要是避免相互间混淆后出现错误。如 T11、T22、T0101、T0202 是正确的使用方法，而不要使用 T12、T0102 等。

8.2.5　尺寸系统的编程方法

1. 绝对尺寸和增量尺寸

在数控系统编程时，刀具位置的坐标通常有两种表示方式：一种是绝对坐标；另一种是增量(相对)坐标，数控车床编程时，可采用绝对值编程、增量值编程或者二者混合编程。

(1) 绝对值编程：所有坐标点的坐标值都是从工件坐标系的原点计算的，称为绝对坐标。

(2) 增量值编程：坐标系中的坐标值是相对于刀具的前一位置计算的，称为增量(相对)坐标。X 轴坐标用 U 表示，Z 轴坐标用 W 表示，正负由运动方向确定。

如图 8.6 所示的零件，用以上三种编程方法编写的部分程序如下：

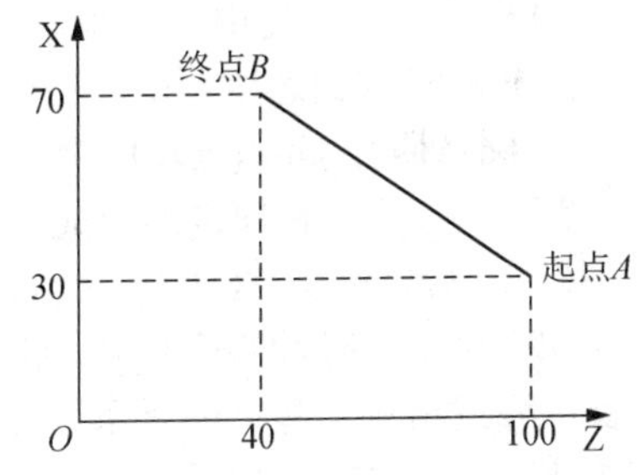

图 8.6　绝对值/增量值编程

用绝对值编程：X70.0 Z40.0
用增量值编程：U40.0 W-60.0
混合编程：X70.0 W-60.0 或 U40.0 Z40.0

2. 直径编程与半径编程

数控车床编程时，由于所加工回转体零件的截面为圆形，所以其径向尺寸就有直径和半径两种表示方法，但数控车床出厂时一般设定为直径编程，所以程序中 X 轴方向的尺寸均用直径值表示。如果需要用半径编程，则需要改变系统中的相关参数。

3. 公制尺寸与英制尺寸

工程图纸中的尺寸标注有公制和英制两种形式，数控系统可根据情况，利用代码把所有的几何值转换为公制尺寸或英制尺寸。对于在我国使用的机床，由于习惯原因，机床出厂时一般设定为公制(G21)状态。

8.2.6 常用 G 代码编程

1. 快速点定位 G00

功能：使刀具以机床所设定的最快速度运动到指令给定的终点坐标。

格式：G00 X(U)__Z(W)__；其中 X、Z 表示终点的绝对坐标值，U、W 表示终点相对于起点的增量坐标值。

说明：

(1)该指令为点定位，各轴的运动互不相关，即起点与终点之间的轨迹可能是直线，也可能是折线。

(2)用于该指令为点定位，因此，一定不能用于切削加工。

(3)快速移动的速度在机床参数中对各轴分别设定，不受当前 F 值的影响，但通过机床操作面板上的“进给倍率”旋钮可以对速度进行控制。

(4)用于该指令的运动方式可能为折线，因此，在使用时应避免发生碰撞现象(由于是快速运动，一旦发生碰撞事故，将对机床的精度造成严重的影响)。为避免发生碰撞，在编程时最好将各轴的移动单列一行(对于车床可先移动 X 坐标，使刀具退出工件后，再移动 Z 坐标)。

2. 直线插补 G01

功能：刀具以联动的方式，按 F 规定的合成进给速度，从当前位置按线性路线(联动直线轴的合成轨迹为直线)移动到程序段指令的终点。

格式：G01 X(U)__Z(W)__ F__；其中 X、Z 表示终点的绝对坐标值，U、W 表示终点相对于起点的增量坐标值，F 表示进给速度。

说明：

(1)程序第一次使用 G01 时，必须指定 F 值，否则系统会报警。

(2)F 所指定的速度要受进给倍率的控制，即实际进给速度＝F×进给倍率。

3. 圆弧插补 G02(G03)

功能：刀具按 F 规定的合成进给速度进行圆弧运动。

格式：G02(G03)X(U)__Z(W)__ R__F__；或 G02(G03)X(U)__Z(W)__ I__K__F__；其中 G02 表示顺时针圆弧插补，G03 表示逆时针圆弧插补，X、Z 表示终点的绝对坐标值，U、W 表示终点相对于起点的增量坐标值，R 表示圆弧半径，I、K 表示从圆弧起点运动到圆心在 X 轴和 Z 轴上的投影距离，F 表示进给速度。

1) G02 和 G03 的判断

观察者从 Y 轴正方向往负方向所在的加工平面内观察，根据其插补时的旋转方向为顺时针/逆时针来区分的，如图 8.7 所示。

2)*I*、*K* 的确定(图 8.8)

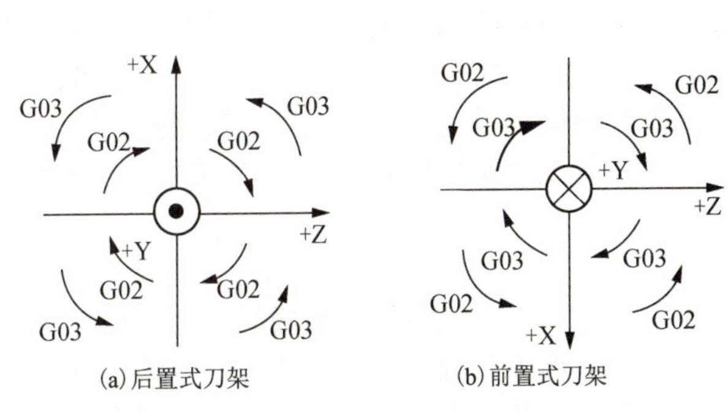

(a)后置式刀架　(b)前置式刀架

图 8.7　刀架位置与圆弧顺、逆的判断

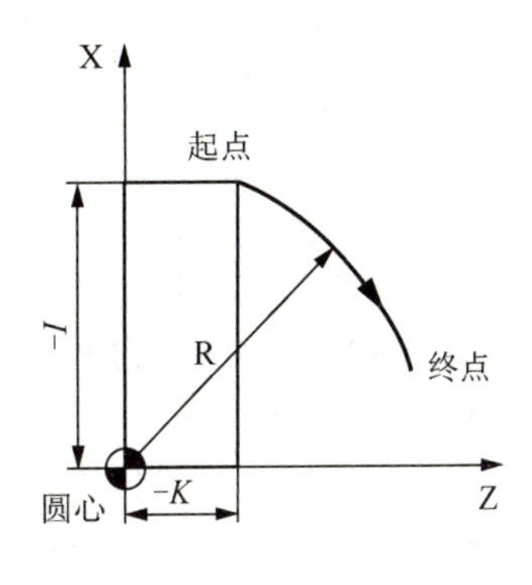

图 8.8　圆弧参数 *I*、*K* 的确定

8.2.7　数控车床编程技巧

1. 灵活设置进刀点

进刀点是刀具以快速进给变为切削进给的点。进刀点是编程中一个非常重要的概念，每执行完一次自动循环，刀具都必须返回到这个位置，准备下一次循环。然而，进刀点的实际位置并不是固定不变的，编程人员可以根据零件的直径、所用刀具的种类、数量来调整进刀点的位置，达到缩短刀具空行程、提高生产效率的目的。

2. 合理规划刀具路线

刀具路线决定着零件的加工时间，进而决定着加工的成本。而合理规划刀具路线的前提有两点：读懂零件图和扎实的制造工艺知识。刀具路线没有标准答案，只有符合现场实际情况的刀具路线才是最合理的路线。因此，作为一个合格的数控编程者必须亲临现场，在考察现有工艺条件后，才能进行编程、试运行、程序调试、试切削、程序调试、产品加工合格、程序优化定稿等环节，以上环节缺一不可，特别是对于批量加工的零件。

3. 化零为整法

对于短轴、销等零件，为避免机床主轴拖板在床身导轨局部频繁往复，造成机床导轨局部过度磨损，在编程过程中，可在主程序中一次加工多个工件的外形尺寸，然后用子程序方式执行切断动作。

4. 优化参数、提高刀具寿命

由于零件结构的千变万化，有可能导致刀具切削负荷的不平衡，或由于自身几何形状的差异导致不同刀具在刚度、强度方面存在较大差异，例如，外圆刀与切断刀之间，粗车刀与精车刀之间，如果在编程时不考虑这些差异，用强度、刚度弱的刀具承受较大的切削载荷，就会导致刀具的非正常磨损甚至损坏，从而使零件的加工质量达不到要求。因此，编程时必须分析零件结构，灵活选用合理的刀具型号和切削用量，达到减少更换刀具或磨刀的次数，从而提高刀具寿命。

8.3　数控车床工艺基础

8.3.1　数控车床编程加工工艺

1. 确定工件的加工部位和具体内容

确定被加工工件需在本机床上完成的工序内容及其与前后工序的联系，特别是工件在本工序加工之前的毛坯情况(如热处理状态、结构形状、各部位余量、本工序需要前道工序加工出的基准等)，为了便于编制工艺和程序，应绘制出本工序加工前的毛坯图和本工序的加工图。

2. 确定工件的装夹方式与设计夹具

根据已确定的工件加工部位、定位基准和夹紧要求来选用或设计夹具。数控车床一般采用三爪卡盘装夹工件，但根据机床的配置不同，通常有普通的三爪卡盘、液压卡盘(通过调整油缸压力，可改变卡盘夹紧力，以满足夹持各种薄壁和易变形工件的特殊需要)、软爪(软爪弧面由操作者随零件尺寸自行加工，可获得理想的夹持精度)和液压自动定心中心架(能有效减少细长轴加工时的受力变形，提高加工精度)。

3. 确定加工方案

在数控机床加工过程中，由于加工对象复杂多样，特别是轮廓曲线的形状与位置，加上材料和生产批量不同等多方面因素的影响，在对具体零件制订加工方案时，应该进行具体分析和区别对待、灵活处理，只有这样才能使所制订的加工方案合理，从而达到提高产品性价比的目的。

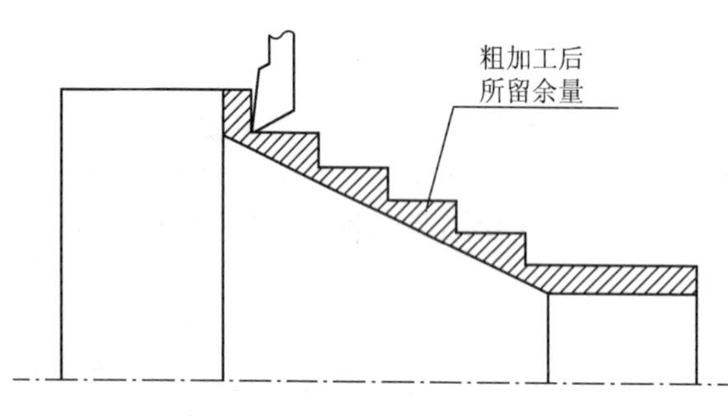

图 8.9　粗加工阶梯切削法

制订加工方案的一般原则为：先粗后精、先近后远、先内后外、程序段最少以及走刀路线最短等。

1) 先粗后精

为了提高生产效率并保证零件的精加工质量，在切削加工时，应先安排粗加工工序，在较短的时间内，将精加工前大量的加工余量去掉(图 8.9)，同时尽量满足精加工的余量均匀性要求。

当粗加工工序安排完后，应接着安排换刀后进行的半精加工和精加工。其中，安排半精加工的目的是：当粗加工后所留余量的均匀性满足不了精加工要求时，则可安排半精加工作为过渡性工序，以便使精加工余量小而均匀。

在安排可以一刀或多刀进行的精加工工序时，其零件的最终轮廓应由最后一刀连续加工而成。这时，加工刀具的进退刀位置要考虑妥当，尽量不要在连续的轮廓中安排切入和切出或换刀及停顿，以免因切削力突然变化而造成弹性变形，致使光滑连接轮廓上产生表面划伤、形状突变或滞留刀痕等瑕疵。

2) 先近后远

所谓的远与近，是按加工部位相对于对刀点的距离大小而言的。一般情况下，特别是在粗加工时，通常安排离对刀点近的部位先加工，离对刀点远的部位后加工，以便缩短刀具移动距离，减少空行程时间。对于车削加工，先近后远有利于保持毛坯件或半成品件的刚性，改善其切削条件。

如图 8.10(a) 所示为先远后近，图 8.10(b)～(d) 所示为先近后远。从后者可以看出，其走刀路径的空行程更少；从加工顺序图则可以看出后者工件的刚性更好。

3) 先内后外

对既要加工内表面又要加工外表面的零件，在制订其加工方案时，通常应安排先加工内型和内腔，后加工外表面。这是因为控制内表面的尺寸和形状较困难，刀具刚性相应较差，刀尖(刃)的耐用度易受切削热影响而降低，以及在加工中清除切屑较困难等；另外一个重要原因就是内孔往往是设计基准所在，特别是轴套类零件，其外形的形状和位置公差均是以内孔作为基准。

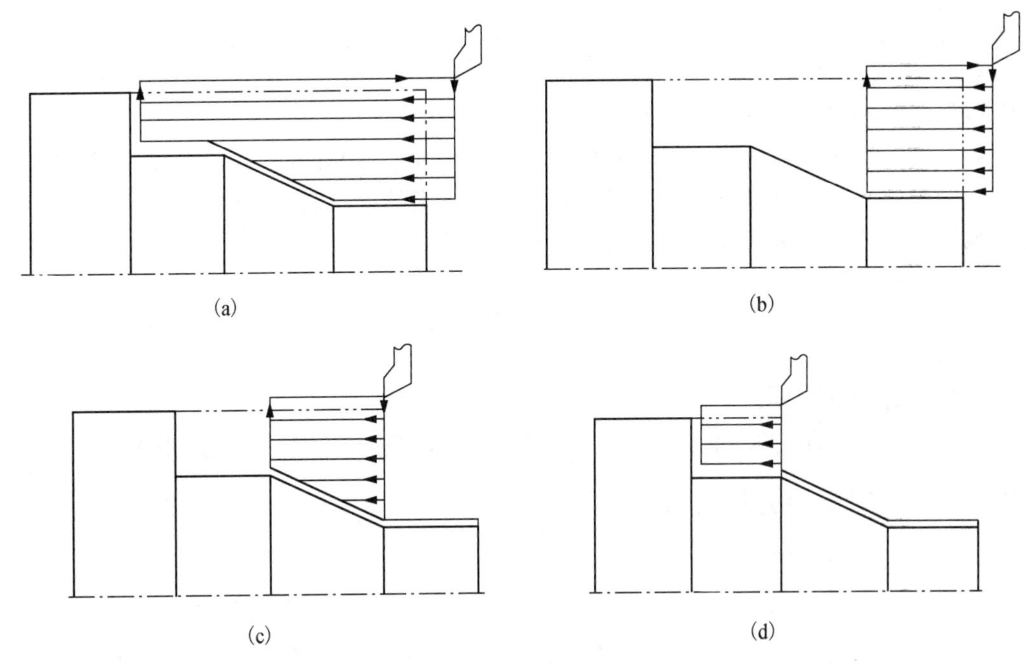

图 8.10　先近后远刀路比较

4) 走刀路线最短

确定走刀路线的工作重点主要是确定粗加工及空行程的走刀路线，而精加工切削过程的走刀路线基本上都是沿其零件轮廓顺序进行的。

走刀路线泛指刀具从对刀点(或机床固定原点)开始运动，直至返回该点并结束加工程序所经过的路径，包括切削加工的路径及刀具切入、切出等非切削空行程。

在保证加工质量的前提下，使加工程序具有最短的走刀路线，不仅可以节省整个加工过程的执行时间，还能减少一些不必要的刀具消耗及机床进给机构运动部件的磨损等。

优化工艺方案除了依靠大量的实践经验外，还应善于分析，必要时可辅以一些统计计算。

上述原则并不是一成不变的，对于某些特殊情况，则需要采取灵活可变的方案。

8.3.2　数控车削零件图工艺分析

在设计零件的加工工艺规程时，首先要对加工对象进行深入分析。对于数控车削加工应考虑以下几方面。

1. 构成零件轮廓的几何条件

在车削加工中手工编程时，要计算每个节点坐标；在自动编程时，要对构成零件轮廓所有几何元素进行定义。因此在分析零件图时应注意：

(1) 零件图上是否漏掉某尺寸，使其几何条件不充分，影响到零件轮廓的构成。

(2) 零件图上的图线位置是否模糊或尺寸标注不清，使编程无法下手。

(3) 零件图上给定的几何条件是否不合理，造成数学处理困难。

(4) 零件图上尺寸标注方法应适应数控车床加工的特点，最好以同一基准标注尺寸或直接给出坐标尺寸。

2. 尺寸精度要求

分析零件图样尺寸精度的要求，以判断能否利用车削工艺达到，并确定控制尺寸精度的工艺方法。

在该项分析过程中，还可以同时进行一些尺寸的换算，如增量尺寸与绝对尺寸及尺寸链计算等。在利用数控车床车削零件时，常对零件要求的尺寸取最大和最小极限尺寸的平均值作为编程的尺寸依据。

3. 形状和位置精度的要求

零件图样上给定的形状和位置公差是保证零件精度的重要依据。加工时，要按照其要求确定零件的定位基准和测量基准，还可以根据数控车床的特殊需要进行一些技术性处理，以便有效地控制零件的形状和位置精度。

4. 表面粗糙度要求

表面粗糙度是保证零件表面微观精度的重要要求，也是合理选择数控车床、刀具及确定切削用量的依据。

5. 材料与热处理要求

零件图样上给定的材料与热处理要求，是选择刀具、数控车床型号、确定切削用量的依据。

8.3.3 数控车床常用刀具及选择

1. 数控车床常用刀具

数控机床使用的刀具功能虽与普通机床区别不大，但其结构形式有非常大的区别，主要使用机夹可转位的刀体并配各种形状和材料的硬质合金、陶瓷、立方氮化硼和金刚石等刀片。这些刀片具有更换快捷、转位精度高和刀具寿命更长等优点，以体现数控机床加工的高效率和高精度，图 8.11～图 8.14 列出了某刀具厂家的部分车刀。

图 8.11　外圆车刀

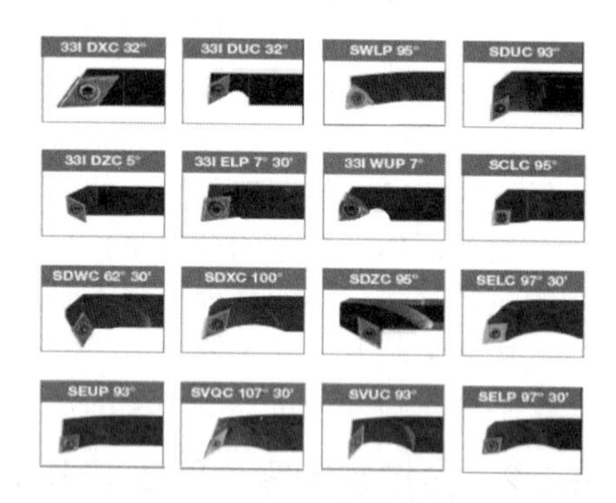

图 8.12　内孔车刀

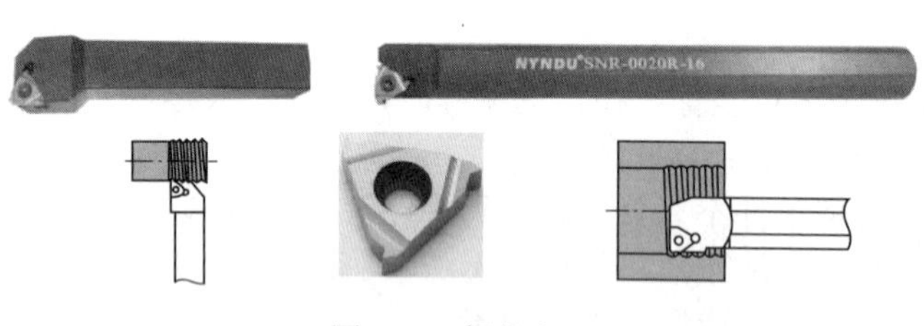

图 8.13　螺纹车刀

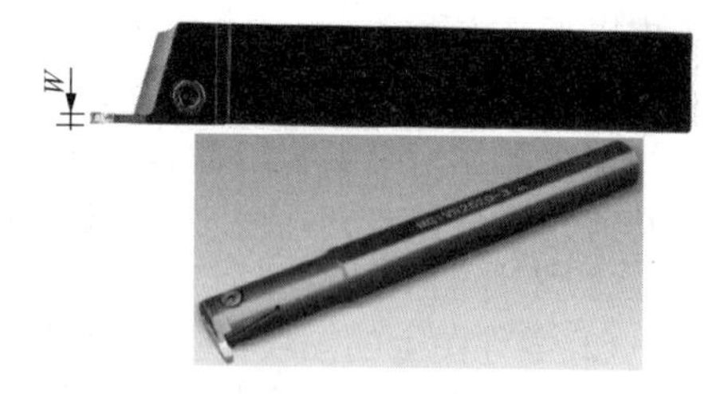

图 8.14　切断(槽)车刀

2. 刀具选择

根据数控车床回转刀架的刀具安装尺寸、工件材料、加工类型、加工要求及各种加工条件等因素，使用者可从相关刀具厂家的产品样本中进行选择，其选择的步骤主要如下。

(1) 确定工件材料和加工类型(外圆、孔或螺纹)。

(2) 根据粗、精加工要求和加工条件确定刀片的牌号和几何槽形。

(3) 从相应的刀片资料中查找切削用量的推荐值。

(4) 根据刀架尺寸、刀片类型和尺寸选择刀杆。

图 8.15～图 8.18 列出了某刀具厂家的部分参数。

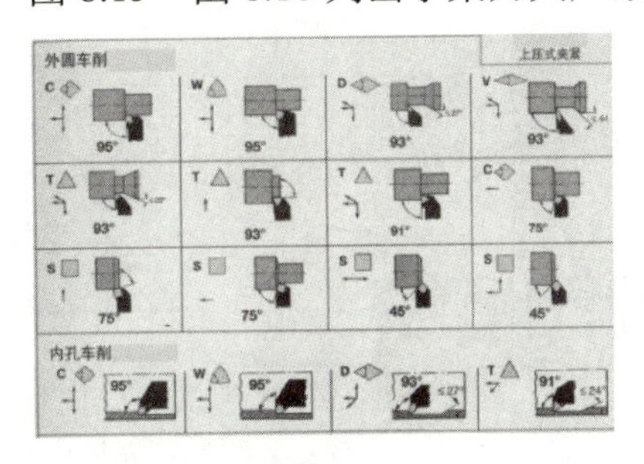

图 8.15　加工类型

良好的加工条件
连续切削。
高切削速度。
预加工面或轻度铸锻硬皮。
-PF / GC1525

一般的加工条件
首选!
一般用途的加工。
-PF / GC4015

恶劣的加工条件
断续切削。
低切削速度。
厚而难切削的铸锻硬皮。
-PF / GC4025

图 8.16　刀片的牌号和几何槽形

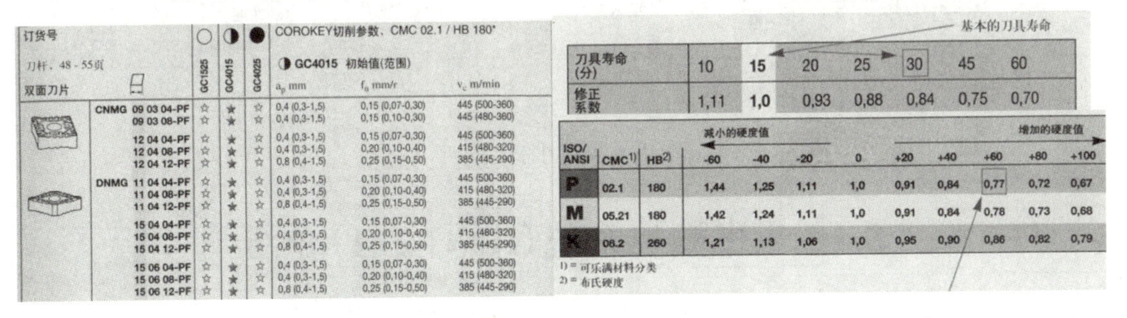

订货号；刀杆，48 - 55页；双面刀片。COROKEY切削参数，CMC 02.1 / HB 180°；◑ GC4015 初始值(范围)

订货号	GC1525 ○	GC4015 ◑	GC4025 ●	a_p mm	f_n mm/r	v_c m/min
CNMG 09 03 04-PF	☆	★	☆	0,4 (0,3-1,5)	0,15 (0,07-0,30)	445 (500-360)
09 03 08-PF	☆	★	☆	0,4 (0,3-1,5)	0,15 (0,10-0,30)	445 (480-360)
12 04 04-PF	☆	★	☆	0,4 (0,3-1,5)	0,15 (0,07-0,30)	445 (500-360)
12 04 08-PF	☆	★	☆	0,4 (0,3-1,5)	0,20 (0,10-0,40)	415 (480-320)
12 04 12-PF	☆	★	☆	0,8 (0,4-1,5)	0,25 (0,15-0,50)	385 (445-290)
DNMG 11 04 04-PF	☆	★	☆	0,4 (0,3-1,5)	0,15 (0,07-0,30)	445 (500-360)
11 04 08-PF	☆	★	☆	0,4 (0,3-1,5)	0,20 (0,10-0,40)	415 (480-320)
11 04 12-PF	☆	★	☆	0,8 (0,4-1,5)	0,25 (0,15-0,50)	385 (445-290)
15 04 04-PF	☆	★	☆	0,4 (0,3-1,5)	0,15 (0,07-0,30)	445 (500-360)
15 04 08-PF	☆	★	☆	0,4 (0,3-1,5)	0,20 (0,10-0,40)	415 (480-320)
15 04 12-PF	☆	★	☆	0,8 (0,4-1,5)	0,25 (0,15-0,50)	385 (445-290)
15 06 04-PF	☆	★	☆	0,4 (0,3-1,5)	0,15 (0,07-0,30)	445 (500-360)
15 06 08-PF	☆	★	☆	0,4 (0,3-1,5)	0,20 (0,10-0,40)	415 (480-320)
15 06 12-PF	☆	★	☆	0,8 (0,4-1,5)	0,25 (0,15-0,50)	385 (445-290)

基本的刀具寿命

刀具寿命(分)	10	15	20	25	30	45	60
修正系数	1,11	1,0	0,93	0,88	0,84	0,75	0,70

ISO/ANSI	CMC[1]	HB[2]	-60	-40	-20	0	+20	+40	+60	+80	+100
			减小的硬度值							增加的硬度值	
P	02.1	180	1,44	1,25	1,11	1,0	0,91	0,84	0,77	0,72	0,67
M	05.21	180	1,42	1,24	1,11	1,0	0,91	0,84	0,78	0,73	0,68
K	08.2	260	1,21	1,13	1,06	1,0	0,95	0,90	0,86	0,82	0,79

1) = 可乐满材料分类

2) = 布氏硬度

图 8.17　切削用量修正系数

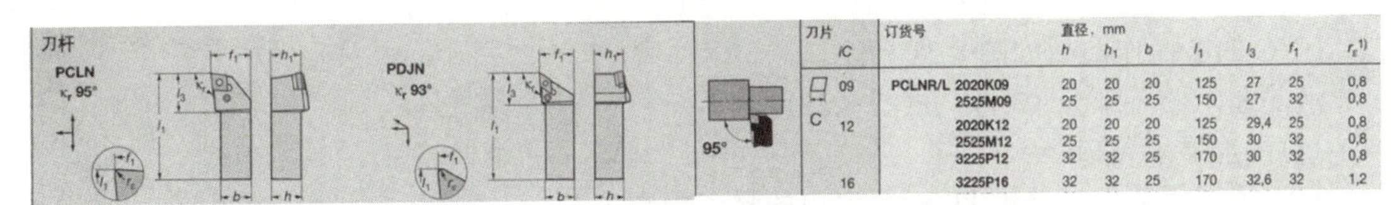

刀片 iC	订货号	h	h_1	b	l_1	l_3	f_1	r_ε[1]
		直径，mm						
C 09	PCLNR/L 2020K09	20	20	20	125	27	25	0,8
	2525M09	25	25	25	150	27	32	0,8
12	2020K12	20	20	20	125	29,4	25	0,8
	2525M12	25	25	25	150	30	32	0,8
	3225P12	32	32	25	170	30	32	0,8
16	3225P16	32	32	25	170	32,6	32	1,2

图 8.18　刀杆选择

3. 常用刀片代号及意义

图 8.19 列出了可转位刀片的代码表示方法，可供选择刀片型号时参考。

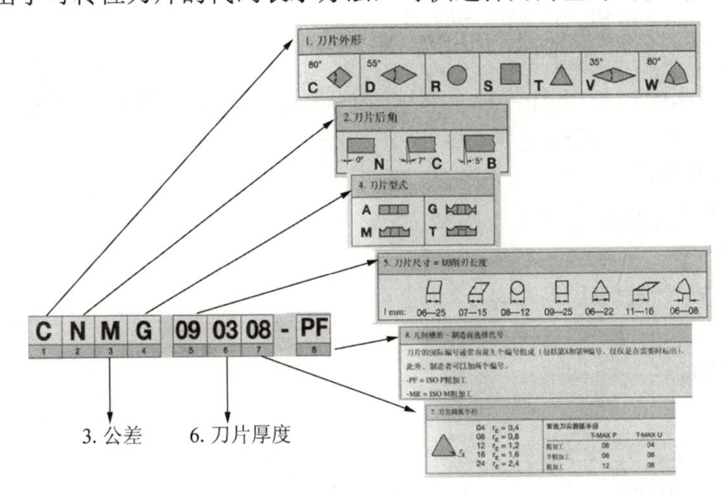

图 8.19　刀片代号及意义

4. 常用刀杆代号及意义

图 8.20 列出了可转位刀片的代码表示方法，可在选择完刀片型号后确定与之相配的刀杆时参考。

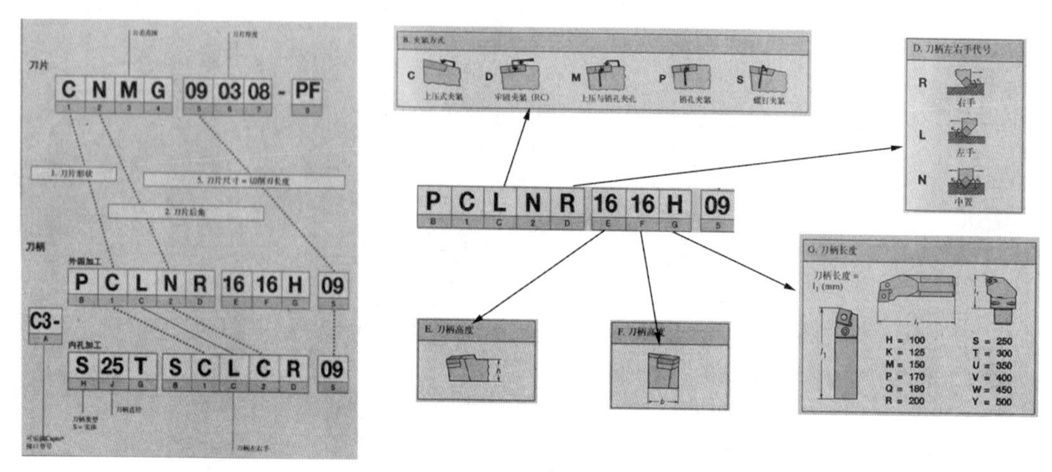

图 8.20 刀杆代号

8.4 华中数控系统(HNC-21T)介绍

8.4.1 操作面板介绍

HNC-21T 操作面板如图 8.21 所示。

液晶显示器各部分说明如下(图 8.22)

(1)图形显示窗口

可以根据需要用功能键 F9 设置窗口的显示内容。

(2)菜单命令条

通过菜单命令条中的功能键 F1～F10 来完成系统功能的操作。

(3)运行程序索引

自动加工中的程序名和当前程序段行号。

(4)选定坐标系下的坐标值

坐标系可在机床坐标系/工件坐标系/相对坐标系之间切换。显示值可在指令位置/实际位置/剩余进给/跟踪误差之间切换。

(5)工件坐标系零点

工件坐标系零点是机床坐标系下的坐标。

(6)倍率修调

主轴修调：当前主轴修调倍率。

进给修调：当前进给修调倍率。

快速修调：当前快进修调倍率。

(7)辅助机能

自动加工中的 M、S、T 代码。

(8)当前加工程序行

当前正在或将要加工的程序段。

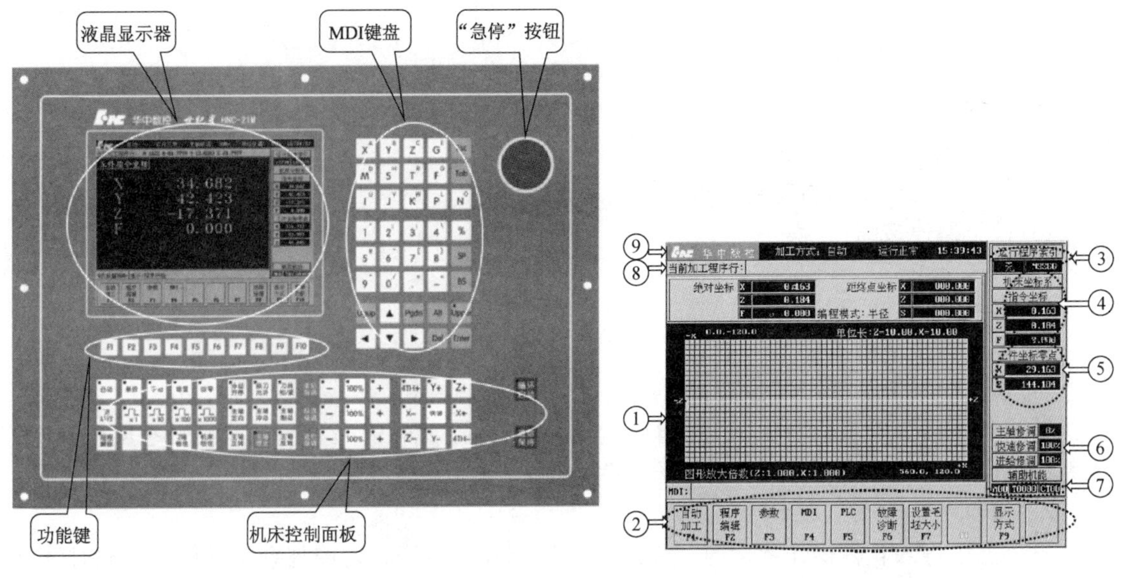

图 8.21　HNC-21T 操作面板　　　　图 8.22　部分操作界面

(9) 当前加工方式系统运行状态及当前时间

工作方式：系统工作方式根据机床控制面板上相应按键的状态可在自动、单段、手动、增量、回零、急停复位等之间切换。

运行状态：系统工作状态在“运行正常”和“出错”间切换。

操作界面中最重要的是菜单命令条。系统功能的操作主要通过菜单命令条中的功能键 F1～F10 来完成。由于每个功能包括不同的操作，菜单采用层次结构，即在主菜单下选择一个菜单项后，数控装置会显示该功能下的子菜单，用户可根据该子菜单的内容选择所需的操作，如图 8.23 所示。

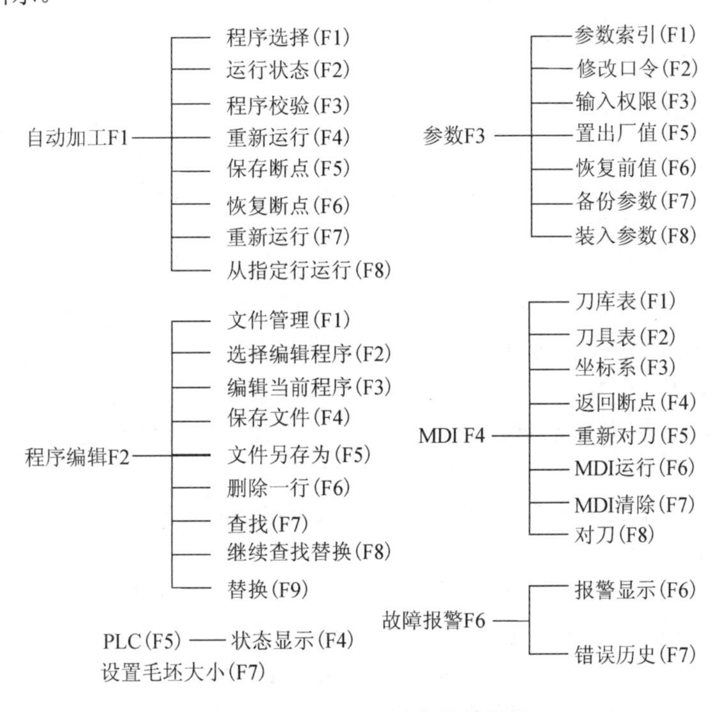

图 8.23　HNC-21T 功能菜单结构

8.4.2　基本操作介绍

1. 上电

(1) 检查机床状态是否正常；

(2) 检查电源电压是否符合要求，接线是否正确；

(3) 按下急停按钮；

(4) 机床上电；

(5) 数控上电；

(6) 检查风扇电机运转是否正常；

(7) 检查面板上的指示灯是否正常。

接通数控装置电源后 HNC-21T 自动运行系统软件，此时液晶显示器显示如图 8.21 所示，为系统上电屏幕软件操作界面，工作方式为急停。

2. 复位

系统上电进入软件操作界面时，系统的工作方式为急停。为控制系统运行，需顺时针旋转操作面板右上角的“急停”按钮，使系统复位，并接通伺服电源。系统默认进入“回参考点”方式。软件操作界面的工作方式变为“回零”。

3. 返回机床参考点

控制机床运动的前提是建立机床坐标系，为此，系统接通电源、复位后首先应进行机床各轴回参考点，操作方法如下：

(1) 如果系统显示的当前工作方式不是“回零”方式，则需按下控制面板上面的“回零”按键，确保系统处于“回零”方式。

(2) 按一下“+X”，使机床回到+X 参考点，同时，按键内的指示灯亮。

(3) 用同样的方法使机床回到+Z 参考点。

所有轴回参考点后即建立了机床坐标系。

注意：

(1) 在每次电源接通后，必须先完成各轴的返回参考点操作，然后再进入其他运行方式，以确保各轴坐标的正确性。

(2) 在回参考点过程中，若出现超程，请按住控制面板上的超程解除按键，向相反方向手动移动该轴，使其退出超程状态。

4. 急停

机床运行过程中，在危险或紧急情况下，应立即按下“急停”按钮，使机床进入急停状态，即伺服进给及主轴运转立即停止工作(控制柜内的进给驱动电源被切断)，松开“急停”按钮，机床即进入复位状态。

解除紧急停止前,先确认故障原因是否排除,且紧急停止解除后应重新执行回参考点操作，以确保坐标位置的正确性。

在上电和关机之前应按下“急停”按钮，以减少电网对设备的冲击。

5. 超程解除

在伺服轴行程的两端各有一个极限开关，作用是防止伺服机构碰撞而损坏。每当伺服机构碰到行程极限开关时就会出现超程，当某轴出现超程(超程解除按键内指示灯亮)时，系统视其状况为紧急停止，要退出超程状态时，必须按以下步骤操作：

(1) 松开“急停”按钮，置工作方式为“手动”；

(2) 一直按压着“超程解除”按键(控制器会暂时忽略超程的紧急情况)；

(3) 在“手动”方式下，使该轴向相反方向退出超程状态；

(4) 松开“超程解除”按键。

若显示屏上运行状态栏“运行正常”取代了“出错”，表示恢复正常，可以继续操作。

操作注意事项

在操作机床退出超程状态时，请务必注意移动方向及移动速率，以免发生撞机现象。

6. 关机

(1) 按下控制面板上的急停按钮，断开伺服电源；

(2) 断开数控电源；

(3) 断开机床电源。

7. 对刀与刀具偏置设定

(1) 在 MDI 功能子菜单下按 F8 键进入刀具偏置值设置方式，如图 8.24 所示；

(2) 按 F7 键弹出如图 8.25 所示输入框，输入正确的标准刀具刀号；

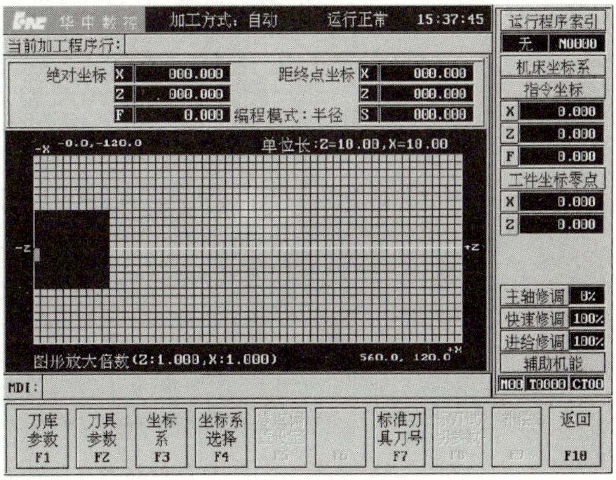

图 8.24　自动数据设置

(3) 使用标准刀具试切工件外径，然后沿着 Z 轴方向退刀；

(4) 按 F8 键弹出如图 8.26 所示对话框，用▲▼键移动蓝色亮条选择“标准刀具 X 值”，按 Enter 键弹出如图 8.27 所示输入框，输入试切后工件的直径值(直径编程)，系统将自动记录试切后标准刀具 X 轴机床坐标值；

图 8.25　输入标准刀具刀号

图 8.26　选择刀具偏置方向

图 8.27　输入试切后工件的直径值

(5) 使用标准刀具试切工件端面，然后沿着 X 轴方向退刀；

(6) 按 F8 键弹出如图 8.26 所示对话框，用▲▼移动蓝色亮条选择“标准刀具 Z 值”，按 Enter 键，系统将自动记录试切后标准刀具 Z 轴机床坐标值；

(7) 按 F2 键弹出如图 8.26 所示刀具偏置设置界面，用▲▼移动蓝色亮条选择要设置的刀具偏置值；

(8) 使用需设置刀具偏置值的刀具试切工件外径，然后沿着 Z 轴方向退刀；

(9) 按 F9 键弹出如图 8.28 所示对话框，用▲▼移动蓝色亮条选择“X 轴补偿”，按 Enter 键弹出如图 8.27 所示输入框，输入试切后工件的直径值，系统将自动计算并保存该刀相对标准刀的 X 轴偏置值；

(10) 使用需设置刀具偏置值的刀具试切工件端面，然后沿着 X 轴方向退刀，按 F9 键弹出如图 8.29 所示对话框，用▲▼移动蓝色亮条选择“Z 轴补偿”，按 Enter 键弹出如图 8.30 所示输入框，输入试切端面到标准刀具试切端面 Z 轴的距离，系统将自动计算并保存该刀相对标准刀的 Z 轴偏置值。

注意

(1) 如果已知该刀的刀偏值,则可以手动输入数据值;

(2) 刀具的磨损补偿需要手动输入。

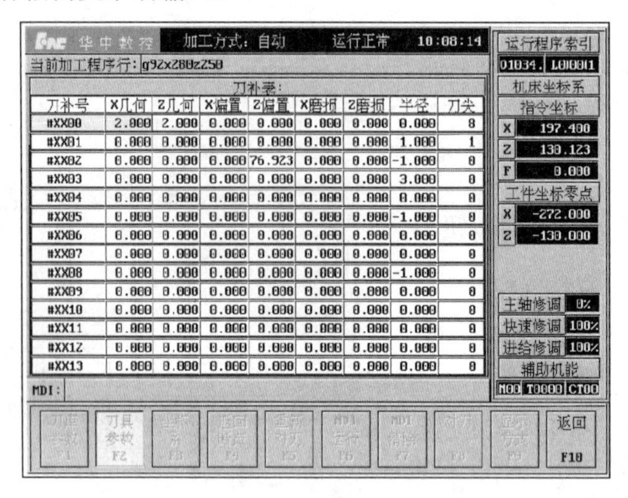

刀补号	X几何	Z几何	X偏置	Z偏置	X磨损	Z磨损	半径	刀尖
#XX00	2.000	2.000	0.000	0.000	0.000	0.000	0.000	8
#XX01	0.000	0.000	0.000	0.000	0.000	0.000	1.000	1
#XX02	0.000	0.000	0.000	76.923	0.000	0.000	-1.000	0
#XX03	0.000	0.000	0.000	0.000	0.000	0.000	3.000	0
#XX04	0.000	0.000	0.000	0.000	0.000	0.000	0.000	0
#XX05	0.000	0.000	0.000	0.000	0.000	0.000	-1.000	0
#XX06	0.000	0.000	0.000	0.000	0.000	0.000	0.000	0
#XX07	0.000	0.000	0.000	0.000	0.000	0.000	0.000	0
#XX08	0.000	0.000	0.000	0.000	0.000	0.000	-1.000	0
#XX09	0.000	0.000	0.000	0.000	0.000	0.000	0.000	0
#XX10	0.000	0.000	0.000	0.000	0.000	0.000	0.000	0
#XX11	0.000	0.000	0.000	0.000	0.000	0.000	0.000	0
#XX12	0.000	0.000	0.000	0.000	0.000	0.000	0.000	0
#XX13	0.000	0.000	0.000	0.000	0.000	0.000	0.000	0

图 8.28　刀具偏置设置界面

图 8.29　选择刀具补偿方向

图 8.30　当前刀具与基准刀 Z 方向距离设置对话框

8.4.3　手动操作介绍

机床手动操作主要由手摇脉冲发生器(图 8.31)和机床控制面板(图 8.32)共同完成。

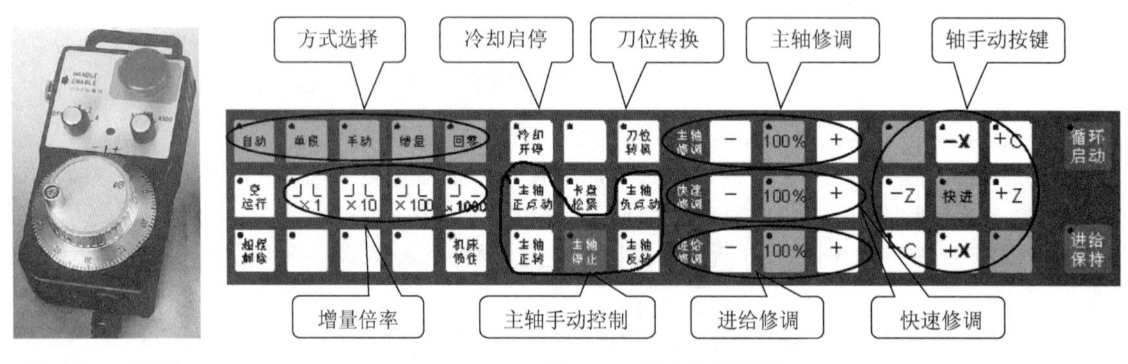

图 8.31　手摇脉冲发生器

图 8.32　机床控制面板

1. 方式选择

该区域有：自动、单段、手动、增量、回零和空运行六种方式。

(1) 自动方式：该方式下将机床内存中某一存储的程序调入自动执行环境下并运行。

(2) 单段方式：在自动方式下，为保证加工的安全性(特别是首次执行的程序)，选择该方式。此时，机床在执行一行程序后将暂停，操作者在观察下一程序行无误后，按下“循环启动”按钮，程序在执行下一行程序后又将暂停，如此循环，直至程序结束。

(3) 手动方式：该方式主要用在自动加工前的机床调整、对刀操作、坐标系设定等。

(4) 增量方式：该方式为手动方式的一种，配合“增量倍率”按钮，可使机床各坐标轴按照所选择的步距进行移动。

(5) 回零方式：该方式为机床上电后需做的第一个操作，执行该操作后，机床才能建立机床坐标系，并使各坐标轴的机械值置零。当然，有的机床不需要进行回零操作，具体情况请查阅相关操作说明书。

(6) 空运行方式：在程序校验时，为使程序快速运行并通过图形观察其正确性，但又不能让机床进行实质上的运动，就可以选择该方式。

2. 增量倍率

该区域有：×1、×10、×100、×1000 四个挡位，其单位为 μm，即对应轴的移动量分别为：0.001mm、0.01mm、0.1mm、1mm。

“增量倍率”按键应配合“轴手动按键”使用，以使机床能按照操作者所选择的轴的方向增量移动选择的位移量。

3. 冷却启停

该按键控制机床在手动状态下冷却液的开与关。在机床“自动”运行状态下，可分别通过指令(M08、M09)控制冷却液的开与关。

4. 刀位转换

该按键控制机床在手动状态下选择刀架上的刀具。按一下该按键，电动刀架顺时针转动一个刀位。在机床“自动”运行状态下，可通过 T 指令选择刀具。

5. 主轴手动控制

该区域有：主轴正点动、主轴负点动、主轴正转、主轴停止、主轴反转五个功能按键。

(1) 主轴正点动：按住该按键不放，主轴顺时针旋转；松开该按键，主轴停止。

(2) 主轴负点动：按住该按键不放，主轴逆时针旋转；松开该按键，主轴停止。

(3) 主轴正转：按下该按键，主轴顺时针旋转，直到按下“主轴停止”按键，主轴才停止旋转。

(4) 主轴停止：按下该按键，主轴停止旋转。

(5) 主轴反转：按下该按键，主轴逆时针旋转，直到按下“主轴停止”按键，主轴才停止旋转。

6. 主轴、快速、进给修调

这三个修调功能均有“-、100%、+”三个按键，“-”使挡位下降一个等级；“100%”使挡位达到“100%”；“+”使挡位增加一个等级。

(1) 主轴修调：挡位变化范围 10%～150%，以 10%递增。

(2) 快速修调：挡位变化范围 0%～100%，以 10%递增。

(3) 进给修调：挡位变化范围 0、1%、2%、4%、7%、10%～150%，10%以后以 10%递增。

7. 轴手动按键

该区域为手动控制轴移动的按键，对于普通数控车床只有“+X、-X、+Z、-Z”四个方向键起作用。如果单按其中一个按键，则轴的移动速度与“进给修调”的挡位选择有关；如果按“快进”+四个方向键的一个，则机床以快进的速度移动，其速度仍然与“快速修调”的挡位有关。

8.4.4　广州数控(GSK928TC)系统介绍

1. 广州数控(GSK928TC)操作面板介绍

广州数控具有集成式操作面板，如图 8.33 所示。

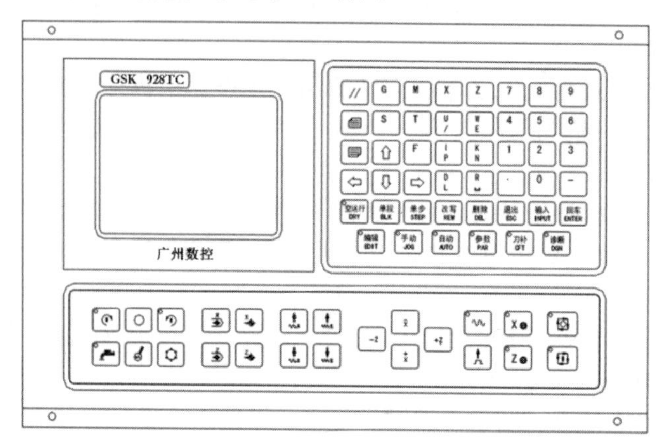

图 8.33　GSK928TC 操作面板

GSK928TC 面板各按钮说明如下：

(1) LCD 显示器：数控系统的人-机对话界面。分辨率为 320×240 点阵。

(2) 数字键：输入各类数据(0～9)。

(3) 地址键：输入零件程序字段地址(英文字母)。

(4) 复位键。

// 系统复位：按下此键机床停止运行，并呈机床上电时的初时状态。

(5) 编辑键。

向前翻页：在编辑/参数/刀偏工作方式中向前翻一页检索程序或参数。在其他工作方式下使液晶显示器亮度增大。

向后翻页：在编辑/参数/刀偏工作方式中向后翻一页检索程序或参数。在其他工作方式下使液晶显示器亮度减小。

光标向上移动：在编辑/参数/刀偏工作方式中使光标向上移动一行。

光标向下移动：在编辑/参数/刀偏工作方式中使光标向下移动一行。

光标向左移动：在编辑/参数/刀偏工作方式中使光标向左移动一个字符位置。

光标向右移动：在编辑/参数/刀偏工作方式中使光标向右移动一个字符位置。

(6) 状态选择键。

改写 Rew 在编辑状态中按下此键，输入方式在“插入/改写”方式下进行切换。

删除 Del 在编辑工作方式中删除数字、字母、程序段或整个程序。

退出 Esc 取消当前输入的各类数据或从当前工作状态中退出。

输入 Input 用于输入各类数据、选择需要编辑或运行的程序、建立新的用户程序等。

回车 Enter 确认所输入的各类数据。

(7) 功能键。

空运行 Dry 用于效验程序的正确性。在自动工作方式下选择此功能，程序将不执行 M、S、T 功能，其坐标轴也不运动，即机床处于锁住状态；在编辑方式下，可将光标移动到本行行号后的第一个字符。

单段Single 在自动工作方式下选择此功能，程序将在“单段/连续”方式下进行切换。（单段方式：当前程序段执行完后，暂停执行，按“循环启动”键再继续执行。）

单步Step 在手动单步与点动方式下进行切换。

编辑EDIT 完成对加工程序的编辑功能。

手动JOG 执行手动功能。如手动移动机床、主轴旋转、刀具转位等功能。

自动AUTO 自动执行所编辑的加工程序。

参数PAR 按下此键可调整或修改决定数控机床工作方式的参数值。

刀补OFT 用于输入刀具相对于工件零点的偏移值或补偿值。

诊断DGN 用于显示输入/输出接口中外部信号的状态。

主轴正转。

主轴停止。

主轴反转。（对于单向电机此按钮将不起作用。）

冷却液开关控制。

主轴换挡：对安装有多速主轴电机及控制回路的机床，选择主轴的各挡转速。

换刀键：选择与当前刀号相邻的下一个刀号的刀具。

X 轴回程序参考点。该方式仅在手动/自动方式下有效。

Z 轴回程序参考点。该方式仅在手动/自动方式下有效。

X 轴回机床参考点。该方式仅在手动方式下有效。

Z 轴回机床参考点。该方式仅在手动方式下有效。

快速倍率增加：手动方式中增大快速移动速度倍率；自动运行中增大 G00 指令速度倍率。

快速倍率减小：手动方式中减小快速移动速度倍率；自动运行中减小 G00 指令速度倍率。

进给倍率增加：手动方式中增大进给速度倍率；自动运行中增大 G01 指令速度倍率。

进给倍率减小：手动方式中减小进给速度倍率；自动运行中减小 G01 指令速度倍率。

-X 在手动运行方式下，使 X 轴向负方向运动。

+X 在手动运行方式下，使 X 轴向正方向运动。

-Z 在手动运行方式下，使 Z 轴向负方向运动。

+Z 在手动运行方式下，使 Z 轴向正方向运动。

快速/进给键：在手动运行方式下，控制快速移动速度与进给速度之间的相互切换。

手动步长选择：在手动单步/手轮工作方式中选择单步进给或手轮进给的各级步长。（步长各级增量为：0.001、0.01、0.1、1、10、50，单位 mm）

X X 轴手轮选择：当机床配置有手摇脉冲发生器时，按下该键 X 轴的运动将由手轮进行控制。

Z Z 轴手轮选择：当机床配置有手摇脉冲发生器时，按下该键，Z 轴的运动将由手轮进行控制。

循环启动：在“自动”方式下按下该键，程序将启动并自动运行。

进给保持：在“自动”方式下按下该键，程序将暂停。若要继续执行，应再按“循环启动”键。

图 8.34　系统初始显示

2. 系统开/关机步骤

1) 开机步骤

(1) 首先合上机床总电源开关。

(2) 按下数控系统电源开关接通电源，若急停按钮已按下应顺时针方向旋转到复位状态。数控系统显示初始画面如图 8.34 所示。在显示过程中，按住“复位”键以外的任意键，系统进入正常工作方式。

2) 关机步骤

(1) 将机床拖板处于各轴的中间位置。

(2) 按下数控系统电源开关切断电源。

(3) 断开机床总电源开关。

3. 零件程序的建立、删除、选择、更名和复制

零件程序的建立、选择、删除、更名和复制操作均在零件程序目录检索状态或编辑程序内容状态下进行。

1) 零件程序的建立

(1) 按 编辑 EDIT 键，进入“零件程序目录检索”状态，如图 8.35 所示。

(2) 按 输入 Input 键，输入两位程序目录清单中不存在的程序号作为新程序号。

(3) 按 回车 Enter 键，新零件程序建立完成，系统进入“程序编辑”状态，如图 8.36 所示。

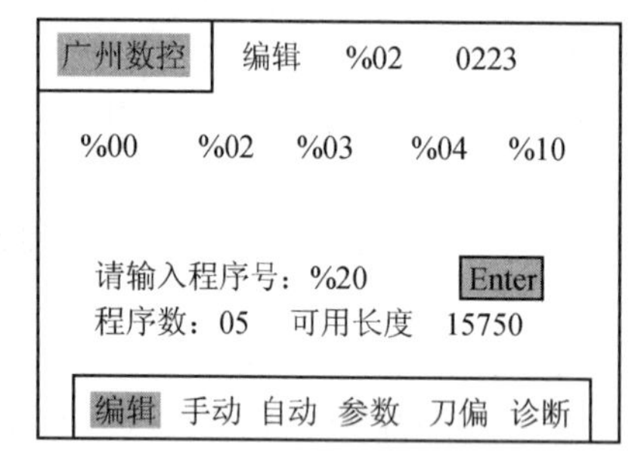

图 8.35　零件程序目录检索界面

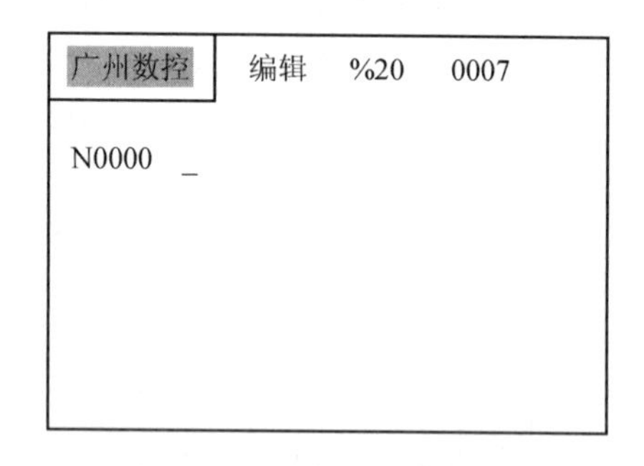

图 8.36　零件程序编辑界面

2) 零件程序的删除 (图 8.37)

(1) 在“零件程序目录检索”状态按 输入 Input 键。

(2) 输入需要删除的程序号。

(3) 按 删除 Del 键，系统将显示 确认?。

(4) 按 输入 Input 键，系统将删除所输入程序号的零件程序，按其他键将取消该操作。

3) 零件程序的选择

(1) 在“零件程序目录检索”状态按 输入 Input 键。

(2) 输入需要选择的程序号。

(3) 按 回车 Enter 键，完成零件程序的选择并显示零件程序内容，系统进入“程序编辑”状态，如图 8.38 所示。

广州数控	编辑	%02	0223	
%00	%02	%03	%04	%10
请输入程序号：%03 确认？				
程序数：05	可用长度	15750		
编辑 手动 自动 参数 刀偏 诊断				

图 8.37　零件程序删除界面

广州数控	编辑	%01	0082	
N0000	G0	X0	Z0	
N0010	G1	X4.80	Z9.6	F500
N0020	G0	X0.0	Z00	
N0030	G4	D2		
N0040	M20			

图 8.38　零件程序编辑界面

注：当选择好一个程序后，系统将一直保持不变，即使断电。除非选择其他程序。

4) 零件程序的更名

将当前程序的程序号更改为另外的程序号。

(1) 按[输入 Input]键，将显示[%]。

(2) 输入程序列表中不存在的程序号，按[改写 Rew]键，将当前程序的程序号修改为输入的文件号。

5) 零件程序的复制

将当前程序的内容复制成另外的程序。新程序成为当前程序。

(1) 按[输入 Input]键，将显示[%]。

(2) 输入程序列表中不存在的程序号，按[输入 Input]键，将当前程序的全部内容复制到以输入程序号为程序名的程序中，新程序将成为当前程序。

注：若输入的程序名已经存在，则系统将提示“程序名重复”，此时按任意键退出，重新输入程序列表中不存在的程序号，再按[回车 Enter]键即可。

4. 手动工作方式

按[手动 JOG]键，进入手动工作方式。

在手动工作方式下通过机床操作面板来完成机床拖板的移动、主轴及冷却液的启停、手动换刀、X 和 Z 轴回程程序参考点和回机械零点等功能。

手动工作方式有“手动点动”和“手动单步”两种工作方式，系统上电默认为“手动点动”方式。可通过按[单步 Step]键，在两种方式之间相互切换。

1) 手动点动

在手动点动进给方式中，按住手动进给方向键不放开，机床拖板就按所选的坐标轴及方向连续移动；按键放开，机床拖板减速停止。手动点动的移动速度按选定的快速或进给速度执行。

注 1：只有当系统外接的主轴及进给保持旋钮处于允许进给时，按下手动进给键，机床拖板可以移动；处于进给保持时，按下手动进给键，机床拖板不会移动。

注 2：当电机高速运动时，虽然进给键已经放开，由于系统自动加减速的存在，机床拖板将继续移动而不会立即停止。具体移动长度随电机最高速度、系统加减速时间、进给倍率而定。速度越高，加减速时间越长，电机减速移动的距离越长，反之，移动距离越短。

2) 手动单步 (图 8.39)

在手动单步进给方式中，机床拖板每次移动的距离是按事先选定好的步长，每按一次手动进给方向键，机床拖板就在所选的坐标轴及方向移动一个选定步长的距离。按键不放开，

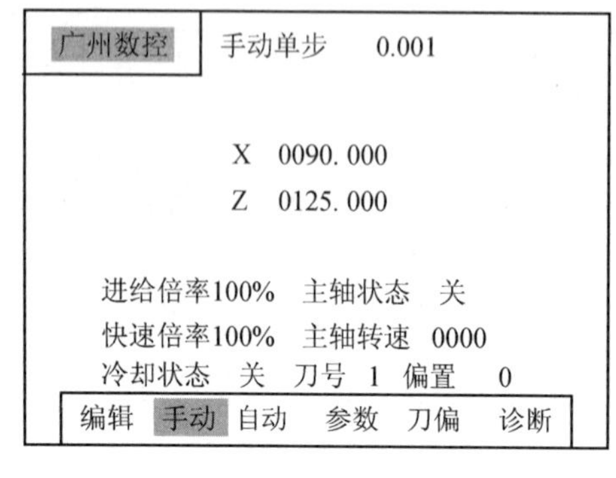

图 8.39　手动单步进给

机床拖板将连续按步长进给，直到该键放开后移动完最后一个步长。

手动单步进给的步长分为 0.001、0.01、0.1、1、10、50 共 6 级可选。按键，可选择各级步长。每按一次键，步长递减一级。到最后一级后又返回第一级，如此循环。

注 1：在单步方式中可以按键来终止移动，按下此键，机床拖板移动减速停止，剩余步长不再保留，再按进给键执行下一次单步进给过程。X 方向进给时步长表示为直径方向的移动量。

3) 手动进给速度选择

在手动工作方式下，按键，使其指示灯灭，即进入手动进给方式。

在手动进给方式中其进给倍率大小可以通过按键，使当前进给倍率增加或减小一挡。其范围为 0%～150%，共 16 挡可选择。

4) 手动快速进给速度选择

在手动工作方式下，按键，使其指示灯亮，即进入手动快速进给方式。

在手动快速进给方式中其进给速度大小可以通过按键，使当前快速进给倍率增加或减小一挡。其范围为 25%、50%、75%、100%，共四挡可选择。

5. 设置工件坐标系

GSK928TC 数控系统采用浮动工件坐标系。工件坐标系是对刀及相关尺寸的基准。设置工件坐标系的步骤如下：

(1) 在机床上装夹好试切工件和所用刀具，选择任意一把刀(一般是加工中使用的第一把刀)作为基准刀。

(2) 选择合适的主轴转速并启动主轴。在手动方式下移动刀具，以手动进给方式在试切工件上切出一个小台阶。

(3) 在 X 轴不移动的情况下，沿 Z 方向将刀具移动到安全位置，停止主轴旋转。

(4) 测量所切出的台阶的直径，按输入Input键屏幕显示设置，再按“X”键，显示设置 X，输入测量出的直径值，按回车Enter键，系统自动设置好 X 轴方向的工件坐标。

若按退出Esc，则取消 X 轴的工件坐标设置。

(5) 再次启动主轴，在手动方式下移动刀具在工件上切出一个端面。

(6) 在 Z 轴不移动的情况下沿 X 方向将刀具移动到安全位置，停止主轴旋转。

(7) 测量所切的端面到所选基准点在 Z 方向的距离，按输入Input键，屏幕显示设置，再按“Z”键，显示设置 Z，输入测量出的数据，按回车Enter键，系统自动设置好 Z 轴方向的工件坐标。若按退出Esc，则取消 Z 轴的工件坐标设置。

通过以上操作，系统的工件坐标系就建立完成。建立工件坐标系将清除原有的系统偏置，若不设置工件坐标系，则当前显示的 X、Z 轴的坐标值与当前刀具实际位置会有偏差，设置工件坐标系的操作需在系统初始化后进行一次，以后可以不用设置。

6. 手动对刀方法

由于加工一个零件常需要多把刀具，每把刀具在正确安装后旋转到切削位置时，其刀尖所处位置不可能完全重合，因此需要找出每把刀具相对于基准刀在 X 和 Z 方向的偏差，以使用户在编程时无需考虑刀具间的偏差问题。

GSK928TC 数控系统设置了试切法对刀和定点法对刀两种方式，下面分别进行说明。

注：在进行对刀工作前必须设置好工件坐标系。

1) 试切对刀方式步骤

(1) 输入 T00，撤销原刀偏。

(2) 在机床上装夹好试切工件和所用刀具，选择任意一把刀(一般是加工中使用的第一把刀)作为基准刀。

(3) 选择合适的主轴转速，启动主轴。在手动方式下移动刀具在工件上切出一个小台阶。

(4) 在 X 轴不移动的情况下，沿 Z 方向将刀具移动到安全位置，停止主轴旋转。

(5) 测量所切出的台阶的直径，按“I”键，屏幕显示[刀偏 X]，输入测量出的直径值，按[回车 Enter]键，屏幕显示[T * X]，(*表示当前的刀位号)，按[回车 Enter]键，系统自动计算 X 轴方向的刀偏值，并将计算出的刀偏存入*对应的 X 轴刀偏参数区。可按[刀补 OFT]键进入刀偏工作方式下查看和修改刀偏值。如果显示[T * X]时输入 1～8 的数字键再按[回车 Enter]，则系统计算出的刀偏值，将存入输入的数字对应的 X 轴刀偏参数区。若不按[回车 Enter]键，而按[退出 Esc]，则取消当前的输入值。

(6) 再次启动主轴，在手动方式下移动刀具在工件上切出一个端面。

(7) 在 Z 轴不移动的情况下，沿 X 方向将刀具移动到安全位置，停止主轴旋转。测量所切的端面到所选基准点在 Z 方向的距离，按“K”键，屏幕显示[刀偏 Z]，输入测量出的数据，按[回车 Enter]键，系统自动计算 Z 轴方向的刀偏值，并将计算出的刀偏存入当前刀号对应的 Z 轴刀偏参数区。

(8) 换下一把刀，并重复(3)～(7)步骤的操作对好其他刀具。

(9) 当工件坐标系没有变动的情况下，可以通过上述过程对任意一把刀进行对刀操作。在刀具磨损或调整一把刀时，操作非常快捷、方便。有时刀补输不进去或计算出的数据不正确时，可以先撤销刀补(T00)，或执行回零操作。

2) 定点对刀方式步骤

(1) 在机床上装夹好试切工件和所用刀具，选择任意一把刀(一般是加工中使用的第一把刀)作为基准刀。

(2) 选择合适的主轴转速并启动主轴。

(3) 选择合适的手动进给速度，以手动进给方式将刀具靠近工件上事先确定的对刀点，当确定刀具与对刀点重合后停止移动刀具。

(4) 按[回车 Enter]键，屏幕高亮显示当前刀号和刀偏号，连续按两次[换刀]键，屏幕正常显示当前刀号和刀偏号，系统自动记下当前坐标位置，并将当前坐标值作为其他刀的对刀基准(对非基准刀不能进行此步骤操作)。对于基准刀还需进行下一步操作。

(5) 按[回车 Enter]键，再按[输入 Input]键确认，屏幕正常显示当前刀号和刀偏号，系统自动计算出当前刀号对应的刀偏值,并把刀偏值存入当前刀号对应的参数区。在刀偏工作方式中可以查看和修改该刀偏值。

(6) 用手动方式将刀具移出对刀位置，到可以换刀处，通过手动换刀，将下一把需要的刀转到切削位置。

(7) 重复(2)、(3)、(5)项操作，直到全部刀具对刀完毕。

7. 手动坐标轴的移动

GSK928TC 数控系统可以在手动工作方式下控制机床的某一个轴进行运动。其运动方式分为绝对运动和相对运动，现分别介绍如下。

1) 手动坐标轴的绝对移动

在手动工作方式下，可以使某一个轴从当前位置直接移动到输入的坐标位置。具体操作步骤如下：

(1) 确定要移动的坐标轴，移动 X 轴则按“X”键，屏幕显示移动 X，移动 Z 轴则按“Z”键，屏幕显示移动 Z。

(2) 从键盘输入实际需要达到位置的坐标值。

(3) 输入完数据后按回车 Enter键，屏幕显示“运行？”，按键，则所选轴向输入的坐标位置移动。若按退出 Esc键，则机床不移动并返回手动工作方式。

2) 手动坐标轴的相对移动

在手动工作方式下，可以使某一个轴从当前位置以增量移动方式移动到输入的坐标位置。具体操作步骤如下：

(1) 确定要移动的坐标轴，移动 X 轴则按“U”键，屏幕显示移动 U，移动 Z 轴则按“W”键，屏幕显示移动 W。

(2) 从键盘输入实际需要达到位置的坐标值。

(3) 输入完数据后按回车 Enter键，屏幕显示“运行？”，按键，则所选轴向输入的坐标位置移动。若按退出 Esc键，则机床不移动并返回手动工作方式。

注 1：以上两种移动方式的 X 轴均为直径值。

注 2：以上两种移动方式均只能同时移动一个坐标轴。

注 3：以上两种移动方式的移动速度是由当前所选定的手动移动速度来确定。

8. 手动换刀控制

GSK928TC 数控系统标准配置为四工位电动刀架，在手动工作方式中换刀控制方式有三种方式，现分别介绍如下：

(1) 将参数 P12 的 MODT 设置成 0，按一次键，刀架旋转到下一个刀位号，显示器上显示相应刀位号。

(2) 将参数 P12 的 MODT 设置成 1，按一次键，再按回车 Enter键，刀架旋转到下一个刀位号，显示器显示相应刀位号。如果按键后按其他键，刀架则不执行换刀动作。

(3) 从键盘直接输入 T*0，(其中*表示要旋转到的刀位号)，再按回车 Enter键，刀架旋转到*所表示的刀位上，0 表示取消刀具偏置。

注：方式(1)、(2) 只能进行换刀动作，方式(3) 既能执行换刀又能执行刀具补偿。如输入 T33，表示换 3 号刀，同时调入 3 号刀具补偿。

9. 自动加工状态下的程序验证

在做完自动加工前的所有工作后，即可进入自动加工状态。

在自动加工前，操作者还并不能完全了解所编制的程序是否正确，程序所加工出的零件尺寸是否合格。因此，需要验证程序的正确性。

1) 机床锁住状态运行

按自动 AUTO键，进入自动加工状态。按空运行 Dry键，使其灯亮，按键，此时程序将自动运行，但不执行 M、S、T 功能，其坐标轴也不运动，即机床处于锁住状态。为了便于验证刀路轨迹是否正确，可在按键之前按“T”键，将屏幕切换到图形显示界面(图 8.40)。在此情况下，当程序处于非运动状态时，可按“Z”键切换到刀尖轨迹的显示(图 8.41)。如再按“Z”键可退回到图形显示界面。如再按“T”键可退回到坐标显示界面。

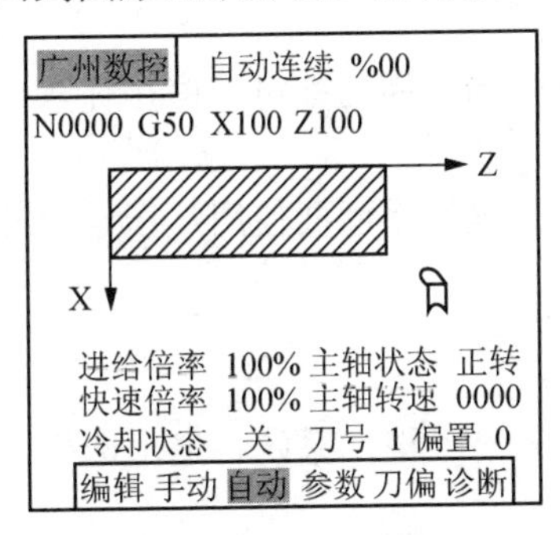

图 8.40 图形显示模式

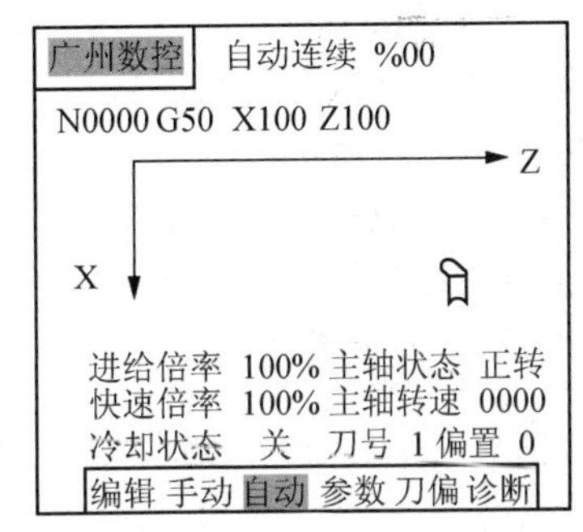

图 8.41 刀尖轨迹显示模式

在图形显示界面，为了便于观测，应根据所加工零件的尺寸调整图形大小。其参数有如下四个(图 8.42)：

(1) 长度：加工零件的毛坯的总长度，单位 mm。

(2) 直径：加工零件毛坯的最大外圆，单位 mm。

(3) 比例：确定显示零件形状的比例与实际加工比例无关。若零件尺寸过大，则选择比例缩小，若零件尺寸过小则选择比例放大，以获得较好的显示效果便于观察。

(4) 偏移：编程基准点与毛坯起点间在 Z 方向的偏差，X 方向始终以零件中心线为基准。如加工零件毛坯长 100mm(图 8.43)。若以端面 1 为编程原点，则偏移值输入 0；若以端面 2 为编程原点，则偏移值输入 100。

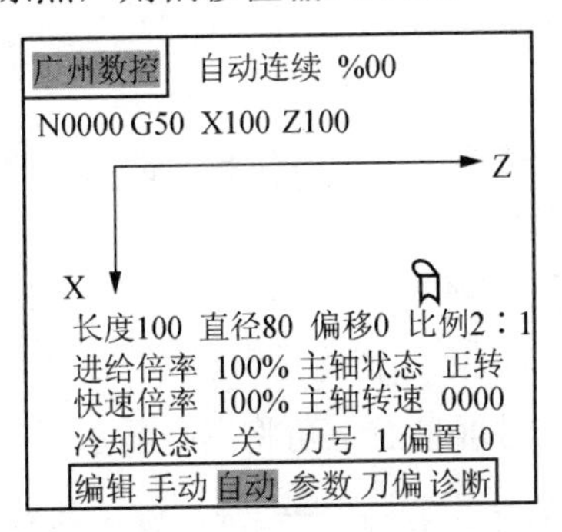

图 8.42 图形显示数据定义

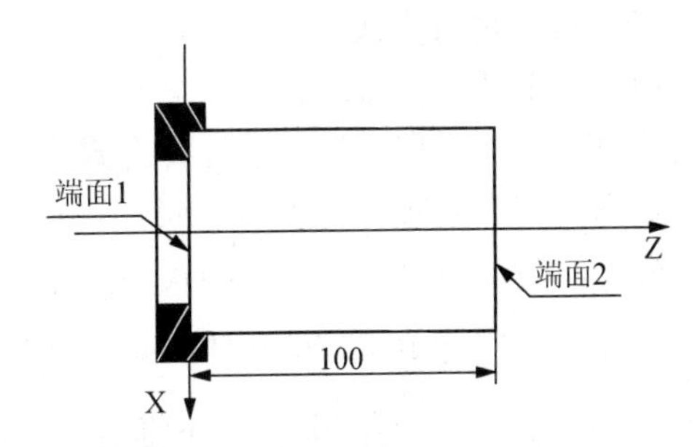

图 8.43 图形显示数据定义示例

2) 单程序段加工方式

机床锁住状态只能验证程序的正确性，并不能验证所选切削要素和加工尺寸是否合格。因此，需要进行试切加工。

单程序段加工步骤：

(1) 按自动 AUTO键，进入自动加工状态。按单段 Single键，使屏幕上方显示“单段停”。

(2) 按键，程序将自动执行一段后停止运行，屏幕上方显示“单段停”。若此时程序无误可按键，继续执行下一段程序行，若此时程序与所设想的动作不一样，则应立即将程序停止，回到编辑状态，将有问题的程序行更改后方可继续执行。

3) 从指定的程序行运行

从单程序段加工方式可以看出，若某些程序出现问题后，在修改后又需要从第一行继续执行，这将非常耗费时间。因此在一些特定情况下，需要人工指定从加工程序的某一行开始运行，以节省时间。

GSK928TC 数控系统允许从当前加工程序的任意行开始，而刀架可以停在任意位置。具体操作步骤如下：

(1) 确定需要开始运行的指定程序行。若使用 G50 定义坐标系而要使用从指定行开始运行时，请先单段执行 G50 再选择所需运行的程序段。

① 按 输入 Input 键，系统显示当前运行程序的第一行。

② 按 ⇧ ⇩ 键，选择所需运行的程序段。若按 退出 Esc 键，系统将退出选择，仍显示原来的程序段。

(2) 按 回车 Enter 键，系统提示“运行？”，等待下一步操作。

(3) 按键，系统将自动计算执行所选程序段的终点坐标，并按本程序段所指定的终点进行运动。如果按 退出 Esc 键，则系统退出选择，返回第一个程序段。

注 1：所选择的程序行不能在固定循环、复合循环体、子程序中，否则将产生不可预料的结果。

注 2：若程序中使用 G50 定义坐标系，则应先用“单程序段加工方式”执行此程序行后，才能使用“从指定行开始运行”的功能，否则移动结果可能会出错。

注 3：从指定行开始运行时所选择的程序段最好为直线移动 G01 或 M、S、T 指令。当选择 G02/G03 指令时必须保证刀具和系统的坐标均停留在圆弧的起点上，否则不能保证加工出的圆弧符合要求。

10. 自动运行方式

通过以上的操作步骤，一个合理的加工程序即编制完成，刀具的补偿值也已调整到位。下面即可进入加工程序的连续运行方式(零件的批量加工)。

进入自动方式时，系统自动将待运行的程序前两行作为将要运行的程序，将其内容显示在屏幕上，并在当前正在运行的程序段号前显示*。按键，程序将被自动加工直至结束。

若在加工过程中想暂停程序，可随时按键，此时屏幕右上角将高亮显示“暂停!”，若要继续加工可按键，程序将继续执行未完成的部分。若按 退出 Esc 键，则未执行完的程序将不再执行，程序将返回到第一行。

注 1：进给保持键是在程序执行过程中的任何一个时刻均可按下，使其暂停。而单程序段必须是在一个程序行执行完毕后才能停止。

注 2：进给保持后，在继续运行程序前，必须确认主轴是否启动，否则会造成事故。

1) 加工速度的倍率修调

自动运行方式中可以通过改变速度倍率修调来改变程序及参数中设定速度值，而不必修改程序。

(1) 进给倍率修调。按键，修调程序中速度字 F 设定的值。

(2) 快速倍率修调。按键，修调程序中快速移动指令(G00)的速度。

2) 刀具偏置

GSK928TC 数控系统共设置 T1～T8 共 8 组刀偏值，每组刀偏又有 X 轴、Z 轴方向两个数据。其中可通过手动对刀操作自动生成的刀偏组数量和使用的刀具总数相同。其余的刀偏数据只能通过键盘输入。

9 号刀偏为回机械零点后的坐标设定值。在指令中不能使用 T*9 刀补，否则将出现“参数错”报警。

按[刀补 OFT]键，进入刀偏设置工作方式，如图 8.44 所示。

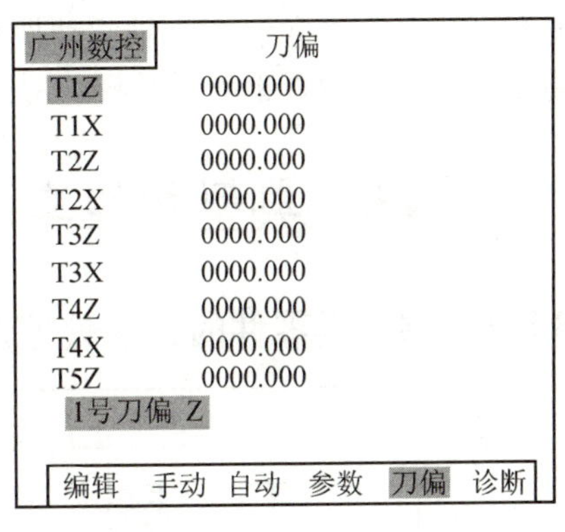

图 8.44　刀偏设置工作方式

(1) 刀偏数据的检索

在刀偏工作方式中按方向键，可以移动光标到需要的位置，以输入或修改刀偏值。也可通过按翻页键，检索前一页或后一页的刀偏值，每页共 9 行。

(2) 刀偏数据的输入

刀偏数据应通过操作面板上的数字键进行输入。其输入的方式有绝对输入和相对输入两种方式。现分别介绍如下：

① 刀偏数据的绝对输入。

(a) 进入刀偏设置工作方式。

(b) 移动方向键到要修改的刀偏号上。

(c) 按[输入 Input]键，在屏幕上的刀偏号后会显示一个高亮块。

(d) 输入刀偏数据。若输入过程出现错误，可按[⇦]键进行修改。

(e) 输入完毕后按[回车 Enter]键，将所输入的数据存入当前的刀偏号内。

② 刀偏数据的相对输入。

(a) 进入刀偏设置工作方式。

(b) 移动方向键到要修改的刀偏号上。

(c) 按[输入 Input]键，在屏幕上的刀偏号后会显示一个高亮块。

(d) 输入刀偏数据。若输入过程出现错误，可按[⇦]键进行修改。按[改写 Rew]键，则系统将把输入数据与所选参数的原数值进行运算。若输入数据为正，系统将输入数据与所选参数的原数值相加作为结果存入参数区。若输入数据为负，则系统将输入数据与所选参数的原数值相减作为结果存入当前的刀偏号内。

11. 急停和行程限位报警

1) 急停

当机床在加工过程中发生紧急情况，可按下该开关(位于机床操作面板上最大的红色的蘑菇状的按钮)，系统立即进入紧急状态(所有轴停止进给、主轴、冷却液等全部开关量控制置为输出无效)，屏幕将显示急停报警界面。

当急停条件解除后，可将急停开关按顺时针旋转，急停开关将自行抬起。再按系统键盘上任意键，系统退出急停状态返回到急停之前的工作方式。

2) 行程限位开关报警

为防止拖板超出正常工作范围而损伤机床精度，各类数控机床均安装有行程限位开关。

当拖板移动压下行程限位开关时，机床停止进给但不关闭其他辅助功能，程序停止运行。并在屏幕右上角显示出相应轴的限位报警信息。

当产生行程限位开关报警后，可选择手动工作方式，按下与限位方向相反的手动进给键，即可以退出行程限位，屏幕上行程限位开关报警自动消失。

3) 驱动器报警

当驱动器的报警输出信号接入数控系统并产生驱动器报警时，系统自动切断所有进给，并在屏幕右上角提示“X 轴驱动报警”或“Z 轴驱动报警”。程序停止运行并关闭所有输出信号。此时应检查驱动器及相关部分，排除故障后重新上电。

8.5　典型数控车床零件工艺分析及编程(图 8.45)

8.5.1　综合类零件的工艺处理及编程实例一

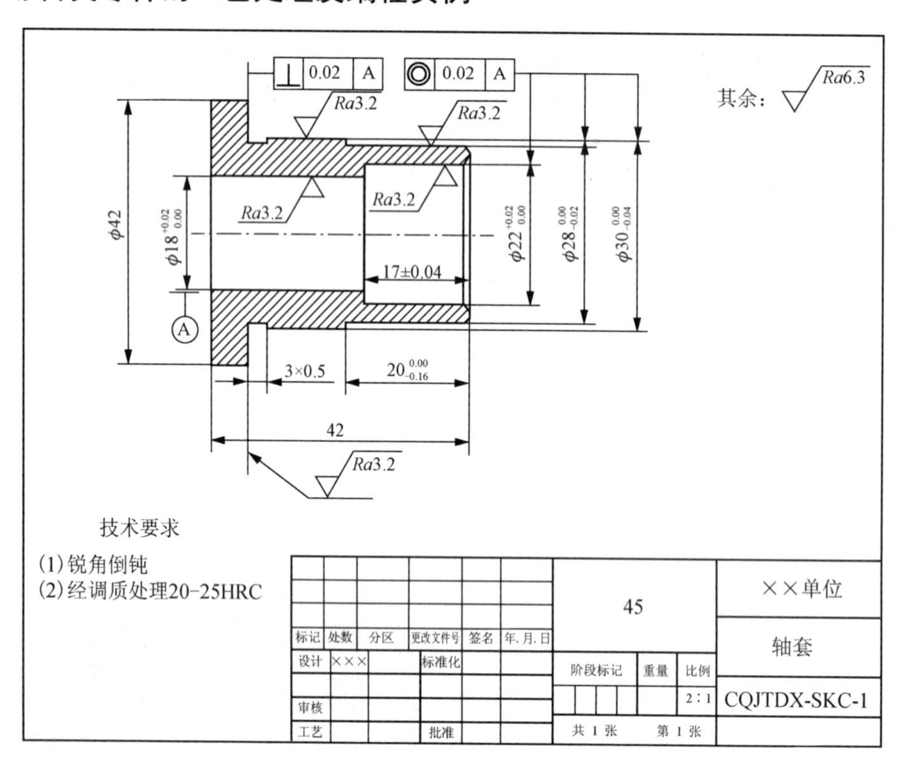

图 8.45　轴套类零件加工实例

1. 轴套类零件的特点

轴套类零件一般由内、外圆柱面、端面、台阶孔、沟槽等组成。其结构特点如下：

(1) 内、外表面的同轴度要求比较高，以内孔结构为主。

(2) 零件壁较薄，容易引起装夹变形或加工变形。

2. 工艺分析

(1) 主要技术要求

内外圆同轴度公差为 0.02mm；端面对ϕ18 孔轴线垂直度公差为 0.02mm。

(2) 毛坯选择

根据零件材料及几何形状，选择毛坯为ϕ45mm×60mm 的 45 钢。

3. **位置精度的保证措施**

内外表面的同轴度及端面与轴线垂直度的一般保证方法。

(1) 在一次装夹中完成内外表面及端面的全部加工，定位精度较高，加工效率较高，但不适于尺寸较大的套筒。

(2) 先精加工外圆，再以外圆为精基准加工内孔。采用三爪自动定心卡盘装夹，工件装夹迅速可靠，但定位精度较低。可采用软爪卡盘或弹簧套筒装夹，以获得较高的同轴度，且不易伤害工件表面。

(3) 先精加工内孔，再用心轴装夹，精加工外表面。

由于该零件是单件加工，根据图纸的技术要求及毛坯等实际情况，该工件的加工方式选择第一种。如果为批量加工，则最好选择第三种方式。

4. **防止变形的措施**

轴套类零件加工过程中容易变形，防止变形的方法一般有：

(1) 粗、精车分开；

(2) 采用过渡套、弹簧套、软爪卡盘、弹簧套筒或采用专用夹具轴向夹紧；

(3) 将热处理安排在粗、精加工之间，并将精加工余量适当增加。

根据该零件实际情况和以上选定的保证位置精度的措施，为防止零件在加工过程中变形，采用粗、精车分开的方法来适当分配切削余量，减少在粗加工时因切削力过大导致工件变形给加工带来的影响。

5. **刀具的选择**

(1) 外圆粗车、半精车、精车使用硬质合金 90°偏刀，安装到 1 号刀位；

(2) 内孔粗车、半精车使用硬质合金内孔车刀，安装到 2 号刀位；

(3) 内孔精车使用硬质合金内孔车刀，安装到 3 号刀位；

(4) 硬质合金切槽、切断刀，主切削刃宽 3mm，安装到 4 号刀位，刀位点取左刀尖。

6. **切削用量选择**

(1) 粗车外圆、内孔：S=400r/min，F=100mm/min，a_p=外圆时 2mm/内孔时 1mm；

(2) 半精车外圆、内孔：S=650r/min，F=50mm/min，a_p=0.3mm；

(3) 精车外圆、内孔：S=650r/min，F=50mm/min，a_p=0.3mm。

加工要点：保持半精车、精车切削用量一致，可以利用半精车后测量得出数据，对程序或刀具偏置进行进一步调整，以保证加工精度的稳定性。

(4) 车槽、切断：S=300r/min，F=30mm/min。

7. **工艺过程**

对刀→钻孔中心孔、钻ϕ16(通孔)、锪孔ϕ20 深度为 16.7→粗车外圆ϕ42、ϕ30、ϕ28 留 1mm 余量→粗车内孔ϕ18、ϕ22，留余量 0.7mm 余量→半精车、精车内孔ϕ18、ϕ22 至尺寸→半精车、精车外圆ϕ42、ϕ30、ϕ28 至尺寸→切槽至尺寸→切断→调头、校正、车端面保证总长 42mm、倒角。

在半精车后要测量尺寸并及时修改调整刀具偏置，必要时调整程序才能进行精加工。

8. **程序清单及说明**

	O0001	程序号(粗加工外圆、内孔)
	M06 T0101	换 1 号刀，调用 1 号刀补
	M03 S400	主轴正转，转速 400r/min
	G00 X47 Z30	快速移动到中间点
	G1 Z0 F300	移动到 Z0

	X-1 F100	偏端面
	Z1	退刀
	X47	到循环起点
	G71 U1 R0.5 P1 Q2 X1 Z0.2 F100	外圆粗车复合循环
N1	G0 X24	描述最终轨迹的程序
	G01 X28 Z-1 F50	
	Z-20	
	X30	
	Z-36	
	X42	
N2	Z-47	
	X47	退刀
	GO X80 Z100	回换刀点
	M06 T0202	换内孔车刀
	X15 Z30 F300	快速移动到中间点
	Z1 F100	移动到循环起点
	G80 X17 Z-43 F100	内孔粗车单一循环
	X17.3	
	X18.3 Z-16.8	
	X19.3	
	X20.3	
	X21.3	
	G0 X80 Z100	回换刀点
	M5	主轴停止
	M30	程序结束
O0002		程序号(内外形精加工、切槽、切断)
M06 T0303		换 3 号刀，调用 3 号刀补
M03 S650		主轴正转，转速 650r/min
G0 X21 Z30 F300		快速移动到中间点
Z1 F100		移动到起刀点
X26		倒角 1×45°
X22.01 Z-1 F50		
Z-17		精加工ϕ22 内孔
X18.01		车端面
Z-43		精加工ϕ18 内孔
X17		退刀
Z1 F300		返回
G0 X80 Z100		退回到换刀点
M01		选择停止，测量尺寸
M06 T0202		换 2 号刀，调用 2 号刀补
M03 S650		主轴正转，转速 650r/min
G0 X29 Z30 F300		快速移动到中间点
Z1 F100		移动到起刀点
X24		倒角 1×45°
X27.99 Z-1 F50		
Z-19.92		精加工ϕ28 外圆
X29.5		倒角
X29.98 Z-20.2		
Z-35.92		精加工ϕ30 外圆
X41		倒角 0.5×45°
X41.97 Z-36.5		
Z-47		精加工ϕ42 外圆
X50		退刀
G0 X80 Z100		退回到换刀点

M06 T0404	换 4 号刀，调用 4 号刀补
M03 S300	主轴正转，转速 300r/min
G0 X44 Z1	快速移动到中间点
G1 Z-35.92 F300	移动到切槽点
X29 F30	切槽
X44 F50	退刀
Z-45	到切断点
X17 F30	切断
X44 F50	退刀
G0 X80 Z100	退回到换刀点
M5	主轴停止
M30	程序结束

8.5.2　综合类零件的工艺处理及编程实例二(图 8.46)

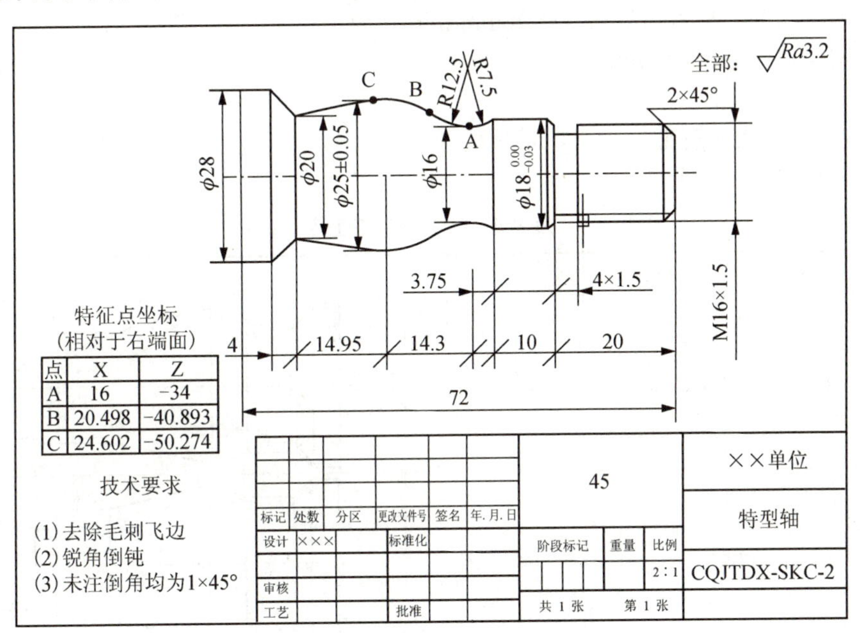

图 8.46　特型轴零件加工实例

1. 特型轴零件的特点

零件一般由各种圆弧和其他结构组成。其结构特点如下：

(1)外表特型面的形状精度和表面粗糙度要求比较高。

(2)由于圆弧形状各异，对刀具要求较高。

(3)零件伸出长度较长，切削量较大，易引起加工振动或扎刀现象。

2. 工艺分析

(1)毛坯选择

根据零件材料及几何形状,选择毛坯为ϕ45mm×60mm 的 45 钢。

(2)精度的保证措施

形状精度必须用刀具半径偏置和刀尖圆弧半径补偿功能；表面粗糙度必须在外表面均匀留出精加工余量后，通过一次走刀完成。

3. 振动的控制

(1) 尽量控制工件的伸出长度，如果较长，必须钻中心孔，采用一夹一顶的方式加工。

(2) 优化粗加工和半精加工路线，最终保证在外表面有均匀的精加工余量。

4. 刀具的选择

(1) 外圆粗车使用硬质合金尖头刀，副偏角>25°，安装到 1 号刀位。

(2) 外圆半精车、精车使用硬质合金尖头刀，副偏角>28°，安装到 2 号刀位。

(3) 硬质合金外螺纹车刀，安装到 3 号刀位。

(4) 硬质合金切断刀，主切削刃宽 3mm，安装到 4 号刀位，刀位点取左刀尖。

5. 切削用量选择

(1) 粗车外圆：S=500r/min，F=120mm/min，a_p=1.5mm。

(2) 精车、半精车外圆：S=800r/min，F=60mm/min，a_p =0.3mm。

(3) 切槽、切断：S=300r/min，F=20mm/min。

(4) 车削螺纹：S=300r/min。

6. 装夹

一次装夹中完成所有部位加工，最后切断。

7. 工艺过程(表 8-4)

表 8-4　特型轴加工工序

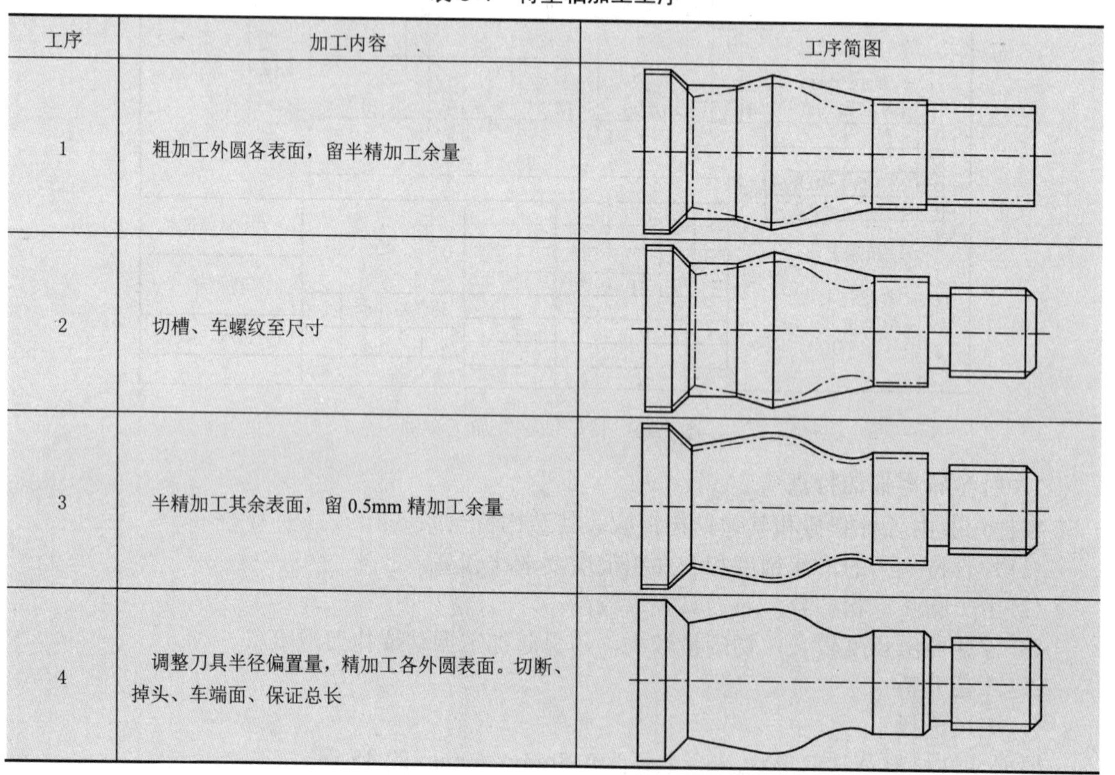

工序	加工内容	工序简图
1	粗加工外圆各表面，留半精加工余量	
2	切槽、车螺纹至尺寸	
3	半精加工其余表面，留 0.5mm 精加工余量	
4	调整刀具半径偏置量，精加工各外圆表面。切断、掉头、车端面、保证总长	

8. 加工程序

加工程序省略，读者可先在仿真软件中模拟成功后再进行实际加工。

8.6 数控车工创新训练

读者可从自身专业出发，自行设计一个零件或部件(该零件的其他形状也可通过其他工种进行加工)，零件加工完成后应从外观形状、尺寸精度、表面粗糙度、加工成本与工艺过程等各方面对其进行分析，总结优缺点，对不足之处提出改进措施，并写出心得与体会。

注意事项：在设计形状时一定要与相关工种的指导教师协商，确认其结构的合理性和加工的成本控制；数控程序必须通过数控仿真软件或CAM软件进行仿真后才能进入加工阶段；在生产过程若遇到问题也要及时请教指导教师，避免发生不必要的事故。

8.7 数控车床安全技术操作规程

(1) 进入数控实训场地后，应服从指导教师安排，听从指挥，不得擅自操作数控机床。

(2) 不得在实训现场嬉戏、打闹或进行任何与实训无关的活动，以保证实训的正常、有序进行。

(3) 使用数控车床之前，应仔细查看车床各部分结构是否完好，检查车床各手柄位置是否正常，传动带及防护罩是否装好，各润滑部位油量是否充足。工作前慢车启动，空转数分钟，观察车床是否有异常。

(4) 操作数控系统前，应检查散热风扇是否运转正常，应保证良好的散热效果。

(5) 操作数控系统时，对按键及开关的操作不得太用力，应防止损坏。

(6) 安装工件要放正、夹紧，安装完毕后应立即取出卡盘扳手；装卸大工件要用木板保护机床导轨。

(7) 刀具安装要放正、夹紧。

(8) 带好防护眼镜，工作服要扎好袖口，长发应卷入工作帽中，不准戴手套及穿高跟鞋工作。

(9) 数控车床的加工程序应经过仿真验证，然后由指导教师确认后方可使用，以防止事故发生。

(10) 自动运行后不能随便改变主轴转速；不能打开车床防护门；不能测量尺寸和触摸工件；切削加工时要精力集中，以防止事故的发生。

(11) 数控车床的加工虽属自动运行，但不属无人加工性质，仍然需要操作者监控，不允许随意离开岗位。

(12) 若发生事故应立即按下急停按钮并关闭电源，保护现场，及时报告指导教师。

(13) 实训结束后应清除切屑，擦拭机床，加油润滑，清扫和整理现场。

第 9 章　数控铣及加工中心

教学目的　数控铣及加工中心与数控车削一样在数控加工的环节上占有极其重要的地位。通过本章的学习要求读者掌握数控铣及加工中心基本加工常识和技能，加强加工工艺基本理论与实践技能的结合。

该内容尤其在培养学生对所学专业知识综合应用能力、认知素质和学科竞赛零件加工制造与工艺编制等方面是不可缺少的重要环节，同时也为以后学习《数控加工技术》理论课程打下基础。

教学要求

(1)掌握数控铣床与数控车床加工的区别。

(2)了解数控铣床的型号、用途及各组成部分的名称与作用。

(3)掌握数控铣床常用刀具、主要附件的结构和应用。

(4)能熟练操作数控铣床的开启、关闭及操作面板的使用方法。

(5)能正确安装刀具、工件和对刀操作。

(6)能读懂简单数控铣床零件的加工程序。

(7)掌握数控铣及加工中心的安全操作规程。

9.1　数控铣及加工中心生产工艺过程、特点和加工范围

9.1.1　数控铣削生产工艺过程

1. 数控铣床概述

数控机床就是采用了数控技术的机床，简称 NC。数控机床将零件加工过程所需的各种操作(如主轴变速、主轴启动和停止、松夹工件、进刀退刀、冷却液开或关等)和步骤以及刀具与工件之间的相对位移量都用数字化的代码来表示，由编程人员编制成规定的加工程序，输入计算机控制系统，由计算机对输入的信息进行处理与运算，发出各种指令来控制机床的运动，使机床自动地加工出所需要的零件(图 9.1)。现代数控机床综合应用了微电子技术、计算机技术、精密检测技术、伺服驱动技术以及精密机械技术等多方面的最新成果，是典型的机电一体化产品。

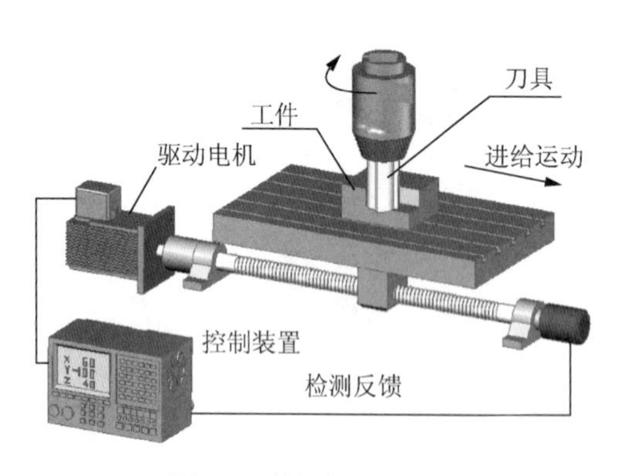

图 9.1　数控加工示意图

2. 数控铣削生产工艺过程

一个零件的制造过程一般要经过毛坯生产—热处理—粗加工—半精加工—精加工—表面处理等多道工序。在数控铣床上加工的零件，

往往处于切削加工的后期，即半精加工或精加工阶段，因此，其加工成本大幅提高。数控铣床加工需要经过以下流程(图9.2)。

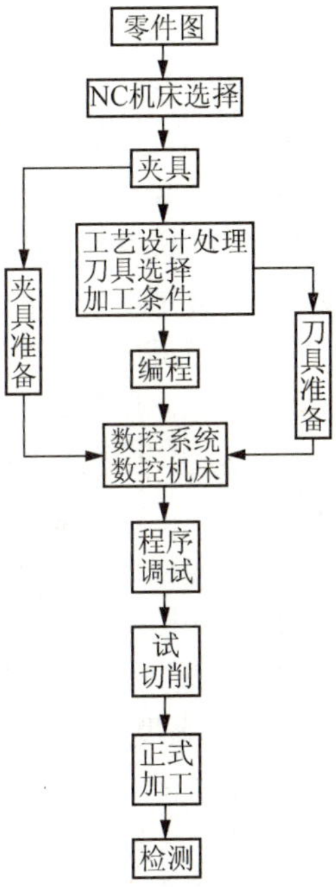

1)准备阶段

根据加工零件的图纸，确定有关加工数据(刀具轨迹坐标点、加工的切削用量、刀具尺寸信息等)，根据工艺方案，进行夹具选用、刀具类型选择等确定有关其他辅助信息和相关准备。

2)编程阶段

根据加工工艺信息，用机床数控系统能识别的语言编写数控加工程序，程序就是对加工工艺过程的描述，并填写程序单。

3)程序输入

根据已编好的程序通过键盘或其他输入方式输入数控系统。目前，随着计算机网络技术的发展，可直接由计算机通过网络与机床数控系统通信(DNC)。

4)加工阶段

当执行程序时，机床数控系统将程序译码、寄存和运算，向机床伺服机构发出运动指令，以驱动机床的各运动部件，自动完成对工件的加工。

零件图
NC机床选择
夹具
工艺设计处理
刀具选择
加工条件
夹具准备
刀具准备
编程
数控系统
数控机床
程序调试
试切削
正式加工
检测

图9.2　数控加工流程图

由此，数控机床就完成了普通机床中由人来进行的操作。不过，尺寸精度和形状精度等加工质量的好坏与操作人员编制的程序和夹具、刀具以及调试操作有极大的关系。因为数控机床不是通过人的双手来操作的，所以程序的编制以及完善的器具准备和调试都显得很重要。

9.1.2　数控铣床的类型、特点和功能

1. 常见数控铣床的类型

数控铣床的种类较多(图9.3)。按主轴的空间位置可以分为立式数控铣床、卧式数控铣床、立卧两用数控铣床以及功能强大的数控龙门铣床。

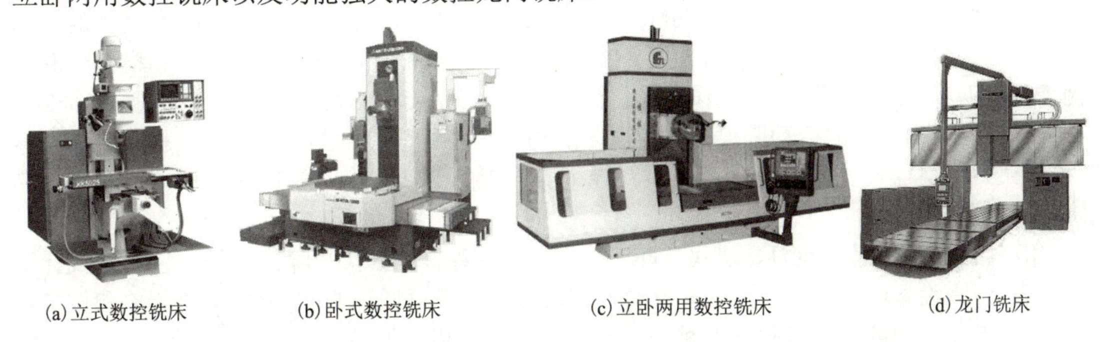

(a)立式数控铣床　(b)卧式数控铣床　(c)立卧两用数控铣床　(d)龙门铣床

图9.3　常见数控铣床类型

2. 数控铣床的特点

数控铣床是现代制造业中重要的装备，与传统的切削机床比较，在性能和功能上都发生了很大的改变，相比之下有以下一些特点：

(1)机床的主体刚度高、传动机构简单。数控机床采用了具有高刚度、较小热变形、良好的抗振和承载能力，满足了数控机床连续加工、大功率切削的需要。广泛地采用了高性能的

主轴伺服系统和进给驱动装置，使数控机床的传动链缩短，简化了机械传动体系的结构，使传动精度高，运动平稳。

(2) 加工精度高、质量稳定。数控机床的脉冲当量一般为 0.001mm，高精度的数控机床可达 0.0001mm，运动分辨率远高于普通机床。另外，数控机床具有位置检测装置，可将移动部件的实际位移量或丝杠、伺服电动机的转角反馈到数控系统，并进行补偿，因此，可获得比机床本身精度还高的加工精度。

数控机床加工零件的质量由机床保证，无人为操作误差的影响，所以同一批零件的尺寸一致性好，质量稳定。

(3) 工艺复合化和功能集成化。可以进行铣、镗、钻、攻螺纹等工序的复合加工，可以实现多面加工，可以实现多达六轴的联动进行复杂零件加工。

为实现更多功能集成化的要求，有的还带有自动刀具测量装置、刀具破损及寿命监控装置、工件检测装置和精度监控装置等。这些复合加工功能和多功能的结构和装置，其控制都与机床数控系统密切相关，在应用中两者相互促进、不断发展。

(4) 高度的柔性。所谓柔性即“灵活、可变”，是相对“刚性”的组合机床和专用机床而言的。而采用数控机床，当加工对象改变后，只需变换加工程序、调整刀具参数等，生产准备周期大大缩短，故特别适用于多品种、中小批量和复杂型面的零件加工。它对企业在激烈的市场竞争中不断开发新产品发挥了很大的作用。

(5) 能加工复杂型面。因数控机床能实现多坐标联动，而容易实现许多普通机床难以完成或无法加工的空间曲线、曲面。因此，数控机床首先在航空、航天、军工等领域得到应用，并在复杂型面的模具加工中得到广泛应用。

(6) 加工生产效率高。数控机床能够减少零件加工所需的机动时间与辅助时间。数控机床的主轴转速和进给量的范围比普通机床的范围大，良好的结构刚性允许数控机床进行大切削用量的强力切削甚至高速切削，从而有效地节省了机动时间。数控机床移动部件在定位中均采用了加速和减速措施，并可选用很高的空行程运动速度，缩短了定位和非切削时间。对于复杂的零件可以采用计算机辅助编程，而零件又往往安装在简单的定位夹紧装置中，从而加速了生产准备过程，尤其是在使用带有刀库和自动换刀装置的数控加工中心机床时，工件往往只需进行一次装夹就能完成所有的加工工序，减少了半成品的周转时间，生产效率的提高更为明显。此外，数控机床能进行重复性操作，尺寸一致性好，减少了次品率和检验时间。由于数控机床加工零件不需手工制作靠模、凸轮、钻模板等专用工装，使生产成本进一步降低。

(7) 减轻了操作者的劳动强度。数控机床的动作是由程序控制的，操作者一般只需装卸零件和更换刀具并监视机床的运行，从而减轻了操作者的劳动强度、实现加工自动化和操作简单化。

(8) 具有故障诊断的能力。现代 CNC 系统一般具备软件查找故障的功能，包括查找计算机本身和外围设备的故障。计算机本身和外围设备的故障可通过 CRT 上显示的菜单和按键自动地查找出来，并能诊断出故障的种类，极大地提高了检修的效率。

(9) 监控功能强。CNC 的计算机不仅控制机床的运动，而且可对机床进行全面监控。例如，可对一些引起故障的因素提前报警，有效地预防一些故障的发生。

3. 数控铣床加工的功能

各种类型数控铣床所配置的数控系统虽然各有不同，但各种数控系统的功能除一些特殊功能不尽相同外，其主要功能基本相同。

(1) 点位控制功能。可以实现对相互位置精度要求很高的孔系加工。

(2) 连续轮廓控制功能。可以实现直线、圆弧的插补功能及非圆曲线的加工。

(3) 刀具半径偏置功能。可以根据零件图样的标注尺寸来编程，而不必考虑所用刀具的实际半径尺寸，从而减少编程时的复杂数值计算。

(4) 刀具长度偏置功能。可以自动偏置刀具的长短，以适应加工中对刀具长度尺寸调整的要求。

(5) 比例及镜像加工功能。可将编好的加工程序按指定比例改变坐标值来执行。镜像加工又称轴对称加工，如果一个零件的形状关于坐标轴对称，那么只要编出一个或两个象限的程序，而其余象限的轮廓就可以通过镜像加工来实现。

(6) 旋转功能。可将编好的加工程序在加工平面内旋转任意角度来执行。

(7) 子程序调用功能。有些零件需要在不同的位置上重复加工同样的轮廓形状，将这一轮廓形状的加工程序作为子程序，在需要的位置上重复调用，就可以完成对该零件的加工。

(8) 宏程序功能。可用一个总指令代表实现某一功能的一系列指令，并能对变量进行运算，使程序更具灵活性和方便性。

9.1.3　数控铣床的加工范围

数控铣削主要适用于下列几类零件的加工。

1. 平面类零件

平面类零件是指加工面平行或垂直于水平面，以及加工面与水平面的夹角为一定值的零件，这类加工面可展开为平面。图 9.4 所示的三个零件均为平面类零件。其中，图 9.4(a) 中曲线轮廓面 A 垂直于水平面，可采用圆柱立铣刀加工。图 9.4(b) 中凸台侧面 B 与水平面成一定角度，这类加工面可以采用专用的角度成形铣刀或者采用仿型铣刀加工。图 9.4(c) 中曲面 C，在工件尺寸不大时，可以用斜板垫平后加工；工件尺寸较大时，常采用行切加工法加工，这时会在加工面上留下每次行切间的刀具残留痕迹，要用钳修方法加以清除，这就对工人的技术要求较高，且需要的时间较长。

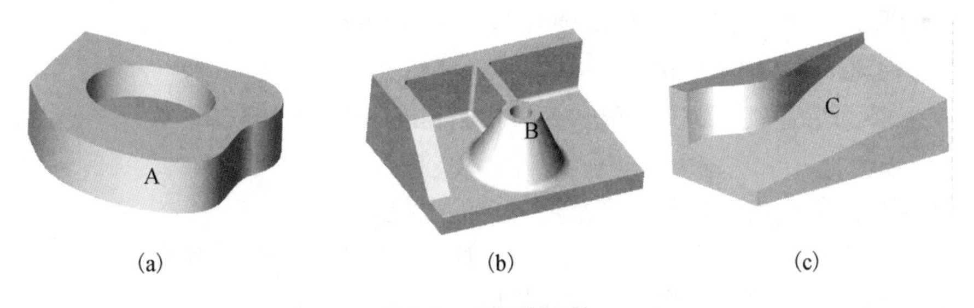

图 9.4　平面类零件

2. 直纹曲面类零件

直纹曲面类零件是指由直线依某种规律移动所产生的曲面类零件。如图 9.5 所示零件的加工面就是一种直纹曲面，当直纹曲面从截面 (1) 至截面 (2) 变化时，其与水平面间的夹角从 3°10′ 均匀变化为 2°32′，从截面 (2) 到截面 (3) 时，又均匀变化为 1°20′，最后到截面 (4)，斜角均匀变化为 0°。直纹曲面类零件的加工面不能展开为平面。

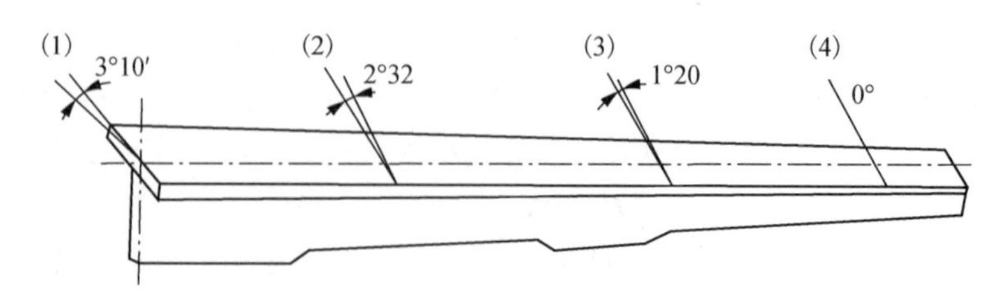

图 9.5　直纹曲面类零件

当采用四坐标或五坐标数控铣床加工直纹曲面类零件时，加工面与铣刀圆周接触的瞬间为一条直线，这时加工出来的零件表面粗糙度较好。当然，这类零件也可在三坐标数控铣床上采用行切加工法实现近似加工。

3. 立体曲面类零件

加工面为空间曲面的零件称为立体曲面类零件。这类零件的加工面不能展成平面，一般使用球头铣刀切削，加工面与铣刀始终为点接触，若采用其他刀具加工，容易产生干涉而伤及邻近表面。加工立体曲面类零件一般使用三坐标数控铣床，常采用行切法(图 9.6)和三坐标连动法加工(图 9.7)。

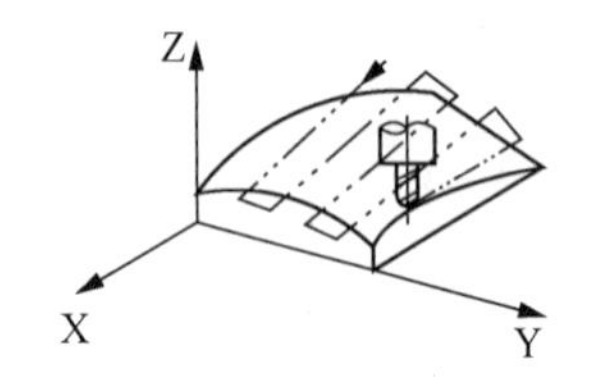

图 9.6　行切法加工

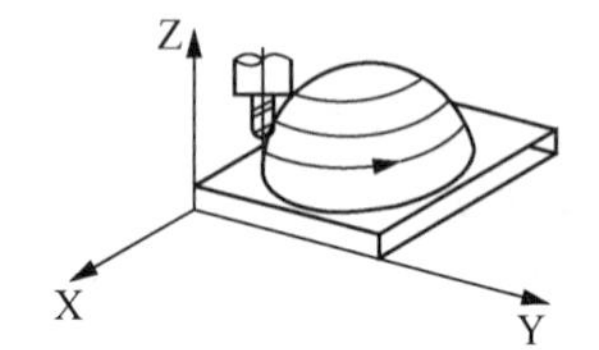

图 9.7　三坐标连动法加工

9.1.4　加工中心的基本特点

加工中心作为一种高效、多功能机床，在有自动换刀功能的基础上还可以增加回转工作台或者分度头，使其制造工艺与传统工艺及普通数控铣削加工有很大不同，随着加工中心自动化程度的不断提高和工具系统的发展使其工艺范围不断扩展。

加工中心相对于普通的数控机床具有以下一些特征：

(1)有自动换刀装置(包括刀库和机械手)，能实现工序之间的自动换刀，这是加工中心的结构性标志。

(2)三坐标以上的全数字控制，多采用高挡的数控系统。

(3)多工序的功能，能一次装夹完成多道工序，一般应有回转工作台。

(4)可配置自动更换的双工作台，实现机床上、下料自动化。

现代加工中心更大程度地使工件一次装夹后，实现多表面、多特征、多工位的连续、高效、高精度加工。

(5)有较完善的刀具自动交换(ATC)和管理系统。工件在加工中心类机床上一次安装后，能自动换刀，完成或者接近完成工件各面的加工工序。具有带刀库的自动换刀装置是加工中心所必需的，由刀库和刀具交换机构组成。加工中心的刀库常见的有盘式和链式两种，如图 9.8 和图 9.9 所示。

换刀方式可以分成直接交换和采用机械手进行刀具交换。直接交换是通过刀库和主轴的相对运动实现，其结构简单、换刀时间长、减少了工作台的使用面积；机械手换刀灵活、动作快、结构简单，在加工中心上应用最广泛(图 9.10)。换刀机械手有单臂式、双臂式、回转式和轨道式等。由于双臂式机械手换刀时，可在一只手臂从刀库中取刀的同时，另一只手臂从机床主轴上拔下已用过的刀具，这样既可缩短换刀时间又有利于使机械手保持平衡，所以被广泛采用。

图 9.8　盘式刀库

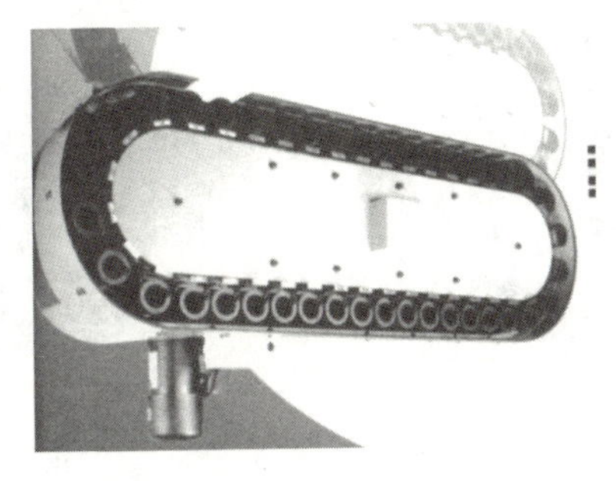

图 9.9　链式刀库

图 9.10　换刀装置

(6) 有工件自动交换、工件夹紧与放松机构。加工中心中最为常见的换料装置是托盘交换器(Automatic Pallet Changer，APC)，它不仅是加工系统与物流系统间的工件输送接口，也起物流系统工件缓冲站的作用。托盘交换按其运动方式有回转式和往复式两种，如图 9.11 和图 9.12 所示。托盘交换器在机床单机运行时是加工中心的一个辅件。

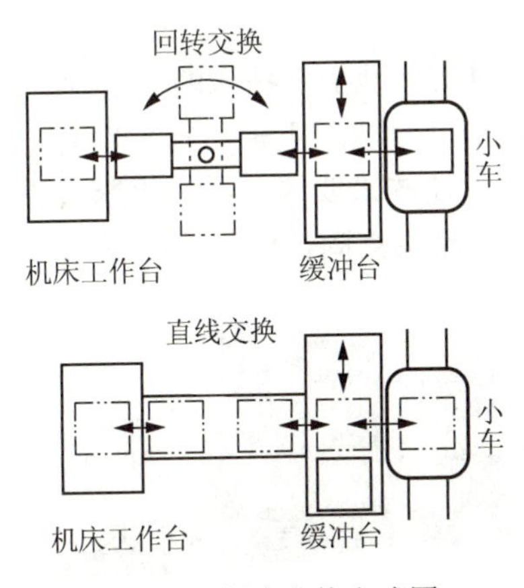

图 9.11　托盘交换方式图

图 9.12　具有工作台交换装置的加工中心

(7) 采用全封闭罩壳。由于数控机床是自动完成加工，为了操作安全等，一般采用移门结构的全封闭罩壳，对机床的加工部位进行全封闭。

9.1.5　各种加工中心的种类及功能特点

1. 立式加工中心

立式加工中心的优点是：装夹工件方便、便于操作、找正容易、宜于观察切削情况、调试程序容易、占地面积小及应用广泛等(图 9.13)。但它受立柱高度及 ATC(自动交换刀具)的限制，不能加工太高的零件，也不适合加工箱体等零件。

2. **卧式加工中心**

一般情况下，卧式加工中心比立式加工中心复杂、占地面积大，有能精确分度的数控回转工作台，可实现对零件的一次装夹多工位加工，适合于加工箱体类零件及大型模具型腔(图9.14)。但在调试程序及试切时不宜观察、生产时不宜监视、装夹不便、测量不便及加工深孔时切削液不易到位(若没有用内冷却钻孔装置)等缺点。

图 9.13　立式加工中心

图 9.14　卧式加工中心

3. **带 APC 的加工中心**

立式加工中心、卧式加工中心都可带有 APC 装置，交换工作台可有两个或多个(图 9.15)。在有的制造系统中，工作台在各机床上通用，通过自动运送装置，工作台带着装夹好的工件在车间内形成物流，因此，这种工作台也称为托盘。因为装卸工件不占加工时间，其自动化程度和效率也更高。

4. **复合加工中心**

复合加工中心兼有立式和卧式加工中心的功能或者具有其他加工技术的功能(图 9.16)。复合加工中心一般具有五轴联动以及五面加工功能，均能同时实现主轴回转、摆动，工作台倾斜、回转、摆动等功能。复合加工中心工艺范围更广，使本来要两台不同机床完成的任务在一台上就能实现，由于没有二次装夹定位的误差，使其精度更高，但价格昂贵。

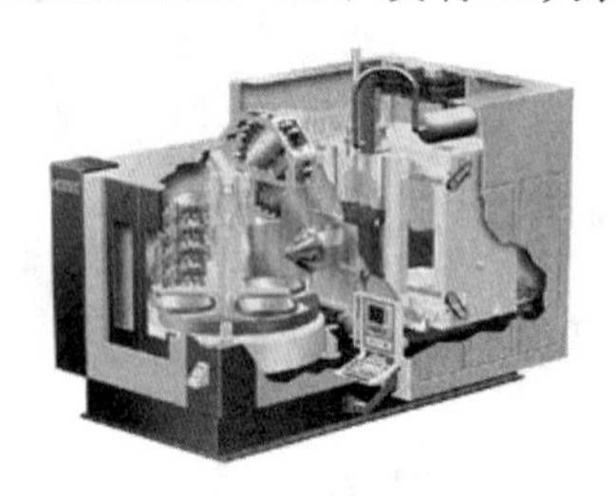

图 9.15　四托盘加工中心

图 9.16　复合加工中心

5. **龙门式加工中心**

龙门式加工中心的形状与数控龙门铣床相似，工作台位于两立柱之间(图 9.17)。龙门加工中心的主轴多为垂直设置，除自动换刀装置以外，还带有可以更换主轴头附件，数控装置的功能比较齐全，具有多种加工功能，尤其适用于大型、复杂零件的加工。

6. **虚拟轴机床**

虚拟轴机床是当今世界上近几年兴起的一类并联闭链对称结构加工机床，它与传统数控机床的笛卡儿坐标没有一一对应的关系，任意坐标的运动轨迹是通过杆系之间的相关运动而实现的，俗称六杆机床，也称为并联结构机床。变革了数控机床的固定模式，在技术上成功地实现了创新与突破，有广泛的应用前景。可选用各种铣刀对平面、沟槽、曲线、曲面、复杂异形件、螺旋类复杂零件、模具等进行高速、高精度加工。图 9.18 为我国自行研制和制造的龙门虚拟轴(并联、串联混合式)机床，该机床可使刀具相对工件具有 X、Y、Z、A 四个自由度，实现四轴联动，其中 Y、A、Z 为虚轴。

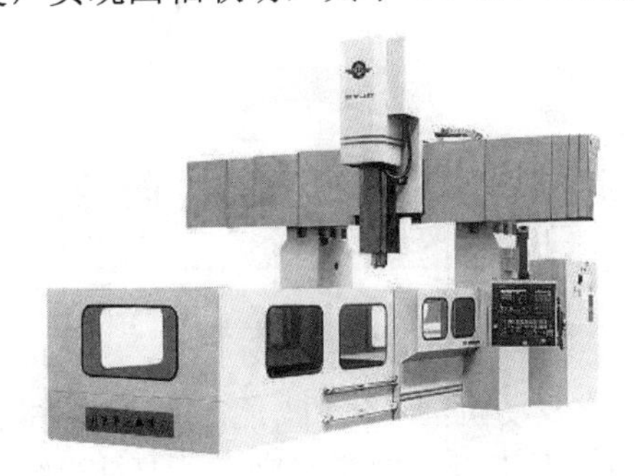

图 9.17　龙门式加工中心

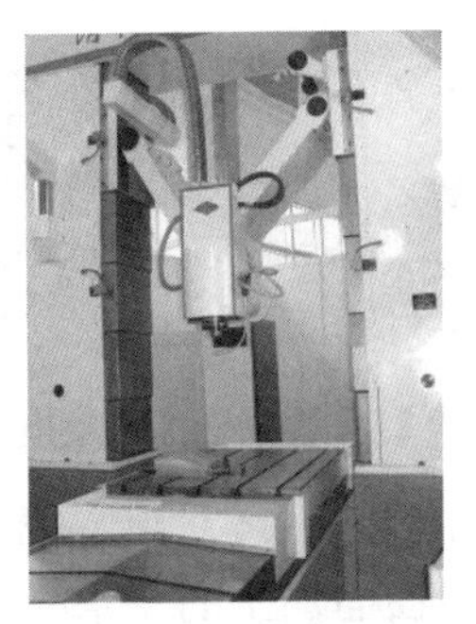

图 9.18　虚拟轴机床

9.1.6　加工中心的加工范围

1. 箱体类零件

箱体类零件是指具有一个以上的孔系，内部有一定型腔，在长、宽、高方向有一定比例的零件。该类零件在汽车、摩托车、机械、飞机、军工等行业应用较多，如汽车、摩托车的发动机缸体，机床主轴箱等。图 9.19 为摩托车的发动机曲轴箱体。

箱体类零件的精度要求较高，特别是形状和位置精度较严格，通常要经过铣、钻、扩、镗、铰、锪、攻螺纹等工序，需要的刀具较多，在普通机床上有加工难度大、工装套数多、精度不易保证、加工周期长、成本高等缺点。

由于加工中心具有自动换刀装置等特点，使得工件在一次装夹后可以完成在不同面上的平面铣削和孔系的加工。如果在具备五面体加工能力的机床上加工，还可一次安装后完成除装夹面以外的五个面加工。

正是因为加工中心的这些优点，使得零件在加工中心上一次装夹就可完成普通机床的 60%～95%的工序内容，零件的各项精度一致性好、质量稳定、生产周期短、降低了生产成本。

2. 复杂曲面

主要是指加工面由复杂曲线、曲面组成的零件。该类零件在加工时，需要多坐标联动加工，这在普通机床上是难以甚至无法完成的，加工中心是加工这类零件最有效的设备。最常见的有以下几类零件：

(1) 凸轮类。这类零件有各种曲线的盘形凸轮、圆柱凸轮、圆锥凸轮和端面凸轮等，加工时可根据凸轮表面的复杂程度，选用三轴、四轴或五轴联动的加工中心(图 9.20)。

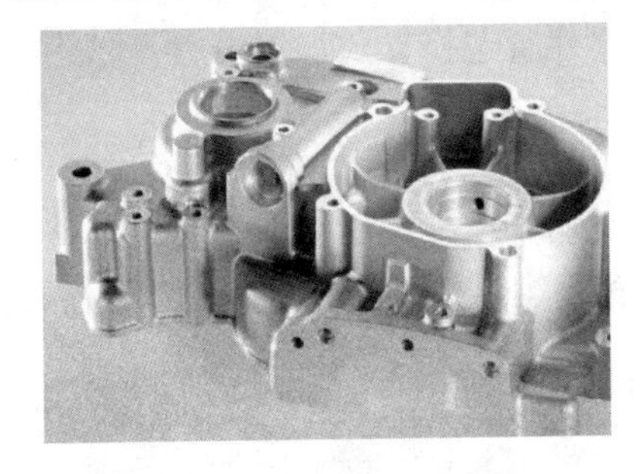

图 9.19　摩托车的发动机曲轴箱体

图 9.20　圆柱凸轮类零件

(2)模具类。常见的模具有锻压模具、铸造模具、注塑模具及橡胶模具等(图 9.21 和图 9.22)，由于工序高度集中，动模、静模等关键件基本上可在一次安装中完成全部的机加内容、尺寸累计误差及修配工作量小。同时，模具的可复制性强、互换性好。

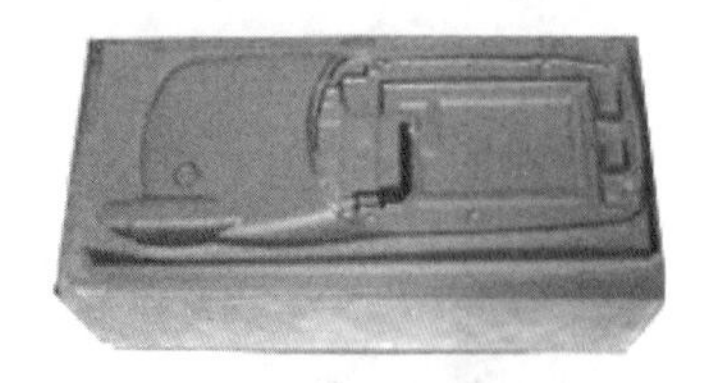

图 9.21　手机外壳注塑模具

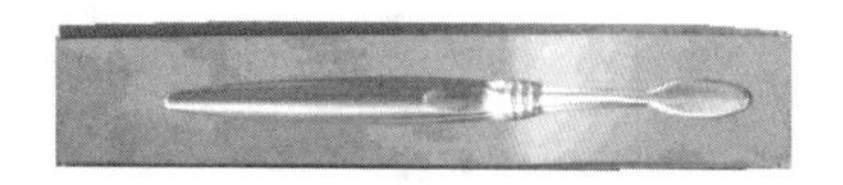

图 9.22　咖啡勺模具

(3)整体叶轮类。整体叶轮常见于空气压缩机、航空发动机的压气机、船舶水下推进器等，它除具有一般曲面加工的特点外，还存在许多特殊的加工难点，如通道狭窄，刀具很容易与加工表面和邻近曲面产生干涉。图 9.23 所示为轴向压缩机涡轮，它的叶面是一个典型的三维空间曲面，加工这样的型面，可采用四轴以上联动的加工中心。

3. 外形不规则的异形零件

异形零件是指支架、拨叉这一类外形不规则的零件，大多要点、线、面多工位混合加工。如图 9.24 所示的连接架。一般异形零件的刚性较差，装夹和压紧以及切削变形难以控制，加工精度不易保证。在普通机床上通常采取工序分散的原则加工，需用工装较多，周期较长。此时可发挥加工中心多工位点、线、面混合加工的特点，通过一到两次的装夹完成大部分甚至全部工序内容。

图 9.23　轴向压缩机涡轮

图 9.24　连接架

4. 盘、套、板类零件

这类零件端面上有平面、曲面和孔系，径向也常分布一些径向孔，例如，带法兰的轴套、带有键槽或方头的轴类零件、各种机壳盖等(图 9.25 和图 9.26)。

通常加工部位集中在单一端面上的盘、套、板类零件宜选择立式加工中心，加工部位不是位于同一方向表面上的零件宜选择卧式加工中心。

5. 加工精度较高的中小批量零件

针对加工中心的加工精度高、尺寸稳定的特点，对加工精度较高的中小批量零件，选择加工中心加工，容易获得所要求的尺寸精度和形状位置精度，并可得到很好的互换性。

6. 新产品试制中的零件

在新产品定型之前，需要经过反复的试验和改进。利用加工中心独特的“柔性”加工特点，可省去许多通用机床加工所需的试制工装。当零件被修改时，只需修改相应的程序并适当地调整夹具、刀具即可，大大地节省了费用，缩短了试制周期。

7. 特殊加工

在加工中心上配合一定的工装和专用工具就可完成一些特殊的工艺内容。例如，在金属表面上刻字、刻图案；在加工中心的主轴上安装高频电火花电源，可对金属表面进行线扫描表面淬火；在加工中心上利用增速刀柄装夹高速磨头，可进行各种曲线、曲面的磨削等。

图 9.25　板类零件

图 9.26　盘类零件

9.2　数控系统及编程基础

9.2.1　数控铣床的组成

现代数控铣床的组成和其他数控设备一样主要由数控系统、伺服系统和机床本体组成(图 9.27)。

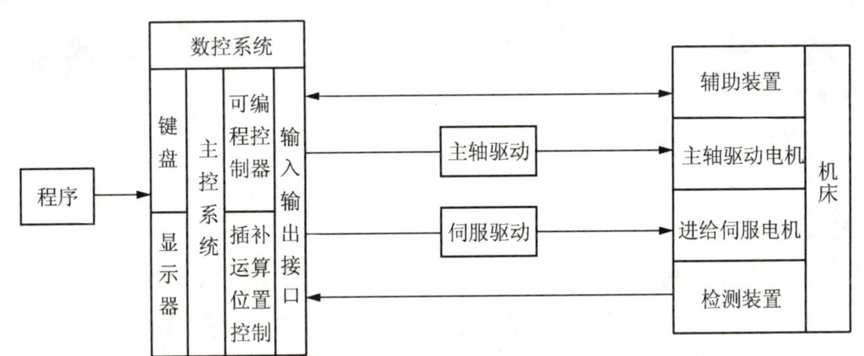

图 9.27　数控机床的组成

1. 数控系统

即机床的数字控制系统，系统自动阅读输入载体上信息、自动译码、输出符合指令的脉冲，控制机床运动。

现代的数控系统包括控制介质和阅读装置、输入和存储装置、主控系统、可编程控制器、输入输出接口、显示与操作装置等组成的一个完整的控制系统，这些装置在相关软件的支持下实现对机床的控制。数控系统所控制的一般对象是位置、角度、速度，以及压力和流量等。其控制方式可以分为数据运动控制和时序逻辑控制两大类。其中主控制器内的插补运算模块就是进行相应的刀具轨迹插补运算和对刀具运动的控制。其时序控制主要由可编程序控制器

PLC 完成，在运行过程中，按照预定的逻辑顺序进行刀具更换、主轴起停和变速、零件的夹紧和装卸、切削液控制等 S、M、T 功能信息的控制和面板信号的控制和处理，使机床各部件有条不紊按序工作。

在国内比较有影响的数控装置有 NC-110（蓝天）、HNC 系统（华中）、SINUMERIK 系统（德国）、FUNAC 系统（日本）。

2. 伺服系统

伺服系统包括伺服驱动电机、驱动控制系统和位置检测反馈装置等，它是数控系统的执行部分。它的作用是把来自数控装置的脉冲信号转换成机床移动部件的运动，每一个脉冲信号使机床移动部件的位移量称为脉冲当量（也称为最小设定单位）。常用的脉冲当量为 0.001mm/脉冲。每个进给运动的执行部件都有相应的伺服驱动系统，整个机床的性能主要取决于伺服系统。

常用伺服驱动电机（图 9.28）有：步进电机、交流伺服电机和直线电机。

驱动控制系统则是伺服电机的动力源。不同类型的伺服电机配置不同的驱动控制。

检测反馈装置的作用是对机床的实际运动速度、方向、位移量以及加工状态加以检测，把检测结果转化为电信号反馈给数控装置，通过比较，计算出实际位置与指令位置之间的偏差，并发出纠正误差指令。检测反馈系统可分为半闭环和闭环两种系统。位置检测主要使用感应同步器、磁栅、光栅（图 9.29）、激光测距仪等。

伺服系统的控制方式按伺服系统控制的不同方式，可以分为开环伺服控制、半闭环伺服控制和闭环伺服控制，对应的也可以分为开环数控机床、半闭环数控机床和闭环数控机床。

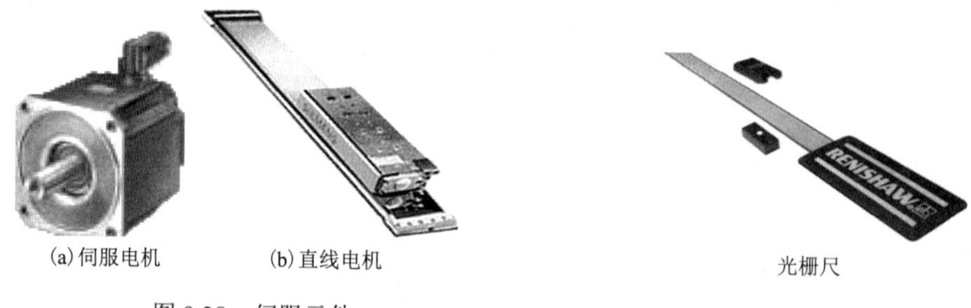

(a) 伺服电机　　(b) 直线电机　　光栅尺

图 9.28　伺服元件　　图 9.29　检测元件

3. 机床本体

它指的是数控机床机械结构实体。它与传统的普通机床相比较，同样由主传动机构、进给传动机构、工作台、床身以及立柱等部分组成，也包括 ATC 刀具自动交换机构、APC 工件自动交换机构、工件夹紧放松机构、回转工作台、液压控制系统、润滑装置、切削液装置、排屑装置、过载与限位保护功能等部分。机床加工功能与类型不同，所包含的部分也不同。数控机床的整体布局、外观造型、传动机构、刀具系统及操作机构等方面都发生了很大的变化。

进给传动采用高效传动件，具有传动链短、结构简单、传动精度高等特点，一般采用滚珠丝杠副、直线滚动导轨副和采用直接驱动的直线驱动系统。

滚珠丝杆螺母副是回转运动和直线运动相互转换的装置，在一般的数控铣床上和加工中心上广泛的使用（图 9.30（a））。其结构特点是在具有螺旋槽的丝杆和螺母之间装有滚珠作为中间传动元件，减小了摩擦。其优点是摩擦系数小、传动效率高、灵敏性高、传动平稳、随动精度和定位精度高、磨损小、精度保持性好、运动具有可逆性。

为了提高进给系统的快速响应特性，现在的一般铣床和加工中心上往往采用塑料导轨和直线滚动导轨(图 9.30(b))；在高挡的加工中心上采用直线电机驱动系统，具有更高的高速响应特性和高的精度(避免了机械传动系统引起的误差)，具有更高的稳定性。

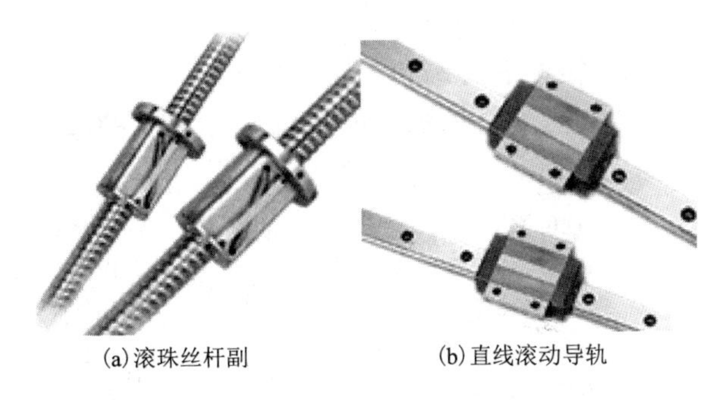

(a)滚珠丝杆副　　(b)直线滚动导轨

图 9.30　进给传动部件

9.2.2　常见程序指令

由于数控铣床和加工中心比数控车床多一个 Y 坐标，因此，对于 G00、G01 指令只需在格式中加一个 Y 坐标即可，读者可参考数控车床的内容。本节只介绍 G02、G03 指令格式。

圆弧插补 G02、G03

功能：使刀具按照指令所设定的圆弧参数进行圆弧轨迹运动。G02 为顺时针圆弧插补；G03 为逆时针圆弧插补。

格式：SIMENS 的圆弧加工指令格式有 9 种之多；FANUC 与国内大部分系统有两种；出于通用性，本书只介绍最常用的两种编程格式，其余格式请读者查阅相关系统说明书。

(1)半径方式：G02(G03)X___Y___R___F__；(SIMENS 系统在格式中的 R 用 CR=代替)

(2)增量方式：G02(G03)X___Y___I___J___F__；

其中，X、Y 为圆弧终点坐标值；

R 为圆弧的半径。当圆弧的圆心角≤180°时，R 取正值；当圆弧的圆心角>180°时，R 取负值。

I、J 为从圆弧起点运动到圆心的增量坐标值；

注意：用 R 方式不能加工整圆；用 I、J 方式即可以加工整圆也可以加工圆弧；该格式只列举了 X、Y 平面的圆弧方式，对于其他平面的圆弧方式不再列举。

1. 编程举例 1：(I、J 和 R 的使用)

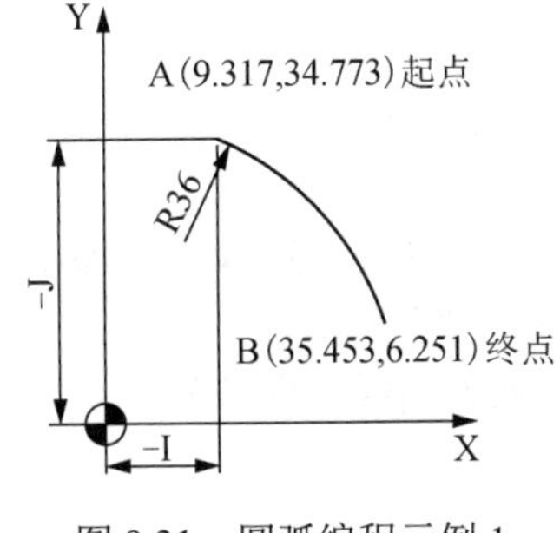

图 9.31　圆弧编程示例 1

图 9.31 使用绝对值方式编程的程序为：

```
G90 G02 X35.453 Y6.251 I-9.317 J-34.773 F200;
或 G90 G02 X35.453 Y6.251 R36 F200; FANUC 系统
(G90 G02 X35.453 Y6.251 CR=36 F200; SIMENS 系统)
```

如果其运动方向相反(即 B 点为起点，A 点为终点)的编程程序为：

```
G90 G03 X9.317 Y34.773 I-35.453 J-6.251 F200;
或 G90 G03 X9.317 Y34.773 R36 F200; FANUC 系统
(G90 G03 X9.317 Y34.773 CR=36 F200; SIMENS 系统)
```

2. 编程举例 2：(CR 正负的判断)

从图 9.32 可以看出，如果不考虑半径的正负，不论是路径 1 还是路径 2，从 A 点运动到 B 点的程序均为：G02 X32.078 Y-14 R35 F200；反之亦然。由此可见，该方式将会出现不唯一性，这是数控编程中所不允许的。因此，用半径方式编程必须根据圆弧圆心角的大小来确定格式。

路径 1 的程序为：G02 X32.078 Y-14 R-35 F200；(圆心角大于 180°)

路径 2 的程序为：G02 X32.078 Y-14 R35 F200；（圆心角小于 180°）

3. **编程举例** 3：（整圆的加工）

图 9.33 整圆的加工程序如下：（加工的起点在 1 点）

```
N10 G90 G00 G54 X0 Y0;      用绝对方式快速运动到圆心点
N20 M03 S600;               主轴以 600r/min 的速度正转
N30 G01 X-15 F300;          以 300mm/min 的切削进给速度运动到 1 点
N40 G02 I15;                用顺时针方式加工φ30mm 的圆
N50 G01 X0 F600;            返回到圆心点
N60 M30;                    程序结束并返回程序头
```

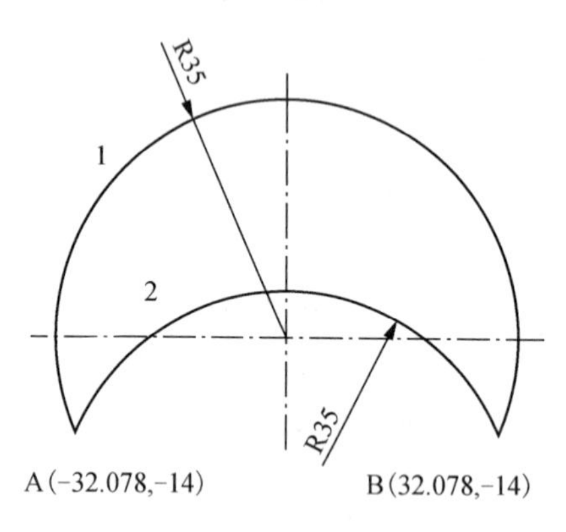

图 9.32　圆弧编程示例 2

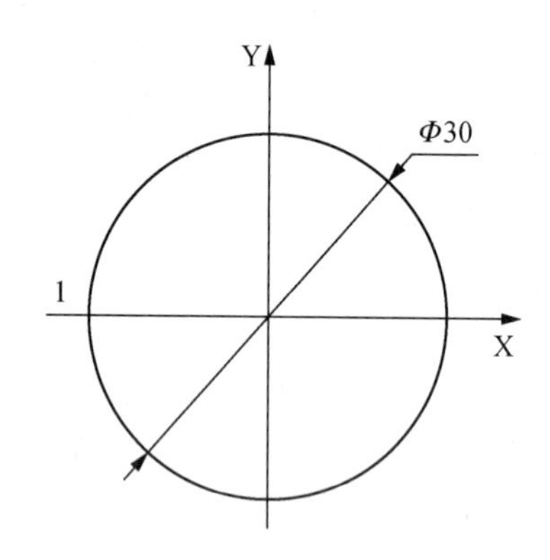

图 9.33　整圆编程示例 3

9.3　数控铣削加工工艺的制订

制订零件的数控铣削加工工艺是数控铣削加工的一项首要工作。数控铣削加工工艺制订的合理与否，将直接影响到零件的加工质量、生产效率和加工成本。数控铣削加工工艺分析所要解决的主要问题大致可归纳为以下几个方面。

9.3.1　选择并确定数控铣削加工部位及工序内容

在选择数控铣削加工内容时，应充分发挥数控铣床的优势和关键作用。主要选择的加工内容有：

(1) 工件上的曲线轮廓，特别是由数学表达式给出的非圆曲线与列表曲线等曲线轮廓，如图 9.34 所示的正弦曲线。

(2) 已给出数学模型的空间曲面,如图 9.35 所示的空间曲面。

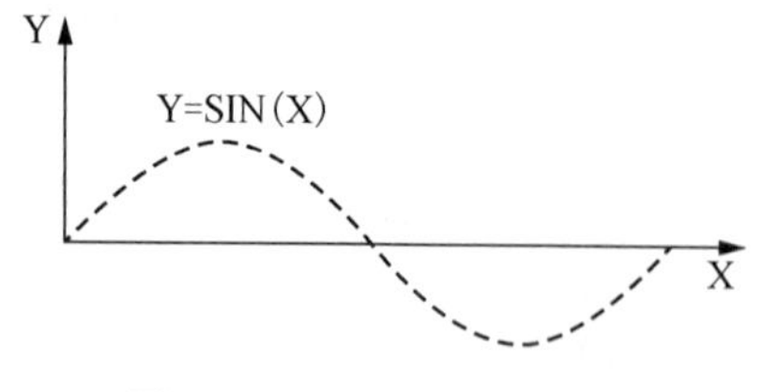

图 9.34　Y=SIN(X) 曲线图

图 9.35　空间曲面

(3) 形状复杂、尺寸繁多、划线与检测困难的部位。

(4) 用通用铣床加工时难以观察、测量和控制进给的内外凹槽。

(5) 尺寸相互协调的高精度孔和面。

(6) 能在一次安装中顺带铣出来的简单表面或形状。

(7) 用数控铣削方式加工后，能成倍提高生产率，大大减轻劳动强度的一般加工内容。

但对于下列类型的零件不适合选用数控铣削加工：

(1) 一些需粗加工的表面。

(2) 需长时间由人工调整(如以毛坯为粗基准定位划线找正)的粗加工表面。

(3) 按某些特定的制造依据(如样板、模胎、配作)加工的零件。

(4) 毛坯上的加工余量不太充分或不太稳定的部位及必须用细长铣刀加工的部位(如狭窄的深槽或高肋板小转接圆弧部位)。

(5) 必须用特定的工艺装备协调加工的零件。

9.3.2 零件图样的工艺性分析

根据数控铣削加工的特点，对零件图样进行工艺性分析时，应主要分析与考虑以下一些问题。

1. 零件图样尺寸的正确标注

由于加工程序是以准确的坐标点来编制的，因此，各图形几何元素间的相互位置关系应明确，各种几何元素的条件要充分，应无引起矛盾的多余尺寸或者影响工序安排的封闭尺寸等。

2. 统一内壁圆弧的尺寸

当工件被加工轮廓面的最大高度 H 较小，内壁转接圆弧半径 R 较大时(即 $R>0.2H$ 时)，可采用刀具切削刃长度 L 较小，直径 D 较大的铣刀加工，这样的优点是：底面的走刀次数较少，可保证良好的表面粗糙度(图 9.36)。反之，如 $R<0.2H$ 时，则工艺性较差(图 9.37)。

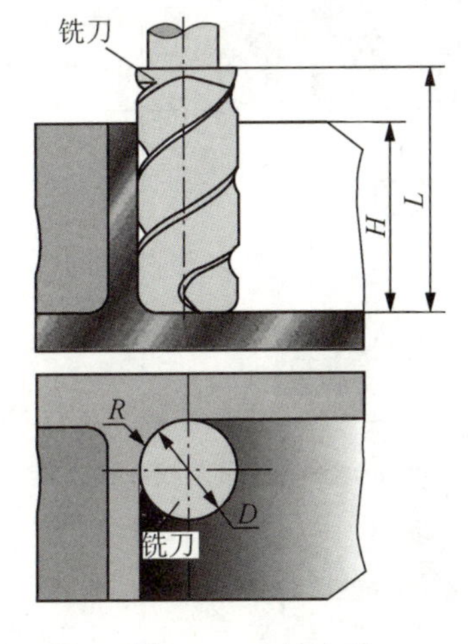

图 9.36 R 较大时

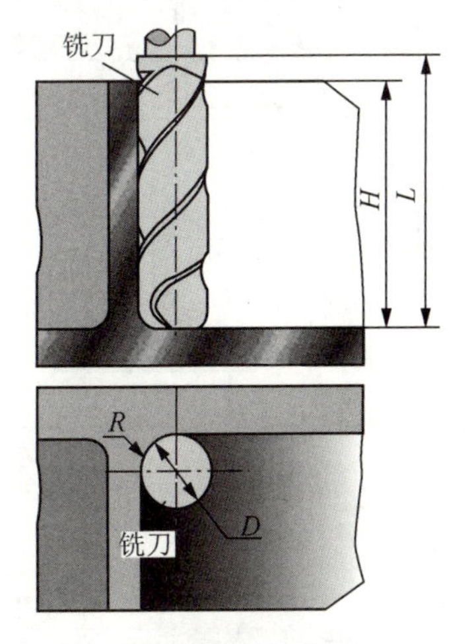

图 9.37 R 较小时

3. 分析零件的变形情况

铣削各类工件时，常常由于加工过程的切削力导致工件变形而影响加工质量的情况。这时，应根据具体情况采取诸如：粗、精加工分开，对称去余量法，合理的装夹方案，适当的热处理方法等，以减小此类变形带来的影响。

总之，加工工艺取决于产品零件的结构形状、尺寸和技术要求等，设计者在设计过程中一定要从制造的角度去考虑，以力求在保证产品功能的前提下使制造工艺最简化。表 9-1 给出了改进零件结构，提高工艺性的一些实例。

表 9-1　提高数控铣削零件加工工艺性实例

提高工艺性方法	改进前结构	改进后结构	说明
改进内壁形状	$R_2<(\frac{1}{5}\sim\frac{1}{6}H)$，$H$	$R_1>(\frac{1}{5}\sim\frac{1}{6}H)$，$H$	改进后可采用较高刚性刀具
统一圆弧尺寸	r_1，r_2，r_3，r_1	r，r，r，r	改进后可减少刀具数量和更换刀具次数，减少辅助时间
选择合适的圆弧半径 R 和 r	R	ϕd，R	改进后可提高生产效率
用两面对称结构			可减少编程时间，简化编程
改进尺寸比例	b，$\frac{H}{b}>10$，H	b，$\frac{H}{b}\leqslant10$，H	可用较高刚度刀具加工，提高生产率
合理改进凸台分布	R，$a<2R$，$a<2R$	R，$a>2R$，$a>2R$；$a>2R$，R	可减少加工劳动量

续表

提高工艺性方法	改进前结构	改进后结构	说明
改进结构形状	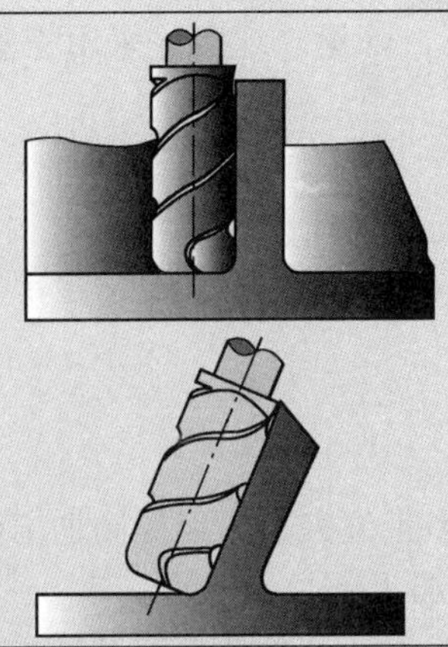	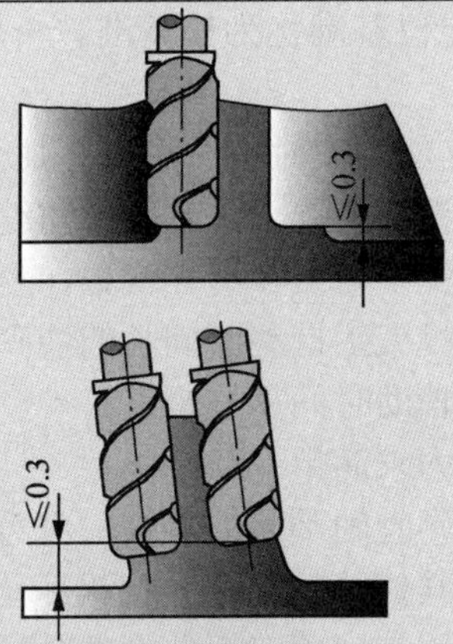 ≤0.3 ≤0.3	可减少加工劳动量
在加工和不加工表面间加入过渡	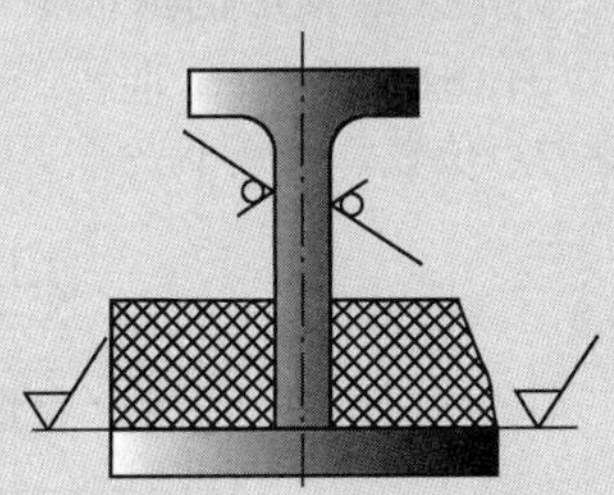	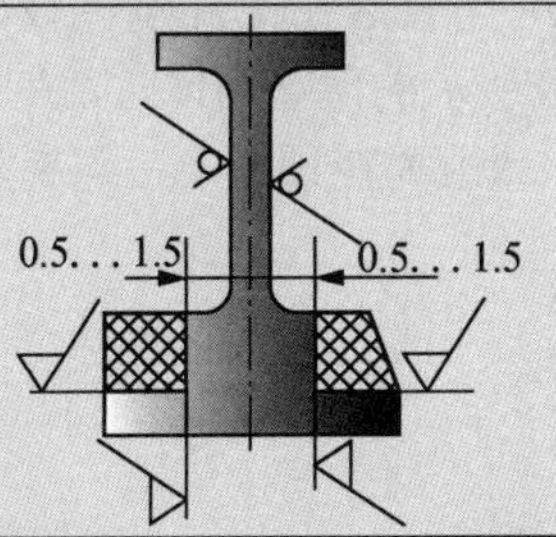 0.5…1.5　0.5…1.5	可减少加工劳动量
改进零件几何形状	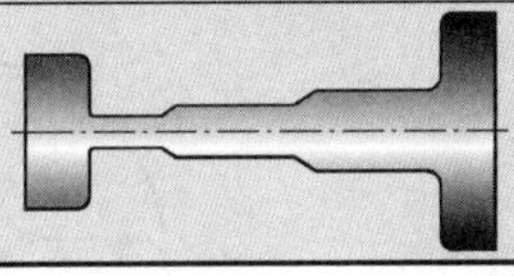	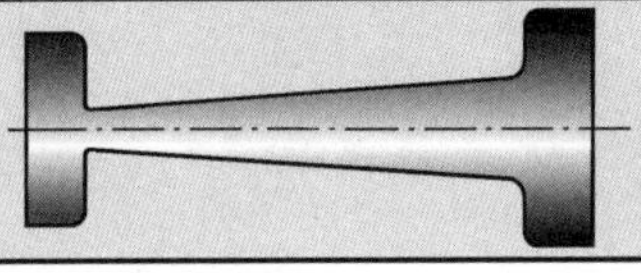	斜面筋代替阶梯筋，节约材料

9.3.3　加工工序的安排

加工工序主要包括切削加工、热处理和辅助等工序，各工序安排的顺序正确与否，将直接影响到零件的加工质量、效率和成本。因此，科学地安排工序内容和各工序的相关参数，是一个合格的工艺人员所必需的能力。由于工序的安排涉及的相关环节较多，本节只介绍最基本的几个原则。

1. 先粗后精

对于需要进行数控加工的零件一般都需要经过粗加工、半精加工、精加工三个阶段，如果还要求更高的精度，将进行光整加工阶段。

2. 基准先行

为了保证加工精度和前后基准统一，都需要先将精基准加工出来。如精度要求较高的轴类零件，往往要先加工两端的中心孔，这样后续的所有工序均以此中心孔为基准，保证了基准的统一，这对于保证工件的形位精度起到了至关重要的作用。

3. 先面后孔

对于需要加工孔的箱体、支架等零件，其平面尺寸轮廓较大、定位稳定、且孔的深度尺寸又是以平面为基准，故应先加工平面，再加工孔。

4. 先主后次

即先加工主要部位的尺寸要素，后加工次要部位的尺寸要素。但在实际加工过程中，往往出于各种因素的考虑，有时是交替进行的。

9.3.4　确定定位和夹紧方案

定位基准分为粗基准和精基准。用未加工过的毛坯表面作为定位基准称为粗基准；用已加工过的表面作为定位基准称为精基准。一般情况下，除第一道工序采用粗基准外，其余工序都应使用精基准。

在确定定位和夹紧方案时应注意以下几个问题：

(1) 尽可能做到设计基准、工艺基准与编程计算基准的统一；

(2) 尽量将工序集中，减少装夹次数，尽可能在一次装夹后能加工出全部待加工表面；

(3) 避免采用占机人工调整时间长的装夹方案；

(4) 装卸方便，辅助时间尽量短；

(5) 夹具结构应力求简单；

(6) 对小型或工序时间不长的零件，可考虑采用多工位夹具，以提高加工效率；

(7) 夹紧机构或其他元件不得影响机床进给，且加工部位要敞开；

(8) 夹紧力的作用点应落在工件刚性较好的部位，保证夹紧变形的量最小。

在夹紧图 9.38(a) 所示的薄壁箱体时，夹紧力不应作用在箱体的顶面，而应作用在刚性较好的凸边上(图 9.38(b))；或改为在顶面上三点夹紧，改变着力点位置，以减小夹紧变形(图 9.38(c))。

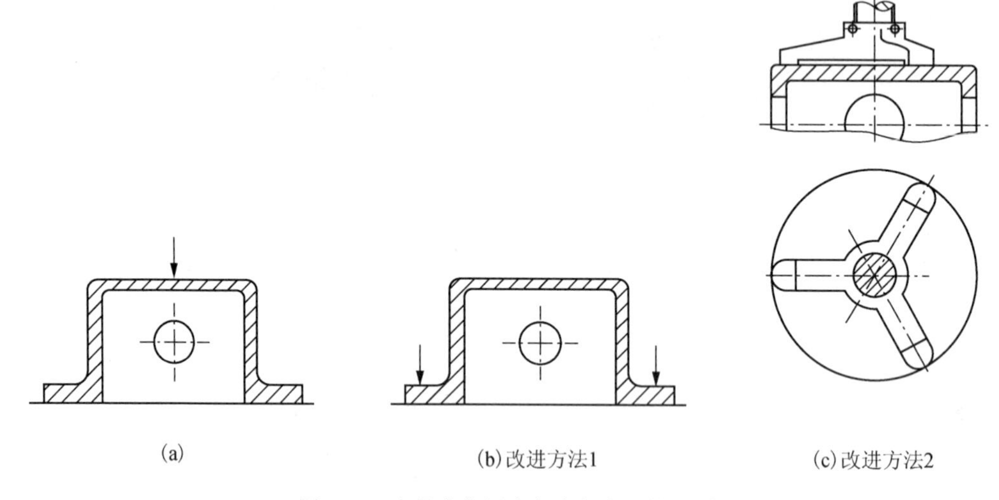

(a)　(b) 改进方法1　(c) 改进方法2

图 9.38　夹紧力作用点与夹紧变形的关系

9.3.5　进给路线的确定

进给路线就是刀具在整个加工工序中的运动轨迹，它对零件的加工精度和表面质量有直接影响。它不但包括了工步的内容，也反映出工步顺序。进给路线也是编写程序的依据之一。下面对确定进给路线时应注意的几点问题进行说明。

1. 寻求最短加工路线

如加工图 9.39(a) 所示零件上的孔系。如图 9.39(b) 所示的走刀路线为先加工完外圈孔后，再加工内圈孔。若改用如图 9.39(c) 所示的走刀路线，减少空行程时间，则可节省定位时间近 1 倍，提高了加工效率。

2. 最终轮廓一次进给完成

为保证工件轮廓表面加工后的粗糙度要求，最终轮廓应安排在最后一次走刀中连续加工出来，避免接刀痕迹。

如图 9.40(a)、(b)所示分别为用行切法和环切法加工内腔的进给路线。这两种进给路线的优点是：都能切除内腔中的全部余量，不留死角，不伤轮廓，同时尽量减少重复进给的重叠量。

行切法的缺点是：进给路线比环切法短，但将在每两次进给的起点和终点间留下残留高度，而达不到要求的表面粗糙度。

环切法的缺点是：虽然表面粗糙度要好于行切法，但环切法的进给路线需要逐渐向外扩展轮廓线，刀位点的计算较复杂。

综合行切法、环切法的优点，可采用图 9.40(c)的进给路线，即先用行切法切去中间部分的余量，最后用环切法沿周向环切一刀，光整轮廓表面，既能使进给路线大大缩短，又能获得较好的表面粗糙度。

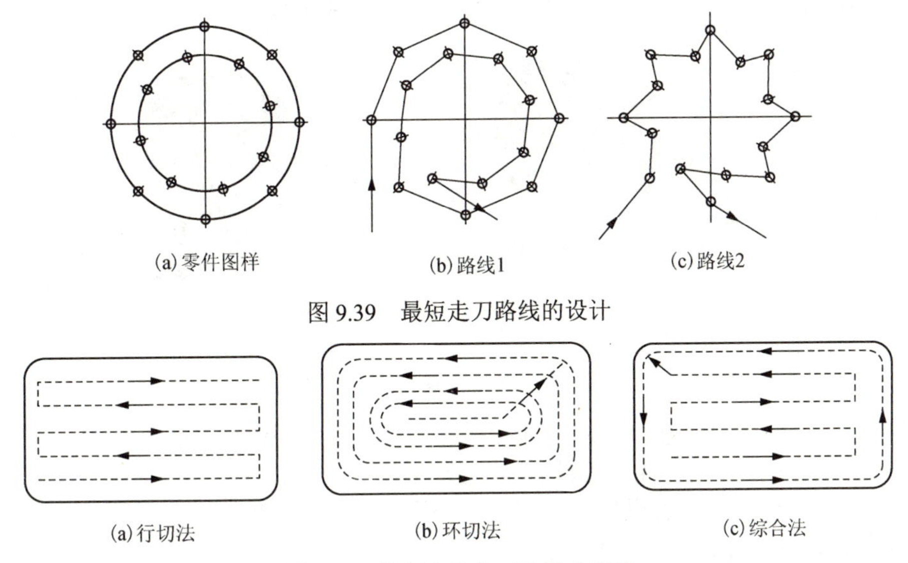
(a)零件图样　(b)路线1　(c)路线2

图 9.39　最短走刀路线的设计

(a)行切法　(b)环切法　(c)综合法

图 9.40　铣削内腔的三种进给路线

3. 选择切入切出方向

考虑刀具的进、退刀(切入、切出)路线时，刀具的切出或切入点应在沿零件轮廓的切线上，以保证工件轮廓光滑；应避免在工件轮廓面上垂直上、下刀而划伤工件表面；尽量减少在轮廓加工切削过程中的暂停(切削力突然变化造成弹性变形)，以免留下刀痕，如图 9.41 所示，其走刀轨迹就为 1—2—3—4—5—6—3—2—7。

对于铣削封闭的内轮廓表面时，刀具同样不能沿轮廓曲线的法线切入和切出，此时可采用沿一过渡圆弧切入和切出工件轮廓方法，如图 9.42 所示，其走刀轨迹就为 1—2—3—4—5。

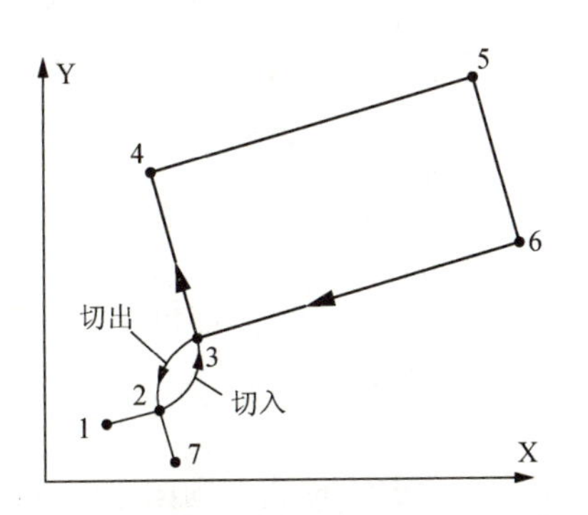

图 9.41　刀具切入和切出外轮廓时的进给路线

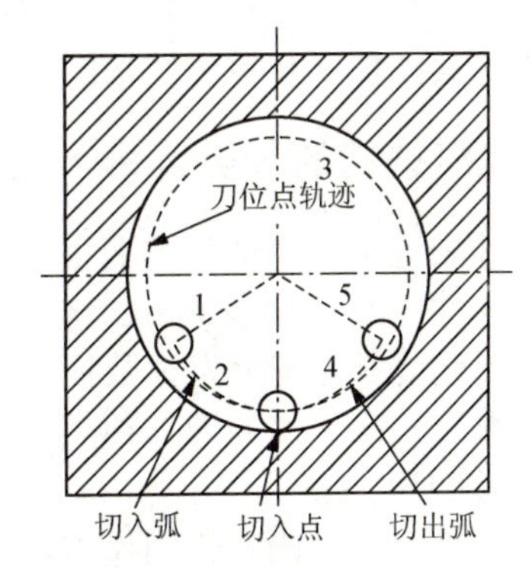

图 9.42　刀具切入和切出内轮廓时的进给路线

4. 顺铣和逆铣的选择

在铣削加工中，采用顺铣还是逆铣方式是影响加工表面粗糙度的重要因素之一。

顺铣时切削力 F 的水平分力 F_X 的方向与进给运动 V_f 的方向相同(图 9.43(a))。此时刀具是从工件的外部向内部切削，切屑由厚到薄,切削力将工件压向工作台。因此，当工件表面无硬皮，机床进给机构无间隙时，为减小刀具的磨损，应选用该方式。该方式主要用于精铣，特别是材料为铝镁合金、钛合金或耐热合金时。

逆铣时切削力 F 的水平分力 F_X 的方向与进给运动 V_f 方向相反(图 9.43(b))。此时，刀具是从工件的内部向外部切削，切屑厚度由最厚到零，切削力使工件离开工作台。因此，当工件表面有硬皮，机床进给机构有间隙时，应选用该方式。因为，此时刀齿是从工件的已加工表面切入，不会使刀齿崩刃，机床进给机构的间隙也不会引起振动和爬行。

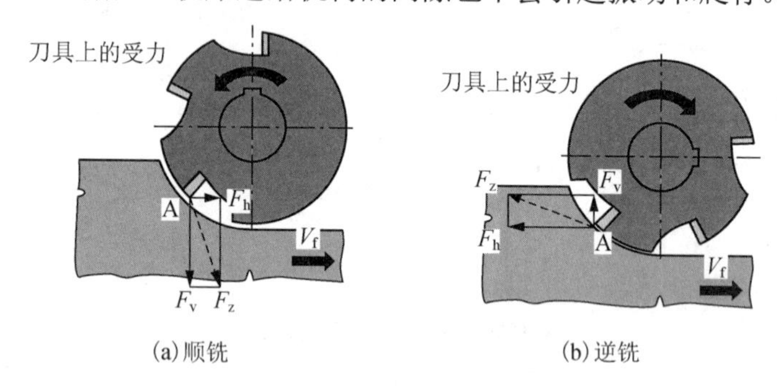

图 9.43　顺铣和逆铣切削方式

综上所述，铣削方式的选择应视零件图样的加工要求，工件材料的性质、特点以及机床、刀具等条件综合考虑。通常，由于数控机床传动采用滚珠丝杠结构，其进给传动间隙很小，且工件大都经过了普通机床的粗加工，因此，采用顺铣的方式较多。

5. 铣削曲面的进给路线

铣削曲面时，常采用球头刀具用行切法进行加工。对于边界敞开的曲面加工，可采用两种进给路线。如图 9.44 所示的曲面形状，当采用图示的加工方案时，符合这类零件数据给出情况，便于加工后检验，曲面的准确度高，但程序较多；当将刀具路径旋转 90°后进行加工时，每次沿直线加工，刀位点计算简单，程序少，加工过程符合直纹面的形成，可以准确保证母线的直线度，但曲面的准确度不如前一种。

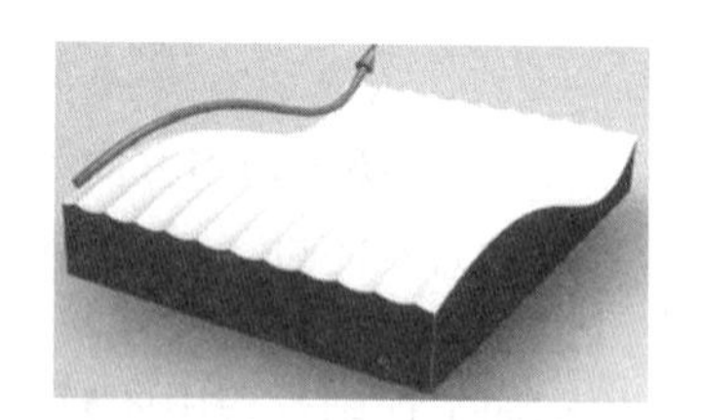

图 9.44　铣削曲面的进给路线

通过以上的分析，可以得出确定进给路线的总体原则是：在保证零件加工精度和表面质量的条件下，尽量缩短加工路线，以提高生产率。但在生产实际中，加工路线的确定要根据生产单位的具体情况和零件结构的特点，进行综合考虑，灵活应用。

9.3.6　数控铣刀的种类

数控铣床上所采用的刀具要根据被加工零件的材料、几何形状、表面质量要求、热处理状态、切削性能及加工余量等，选择刚性好、耐用度高、适合的切削刃几何角度、排屑性能好的铣刀，这些都是充分发挥数控铣床的生产效率和获得满意加工质量的前提。

由于数控铣床所用的刀具种类较多，这里只介绍几种较常用的铣刀。

1. 面铣刀

面铣削时，工件沿着铣刀作直线进给运动，铣刀在垂直于进给轴线方向的平面内绕轴线旋转(图 9.45)。

图 9.46 所示为面铣刀，它的周围表面和端面上都有切削刃，端部上的切削刃为副切削刃。现在面铣刀多采用可转位式(即将可转位刀片通过夹紧元件固定在刀体上，当刀片的一个切削刃用钝后，直接在机床上将刀片转位或更换新刀片)。因此，这种铣刀在提高产品质量、加工效率、降低成本、操作使用方便等方面都有明显的优越性。而对于整体焊接式和机夹—焊接式面铣刀的焊接质量难以保证，刀具的耐用度低，重磨费时等缺点，目前已逐步被淘汰。

图 9.45　面铣削加工

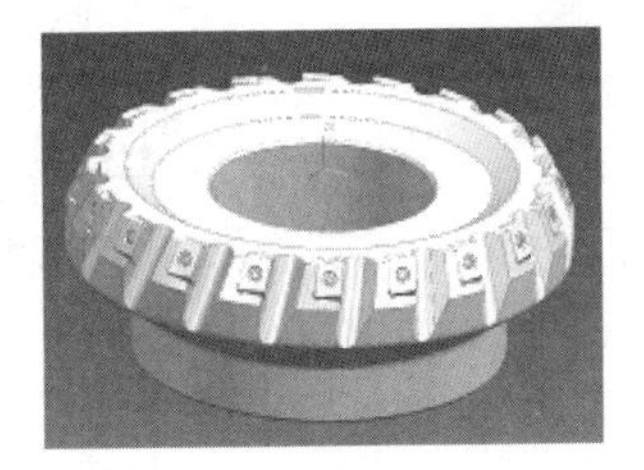

图 9.46　面铣刀

2. 立铣刀

立铣刀是数控机床上用得最普遍的一种铣刀，其型号和规格也非常的多，图 9.47 所示的三种立铣刀是最常见的结构形式。

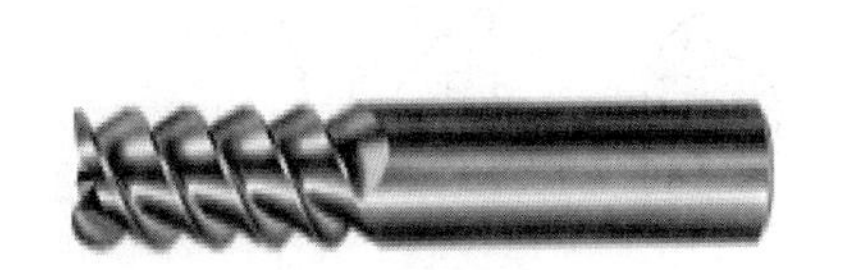

(a) 直柄立铣刀

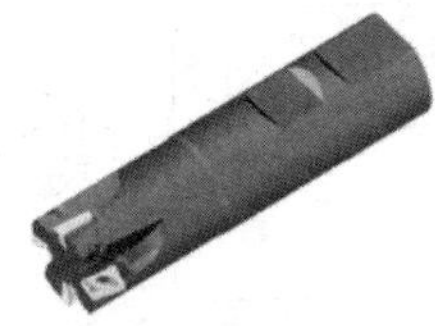

(b) 削平型直柄立铣刀

(c) 整体式镶齿立铣刀

图 9.47　常见立铣刀

从立铣刀的材质上来区分，可分为高速钢和硬质合金两大类。

从图 9.47 中可以看出，立铣刀的圆柱表面和端面上都有切削刃，它们既可以同时切削，也可以单独切削。圆柱表面上的切削刃为主切削刃，端面上的切削刃为副切削刃。主切削刃一般为螺旋齿，这样可以增加切削平稳性，提高加工精度。端面刃主要用来加工与侧面相垂直的底平面。需要注意的是，在普通立铣刀的端面中心处无切削刃，所以立铣刀不能作轴向进给。

3. 模具铣刀

模具铣刀主要分为圆锥形立铣刀(图 9.48(a))、圆柱形球头立铣刀(图 9.48(b))和圆锥形球头立铣刀(图 9.48(c))三类。它们的特点是在球头或端面上布满了切削刃，圆周刃与球头刃圆弧连接，可以同时作径向和轴向进给。

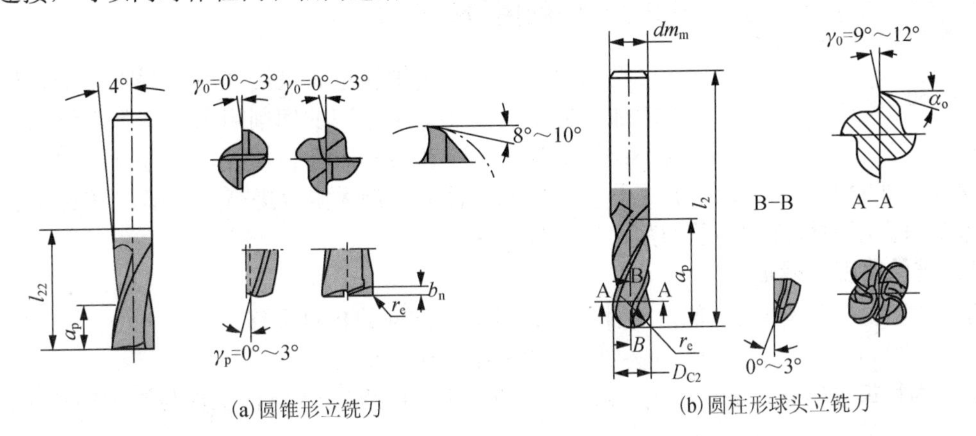

(a) 圆锥形立铣刀　　(b) 圆柱形球头立铣刀

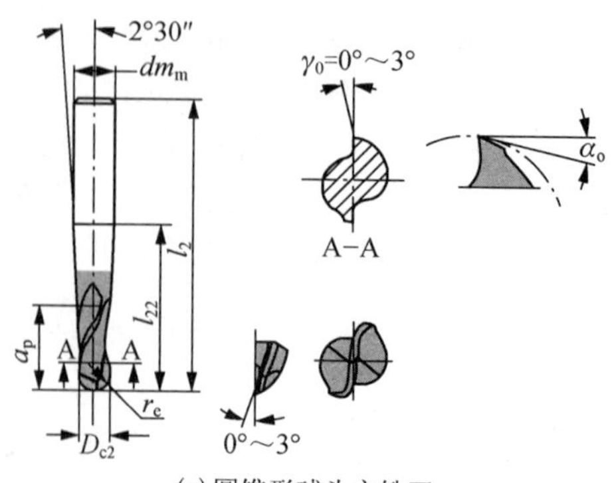

(c)圆锥形球头立铣刀

图 9.48　模具铣刀(续图)

4. 键槽铣刀

键槽铣刀一般为两个刀齿(图 9.49(a))，圆柱面和端面都有切削刃，端面刃延至中心(图 9.49(b))，加工时先轴向进给达到槽深后，然后沿键槽方向铣出键槽全长。

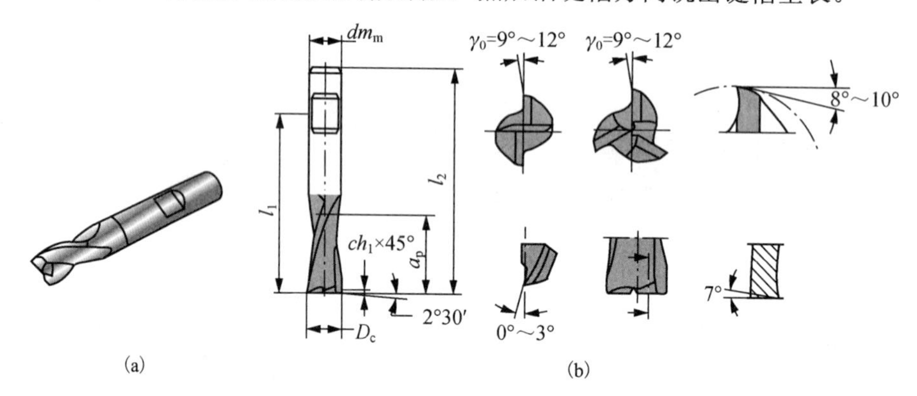

图 9.49　键槽铣刀

5. 成形铣刀

此类刀具一般是为特定的工件或加工内容专门设计制造的。如角度面、T 形槽、燕尾槽、特形孔或台等。因此，它的通用性就较差，通常对于批量加工的零件才会选用此类刀具(图 9.50)。

图 9.50　成形铣刀

9.3.7　切削用量的选择

切削用量包括：主轴转速、进给速度、背吃刀量。对于不同的加工方法，需要选用不同的切削用量。切削用量的选择原则是：保证零件加工精度和表面粗糙度，充分发挥刀具切削性能，保证合理的刀具耐用度，并充分发挥机床的性能，最大限度提高生产率，降低成本。

本节只介绍与铣削相关的切削用量选择方法。

1. 进给速度的确定

进给速度 V_f 是指单位时间内工件与铣刀沿进给方向的相对位移。

$$V_f = f \times n = f_z \times Z_n \times n \,(\text{mm/min}) \tag{9-1}$$

式中，f_z 为每齿进给量，mm/z；f 为每转进给量，铣刀每转一周时，工件与铣刀的相对位移，

mm/r；Z_n 为铣刀齿数，z；n 为主轴转速，r/min。

进给速度是数控机床切削用量中的重要参数，主要根据零件的加工精度和表面粗糙度要求，以及刀具、工件的材料性质选取。最大进给速度受机床刚度和进给系统的性能限制。确定进给速度的原则是：当工件的质量要求能够得到保证时，为提高生产效率，可选择较高的进给速度。

例　如用ϕ20mm 的立铣刀(4 齿)加工工件：

(1) 根据工艺系统情况查阅切削速度表，如取 V=30m/min，由公式可得

$$V=\pi dn/1000$$

得

$$S=n=1000V/\pi d=1000\times 30/3.14\times 20=478\text{r/min}$$

取整后 S=480r/min。如机床不具备无级变速功能，则应选择与之相接近的机床转速。

(2) 根据工艺系统情况查阅每齿进给量，如取 f_z=0.11mm/z，由此可得

每转进给量 $f=f_z\times Z_n=0.11\times 4=0.44\text{mm/r}$

每分钟进给速度 $V_f=f\times n=f_z\times Z_n\times n=0.11\times 4\times 478=210\text{mm/min}$

2. 确定背吃刀量(端铣)或侧吃刀量(圆周铣)

背吃刀量 a_p 为平行于铣刀轴线测量的切削层尺寸，单位为 mm。端铣时，a_p 为切削层深度；而圆周铣时，a_p 为被加工表面的宽度。

侧吃刀量 a_e 为垂直于铣刀轴线测量的切削层尺寸，单位为 mm。端铣时，a_e 为被加工表面的宽度；而圆周铣时，a_e 为切削层深度。

背吃刀量或侧吃刀量的选择应根据机床、工件和刀具等系统刚度和工件表面质量的要求来决定。

(1) 在系统刚度允许的条件下，应尽可能使背吃刀量等于工件的加工余量，这样可以减少走刀次数，提高生产效率。

(2) 为了保证加工表面质量，在工件表面粗糙度值要求为 Ra12.5～25μm 时，如果圆周铣削的加工余量小于 5mm，端铣的加工余量小于 6mm，粗铣安排一次就可以达到要求。但如果余量较大，系统的刚性不足，可分两次进给完成。

(3) 在工件表面粗糙度值要求为 Ra3.2～12.5μm 时，可分粗铣和半精铣两步进行。粗铣时背吃刀量或侧吃刀量的选取同前。粗铣后留 0.5～1.0mm 余量，在半精铣时切除。

(4) 在工件表面粗糙度值要求为 Ra0.8～3.2μm 时，可分粗铣、半精铣、精铣三步进行。半精铣时背吃刀量或侧吃刀量取 1.5～2mm。精铣时圆周铣侧吃刀量取 0.3～0.5mm，面铣刀背吃刀量取 0.5～1.0mm。

切削用量的具体数值应根据机床性能、相关的手册并结合实际经验用类比方法确定。同时使主轴转速、切削深度和进给速度三者应能相互适应，以形成最佳切削用量。

切削用量不仅是在机床调整前必须确定的重要参数，而且其数值合理与否对加工质量、加工效率、生产成本等有着非常重要的影响。所谓“合理的”切削用量是指充分利用刀具切削性能和机床动力性能(功率、扭矩)，在保证质量的前提下，获得高的生产率和低的加工成本的切削用量。

9.3.8　工件坐标系的确定

1. 坐标系确定的原则

机床的运动形式是各不相同的，为了描述刀具与零件的相对运动、避免出现混淆，ISO 和我国都统一规定了数控机床坐标轴的代码及其运动方向。

(1) 刀具相对于零件运动

由于机床的结构不同，机床的运动方式也不同。因此，为了编程方便，一律规定为工件固定，刀具相对于工件运动。

(2) 坐标系采用右手直角笛卡儿坐标系

大拇指的方向为X轴的正方向；食指的方向为Y轴的正方向；中指的方向为Z轴的正方向。

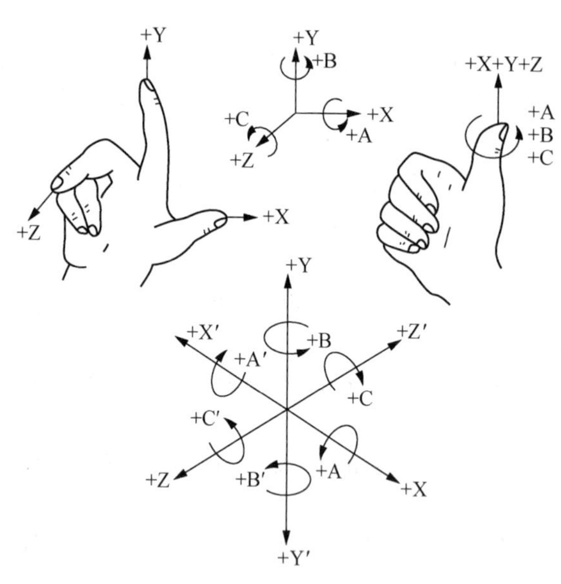

图 9.51　右手直角笛卡儿坐标系

2. 坐标系的确定

数控机床的坐标系采用右手直角笛卡儿坐标系，如图 9.51 所示。它规定直角坐标 X、Y、Z 三轴正方向用右手定则判定，围绕 X、Y、Z 各轴的回转运动及其正方向+A、+B、+C 用右螺旋法则判定。用+X′、+Y′、+Z′、+A′、+B′、+C′表示与+X、+Y、+Z、+A、+B、+C 相反的方向，即工件相对于刀具运动的方向。

直角坐标 X、Y、Z 又称为主坐标系或第一坐标系。若机床的运动轴多于此三个坐标，则用 U、V、W 表示平行于 X、Y、Z 坐标轴的第二组坐标。同样用 P、Q、R 表示平行于 X、Y、Z 坐标轴的第三组坐标。

(1) Z 轴的确定。

Z 轴定义为平行于机床主轴的坐标轴，如果机床有一系列主轴，则应选尽可能垂直于工件装夹面的主要轴为 Z 轴，其正方向定义为从工作台到刀具夹持的方向，即刀具远离工作台的运动方向。

(2) X 轴的确定。

X 轴为水平的、平行于工件装夹平面的坐标轴，它平行于主要的切削方向，且以此方向为正方向。

(3) Y 轴的确定。

Y 轴的正方向则根据 X、Z 轴及其方向用右手直角笛卡儿坐标系确定。

3. 机床原点、机床参考点

(1) 机床原点是机床上的一个固定点，其位置是由机床厂家设定的，通常是不允许用户改变的。该点是机床参考点、工件坐标系的基准点。

(2) 机床参考点是机床坐标系中一个固定不变的位置点。该点通常设置在机床各轴靠近正方向极限的位置。因此，机床的机械坐标值通常为负值(在坐标系的第三象限)。

机床参考点对机床原点的坐标是一个已知定值，该值在机床出厂之前进行设定，它可以根据机床参考点在机床坐标系中的坐标值间接确定机床原点的位置。

数控机床通电后，通常要做回零操作(即回参考点)。回零操作后机床即对控制系统进行初始化，使机床运动坐标的各计数 X、Y、Z 等显示为零。

4. 工件坐标系和工件原点

在数控编程过程中，编程人员拿到图纸以后，为了编程方便需要在工件的图纸上设置一个坐标系，该坐标系就称为工件坐标系，该坐标系的原点就称为工件原点。有了它，编程就不必考虑工件毛坯在机床上的实际装夹位置了。

选择工件原点的一般原则：

(1) 工件原点应选在工件图样的基准上，以利于编程。

(2) 工件原点应尽量选在尺寸精度高、粗糙度值低的工件表面上。

(3) 工件原点最好选在工件的对称中心上。

(4) 要便于测量和检验。

5. 工件坐标系的建立

当工件在机床上固定好以后，工件放置在工作台的具体位置并没有确定，必须进行测量。一般有两种测量方法：

(1) 杠杆百分表、量棒、量块等工具搭配测量。

(2) 寻边器等专用的工件测量头进行测量。

按“参数”“零点偏移”键，即可进入工件坐标系设置窗口，如图 9.52 所示。

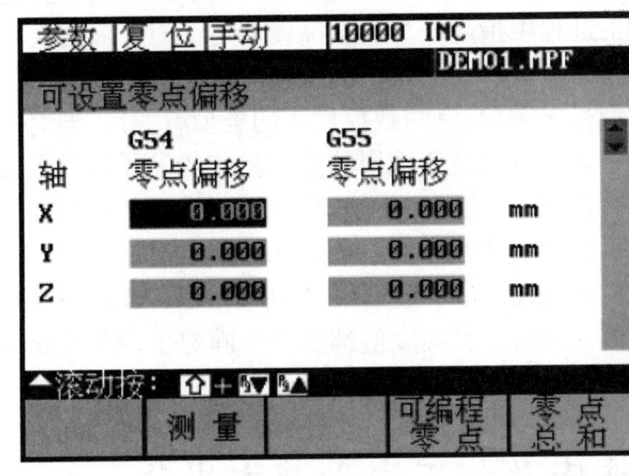

(a) 工件坐标系设置窗口

(b) 寻边器

图 9.52　工件坐标系设置窗口与寻边器

一般数控机床可以设定 6 个 (G54～G59) 工件坐标系，这些坐标系原点的值可用手动方式进行输入。如图 9.53 中的 X1、Y1、X2、Y2 的值，即可分别输入在机床存储器 G54 和 G55 的 X、Y 内。这些值在机床重开机时仍然存在。因此批量加工零件时常用该方式。

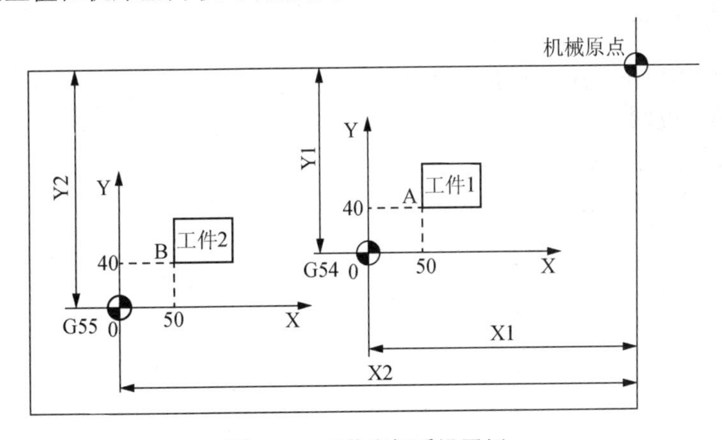

图 9.53　工件坐标系设置例

注意：在 G54～G59 指令中输入的 X、Y、Z 值均为负值。

当程序中指定了 G54～G59 之一，则在以后程序段中的坐标值均为相对此程序原点的值。

以图 9.53 为例，在此图中有两个工件，其坐标系的值分别存储在 G54 和 G55 内，以下程序即实现如何在两个坐标系内的相互转换。

```
. . .
N10 G00 G90 G54 X50 Y40；以 G00 方式移动到 G54 坐标系的 A 点
. . .
. . .
N100 G55；                    选择 G55 坐标系作为当前工件坐标系
N110 G00 G90 X50 Y40；        以 G00 方式移动到 G55 坐标系的 B 点
. . .
```

显然，对于多程序原点偏移，采用 G54～G59 原点偏置寄存器存储所有程序原点与机床参考点的偏移量，然后在程序中直接调用 G54～G59 进行原点偏移是很方便的。

采用程序原点偏移的方法还可实现零件的空运行试切加工，具体应用时，将程序原点向刀具(Z 轴)方向偏移，使刀具在加工过程中抬起一个安全高度即可。对于编程员，一般只要知道工件上的程序原点就够了，因为编程与机床原点、机床参考点无关，也与所选用的数控机床型号无关(注意与数控机床的类型有关)。但对于机床操作者，必须十分清楚所选用的数控机床的上述各原点及其之间的偏移关系(不同的数控系统，程序原点设置和偏移的方法不完全相同，必须参考机床用户手册和编程手册)。

图 9.54　机械式 Z 轴设定器

Z 轴的设定，一般采用 Z 轴设定器。Z 轴设定器有光电式和机械式两种，且高度值都是一个固定值，如 50mm 是最常用的一种，如图 9.54 所示。

9.4　数控铣床及加工中心基本操作

随着数控技术的不断深入与发展，数控系统的生产厂家较多，且每个厂家的系统又有不同的型号。但各个系统的基本功能大体是相似的，只是编程方式与操作步骤有所不同。因此，为节省篇幅，本书以西门子(SINUMERIK 828D)系统操作面板进行介绍。

9.4.1　操作面板介绍

西门子(SINUMERIK 828D)系统操作面板如图 9.55 所示。

1. 各区域功能说明

(1)状态 LED 灯：POWER。

(2)状态 LED 灯：TEMP。

(3)字母区。

(4)数字区。

(5)软键。

(6)控制区。

(7)热键区。

(8)光标区。

(9)数据传输接口区。

(10)菜单选择键。

(11) 菜单扩展键。

(12) 加工区域键。

(13) 菜单返回键。

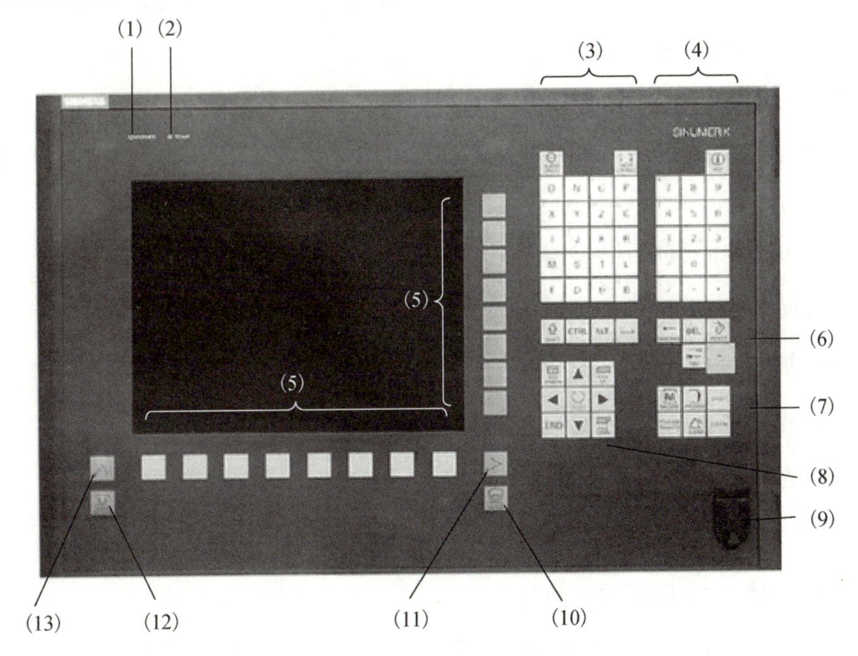

图 9.55　SINUMERIK 828D 操作面板

2. 各按键功能说明

ALARM CANCEL <ALARM CANCEL>：删除带此符号的报警和显示信息。

1…n CHANNEL <CHANNEL>：通道切换键。

HELP <HELP>：上下文在线帮助键。

NEXT WINDOW <NEXT WINDOW>：窗口切换；一个通道列中存在多个通道视图或多个通道功能时，该键切换上下窗口；选中下拉列表和下拉菜单中的第一个选项；将光标移到文本头。

PAGE UP <PAGE UP>：在窗口中向上翻一页。

PAGE DOWN <PAGE DOWN>：在窗口中向下翻一页。

▶ <光标向右>：该按键具有以下功能：在编辑器中打开一个目录或程序；在浏览状态将光标向右移到一个字符。

◀ <光标向左>：该按键具有以下功能：在编辑器中关闭一个目录或程序，所作修改传送到系统中；在浏览状态将光标向左移到一个字符。

▲ <光标向上>：该按键具有以下功能：在编辑栏中将光标移到上一栏；在表格中将光标移到上一个单元格；在菜单画面中将光标向上移动。

▼ <光标向下>：该按键具有以下功能：在编辑栏中将光标移到下一栏；在表格中将光标移到下一个单元格；在菜单画面中将光标向下移动。

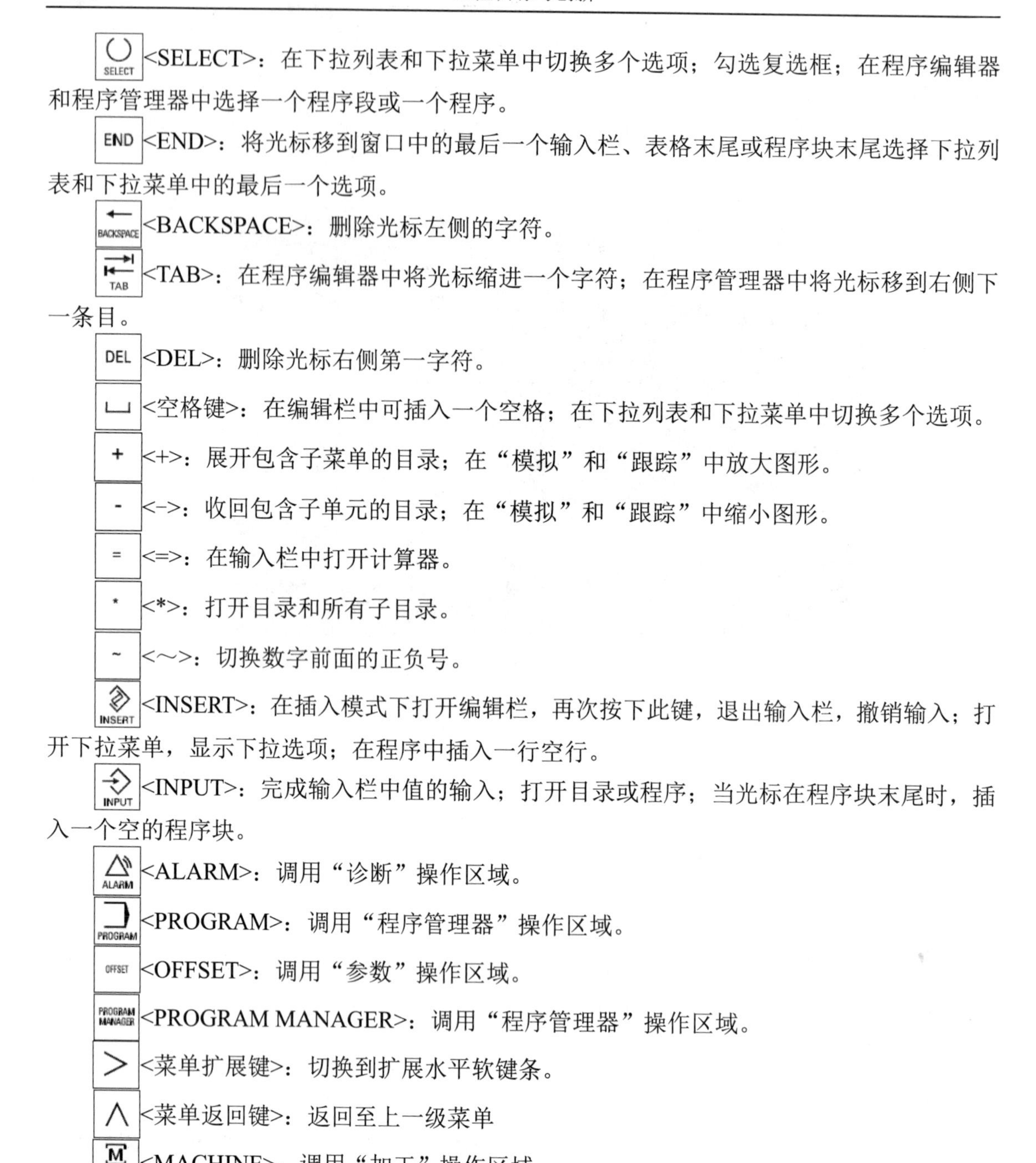

<SELECT>：在下拉列表和下拉菜单中切换多个选项；勾选复选框；在程序编辑器和程序管理器中选择一个程序段或一个程序。

<END>：将光标移到窗口中的最后一个输入栏、表格末尾或程序块末尾选择下拉列表和下拉菜单中的最后一个选项。

<BACKSPACE>：删除光标左侧的字符。

<TAB>：在程序编辑器中将光标缩进一个字符；在程序管理器中将光标移到右侧下一条目。

<DEL>：删除光标右侧第一字符。

<空格键>：在编辑栏中可插入一个空格；在下拉列表和下拉菜单中切换多个选项。

<+>：展开包含子菜单的目录；在“模拟”和“跟踪”中放大图形。

<->：收回包含子单元的目录；在“模拟”和“跟踪”中缩小图形。

<=>：在输入栏中打开计算器。

<*>：打开目录和所有子目录。

<～>：切换数字前面的正负号。

<INSERT>：在插入模式下打开编辑栏，再次按下此键，退出输入栏，撤销输入；打开下拉菜单，显示下拉选项；在程序中插入一行空行。

<INPUT>：完成输入栏中值的输入；打开目录或程序；当光标在程序块末尾时，插入一个空的程序块。

<ALARM>：调用“诊断”操作区域。

<PROGRAM>：调用“程序管理器”操作区域。

<OFFSET>：调用“参数”操作区域。

<PROGRAM MANAGER>：调用“程序管理器”操作区域。

<菜单扩展键>：切换到扩展水平软键条。

<菜单返回键>：返回至上一级菜单

<MACHINE>：调用“加工”操作区域。

<MENU SELECT>返回主菜单，选择操作区域。

9.4.2 机床控制面板介绍

西门子(SINUMERIK 828D)系统操作面板如图 9.56 所示。

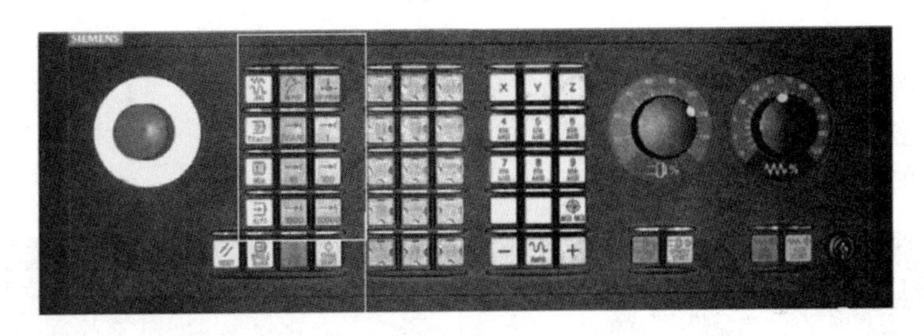

图 9.56　SINUMERIK 828D 机床控制面板

<急停键>：在下列情况应按下此键：有生命危险时；存在机床或者工件受损的危险时。此时所有驱动将采用最大可能的制动力矩停止。

<RESET>：中断当前程序的处理；删除报警。

<SINGLE BLOCK>：打开/关闭单程序段模式。

<CYCLE START>："循环启动"键，用于程序的自动运行。

<CYCLE STOP>："循环停止"键，用于程序的停止运行。

<JOG>：选择"JOG 手动"运行方式，即可通过手摇脉冲发生器或机床的轴方向键移动机床坐标轴。

<TECH IN>：选择"示教"运行方式。

<MDA>：选择"手动数据输入"运行方式。

<AUTO>：选择"自动"运行方式。

<REPOS>：再定位、重新逼近轮廓。

<REFPOINT>：返回参考点。

<VAR>：可变增量进给，以可变增量运行。

<Inc>：增量进给，以设定的增量值 1、10、100、1000、10000 运行。注意，这里的单位为μm。

9.4.3　机床屏幕划分

西门子(SINUMERIK 828D)系统主屏幕显示内容如图 9.57 所示。

(1) 有效操作区域和运行方式。

(2) 报警/信息行。

(3) 程序名。

(4) 通道状态和程序控制。

(5) 通道运行信息。

(6) 实际值窗口中的轴位置显示。

(7) 有效刀具 T；当前进给率 F；当前状态的有效主轴 S；主轴负载，用百分比表示。

(8) 加工窗口，显示加工程序。

(9) 显示有效 G 功能、所有 G 功能、辅助功能、用于不同功能的输入窗口(如跳转程序段、程序控制）。

（10）用于传输其他用户说明的对话行。

（11）水平软键栏。

（12）垂直软键栏。

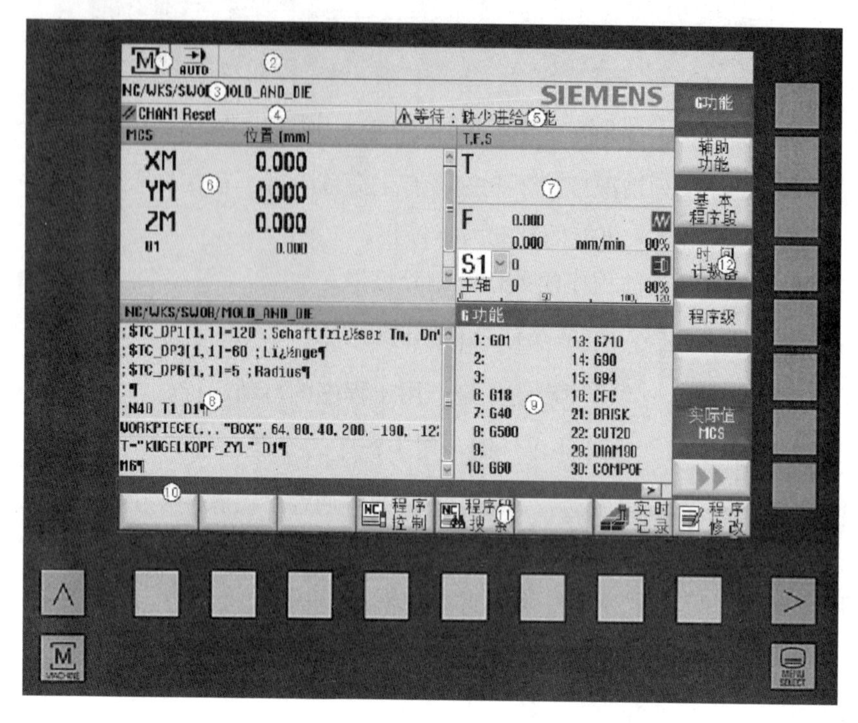

图 9.57　SINUMERIK 828D 系统主屏幕

9.4.4　基本操作方法

1. 机床开机步骤

（1）将数控系统电源开关逆时针旋转 90°。

（2）按“伺服上电”按钮接通伺服电源。

（3）将“紧急停止”按钮顺时针方向旋转至复位状态。

2. 系统关机操作步骤

（1）将机床拖板处于各轴的中间位置。

（2）按下“紧急停止”按钮。

（3）按“伺服断电”按钮。

（4）将机床电源开关顺时针方向旋转 90°。

3. 建立工件坐标系的步骤

以寻边器对刀为例，说明建立工件坐标系的步骤。

（1）按 MDA 键，进入“MDA”状态，输入零点偏移（G54～G59）之一，然后按 CYCLE START “循环启动”键。

（2）按 JOG 键，进入“手动运行”方式。

（3）X 坐标设定：依次用手摇脉冲发生器×100、×10、×1 挡，将寻边器或刀具缓慢接触工件一边后，按屏幕下方的“设置”软键，再按“X=0”软键，将当前位置设定为 X0。再用相同方法使寻边器或刀具接触工件另外一边，然后按“=”键，出现“计算器”界面，在“计算器”界面中依次输入“/”“2”然后按“接收”和“返回”键，至此 X 轴设置完毕。

(4) Y 坐标设定：与 X 坐标设定的方法一样，只是坐标方向不同。

(5) Z 坐标设定：当用一把刀具加工时，按“设置”软键，将当前刀具依次用手摇脉冲发生器×100、×10、×1 挡缓慢接触对刀仪的测量平面，当对刀仪灯亮或指针发生变化时，在“数字输入区”输入对刀仪的高度值，然后按“返回”键，即设定完毕。

用多把刀具加工时，按“设置”软键，用当前刀具缓慢接触对刀仪的测量平面，当对刀仪灯亮或指针发生变化时，读取当前机床坐标 Z 轴数值，并将该数值加上对刀仪的高度所得数值输入“长度补偿”里，按 INPUT 设置完成。再换下一把刀具，步骤如上。

注意：若用寻边器和对刀仪对刀，主轴应处于停止状态；若用刀具采用试切法对刀，则主轴必须在正转的状态下才能对刀。

4. 刀具参数设置

按参数按钮进入“刀具表”窗口。

1) 刀具清单

按“刀具清单”软键，进入刀具清单界面，在此可设置刀具长度补偿和刀具半径补偿。

输入方法：将光标移动到要输入的区域，输入数据，按 INPUT 键确认。

2) 刀具测量

刀具测量可直接从刀具列表中测量单个刀具的补偿数据。

按下“刀具清单”软键和“刀具测量”键，显示窗口“测量：手动长度测量”或者“测量：手动半径测量”，修改刀具名称、刀沿号、参考点、工件边沿值，按下“设置长度”或者“设置半径”软键，刀具数据将自动计算并输入刀具表。

3) 刀沿

按下“刀具清单”软键和“刀沿”软键可建立“新刀沿”和“删除”刀沿。

4) 卸载和装载刀具

可以通过刀具表将刀具装入刀库或者从刀库中卸载刀具。卸载时将刀具从刀库中移除，并保存在 NC 存储器中。装载时将刀具移至一个刀位上。

5) 删除刀具

按下“刀具清单”软键和“删除”软键，系统将出现一条安全提示，若确实要删除，按下“确认”软键刀具被删除。

6) 选择刀库

按下“刀具清单”软键和“选择刀库”软键。若只有一个刀库，则按下软键后会从一个区域跳至另一个区域；若有多个刀库打开“刀库选择”窗口，将光标放置在所需刀库上并按下软键“转至”。

7) 刀具磨损

刀具使用一段时间后会出现磨损现象，此时，可将磨损值输入至刀具磨损列表中，在计算刀具长度或者半径补偿时，控制系统会考虑这些数据。对磨损后的值应输入“+”值。

8) 刀库

在刀库列表中显示有刀具及其刀库相关的数据，此处可以根据需要进行和刀库以及刀位相关操作。各刀位可以为刀具位置编码、类型、位置禁用、固定位置进行设置。

(1) 卸载所有刀具

按下“刀库”软键和“卸载所有刀具”软键，系统将所有刀具全部卸载。

(2) 移位

按下“刀库”软键和“移位”软键，系统可将当前刀具移至其他位置。

(3) 刀库定位

按下“刀库”软键，将光标放置在需要定位到装载的刀位上。按下“刀库”软键，刀位定位到装载位上。

9.5　典型零件的数控铣削加工工艺分析

平面轮廓零件是数控铣削加工中较常见的零件之一，其轮廓大多由直线、圆弧、非圆曲线(公式曲线、样条曲线)等几种组成。所用机床多为两轴半或三轴联动的数控铣床。加工过程大同小异，下面就以图 9.58 所示的平面槽轮板零件为例分析其数控铣削加工工艺。

1. 零件图纸工艺分析

图样分析主要是分析零件的轮廓形状、尺寸和技术要求、定位基准及毛坯等。

本例零件是一种带内、外轮廓的槽形零件，由圆弧和直线组成，需用两轴半联动的数控铣床进行加工。材料为 45 钢，切削加工性能较好。

该零件在数控铣削加工前已经过普通铣床的粗加工，尺寸为 80mm×80mm×20mm 的长方体。

该零件组成几何要素之间关系清楚，条件充分，无相互矛盾之处，无封闭尺寸。编程时所需坐标可通过手工计算或由工艺人员在相关软件上分析后在图形上标出即可。

槽轮板的四个槽形对 A、B 面有对称度要求，在装夹前一定要将平口虎钳找正，然后用寻边器找出工件零点即可保证。

2. 制订数控加工工步过程(表 8-2)

(1) 粗铣圆柱外轮廓ϕ70mm，留 0.5mm 单边余量。

(2) 粗铣 4-R30 凹圆弧及 4 个 U 形槽，留 0.5mm 单边余量。

(3) 半精铣整个外轮廓，留 0.2mm 单边余量。

(4) 根据实测工件尺寸，调整刀具参数，精铣整个外轮廓至尺寸。

(5) 粗铣矩形槽，留 0.5mm 单边余量。

(6) 半精铣矩形槽，留 0.2mm 单边余量。

(7) 根据实测工件尺寸，调整刀具参数，精铣矩形槽至尺寸。

3. 确定装夹方案

对于大批量加工的零件，为了减少装夹和找正的时间，一般用专用夹具进行装夹。而对于形状简单的小批量零件加工，最好使用通用夹具进行装夹。本例的形状简单，只需用平口虎钳装夹，下面用等高垫块垫平，使工件高度方向伸出钳口 8mm 左右，夹紧后用百分表找正，然后可用寻边器采用碰双边法确定工件原点。

4. 确定进给路线

进给路线包括平面内进给和深度进给两部分路线。对于平面内进给，当为外凸轮廓时可从切线方向切入，当为内凹轮廓时可从过渡圆弧切入；对于深度进给在两轴联动的数控铣床上有两种方法：一种是在 XZ 或 YZ 平面内用斜插式下刀(即铣刀在平面内来回铣削逐渐进刀到给定深度)；另一种方法是先做出一个工艺孔，然后从工艺孔进刀到给定深度。

本例加工对ϕ70 外圆采用切线方向切入；对 4-R30 凹圆弧采用过渡圆弧切入；对 U 形槽可直接从槽的延长线方向切入；对矩形槽可采用图 9.39(c)的进给路线。

为了提高尺寸精度和表面质量，在精铣时应采用顺铣法。

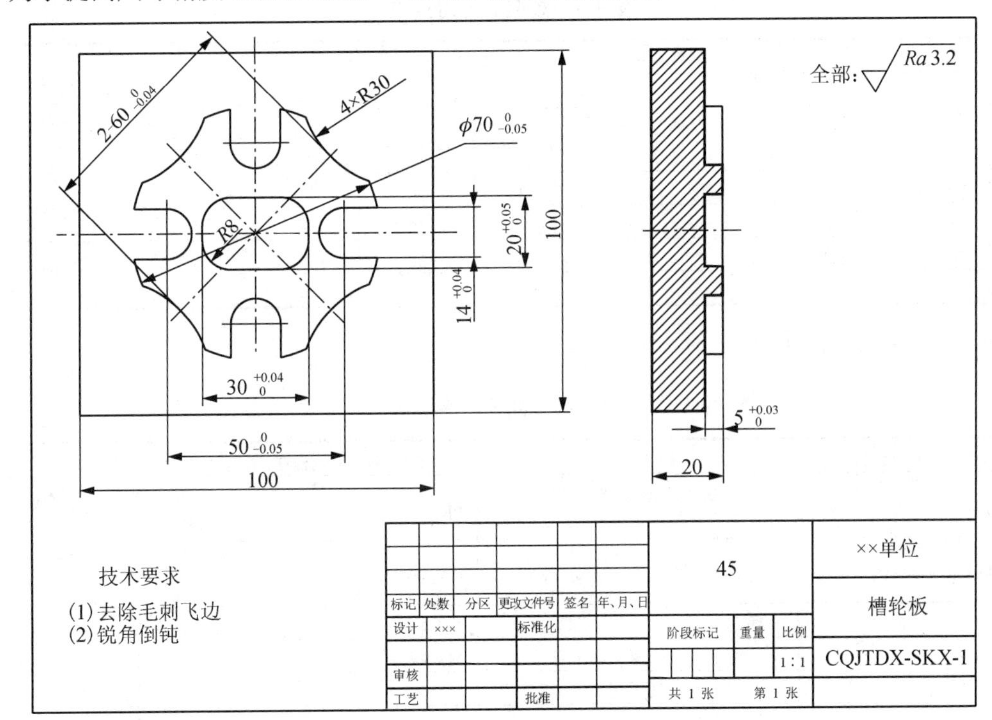

图 9.58　槽轮板

5. 选择刀具及切削用量

铣刀材料和几何参数主要根据零件材料切削加工性、工件表面几何形状和尺寸大小选择；切削用量是依据零件材料特点、刀具性能及加工精度要求确定。通常为提高切削效率要尽量选用较大直径的铣刀；侧吃刀量取刀具直径的 1/3～1/2，背吃刀量应大于冷硬层厚度；切削速度和进给速度应通过试验选用效率和刀具寿命的综合最佳值。精铣时切削速度应高一些。

本例零件材料为 45 号钢，属于一般材料，切削加工性较好。因此选用立铣刀和键槽铣刀，刀具材料为高速钢。其工序卡片和刀具卡片如表 9-2 和表 9-3 所示。

表 9-2　数控加工工序卡片

(工厂)	数控加工工序卡片	产品名称或代号		零件名称		材料	零件图号	
				槽轮板		45		
工序号	程序编号 / 夹具名称	夹具编号		使用设备			车间	
	平口虎钳							
工步号	工步内容	加工面	刀具号	刀具规格/mm	主轴转速/(r/min)	进给速度/(mm/min)	背吃刀量/mm	备注
1	粗铣圆柱外轮廓φ70		T01	φ20	300	150		
2	粗铣 4-R30 凹圆弧和 4 个 U 形槽		T02	φ12	300	50		
3	半精铣外轮廓		T02	φ12	350	150		
4	精铣外轮廓至尺寸		T02	φ12	400	60		
5	粗铣矩形槽		T03	φ12	500	100		
6	半精铣矩形槽		T03	φ12	550	100		
7	精铣矩形槽至尺寸		T03	φ12	600	80		
编制	审核			批准			共 1 页	第 1 页

表 9-3　数控加工刀具卡片

产品名称或代号			零件名称	槽轮板		零件图号		程序号	
工步号	刀具号	刀具名称	刀柄型号	刀具		补偿量/mm		备注	
				直径/mm	刀长/mm				
1	T01	立铣刀		$\phi20$	50				
2	T02	立铣刀		$\phi12$	50				
3	T03	键槽铣刀		$\phi12$	50				
编制		审核		批准			共 1 页		第 1 页

6. **部分程序**(表 9-4)

表 9-4　部分程序说明

FANUC 系统程序	程序说明	SIMENS 系统程序	程序说明
O0001	程序号(精铣ϕ70 外圆和 4-R30 圆弧)	PROG1	程序号命名规则与 FANUC 不同
G0G90G54 X-80Y0;	建立工件坐标系，运动到起点	G0G90G54 X-80Y0	建立工件坐标系，运动到起点
T2M6;	换 2 号刀	T2D1	换 2 号刀
M3 S400;	主轴正转，转速 400r/min	M3 S400	主轴正转，转速 400r/min
G43H1Z100.;	调用 1 号刀具长度补偿		无需调用长度补偿
Z10.;	运动到 Z 轴起点	Z10	运动到 Z 轴起点
G1Z-5.02F400;	运动到 Z 轴加工深度	G1Z-5.02F400	运动到 Z 轴加工深度
G41D1X-60Y-35F60;	建立刀具半径补偿	G41X-60Y-35F60	建立刀具半径补偿
X-42.445;	运动到加工起点	X-42.445	运动到加工起点
G3X-28.723Y-20.054R15.;	切弧切入	G3X-28.723Y-20.054CR=15	切弧切入
G2X-31.936Y14.32R35.;	加工轮廓	G2X-31.936Y14.32CR=35	加工轮廓
G3X-14.32Y31.936R30.;		G3X-14.32Y31.936CR=30	
G214.32R35.;		G214.32CR=35	
G3X31.936Y14.32R30.;		G3X31.936Y14.32CR=30	
G2Y-14.32R35.;		G2Y-14.32CR=35	
G3X14.32Y-31.936R30.;		G3X14.32Y-31.936CR=30	
G2X-14.32R35.;		G2X-14.32CR=35	
G3X-40Y-12.525R30.;		G3X-40Y-12.525CR=30	
G1X-60F300	退刀	G1X-60F300	退刀
G40X-80Y0;	取消刀补	G40X-80Y0	取消刀补
G28Z0.;	Z 轴回参考点	G28Z0	Z 轴回参考点
M5;	主轴停	M5;	主轴停
M30;	程序结束	M30;	程序结束

9.6　数控铣工创新训练

读者可从自身专业出发，自行设计一个零件或部件(该零件的其他形状也可通过其他工种进行加工)，零件加工完成后应从外观形状、尺寸精度、表面粗糙度、加工成本与工艺过程等各方面对其进行分析，总结优缺点，对不足之处提出改进措施，并写出心得与体会。

注意事项：在设计形状时一定要与相关工种的指导教师协商，确认其结构的合理性和加工的成本控制；数控程序必须通过数控仿真软件或 CAM 软件进行仿真后才能进入加工阶段；在生产过程若遇到问题也要及时请教指导教师，避免发生不必要的事故。

9.7　数控铣床安全技术操作规程

(1) 数控铣床属贵重精密仪器设备，由专人负责管理和操作。使用时必须按规定填写使用记录，必须严格遵守安全操作规程，以保障人身和设备安全。

(2) 开车前应检查各部位防护罩是否完好，各传动部位是否正常，各润滑部位油量是否充足。

(3) 刀具、夹具、工件必须装夹牢固。工作台面上不得放置工、量具。

(4) 开机后，在显示器屏上检查机床有无各种报警信息，若有应及时解除报警。检查机床外围设备是否正常。检查机床换刀机械手及刀库位置是否正确。

(5) 各坐标轴回机床参考点。一般情况下首先回 Z 轴参考点，其次回 X、Y 轴。使机床主轴远离工件，同时观察各坐标是否正常。

(6) 自动运行时应关好防护罩，不准用手清除切屑。装卸工件、测量工件必须停机操作。

(7) 数控铣床运行时，操作人员不得擅自离开工作岗位。

(8) 数控铣床的运行速度较高，加工前应先执行图形效验和空运行功能，然后再操作。数控铣床加工程序应经过严格审查后方可上机操作，以尽量避免事故的发生。

(9) 数控铣床运转时若发现问题或异响，应立即停机检查，必要时应关闭电源，做好相关记录后及时检修。

(10) 工作结束后，应关闭机床电源，清除切屑，擦拭机床，加油润滑，清扫和整理现场。

第三篇　材料成形

第10章　铸　　造

教学目的　本章实训内容是为强化学生对砂型铸造技能的掌握以及工艺过程等专业知识的理解所开设的一项基本训练科目。

通过实训，加强学生对所学理论知识的理解，强化学生的技能练习，使之能够掌握砂型铸造及加工工艺基本理论的应用与实践技能，尤其在培养学生对所学专业知识综合应用能力及认知素质等方面，本项实训是不可缺少的重要环节。

教学要求

(1) 了解砂型铸造生产的工艺过程及其特点。

(2) 了解手工造型方法的工艺特点。

(3) 了解常见的铸造缺陷及其产生的原因。

(4) 了解铸造车间的安全生产规程。

(5) 掌握两箱造型的方法、工艺过程、特点和应用。

10.1　铸造概述

铸造是指把熔化(炼)后的金属浇入事先制造好的铸型，经过凝固和冷却后获得一定形状和性能的铸件的成形方法。刚铸造出的铸件需要清理掉浇口、冒口等附属结构，且铸件的精度和表面粗糙度较差，需要对一些装配面和配合面等进行进一步的机械加工。铸件的轮廓尺寸小到几毫米，大到几十米，质量轻至几克，重至上百吨。因此，铸造对于一些大型机器零件的毛坯生产就体现出它的优越性。在一般的机械中，铸件占整个机械重量的 40%～80%，在国民经济其他各个部门中，也广泛采用各种各样的铸件。

10.1.1　铸造的优点

(1) 铸件的外状和内腔可以获得一般机械加工设备难以加工的复杂内腔。如各类箱体、发动机、机床床身等。

(2) 适用范围广，可铸造不同尺寸、质量和各种形状的零件；也适用于不同材料，如钢、铁、铜、铝等均能铸造。

(3) 原材料来源广泛，如生产中的金属废料、报废的机床或零件、铸造过程有缺陷的零件等，使成本大为降低。

(4) 铸件的生产数量不受限制。它可以单件小批量生产，也可以大批量生产。

(5) 铸件的形状、尺寸与零件接近，可大大减少机械加工的工作量。对于精密铸造而言，还可以直接铸造出需要的特定零件，它是无切削加工的重要研究和发展方向。

10.1.2　铸造的缺点

(1) 铸造在生产过程中的工序较多、铸件质量不够稳定，又由于铸造是液态成形，铸件在冷却凝固过程中其内部较易产生缺陷，因此，需要经过严格检验和热处理后才能进入机械加工工序。

(2) 铸件的表面状态较差，需要经过喷砂或打磨处理。

(3) 老旧的铸造厂工作条件差，属于高温、高粉尘环境。

不过，这些缺点随着工艺和生产设备的改进，是可以克服的。随着时代的发展，铸造生产在新材料、新工艺、新技术等各方面都会有很大的发展。

铸造的方法很多，主要有砂型铸造、金属型铸造、压力铸造和熔模铸造等。其中以砂型铸造应用最广泛、最普遍，其生产的铸件占总量的 80%以上。把除砂型铸造以外的各种铸造方法统称为特种铸造。

10.2　砂 型 铸 造

10.2.1　砂型铸造的工艺过程

砂型铸造的工艺过程如图 10.1 所示。其中，造型和造芯两道工序对铸件的质量和铸造的生产效率影响最大。

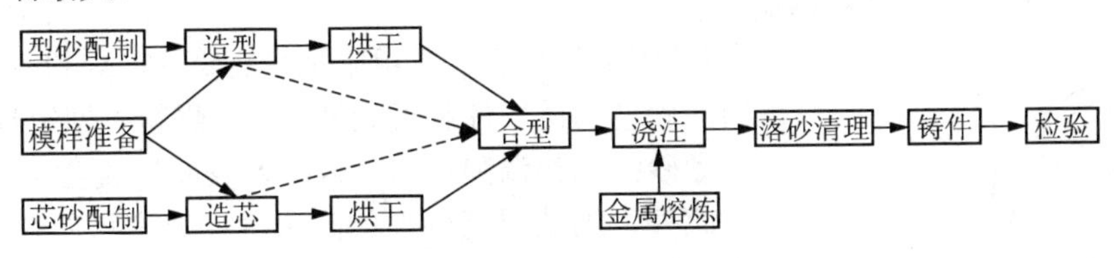

图 10.1　砂型铸造的工艺过程

10.2.2　铸型

铸型由型砂、金属材料或其他耐火材料制成，包括形成铸件形状的空腔、芯子和浇、冒口系统的组合整体。用型砂制成的铸型称为砂型。砂型用砂箱支撑时，砂箱也是铸型的组成部分，它是形成铸件形状的工艺装置。图 10.2 为两箱造型时的铸型装配图。表 10-1 为砂型各组成部分的名称与作用。

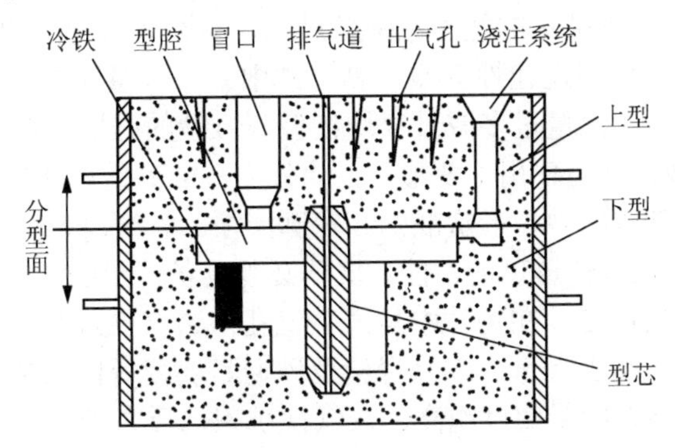

图 10.2　铸型的组成

表 10-1　铸型各组成部分的名称与作用

铸型名称	作　用
砂箱	造型时用于填充型砂的容器，根据造型的需要可分为上、中、下等砂箱
分型面	各铸型组元间的结合面，每一对铸型间都有一个分型面
型砂	按一定比例配合的造型材料，经过混制后达到符合造型要求的混合料
浇注系统	金属液流入型腔的通道，通常由浇口杯、直浇道、横浇道和内浇道组成
冒口	供补缩用的铸型空腔，有些冒口还起观察、排气和集渣的作用
型腔	铸型中由造型材料所包围的空腔部分，也是形成铸件的主要空间
排气道	在铸型或芯中，为排除浇注时形成的气体而设置的沟槽或孔道
型芯	为获得铸件的内腔或局部外形，用芯砂或其他材料制成的，安装在型腔内部的铸型组元
出气孔	在砂型或砂芯上，用针或成形扎气板扎出的通气孔，用以排气
冷铁	为加快铸件局部的冷却速度，在砂型、型芯表面或型腔中安放的金属物

10.2.3　砂型和芯砂

砂型铸造用的造型材料主要是砂型和芯砂。铸件的砂眼、夹砂、气孔及裂纹等均与型砂和芯砂的质量有关。

1. 型砂的组成

浇注铸铁件用的型砂由以下主要物质组成。

(1)原砂：原砂一般来自山地、河边的天然砂，以圆形、粒度均匀、含杂质少为佳。

(2)黏结剂：它主要用来形成黏结膜。常用的有黏土、膨润土、水玻璃以及桐油(多用于制造复杂型芯)等，其中黏土和膨润土价廉易得，故应用很广泛。用其他黏结剂的型砂则分别有水玻璃砂、油砂、合脂砂和树脂砂等。

(3)附加物和水：常用附加物有锯末、煤粉等。加入锯末可增加砂型的透气性和退让性；加入煤粉可使铸件表面光洁、防止黏砂；水起调和作用，使砂粒表面形成合理的黏结膜。

此外，为了提高砂型的耐火性，通常还要在砂型和型砂表面涂刷一层涂料，铸铁件可涂刷石墨粉浆，铸钢件涂刷石英粉浆。

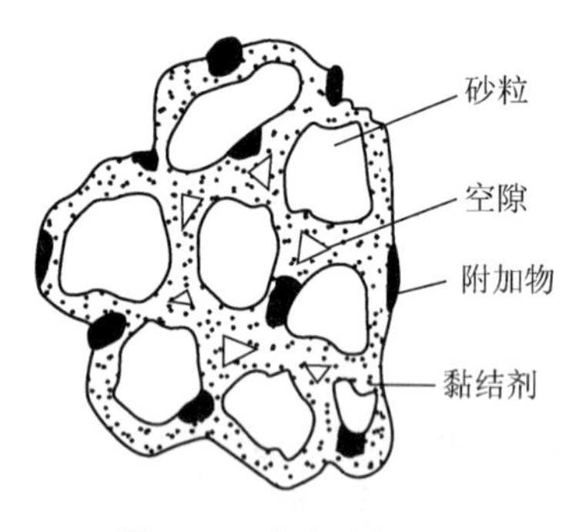

图 10.3　黏土砂的结构

2. 砂型的性能

如图 10.3 所示为黏土砂的结构，砂型的性能对铸件的质量影响很大，铸件缺陷约有 50%的是由质量不合格而引起的，为了保证铸件的质量和满足铸造的工艺要求，型砂应具备以下性能。

(1)强度。型砂抵抗外力破坏的能力。强度过低，易造成塌箱、冲砂、砂眼等缺陷；强度过高，易使型(芯)砂透气性和退让性变差。黏土砂中黏土含量越高，砂型紧实度越高，砂子的颗粒越细，强度越高。含水量过多或过少均使型(芯)砂的强度变低。

(2)可塑性。指型砂在外力作用下变形，去除外力后能完整地保持已有形状的能力。可塑性好，造型操作方便，制成的砂型形状准确、轮廓清晰。

(3)透气性。型砂能让气体透过的性能。型砂必须具备一定的透气性，以利于浇注时产生的大量气体排出。如透气性差，在铸件中易产生气孔；透气性过高，则易使铸件黏砂。铸型的透气性受型砂的粒度、黏土含量、水分含量及砂型紧实度等因素的影响。砂的粒度越细，黏土及水分含量越高，砂型的紧实度越高，透气性越差，反之则透气性越好。

(4)耐火性。型砂抵抗高温热作用的能力。耐火性差，铸件易产生黏砂。型砂中 SiO_2 含量越多，型砂颗粒越大，耐火性越好。

(5) 退让性。铸件在冷凝过程中，型砂可被压缩变形的能力。退让性差，铸件易产生内应力、变形和开裂等缺陷。型砂越紧实，退让性越差。在型砂中加入木屑等物可以提高退让性。

(6) 溃散性。型砂和芯砂在浇注后，容易溃散的性能。溃散性对清砂效率和劳动强度有显著影响。

3. 型(芯)砂的配制

型砂质量的好坏，取决于原材料的性质及其配比和配制方法。

目前，工厂一般采用混砂机配砂，如图 10.4 所示。混砂工艺是先将新砂、旧砂、黏结剂和辅助材料等按配方加入混砂机，干混 2～3min 后再加水湿混 5～12min，性能符合要求后出砂。使用前要过筛并使砂松散。

型砂的性能可用型砂性能试验仪(如锤击式制样机、透气性测定仪 SQY 液压万能强度试验仪等)检测。单件小批生产时，可用手捏法检验型砂性能，如图 10.5 所示。

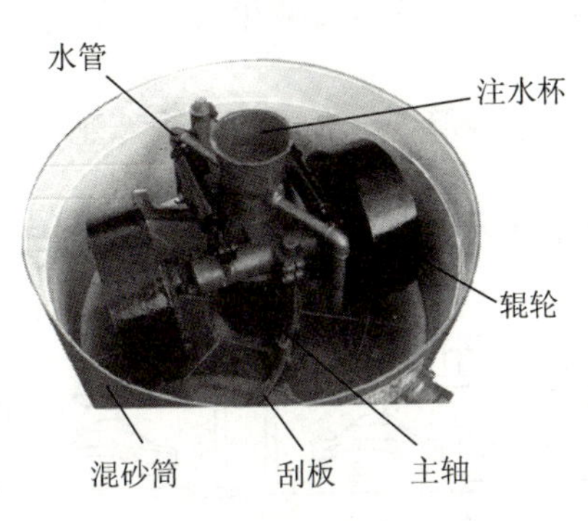

图 10.4　碾轮式混砂机

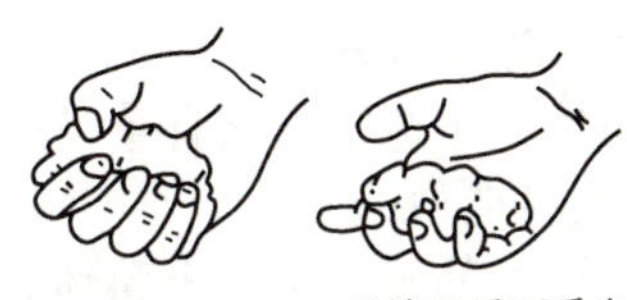

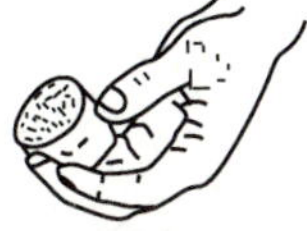

图 10.5　手捏法检验型砂

10.2.4　造型方法

造型方法分为手工造型和机器造型两类。

1. 手工造型

1) 手工造型常用工具

手工造型常用工具如图 10.6 所示，用途如表 10-2 所示。

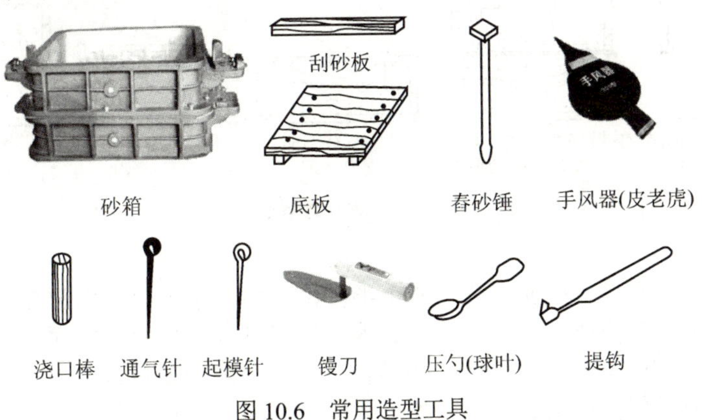

图 10.6　常用造型工具

表 10-2　常用造型工具名称与作用

工具名称	作　　用
砂箱	用来容纳和支承砂型
底板	多用木材制成，用于放置模样
舂砂锤	两端形状不同，尖圆头主要是用于舂实模样周围、靠近内壁砂箱处或狭窄部分的砂型，保证砂型内部紧实；平头板用于砂箱顶部砂的紧实
通气针	用于在砂型上适当位置扎通气孔，以排除型腔中的气体
起模针	用于从砂型中取出模样
手风器	用于吹去模样上的分型砂和散落在砂型表面上的砂粒及其他杂物，使砂型表面干净平整
镘刀	用于修整型砂表面或者在型砂表面上挖沟槽
压勺	用于在砂型上修补凹的曲面
提勾	用于修整砂型底部或侧面，也可勾出砂型中的散砂或其他杂物
刮板	主要用于刮去高出砂箱上平面的型砂和修平大平面
浇口棒	用于制作浇注通道

2) 手工造型方法

常用的手工造型方法有整模造型、分模造型、三箱造型、挖砂造型和活块造型等。

(1) 整模造型。

整模造型的模样是一个整体。造型时模样全部在一个砂箱内。分型面是一个平面。这类模样的最大截面在端面，而且是一个平面。

整模造型操作简便，适用于生产各种批量和形状简单的铸件，如盘、盖等。整模造型过程如图 10.7 所示。

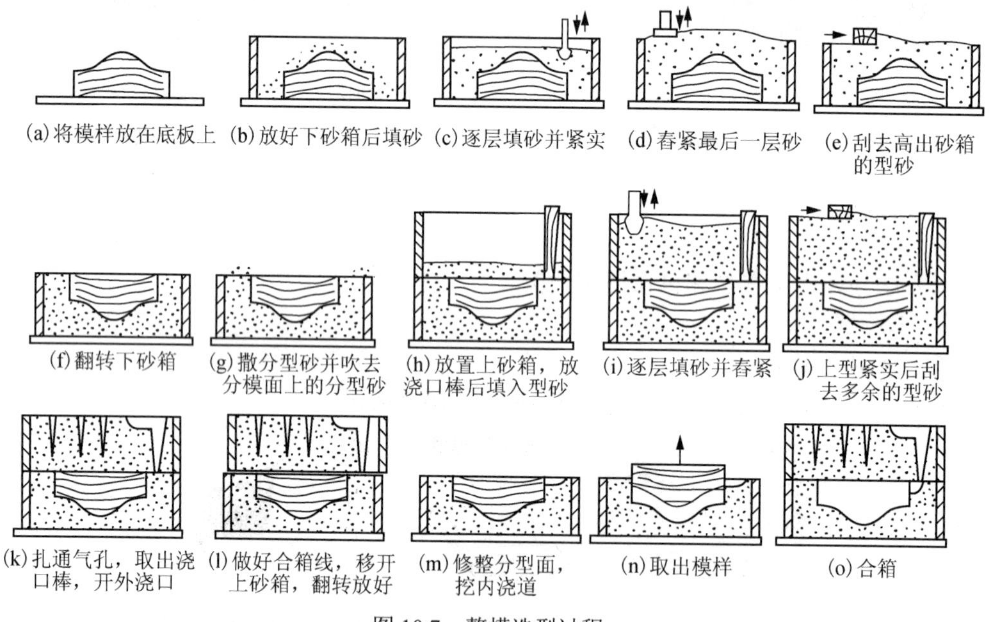

图 10.7　整模造型过程

(2) 分模造型。

分模造型是把模样最大截面处分为两个半模，并将两个半模分别放在上、下箱内进行造型，依靠销钉定位。分模造型的分型面根据铸件形状可分为平面、曲面、阶梯面等。其造型过程与整模造型基本相同。图 10.8 为一管铸件分模造型的主要过程。

分模两箱造型是把模样沿最大截面处分成两个半模(型腔分别处在上型和下型中)，依靠销钉定位，因模样高度较低，起模、修型都比较方便。同时，对于截面为圆形的模样而言，不必再加拔模斜度，使铸件的形状和尺寸更精确。对于管子、套筒这类铸件，分模造型容易保证其壁厚均匀。因此，分模造型广泛用于回转体铸件和最大截面不在端部的铸件，如水管、阀体、箱体、曲轴等。分模造型时，要特别注意使上、下型对准并紧固，以免产生错箱现象。

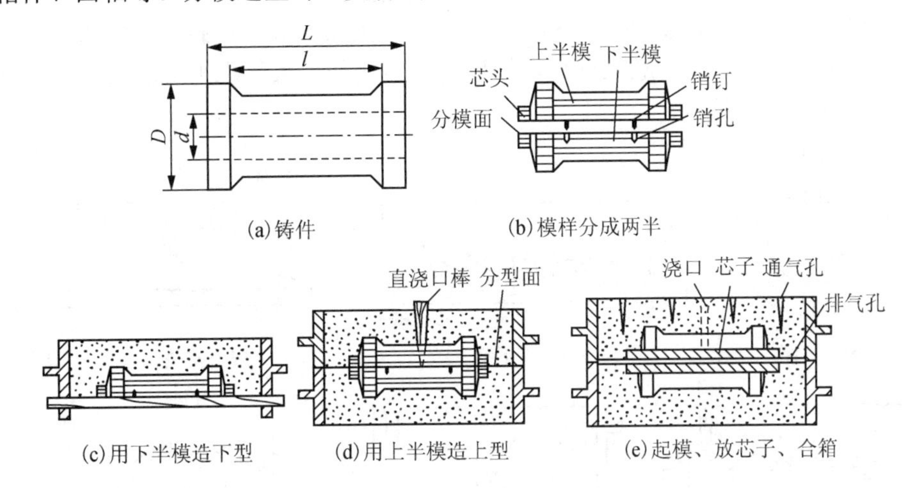

图 10.8　分模造型

(3) 三箱造型。

对于一些两端截面尺寸大于中间截面尺寸的零件需要铸造时，就需要用三个砂型(两端截面各用一个砂型，中间部位用一个砂型)。为保证顺利造型，三箱造型的中箱高度必须和模样的高度一致，而且造型过程比二箱复杂，生产效率较低，易产生错箱缺陷，因此，只适合单件小批量生产。三箱造型的过程如图 10.9 所示。

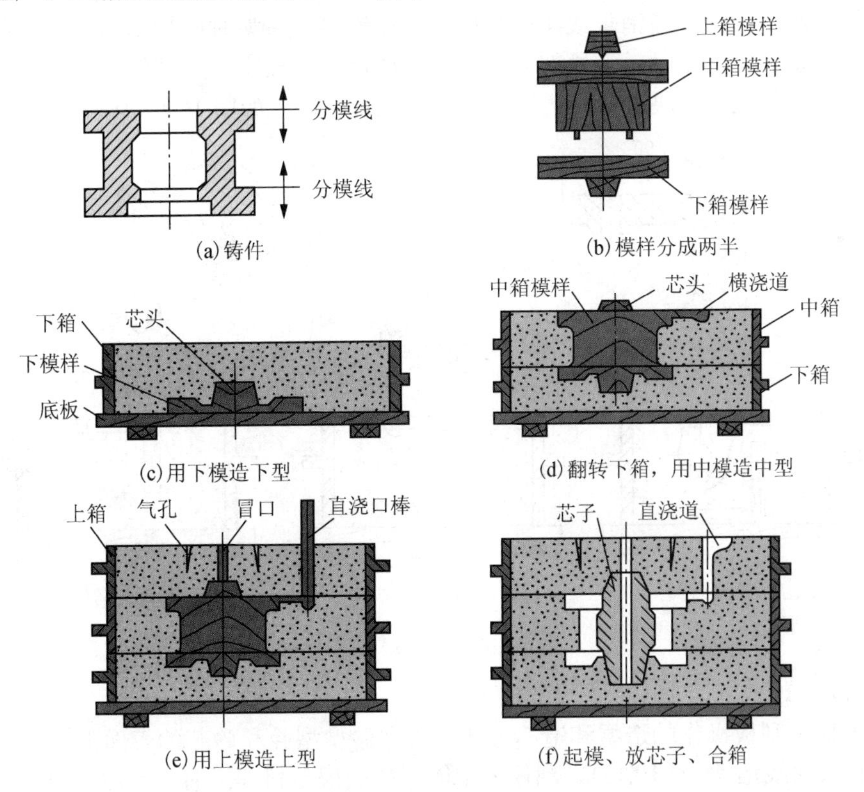

图 10.9　三箱造型过程

(4) 挖砂造型。

有些模样不宜做成分开结构，必须做成整体，在造型过程中局部被砂型埋住不能取出模样，这样就需要采用挖砂造型，即沿着模样最大截面挖掉一部分型砂，形成不太规则的分型面，如图 10.10 所示。挖砂造型一定要挖到模样的最大截面处。挖砂所形成的分型面应平整光滑，坡度不能太陡，以便于顺利开箱。挖砂造型对操作工人的水平要求较高，操作麻烦，只适用于单件小批量生产。

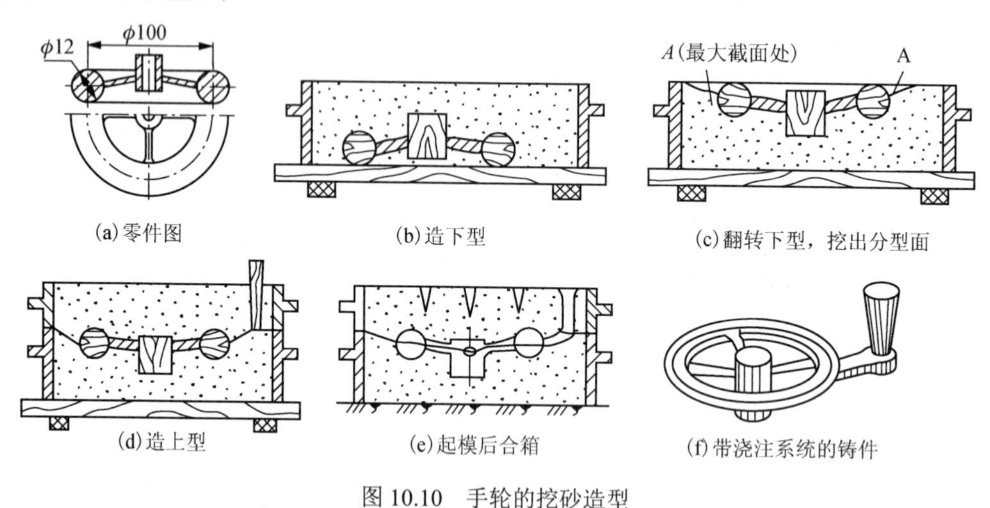

图 10.10　手轮的挖砂造型

(5) 活块造型。

模样上有可拆卸或能活动的部分称为活块。当模样上有妨碍起模的侧面伸出部分时，应将该部分做成活块。活块用销子或燕尾与模样主体连接，造型时应特别细心，活块造型难度较大，取出活块要花费工时，活块部分的砂型损坏后修补较困难，故生产率低，且要求工人的造作水平高，因此，活块造型只适用于单件小批量生产，如图 10.11 所示。

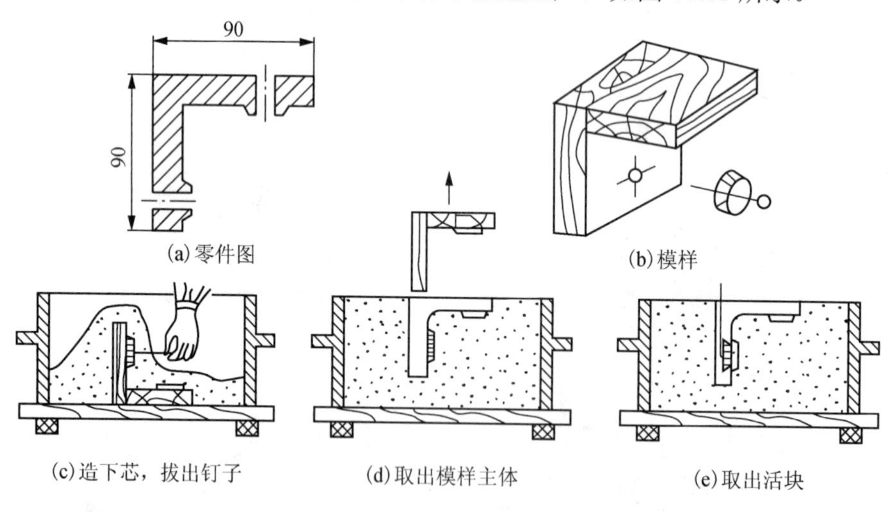

图 10.11　活块造型

(6) 刮板造型。

不用模样用刮板操作的造型和造芯方法。根据砂型型腔和砂芯的表面形状，引导刮板作旋转、直线或曲线运动(图 10.12)。刮板造型能节省制模材料和工时，但对造型工人的技术要求较高，生产率低，只适用于单件小批量生产中制造尺寸较大的回转体或等截面形状的铸件。

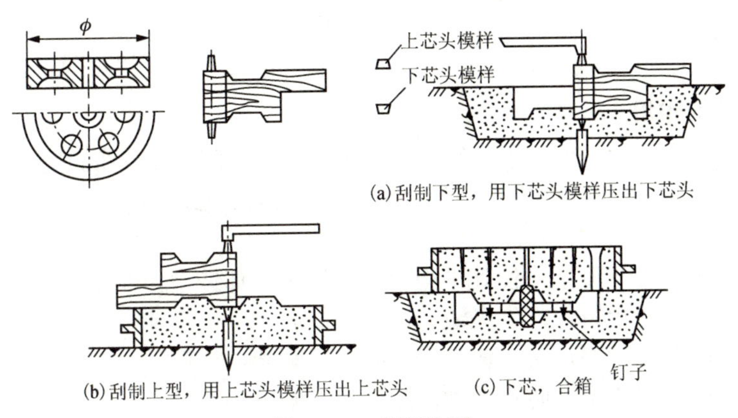

图 10.12　刮板造型

2)机器造型

机器造型是用机器完成造型过程中主要操作工序(如填砂、紧砂、翻箱、起模等)的方法。与手工造型相比，机器造型可显著提高铸件质量和铸造生产率，改善工人的劳动条件，适合于批量生产。机器造型的缺点是设备和工装模具的投资较大，生产准备周期较长。

根据紧砂和起模方式的不同，常用的机器造型方法有振压紧实、射压造型、高压造型、抛砂造型、气流紧实造型、真空密封造型等。

10.2.5　造芯

芯子用来形成铸件的内腔、孔和凹坑部分。用芯砂和芯盒制造芯子的过程称为造芯。由于芯子在浇注过程中会受到液态金属的冲击，且浇注后大部分被液态金属所包围，因此对芯砂的性能要求更高。为了便于芯子中的气体排出，形态简单的芯子可用气孔针扎通气孔，如图10.13(a)所示。形状复杂的芯子可在芯子中埋蜡线或草绳，如图10.13(b)所示。尺寸较大的芯子，为了提高芯子的强度和便于吊装，常在芯子中放置芯骨和吊环，如图10.13(c)所示。

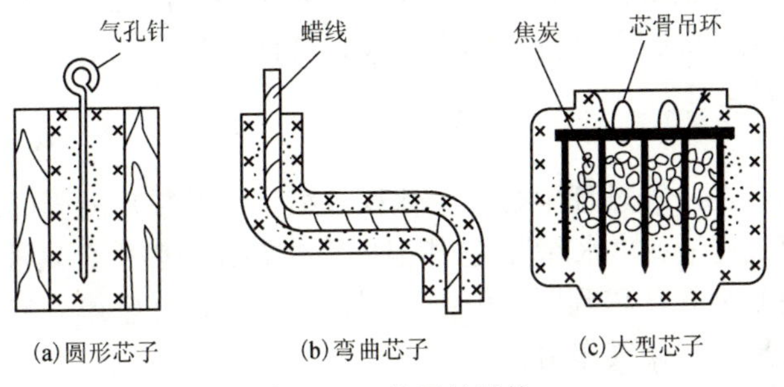

图 10.13　芯子的结构

芯盒的空腔形状与铸件的内腔相似。按芯盒的结构特点，常用造芯方法有整体式芯盒造芯、分开式芯盒造芯和拆卸式芯盒造芯三种。最常用的是分开式芯盒造芯，如图10.14所示。

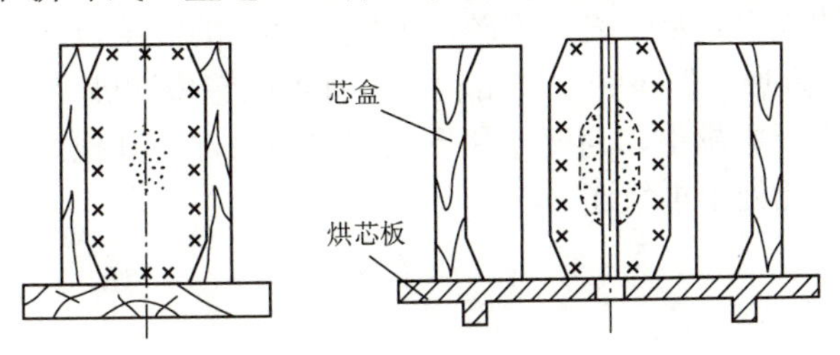

图 10.14　分开式芯盒造型

10.2.6　浇注系统

1. 浇注系统的作用

引导金属液流入铸型型腔的通道称为浇注系统。浇注系统对铸件的质量影响较大，如果安置不当，可能产生浇不足、气孔、夹渣、砂眼、缩孔和裂纹等铸造缺陷。合理的浇注系统应具有以下作用。

(1) 调节金属液流速与流量，使其平稳流入，以免冲坏铸型。

(2) 起挡渣作用，防止铸件产生夹渣、砂眼等缺陷。

(3) 调节铸件的凝固顺序，防止铸件产生缩孔等缺陷。

(4) 利于型腔的气体排出，防止铸件产生气孔等缺陷。

2. 浇注系统的组成

如图 10.15 所示，浇注系统包括：外浇口、直浇道、横浇道、内浇道和冒口等。

1) 外浇口

起到容纳浇入的金属液、缓解液态金属对砂型的冲击、防止金属液的飞溅和溢出、分离渣滓和气泡、阻止杂质进入型腔的作用。通常将小型铸件的外浇口作成漏斗状(浇口杯)，较大型铸件作成盆状(浇口盆)。

2) 直浇道

是连接外浇口与横浇道的垂直通道，改变直浇道的高度可以改变金属液的流动速度从而改善液态金属的充型能力。

3) 平通道

横浇道是将直浇道的金属液引入内浇道的通道，一般开在砂型的分型面上。其主要作用是分配金属液进入内浇道并起挡渣作用。

4) 内浇道

直接与型腔相连，其主要作用是分配金属液流入型腔的位置，控制流速和方向，调节铸件各部分冷速。内浇道一般在下型分型面上开设，并注意使金属液切向流入，不能正对型腔或型芯，以免将其冲坏。

5) 冒口(出气口)

浇入铸型的金属液在冷凝过程中要产生体积收缩，在其最后凝固的部位会形成缩孔。冒口是浇注系统中储存金属液的“水库”，它能根据需要补充型腔中金属液的收缩，消除铸件上可能出现的缩孔，使其缩孔转移到冒口中去。冒口应设在铸件壁厚处的最高处或最后凝固的部位。有些冒口还有集渣和排气作用。

3. 浇注系统的类型

浇注系统的类型很多，根据合金种类和铸件结构不同，按照内浇道在铸件上的开设位置，最常用的为顶注式、中注式、底注式和阶梯注入式，如图 10.15 所示。

顶注式浇注系统的优点是易于充满型腔，型腔中金属的温度自下而上递增，因而补缩作用好、简单易做、节省金属。但对铸型冲击较大，有可能造成冲砂、飞溅和加剧金属的氧化。所以这类浇注系统多用于质量小、高度低和形状简单的铸件。其他浇注系统的优缺点，读者可自行查阅相关资料，此处不再叙述。

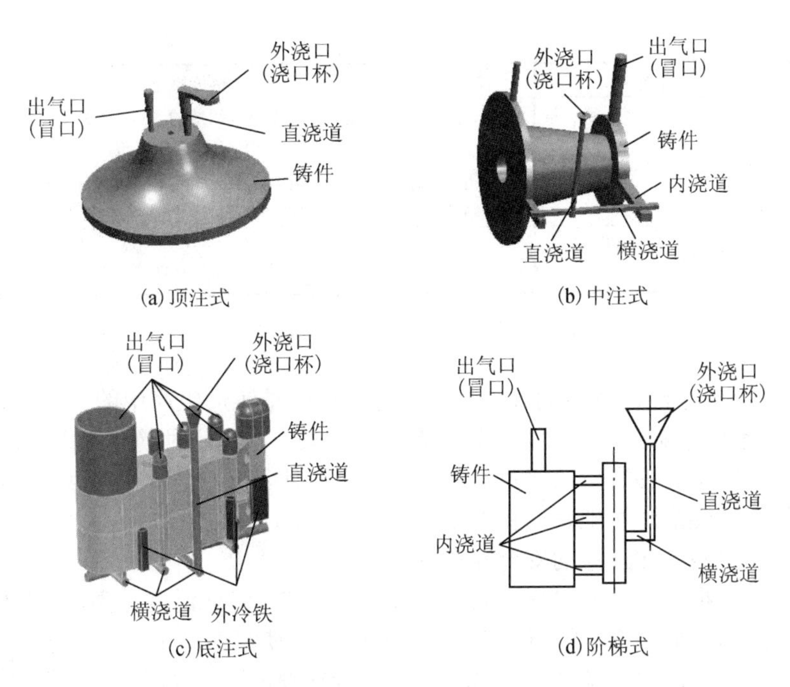

图 10.15 浇注系统的类型

10.3 铸造合金的熔炼与浇注

铸造合金的熔炼是为了获得符合要求的金属溶液，对不同类型的金属需要采用不同的熔炼方法和设备。熔炼是将金属材料、辅料加入加热炉，通过控制金属液的温度和化学成分，使其变成优质铁液的过程。

10.3.1 铸造合金的熔炼

铸造合金的熔炼设备与熔炼原理如表 10-3 所示。常用于熔炼的加热炉如图 10.16 所示。

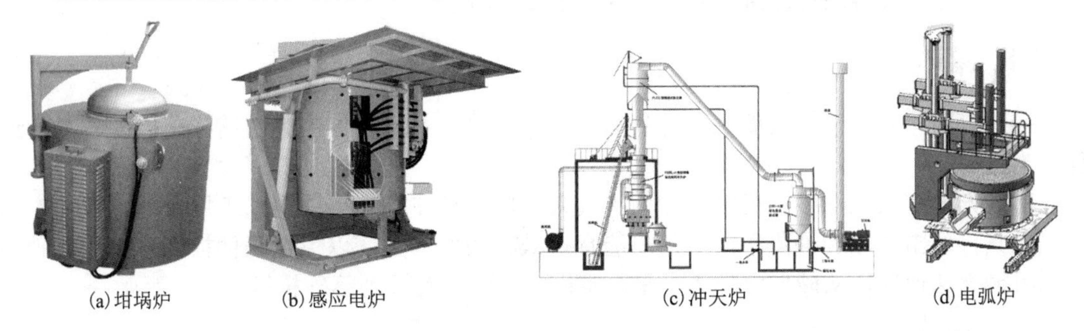

图 10.16 常用加热炉及结构

表 10-3 常用铸造合金的熔炼设备与熔炼原理

材料名称	熔炼设备	熔炼原理
有色合金	坩埚炉（焦炭坩埚炉、电阻坩埚炉）	有色合金的熔点低，熔炼时易氧化、吸气，合金中的低沸点元素（镁、锌等）极易蒸发烧损，因此，需要用坩埚炉这类设备在金属材料与燃料和燃气隔离的状态下进行

续表

材料名称	熔炼设备	熔炼原理
铸铁	冲天炉、电弧炉、感应电炉	冲天炉是利用对流的原理来进行熔炼的；电弧炉是将三根石墨作为电极垂直插入炉内，接通三相电源后，利用电极与炉料将产生的电弧热量对金属进行熔化和精炼；感应电炉是利用电磁感应原理来进行熔炼的，感应电炉无法对金属进行精炼处理，因此，金属液的质量较电弧炉差
铸钢	平炉、转炉、电弧炉、感应电炉	

10.3.2　浇注

将熔融金属从浇包浇入铸型的过程称为浇注。浇注是铸造生产中的一个重要环节，浇注工艺是否合理，不仅影响到铸件质量，还涉及工人的安全。浇注时的注意事项包括以下几点。

(1)浇注前要准备足够数量的浇包，修理浇包内衬使其光滑、平整并烘干。

(2)整理场地，使浇注场地有通畅的走道且无积水。

(3)浇注时要严格遵守浇注的安全操作规程。

(4)浇注温度要根据铸件的材料、大小和形状来确定。浇注温度过高，铸件收缩大，易产生黏砂、晶粒粗大、缩孔、裂纹等缺陷；温度太低，会使铸件产生冷隔、浇不足、气孔等缺陷。应根据铸造合金的种类、铸件的结构和尺寸多合理确定浇注温度。铸铁件的浇注温度一般为1250～1360℃，铸钢的浇注温度一般在1500～1550℃，铝合金的浇注温度一般在700℃左右。

(5)浇注速度要根据铸件的形状和大小决定。浇注速度太快，金属液对铸型的冲击力大，易冲坏铸型造成抬箱和跑火现象，同时型腔中的气体来不及逸出而产生气孔或砂眼，有时会产生假充满的现象形成浇不足的缺陷。浇注速度太慢易产生夹砂、冷隔和浇不足等缺陷。

(6)浇注过程应保持连续，使浇口杯处于充满状态；从铸型排气道、冒口排出的气体要及时引火燃烧，促使气体快速排出，防止现场人员中毒并减少空气污染。

10.4　铸件的落砂与清理

铸件浇注完并凝固冷却后，还必须进行落砂和清理。

10.4.1　落砂

铸件凝固冷却到一定温度后，将其从砂型中取出，并从铸件内腔中清除芯砂和芯骨的过程称为落砂。

落砂方法有人工落砂和机械落砂两种。人工落砂是在浇注场地由人工用大锤、铁钩、钢钎等工具，敲击砂箱和捅落型砂，但不能直接敲打铸件本身，以免把铸件损坏。机械落砂是利用机械方法使铸件从砂型中分离出来，常用的落砂机有振动落砂机等。

10.4.2　清理

落砂后的铸件还应进一步清理，除去铸件的浇注系统、冒口、飞翅、毛刺和表面黏砂等，以提高铸件的表面质量。

(1)浇注系统和冒口的清理。浇注系统和冒口与铸件连在一起，可用榔头、锯割、气割、砂轮机等工具去除。

(2) 铸件表面的清理。对铸件表面的黏砂、飞边、毛刺、浇口和冒口根部痕迹等，可用钢丝刷、榔头、锉刀、手砂轮等工具进行清理，特别是复杂的铸件以及铸件内腔常需用手工方式进行表面清理。

10.5 常见铸造缺陷及分析

由于铸造生产程序繁多，所用原、辅料种类多，造成铸件缺陷种类多，形成原因复杂。根据国家标准 GB/T 5611—1998《铸造术语》中，将铸件缺陷分为 8 大类 50 余种，表 10-4 列出了砂型铸造最常见的缺陷及产生原因。

表 10-4 铸件常见缺陷的特征及其产生的主要原因

缺陷名称和特征	图 例	缺陷产生的主要原因
气孔：分布在铸件表面或内部的孔眼，内壁光滑、形状为圆形或梨形等		(1) 型砂水分过多 (2) 舂砂过紧或型砂透气性差 (3) 通气孔阻塞 (4) 金属液含气过多，浇注温度太低
砂眼:形状不规则的孔眼，孔内充塞砂粒，分布在铸件表面或内部		(1) 型腔内有散砂未吹净 (2) 砂型或型芯强度不够，被金属液冲坏 (3) 浇注系统不合理，金属液冲坏砂型或型芯
渣孔：一般位于铸件表面，孔形不规则，孔内充塞熔渣		(1) 浇注时，挡渣不良 (2) 浇注温度过低，熔渣不易上浮
裂纹：热裂纹，形状曲折，表面氧化是蓝色 冷裂纹：细小平直，表面无氧化		(1) 铸件壁厚相差太大 (2) 铸件或型芯退让差 (3) 浇注系统开设不当 (4) 铸件落砂过早或过猛
冷隔：铸件上出现因未完全融合而形成的缝隙或坑洼，交接处是圆滑的		(1) 金属液浇注温度过低或流动性太差 (2) 浇注时，断流或浇注速度太慢 (3) 浇道位置开设不当或太小

续表

缺陷名称和特征	图　例	缺陷产生的主要原因
浇不足：金属液未充满型腔而使铸件不完整	浇不足	(1) 金属液浇注温度过低 (2) 金属液流速太慢或浇注中断 (3) 铸件壁厚太小 (4) 浇注时，金属液不够
黏砂：铸件表面粗糙，黏附砂粒	黏砂	(1) 金属液浇注温度过高或型砂耐火性差 (2) 砂型(芯)表面未刷涂料或刷得不够 (3) 舂砂太松
错型：铸件在分型面上发生错位而引起变形		(1) 上、下箱没对准或合箱线不准确 (2) 上、下模样没对准
偏芯：型芯偏移，铸件内腔形状或孔的位置发生变化	R, C, $\frac{a}{2}$, $\frac{a}{2}$	(1) 芯座位置不准确 (2) 型芯变形或放偏 (3) 金属液冲偏型芯

产生铸件缺陷的原因主要有三方面：生产程序失控，操作不当和原、辅料差错。铸件的质量必须经过严格的检验程序，如有缺陷可进行修补的可通过修补后进入下一工序；如只能报废的，则必须重新回炉，避免进入下一工序造成更大的浪费。

10.6　特种铸造

特种铸造的方法较多，随着技术与生产水平的提高，目前特种铸造的方法已发展到了几十种，常用的有熔(消失)模铸造、金属型铸造、离心铸造、压力铸造、低压铸造、差压铸造、真空吸铸、挤压铸造、陶瓷型精密铸造、石膏型精密铸造、连续铸造、半连续铸造、壳型铸造、石墨型铸造、电渣熔铸等，本节只简要介绍几种典型的方法，其他方法读者可查阅相关资料。

10.6.1　熔(消失)模铸造

熔(消失)模铸造是指用易熔材料(蜡、松香、发泡塑料等)制成精确的可熔性模型，然后涂上多层耐火涂料，经干燥、固化后加热，熔出易熔材料，再对壳型经高温焙烧后浇入金属溶液而得到需要铸件的方法。图 10.17 所示为熔(消失)模铸造工艺流程。

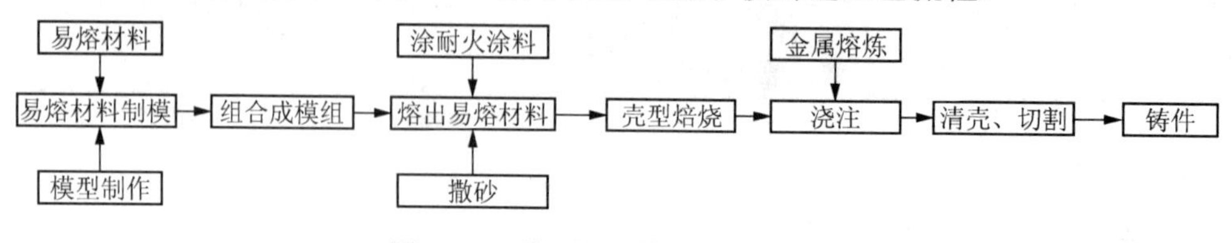

图 10.17　熔(消失)模铸造工艺流程

熔(消失)模铸造的优点是铸件尺寸精度高、表面粗糙度低、适用于各种铸造金属和合金、造型工艺简单、零件形状不受传统铸造工艺限制、且生产批量范围广等。其缺点是生产工序较多、周期长、模具的制造复杂、铸件不能太大等。图 10.18 所示为典型的消失模制造的零件模型。

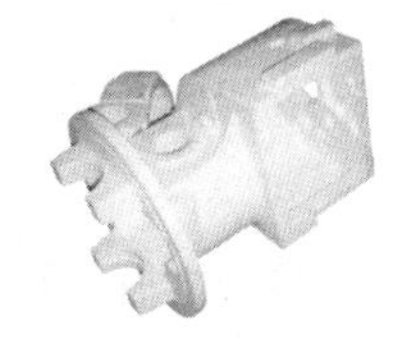

图 10.18　消失模模型

10.6.2　金属型铸造

金属型铸造俗称硬模铸造，是用金属材料(铸铁、碳钢、合金钢、有色金属等)制造铸型，并在重力下将熔融金属浇入铸型获得铸件的工艺方法。金属模型可以浇注几百次至几万次，故又称为永久型铸造，如图 10.19 所示。金属型铸造的优点是散热快，铸件组织致密，力学性能比砂型铸件高 15%左右，精度和表面粗糙度好，液态金属消耗量少，劳动条件好等，主要适合于大批生产有色金属(铝合金、镁合金等)，也适合于生产铸铁等金属材料，如图 10.20 所示。

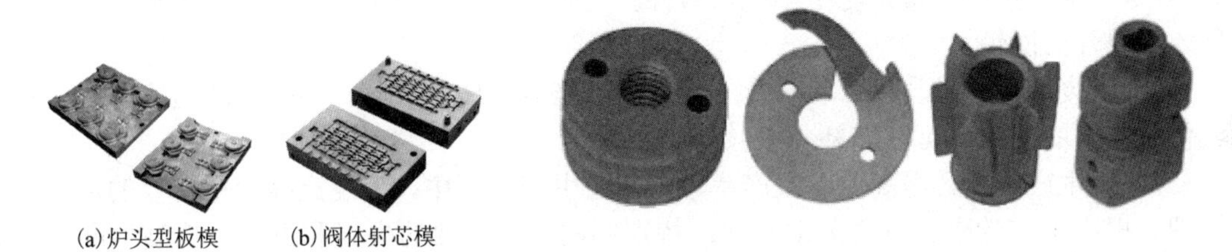

(a) 炉头型板模　　(b) 阀体射芯模

图 10.19　金属型铸造模具

图 10.20　金属型铸造的铸铁精密零件

10.6.3　离心铸造

离心铸造是将液体金属注入高速旋转(250～1500r/min)的铸型内，使金属液体在离心力的作用下充满铸型并凝固的技术和方法。根据铸型旋转轴线的空间位置不同，常见的离心铸造可分为卧式离心铸造和立式离心铸造，如图 10.21 所示。

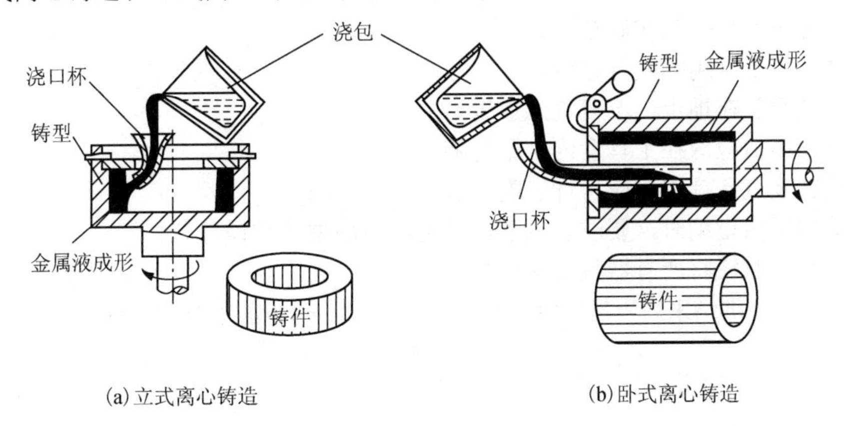

(a) 立式离心铸造　　(b) 卧式离心铸造

图 10.21　离心铸造方法

离心铸造的优点是铸件的致密度高，气孔、夹杂等缺陷少，力学性能高；几乎不存在浇注系统和冒口系统，故金属的消耗少；生产管、套类中空零件时可不用型芯，降低了铸件壁厚对长度或直径的比值，故可生产薄壁铸件。因此，离心铸造适合于加工无缝钢管、轧辊、刹车鼓、发动机的气缸套、铜套、轴瓦等。

离心铸造的缺点是对异形铸件的生产有一定的局限性；铸件的内孔直径不准确，表面质量差；铸件易产生比重偏析，因此不适合铅青铜和铸造杂质比重大于金属液的合金。

10.7　铸造生产的技术经济分析

在生产过程中，技术性和经济性相辅相成，缺一不可。在保证产品质量的前提下，要从经济效益方面去考虑，铸造生产中，应注意以下几方面。

(1) 合理选择铸造方法。一般来说，砂型铸造生产成本低，但产品质量不易保证；而特种铸造生产成本高，但产品质量好。所以应综合考虑平衡得失，使用最佳方法。

(2) 节省材料。铸造生产过程要消耗大量材料，包括一些贵重材料。节省材料的主要措施有：①充分利用旧砂、合理使用新砂；②充分利用回炉料，如浇道、冒口、铸件废品；③估算好金属熔液的需要量，金属液的量过多或过少都会浪费。

(3) 尽量增大生产批量。对中小批量铸件应集中浇注，一般情况下，只有达到一定批量的铸件才值得开一次炉。

(4) 降低废品率。要采取合理的技术和工艺措施减少铸件缺陷，某些有缺陷的铸件在不影响其使用要求的前提下可以修补，以减少废品数。

(5) 缩短生产周期，提高劳动生产率。在铸造生产过程中，应注意减少不必要的环节，加强管理、提高工作效率、节约劳动时间，特别要避免不必要的失误和返工，提高生产用品的利用率和使用寿命。

(6) 加强管理，认真进行成本核算。

10.8　铸造工安全技术操作规范

(1) 进入工程实训场地，须穿戴好全部防护用品。

(2) 紧砂时不得将手放在砂箱上。

(3) 造型时，不准用嘴吹分型砂。

(4) 平锤须平放在地上，不可直立放置。

(5) 工具使用后应放在工具盒内，不得随意乱放。

(6) 起模针及气孔针用后应将针尖朝下放入工具盒内。

(7) 在造型场内走动时，要注意脚下，以免踏坏砂型或被铸件碰伤。

(8) 造型结束时应将所有器具复原放好。

(9) 当日工程实训结束后应将场地清理干净，经指导老师检查合格后方可离开。

第 11 章　折　弯　机

教学目的　通过本项目的实训，加强学生对材料折弯形成理论知识的理解，强化学生的技能练习，使之能够掌握数控液压折弯机机床的组成及其加工原理，折弯机模具的选择原则。通过对折弯机的操作演示以及实际操作，培养学生对所学专业知识的综合应用和认知素质等方面的能力。

教学要求

(1) 使学生能够熟练操作数控液压折弯机的开启、关闭，以及操作面板的使用方法。

(2) 能够了解折弯加工的一般工艺流程。

(3) 正确安装工件，能够根据零件图展开钣金产品。

(4) 能够了解常用模具的选择原则。

(5) 熟悉数控液压折弯机的安全操作规程。

11.1　折弯成形概述

折弯机是一种常见的板料加工设备，对金属板料弯曲或是折叠，可把金属板料压制成一定的几何形状。采用不同形状的模具可折弯各种形状的工件，如配备相应的设备还可作冲孔、压波纹、浅拉伸等加工。折弯机广泛应用于电器、汽车、造船、日用五金、机械制造等工艺部门。图 11.1 所示的零件结构都是通过折弯加工所获得的。

图 11.1　典型的折弯加工产品

普通的折弯工艺由两个运动组成：一是挡料装置在水平方向的运动，可以完成金属板料边缘到折弯位置的定位；二是连接上模上滑块相对于下模垂直方向的运动，通过上模对板料的挤压作用，使被加工的金属板料产生塑性变形实现折弯。自动化程度高一些的数控折弯机，除了以上两个基本工艺动作以外，还配置了一些辅助的执行装置，如前后托料、装卸料以及自动换模等装置。

11.2　折弯成形基础知识

11.2.1　数控折弯机的类型及基本组成

折弯机从操作方式上分为手动折弯机和数控折弯机。折弯机按同步方式可分为扭轴同步、机液同步和电液同步。折弯机按模具的运动方式又可分为上动式(模具的运动部位为上模)和下动式(运动的部位为下模)。图 11.2 为目前常见的液压折弯机类型。

(a) 电液同步数控折弯机

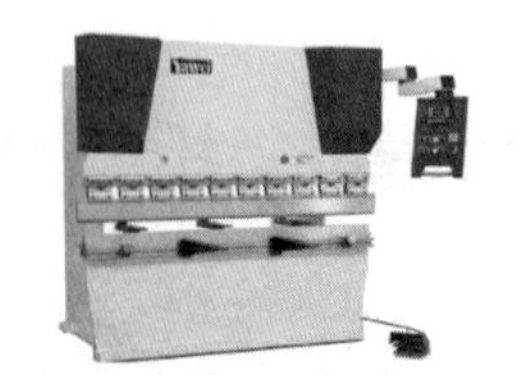

(b) 扭轴同步液压板料数控折弯机

(c) 小型液压折弯机

图 11.2　常见液压折弯机类型

目前大量使用的折弯机传动方式都是液压驱动，与最初的机械式传动相比，现在的折弯机更紧凑、设备的集成度更高以及工作载荷更高。图 11.3 为本书所讲授的折弯机。

1. 折弯机模具的垂直运动

折弯机折弯通过上模(连接在上滑块上)的垂直往返运动来实现，图 11.4 所示为 WF67K-160t/3200 型液压板料数控折弯机上模的结构简图。

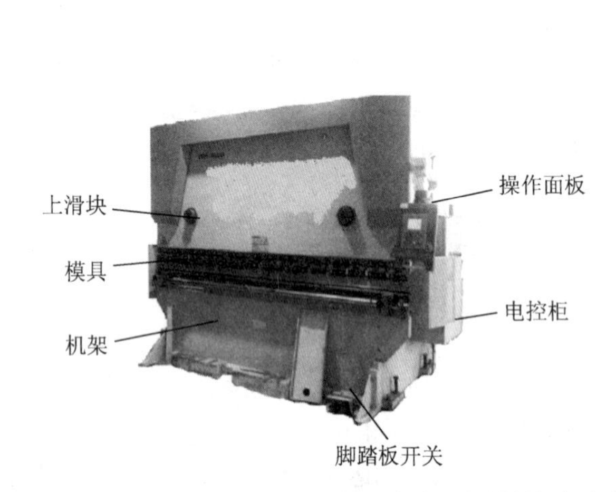

图 11.3　WF67K-160t/3200 型扭轴同步液压板料数控折弯机

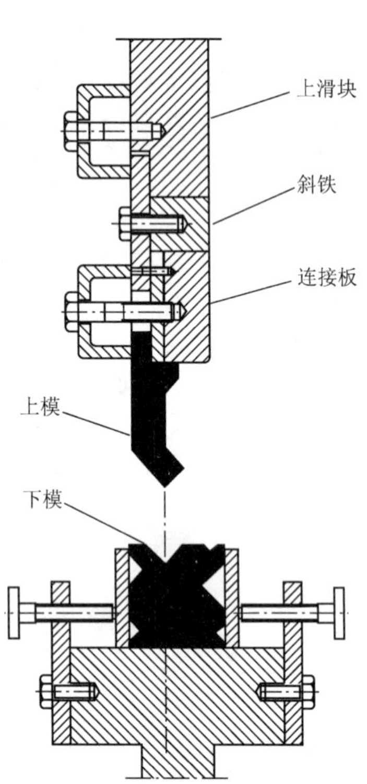

图 11.4　液压板料数控折弯机上模的结构

数控折弯机工作模式由编程切换到加工模式的时候，滑块(上模)的动作是通过现场的脚踏板来实现操作的。踩下踏板开关，滑块快速下降到工作位置，切换为慢速压下弯曲成形，压下时间可以通过数控程序设定(时间的长短根据折弯材料的强度来决定)，压下时间要合理选取，以避免加工过程中设备冲击过大。当模具压下值到达设定值时，完成保压(保压时间通过程序设定)后自动返回等待位置。

2. 折弯机后挡料机构的水平运动

图 11.5 所示为 WF67K-160t/3200 型液压板料数控折弯机的单轴后挡料机构，该机构是通过步进电机驱动，电机的旋转运动经同步带传动到丝杆后，转变成后挡料机构的水平运动。折弯时可根据工件的要求，预先在程序中设定挡块的位置，加工时实现自动定位。

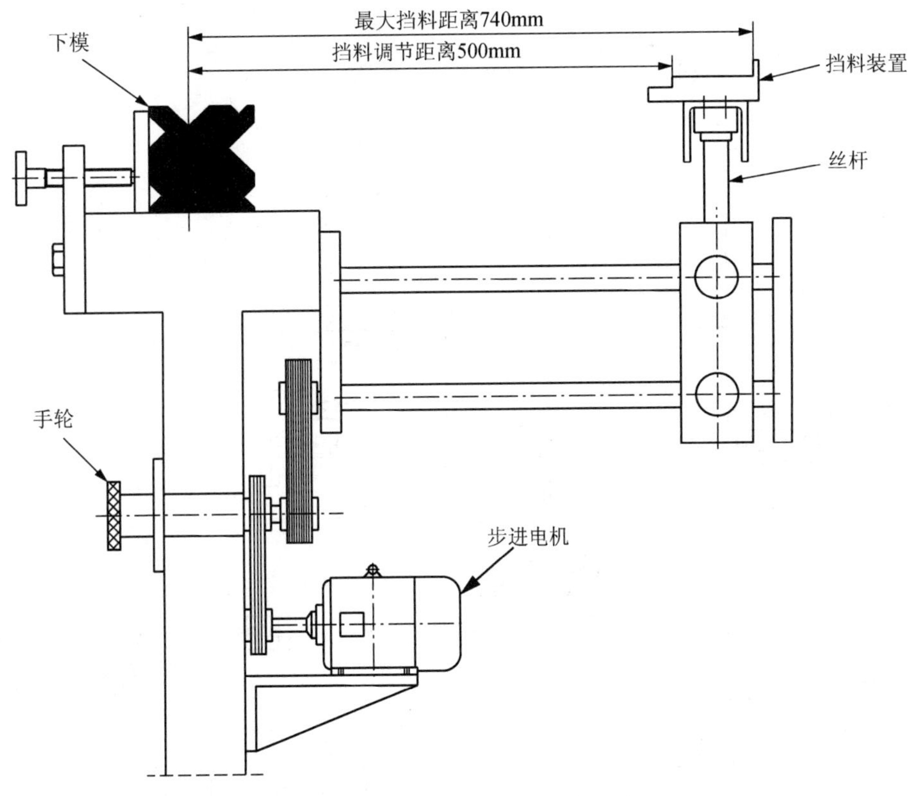

图 11.5　液压板料数控折弯机的单轴后挡料机构

3. 液压系统

液压系统可实现滑块快速下降、慢速下降、工进速度折弯、快速回程及向上向下过程中滑块急停等动作。图 11.6 为折弯机的液压系统原理图。接通电源启动液压系统后，高压油经电磁溢流阀回油箱，油泵 4 处于空运转状态。

踩下踏板(向下)时，电磁铁 YV1、YV4 得电，压力油经电磁换向阀 10、节流孔 17 进入油缸 14 上腔，此时因节流孔 17 前压力升高，将液控单向阀 l2 打开，在滑块自重和压力油的作用下，滑块快速下降，油缸 14 下腔油通过液控单向阀 12、电磁换向阀 10、节流阀 8、9 快速回油箱，在滑块快速下降过程中，油缸 14 上腔形成真空，并通过液控单向阀 15 充油，当行程开关触点 SQ2 时，YV2 和 YV5 得电，由于节流孔 8 的作用，滑块由快速下降变为慢速下降，在滑块下降至设定的位置后，油缸 14 内的机械挡块将限制滑块下降，并停止在该位置上，此时压力油经溢流阀 5 回油箱。踏下滑块向上踏板时，YV1、YV3 得电，压力油经电磁换向阀 10、液控单向阀 12 进入油缸 14 下腔，推动活塞杆使滑块上行；油缸上腔油液经液控单向阀 15、节流孔 17、电磁换向阀 10 回油箱。当滑块向上行至开关 SQ1 接触到滑块上停点挡块时，YV1、YV3 失电，液压油经电磁溢流阀 5 回油箱，滑块停止，油泵 4 又处于空运转状态。

11.2.2　数控折弯机的主要技术参数

数控折弯机的主要技术参数如表 11-1 所示。

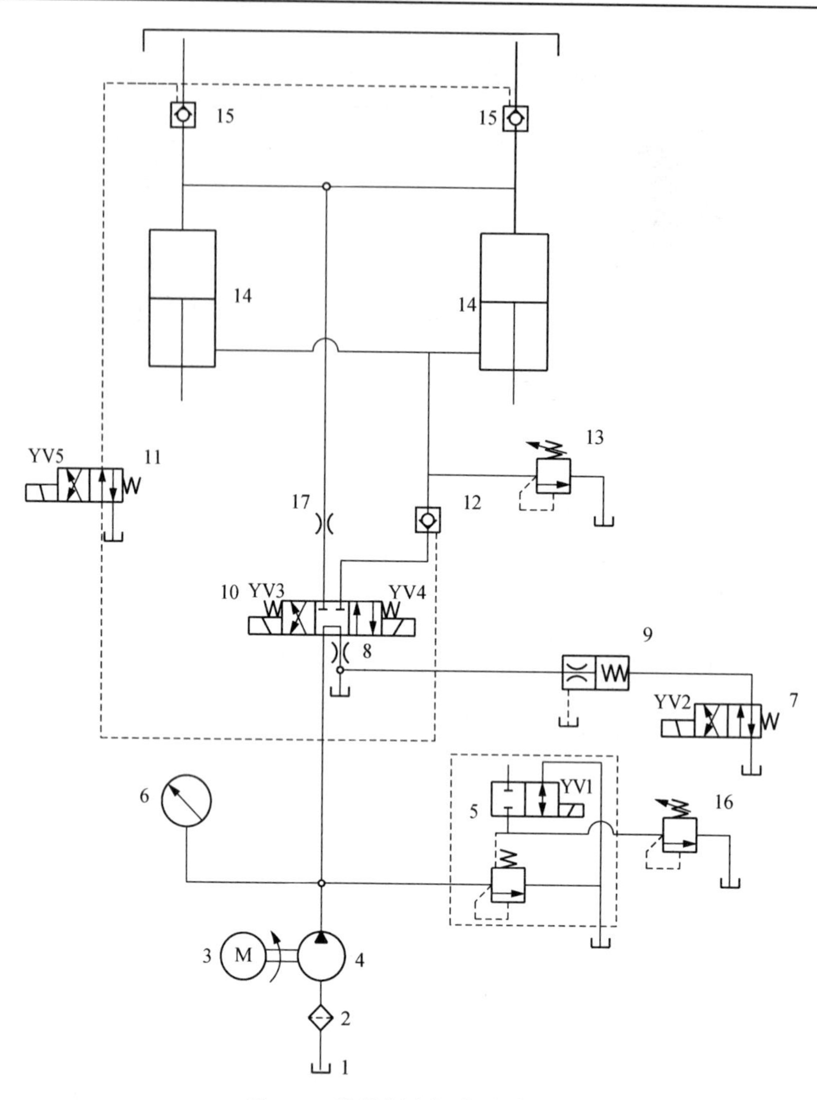

图 11.6　数控折弯机液压原理图

表 11-1　WF67K-160t/3200 型液压板料数控折弯机的技术参数

序号	参　数		数值	
1	滑块公称力/kN		1600	
2	工作台长度/mm		3200	4000
3	工作台宽度/mm		220	
4	立柱间距离/mm		2600	3100
5	喉口深度/mm		320	
6	滑块最大行程/mm		200	
7	工作台面与滑块间的最大开启高度/mm		450	
8	最大挡料距离/mm		740	
9	滑块行程速度	空载/(mm/s)	40	
		工作行程/(mm/s)	8	
		回程/(mm/s)	45	

11.2.3　数控折弯机的控制面板及其功能

DA-41 操作面板为扭轴同步折弯机两轴控制专用数控系统。拥有角度和模具参数输入的数据编程。通过表格就可对数控系统进行编辑。面板包括了一个显示屏和用于编程的操作键。图 11.7 为面板的介绍图。

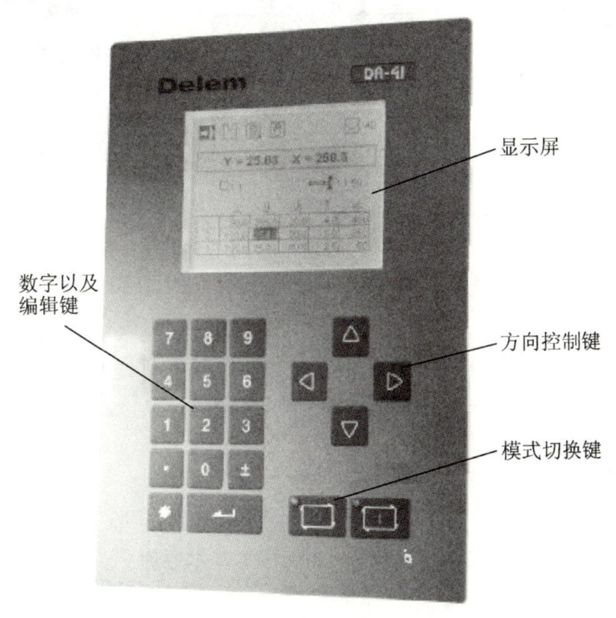

图 11.7　DA-41 数控折弯系统操作面板

面板包括以下几个部分：

(1) 单色显示屏一个，在屏幕顶部。

(2) 数字及编辑键，DA-41 不具备汉字和英文的编辑功能，程序里的名字都是以数字命名的。

(3) 方向控制键，用于编程的操作。

(4) 模式切换，用于编程和加工模式的切换。

11.3　数控折弯加工工艺的制订

11.3.1　数控折弯加工工艺的基本特点

折弯是指改变板材形状的加工，如将板材弯成 V 形、U 形等。一般情况下，钣金折弯有两种方法：一种方法是模具折弯，用于结构比较复杂，体积较小、大批量加工的结构；另一种是折弯机折弯，用于加工结构尺寸比较大的或产量不是太大的结构。

1. 模具折弯

常用折弯模具结构形式如图 11.8 所示。除此以外，根据每个企业的具体生产情况，还有其他一些形状的折弯模具。

2. 折弯机折弯

折弯机其基本原理是利用折弯机的折弯刀(上模)、V 形槽(下模)，对钣金件进行折弯和成形。优点是装夹方便，定位准确，加工速度快；缺点压力小，只能加工简单的形状，效率较低。数控折弯成形基本原理如图 11.9 所示。

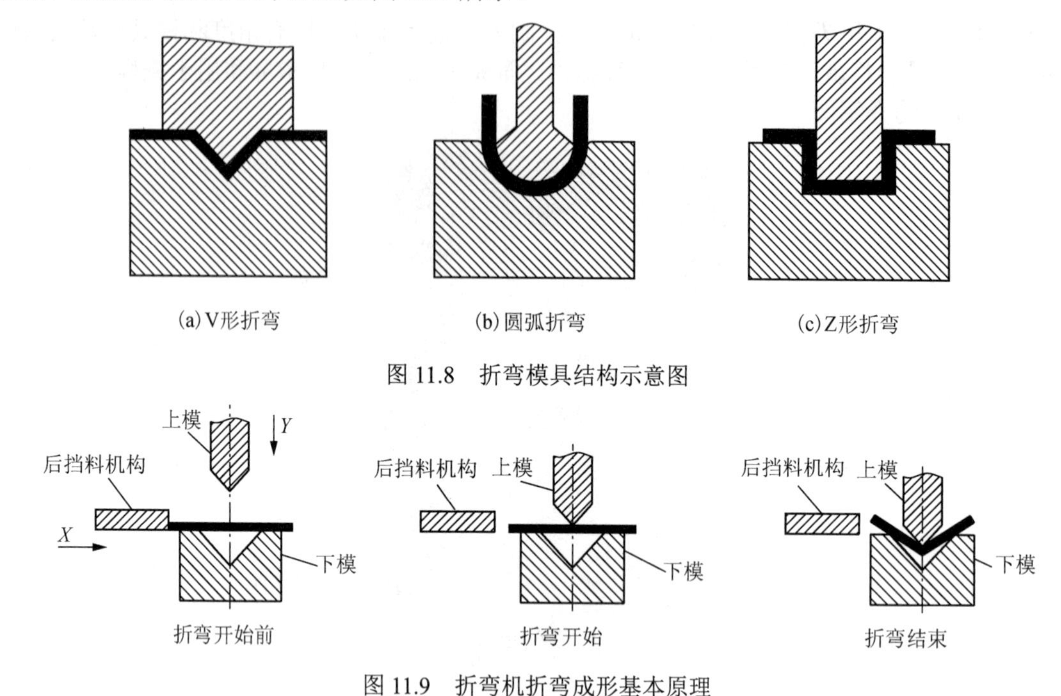

图 11.8　折弯模具结构示意图

图 11.9　折弯机折弯成形基本原理

1）折弯刀（上模）

折弯刀的形式如图 11.10 所示，加工时主要是根据工件的形状需要选用。

2）下模一般用 $V \approx 8s$（s 为料厚）模

影响折弯加工的因素有许多，主要有上模圆弧半径、材质、料厚、下模强度、下模的模口尺寸等因素。图 11.11 为折弯下模结构。

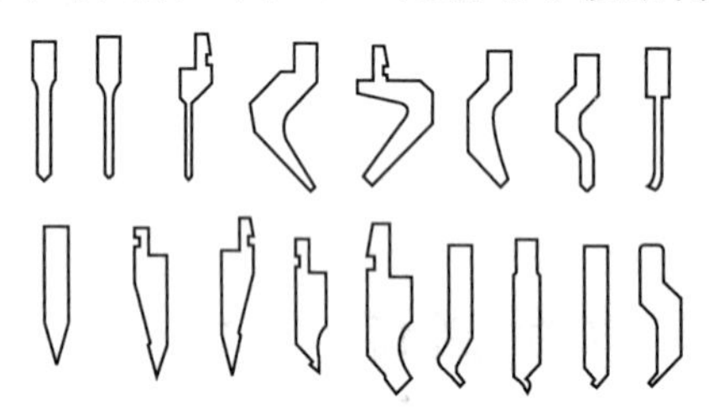

图 11.10　不同形状的折弯刀

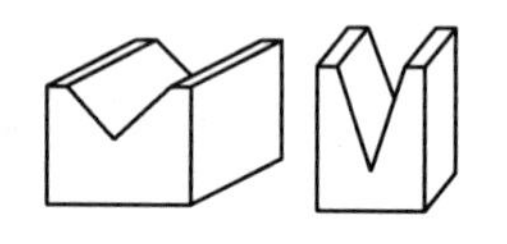

图 11.11　折弯下模结构

11.3.2　数控折弯加工工艺分析的主要内容

1. 折弯模具结构的选择

在折弯加工中通常采用标准模具结构，在模具系统中，对材料进行折弯的上模通过夹紧块与滑块连接，由滑块带动上下移动实现上模的折弯运动。选用何种模具是由工件的形状决定的，也就是说，在折弯工件的时候，模具与工件之间不能有形状的干涉。要实现模具与工件之间的不干涉，其折弯顺序的确定，将起到很重要的作用。

工件的内端圆弧半径 r 主要由下模的 V 宽决定，而上模的尖端 R 也有若干的影响，由 $r=V/6$ 可得到工件的内 r，上模的尖端 R 可选择比工件的内 R 略小一些，然而近年下模通过支承板固定在下模座上，下模座安装在床身工作台上。通过调整模具调节夹紧块可调整下模的水平位置，以保证下模与上模平行。

2. 折弯方式

根据折弯加工时上下模具的相对位置，可将折弯加工分成点接触折弯(可自由获取折弯角度)、普通折弯(用较小的力即可得到较好的折弯精度)和剪切折弯(虽然可得到很好的角度，但是所要的吨数是普通折弯的 5～8 倍)。

3. 确定工作吨位

折弯过程中，上、下模之间的作用力施加于材料上，使材料产生塑性变形。工作吨位就是指折弯时的折弯压力。确定工作吨位的影响因素有：折弯半径、折弯方式、模具比、弯头长度、折弯材料的厚度和强度等，可根据设备的作业指导书查取。

4. 板材展开长度计算

通常数控折弯机的控制系统，可按编程时给出的相关参数，自动计算出板料展开长度。

5. 折弯板材与机床结构的干涉

多步或复杂零件折弯时，由于板材折弯后的形状改变，板材可能会碰撞机床的一些部件，在设计折弯顺序是要避免产生干涉现象。数控折弯机床的控制系统能根据加工情况，自动计算并检查折弯板材与机床各部分的干涉情况，提示编程人员采取相应措施消除干涉。

11.3.3　数控折弯加工工艺分析的一般步骤与方法

1. 零件的工艺分析

分析零件包含了哪些折弯工艺，这些工艺在设备、系统上的可行性，如压死边操作、零件关键配合尺寸的控制以及零件模具工艺尺寸上的干涉等。从零件的图纸读取加工零件的材质和厚度，为后续折弯机和模具的选择做准备。

2. 模具的选择

加工时主要是根据工件的形状需要选用，一般加工厂家的折弯刀形状较多，特别是专业化程度很高的厂家，为了加工各种复杂的折弯，定做很多形状、规格的折弯刀，满足不同加工的需要。

3. 工件展开长度及折弯定位长度的计算

正确制订折弯工序后，进行工件展开长度及折弯定位长度的计算。这一步对确保工件折弯精度影响至关重要。值得注意的是，有一些数控系统，上述工艺过程全是自动的，操作人员只需输入工件尺寸、材料厚度、材质等参数，即可完成展开计算，零件加工程序自动生成(也可人工干预)，并具有加工过程图形显示及仿真功能。

4. 折弯顺序

根据图纸的内容制订合理的折弯顺序，折弯加工顺序的基本原则包括以下几点。

(1) 由内到外进行折弯。

(2) 由小到大进行折弯。

(3) 先折弯特殊形状，再折弯一般形状。

(4) 前工序成形后对后继工序不产生影响或干涉。

在折弯全过程中，除了要考虑折弯时产生干涉外，还应保证其不失去定位基准。在制订折弯顺序时，应尽可能考虑对精度要求高的折弯边折弯尺寸和定位基准尺寸的一致，以提高折弯边的折弯精度。此外，还应考虑定位时重量大的一侧由机床托架支撑，以及尽量减少折弯过程工件翻转次数。

对于复杂的折弯，可以采用商业化的计算机软件仿真折弯，通过仿真折弯优化折弯顺序，这样可以大大减少对操作人员经验的要求，同时还可以提高设计速度和降低成本，在完成仿真后再进入到实际的试制。目前高端的数控折弯系统，其本身也具备模拟折弯的功能。

5. 对零件进行编程及加工

上述工作全部完成后，即可按数控系统操作说明书对零件进行编程及加工。将加工模具的参数以及折弯工艺输入到数控系统中，本书所介绍的DA-41数控系统是一种经济型的数控折弯系统，具备简易而高效的编程特点，只需要根据系统的各种参数表格，将相应的工艺参数输入系统即可。

11.3.4　折弯加工时需要注意的问题

1. 关键尺寸的控制

对于展开尺寸大的板料要求保证其主要尺寸，主要尺寸应以零部件的使用要求来确定。

2. 折弯顺序

划线折弯：以实际展开尺寸和应控制尺寸，按折弯的顺序划线。

对线首件试折弯→检测→调整→划线→按线折弯→检验。

3. 折弯半径

钣金折弯时，在折弯处需有折弯半径，折弯半径不宜过大或过小，应适当选择。折弯半径太小容易造成折弯处开裂，折弯半径太大又使折弯易反弹。

4. 折弯回弹

所谓回弹就是在撤掉折弯力后，折弯角度的增大，这是在折弯加工中普遍存在的问题。图11.12为折弯过程中回弹分析。

回弹角

$$\Delta\theta = \theta' - \theta \tag{11-1}$$

式中，θ'为回弹后制件的实际角度；θ为模具角度。

影响回弹的因素和减少回弹的措施有以下两点。

(1) 材料的力学性能。回弹角的大小与材料的屈服点(σ_s，材料的屈服强度)成正比，与弹性模量E成反比。对于精度要求较高的钣金件，为了减少回弹，材料应该尽可能选择低碳钢，不选择高碳钢和不锈钢等。

(2) 弯曲半径r。相对弯曲半径r/t越大，则表示变形程度越小，回弹角$\Delta\theta$就越大。在材料性能允许的情况下，应该尽可能选择小的弯曲半径，有利于提高精度。

5. 折弯时的干涉现象

对于二次或二次以上的折弯，经常出现折弯工件与刀具相碰出现干涉，如图11.13所示，黑色部分为干涉部位，这样就无法完成折弯，或者因为折弯干涉导致折弯变形。

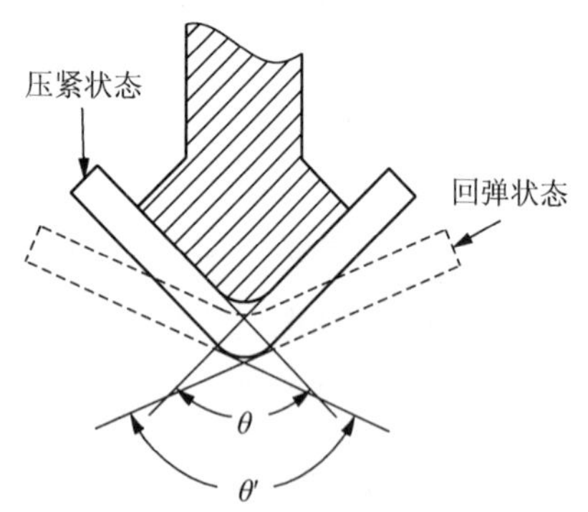

图11.12　折弯回弹示意图

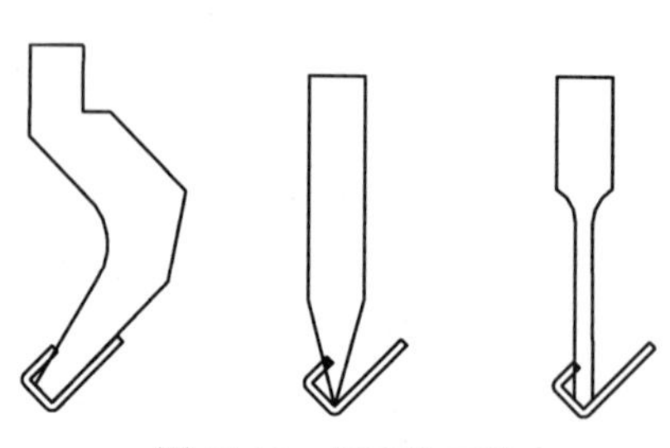

图11.13　折弯的干涉

11.4 数控折弯加工编程基础

DA-41 系统共有五个模块，分别是：①程序编辑；②模具编辑；③系统参数编辑；④手动操作；⑤程序管理。

通过操作面板上的方向选择键，实现不同模块的切换，处于当前显示状态功能模块的图标为黑底。要编辑一个参数，可移动光标至相应位置并输入所需的值，按输入键确认此值。

11.4.1 程序编辑

通过方向键选择标志符号进行程序的编辑，如图 11.14 所示。

在屏幕右上角，显示了现在正在运行程序的程序号(本例中显示的是 1 号程序)。此编程屏幕包括三个部分。

(1) 当前 X(后挡料机构的位置)轴和 Y(当前上模的有效下压量)轴的位置。

(2) 工模具材料参数，在屏幕中间栏显示了产品的属性。

：产品使用的模具编号。

：产品的板材厚度。

#：计数器，表示所需产品数。如果编辑的是零，计数器将在每次完成任务后增加；如果编辑的数大于零，计数器将倒计数，当其达到零时，控制系统将停止运作。

(3) 折弯程序表，每一步有若干个参数，在图 11.14 中屏幕下部的表格显示了该产品的折弯步骤。每一行代表了一步折弯，第一列栏为折弯序号。对于每一步折弯，以下特性可被编辑。

1

Y = ___.__ X = ___._

: 1 : 1.00 # : 0

1	90.0	0.00	0.00	0	0.0	0

图 11.14 DA-41 的编程界面

：此折弯的角度。编辑所需的角度值。此参数在模具被编辑后有效。

：Y 轴折弯深度。当角度已被编辑时，此值将从模具特性中自动计算出来。一个大的值意味着一个低滑块位置。角度的编辑在模具被编辑后可行。这个值是不需要人工修改的。

：Y 轴折弯深度的补偿值。当角度编辑好后，此纠正用于纠正 Y 轴的位置误差，误差是由设备制造装配问题或位置标定时的误差造成的。一个正的纠正值意味着一个低滑块位置，反之对应。

：滑块是否高速(1/0)。选择在折弯过程中滑块是否高速运行。

：后挡料位置。此为折弯所需的后挡料定位位置。

：后挡料回程距离。

每个程序最大可编辑 25 步折弯，要在程序中增加一步折弯，需要到现有程序的最后一步折弯，移动光标至第一栏(折弯序号栏)按输入，一步新的折弯就被加入，此步折弯拥有与前一步折弯相同的参数值，然后根据具体的折弯数据进行修改即可。要删除一步或多步折弯：到最后一步想保留的折弯，移动光标至第一栏(折弯序号栏)按清除键，下面所有的折弯被删除。在编程屏幕的第一步折弯不能被删除。要删除此程序，可到程序选择屏幕，用清除键删除此程序。

11.4.2　模具编辑

移动方向键选择标志符号进行模具编辑。模具的编辑可以通过直接输入实现。在这个模块里要根据现场实际安装的模具类型和参数输入到数控系统。由于 DA-41 不具备自动更换模具的功能，因此每次手动更换模具后，都要对模具参数进行更新。

模具在控制系统中的编辑是通过输入一些必要的模具值来实现的。在图 11.15 中，该表中的模具属性可被编辑。在产品的编辑过程中这些模具属性可用来计算 Y 轴的值。图 11.15 中显示了四个总的模具特性如下。

：折弯机实际安装的模具编号。

：下模开口宽度。

：下模模具的角度。

：下模 V 形槽边缘的过渡圆角。

11.4.3　系统参数编辑

选择符号进入系统参数设定界面，如图 11.16 所示。

屏幕中有若干个控制设置，这些设置可以根据加工需要进行修改。

1	12.00	86.0	1.00
2	16.00	86.0	1.50
3			
4			
5			
6			
7			
8			

图 11.15　模具编辑界面

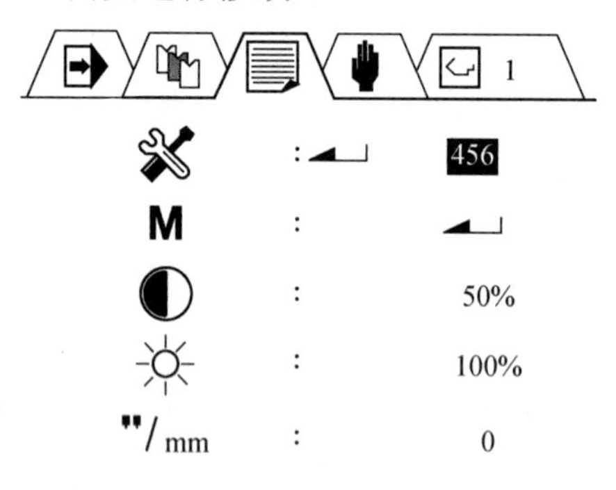

图 11.16　系统参数修改界面

11.4.4　手动操作

选择符号进入手动移动屏幕，如图 11.17 所示。

在此屏幕中可通过箭头控制键移动 X 轴和 Y 轴，这只能在系统停止动作时实现。该屏幕中显示了如何通过一个特殊的键来移动一个轴。按停止键离开此模式回到产品编程屏幕。

11.4.5　折弯程序选择

选择符号进入折弯程序选择屏幕，如图 11.18 所示。

上表每栏中符号意思如下。

：折弯程序号。

N：此程序的折弯步数。

：此程序的板材厚度。

：此程序中使用的模具。

若要选择一个程序，可通过移动光标至所需的程序号按输入键来选择。此程序号也将在屏幕右上角该模式标志符号边显示出来。按箭头控制键的上、下键可以到需要的程序号按输入键选择此程序。当此程序被选择时系统将自动跳到编程模式。此程序将一直处于被激活状态直至另一程序被选择。可移动光标至该程序号按清除键删除此程序。

3
Y = ___.__ X = ___._
Y−
X−
X+
Y+

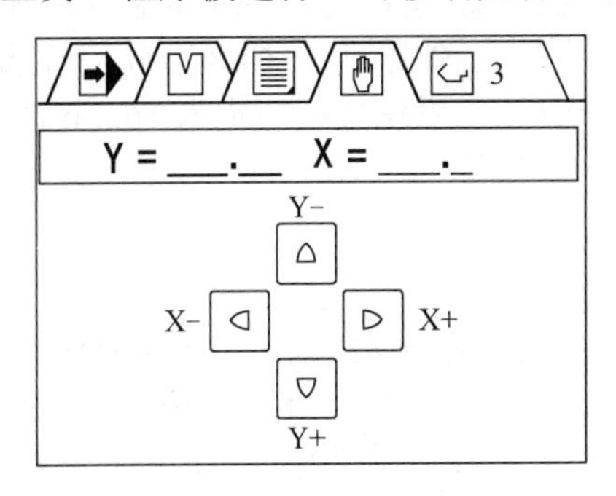

图 11.17　手动操作界面

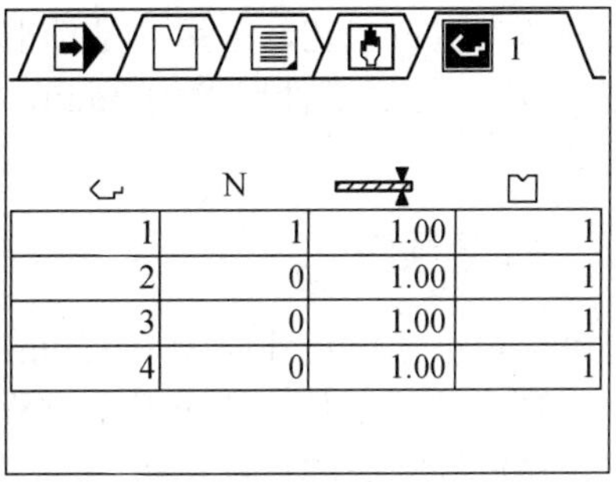

1
N
1 1 1.00 1
2 0 1.00 1
3 0 1.00 1
4 0 1.00 1

图 11.18　折弯程序管理

11.5　数控折弯加工实例

图 11.19 为加工实例，原料是厚度为 2mm，宽度为 100mm 的不锈钢板。

60
30
2
4
2
135°
90°
200
3
135°
60
90°
1
30

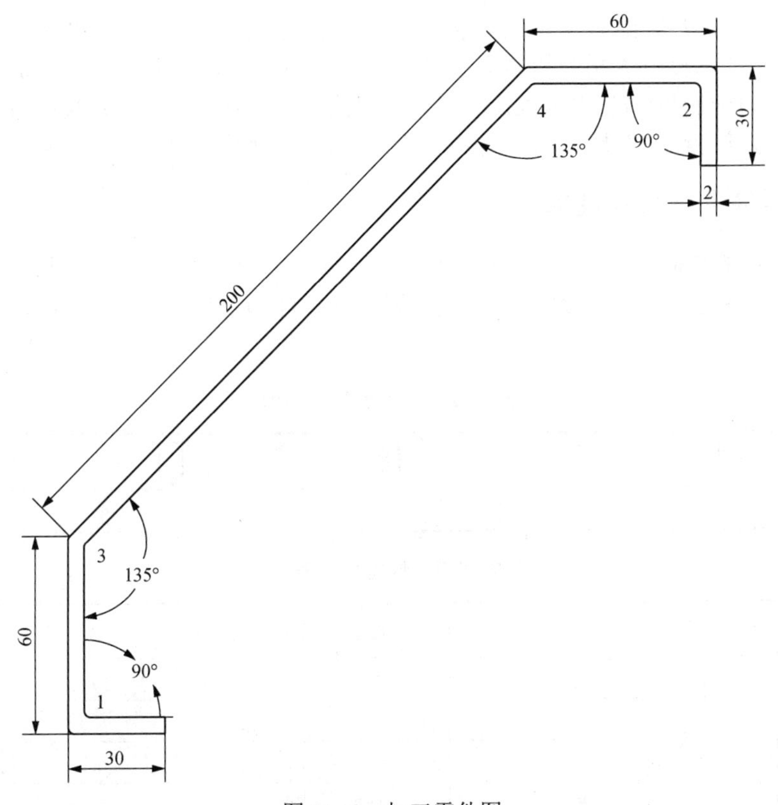

图 11.19　加工零件图

11.5.1　零件的工艺分析

该零件包含了 90° 和大于 90° 的折弯工艺过程。WF67K-160t/3200 型扭轴式数控液压板料折弯机工艺上是可行性，能够完成工件所需要的转弯角度以及配合尺寸的定位。

11.5.2　模具的选择

依据 WF67K-160t/3200 型扭轴式数控液压板料折弯机的折弯能力，以上钣金件的加工可用其完成所有折弯工艺，采用的是标准的 90° 模具，一般按工件厚度(s)的 8 倍(V=8s)选用下模口宽度(V)，上述零件厚度为 2mm，选模口宽度 16mm，在系统里模口宽为 16mm 的 V 槽编号为 2。

11.5.3　折弯顺序

先确定最小定位尺寸应大于 12mm。再进一步判定折弯工序顺序，图 11.20 为折弯工艺图。判定折弯顺序的原则是，在折弯全过程中，不得失去定位基准。在制订折弯顺序时，应尽可能考虑对精度要求高的折弯边折弯尺寸和定位基准尺寸的一致，以提高折弯边的折弯精度。

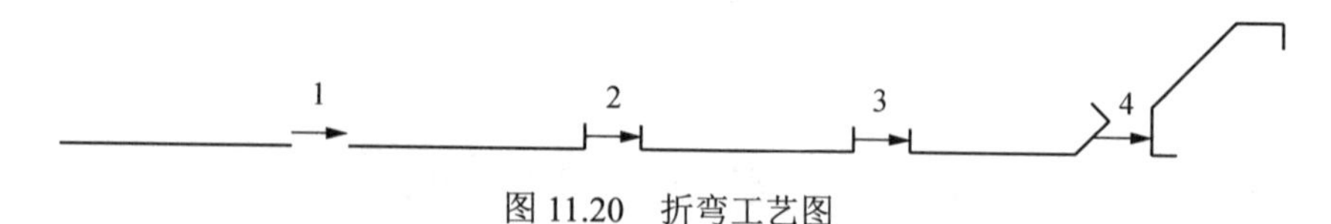

图 11.20　折弯工艺图

11.5.4　工件展开长度及折弯定位长度的计算

制订完折弯工序后，进行工件展开长度及折弯定位长度的计算。一些数控系统，上述工艺过程全是自动的，操作人员只需输入工件尺寸、材料厚度、材质等参数，即可完成展开计算，零件加工程序自动生成(也可人工干预)。本章加工实例中工件展开长度及定位长度的计算是沿用常规经验方法计算展开长，再由试折弯(用调试操作方式)修正确定。

11.5.5　对零件进行编程及加工

工艺分析全部完成后，即可按数控系统操作说明书有关规定对零件进行编程及加工，具体参数见表 11-2 和表 11-3。表 11-4 中实线位置为加工前的定位状态，虚线是本次折弯成形后零件的形状。

表 11-2　模具和材料参数

		M		#
2	2	1	100	0

表 11-3　数控折弯编程

步骤						
1	90	系统计算	1.2	0	29.22	20
2	90	系统计算	1.2	0	29.22	20
3	135	系统计算	1.2	0	58.43	20
4	135	系统计算	1.2	0	58.43	20

11.5.6 加工

程序编辑完成后，将系统转换到加工状态(按下数控系统操作面板上 1 号键)，然后按照工艺顺序(表 11-4)操作折弯机的踏板进行折弯即可。

表 11-4 件 1 加工工序

工序	加工内容	工序简图
1	后挡料机构 X 定位尺寸为 29.22mm 挡料指的高度根据需要实际高度调节	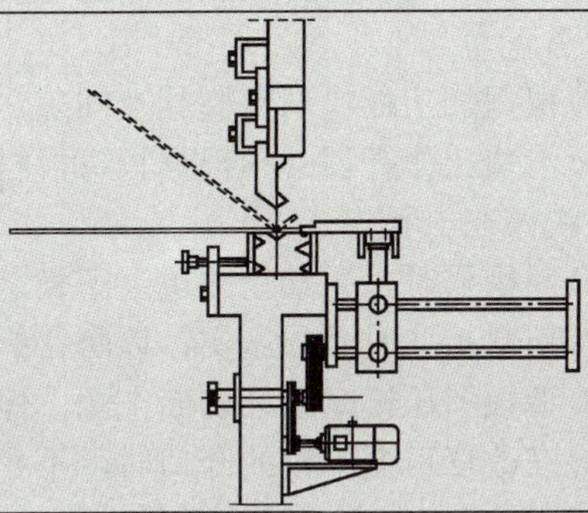
2	后挡料机构 X 定位尺寸为 29.22mm 挡料指的高度根据需要实际高度调节	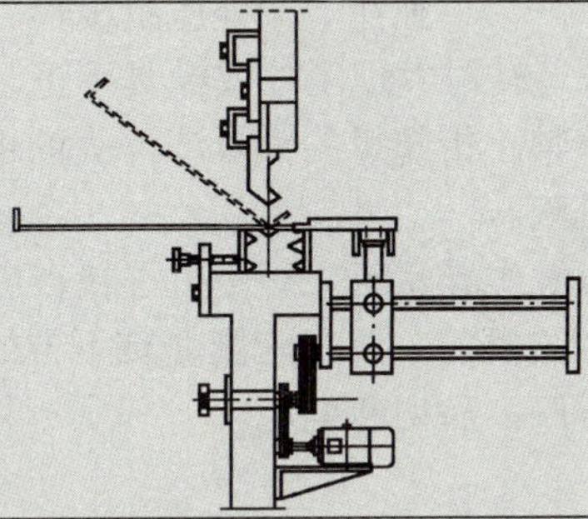
3	后挡料机构 X 定位尺寸为 58.43mm 挡料指的高度根据需要实际高度调节	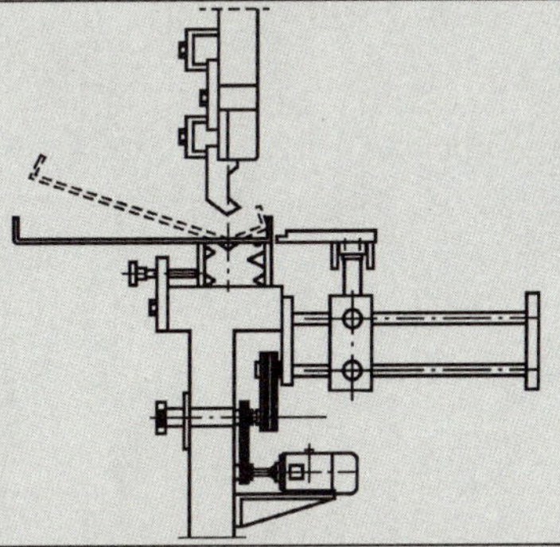
4	后挡料机构 X 定位尺寸为 58.43mm 挡料指的高度根据需要实际高度调节	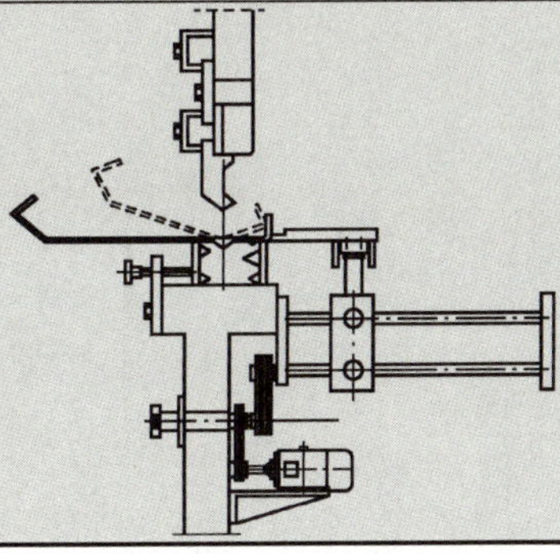

11.6　折弯机安全操作规范

(1) 操作者必须在熟悉折弯机安全操作规程、机床结构和工作原理后方能操作设备。

(2) 学生应在相关教师指导的下对压力机进行操作，严禁独自操作设备。

(3) 根据加工板料，参照折弯力与油压曲线，确定所需压力，调节远程调压阀，使压力稍大于所需压力。

(4) 根据加工板料调整模具及间隙，对准上、下模中心。

(5) 滑块工作行程必须根据折弯板材和折弯角度的不同进行调整，在调整滑块行程时，必须把滑块停在上孔点。

(6) 在操作时，手禁止放进上下模之间，以免发生事故。机床后部不允许站人。

(7) 板料折弯时必须压实，以防在折弯时板料翘起伤人。

(8) 调板料压模时必须切断电源，停止运转后进行。

(9) 在改变可变下模的开口时，不允许有任何料与下模接触。

(10) 严禁单独在一端处压折板料。

(11) 运转时发现工件或模具不正，应停车校正，严禁运转中用手校正，以防伤手。

(12) 禁止折超厚的铁板或淬火的钢板、合金钢、方钢和超过板料折弯机性能的板料，以免损坏机床。

(13) 发生异常应立即停机，检查原因并及时排除。

(14) 关机前，要在两侧油缸下方的下模上放置木块，将上滑板下降到木块上，先退出控制系统程序，后切断电源。

第 12 章　液　压　机

教学目的　通过本项目的实训，加强学生对液压成形理论知识的理解，强化学生的技能练习，使之能够掌握液压机的组成及其加工原理和拉深模具的选择原则。通过对液压机的操作演示以及实际操作，培养学生对所学专业知识的综合应用和认知素质等方面的能力。

教学要求

(1) 使学生能够熟练操作液压机的开启、关闭，以及操作面板的使用方法。

(2) 能够了解冲压加工的一般工艺流程。

(3) 正确安装工件，了解常用模具的选择原则以及一般工艺设计。

(4) 熟悉液压机的安全操作规程。

12.1　液压机概述

液压机是一种通用的无削成形加工设备，利用液体的压力传递能量以完成各种压力加工。其工作特点是动力传动为“柔性”传动，没有机械加工设备的动力传动系统复杂。

液压式压力机与其他传统机械式压力机相比具有如下特点。

(1) 容易获得最大压力。液压机采用液压传动静压工作，可以多缸联合工作，因而液压机的输出载荷可以很大。

(2) 工作行程大。液压机容易获得很大的工作行程，并能在行程的任意位置发挥全压。其公称压力与行程无关，而且可以在行程中的任何位置上停止和返回。

(3) 压力与速度可以进行无级调节。压力与速度可以在大范围内方便地进行无级调节，通过比例压力阀和比例调速阀，液压机能很容易得到不同压力和运行速度。按工艺要求可以在某一行程作长时间的保压，由于能可靠地控制压力，因而能防止过载。另外，还便于调速，如慢速合模避免冲击等。

虽然液压机使用非常广泛，但目前液压机在加工过程中由于是高压液体作为工作介质(机械油或乳化液)，因而主要还存在对液压元件的精度要求较高、结构比较复杂、调整维修比较困难、泄漏问题还难以避免(不但污染工作环境，还有火灾的危险)等问题。

12.2　液压机的主要应用

通用液压机可用于塑性材料的压制工艺，如冲压、弯曲、翻边、薄板拉伸等，也可用于校正、压装、砂轮成形、冷挤压金属零件的成形，塑料制品及粉末制品的压制成形工艺，如图 12.1 所示。在手表、玩具、餐具、电信器材、仪器仪表、电机、电器、拖拉机和汽车制造、日用五金、无线电元件等行业中都有广泛的应用。

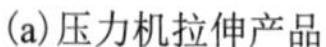

(a)压力机拉伸产品

(b)金属粉末压制成形的产品

图 12.1　压力机生产的常见产品

金属塑性成形的实质是在外力作用下使金属产生塑性变形，从而获得具有一定形状、尺寸和力学性能的毛坯或零件的加工方法。各类钢和大多数有色金属及其合金都具有一定塑性，可以在热态或冷态下进行塑性成形。表 12-1 介绍了常见的压力成形的加工工艺。

表 12-1　压力成形的基本工艺

工艺	加工示意图	说　明
锻造		金属坯料在上下模具间受到冲击力或压力而产生塑性变形的加工方法，适用于生产承受大载荷的零件或改善零件的力学性能
冲压		金属板料在冲压模具之间受压产生分离或塑性变形的加工方法，用于生产日用品、家电或汽车外壳
拉拔		将金属坯料拉过拉拔模的模孔而产生变形的加工方法，可生产各种细线材、薄壁管等
挤压		金属坯料在挤压模具内受压被挤出模孔而产生变形的加工方法，可生产复杂截面的零件

12.3　液压机的类型及基本组成

液压机由主机(主要有立柱、上横梁、活动横梁、下横梁)、液压控制系统及电控系统三部分组成。主机是液压机完成工艺执行机构，是整个液压机的基础。动力系统通过控制液压的方向和压力，实现液压机的工艺动作。电控系统则是实现液压系统的控制以及工艺参数的控制。

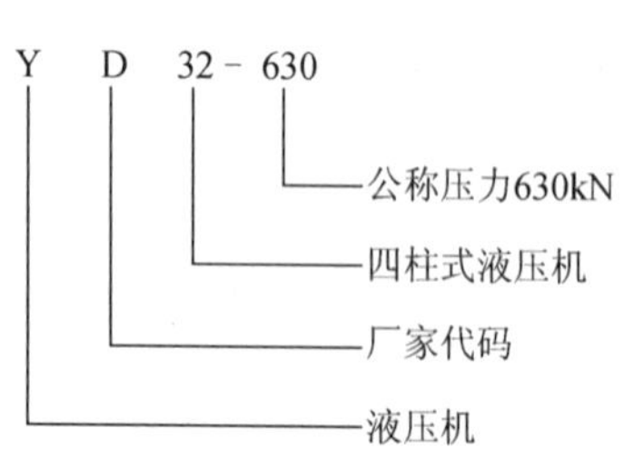

图 12.2　液压机型号组成

液压机在锻压机械标准 ZB J62030—1990 中属于第二类，代号为“Y”，故设备型号以 Y 字母开头。通常按其用途、动作方式、机身结构等分类。液压机型号组成如图 12.2 所示。

1. 动作方式

1) 上压式液压机

这种液压机的工作缸装设在机身上部，活塞从上向下移动对工件加压。这种液压机的装料工序可在固定的工作台上进行，操作方便，而且容易实现快速下行，应用最广。

2) 下压式液压机

下压式液压机，它的工作缸装在机身下部，上横梁固定在立柱上不动，当柱塞上升时带动活动横梁上升，对工件施压，开模时，柱塞靠自重复位。下压式液压机的重心位置比较低，稳定性好。此外，工作缸装在机身下面，在操作中制品可避免漏油的污染。

3) 特种液压机

如角式液压机、卧式液压机等。

2. 机身结构

1) 柱式液压机

液压机的上横梁与下横梁(工作台)采用立柱连接，由锁紧螺母上下锁紧。压力较大的液压机多为四立柱结构，机器稳定性好，采光情况好。图 12.3 为柱式液压机的常见结构形式。

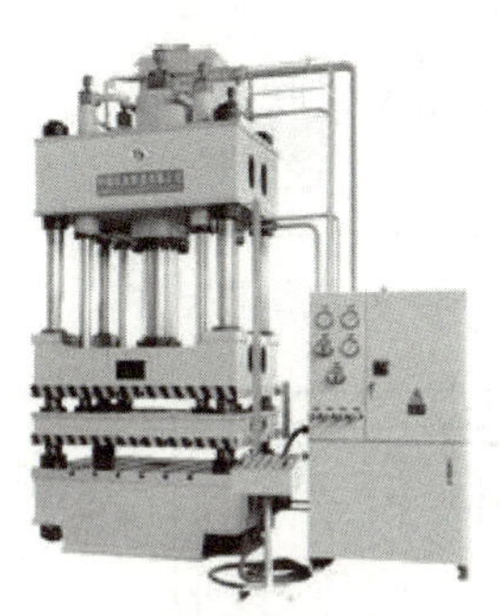

(a) 四柱式液压机

(b) 双柱式液压机

(c) 单柱式液压机

图 12.3 柱式液压机

2) 整体框架式液压机

这种液压机的机身由铸造或型钢焊接而成，一般为空心箱形结构，抗弯性能较好，立柱部分做成矩形截面，便于安装平面可调导向装置。整体框架式机身在塑料制品和粉末冶金、薄板冲压液压机中广泛应用。图 12.4 为整体式液压机的结构形式。

(a) 大型整体式液压机

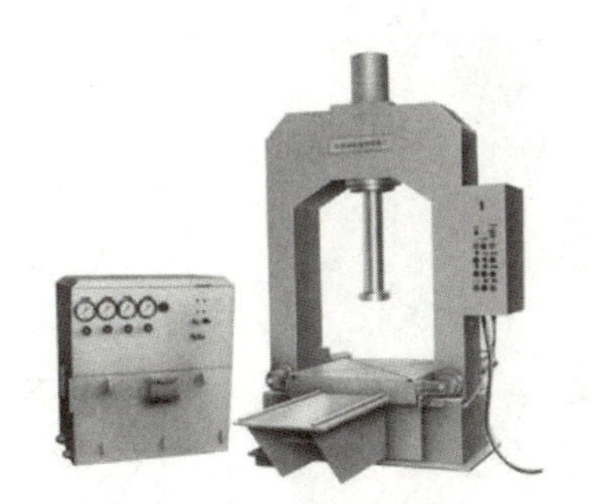

(b) 小型整体式液压机

(c) c 型整体式液压机

图 12.4 整体框架式液压机

3. 传动形式

1) 泵直接传动液压机

这种液压机是每台液压机单独配备高压泵，中小型液压机多为这种传动形式。

2) 泵-蓄能器传动液压机

这种液压机的高压液体是采用集中供应的办法提供的，这样可节省资金、提高液压设备的利用率，但需要高压蓄能器和一套集中油源系统，以平衡低负荷和负荷高峰时对高压液体的需要。这种形式在使用多台液压机的情况下(尤其是多台大中型液压机)尤为普遍。

12.4　Y32-300 型液压机

以 Y32-300 型液压机(图 12.5)为例来介绍四柱式液压机的结构以及操作方法。该型液压机具有独立的液压系统和电控系统，并采用 PLC 加触摸屏集中控制，可实现点动、手动、半自动三种操作方式。

12.4.1　结构概述

本机由主机、液压系统及控制系统等组成，通过主管道及电气装置联系起来构成一体。压力机主机结构如图 12.6 所示。

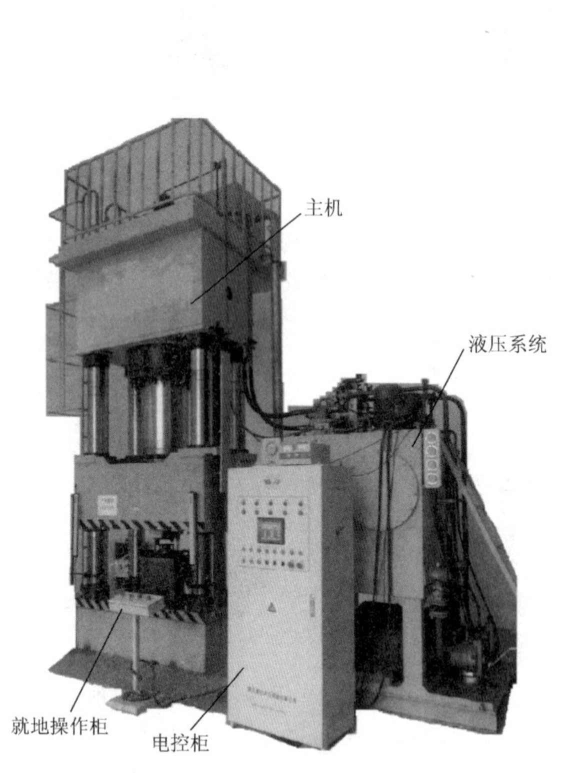

图 12.5　YN32-630 型四柱式液压机

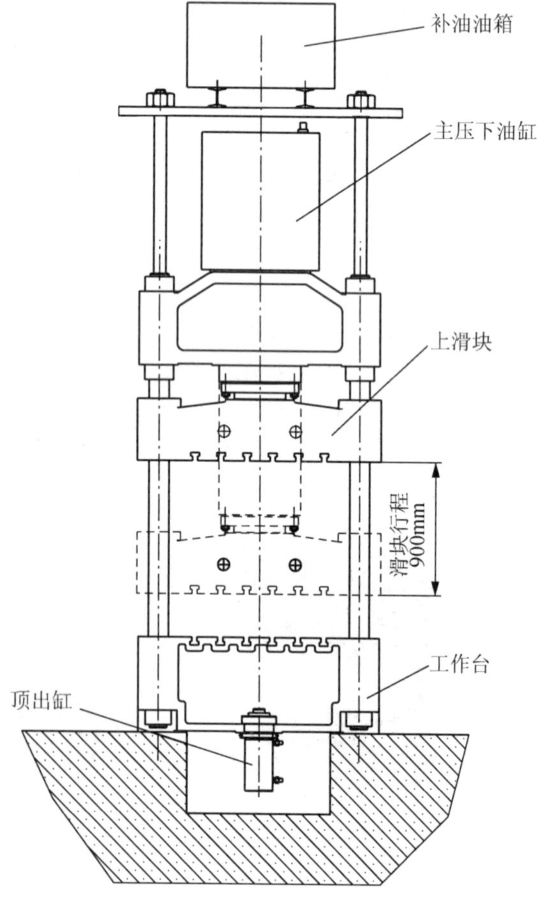

图 12.6　液压机主机结构简图

1. 机身

机身由上横梁、滑块、工作台、立柱、锁紧螺母、调节螺母等组成，上横梁和工作台用四根立柱与锁紧螺母联成一刚性桁架，滑块则由四根立柱导向作上下运动。通过调节四个调节螺母，可调节滑块下平面对工作台台面的不平行度及行程时的不垂直度。在滑块下平面及工作台上平面设有T形槽，可配螺栓专供安装工模具用。

在工作台中央有一圆孔，顶出缸由压套紧压于圆孔内的台阶上，在上横梁中央孔内，装有主油缸。主油缸由缸口端的台阶和大螺母紧固于横梁上。滑块中央的大孔，用来装主活塞杆，由螺栓和螺纹法兰反滑块与主活塞杆连成一体。在滑块四立柱孔内装有导套，以便于磨损后更换用，在外部均装有压配式的压注油杯，用以润滑立柱和导套的滑动副，在孔口端均装有防尘圈，以防止污物进入运动副，保持运动的洁净。在锁紧螺母和调节螺母上均配有紧定螺钉的紫铜垫，机器调整好后，拧紧螺钉可防止螺母松动。

2. 主油缸

主油缸为双作用活塞式油缸，缸底为封底式整体结构，在缸体内装有活塞头，在活塞头的外圈上装有两道向上，一道向下的孔用密封圈与缸壁密封；活塞头的内圈与活塞杆的密封，是由两道密封圈来实现的，从而使缸内形成上下两个油腔。在缸口装有导向套，以保证活塞运动时有良好的导向性能。在缸体的上端面，装有充液筒，用螺栓坚固连接，并用耐油橡胶圈密封。

3. 顶出油缸

顶出缸安装于工作台中心孔内，用锁紧螺母加以固定，顶出油缸的形式和作用原理与主油缸相同。缸底采用了卡键式结构，可以拆卸。在活塞杆外伸端的端面上，设有一个标准螺纹孔，以供配置顶杆用。在缸体的上端面，有标准螺孔，供吊装顶出缸用。

4. 充液系统

充液系统由充液阀和充液筒两部分组成。当滑块快速下行时，由于主油缸上腔的负压而吸开充液阀的主阀，使充液筒内的大量油液流入主缸上腔，使滑块能顺利地快速下行。卸压时，控制油首先进入控制阀内，使其控制活塞克服弹簧力，推动卸荷阀芯下行，使主缸上腔的高压油通过卸荷阀芯与充液筒内接通，达到卸压的目的。

在充液筒上部设有长形油标，用来观察油位。充液筒配的溢流管，把充液筒的容积分为两部分：下部油液是供滑块快速下行用的，上部容积则是容纳滑块回程时主缸上腔排出的油液。在充液筒的侧下部装有一闸阀，用于定期更换油液。

5. 液压系统

液压系统由油箱、高压油泵、电动机、集成阀块等组成。它是产生和分配工作油液，使主机能完成各项预定动作的机构。

12.4.2 液压机操作

1. 概述

N32-630 型液压机是典型的柱式液压机，动力系统采用常用的二通插装阀系统集成，结构紧凑、动作可靠、通用化程度高。液压工作力可根据生产产品的需要，在 0～25MPa 内任意调节，并能满足一般制品的保压要求。

液压系统由能源转换装置(泵和油缸)、能量调节装置(阀块)及能量输送装置(油箱、充液筒、管路)等组成，借助电气系统的控制，驱动滑块及顶出缸活塞运动，完成各项工艺动作循环。

具有点动、手动、半自动三种操纵方式可供选择。点动状态下按压相应按钮即可有相应动作的寸动，手松开按钮动作立即结束；手动状态下按压相应按钮即可完成相应的动作；半自动状态下按压工作按钮，自动完成一个工作循环。

半自动状态下按压相应按钮，使滑块自动完成一个工艺循环动作。在半自动操作中，按工艺方式可分为定压成形和定行程成形两种工艺方式。

2. 液压机的主要技术参数

液压机的主要技术参数如表 12-2 所示。

表 12-2　液压机参数

序号	参　数		数值
1	公称力/kN		6300
2	液压最大工作压力/MPa		25
5	开口高度/mm		1500
6	滑块行程/mm		900
7	顶出行程/mm		300
8	滑块中心打料缸行程/mm		100
9	滑块速度/(mm/s)	空载下行	150
		压制	1～10
		回程	110
10	顶出活塞速度/(mm/s)	顶出	80
		退回	85
11	工作台有效面积/mm	左右	1200
		前后	1000

3. 液压机的控制面板及其功能

Y32-300 型液压机采用的是触摸式显示屏，工艺参数设置如图 12.7 所示。

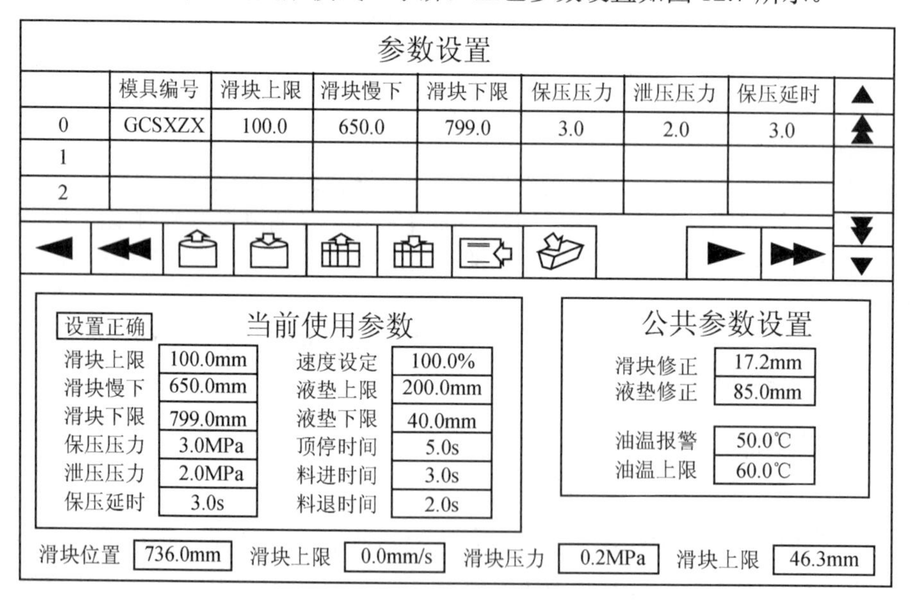

图 12.7　Y32-300 型液压机参数设置界面

通过人机交互界面，除了可以对液压机滑块位置的上下限、速度、保压压力、泄压压力等工艺参数进行实时修改，还可以通过安装在上滑块和液压油箱上的传感器，监控设备的运行状态。

4. 液压机动作说明

YN32-630型液压机的工作压力、压制速度、空载下行和减速的行程范围可根据工作需要进行调整，并能完成定压和定行程成形两种工艺方式。

定压成形的动作为：快速下行→减速→压制→保压→回程→停止。

定行程成形的动作为：快速下行→减速→压制→回程→停止。

现以半自动工作循环定压成形(图12.8)为例，作如下说明。

上滑块空载向下运动→工作行程→保压→上滑块回程→停止→顶出缸顶出工件→顶出缸回程

图12.8　半自动工作循环流程

1) 上滑块空载向下运动

首先接通电源，顺序按压电控柜操作面板上(图12.9)上的小泵1启动、小泵2启动、大泵1启动以及大泵2启动电动机，高压油泵工作，高压油进入进油调压阀块，在顶出缸回程后，工作阀处于初始位置，压力阀的卸油阻尼孔与回油油路连通，因此高压油把压力阀启开流回油箱，油泵处于空负荷循环状态。此时将操作模式转到半自动的位置上。双手操作就地操作柜(图12.10)上的压制按钮，上滑块在主油缸的带动下，从设定好的等待位置空载快速压下。

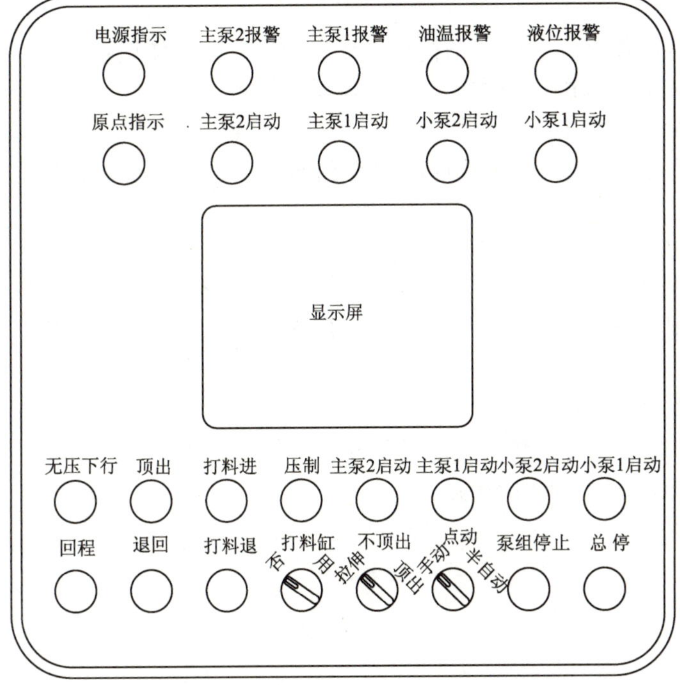

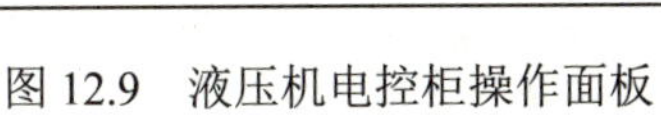
图12.9　液压机电控柜操作面板

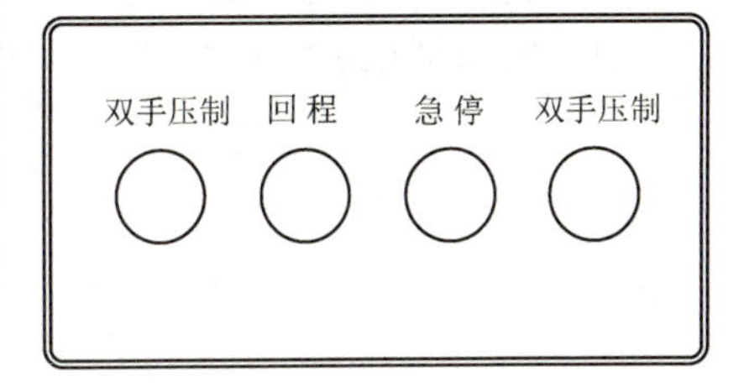

图12.10　液压机就地操作面板

2) 工作行程

滑块快速下降到预先设定好的合模位置时(位置通过位移传感器检测反馈给控制系统)，控制系统开始调节滑块的压下速度，进入慢速合模。

3) 保压

操纵板上的时间继电器动作开始计时，保压时间长短可根据需要调整。在保压时间内，如果主缸上腔的压力(压力传感器检测反馈给系统)降到系统设定的下限值，系统再将高压油补充到主缸上腔进行补压。

4) 上滑块回程

当保压状态达到调定时间时，控制器发出信号，控制液压系统开始动作，先执行泄压，然后主缸开始回程动作。

5) 停止

当滑块回程到设定位置时，回程停止，油泵又处于空负荷循环状态。滑块也就完成了一个半自动循环工艺过程。

6) 顶出缸顶出工件

按操作面板上的顶出按钮，高压油进入顶出缸下腔，推动顶出活塞杆作顶出运动。

7) 顶出缸回程

按操作面板上的退回按钮，高压油进入顶出缸上腔，使顶出活塞杆退回，顶出动作停止。至此，整个操作完成一个循环。

液压机主油缸还可进行定行程成形的工艺动作，即滑块下行到设定的位置就立即回程，再回到最初设定的等待位置停止，完成一个工作循环。

12.5　液压机安全操作规范

(1) 操作者必须在熟悉液压机安全操作规程、机床结构和工作原理后方能操作设备。

(2) 学生应在相关教师指导的下对压力机进行操作，严禁独自操作设备。

(3) 操作前应检查各部件润滑情况，检查上、下限位开关是否安全可靠。

(4) 调节系统压力应控制最高压力不得超过机床许用值，严禁过载使用，严禁液压缸空顶试压。

(5) 禁止零部件重叠作业，严禁用脆性材料作为垫铁使用。

(6) 校正压装零部件时，要使液压机中心与零部件中心重合。

(7) 模具工件须牢固平衡才能使用。液压机工作时，严禁用手扶模具、工件，严禁将手伸入其工作行程范围内。

(8) 液压机工作中如发现异常现象，应立即停机检查处理。

(9) 其他观察者必须远离运行机床 2m 以外，防止运动部件和工件伤及身体。

(10) 实训结束后要打扫设备，加油保养，清理场地。

第 13 章　冲　压　机

教学目的　本实训项目是为加强学生对冲压成形理论知识的理解，强化学生的技能练习，使之能够掌握冲压机的组成及其加工原理，了解冲压工艺的设计流程。通过对冲压机典型工艺的操作演示，培养学生对所学专业知识的综合应用和认知素质等方面的能力。

教学要求

(1) 了解冲压加工的一般工艺流程。

(2) 掌握典型的冲压工艺。

(3) 了解冲压加工的安全操作规程。

13.1　冲压机概述

冲床就是一台冲压式压力机，故也称为压力机。与传统机械加工相比，具有节约材料和能源、效率高等特点，并且对操作者技术要求不高。通过各种模具应用可以做出机械加工无法完成的产品，所以它的用途越来越广泛。

冲压生产主要是针对板材，通过模具能做出落料、冲孔、成形、拉深、修整、精冲、整形、铆接及挤压件等等，广泛应用于各个领域。

13.2　冲压成形基础知识

13.2.1　冲压机的类型及基本组成

1. 按滑块驱动力分类

可分为机械式冲床与液压式冲床两种。一般钣金冲压加工，大部分使用机械式冲床。液压式冲床依其使用液体不同，有油压式冲床与水压式冲床，目前使用油压式冲床占多数，水压式冲床则多用于大型机械或特殊机械。

2. 按滑块运动方式分类

可分为单动、复动、三动等冲床，目前使用最多的为单动冲床，复动及三动冲床主要使用在汽车车体及大型加工件的引伸加工，其数量非常少。

3. 按滑块驱动机构分类

1) 曲轴式冲床

使用曲轴机构的冲床称为曲轴式冲床，图 13.1 是曲轴式冲床，大部分的机械冲床使用该结构。其优点是容易制作、可正确决定行程的下端位置，滑块运动曲线大体上适用于各种加工。因此，这种形式的冲压适用于冲切、弯曲、拉伸、热间锻造、温间锻造、冷间锻造及其他几乎所有的冲床加工。

2) 无曲轴式冲床

无曲轴式冲床又称为偏心齿轮式冲床，图 13.2 是偏心齿轮式冲床。偏心齿轮式冲床的轴刚性、润滑、外观、保养等方面优于曲轴构造，缺点是价格较高。行程较长时，偏心齿轮式冲床较为有利，而如冲切专用机等行程较短的情形，则使用曲轴冲床较佳，因此，小型机及高速冲切用冲床等也是曲轴冲床的领域。

图 13.1　曲轴式冲床

图 13.2　偏心齿轮式冲床

图 13.3　摩擦式冲床

3) 肘节式冲床

在滑块驱动上使用肘节机构的称为肘节式冲床。这种冲床最独特的优点是：在下死点附近的滑块速度会变得非常缓慢(与曲轴冲床比较)。而且也正确地决定行程的下死点位置，因此，这种冲床适合于压印加工及精整等压缩加工，现在冷间锻造使用得最多。

4) 摩擦式冲床

在轨道驱动上使用摩擦传动与螺旋机构的冲床称为摩擦式冲床(图 13.3)。这种冲床最适宜锻造、压溃作业，也可使用于弯曲、成形、拉伸等加工，具有多用性。因无法决定行程下端位置、加工精度不佳、生产速度慢、控制操作错误时会产生过负荷、使用上需要熟练的技术等缺点，现在正逐渐被淘汰。

5) 螺旋式冲床

在滑块驱动机构上使用螺旋机构的冲床或螺丝冲床，如图 13.4 所示。

6) 齿条式冲床

在滑块驱动机构上使用齿条与小齿轮机构的冲床称为齿条式冲床，如图 13.5 所示。螺旋式冲床与齿条式冲床有几乎相同的特性，其特性与液压冲床的特性大致相同。以前是用于压入衬套、碎屑及其他物品的挤压、榨油、捆包及弹壳压出(热间挤薄加工)等，但现在已被液压冲床取代。

7) 连杆式冲床

在滑块驱动机构上使用各种连杆机构的冲床称为连杆式冲床，如图 13.6 所示。使用连杆机构的目的是：在引伸加工时一边将拉伸速度保持于限制之内，一边缩短加工周期，利用减少引伸加工的速度变化，加快从上死点至加工开始点的接近行程与从下死点至上死点的复归行程的速度，使其比曲轴冲床具有更短的周期，以提高生产率。这种冲床一直用于圆筒状容器的深引伸，床台面较窄。近年来用于汽车主体面板的加工，其床台面较宽。

图 13.4　螺旋式冲床

图 13.5　齿轮式冲床

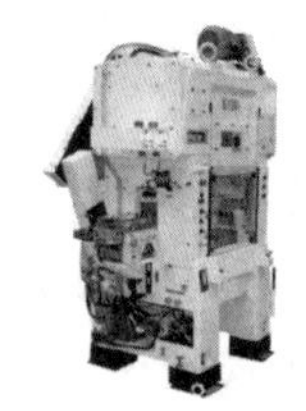

图 13.6　连杆式冲床

8) 凸轮式冲床

在滑块驱动机构上使用凸轮机构的冲床称为凸轮冲床。这种冲床的特征是制作适当的凸轮形状，以便容易地得到所要的滑块运动曲线。但因凸轮机构的性质很难传递较大的力量，所以这种冲床能量很小。

13.2.2　冲压机的主要技术参数

1. 公称压力

曲柄压力机的公称压力(即额定压力)是指滑块离下死点前某一特定距离(即公称压力行程)或曲柄旋转到离下死点前某一特定角度(即公称压力角)时，滑块所允许承受的最大作用力。

2. 滑块行程

滑块行程为滑块从上死点到下死点的直线距离。

3. 滑块单位时间的行程次数

行程次数为滑块每分钟从上死点到下死点再回到上死点的往返次数。压力机的行程次数应能保证生产率，同时必须考虑操作者的操作频率不能超过承受能力，避免造成疲劳作业。

4. 装模高度

装模高度为滑块在下死点时，滑块底平面到工作垫板上表面的距离。当滑块调节到上极限位置时，装模高度达到最大值，称为最大装模高度。

5. 封闭高度

封闭高度是指滑块在下死点时，滑块底平面到工作台上表面的距离。封闭高度和装模高度之差恰好是垫板厚度。

其他参数还有工作台板和滑块底面尺寸、喉深及立柱间距等。冲压机在安装设定安全装置时要考虑这些参数。

13.3　冲压机加工工艺的制订

13.3.1　冲压件的分析

主要包括两方面：冲压件的经济性分析和冲压件的工艺性分析。

1. 冲压件的经济性分析

根据产品图或样机，了解冲压件的使用要求及功用，根据冲压件的结构形状特点、尺寸大小、精度要求、生产批量及原材料性能，分析材料的利用情况，如是否简化模具设计与制造、产量与冲压加工特点是否适应、采用冲压加工是否经济等。

2. 冲压件的工艺性分析

根据产品图或样机，对冲压件的形状、尺寸、精度要求、材料性能进行分析，判断是否符合冲压工艺要求、裁定该冲压件加工的难易程度、确定是否需要采取特殊的工艺措施等。凡经过分析，发现冲压工艺性不好的(如产品图中零件形状过于复杂、尺寸精度和表面质量太高、尺寸标注及基准选择不合理以及材料选择不当等)，可会同产品设计人员，在保证使用性能的前提下，对冲压件的形状、尺寸、精度要求及原材料进行必要的修改。

13.3.2　冲压工艺方案确定

工艺方案确定是在对冲压件的工艺性分析之后应进行的重要环节。确定工艺方案主要是确定各次冲压加工的工序性质、工序数量、工序顺序、工序的组合方式等。冲压工艺方案的确定要考虑多方面的因素，有时还要进行必要的工艺计算，因此，实际中通常提出几种可能的方案，进行分析比较后确定最佳方案。

1. 冲压工序性质的确定

工序性质是指冲压件所需的工序种类。如剪裁、落料、冲孔、弯曲、拉深、局部成形等，它们各有其不同的变形性质、特点和用途。实际确定时要综合考虑冲压件的形状、尺寸和精度要求、冲压变形规律及其他具体要求。

1)从零件图上直观地确定工序性质

平板件冲压加工时，常采用剪裁、落料、冲孔等冲裁工序，当零件的平面度要求较高时增加校平工序；当零件的断面质量和尺寸精度要求较高时，需增加修整工序，或直接用精密冲裁工序加工。

弯曲件冲压时，常采用剪裁、落料、弯曲工序。当弯曲件上有孔时，需增加冲孔工序；当弯曲半径小于允许值时，需增加整形工序。

拉深件冲压时，常采用剪裁、落料、拉深和切边工序，对于带孔的拉深件，需增加冲孔工序；拉深件径向尺寸精度要求较高或圆角半径小于允许值时，需增加整形工序。

胀形件、翻边件、缩口件若一次成形，常采用冲裁或拉深制成坯料后直接采用胀形、翻边(翻孔)、缩口工序成形。

2)对零件图进行工艺计算、分析，确定工序性质

如图 13.7 所示的两个形状相似的冲压件，材料均为 08 钢，料厚 1.5mm，翻边高度分别为 8.5mm 和 13.5mm。从表面看似乎都可采用落料、冲孔、翻孔三道工序或落料冲孔与翻孔两道工序完成，但经过分析计算，图 13.7(a)的翻边系数大于极限翻边系数，可以通过落料、冲孔、翻边三道工序冲压成形；图 13.7(b)的翻边系数接近极限翻边系数，若采用三道工序，很难达到零件要求的尺寸，因而应改为落料、拉深、冲孔、翻边四道工序冲压成形。

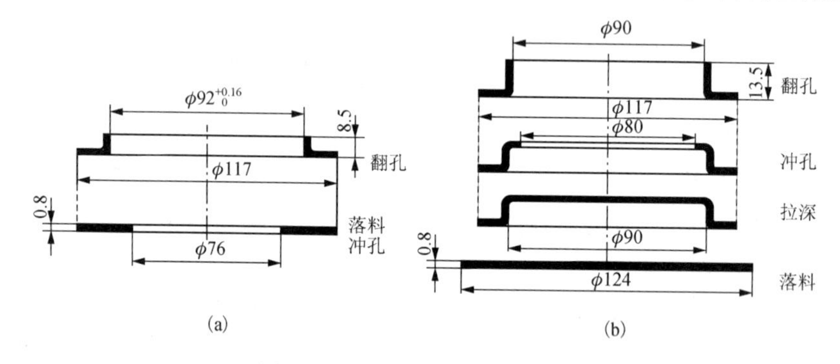

图 13.7　内孔翻边件的工艺过程

3)为改善冲压变形条件，方便工序定位，增加附加工序

所增加的附加工序使工序性质及工艺过程的安排也发生相应的变化。在成形某些复杂形状零件时，变形减轻孔能使不易成形的部分或不可能成形部分的变形成为可能。因此，生产中常采用这类变形减轻孔或工艺切口，达到改善冲压变形条件、提高成形质量的目的。

另外，对于非对称零件，为便于冲压成形和定位，生产中常采用成对冲压的方法，成形后增加一道剖切或切断工序，对于多角弯曲件或复杂形状的拉深、成形件，有时为保证零件质量或方便定位，需在坯料上冲制工艺孔作为定位用，这种冲制工艺孔也是附加工序。

2. 工序数量的确定

工序数量是指同一性质的工序重复进行的次数。工序数量的确定主要取决于零件几何形状复杂程度、尺寸精度要求及材料性能、模具强度等，并与工序性质有关。

冲裁件的冲压次数主要与零件的几何复杂程度、孔间距、孔的位置和孔的数量有关。简单形状零件，采用一次落料和冲孔工序；形状复杂零件，常将内、外轮廓分成几个部分，用几副模具或用级进模分段冲裁，因而工序数量由孔间距、孔的位置和孔的数量多少来决定；弯曲件的弯曲次数一般根据弯曲件结构形状的复杂程度、弯角的数量、弯角的相对弯曲半径及弯曲方向确定；拉深件的拉深次数主要根据零件的形状、尺寸及极限变形程度经过拉深工艺计算确定。

其他成形件，主要根据具体形状和尺寸以及极限变形程度决定。

保证冲压稳定性也是确定工序数量不可忽视的问题。工艺稳定性较差时，冲压加工废品率增高，而且对原材料、设备性能、模具精度、操作水平的要求也会严格些。为此，在保证冲压工艺合理的前提下，应适当增加成形工序的次数(如增加修边工序、预冲工艺孔等)，降低变形程度，提高冲压工艺稳定性。

确定冲压工序的数量还应考虑生产批量的大小、零件的精度要求、工厂现有的制模条件和冲压设备情况。综合考虑上述要求后，确定出既经济又合理的工序数量。

3. 工序顺序的安排

冲压件工序的顺序安排，主要根据其冲压变形性质、零件质量要求，如果工序顺序的变更不影响零件质量，则应根据操作、定位及模具结构等因素确定。

工序顺序的安排可遵循下列原则。

(1) 对于带孔的或有缺口的冲裁件，如果选用单工序模冲裁，一般先落料、再冲孔或切口；使用级进模时，则应先冲孔或切口，再落料；若工件上同时存在直径不等的大小两孔，且相距又较近时，则应先冲大孔再冲小孔。

(2) 对于带孔的弯曲件，孔位于弯曲变形区以外，可以先冲孔再弯曲；孔位于弯曲变形区附近或以内，必须先弯曲再冲孔；孔间距受弯曲回弹的影响时，也应先弯曲再冲孔。

(3) 对于带孔的拉深件，一般先拉深，再冲孔；但当孔的位置在工件的底部，且其孔径尺寸精度要求不高时，也可先冲孔再拉深。

(4) 对于多角弯曲件，主要从材料变形和材料运动两方面安排弯曲的顺序。一般先弯外角后弯内角，可同时弯曲的弯角数决定于零件的允许变薄量。

(5) 对于形状复杂的拉深件，为便于材料的变形流动，应先成形内部形状，再拉深外部形状。

(6) 所有的孔，只要其形状和尺寸不受后续工序的影响，都应该在平板坯料上冲出。图 13.8(f) 中孔的位置离弯曲线较远，弯曲变形不会扩展到孔的边缘，因而零件上的孔弯曲前冲出。相反，零件上孔的形状和尺寸受后续工序的影响时，一般要在成形工序后冲出。

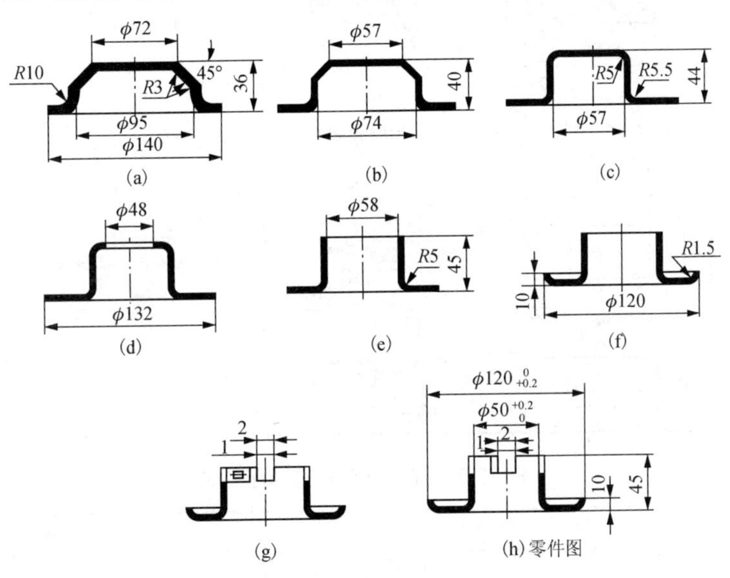

图 13.8 消声器盖工序过程

(7) 如果在同一个零件的不同位置冲压时，变形区域相互不发生作用时，这时工序顺序的安排要根据模具结构、定位和操作的难易程度确定。如图 13.8 的消声器经过第三次拉深后要在底部冲孔、翻边，凸缘部分修边和外缘翻边。虽然在底部和凸缘部分成形，相互不发生作用，但是考虑到压料方便，所以先内缘翻边，后凸缘翻边，最后冲出四个槽。

(8)附加的整形工序和校平工序，应安排在基本成形之后。

4. 工序的组合

对于多工序加工的冲压件，制订工艺方案时，必须考虑是否采取组合工序，工序组合的程度如何，怎样组合，这些问题的解决取决于冲压件的生产批量、尺寸大小、精度等级以及制模水平与设备能力等。一般而言，厚料、小批量、大尺寸、低精度的零件宜单工序生产，用单工序模；薄料、大批量、小尺寸、精度不高的零件宜工序组合，采用级进模；精度高的零件，采用复合模；另外，对于尺寸过大或过小的零件在小批量生产的情况下，也宜将工序组合，采用复合模。

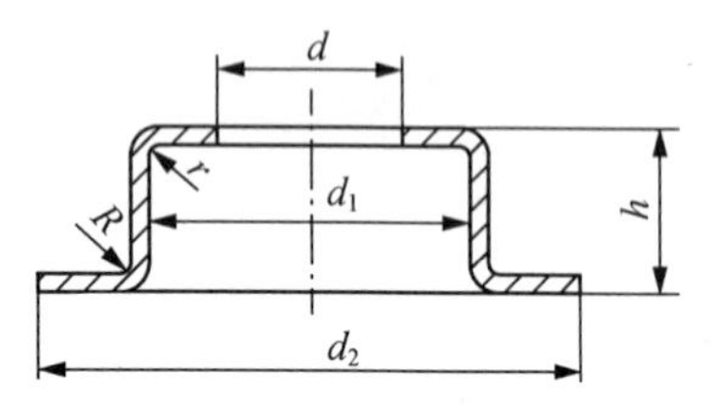

图 13.9　底部孔径大的拉深件

工序组合时应注意几个问题。

工序组合后应保证冲出形状尺寸及精度均符合要求的产品。如图 13.9 所示的拉深件，当上部孔径较大孔边距筒壁很近，将落料、拉深、冲孔组合为复合工序冲压，不能保证冲孔尺寸。但当冲孔直径小孔边距筒壁距离较大，可将落料、拉深、冲孔组合为复合工序冲压。

工序组合后应保证有足够的强度。如孔边距较小的冲孔落料复合和浅拉深件的落料拉深复合，受到凸凹模壁厚限制；落料、冲孔、翻边的复合，受到模具强度限制。

另外，工序组合应与冲压设备条件相适应，不能给模具制造和维修带来困难。工序组合的数量不宜太多，对于复合模，一般为 2～3 个工序，最多 4 个工序。级进模工序数可多些。具体工序组合方式见表 13-1 和表 13-2。

表 13-1　部分典型去除材料的冲压工艺

工艺类型	加工图例	应用说明
落料	工件　废料	用模具沿封闭线冲切板料，冲下的部分为工件，其余部分为废料
冲孔	废料　工件	用模具沿封闭线冲板材，冲下的部分是废料
剪切		用剪刀或模具切断板材，切断线不封闭
切口		在坯料上将板材部分切开，切口部分发生弯曲

表 13-2　部分典型成形冲压工艺

工艺类型	加工图例	应用说明
弯曲		用模具使材料弯曲成一定形状

续表

工艺类型	加工图例	应用说明
卷圆		将板料端部卷圆
拉深		用减小壁厚，增加工件高度的方法来改变空心件的尺寸，得到要求的底厚，壁薄的工件
缩口		将空心件的口部扩大，常用于管子
扩口		在板料或工件上压出肋条、花纹或文字，在起伏处的整个厚度上都有变薄

13.3.3 工艺计算

1. 排样与裁板方案的确定

根据冲压工艺方案，确定冲压件或坯料的排样方案，确定条料宽度和步距，选择板料规格确定裁板方式，计算材料利用率。

2. 冲压工序件的形状、工序尺寸计算、工序件形状与尺寸的确定应遵循的基本原则

1) 根据极限变形系数确定工序尺寸

不同的冲压成形工序具有不同的变形性质，其极限变形系数也不同。工程中受极限变形系数限制的成形是很多的，如拉深、胀形、翻边、缩口等。它们的直径、高度、圆角半径等都受到极限变形系数的限制。如图 13.10 所示的出气阀罩盖，其第一道拉深工序的直径ϕ22mm就是根据极限拉深系数计算得出的。

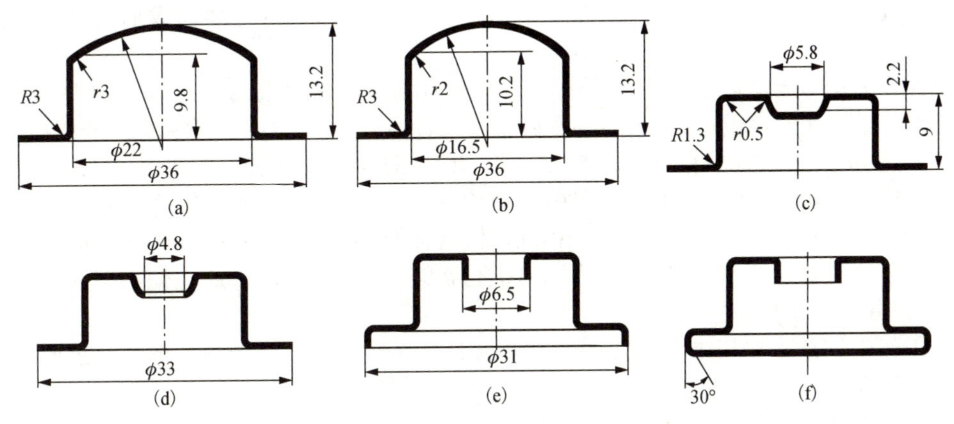

图 13.10 出气阀罩盖的冲压工艺

2) 工序件的过渡形状应有利于下道工序的冲压成形

如图 13.10(c)所示的凹坑直径过小(ϕ5.8mm)，若将第二道拉深工序后的工序件做成平底形状，则凹坑的一次成形是不可能的。现将第二道拉深工序后的工序件做成球状，凹坑就可一次成形。

3) 工序件的过渡形状与尺寸应有利于保证冲压件表面的质量

为保证质量应注意以下几点。

(1) 工序件的某些过渡尺寸对冲压件表面质量的影响(如多次拉深的工序件圆角半径太小，会在零件表面留有圆角出的弯曲与变薄的痕迹)。

(2) 工序件的过渡形状对冲压件表面质量的影响(如拉深锥角大的深锥形零件，若采用阶梯形状过渡，所得锥形件表面留有明显的印痕。尤其当阶梯处的圆角半径较小时，表面质量更差。如采用锥面逐步成形法或锥面一次成形，可获得较好的成形质量)。

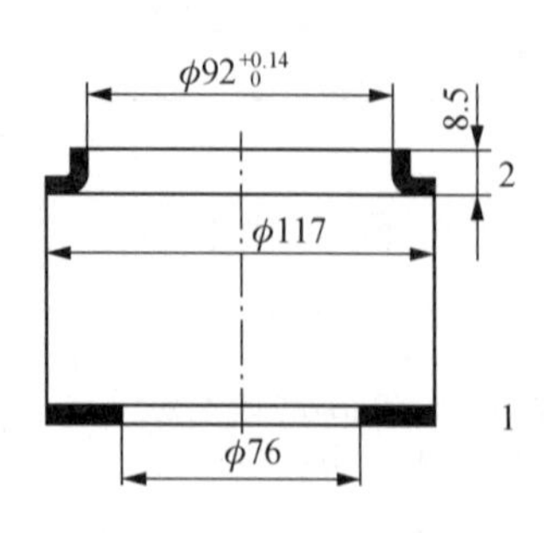

图 13.11　翻边件的冲压过程

(3) 工序件的形状和尺寸应能满足模具强度和定位方便的要求。如图 13.11 所示的零件，用落料-冲孔、翻边两道工序完成。若冲孔件直径过大时，落料-冲孔复合模的凸凹模壁厚减小，影响模具强度。

(4) 确定工序件形状和尺寸时，应考虑定位的方便。冲压生产中，在满足冲压要求的前提下，确定工序件形状和尺寸时，优先考虑冲压定位的方便。

13.3.4　冲压设备的选择

根据工厂现有设备情况、生产批量、冲压工序性质、冲压件尺寸与精度、冲压加工所需的冲压力、计算变形力以及模具的闭合高度和轮廓尺寸等因素，合理选定冲压设备的类型规格。

13.3.5　编写冲压工艺文件

冲压工艺文件主要是冲压工艺卡(工艺规程卡)和冲压工序卡，它综合表达了冲压工艺设计的内容，是模具设计的重要依据。冲压工艺卡表示整个零件冲压工艺过程的相关内容。冲压工序卡表示具体每一道工序的有关内容。在大批量生产中，需要制订每个零件的冲压工艺卡和工序卡。成批和小批量生产中，一般只制订冲压工艺卡。

13.4　冲压机安全操作规范

因冲压机具有速度快、压力大的特点，所以在采用冲压机进行冲裁成形时必须遵循以下安全规程。

(1) 操作者必须熟悉本机床性能，操作时应有指导老师在旁指导，不允许学生独自操作。

(2) 操作前应正确穿戴好劳保用品，戴好袖套或者袖口扎紧，不允许穿拖鞋；严禁戴手套，穿短裤，背心或赤膊。女生必须戴好工作帽，头发不允许露出帽檐，不允许穿裙子、高跟鞋或凉鞋。

(3) 暴露于机器外的传动部件，必须安装防护罩，禁止在卸下防护罩的情况下试车或开车。

(4) 开车前应检查主要紧固螺丝有无松动，模具有无裂痕，润滑系统有无堵塞或缺油等现象。

(5) 安装模具必须将滑块开到下死点，闭合高度必须正确，尽量避免偏心载荷。模具必须紧固牢靠，并经过试压。

(6) 工作中注意力要集中，严禁将手或工具等物件伸进危险区域内，小件一定要用专用工具或送料机构来完成。模具卡住坯料时，只允许用工具去解脱。

(7) 发现冲床运转异常或异响(连击声，爆裂声等)应立即停止工作，初步检查原因(如转动部件松动、操纵装置失灵、磨具松动及缺损)，由维修人员进行维修。

(8) 每完成一个工件时，手或脚必须离开按钮或踏板，以防止误操作。

(9) 多人操作时，应定人开车，注意协调配合，实训后应将模具落靠，断开电源，打扫机床与周围场地卫生。

第 14 章　注　塑　机

教学目的　通过课堂讲解加强学生对所学理论知识的理解；强化学生的技能练习，使之能够掌握注塑机的组成结构及其加工原理；注塑机基本参数的选择原则；注塑机床的操作面板介绍和基本操作方法。通过对注塑机典型零件的操作演示，以培养学生对所学专业知识的综合应用和认知素质等方面的能力，本项实训是不可缺少的重要环节。

教学要求　使学生能掌握注塑机床的开启、关闭，以及操作面板的使用方法；能够了解简单零件的加工工艺过程；了解注塑模具的基本构造，并能了解模具安装到注塑机上的要点；熟悉注塑机的安全操作规程。

14.1　注塑机概述

14.1.1　注塑机的分类和技术参数

1. 注塑机的分类

随着注塑机设备工艺水平的不断提高，注塑机的种类也越来越多样化，分类方法也很多，常见的分类方法有以下几种，本书按注射装置分布方式来对注塑机进行分类。

1) 卧式注塑机

卧式注塑机是指注塑机注射装置与合模装置的轴线呈一线并水平排列，卧式注塑机是目前使用最为广泛的注塑机类型，其特点是设备制造成本低、易操作维修，容易实现自动化控制。但是由于模具和模座是水平分布的，因此安装较为麻烦。图 14.1 为常见的卧式注塑机。

图 14.1　卧式注塑机

2) 立式注塑机

立式注塑机注射装置与合模装置的轴线分布呈垂直方向，因此与卧式注塑机相比，安装模具较为方便。由于是立式分布，所以占地面积较小。模具的开合方向在垂直方向上，因此产品脱模后还需要一道工序取出产品，而卧式的注塑机可直接凭借产品的重力作用掉下来。图 14.2 为常见的立式注塑机。

3) 角式注塑机

角式注塑机指的是注射装置与合模装置的轴线呈 90° 分布，多为合模装置处于垂直方向，而注射装置呈水平分布。角式注塑机的特点是占地面积介于前面的两种注塑机之间，适合于两层型腔的模具。图 14.3 为常见的角式注塑机。

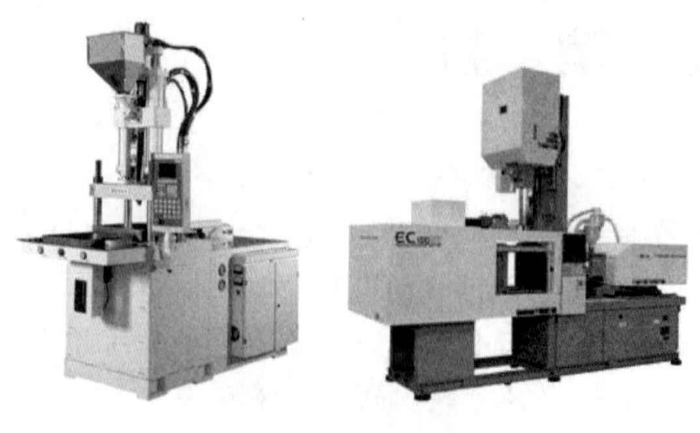

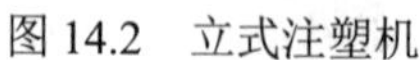
图 14.2　立式注塑机

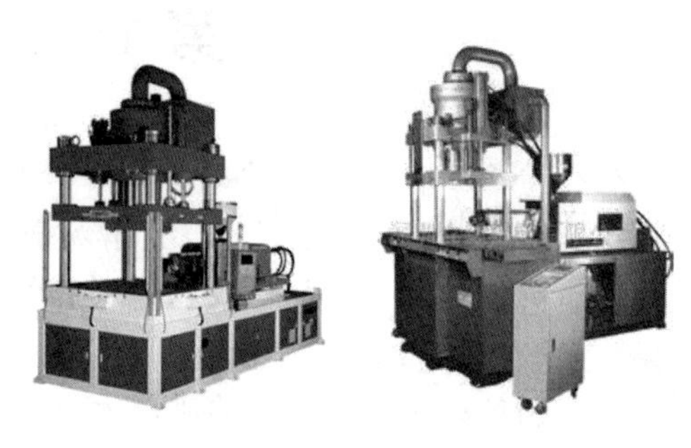

图 14.3　角式注塑机

2. 注塑机常见的技术参数

1) 公称注射量

公称注射量是指在对空注射的条件下，注塑装置动作一次(螺杆或是活塞一次满行程)时所能达到的最大注射量。它反映了注塑机能够生产塑料制品的最大质量，因此用来区分不同规格的注塑机，实际中根据产品的质量来选择相应的注塑机。

2) 注射压力

注射时，加热注塑装置内的螺杆或是活塞对处于熔融状态的塑料施加最大的单位面积压力，此压力称为注射压力。这个压力用于克服熔化的塑料流经喷嘴、模具内部流道以及充满模具型腔的流体阻力，保证材料以一定的工艺速度和压力充满模具的型腔，完成最终成形的目的。

3) 锁模压力

锁模压力指的是模具闭合的合模力，指的是在注射过程中施加在模具上的压紧力。当注射时高压的熔化塑料进入并充满型腔后，会在模具的内部产生一个很大的作用力。锁模压力用于克服模具内部的作用力，保证在注射过程中模具能够完好的关闭，避免型腔内部的塑料外溢。

4) 注射速率

注射速率是指单位时间从喷嘴注射出的塑料量。较高的注射速率可以保证熔融的塑料能较快地充满整个模具型腔，可实现分级注射。

14.1.2　注塑机的基本组成及工作过程

注塑机的基本组成如图 14.4 所示。注塑机由注射装置、合模装置、电气、液压润滑系统和机身等部分组成。

注射装置：将固态塑料加热塑化为均匀的熔融塑料，并按照设定的温度定压定量的将熔化的塑料快速注入模具的型腔。注射部分主要有两种形式：活塞式和往复螺杆式。往复螺杆式注塑机通过螺杆在加热机筒中的旋转，把固态塑料颗粒(或粉末)熔化并混合，挤入机筒前端空腔中，然后螺杆沿轴向往前移动，把空腔中的塑料熔体注入模具型腔中。塑化时，塑料在螺杆螺棱的推动下，在螺槽中被压实，并接收机筒壁所传热量，加上塑料与塑料、塑料与机筒及螺杆表面摩擦生热，温度逐渐升高到熔融温度。

合模装置：使模具打开和关闭并确保注射时模具打开，也就是锁紧模具。合模装置内还有顶出产品的脱模机构。

电气、液压润滑系统：实现注塑机的工艺控制和动作，润滑是为注塑机的机械执行机构提供润滑。

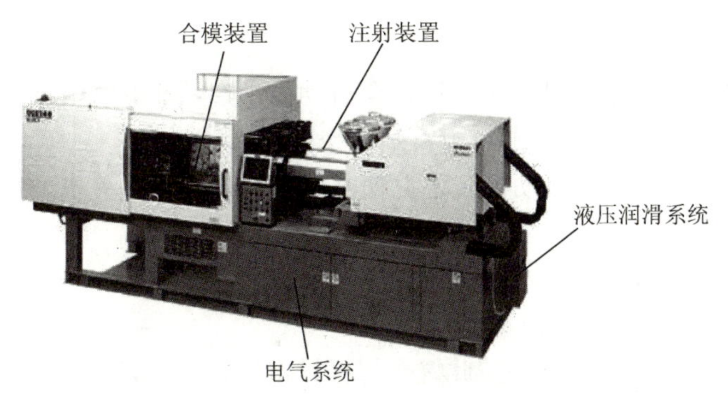

图 14.4　常见注塑机的基本组成

14.1.3　注塑机的工作循环

(1) 锁合模：模板快速接近定模板，且确认无异物存在下，系统转为高压，将模板锁合。

(2) 射台前移到位：射台前进到指定位置。

(3) 注塑：可设定螺杆以多段速度、压力和行程，将料筒前端的熔料注入模腔。

(4) 冷却和保压：按设定多种压力和时间段，保持料筒的压力，同时模腔冷却成形。

(5) 冷却和预塑：模腔内制品继续冷却，同时液力马达驱动螺杆旋转将塑料粒子前推，螺杆在设定的背压控制下后退，当螺杆后退到预定位置时，螺杆停止旋转，注射油缸按设定松退，预料结束。

(6) 射台后退：预塑结束后，射台后退到指定位置。

(7) 开模：模扳后退到原位。

(8) 顶出：顶针顶出制品。

14.2　注塑机操作面板介绍

本节以 ZJ-160 型注塑机的操作为例进行讲解。

14.2.1　控制面板

控制面板 (HMI) 如图 14.5 所示。

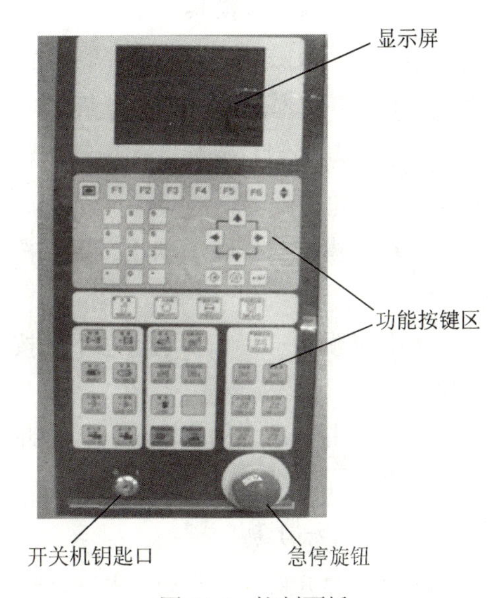

图 14.5　控制面板

14.2.2　操作按键说明

手动键：此键具有多项功能，除了使自动状态恢复为手动外，还可做报警清除及不正常状况的清除，即一个还原键。

半自动键：该键使机器处于自动循环方式，每执行一次循环，都需要开关安全门一次，才能进行下一个循环。

电眼自动键：该键使机器处于自动循环方式，在每执行一次循环结束时在 4s 内检查成品是否掉落通过检测电眼，若没有则代表产品还留在模具内；此时，机器停止动作并报警，屏幕将显示“脱模失败”。

时间自动键：按下此键时机器进入全自动循环，除非有警报发生，否则机器在循环结束后即进行下一个循环(此时检测电眼自动失效)。

注意：凡由手动状态按下自动键转入自动操作时，均需要开关安全门一次，以确保模具内无异物，才进行关模。

14.2.3　操作模式按键

开模键：在手动状态下，按此键会根据设定资料进行开模。若设定有中子动作，则会连锁进行设定动作，手放开此键则开模停止。

关模键：手动状态下关上安全门，按此键即关模。若设定有中子动作，则会连锁进行设定动作。若设定有机械手，则机械手需要复位，托模在前会自动退回，放开此键则关模动作停止。

射出键：手动状态下，当温度开关为“ON”时，料管温度达到设定值，且预温时间已到，按此键则进行射出，中途根据设定值分段进入保压，放开此键则停止射出。

射退键：射退启动条件与射出相同，当射出位置在射退终止之前，按此键则做射退动作，手放开即停止。

托模退：当托模离开后退限位开关，按下此键则会将托模退回后限位开关上。

托模进：托模进动作必须在开模终的位置上，且中子均已退出，托模次数有设定前进及后退限位开关正常，按此键会按照托模次数作连续动作。

座台进：在手动状态下，任何位置座台均可动作。但当座台进接触座台进终止限位开关时，会转换为慢速前进，以防止射嘴与模具撞击，以达到保护模具的效果。

座台退：在手动状态下，按此键则进行座台退，接触座台退终止不停止，以方便使用者清洗料管或安装模具。

储料键：在手动状态下，储料启动条件与射出相同，当射出位置在储料终了之前时，按此键即放开，本键会自动保持至储料完成，如要在中途停止该动作，可再按一次该键即可。

自动清料：操作者如要清除料管中的残料，按下此键根据储料页中设定的清料次数和储料时间作自动清料的动作。

公模吹气：在手动状态下，按下此键可在开关模的任何位置根据设定的吹气时间进行吹气。

母模吹气：在手动状态下，按下此键可在开关模的任何位置根据设定的吹气时间进行吹气。

润滑：在手动状态下，按下此键可使润滑油泵打开。

马达开关：在手动状态下，按下此键则油泵马达运转，再按一次则油泵马达停止。自动状态时此键无效。

电热开关：在手动状态下，料管会开始送温。如要关掉电热只需再按一次即可(自动状态时此键无效)。

14.2.4　模具调整按键

调模使用：按下 F2 键(脱模键)，进入脱模界面，此界面可以设定调模动作的压力和速度。

在手动状态下按下此键即进入手动调模模式。此时如果继续按调模进或调模退键，机器就会做手动调模进和退动作。如果已经完成新模具的安全门关闭和模具压力、速度和位置设定，可再按一次调模使用键，即可关闭模具。此时自动器执行自动模具调整直到新的设定到达。当自动调整完成时，所有的机器操作将停止并发出警报，如果再调模时遇到任何问题，可按手动键来停止机器动作。

注意：调模速度有 2 级，其中调模慢速的速度是在 F4 键(参数 3)中的“其他 4”设定。如果机器没有安装调模电眼开关，则只有手动调模功能，调模动作也只有调模慢速。

调模进：当出于粗调模下，按下此键，刚开始时调模会往前进一格，此处可作为微动调模(使用调模慢速的速度)，则依手按的次数而决定调模前进的距离。如一直按住不放，在一秒钟后，调模一直往前进做长距离的调整，当手放开后即停止。

注意：为了安全起见，必须按手动调模键或手动键来进入手动模式。假如要使用其他模具，在进入手动模式后要更换模具。如果在调模时遇到任何问题，可按手动键来停止操作。

调模退：动作方式同上，只是方向相反。当调模退到极限开关时，机器会自动停止调退动作，以避免危险发生。

中子 A 进，中子 A 退：中子 A 功能选用，在手动状态下按下进或退键，可在开关模的任何位置根据压力、速度、时间等条件进行中子 A 进退。

中子 B 进，中子 B 退 ：中子 B 功能选用，在手动状态下按下进或退键，可在开关模的任何位置根据压力、速度、时间等条件进行中子 B 进退。

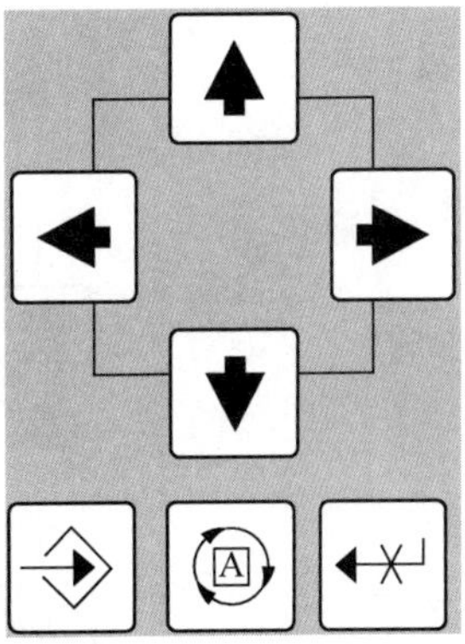

图 14.6　方向键

14.2.5　方向键

方向键如图 14.6 所示。

利用方向键可将光标移动到要输入的资料位置上，如果使用一个键无法到达需要的位置上，就可配合方向键来使用。如果无法利用方向键将光标移动到需要的位置上，也可利用 Enter 或 Y 键到达需要的位置上。

注意：当改变资料后，如将光标移动到另一个位置后，原来改变后的资料将会保存下来。

输入键：输入数据后，按此键表示要将该资料存储。当再按该键时，光标就会自动移动到下一个位置。此键也可代替方向键使用。

注意：当需要更改新的模具之前，如果改变了任何一个设定资料，都必须再次存储模组资料，否则更改后的资料将遗失。

7	8	9
4	5	6
1	2	3
*	0	。

图 14.7　数字键

14.2.6　数字键

数字键如图 14.7 所示，用于数字的输入。由于系统对每个设定参数都有最大值限制，因此输入的数字超过最大值时将无法输入，且在屏幕上会有设定值超过显示。

14.2.7　功能选择键

功能选择键如图 14.8 所示。

图 14.8　功能选择键

该系统提供了 8 个功能选择键来选择画面。用户可根据屏幕上的提示来选择需要的界面，并可通过键在各组选项中转换。

14.2.8　操作界面路径介绍

操作界面路径如图 14.9 所示。

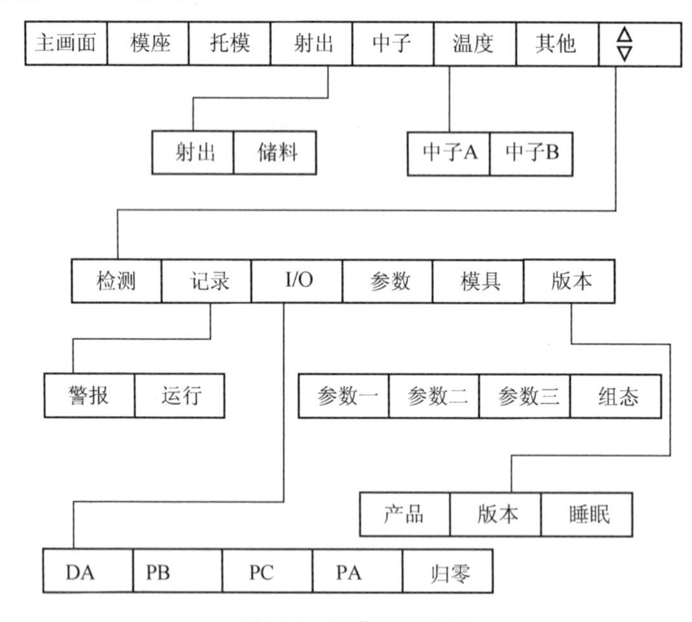

图 14.9　操作界面路径

14.3　注塑机操作界面及功能介绍

14.3.1　开关模设定

开关模设定如图 14.10 所示。

进入方式：主界面——F1 模座。

开模和关模动作共分四段，其压力、速度均可分开调整，它依据开关模位置设定来转换其压力、速度。

(1) 关模块#1：设定关模开始快速。

(2) 关模块#2：设定关模快速二段。

(3) 关模低压：设定关模低压段。

(4) 关模高压：设定关模高压段。

(5) 开模#1 慢：关模的开始慢速。

(6) #2 段快速：设定开模快速二段。

(7) #3 段快速：设定开模快速三段。

(8) 开模#2 慢：开模的最终慢速。

(9) 关模快速：设定关模开始快速功能，即关模差动功能。

(10) 再循环延迟：成品完成后(顶针动作完成)，等待下一次工作的延迟时间，一般用来设置让机械手回退的等待时间。

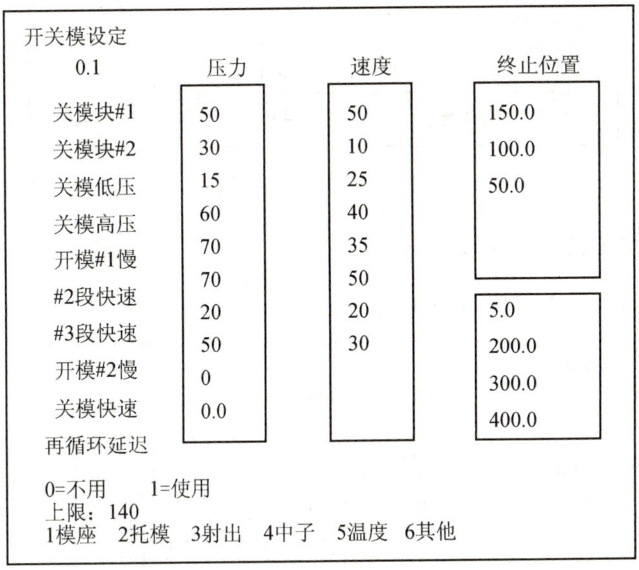

开关模设定

0.1	压力	速度	终止位置
关模块#1	50	50	150.0
关模块#2	30	10	100.0
关模低压	15	25	50.0
关模高压	60	40	
开模#1慢	70	35	
#2段快速	70	50	5.0
#3段快速	20	20	200.0
开模#2慢	50	30	300.0
关模快速	0		400.0
再循环延迟	0.0		

0=不用　　1=使用

上限：140

1模座　2托模　3射出　4中子　5温度　6其他

图 14.10　开关模设定

14.3.2　托模的设定

托模的设定如图 14.11 所示。

进入方式：主界面——F2 托模。

(1) 托模方式

托模动作除了要设定压力、速度和动作位置，还必须注意托模的延迟时间，假设在开模完成后等待机械手下降时，可设定托模前延迟计时器来配合机械手使用，托模退延迟为提供到达托模进终止位置，延迟设定时间后再做托模退动作。

托模方式共有 3 种可以选择。

① 停留：是托模停留。使用此功能，一律限定为半自动，此时按全自动无效，顶针会在顶出后即停止，等待成品取出，关上安全门才进行顶退，顶退动作结束后才开模。

② 定次：是一般的计数托模。定次(托模次数)：托模进退所需的次数。

③ 振动：是振动托模，顶针会依据所设定的次数，在托模终止处做短高频地来回快速托模，造成振动现象，使成品脱落。

(2) 托模次数：托模进退所需的次数。

(3) 终止位置：托模进、退的终止位置。

(4) 公、母模吹气：可提供固定或活动模板吹气，可进行公、母模分别吹气，以位置控制动作点时间计数吹气延迟时间，若托模已完毕，须等待吹气完成才能关模。

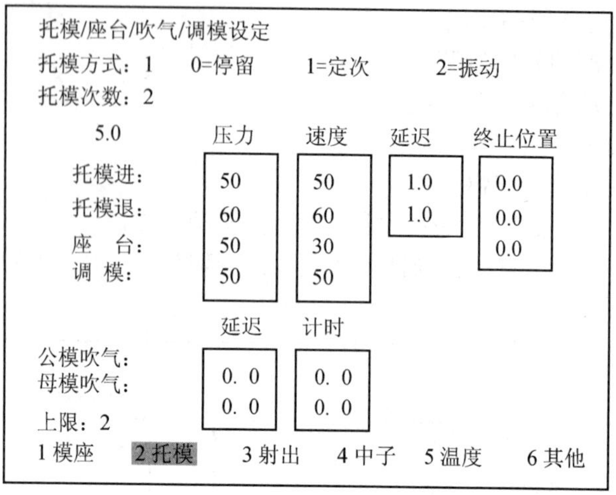

托模/座台/吹气/调模设定

托模方式：1　0=停留　1=定次　2=振动

托模次数：2

5.0	压力	速度	延迟	终止位置
托模进：	50	50	1.0	0.0
托模退：	60	60	1.0	0.0
座　台：	50	30		0.0
调　模：	50	50		

	延迟	计时
公模吹气：	0. 0	0. 0
母模吹气：	0. 0	0. 0

上限：2

1 模座　2 托模　3 射出　4 中子　5 温度　6 其他

图 14.11　托模的设定

14.3.3　射出动作设定(图 14.12)

进入方式：主界面—F3 射出—F1 射出。

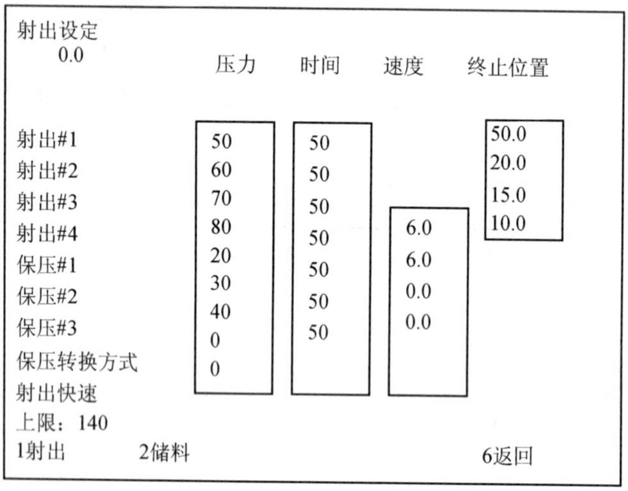

射出设定

0.0	压力	时间	速度	终止位置
射出#1	50	50		50.0
射出#2	60	50		20.0
射出#3	70	50		15.0
射出#4	80	50	6.0	10.0
保压#1	20	50	6.0	
保压#2	30	50	0.0	
保压#3	40	50	0.0	
保压转换方式	0			
射出快速	0			

上限：140

1射出　2储料　6返回

图 14.12　射出动作设定

1. 射出及保压

对射出的控制，区分为射出段与保压段两种。射出分为四段，各段有自己的压力和速度设定，各段的切换均使用位置和时间来同时切换压力和速度，适合各种复杂、高精密的模具。而射出切换保压可以用时间来切换，亦可以用位置来切换或两者互相补偿，其运用视模具的构造、原料的流动性及效率来考虑，方法巧妙各有不同，当整个调整性都已被归纳其中，都可以调整出来。

保压使用三段压力、三段速度，保压切换是使用计时的，最后一段计时完毕，即代表整个射出行程已经完成，自行准备下一步骤。

当然使用者也可以固定使用射出时间来射出，只要将保压切换点位置设定为零，让射出永远也达到不了保压切换点，此手动射出时间就等于实际射出时间，但是就会失去监控这一项的功能，而且不良品也较难及时发现。

由于每一模料管里原料的流动性都有些不同，其变动性越小，相对的成品良品率越高，因此电脑会在射出的开始位置、射出动作计时及射出监控部分进行检查，当超过其上、下限时，会发出警报，以提醒使用者注意。

2. 射出时间

射出时间设定一般都大于实际射出时间，因为只要保压切换点一到，计算机就会停止射出时间，所以在原料流动性差的时候，实际射出时间就会多一些，而保压切换点也就比较慢一点，但在流动性好的时间射出很顺利就到达保压了，此时射出时间就少了，为了比较这二者之间的差异，就给了一个上、下限值，即使实际射出时间多也不能多过上限，少也不能少于下限，因为在此范围外的产品可能已经不良了。

3. 射出快速

射出时间多开一阀路，以加快射出速度。

4. 保压转换方式

射出后保压方式有2种，分别为射出位置到转保压和射出时间完转保压。

14.3.4　射出储料功能设定(图14.13)

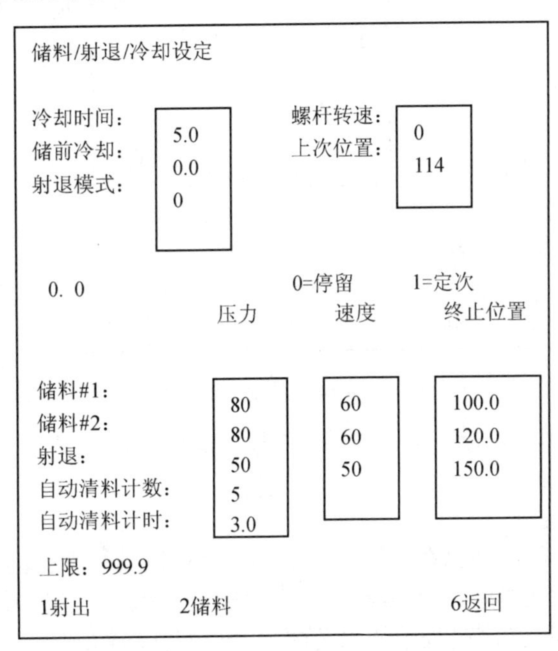

图14.13　射出储料功能设定

进入方式：主界面—F3射出—F2储料。

(1)冷却时间：射出完成后，且在模具打开之前所设定的冷却时间包含储料射退动作时间。

(2)储前冷却：储前冷却时间也可作为储料前的冷却功能用。

(3)射退模式：当选用0时，储料完成后做射退动作；当选用1时，冷却计时完成后做射退动作。

(4)储料设定：储料过程共有两段压力、速度控制，可自由设定其启动及末段所需的压力及速度和位置。

(5)螺杆转速：储料时，螺杆的旋转速率。

(6) 上次位置：上一次储料的最终位置。

(7) 终止位置：储料/射退的终止位置。

(8) 射退：射退可以设定压力和速度，其动作可分为位置或时间，若选用位置，只需输入所需的射退距离。不使用射退请将位置/时间设定为 0。

(9) 自动清料：在手动状态下操作者欲清除料管中的塑料，可由此设定清料的次数和每次清料储料的时间。其操作方式按下自动清料操作键(前提条件为次数和时间不得为 0)。

14.3.5　温度的设定(图 14.14)

进入方式：主界面—F5 温度。

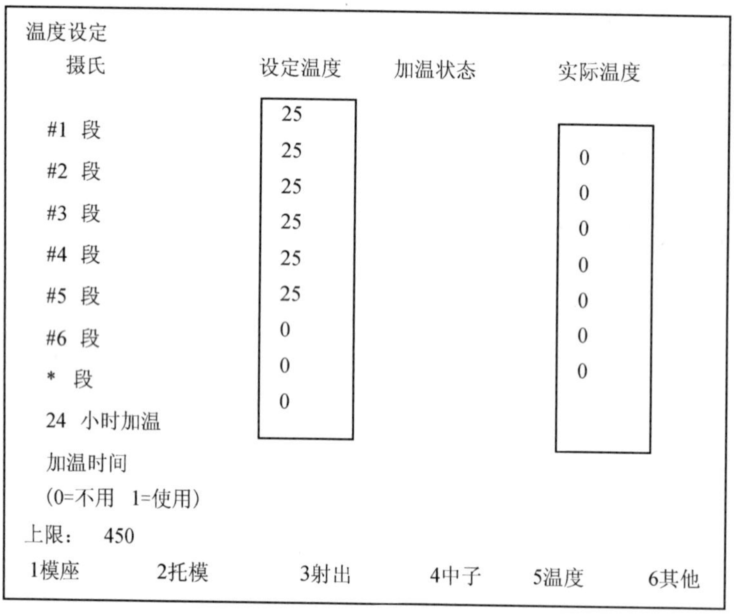

温度设定

摄氏	设定温度	加温状态	实际温度
#1 段	25		0
#2 段	25		0
#3 段	25		0
#4 段	25		0
#5 段	25		0
#6 段	25		0
* 段	0		0
24 小时加温	0		
加温时间 (0=不用　1=使用)	0		

上限：　450

1模座　2托模　3射出　4中子　5温度　6其他

图 14.14　温度的设定

温度设定：设定供料管温度加温设定(最多为 7 段)和料管实际温度显示，同时也提供定时加温控制。

加热状态包括以下几种。

*：电热打开，且实际温度已在料管工作范围内，可以进行螺杆动作。

+：电热打开正全速送电中，且实际温度低于设定温度的警报范围下限，禁止螺杆动作。

-：电热关闭，且实际温度尚处于警报范围，禁止螺杆动作。

24 小时加温：当要使用定时加温时，请选择使用，当到达预设保温温度时，计算机便会自动开启电热开关。

14.3.6　其他设定(图 14.15)

进入方式：主界面—F6 其他。

(1) 开模数归零：如想将开模总数完成计数归零，则可在此设定 1，再按“输入”键。

(2) 开模总数：成品总计数设定，设定 0 为不使用。

(3) 开模装数：每箱数目，设定 0 为不使用。

(4) 机械手：为配合生产线的完全自动化生产，让机械手代替工作人员取出射出成品，因此在每一模开模完成后机械手便会自动降下取出成品，并且电脑为了保护模具及机械手在关模之前会先确认机械手是否回到预备位置，才继续关模动作。

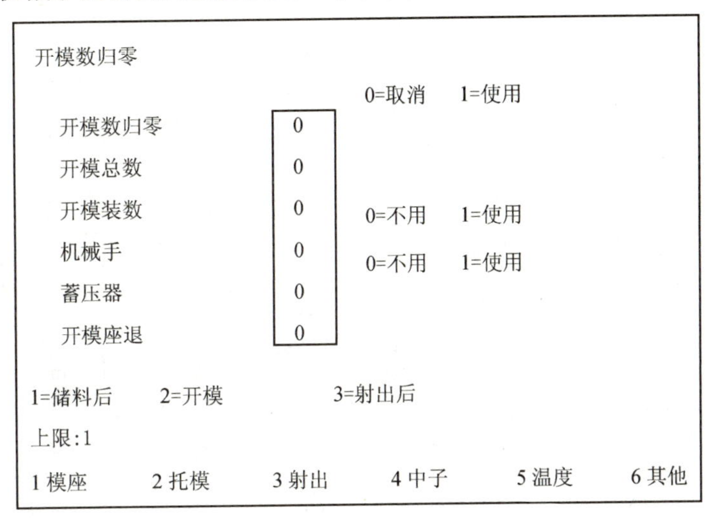

图 14.15 其他的设定

(5) 蓄压器：射出时以气体(如氮气)辅助注射，可加快射出速度。

(6) 开模座退：座台活动设定可选择储料后、开模前、射出后等动作。

ZJ160 主要技术参数及模具要求如表 14-1 所示。

表 14-1 ZJ160 主要技术参数及模具要求

部 件	项 目	技术数据		
		A	B	C
注射装置	螺杆直径/mm	40	45	50
	螺杆长径比 L/D	24.7	22	19. 8
	注射压力/MPa	227	180	145
	理论注射容积/cm^3	276	350	432
	注射速率(PS)/(g/s)	114	145	179
	塑化能力(PS)/(g/s)	19.8	25	30. 9
	螺杆转速/(r/min)	0～220		
	喷嘴伸出量/mm	45		
	喷嘴形式	开式喷嘴		
	加热段数	3+1		
锁模装置	锁模力/kN	1600		
	拉杆有效间距(H×V)/mm	455×450		
	移模行程(最大)/mm	450		
	模具厚度/mm	150～500		
	顶出力/行程/(kN/mm)	35/110		
电气系统	油泵电机功率/kW	18.5		
	加热功率/kW	9.84		
其他	机器重量/t	5.2		
	机器外形尺寸(L×W×H)/m	5.1×1.4×2.05		
模具要求	最小模具尺寸(L×W)/mm	295×295		
	最大模具尺寸(L×W)/mm	450×445		

在塑料制品制造程序中，固体的塑料原料一定要转为流体方能做出制品的形状。塑料从

固体转为流体的温度就是它的熔点或软化点，这是最低的塑料熔融温度。塑性原理性能如表 14-2 所示。

表 14-2　塑性原理性能

中文名称	缩写代号	密度 /(g/cm^2)	熔点或软化点 /℃	成形温度范围 /℃	注射压力 /MPa	收缩率/%
丙烯腈一丁二烯一苯乙烯共聚物	ABS	1.1	130～160	180～270	100～130	0.3～0.8
聚苯乙烯	PS	1.05	131～165	160～270	100～120	0. 2～1. 0
聚乙烯	PE	0.92～0.95	105～137	140～300	100～120	1.5～5
聚丙烯	PP	0. 95	160～176	180～300	70～150	1. 0～2. 5
聚碳酸酯	PC	1.2	215～265	250～320	120～150	0.5～0.7
聚酰胺 66(尼龙 66)	PA66	1.12	250～265	250～300	110～140	0. 5～2. 5
聚甲醛	POM	1.42	164～175	190～220	100～120	0. 8～3. 5
硬聚氯乙烯	UPVC	1.35	100～150	160～180	120～150	0.1～0.5
聚对苯二甲乙二醇酯(聚酯)	PET	1.37	255～-260	260～290	80～140	2.0～3.5
聚甲基丙烯酸甲酯(有机玻璃、亚加力)	PMMA	1.18	>160	180～250	120～150	0.2～0.8

注：本表提供的注射压力仅限于成形一般制品，形状复杂、流长比大的制品应根据实际注塑情况另行确定

俗称、简称、中文学名、英文学名、塑料原料名称中英文对照如表 14-3 所示。

表 14-3　常用胶料名称及应用

胶料类别	俗称	中文学名	英文学名	简称	主要应用
硬胶类(聚苯乙烯)	硬胶、普通硬胶	聚苯乙烯	General Purpose Polystyrene	PS	玩具、文具、日用品
	不碎胶、高冲擎、硬胶	高冲擎聚苯乙烯	High Impact Polystyrene	HIPS	玩具、日用品、收音机壳、电视机壳
	ABS 胶、超不碎胶	丙烯晴一丁二烯一苯乙烯	Acrylonitrile-Butadiene-Styrene	ABS	电器用品外壳、日用品外壳、高级玩具、家私、运动用品
	AS 胶、SAN 料、大力胶	苯乙烯丙烯晴共聚物	Styrene-Ackylonitrile-Copolymer	SAN	食具、日用品、表面、透明装饰品
	发泡胶	发泡聚苯乙烯	Expanded Polystryrene	EPS	货品包装，绝缘板、装饰板
软胶头(聚乙烯)	软性(花料，筒料，吹瓶料)	低密度聚乙烯	Low Density Polyethylene	LDPE	包装胶袋、购物袋、玩具、
	硬性软胶(啤，吹，筒料)	高密度聚乙烯	High Density Polyethylene	HDPE	包装胶袋、购物袋、胶瓶、水桶、电线、大货桶、玩具
	橡皮胶、EVA	乙烯—醋酸乙烯共聚物	Ethylene VInyl Acetate Copolymer	EVA	鞋底、吹起玩具制品，包装胶膜
PP(聚丙烯)	百折胶、PP	聚丙烯	Polypropylene	PP	包装胶袋、拉丝、造带、绳、玩具、日用品、瓶子、篮架、洗衣机
PVC 类(聚氯乙烯)	PVC 粗粉	聚氯乙烯原树脂	Polyvinyl Chloride Straight Resin	PVC	软管、硬管、窗框、电线、吹筒、造鞋、胶瓶、板材、地板
	PVC 幼粉	聚氯乙烯糊状树脂	Polyvinyichloride Paste Resin		人造皮革
亚加力(聚丙烯酸树脂)	亚加力	聚甲基丙烯酸脂	Polymethyl Methacrylate	PMMA	透明胶板、装饰品、太阳镜片、文具、灯罩、相机镜片、表面、人造首饰
聚缩醛类	缩醛(典醛铜、特灵、奇钢、超钢)	聚甲醛树脂 聚氧化甲烯树脂	Polyformaldehyde resin Polyoxy Methylene Resin	POM	玩具曲轮、弹簧、滑轮、洁具部件
尼龙类	尼龙类(又分尼龙 6.66 等多种)	聚酰胺	Polyamide	PA	拉丝、造纤维、牙刷毛、轴套、包装胶膜、齿轮、电动工具外壳、电器配件、运动用品

续表

胶料类别	俗称	中文学名	英文学名	简称	主要应用
聚脂类	聚脂	聚对苯二甲酸乙醇酯 聚对苯二甲酸乙丁二醇酯	Polyethylene Terephihalate	PFT	汽水胶瓶、纤维、录音带、磁带、相机菲林、电器部件、机械部件
	冷凝胶	不饱和聚脂	Unsaturated Polyester	UP	案头装饰品、造钮、玻璃制品如游、艇及汽车外壳
纤维素	酸性胶	醋酸纤维素 丙酸纤维素 醋酸丙酸纤维素 醋酸丁酸纤维素	Cellulose Acetate Cellulose Propionate Cellulose Acetate Propionate Cellulose Acetate Butyionate	CA CP CAP CAB	眼镜框、工具手柄、雨伞、装饰品、文具
PC	防弹胶	聚碳酸酯	Polycarbonate	PC	咖啡壶、电动工具外壳、电器外壳、安全头盔、透明件、防弹玻璃、电器部件
PU	PU	聚氨基甲酸酯	Polyurethane	PU	鞋底、椅垫、床垫、人造皮革、油漆
环氧树脂	EPOXY，冷凝胶	环氧树胶	Epoxy Resin	EP	黏合剂、工模材料、建筑材料、油漆
氟塑料	氟塑料	聚四氟乙烯 氟化乙烯丙烯 聚六氟丙烯	Tetrafluoroethylene F1uorinated Ethylene Propylene Polyhexafluoropropylene	EEP	易洁护表面、涂层、保护及润滑喷剂耐热部
硅橡胶	硅橡胶	聚硅酮橡胶	Silicone Rubber		移印机胶头、耐热部件、导电塑胶
酚醛树脂	电木粉	酚醛树脂	Phenolic	PF	灯头、插苏头、电制、电器外壳、齿轮
氨基树脂	科学瓷、美腊密	三聚氰胺-甲醛树脂	Melamine Formaidehyde	MF	磁砖、餐具、装饰品、电器配件及外壳

14.4　注塑机安全技术操作规程

1. 注塑机开机前的准备工作

(1) 上岗生产前穿戴好车间规定的安全防护服装。

(2) 清理设备周围环境，不许存放任何与生产无关的物品。

(3) 清理工作台及设备内外杂物，用干净棉布擦拭注射座导轨及合模部分拉杆。

(4) 检查设备各控制开关、按钮、电器线路、操作手柄、手轮有无损坏或失灵现象。各开关、手柄应在“断”的位置上。

(5) 检查设备各部安全保护装置是否完好和工作灵敏可靠性。检查试验“紧急停止”是否有效可靠，安全门滑动是否灵活，开关时是否能够触动限位开关。

(6) 设备上的安全防护装置(如机械锁杆、止动板、各安全防护开关等)不准随便移动，更不许改装或故意使其失去作用。

(7) 检查各部位螺丝是否拧紧，有无松动。如发现零部件异常或有损坏现象，应立即向指导老师报告。

(8) 检查各冷却水管路，试行通水，查看水流是否通畅，是否堵塞或滴漏。

(9) 检查料斗内是否有异物，料斗上方不允许存放任何物品，料斗盖应盖好，防止灰尘、杂物落入料斗内。

2. 注塑机开机

(1) 合上注塑机总电源开关，检查设备是否漏电，按设定的工艺温度要求给注射管、模具进行预热，在注射管温度达到工艺温度时必须保温20min以上，确保注射管各部位温度均匀。

(2) 打开油冷却器冷却水阀门，对回油及运水喉进行冷却，点动启动油泵，未发现异常现象，方可正式启动油泵，待屏幕上显示“马达开”后才能运转动作，检查安全门的作用是否正常。

(3) 手动启动螺杆转动，查看螺杆转动声响有无异常及卡死。

(4) 操作者必须使用安全门，安全门行程开关失灵时不准开机，严禁不使用安全门(罩)操作。

(5) 运转设备的电器、液压及转动部分的各种盖板、防护罩等要盖好，固定好。

(6) 未经允许任何人都不准按动各按钮和手柄，不许两人或两人以上同时操作同一台注塑机。

(7) 安放模具、嵌件时要稳准可靠，合模过程中如发现异常应立即停机，通知指导老师排除故障。

(8) 机器修理或较长时间(10min 以上)清理模具时，一定要先将注射座后退使喷嘴离开模具，关掉马达。

(9) 有人在处理机器或模具时任何人不准启动电机马达。

(10) 身体进入机床内或模具开挡内时，必须切断电源。

(11) 避免在模具打开时用注射座撞击定模，以免定模脱落。

(12) 对空注射一般每次不超过 5s，连续两次注不动时，注意通知邻近人员避开危险区。清理射嘴胶头时，不准直接用手清理，应用铁钳或其他工具，以免发生烫伤。

(13) 熔胶筒在工作过程中存在着高温、高压及高电力，禁止在熔胶筒上踩踏、攀爬及搁置物品，以防烫伤、电击及火灾。

(14) 在料斗不下料的情况下，不准使用金属棒或杆粗暴捅料斗，避免损坏料斗内分屏、护屏罩及磁铁架，若在螺杆转动状态下极易发生金属棒卷入机筒的严重损坏设备事故。

(15) 机床运行中发现设备响声异常、异味、火花、漏油等异常情况时，应立即停机，立即向指导老师报告，并说明故障现象。

(16) 注意安全操作，不允许以任何理由或借口，做出可能造成人身伤害或损坏设备的操作方式。

3. 停机注意事项

(1) 关闭料斗闸板，正常生产至机筒内无料或手动操作空注射反复数次，直至喷嘴无熔料射出。

(2) 若生产具腐蚀性材料(如 PVC)，停机时必须将机筒、螺杆用其他原料清洗干净。

(3) 使注射座与固定模板脱离，模具处于开模状态。

(4) 关闭冷却水管路，把各开关旋至“断开”位置，将机床总电源开关关闭。

(5) 清理机床，工作台及地面杂物、油渍及灰尘，保持工作场所干净、整洁。

第15章 焊 接

📖 **教学目的** 本章内容是为强化学生对焊接理论及操作技能的掌握和理解所开设的一项基本训练科目。通过实训，加强学生对所学理论知识的理解；强化学生的技能练习，使之能够掌握手工电弧焊、气焊、气割的基本理论和实践技能、技巧；加强动手能力及劳动观念的培养；该内容在培养学生对所学专业知识综合应用能力及认知素质等方面是不可缺少的重要环节。

📖 **教学要求**

(1) 了解手工电弧焊的过程及其所用设备、材料和工艺特点。

(2) 了解气焊、气割的过程及其所用设备、材料和工艺特点。

(3) 能初步进行电弧焊、气焊和气割的手工操作。

(4) 初步了解常见的焊接缺陷和对应的预防措施。

(5) 了解手工电弧焊、气焊和气割的安全技术。

(6) 了解常用的特种焊接工艺。

15.1 概 述

15.1.1 焊接的特点

焊接是通过加热或加压，或两者并用，并且用或不用填充材料，使焊件达到原子结合的一种加工方法。焊接不仅可以使金属材料永久地连接起来，而且也可以使某些非金属材料达到永久连接的目的，如玻璃、塑料。

焊接是现代工业中用来制造或修理各种金属结构和机械零件、部件的主要方法之一。作为一种永久连接的加工方法，它已基本取代铆接工艺。与铆接相比，它具有节省材料、减轻结构质量、连接强度高、简化加工与装配工序、接头密封性好、能承受高压、易于实现机械化、提高生产率等一系列特点。但焊接是一个不均匀的加热和冷却过程，因此，焊接件易产生应力和变形。在焊接过程中，必须采取一定的措施予以防止。

15.1.2 焊接的分类

焊接的种类很多，按焊接过程的工艺特点，通常将焊接方法分为熔化焊（气焊、手弧焊等）、压力焊（如电阻焊、摩擦焊等）和钎焊（如锡焊、铜焊等）三大类，如表15-1所示。

表15-1 焊接方法的分类

钎焊						压力焊											熔化焊									
盐浴钎焊	超声波钎焊	真空钎焊	电阻钎焊	火焰钎焊	烙铁钎焊	高频焊	扩散焊	爆炸焊	超声波焊	冷压焊	气压焊	摩擦焊	电阻焊				激光焊	电子束焊	气体保护焊		等高子弧焊	电渣焊	铝热焊	电弧焊		气焊
													凸焊	对焊	缝焊	点焊			CO_2气体保护焊	氩弧焊				埋弧自动焊	手工电弧焊	

(1) 熔化焊是将焊件接头处加热至熔化状态，不加压力，并熔入填充金属，经冷却凝固后形成牢固接头的方法。它是目前应用最广泛的一类焊接方法。

(2) 压力焊是在焊接过程中不论加热与否，都要在焊接处施加一定的压力，使两个结合面紧密接触，以获得两个焊件间牢固连接的方法。

(3) 钎焊采用比焊件熔点更低的金属材料作钎料，将焊件和钎料加热到高于钎料熔点，且低于焊件熔点的温度，利用液态钎料润湿母材，填充接头间隙，并与母材相互扩散，实现连接焊件的方法。

15.1.3 焊接方法的应用

焊接目前已广泛应用于航空、车辆、船舶、建筑及国防工业等部门，主要应用于以下几方面。

(1) 制造金属结构：如船体、桥梁、房架、机床床身、壳体、各种容器、管道及其他。

(2) 制造机器零件或毛坯：如轧辊、飞轮、大型齿轮、电站设备中的重要部件、切削刀具等。

(3) 连接电气导线：如电子管和晶体管电路、变压器绕组以及输电线路中的导线等。

(4) 在维修领域的应用：如铸(钢、铁)件的缺陷补焊等。

据有关资料显示，世界上发达工业国家每年制造的焊接机构的总量占钢产量的 45%左右，由此可见焊接的生产应用十分广泛。我国在焊接结构的制造方面也取得了较大发展，例如，成功地焊制了万吨水压机的横梁和立柱 12.5 万千瓦汽轮机转子，30 万千瓦和 60 万千瓦的电站锅炉，209m 的电视塔，直径 15.7m 球罐，5 万吨远洋油轮等，原子能反应堆、火箭、人造卫星等尖端产品。近年来在上海黄浦江畔高耸的东方明珠塔和高度位于世界前列的金贸大厦的建成，充分说明了我国焊接结构制造的辉煌成就。

15.2 手工电弧焊

电弧焊是利用电弧产生的热量使焊件结合处的金属呈熔化状态，互相融合，冷凝后结合在一起的一种焊接方法。它包括手工电弧焊、埋弧焊和气体保护焊。这种方法的电源可以是直流电，也可以是交流电。它所需设备简单，操作灵活，因此是生产中使用最广泛的一种焊接方法。

手工电弧焊是手工操纵焊条进行的电弧焊方法，所用的设备简单、操作方便、灵活，并适用于各种焊接位置和接头形式，应用极广。

15.2.1 焊接过程

焊接前，将焊钳和焊件分别接到由焊机输出端的两极，并用焊钳夹持焊条。焊接时，利用焊条与焊件间产生的高温电弧作为热源，使焊件接头处的金属和焊条端部迅速熔化，形成金属熔池。电弧热还使焊条的药皮熔化、燃烧，被熔化的药皮与熔池金属发生物理化学反应，所形成的熔渣不断从熔池中浮起，对熔池加以覆盖保护，药皮受热分解产生大量保护气体，围绕在电弧周围并笼罩住熔池，防止了空气中氧和氮(CO_2、CO 和 H_2 等)的侵入(图 15.1)。当焊条向前移动时，随着新的熔池不断产生，原先的熔池不断冷却、凝固，形成焊缝，从而使两分离的焊件焊成一体。

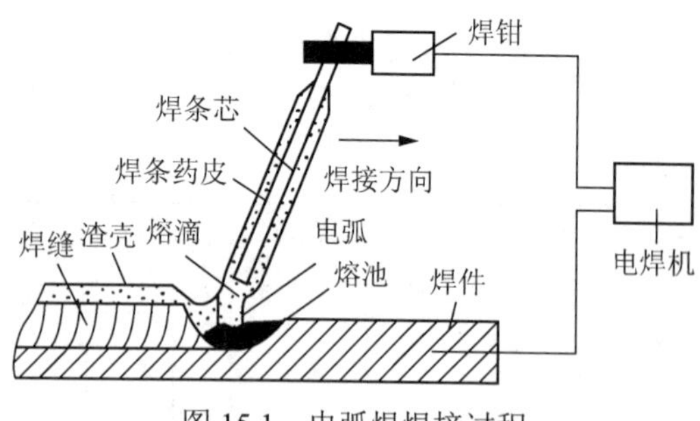

图 15.1 电弧焊焊接过程

15.2.2　焊接电弧

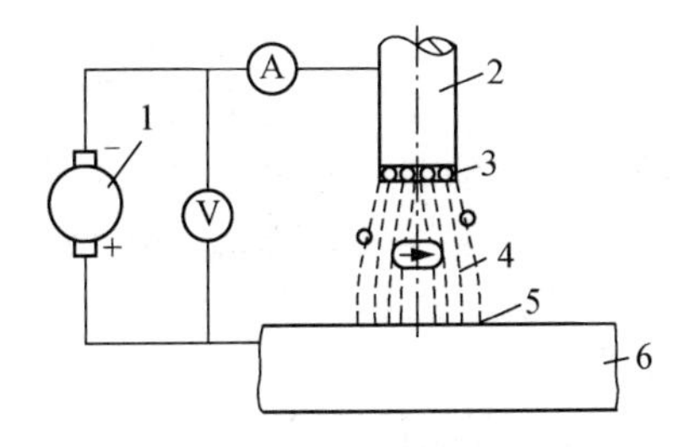

图 15.2　焊接电弧

1．电焊机；2．焊条；3．阴极区；4．弧柱；5．阳极区；6．焊件

焊接电弧是在具有一定电压的两电极间，在局部气体介质中产生的强烈而持久的放电现象。产生电弧的电极可以是焊丝、焊条或钨棒及焊件等。焊接电弧的构造如图 15.2 所示。

引燃电弧后，弧柱中就充满了高温电离气体，放出大量的热能和强烈的光。电弧的热量与焊接电流和电弧电压的乘积成正比，电流越大，电弧产生的总热量就越大，一般情况下，电弧热量在阳极区产生的较多，约占总热量的 43%；阴极区因放出大量的电子，消耗了一部分能量，所以产生的热量较少，约占总热量的 36%；其余 21%左右的热量是由电弧中带电微粒相互摩擦而产生的。焊条电弧焊只有 65%～85%的热量用于加热和熔化金属，其余的热量则散失在电弧周围和飞溅的金属液滴中。

电弧中阳极区和阴极区的温度因电极材料性能(主要是电极熔点)不同而有所不同。用钢焊条焊接钢材时，阳极区温度约为 2600℃，阴极区温度约 2400℃，电弧中心区温度较高，可达到 6000～8000℃，因气体种类和电流大小而异。使用直流弧焊电源时，当焊件厚度较大，要求较大热量、迅速熔化时，宜将焊件接电源正极，焊条接负极，这种接法称为正接法；当要求熔深较小，焊接薄钢板及非铁金属时，宜采用反接法，即将焊条接正极，焊件接负极，如图 15.3 所示。

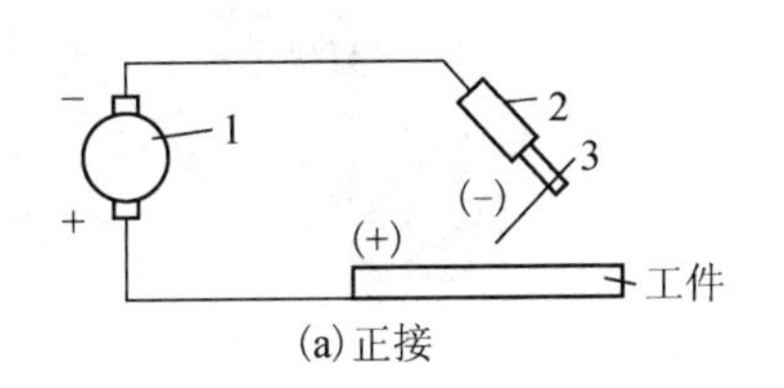

(a) 正接

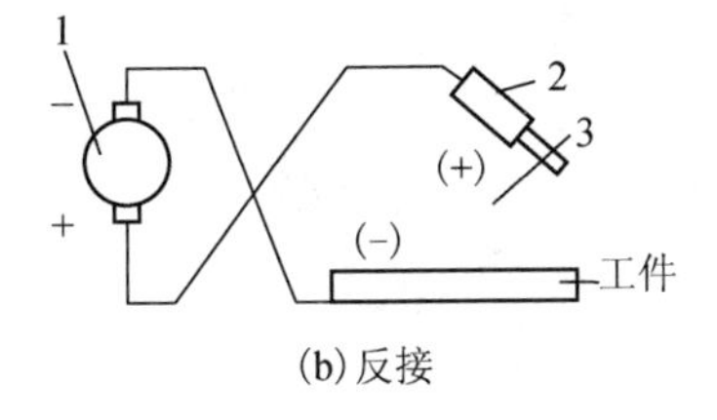

(b) 反接

图 15.3　直流电弧的接法

1．弧焊整流器；2．焊钳；3．焊条

15.2.3　手弧焊设备

手弧焊设备包括电焊机、连接电缆、电焊钳、尖头锤及钢丝刷等工具和面罩、手套等安全防护用具，其中电焊机是主要设备，它为焊接电弧提供电源，常用的电焊机有交流弧焊机和直流焊机两大类。

电焊机是电弧焊的电源，它必须满足以下性能。

(1) 焊接开始时，焊机能提供较高的空载电压(60～80V)，以便引弧。

(2) 焊接过程中，能提供稳定的低电压、大电流。

(3) 但当焊条与工件短路时，能把短路电流限制在某一安全数值内(一般为焊机工作电流的 1.5～2 倍)，以保证焊机不致在短路时烧坏。

(4) 焊接电流可根据需要进行调节。

1．交流弧焊机

交流弧焊机又称为弧焊变压器，具有结构简单、噪声小、成本低等优点，但电弧稳定性较差。它可将工业用的 220V 或 380V 电压降到 60～90V(焊机的空载电压)，以满足引弧的需要。焊接时，随着焊接电流的增加，电压自动下降至电弧正常工作时所需的电压，一般是 20～

40V。而在短路时，又能使短路电流不致过大而烧毁电路或变压器本身。

交流电焊机的电流调节要经过粗调和细调两个步骤。粗调是改变线圈抽头的接法选定电流范围；细调是借转动调节手柄，并根据电流指示盘将电流调节到所需值。

交流电焊机的缺点是电弧的稳定性较差，但可通过焊条药皮成分来改善，因其结构简单、价格低廉、工作噪声小、效率高、维修方便等优点，所以得到广泛应用。对于酸性焊条焊接，优先选用交流电焊。图 15.4 为交流电焊机外形。

2. 直流弧焊机

直流弧焊机分为旋转式直流弧焊机和整流式直流弧焊机两类。

(1) 旋转式直流弧焊机(图 15.5)。它由一台交流电动机和一台直流弧焊发电机组成。直流发电机由同轴的交流电机带动，供给满足焊接要求的直流电。

弧焊机的电流调节也分为粗调和细调。粗调是通过改变焊机接线板上的接线位置(改变发电机电刷位置)来实现的；细调是利用装在焊机上端的可调电阻进行的。这种弧焊机引弧容易、电流稳定、焊接质量较好，并能适应各类焊条的焊接，但机构复杂，噪声较大，价格较贵。在焊接质量要求较高或焊接薄的碳钢件、有色金属铸件和特殊钢件时宜选用这种焊机。

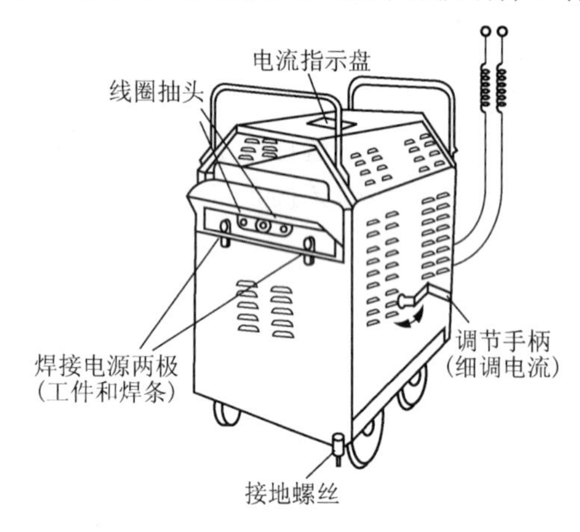

图 15.4　交流电焊机

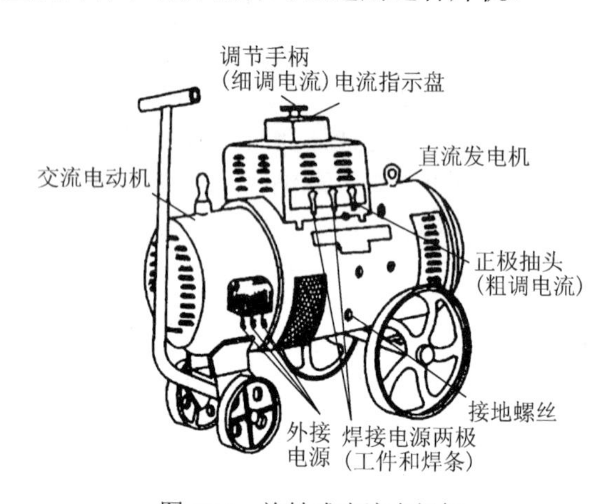

图 15.5　旋转式直流电焊机

(2) 整流式直流弧焊机(简称弧焊整流器)。它是通过整流器把交流电转变为直流电，既具有比旋转式直流弧焊机结构简单、造价低廉、效率高、噪声小、维修方便等优点，又弥补了交流弧焊机电弧不稳定的不足，如图 15.6 所示。

焊接电源
控制旋钮
电流指示灯
电源开关
ZX5-630
输出端子

图 15.6　整流式直流弧焊机

直流弧焊机输出端有正负之分，焊接时电弧两极极性不变。焊件接电源正极，焊条接电源负极的接线法称为正接，也称为正极性；反之称反接，也称为反极性。焊接厚板时，一般采用直流正接；焊接薄板时，一般采用直流反接。但在使用碱性焊条时，均采用直流反接。

15.2.4　焊条

焊条是涂有药皮的供手弧焊用的熔化电极，由金属焊芯和药皮两部分组成。

1. 焊芯

焊芯是焊条内的金属丝。在焊接过程中起到传导焊接电流、产生电弧和熔化后填充焊缝的作用。

为保证焊缝金属具有良好的塑性、韧性并减少产生裂纹的倾向，焊芯必须经过专门冶炼，由具有低碳、低硅、低磷的金属丝制成。焊条的直径是表示焊条规格的一个主要尺寸，由焊芯的直径来表示，常用的直径有Φ2.0～6.0mm，长度为 300～400mm。

2. 药皮

药皮是压涂在焊芯表面上的涂料层，是由矿石粉、有机物粉、铁合金粉和黏结剂等原料按一定比例配制而成。药皮的主要作用是：

(1) 稳定电弧。药皮中含有钾、钠等元素，能在较低电压下电离，既容易引弧又容易稳定电弧。

(2) 冶金处理。药皮中含有锰铁、硅铁等铁合金，在焊接过程中起脱氧、去硫、渗合金等作用。

(3) 机械保护。药皮在高温下熔化，产生的气体和熔渣能隔离空气，减少了氧和氮对熔池的侵入。

3. 焊条的种类与型号

焊条按用途不同分为若干类，如碳钢焊条、低合金钢焊条、不锈钢焊条等，其中应用最泛的为碳钢和低合金钢焊条。焊条型号是以字母“E”加四位数字组成，按熔敷金属的抗拉强度、药皮类型、焊接位和焊接电流种类划分，其编制如下。

字母“E”表示焊条；前面两位数字表示熔敷金属的最低抗拉强度值；第三位数字表示焊条的焊接位置，其中：“0”和“1”表示焊条适用于全位置(平、立、仰、横)焊接；“2”表示焊条适用于平焊或平角焊；“4”表示焊条适用向下立焊；第三位和第四位数字组合时，表示焊接电流种类和药皮类型。

如 E4315 表示熔敷金属的最低抗拉强度为 430MPa，全位置焊接，低氢钠型药皮，直流反接使用。

焊条按药皮熔渣化学性质分为酸性焊条和碱性焊条两类。

(1) 酸性焊条。熔渣中含有大量的酸性氧化物如 SiO_2、TiO_2 的焊条。酸性焊条能交、直流焊机两用，焊接工艺性能较好，但焊缝的力学性能，特别是冲击韧度较差，适于一般的低碳钢和相应强度等级的低合金钢结构的焊接。

(2) 碱性焊条。熔渣中含有大量碱性氧(CaO、Na_2O 等)的焊条。碱性焊条一般用于直流焊机，只有在药皮中加入较多稳弧剂后，才适于交直流电源两用。碱性焊条脱硫、脱磷能力强，焊缝金属具有良好的抗裂和力学性能，特别是冲击韧度很高，但工艺性能差。主要适用于低合金钢、合金钢及承受荷载的低碳钢重要结构的焊接。

15.2.5　手弧焊工艺

焊接前准备包括焊接接头形式的选择、开坡口、清理焊件表面氧化皮和油垢及焊件装备固定等，检查所用的各种工具及焊接线路、选择焊条直径、正确调节焊接电流、装配和点固焊件。

1. 接头形式和坡口形成

根据焊件厚度和工作条件的不同，需要采有不同的焊接接头形式。常用的有对接、搭接、角接和 T 字接几种。对接接头受力比较均匀，是用得最多的一种，重要的受力焊缝应尽量选用。

坡口的作用是为了保证电弧深入焊缝根部，使根部能焊透，以便清除熔渣，获得较好的焊缝形成和焊接质量。

选择坡口形式时，主要考虑下列因素：是否能保证焊缝焊透；坡口形式是否容易加工；应尽可能提高劳动生产率、节省焊条；焊后变形应尽可能小等，坡口的根部要留约 2mm 的钝边，防止烧穿。常用的坡口形式如图 15.7 所示。

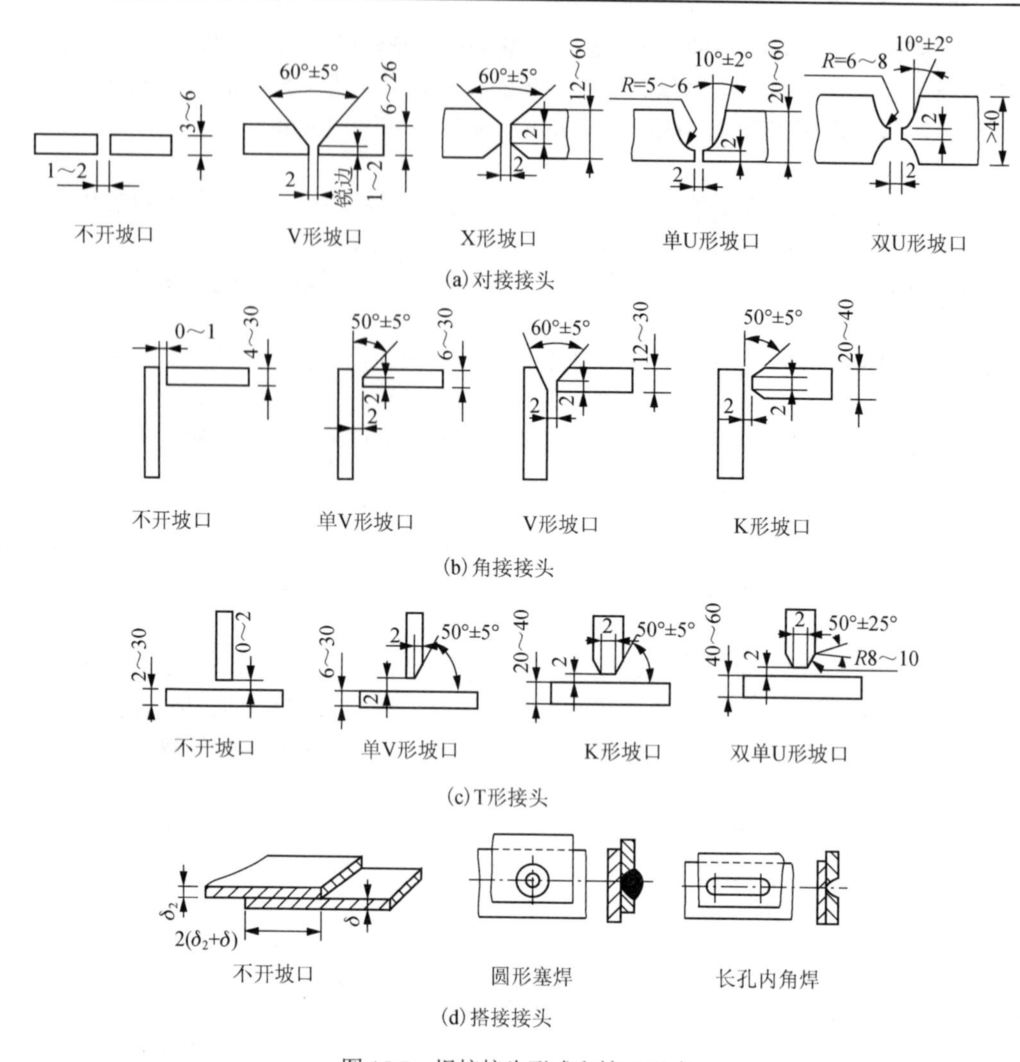

图 15.7　焊接接头形式和坡口形式

2. 焊接的空间位置

按焊缝在空间的位置不同，可分为平焊、立焊、横焊和仰焊(图 15.8)。其中平焊操作方

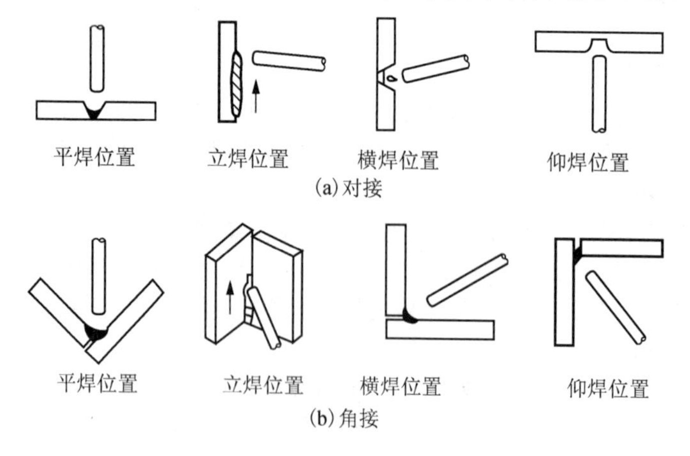

图 15.8　焊缝的空间位置

便，可采用较大焊条和电流，效率高、劳动强度小、液体金属不会流散、易于保证质量，是最理想的操作空间位置，应尽可能地采用。而其他几种由于熔池铁水有向下坠落的趋势，操作难、质量不易保证，只能用小直径焊条，小电流才能进行改善。

3. 工艺参数及其选择

焊接时为保证焊接质量而选定的各类参数(如焊条直径、焊接电源、焊接速度和弧长等)的总称即焊接工艺参数。

1) 焊条直径

焊条直径的粗细主要取决于焊件的厚度。焊件较厚应选较粗的焊条；焊件较薄则相反。焊条直径的选择参见表 15-2。立焊和仰焊时，焊条直径比平焊时细些。

表 15-2　焊条直径的选择

焊件厚度/mm	<2	2～4	4～10	12～14	>14
焊条直径/mm	1.5～2.0	2.5～3.2	3.2～4	4～5	>5

2) 焊接电流

焊接电流主要影响焊条熔化速度和输入熔池的热量。电流太大时金属熔化快，熔深大，易产生咬边、烧穿；电流太小时输入热量少，易造成夹渣和未焊透现象。

焊接电流应根据焊条直径选取。平焊低碳钢时，焊接电流 I 和焊条直径 d 的关系为：$I=(30\sim60)d$。

上述求得的焊接电流只是一个初步数值，还要根据焊件厚度、接头形式、焊接位置、焊条种类等因素通过试焊进行调整。采用直流焊时，焊接电流比交流小 10%左右，横、立、仰焊时，焊接电流比平焊位置时小 10%～15%。

3) 焊接速度

焊接速度是指单位时间内完成的焊缝长度，它对焊缝质量影响很大。焊速过快，易使焊缝的熔深浅、焊缝宽度小，甚至可能产生夹渣和焊不透的缺陷；焊速过慢，焊缝熔深较深、焊缝宽度增加，薄件易被烧穿。手弧焊时，焊接速度由焊工凭经验掌握，一般在保证焊透的情况下，应尽可能增加焊接速度。

4) 弧长

弧长是指焊接电弧的长度。弧长过长，燃烧不稳定，熔深减小，空气易侵入产生缺陷。因此，操作时尽量采用短弧，一般要求弧长不超过所选择焊条直径，多为 2～4mm。

15.2.6　焊接操作

(1) 接头清理。焊接前接头应除尽铁锈、油污，以便于引弧、稳弧和保证焊缝质量。

(2) 引弧。常用的引弧方法有划擦法和敲击法，如图 15.9 所示。焊接时将焊条端部与焊件表面划擦或轻敲击后迅速将焊条提起 2～4mm 的距离，电弧即被引燃。

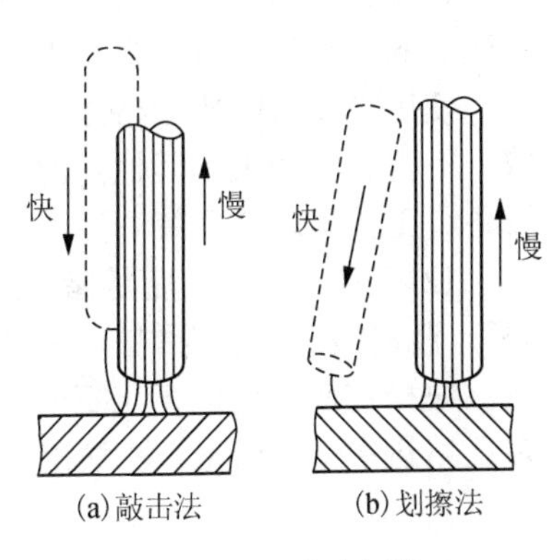

图 15.9　引弧方法

(3) 运条。引弧后，首先必须掌握好焊条与焊件之间的角度(图 15.10)，并使焊条同时完成图 15.11 的三个基本动作：焊条沿其轴线向熔池送进；焊条沿焊缝纵向移动；焊条沿焊缝横向摆动(为了获得一定宽度的焊缝)。

(4) 焊缝收尾。焊缝收尾时，要填满弧坑。为此焊条要停止前移，在收弧处画一个小圈并慢慢将焊条提起，拉断电弧。

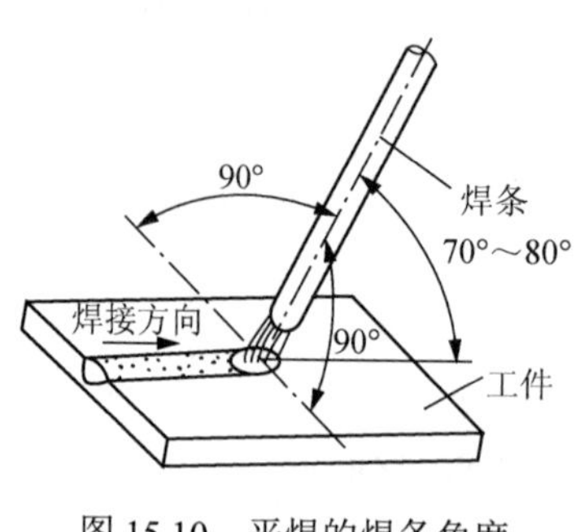

图 15.10 平焊的焊条角度

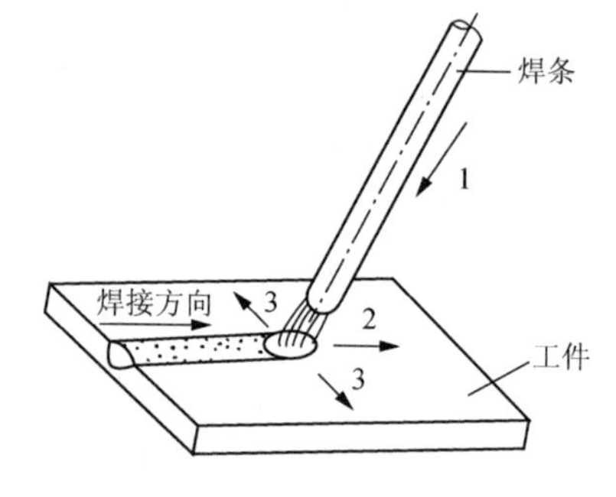

图 15.11 运条基本动作

1．向下送进；2．沿焊接方向移动；3．横向移动

15.3 气 焊

气焊是利用可燃气体与氧气混合燃烧的火焰所产生的高热，熔化焊件和焊丝而进行金属连接的一种熔焊方法，如图 15.12 所示。可燃气体和氧气的混合是利用焊炬来完成的。气焊所用的可燃气体主要有乙炔、丙烷及氢气等，但最常用的是乙炔，因为乙炔在纯氧中燃烧时放出有效热量最多，火焰温度高。乙炔是燃烧气体，氧气是助燃气体。

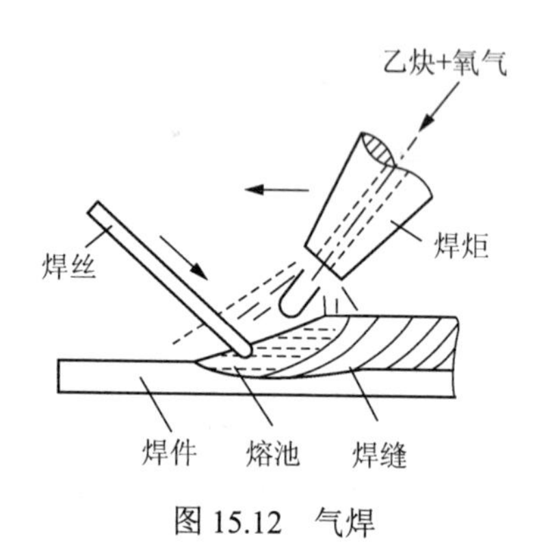

图 15.12 气焊

与电弧焊相比，气焊设备简单、操作灵活方便、不带电源。但气焊火焰温度较低、热量较分散、生产率低、工件变形严重、焊接质量较差，所以应用不如电弧焊广泛。主要用于焊接厚度在 3mm 以下的薄钢板，如铜、铝等有色金属及其合金、低熔点材料以及铸铁焊补和野外操作等。

15.3.1 气焊设备

气焊所用的设备及气路连接如图 15.13 所示。

(1) 氧气瓶。氧气瓶是运输和储存高压氧气的钢瓶，其容积为 40L，最高压力为 14.7MPa，一般存 6m^3 氧气，瓶体为蓝色，上部有两个黑字“氧气”。

使用氧气瓶时要严格注意防止氧气瓶爆炸。直立放置必须平稳可靠，不应与其他气瓶混放，不得靠近明火和其他热源，热天要防止暴晒，冬天要严禁火烤，氧气瓶及其他通纯氧的设备、工具等均应严禁沾油。

(2) 乙炔瓶。乙炔瓶是储存溶解乙炔的钢瓶(图 15.14)，外表喷上白漆，并用红漆标注“乙炔”。瓶内装有浸满丙酮的多孔填充物(活性炭、木屑等)。丙酮对乙炔有良好的溶解能力，可使乙炔稳定而安全地存在瓶中。在乙炔瓶阀下面的填料中心部放着石棉，主要是帮助乙炔从多孔填料中分解出来。乙炔瓶限压 1.52MPa，容积为 40L。

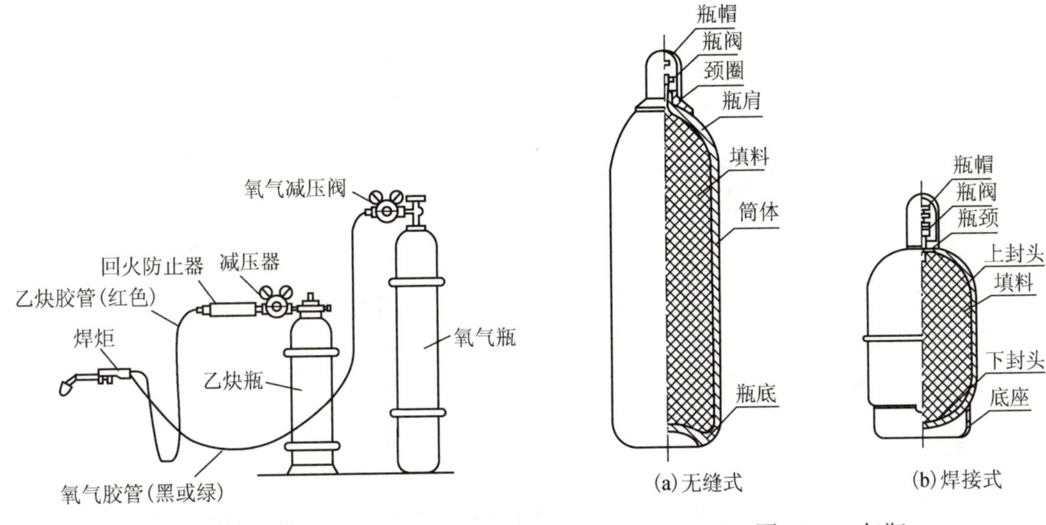

图 15.13　气焊设备及连接

图 15.14　气瓶

(3) 减压器。减压器是用来将氧气瓶(或乙炔瓶)中的高压氧(或乙炔)降低到焊炬需要的工作压力，并保持焊接过程中压力基本稳定的仪表(图 15.15)。减压器使用时，先缓慢打开氧气瓶(或乙炔瓶)阀门，然后旋转减压器调压手柄，待压力达到所需要时为止。停止工作时，先松开调压螺钉，再关闭氧气瓶(或乙炔瓶)阀门。

(4) 回火防止器。回火防止器是装在乙炔减压器和焊炬之间防止火焰沿乙炔管道回烧的安全装置，其工作示意图如图 15.16 所示。正常气焊时，火焰在焊嘴外面燃烧，但当气体压力不足、焊嘴阻塞、焊嘴太热或焊嘴离焊件太近时，气体火焰进入喷嘴内逆向燃烧，这种现象称为回火。如果火焰蔓延到乙炔瓶就会发生严重的爆炸事故，所以在乙炔瓶的输出管道上必须安装回火防止器(图 15.17)。

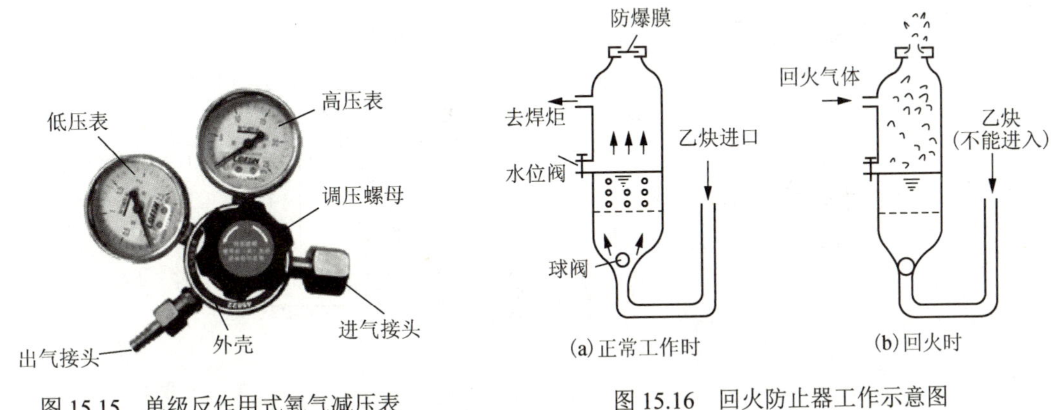

图 15.15　单级反作用式氧气减压表

图 15.16　回火防止器工作示意图

(5) 焊炬。焊炬是用于控制气体混合比、流量及火焰并进行焊接的工具，如图 15.18 所示。常用型号有 H01-2 和 H01-6 等，如图 15.19 所示。型号中“H”表示焊炬，“0”表示手工，“1”表示射吸式，“2”和“6”表示可焊接低碳钢板的最大厚度为 2mm 和 6mm。各种型号的焊炬均配有 3～5 个大小不同的焊嘴，以便焊接不同厚度的焊件时选用。

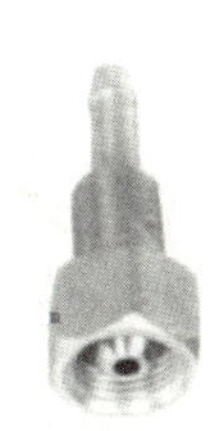

图 15.17　回火防止器

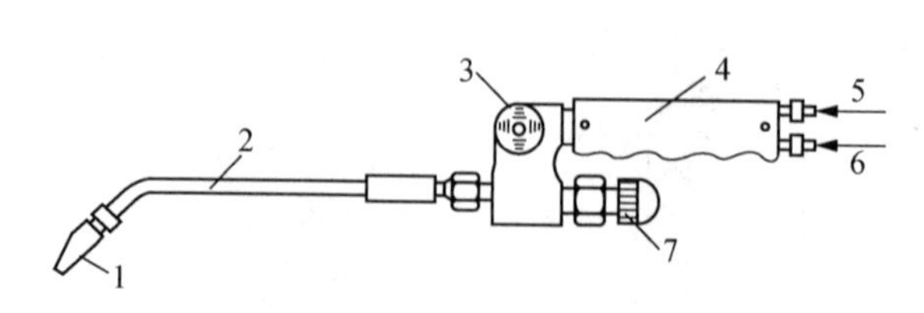

图 15.18　射吸式焊炬

1．焊嘴；2．混合管；3．乙炔阀门；4．手柄；5．乙炔入口；6．氧气入口；7．氧气阀门

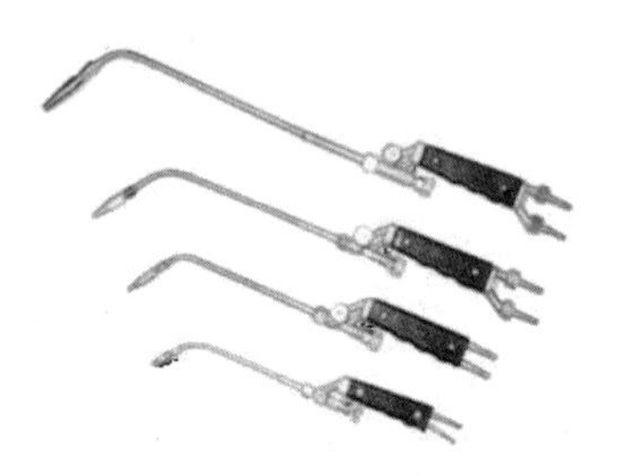

图 15.19　不同规格的焊炬

15.3.2　焊丝

气焊的焊丝是焊接时作为填充金属与熔化的母材一起形成焊缝的金属丝。焊丝的质量对焊件性能影响很大。焊接低碳钢常用的气焊丝为 H08 和 H08A。焊丝直径应根据焊件厚度来选择，一般为Φ2～4mm。

除焊接低碳钢外，气焊时要使用气焊熔剂，它相当于电焊条的药皮，其作用是熔解和消除焊件上的氧化膜，并在熔池表面形成一层熔渣，保护熔池不被氧化，去除焊接过程中产生的气体、氧化物及其他杂质，增加液态金属的流动性等。

15.3.3　气焊火焰

改变乙炔和氧气的混合比例，可以得到三种不同的火焰，即中性焰、碳性焰和氧化焰，如图 15.20 所示。

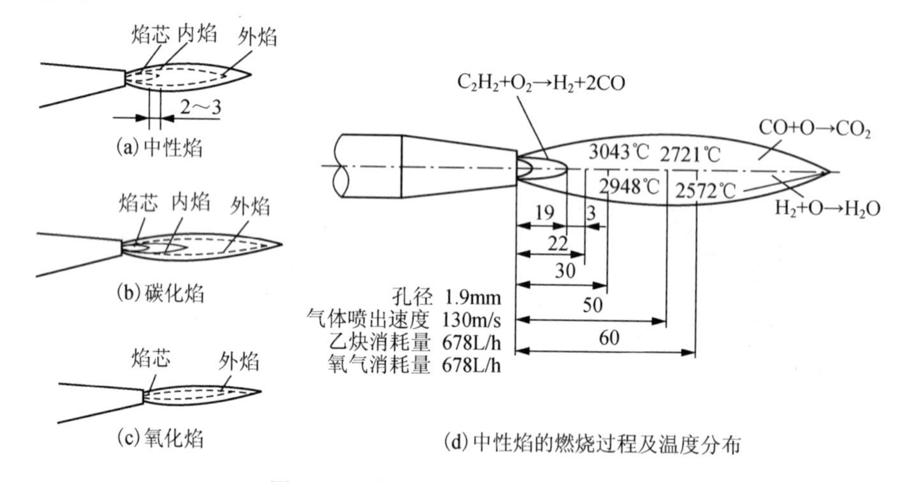

图 15.20　氧-乙炔火焰的种类和构造

1．中性焰

当氧气和乙炔的体积比为 1.1～1.2 时，产生的火焰为中性焰，又称正常焰。它由焰心、内焰和外焰组成，靠近喷嘴处为焰心，呈白亮色，其次为内焰，呈蓝紫色，最外层为外焰，呈橘红色。火焰的最高温度产生在焰心前端 2～4mm 的内焰区，可达 3150℃，焊接时应以此区来加热工件和焊丝。

中性焰用于焊接低碳钢、中碳钢、合金钢、紫铜和铝合金等材料，是应用最广泛的一种气焊火焰。

2. 碳化焰

当氧气和乙炔的体积比小于 1.1 时，则得碳化焰。由于氧气较少，燃烧不完全，整个火焰比中性焰长。当乙炔过多时还冒黑烟(碳粒)。

碳化焰用于焊接高碳、铸铁和硬质合金材料。

3. 氧化焰

当氧气和乙炔的体积比大于 1.2 时，则得到氧化焰。该状态氧气较多、燃烧剧烈、火焰明显缩短、焰心呈锥形、火焰几乎消失，并有较强的嗞嗞声。

氧化焰易使金属氧化，故用途不广，仅用于焊接黄铜，以防止锌在高温时蒸发。

15.3.4 气焊基本操作

1. 点火

调节火焰和灭火、点火时可先稍开一点氧气阀门，再开乙炔阀门，随后用明火点燃，然后逐渐开大氧气阀门调节到所需的火焰状态；在点火过程中，若有放炮声或火焰熄灭，应立即减少氧气或放掉不纯的乙炔，再点火；灭火时，应先关乙炔阀门，后关氧气阀门，否则会引起回火。

2. 平焊焊接

气焊时右手握焊炬，左手拿焊丝，在焊接开始时，为了尽快地加热和熔化工件形成熔池，焊炬倾角应大些，接近于垂直工件；正常焊接时，焊炬倾角减小一些，一般保持在 30°～50°范围内；当焊接结束时，倾角应当减小，以便更好地填满弧坑和避免焊穿，如图 15.21 所示。

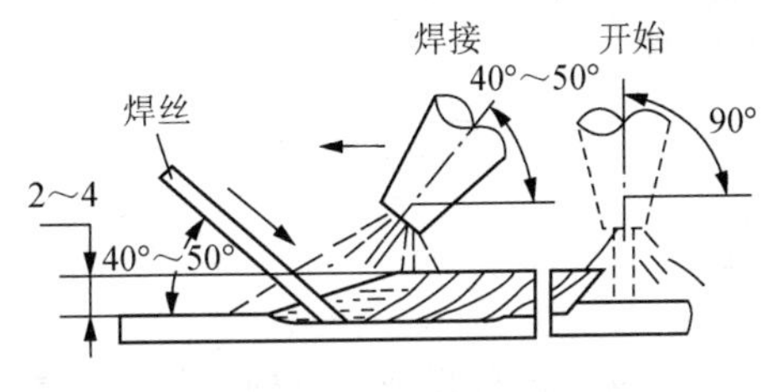

图 15.21　焊炬倾角

焊炬向前移动的速度应能保证工件熔化，并保持熔池具有一定的大小。工件熔化形成熔池后，再将焊丝适量地点入熔池内熔化。

15.4 切　　割

金属切割除机械切割外，常用的有气割、等离子切割等。

15.4.1 气割

气割是利用气体火焰(如氧、乙炔火焰)以热能将工件切割处预热到一定温度后，喷出高速切割氧流，使其燃烧并放出热量实现切割的方法，如图 15.22 所示。气割是低碳钢和低合金钢切割中使用最普遍、最简单的一种方法，与纯机械切割相比具有效率高、适用范围广等特点。气割过程如图 15.23 所示。

手工气割的割炬如图 15.24 所示。与焊炬相比，增加了输出切割氧气的管路和控制切割氧气的阀门，割嘴的结构与焊嘴也不同，气割用的氧气通过割嘴的中心通道喷出，而氧-乙炔的混合气体则通过割嘴的环形通道喷出。

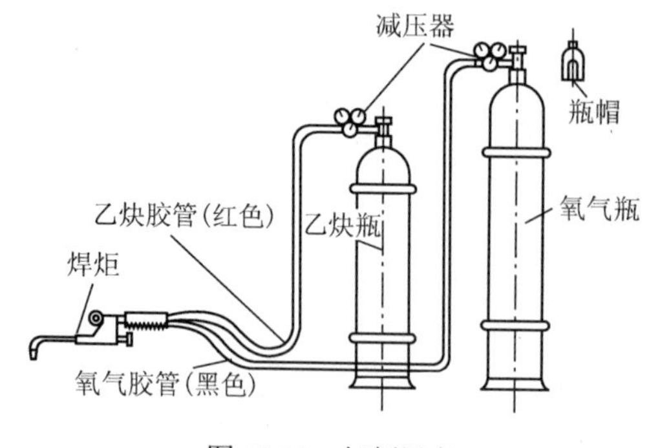

图 15.22　气割设备

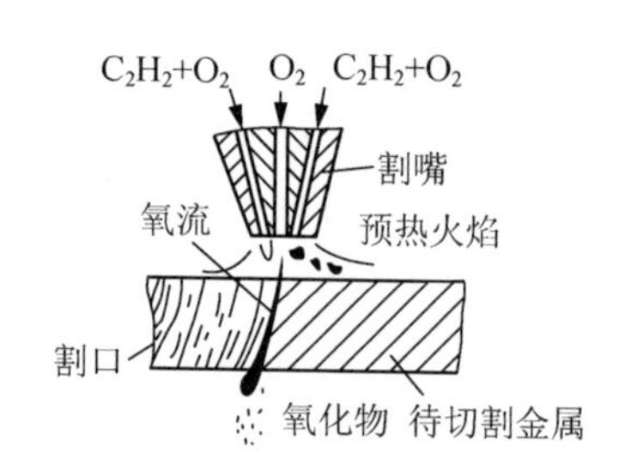

图 15.23　气割过程

气割过程实际上是被切割金属在纯氧中的燃烧过程，而不是熔化过程。先用氧-乙炔焰将待切割处的金属预燃至燃点，然后打开切割氧气阀门，送出氧气，将高温金属燃烧成氧化渣；与此同时，氧化渣被切割氧气流吹走，从而形成割口。金属燃烧时，产生的热量以及氧-乙炔火焰同时又将割口下层的金属预热至燃点，切割氧气又使其燃烧，生成的氧化渣又被切割氧气流吹走，这样割炬连续不断地沿切割方向以一定的速度移动，即可形成所需的割口。

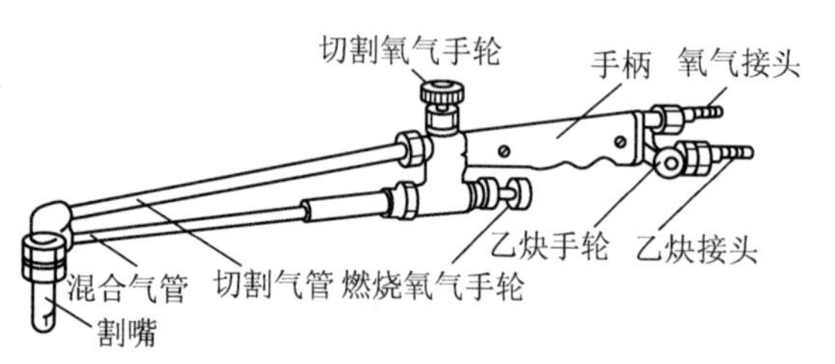

图 15.24　割炬

15.4.2　金属氧气切割条件

金属材料只有满足下列条件，才能采用氧气切割。

(1) 金属材料的燃点必须低于熔点，这是保证切割在燃烧过程中进行的基本条件。否则，切割时金属先熔化，变为熔割过程，使割口过宽，而且凹凸不平。低碳钢燃点约 1350℃，熔点约 1500℃，故可气割。

(2) 燃烧生产金属氧化物的熔点应低于金属本身的熔点，且流动性好。否则，就会在割口表面形成固态氧化物，阻碍氧气流与下层金属的接触，使切割过程不能正常进行。

(3) 金属燃烧时能放出大量的热，而金属本身的导热性要低。这是为了保证下层金属有足够的预热温度，使切割过程能连续进行。

常用材料中，低碳钢、中碳钢及低合金高强度结构钢都符合气割的条件，而碳的质量分数大于 0.7%的高碳钢、铸铁和非铁金属及合金则不能进行气割。

15.4.3　等离子弧切割

等离子弧切割是利用高能量密度等离子弧和高速的等离子流把已熔化的材料吹走，形成割缝的切割方法。用于切割的等离子弧是电弧经过热、电、机械等压缩效应后形成的。等离子弧能量集中、吹力强、温度高达 10000～30000℃。

等离子弧切割切口窄、速度快、热量相对较小、工件变形也小，没有氧-乙炔切割时对工件产生的燃烧，因此可适合切割各种金属材料，如不锈钢、高合金钢、铸铁、铜和铝及其合金。

等离子弧切割方法有双气流等离子切割、水压缩等离子弧切割(图 15.25)和空气等离子弧切割(图 15.26)等。

15.4.4 其他切割方法

1. 激光切割

激光切割利用激光束的高能量使切口部位金属加热熔化及汽化，同时用纯氧或压缩空气、氮、氩等辅助气流吹走液态切口金属而完成切割。

激光切割的优点是：可进行薄板高速切割和曲面切割，切口和热影响区都很窄，切口粗糙度远小于气割和等离子切割，也优于冲剪法机械切割，其切缝宽度最小可达 0.1mm。激光束工作距离大，适合于可达性很差部位的切割，且易自动化；缺点是设备昂贵，切割厚度目前还低于 15mm。

2. 水射流切割

水射流切割是利用高压水(200～400MPa)，有时也加一些粉末状磨料，通过喷嘴射到割件上进行切割的方法。该工艺方法可切割金属和非金属材料。

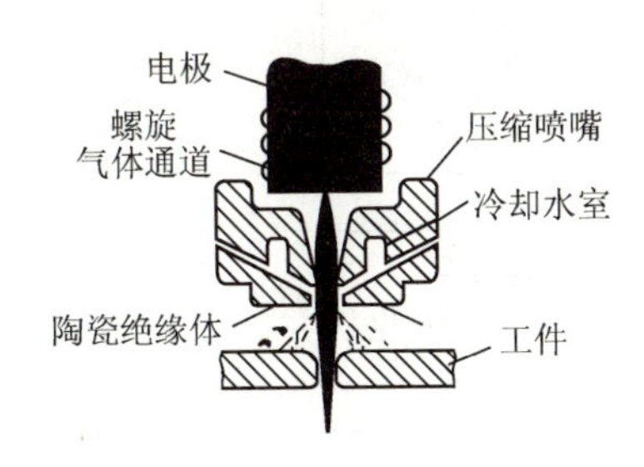

图 15.25 水压缩等离子弧切割原理

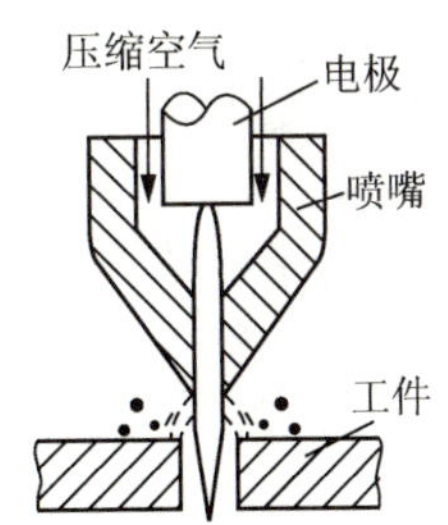

图 15.26 空气等离子弧切割原理

15.5 其他焊接方法

15.5.1 CO_2 气体保护电弧焊概述

在使用 CO_2 作为保护气时，称为 CO_2 电弧焊。当使用氩气与 CO_2 等混合气体作为保护气时称为混合气体保护电弧焊。由于近年来混合气体使用频率的增加，有时也把 CO_2 电弧焊和混合气体保护电弧焊统称为 MAG 焊接。所以 GMA 焊接是 MIG 焊、CO_2 焊、MAG 焊的统称，在我国通常称为气体保护熔化极电弧焊。图 15.27 为 CO_2 气体保护电弧焊焊机，图 15.28 为 CO_2 气体保护电弧焊接线原理图。

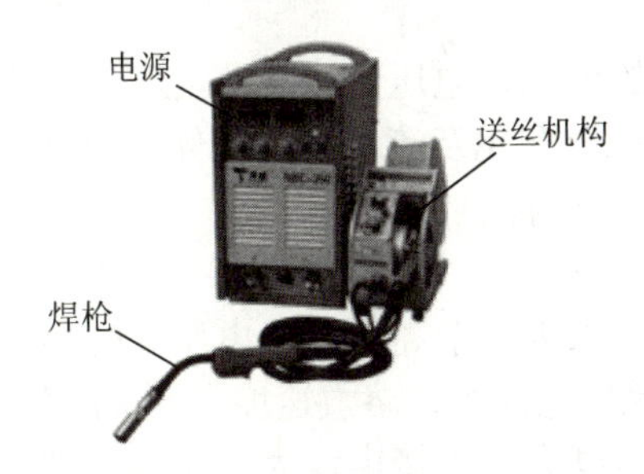

图 15.27 CO_2 气体保护电弧焊焊机

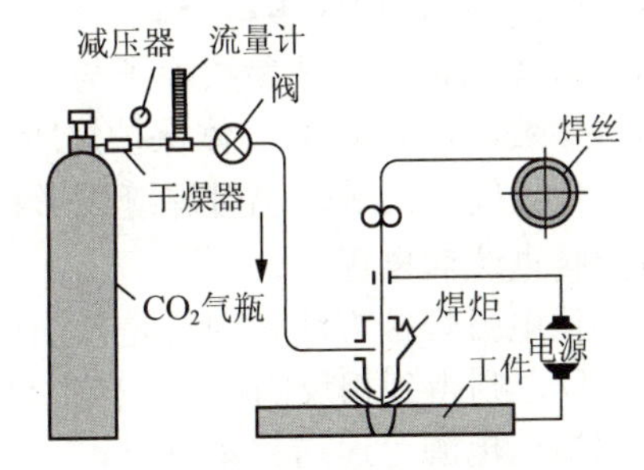

图 15.28 CO_2 气体保护电弧焊接线原理图

目前在船舶制造、汽车制造、车辆制造、石油化工等领域已广泛使用 CO_2 气体保护电弧焊。CO_2 气体保护焊自 20 世纪 50 年代诞生以来，作为一种高效率的焊接方法，在工业经济的各个领域获得了广泛的运用，如图 15.29 所示。CO_2 气体保护焊以其高生产率(比手工焊高 1～3 倍)、焊接变形小和高性价比的特点，得到了前所未有的普及，成为优先选择的焊接方法之一。

1. CO_2 气体保护电弧焊的原理

气体保护电弧焊接原理如图 15.30 所示，图中采用金属焊丝作为电极(熔化极)，焊丝以恒定速度送进，在焊丝与母材之间形成电弧进行焊接。为了把焊接区与空气隔离开来，一般采 CO_2 气体作为保护气。

图 15.29　CO_2 气体保护焊焊接件

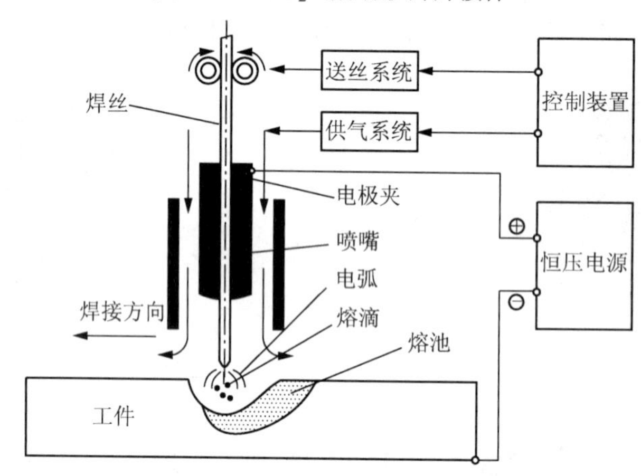

图 15.30　气体保护熔化极电弧焊原理

进行焊接时，电弧空间同时存在 CO_2、CO、O_2 等几种气体和 O，其中 CO 不与液态金属发生任何反应，而 CO_2、O_2、O 原子却能与液态金属发生如下反应

$$Fe+CO_2 \rightarrow FeO+CO\text{(进入大气中)}$$

$$Fe+O \rightarrow FeO\text{(进入熔渣中)}$$

$$C+O \rightarrow CO\text{(进入大气中)}$$

2. CO_2 保护焊设备构成(图 15.31)

3. CO_2 气体保护焊工艺参数

CO_2 气体保护焊工艺参数除了与一般电弧焊相同的电流、电压、焊接速度、焊丝直径及倾斜角等参数，还有 CO_2 气体保护焊所特有的保护气成分配比及流量、焊丝伸出长度、保护气罩与工件之间距离等，也对焊缝成形和质量有很大的影响。

1) 焊接电流和电压

与其他电弧焊接方法相同的是，当电流大时焊缝熔深大、余高大；当电压高时熔宽大、熔深浅。反之则得到相反的焊缝。同时送丝速度大则焊接电流大，熔敷速度大，生产效率高。

采用恒压电源等速送丝系统时，一般规律为送丝速度大则焊接电流大，熔敷速度随之增大。但对 CO_2 气体保护焊来说，电流、电压对熔滴过渡形式有更为特殊的影响，进而影响焊接电弧的稳定性及焊缝形成。

2) 保护气流量的影响

气体流量大时保护较充分，但流量太大时对电弧的冷却和压缩很剧烈，电弧力太大会扰乱熔池，影响焊缝成形。

3) 导电嘴与焊丝端头距离的影响

导电嘴与焊丝伸出端的距离也称为焊丝伸长度。该长度大，则由于焊丝电阻而使焊丝伸出产生的热量大，有利于提高焊丝的熔敷率，但伸出长度过大时会发生焊丝伸出段红热软化而使电弧过程不稳定的情况，应予以避免。

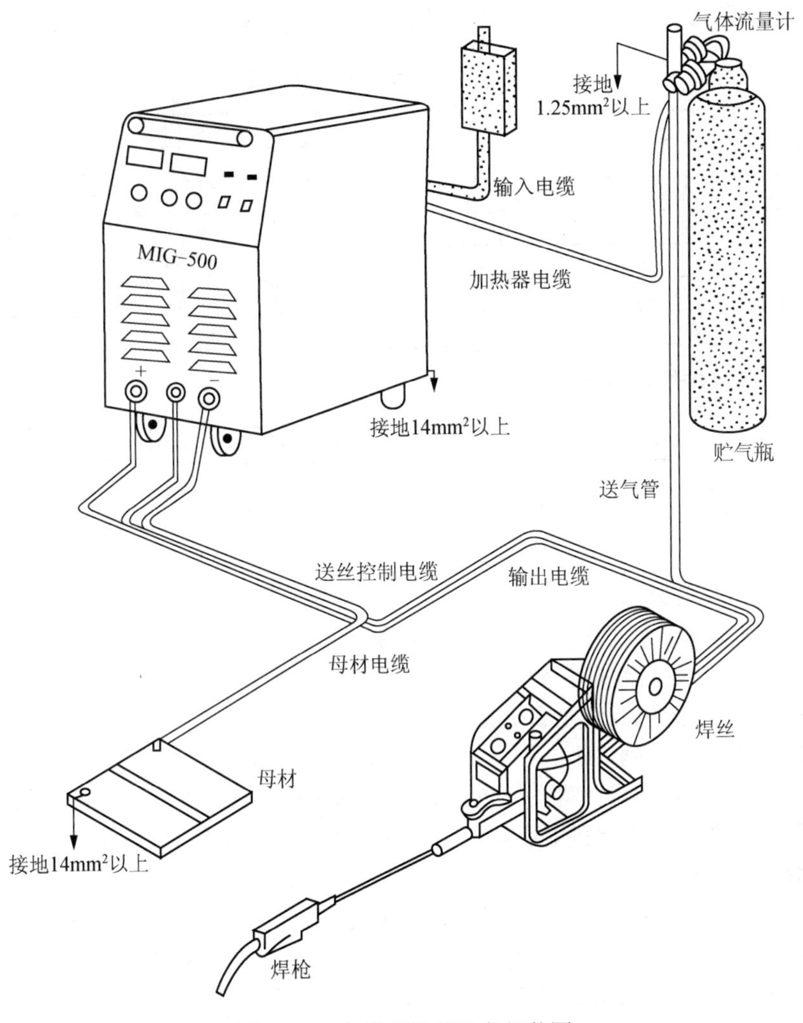

图 15.31 气体保护焊设备组装图

4) 焊炬与工件的距离

焊炬与工件距离太大时，保护气流达到工件表面处的挺度差，空气易侵入，保护效果不好，焊缝易出气孔。距离太小则保护罩易被飞溅堵塞，使保护气流不顺畅，需经常清理保护罩。严重时出现大量气孔，焊缝金属氧化，甚至导电嘴与保护罩之间产生短路而烧损，必须频繁更换。

5) 电源极性的影响

采用反接时(焊丝接正极，母材接负极)，电弧的电磁收缩力较强，熔滴过渡的轴向性强，且熔滴较细，因而电弧稳定。反之则电弧不稳。

6) 焊接速度的影响

CO_2 气体保护焊，焊接速度的影响与其他电弧焊方法相同，焊接速度太慢则熔池金属在电弧下堆积，反而减少熔深，且热影响区太宽，对于热输入敏感的母材易造成熔合线及热影响区脆化；焊接速度太快，则熔池冷却速度太快，不仅易出现焊缝成形不良、气孔等缺陷，而且对淬硬敏感性强的母材易出现延迟裂纹。

7) CO_2 气体纯度的影响

气体的纯度对焊接质量有一定影响，杂质中的水分和碳氢化合物会使熔敷金属中扩散氢含量增高，对厚板多层焊易于产生冷裂纹或延迟裂纹。CO_2 的技术要求如表 15-3 所示。

表 15-3　CO_2 气体保护焊技术要求

项　　目	组分含量/%		
	优等品	一等品	合格品
CO_2 含量(体积分数)≥	99.9	99.7	99.5
液态水	不得检出	不得检出	不得检出
油	不得检出	不得检出	不得检出
水蒸气+乙醇含量(质量分数)≤	0.005	0.02	0.05
气味	无异味	无异味	无异味

4. CO_2 气体保护焊操作流程(图 15.32)

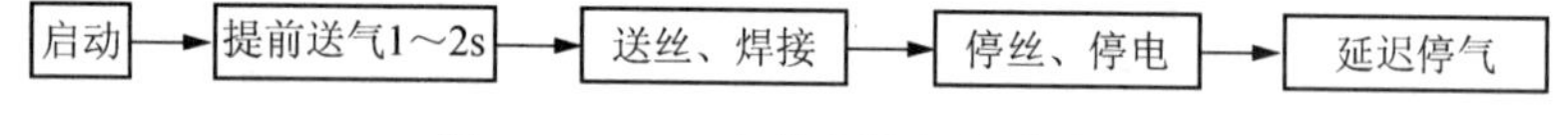

图 15.32　CO_2 气体保护焊操作流程

1) 准备工作

(1) 认真熟悉焊接图样，弄清焊接位置和技术要求。

(2) 焊前清理，CO_2 焊虽然没有钨极氩弧焊那样严格，但也应清理坡口及其两侧表面的油污、漆层、氧化皮以及铁金属等杂物。

(3) 检查设备，检查电源线是否破损，地线接地是否可靠，导电嘴是否良好，送丝机构是否正常，极性是否选择正确。

(4) 气路检查，CO_2 气体气路系统包括 CO_2 气瓶、预热器、干燥器、减压阀、电磁气阀、流量计。使用前检查各部连接处是否漏气，CO_2 气体是否畅通和均匀喷出。

2) 安全规范

(1) 穿好工作服，戴好手套，选用合适的焊接面罩。

(2) 要保证有良好的通风条件，特别是在通风不良的小屋内或容器内焊接时，要注意排风和通风，以防 CO_2 气体中毒。通风不良时应戴口罩或防毒面具。

(3) CO_2 气瓶应远离热源，避免太阳暴晒，严禁对气瓶强烈撞击以免引起爆炸。

(4) 焊接现场周围不应存放易燃易爆品。

3) 焊接工艺参数选择

CO_2 气体保护焊的工艺参数有焊接电流、电弧电压、焊丝直径、焊丝伸出长度、气体流量等。在其采用短路过渡焊接时还包括短路电流峰值和短路电流上升速度。

4) 焊接操作

(1) 采用短路法引弧，引弧前先将焊丝端头较大直径球形剪去使之成锐角，以防产生飞溅，同时保持焊丝端头与焊件相距 2～3mm，喷嘴与焊件相距 10～15mm。按动焊枪开关，随后自动送气、送电、送丝、直至焊丝与工作表面相碰短路，引燃电弧，此时焊枪有抬起趋势，须控制好焊枪，然后慢慢引下向待焊处，当焊缝金属熔合后，再以正常焊接速度施焊。

(2) 直线焊接，直线无摆动焊接形成的焊缝宽度稍窄，焊缝偏高、熔深较浅。整条焊缝往往在始焊端、焊缝的链接处、终焊端等处最容易产生缺陷，所以应采取特殊处理措施。焊件始焊端处较低的温度应在引弧之后，先将电弧稍微拉长一些，对焊缝端部适当预热，然后再压低电弧进行起始端焊接，这样可以获得具有一定熔深和成形比较整齐的焊缝。因采取过短的电弧起焊而造成焊缝成形不整齐，应当避免。重要构件的焊接，可在焊件端加引弧板，将引弧时容易出现的缺陷留在引弧板上。图 15.33 为起始端运丝法对焊缝成形的影响。

起焊点 ②①③④⑤ 好

(a) 长弧预热起焊的直线焊接

起焊点 ③⑤②①④⑥⑦⑧⑨ 好

(b) 长弧预热起焊的摆动焊接

起焊点 ②①③④⑤ 不好

(c) 短弧起焊的直线焊接

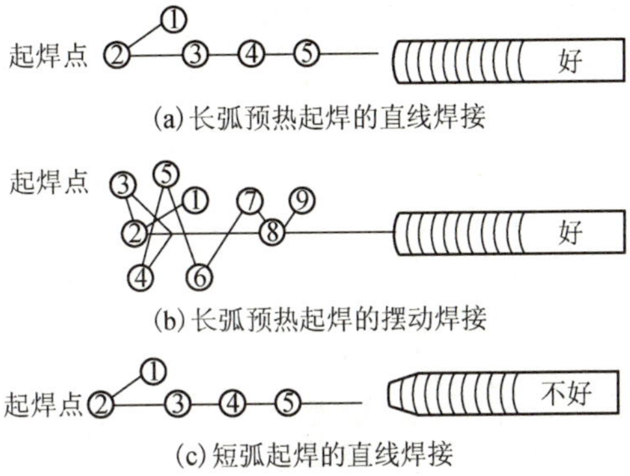

图 15.33　起始端运丝法对焊缝成形的影响

焊缝接头，连接的方法有直线无摆动焊缝连接方法和摆动焊缝连接方法两种。

① 直线无摆动焊缝连接的方法，在原熔池前方 10～12mm 处引弧，然后迅速将电弧引向原熔池中心待熔化金属与原熔池边缘吻合填满弧后，再将电弧引向前方使焊丝保持一定的高度和角度，并以稳定的速度向前。

② 摆动焊缝连接的方法，在原熔池前方 10～20mm 处引弧，然后以直线方式将电弧引向接头处在接头中心开始摆动，在向前移动的同时逐渐加大摆幅(保持形成的焊缝与原焊缝宽度相同)，最后转入正常焊接。

终焊端，焊缝终焊端若出现过深的弧坑会使焊缝收尾处产生裂纹和缩孔等缺陷，所以在收弧时如果焊机没有电流衰减装置，应采用多次断续引弧方式，或填充弧坑直至将弧坑填平，并且与母材圆滑过渡。

(3) 摆动焊接：CO_2 半自动焊时为了获得较宽的焊缝，往往采用横向摆动的方式，常用摆动方式有锯齿形、月牙形、正三角形、斜圆圈形等。摆动焊接时，横向摆动运丝角度和起始端的运丝要领与直线无摆动焊接一样。

在横向摆动运丝时要注意：左右摆动幅度要一致，摆动到中间时速度应稍快，而到两侧时要稍作停顿，摆动的幅度不能过大，否则部分熔池不能得到良好的保护作用，一般摆动幅度限制在喷嘴内径的 1.5 倍范围内。运丝时以手腕做辅助，以手臂为主，控制并掌握运丝角度。

15.5.2　埋弧焊概述

埋弧焊也是利用电弧作为热源的焊接方法。埋弧焊时电弧是在一层颗粒状的可熔化焊剂覆盖下燃烧，电弧不外露，埋弧焊由此得名。所用的金属电极是不间断送进的焊丝。埋弧焊用的焊机和焊接小车如图 15.34 所示。

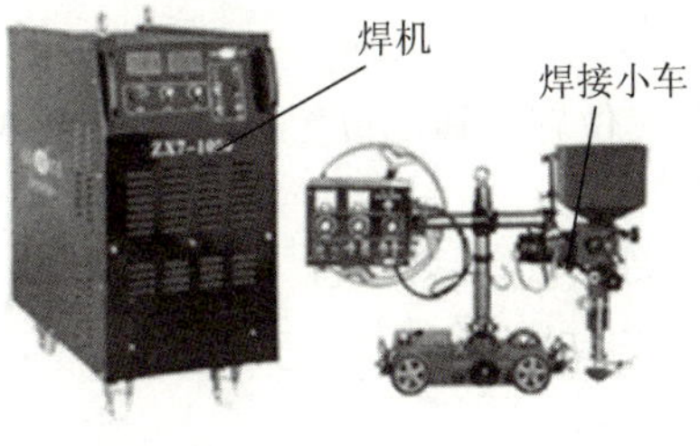

焊机　焊接小车

图 15.34　焊机和焊接小车

1．埋弧焊的工作原理

图 15.35 是埋弧焊焊缝形成过程示意图。焊接电弧在焊丝与工件之间燃烧，电弧热将焊丝端部及电弧附近的母材和焊剂熔化。熔化的金属形成熔池，熔融的焊剂成为溶渣。熔池受熔渣和焊剂蒸气的保护，不与空气接触。电弧向前移动时，电弧力将熔池中的液体金属推向熔池后方。在随后的冷却过程中，这部分液体金属凝固成焊缝。熔渣则凝固成渣壳，覆盖于焊缝表面。熔渣除了对熔池和焊缝起机械保护作用外，焊接过程中还与熔化金属发生冶金反应，从而影响焊缝金属的化学成分。图 15.36 为埋弧焊焊接的工件。

埋弧焊时，被焊工件与焊丝分别接在焊接电源的两极。焊丝通过与导电嘴的滑动接触与电源连接。焊接回路包括焊接电源、连接电缆、导电嘴、焊丝、电弧、熔池、工件等环节，焊丝端部在电弧热作用下不断熔化，因而焊丝应连续不断地送进，以保持焊接过程的稳定进行。焊丝的送进速度应与焊丝的熔化速度相平衡。

埋弧焊有自动埋弧焊和半自动埋弧焊两种方式。前者的焊丝送进和电弧移动都由专门的装置自动完成，后者的焊丝送进由机械完成，电弧移动则由人工进行。焊接时，焊剂由漏斗铺撒在电弧的前方。焊接后，未被熔化的焊剂可用焊剂回收装置自动回收，或由人工清理回收。

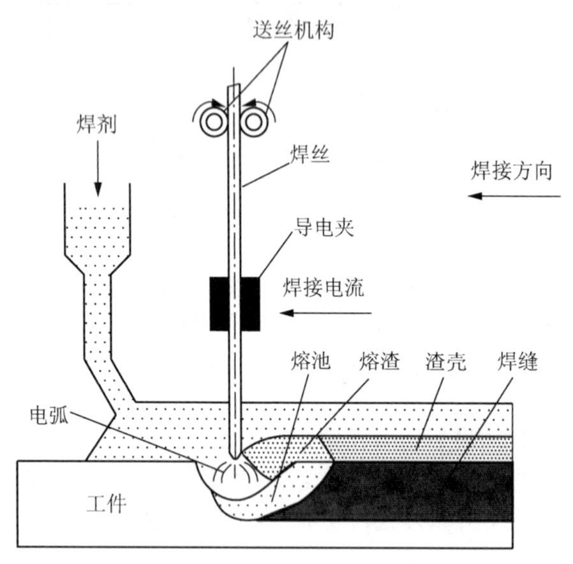

图 15.35　埋弧焊焊缝形成过程示意图

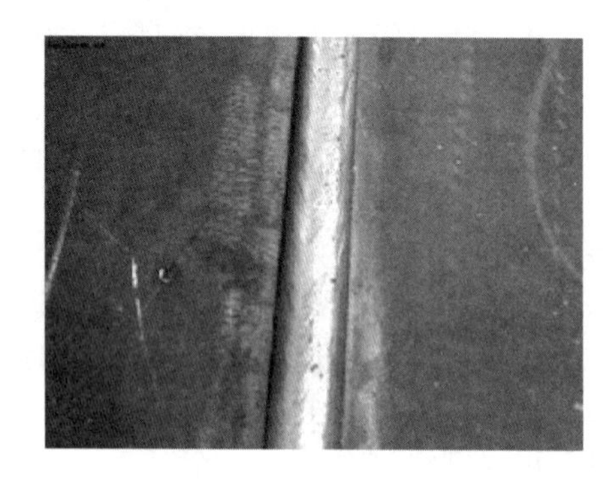

图 15.36　埋弧焊实际焊缝

2. 埋弧焊的优点和缺点

1) 埋弧焊的主要优点

(1) 焊接电流大，相应输入功率较大，加上焊剂和熔渣的隔热作用，热效率较高，熔深大。工件的坡口可较小，减少了填充金属量。

(2) 焊接速度高。

(3) 焊剂的存在不仅能隔开熔化金属与空气的接触，而且使熔池金属较慢凝固。液体金属与熔化的焊剂间有较多时间进行冶金反应，减少了焊缝中产生气孔、裂纹等缺陷的可能性。焊剂还可以向焊缝金属补充一些合金元素，提高了焊缝金属的力学性能。

(4) 在有风的环境中焊接时，埋弧焊的保护效果比其他电弧焊方法好。

(5) 自动焊接时，焊接参数可通过自动调节保持稳定。与手工电弧焊相比，焊接质量对焊工技艺水平的依赖程度可大大降低。

2) 埋弧焊的主要缺点

(1) 由于采用颗粒状焊剂，这种焊接方法一般只适用于平焊位置。其他位置焊接需采用特殊措施以保证焊剂能覆盖焊接区。

(2) 不能直接观察电弧与坡口的相对位置，如果没有采用焊缝自动跟踪装置，则容易焊偏。

(3) 埋弧焊电弧的电场强度较大，因而不适于焊接厚度小于 1mm 的薄板。

3. 埋弧焊的适用范围

埋弧焊熔深大、生产率高、机械化操作的程度高，因而适于焊接中厚板结构的长焊缝。在造船、锅炉与压力容器、桥梁、起重机械、铁路车辆、工程机械、重型机械和冶金机械、核电站结构、海洋结构等制造部门有着广泛的应用，是当今焊接生产中最普遍使用的焊接方法之一。

埋弧焊除了用于金属结构中构件的连接，还可在基体金属表面堆焊耐磨或耐腐蚀的合金层。随着焊接冶金技术与焊接材料生产技术的发展，埋弧焊能焊的材料已从碳素结构钢发展到低合金结构钢、不锈钢、耐热钢等以及某些有色金属，如镍基合金、钛合金、铜合金等。

4．埋弧焊焊丝和焊剂

1) 焊剂

焊剂起着隔离空气、保护焊接金属不受空气侵害和对熔化金属进行冶金处理的作用，焊接时熔化进入熔池起到填充和合金化的作用，尚未熔化的焊丝还起着导电的作用。

埋弧焊焊剂除按用途分为钢用焊剂和有色金属用焊剂外，通常按制造方法、化学成分、化学性质、颗粒结构等分类。焊剂的型号可参考国家标准 GB 5293—1999。

2) 焊丝

焊丝主要是按照被焊材料的种类进行分类，可以分为碳素结构钢焊丝、合金结构钢焊丝、不锈钢焊丝、有色金属焊丝和堆焊用的特殊合金焊丝等。焊丝除要求其化学成分符合要求外，还要求其外观质量满足要求，即焊丝直径及其偏差应符合相应标准规定，焊丝表面应无锈蚀、氧化皮等。此外，为了便于机械送丝，焊丝还应具有足够的强度。

5．埋弧焊焊机的构成

MZ-1000 自动埋弧焊机是熔剂层下自动焊接的设备，它配用交流焊机作为电弧电源，适用于水平位置或与水平位置倾斜不大于 10°的无坡口对接焊缝、搭接焊缝和角焊缝。与普通手工弧焊相比，具有生产效率高、焊缝质量好、节省焊接材料和电能、焊接变形小及改善劳动条件等突出优点。图 15.37 为设备的完整连线图。

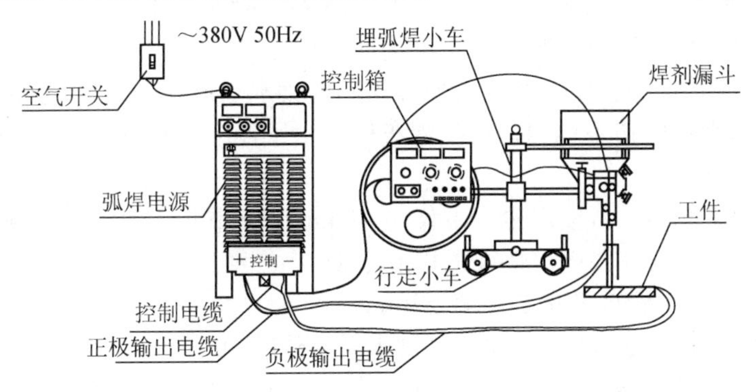

图 15.37　埋弧焊焊机连线图

1) MZ-II 型自动埋弧平焊小车

MZ-II 系列埋弧焊小车与逆变埋弧焊机配套使用，焊机由自动机头及焊接变压器两部分组成。MZ-II 系列埋弧焊小车由焊车及支架、送丝机构、焊丝矫直机构、导电部分、焊接操作控制箱、焊丝盘、焊剂漏斗等部件组成。焊车的主要技术参数如表 15-4 所示。

表 15-4　焊车主要技术参数

名称	MZ-II 型自动埋弧平焊小车
送丝速度/(cm/min)	20～450
焊接速度/(cm/min)	10～150
机头导电嘴升降距离/mm	70
中心立柱升降距离/mm	80
立柱水平横向移动调节距离/mm	±30
横梁可伸缩距离/mm	100
机头偏转角度/(°)	±45
焊丝直径/mm	2～6

2)焊接小车的结构(图 15.38)

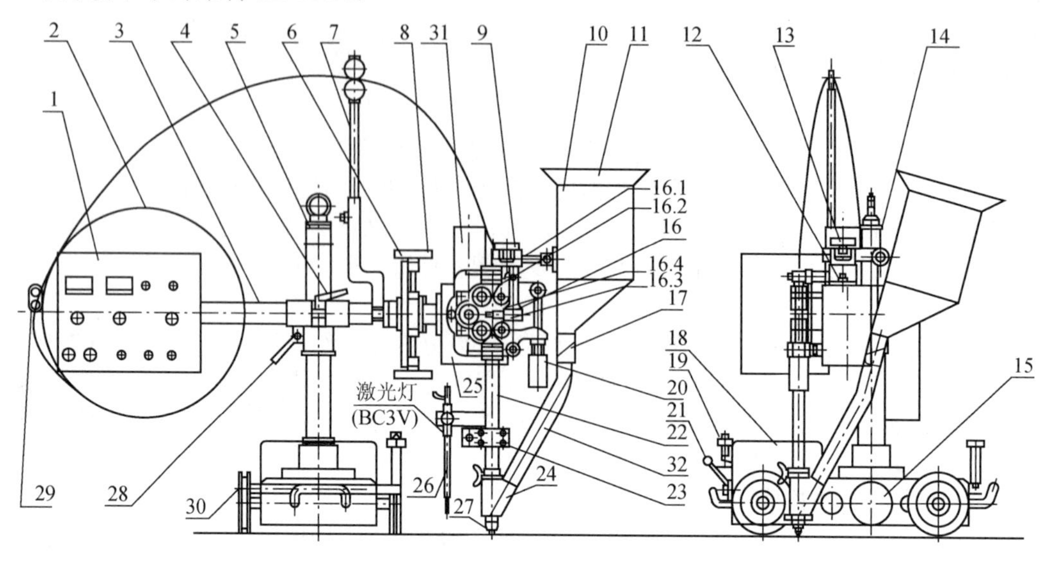

图 15.38　MZ-II 型埋弧焊小车

焊丝由焊丝盘 2 引出，MZ-II 型埋弧焊小车经导丝轮支架 7(导丝架可水平、上下、左右调节)送丝轮 16.1 和校直轮 16.4 将行走离合器手柄 21，扳至“手动”位置时，焊车可实现手动行走；手柄扳至“自动”位置时，焊车可实现自动行走。

松开横梁垂直回转锁紧手轮 28，可使焊车和横梁水平旋转≥±90°，调节完毕，必须锁紧手轮；松开横梁水平回转手柄 4，可使焊车横梁水平伸缩±50mm，水平轴向旋转±45°，调整完毕，必须锁紧手柄。

转动升降拖板手轮 8，可使焊枪上下移动 70mm；松开手柄 28，提升或下压立柱，可使立柱上下移动 80mm，调整完毕，必须锁紧手轮 28。

转动手轮 15 可使立柱水平左右移动±30mm。

松开控制箱水平锁紧手轮 14 可使控制盒水平向外转 60°。

适度调节压力调节手柄 20 和校直轮 16.4 压力。压力大小以送丝均匀顺畅为准。压力太大，电机负荷过大；压力太小，送丝不稳定。

3)焊车面板操作说明(图 15.39)

(1)数显表 1：显示预置焊接电流或实际焊接电流(A)。

(2)数显表 2：显示预置焊接电压或实际焊接电压(V)。

(3)焊接速度调节旋钮 11：调节焊接速度。

(4)数显表 12：显示预置焊接速度或实际焊接速度(cm/min)。

(5)电流调节旋钮 3：调节焊接电流。

(6)电压调节旋钮 4：调节焊接电压。

(7)焊接按钮 5：电源通电后按此按钮系统开始工作。

(8)停止按钮 6：系统工作情况下按下此按钮，则系统停止工作。

(9)电源开关 7：焊车控制箱的通电与断电。

(10)行走开关 8：控制焊车的行走方向。

(11)送/退丝开关 9：控制焊丝的下送与上退。

(12)方式选择开关 10：焊车手动/自动手柄置于“自动”位置时，开关扳到“试车”位置，焊车应该行走，其速度可由焊接速度旋钮调节。转动行走开关，行走方向可发生变化；把开关扳到“手动”，焊车手动/自动手柄置于“手动”位置，离合器脱开，焊车可以用手推动；开关扳到“焊接”，焊车手动/自动手柄置于“自动”位置，扳动行走开关，选择好合适的方向，按下焊接按钮，可进行正常焊接。

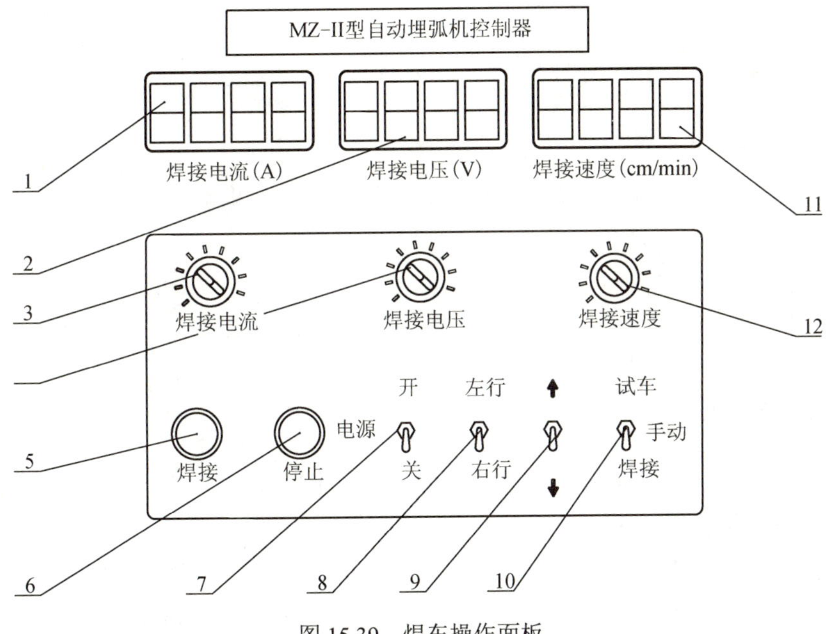

图 15.39　焊车操作面板

6. 埋弧焊工艺参数

埋弧焊主要适用于平焊焊接，如果采用一定工装辅具也可以实现角焊和横焊位置的焊接，本节以平焊为例讲解其工艺参数。

1)影响埋弧焊焊缝形状和尺寸的焊接工艺参数

这些工艺参数有焊接电流、电弧电压、焊接速度和焊丝直径等。

(1)焊接电流。

当其他条件不变时，增加焊接电流对焊缝熔深的影响(图 15.40)，无论是 Y 形坡口还是 I 形坡口，正常焊接条件下，熔深与焊接电流变化成正比。电流小、熔深浅、余高和宽度不足；电流过大、熔深大、余高过大，易产生高温裂纹。

(2)电弧电压。

电弧电压和电弧长度成正比，在相同的电弧电压和焊接电流时，如果选用的焊剂不同，电弧空间电场强度不同，则电弧长度不同。如果其他条件不变，改变电弧电压对焊缝形状的影响，如图 15.41 所示。电弧电压低、熔深大、焊缝宽度窄、易产生热裂纹；电弧电压高、焊缝宽度增加、余高不够。埋弧焊时，电弧电压是依据焊接电流调整的，即一定焊接电流要保持一定的弧长才可能保证焊接电弧的稳定燃烧，所以电弧电压的变化范围是有限的。

(3)焊接速度。

焊接速度对熔深和熔宽都有影响，通常焊接速度小、焊接熔池大、焊缝熔深和熔宽均较大，随着焊接速度增加，焊缝熔深和熔宽都将减小，即熔深和熔宽与焊接速度成反比，如图 15.42 所示。焊接速度对焊缝断面形状的影响如图 15.43 所示。焊接速度过小，熔化金属量多，焊缝成形差；焊接速度较大时，熔化金属量不足，容易产生咬边。实际焊接时，为了提高生产率，在增加焊接速度的同时必须加大电弧功率，才能保证焊缝质量。

(a) I形接头
电流不足
电流适当
电流过大
(b) Y形接头图

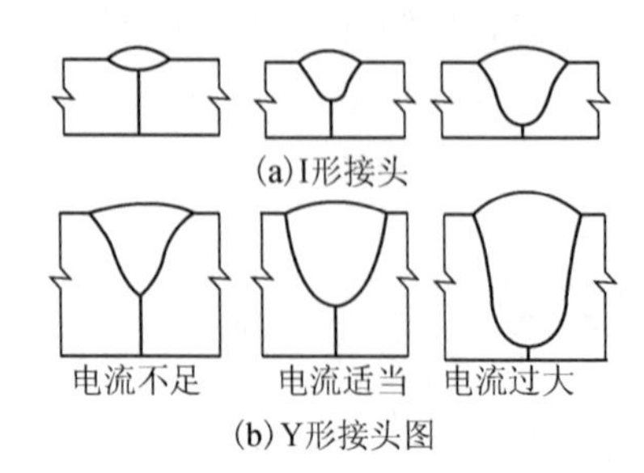

图 15.40　焊接电流对焊缝断面形状的影响

(a) I形接头
速度过小
速度适当
速度过大
(b) Y形接头

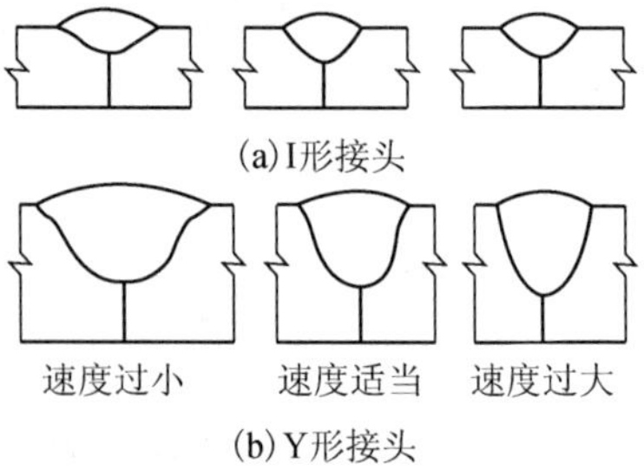

图 15.41　电弧电压对焊缝断面形状的影响

B/mm
H/mm
H
B
75 100 115 150
v_w/(cm/min)

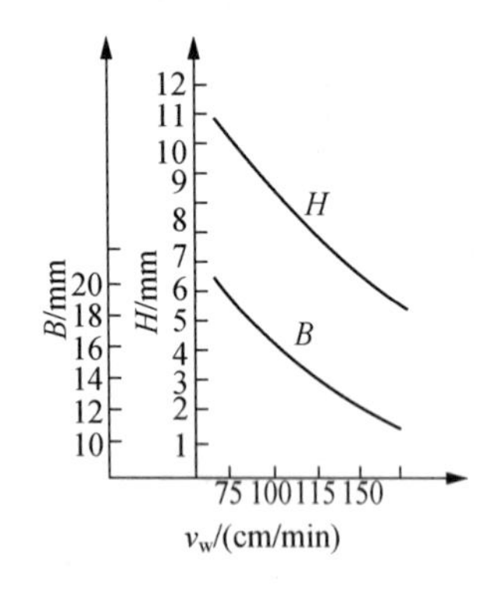

图 15.42　焊接速度对焊缝形成的影响

H. 熔深；*B*. 熔宽

(a) I形接头
电压过小
电压适当
电压过大
(b) Y形接头

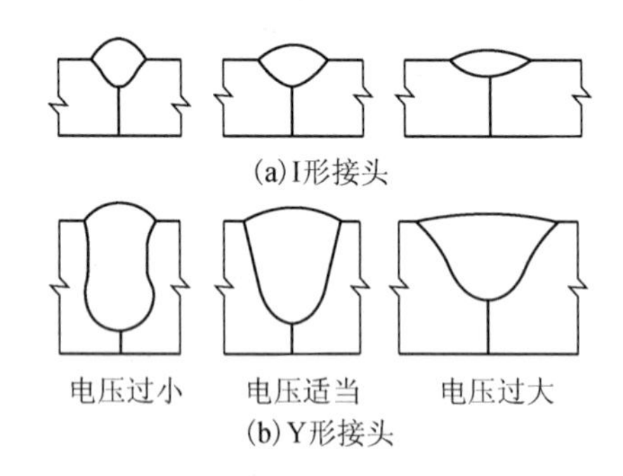

图 15.43　焊接速度对焊缝断面形状的影响

(4) 焊丝直径。

焊接电流、电弧电压、焊接速度一定时，焊丝直径不同，焊缝形状会发生变化。熔深与焊丝直径成反比，但这种关系随电流密度的增加而减弱，这是由于随着电流密度的增加，熔池熔化金属量不断增加，熔融金属后排困难，熔深增加较慢，并随着熔化金属量的增加，余高增加焊缝成形变差，所以埋弧焊时增加焊接电流的同时要增加电弧电压，以保证焊缝成形质量。

2) 工艺条件对焊缝成形的影响

(1) 对接坡口形状、间隙的影响。

在其他条件相同时，增加坡口深度和宽度，焊缝熔深增加，熔宽略有减小，余高显著减小，如图 15.44 所示。在对接焊缝中，如果改变间隙大小，也可以调整焊缝形状，同时板厚及散热条件对焊缝熔宽和余高也有显著影响。

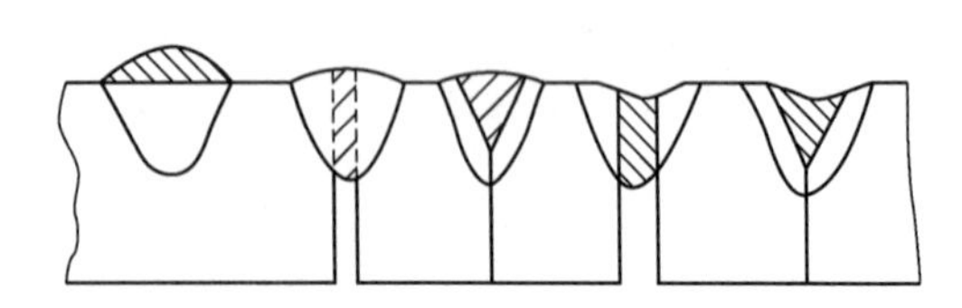

图 15.44　坡口形状对焊缝成形的影响

(2) 焊丝倾角和工件斜度的影响。

焊丝的倾斜方向分为前倾和后倾两种，如图 15.45 所示。倾斜的方向和大小不同，电弧对熔池的吹力和热的作用就不同，对焊缝成形的影响也不同。图 15.46(a) 为焊丝前倾，图 15.46(b) 为焊丝后倾。焊丝在一定倾角内后倾时，电弧力后排熔池金属的作用减弱，熔池底部液体金属增厚，故熔深减小。而电弧对熔池前方的母材预热作用加强，故熔宽增大。图 15.46(c) 是后倾角对熔深、熔宽的影响。

工件倾斜焊接时有上坡焊和下坡焊两种情况，它们对焊缝成形的影响明显不同，如图 15.46 所示。上坡焊时(图 15.46(a)、(b))，若斜度β>6°～12°，则焊缝余高过大，两侧出现咬边，成形明显恶化，实际工作中应避免采用上坡焊。下坡焊的效果与上坡焊相反，如图 15.46(c)、(d)所示。

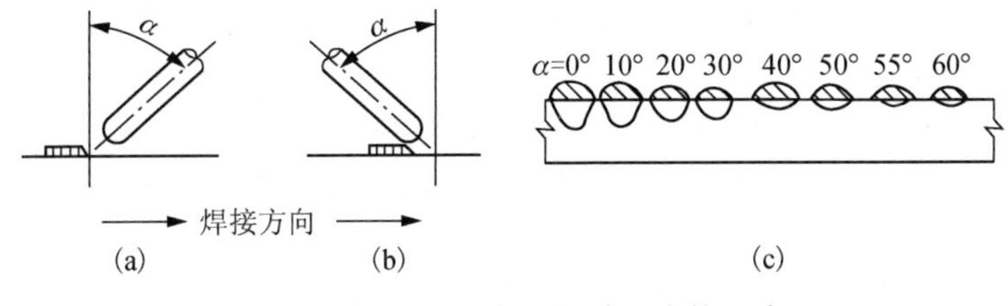

图 15.45　焊丝倾角对焊缝形成的影响

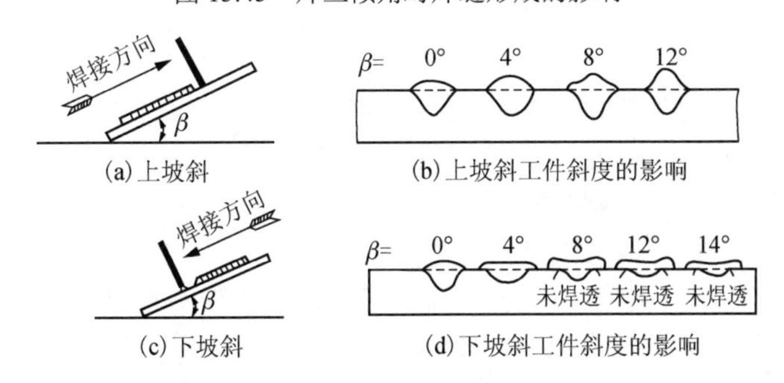

图 15.46　工件斜度对焊缝形成的影响

β. 工件斜度

(3) 焊剂堆高的影响。

埋弧焊焊剂堆高一般在 25～40mm，应保证在丝极周围埋住电弧。当使用黏结焊剂或烧结焊剂时，由于密度小，焊剂堆高比熔炼焊剂高出 20%～50%。焊剂堆高越大，焊缝余高越大，熔深越浅。

3) 焊接工艺条件对焊缝金属性能的影响

当焊接条件变化时，母材的稀释率、焊剂熔化比率(焊剂熔化量 / 焊丝熔化量)均发生变化，从而对焊缝金属性能产生影响，其中焊接电流和电弧电压的影响较大。

7. 埋弧焊操作流程

1) 焊前准备

(1) 坡口的设计及加工。

同其他焊接方法相比，埋弧焊接母材稀释率较大，母材成分对焊缝性能影响较大，埋弧焊坡口设计必须考虑到这一点。依据单丝埋弧焊使用电流范围，当板厚小于 14mm 时，可以不开坡口，装配时留有一定间隙；板厚为 14～22mm 时，一般开 V 形坡口；板厚 22～50mm 时开 X 形坡口；对于锅炉汽包等压力容器通常采用 U 形或双 U 形坡口，以确保底层熔透和消除夹渣。埋弧焊焊缝坡口的基本形式和尺寸设计时，可查阅 GB/T 986—1988。

(2) 焊前清理。

清理坡口内水锈、夹杂铁末，点焊后放置时间较长而受潮氧化等焊接时容易产生气孔，焊前需提高工件温度或用喷砂等方法进行处理。

(3) 准备焊丝焊剂。

焊丝要去污、油、锈等，并有规则地盘绕在焊丝盘内，焊剂应事先烤干(250℃下烘烤 1～2h)，并且不让其他杂质混入。

(4) 检查焊接设备。

在空载的情况下，变位器前转与后转，焊丝向上与向下是否正常，旋转焊接速度调节器观察变位器旋转速度是否正常；松开焊丝送进轮，按启动按钮和停止按钮，看动作是否正确，并旋转电弧电压调节器，观察送丝轮的转速是否正确。

(5) 将导电嘴擦拭干净，调整导电嘴对焊丝的压力，保证有良好的导电性，且送丝畅通无阻。

(6) 使电嘴基本对准焊缝，微调焊机的横向调整手轮，使焊丝与焊缝对准。

(7) 按焊丝向下按扭，使焊丝与工件接近，焊枪头离工件距离不得小于 15mm，焊丝伸出长度不得小于 30mm。

(8) 检查变位器旋转开关和断路开关的位置是否正确，并调整好旋转速度。

(9) 打开焊剂漏头闸门，使焊剂埋住焊丝，焊剂层一般高度为 30～50mm。

2) 焊接操作

埋弧焊机送电，检查是否正常，将埋弧焊机的手弧焊埋弧焊开关置于“埋弧焊”位置。将开关扳到“手动”，把控制箱上电源开关置于“开”，可以检查上下送丝、试车等功能是否正常。

3) MZ-II 型埋弧焊小车的焊接操作

将焊机控制面板的遥/近控方式开关根据需要扳到合适的位置。“近控”位置时，使用焊机的焊接电流调节旋钮调节电流；“远控”位置时，由焊车控制箱电流调节旋钮调节电流。

(1) 检查送丝轮和导电嘴是否配套，焊丝经导丝轮、送丝轮、校直轮送入焊枪。

(2) 将方式选择开关打在“焊接”位置，通过调节上下拖板，使导电嘴与工件的距离等于焊丝直径的 4～10 倍，用户可以选择以上两种起弧方式之一进行起弧。

(3) 在焊接过程中，可随时调整焊接规范。焊接完成后，接“停止”按钮，焊车停止行走，焊接按钮灯灭，停止指示灯亮，焊丝自动回烧，结束焊接过程。

4) 焊接结束

(1) 关闭焊剂漏斗的闸门，停送焊剂。

(2) 轻按(即半深，不要按到底)停止按钮，使焊丝停止送进，但电弧仍燃烧，以填满金属熔池，然后再将停止按钮按到底，切断焊接电流，如一下将停止按钮按到底，不但焊缝末端会产生熔池没有填满的现象，严重时此处还会有裂缝，而且焊丝还可能被粘在工件上，增加操作的麻烦。

(3) 按焊丝向上按钮，上抽焊丝，焊枪上升。

(4) 回收焊剂，供下次使用，但要注意勿使焊渣混入。

(5) 检查焊接质量，不合格的应铲去，进行补焊。

5) 焊接过程中的注意事项

(1) 焊接过程中必须随时观察电流表和电压表，并及时调整有关调节器(或按钮)，使其符合所要求的焊接规范，在发现电网电压过低时应立刻暂停焊接工作，以免严重影响熔透质量，等电网电压恢复正常后再进行工作。

(2) 焊接过程还应随时注意焊缝的熔透程度和表面成形是否良好，熔透程度可通过观察工件的反面电弧燃烧处红热程度来判断，表面成形即可在焊接一小段时，就去焊渣观察，若发现熔透程度和表面成形不良时应及时调节规范进行挽救，以减少损失。

(3) 注意观察焊丝是否对准焊缝中心，以防止焊偏，焊工观察的位置应与引弧的调整焊丝时的位置一样，以减少视线误差，如焊小直径筒体的内焊缝时，可根据焊缝背面的红热情况判断此电弧的走向是否偏斜，进行调整。

(4) 经常注意焊剂漏斗中的焊剂量，并随时添加，当焊剂下流不顺时就及时用棒疏通通道，排除大块的障碍物。

15.5.3　氩弧焊简介

氩弧焊技术是在普通电弧焊原理的基础上，利用氩气对金属焊材的保护，通过高电流使焊材在被焊基材上熔化成液态形成熔池，使被焊金属和焊材达到冶金结合的一种焊接技术。由于在高温熔融焊接中不断送上氩气，使焊材不能和空气中的氧气接触，从而防止了焊材的氧化，因此可以焊接铜、铝、合金钢等有色金属。图 15.47 为氩弧焊机和焊枪实物。

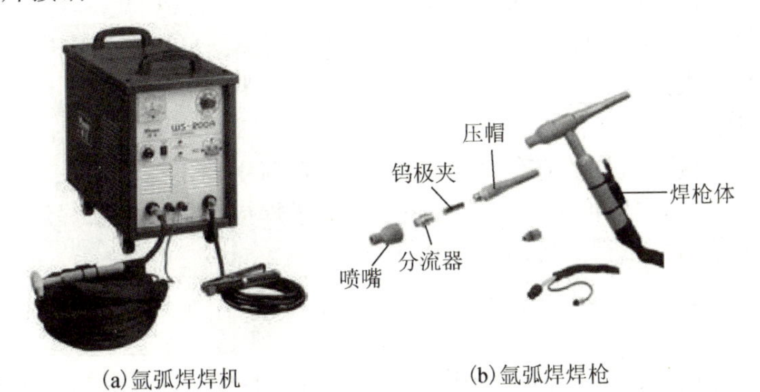

(a) 氩弧焊焊机　　(b) 氩弧焊焊枪

图 15.47　氩弧焊机和焊枪实物

最常用的惰性气体是氩气。它是一种无色无味的气体，在空气的含量为 0.935%(按体积计算)，氩的沸点为-186℃，介于氧和氦的沸点之间。氩气是氧气厂分馏液态空气制取氧气时的副产品。氩气的比热容和热传导能力小，即本身吸收量小，向外传热也少，电弧中的热量不易散失，使焊接电弧燃烧稳定，热量集中，有利于焊接的进行。氩气的缺点是电离势较高。当电弧空间充满氩气时，电弧的引燃较为困难，但电弧一旦引燃后就非常稳定。

1．氩弧焊分类

氩弧焊按照电极的不同分为熔化极氩弧焊和非熔化极氩弧焊两种。

1) 非熔化极氩弧焊

电弧在非熔化极(通常是钨极)和工件之间燃烧，在焊接电弧周围流过一种不和金属起化学反应的惰性气体(常用氩气)形成一个保护气罩，使钨极端头、电弧和熔池及已处于高温的金属不与空气接触，能防止氧化并吸收有害气体，从而形成致密的焊接接头，其力学性能非常好，如图 15.48 所示。

2) 熔化极氩弧焊

焊丝通过丝轮送进，导电嘴导电，在母材与焊丝之间产生电弧，使焊丝和母材熔化，并用惰性气体氩气保护电弧和熔融金属来进行焊接，如图 15.49 所示。

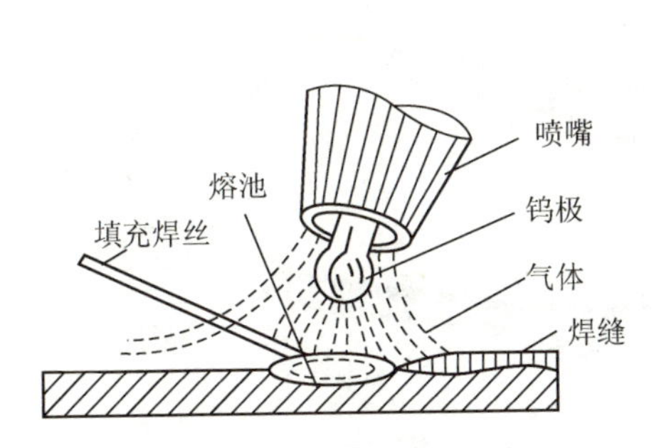

图 15.48　非熔化极氩弧焊原理图

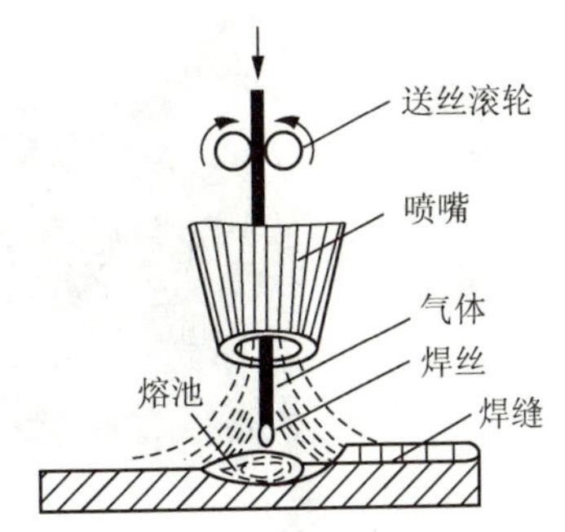

图 15.49　熔化极氩弧焊原理图

它和钨极氩弧焊的区别是：熔化极氩弧焊是焊丝作电极，并被不断熔化填入熔池，冷凝后形成焊缝；钨极氩弧焊是只作电极，而不作为焊丝熔化进入熔池。

2. 氩弧焊的缺点

(1)氩弧焊因为热影响区域大，工件在修补后常常会造成变形、硬度降低、砂眼、局部退火、开裂或是结合力不够及内应力损伤等缺点。尤其在精密铸造件细小缺陷的修补过程在表面尤为突出。

(2)氩弧焊与焊条电弧焊相比对人身体的伤害程度要高一些，氩弧焊的电流密度大，发出的光比较强烈，它的电弧产生的紫外线辐射，为普通焊条电弧焊的 5～30 倍，红外线为焊条电弧焊的 1～1.5 倍，在焊接时产生的臭氧含量较高，因此，尽量选择空气流通较好的地方施工，否则对身体有很大的伤害。

3. 氩弧焊的应用

氩弧焊适用于焊接易氧化的有色金属和合金钢(目前主要用 Al、Mg、Ti 及其合金和不锈钢的焊接)；适用于单面焊双面成形，如打底焊和管子焊接；钨极氩弧焊还适用于薄板焊接。采用氩弧焊打底工艺，可以得到优质的焊接接头。

15.5.4 电阻焊概述

焊件组合后通过电极施加压力，利用电流通过接头的接触面及邻近区域产生的电阻热进行焊接的方法称为电阻焊。电阻焊具有生产效率高、低成本、节省材料、易于自动化等特点，因此广泛应用于航空、航天、能源、电子、汽车、轻工等各工业部门，是重要的焊接工艺之一。图 15.50 是常用电阻焊机，图 15.51 是电阻焊焊枪的结构。

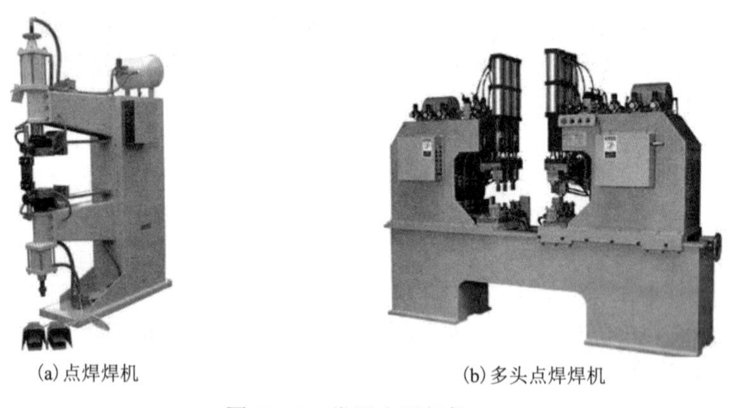

(a)点焊焊机　　(b)多头点焊焊机

图 15.50　常用电阻焊机

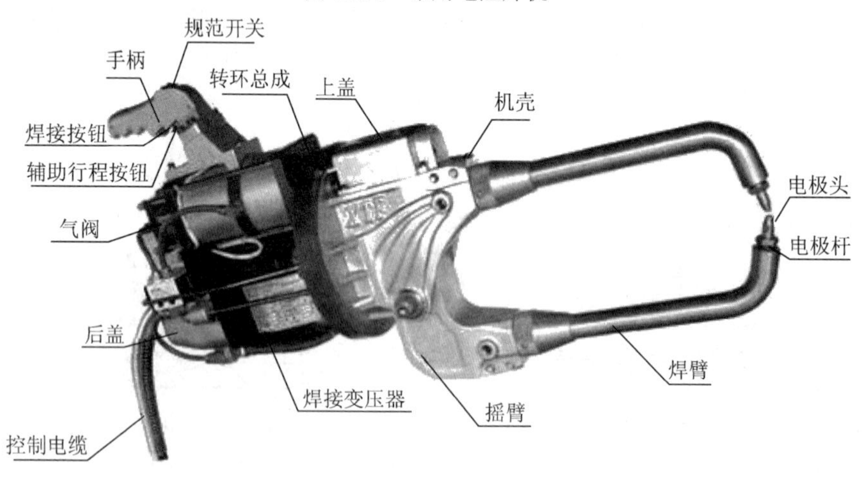

图 15.51　电阻焊焊枪结构

电阻焊与其他焊接方法相比，具有以下优点。

(1) 不需要填充金属，冶金过程简单，焊接应力及应变小，焊头质量高。

(2) 操作简单，易实现自动化，生产效率高。

电阻焊的缺点是接头质量难以用无损探伤检测方法检验，焊接设备较复杂，一次性投资高。

图 15.52 显示了各个电阻焊接法的方法和电极的位置关系以及加压的方向。

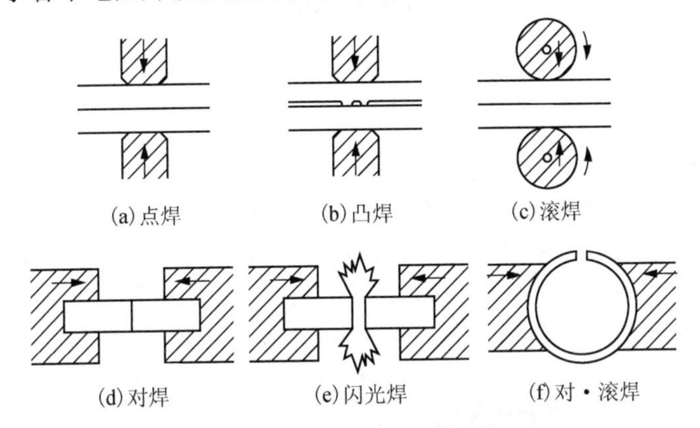

图 15.52　不同电阻焊的示意图

1. 点焊

点焊方法如图 15.52 所示，它将零件装配成搭接形式，用电极将零件夹紧并通过电流，在电阻热作用下，电极之间零件接触处被加热熔化形成焊点。零件的连接可以由多个焊点实现。点焊大量应用于小于 3mm 不要求气密的薄板冲压件、轧制件接头，如汽车车身焊装、电器箱板组焊等场合。

2. 凸焊

凸焊是在一焊接接触面上预先加工出一个或多个突起点，在电极加压下与另一个零件接触，通电加热后突起点被压塌，形成焊接点的电阻焊方法。突起点可以是凸点、凸环或环形锐边等形式。主要应用于低碳钢、低碳合金钢冲压件的焊接，另外螺母与板焊接、线材交叉焊也多采用凸焊的方法及原理。

3. 滚焊

工作原理与点焊相同，只是用滚轮代替了点焊的圆柱状电极，滚轮电极施压于零件并旋转，使零件相对运动，在连续或断续通电下形成一个熔核相互重叠的密封焊缝。主要应用于密封性要求较高的接头，适用板厚为 0.1～2mm，如汽车油箱、暖气片、罐头盒的生产。

4. 对焊

将两零件端部相对放置，加压使其端面紧密接触，通电后利用电阻热加热零件接触面至塑性状态，然后迅速施加大的顶锻力完成焊接。主要应用于断面小于 250mm^2 的丝材、棒材、板条和厚壁管材的连接。

15.5.5　摩擦焊

利用摩擦热焊接起源于一百多年前，此后经半个多世纪的研究发展，摩擦焊技术才逐渐成熟起来，并进入推广应用阶段。自从 20 世纪 50 年代摩擦焊真正焊出合格焊接接头以来，就以其优质、高效、低耗环保的突出优点受到所有工业强国的重视。图 15.53 为常见摩擦焊焊机。

(a)连续驱动摩擦焊焊机

(b)惯性摩擦焊焊机

(c)相位摩擦焊焊机

图 15.53　摩擦焊焊机

1. 摩擦焊工作原理

摩擦焊是利用焊件相对摩擦运动产生的热量来实现材料可靠连接的一种压力焊方法。其焊接过程是在压力的作用下，相对运动的待焊材料之间产生摩擦，使界面及其附近温度升高达到热塑性状态，随着顶锻力的作用界面氧化膜破碎，材料发生塑性变形与流动，通过界面元素扩散及再结晶冶金反应而形成接头。图 15.54 为摩擦焊加工工件。

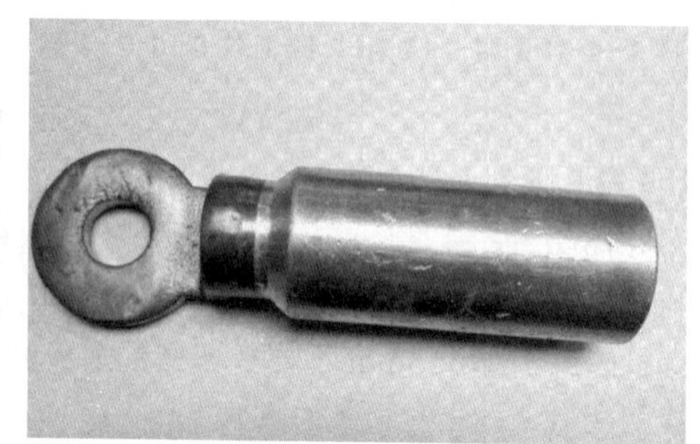

图 15.54　摩擦焊加工实例

在整个摩擦焊接过程中，待焊的金属表面经历了从低温到高温摩擦加热，连续发生了塑性变形、机械挖掘、黏接和分子连接的过程变化，形成了一个存在于全过程的高速摩擦塑性变形层，摩擦焊接时的产热、变形和扩散现象都集中在变形层中。在停车阶段和顶锻焊接过程中，摩擦表面的变形层和高温区金属被部分挤碎排出，焊缝金属经受锻造，形成了质量良好的焊接接头。

2. 摩擦焊焊接参数

1)连续驱动摩擦焊

主要参数有转速、摩擦压力、摩擦时间、摩擦变形量、停车时间、顶锻时间、顶锻压力、顶锻变形量。其中，摩擦变形量和顶锻变形量(总和为缩短量)是其他参数的综合反映。

(1)转速与摩擦压力。转速和摩擦压力直接影响摩擦扭矩、摩擦加热功率、接头温度场、塑性层厚度以及摩擦变形速度等。转速和摩擦压力的选择范围很宽，它们不同的组合可得到不同的规范，常用的组合有强规范和弱规范。强规范时，转速较低，摩擦压力较大，摩擦时间短；弱规范时，转速较高，摩擦压力小，摩擦时间长。

(2)摩擦时间。摩擦时间影响接头的加热温度、温度场和质量。如果时间短，则界面加热不充分，接头温度和温度场不能满足焊接要求；如果时间长，则消耗能量多，热影响区大，高温区金属易过热，变形大，飞边也大，消耗的材料多。碳钢工件的摩擦时间一般在 1～40s 范围内。

(3)摩擦变形量。摩擦变形量与转速、摩擦压力、摩擦时间、材质的状态和变形抗力有关。

要得到牢靠的接头，必须有一定的摩擦变形量，通常选取的范围为 1～10mm。

(4) 停车时间。停车时间是转速由给定值下降到零时所对应的时间，直接影响接头的变形层厚度和焊接质量。当变形层较厚时，停车时间要短；当变形层较薄而且希望在停车阶段增加变形层厚度时，则可加长停车时间。

(5) 顶锻压力、顶锻变形量和顶锻速度。顶锻压力的作用是挤出摩擦塑性变形层中的氧化物和其他有害杂质，并使焊缝得到锻压，结合牢靠，晶粒细化。顶锻压力的选择与材质、接头温度、变形层厚度以及摩擦压力有关。材料的高温强度高时，顶锻压力要大；温度高、变形层厚度小时，顶锻压力要小(较小的顶锻压力就可得到所需要的顶锻变形量)；摩擦压力大时，相应的顶锻压力要小一些。顶锻变形量是顶锻压力作用结果的具体反映，一般选取 1～6mm。顶锻速度对焊接质量影响很大，如顶锻速度慢，则达不到要求的顶锻变形量，一般为 10～40mm/min。

2) 惯性摩擦焊

在参数选取上与连续驱动摩擦焊有所不同，主要的参数有起始转速、转动惯量和轴向压力。

(1) 起始转速。起始转速具体反映在工件的线速度上，对钢-钢焊件，推荐的速度范围为 152～456m/min。低速(< 91m/min)时，中心加热偏低，飞边粗大不齐，焊缝成漏斗状；中速(91～273m/min)焊接时，焊缝深度逐渐增加，边界逐渐均匀；速度大于 360m/min 时，焊缝中心宽度大于其他部位。

(2) 转动惯量。飞轮转动惯量和起始转速均影响焊接能量。在能量相同的情况下，大而转速慢的飞轮产生顶锻变形量较小，而转速快的飞轮产生较大的顶锻变形量。

(3) 轴向压力。轴向压力对焊缝深度和形貌的影响几乎与起始转速的影响相反，压力过大时，飞边量增大。

3. 摩擦焊焊接工艺

(1) 接头质量好且稳定。焊接过程由机器控制，参数设定后容易监控，重复性好，不依赖于操作人员的技术水平和工作态度。焊接过程不发生熔化，属固相热压焊，接头为锻造组织，因此焊缝不会出现气孔、偏析和夹杂，裂纹等铸造组织的结晶缺陷，焊接接头强度远大于熔焊、钎焊的强度，达到甚至超过母材的强度。

(2) 效率高。对焊件准备通常要求不高，焊接设备容易自动化，可在流水线上生产，每件焊接时间以秒计，一般只需零点几秒至几十秒，是其他焊接方法如熔焊、钎焊不能相比的。

(3) 节能、节材、低耗。所需功率仅及传统焊接工艺的 1/5～1/15，不需焊条、焊剂、钎料、保护气体，不需要填加金属，也不需消耗电极。

(4) 焊接性好。特别适合异种材料的焊接，与其他焊接方法相比，摩擦焊有得天独厚的优势，如钢和紫铜、钢和铝、钢和黄铜等。

(5) 环保，无污染。焊接过程不产生烟尘或有害气体，不产生飞溅，没有弧光和火花，没有放射线。

由于以上这些优点，摩擦焊技术被誉为未来的绿色焊接技术。摩擦焊技术在国内的应用状况经过几十年的发展，目前已经具备了包括工艺、设备、控制、检验等整套完备的专业技术规模，并且在基础理论研究上也形成了一定的独立体系。

但是，摩擦焊也具有如下缺点与局限性。

(1) 对非圆形截面焊接较困难，所需设备复杂；对盘状薄零件和薄壁管件，由于不易夹固，施焊也比较困难。

(2) 对形状及组装位置已经确定的构件，很难实现摩擦焊接。

(3) 接头容易产生飞边，必须焊后进行机械加工。

(4) 夹紧部位容易产生划伤或夹持痕迹。

15.6　焊接技术发展趋势

焊接技术发明至今已有百余年的历史，工业生产中的许多领域，如航空、航天及军工产品的生产制造都离不开焊接技术。当前，新兴工业的发展迫使焊接技术不断前进，如微电子工业的发展促进了微型连接工艺和设备的发展；陶瓷材料和复合材料的发展促进了真空钎焊、真空扩散焊、喷涂以及黏接工艺的发展。

在加工制造的企业中，焊接技术的发展也伴随着科学技术的发展不断地进步。对于未来焊接技术的发展，许多新兴的技术都值得业界期待。未来焊接技术的发展前景是非常广阔的，大体上总结为以下几个方向。

1. 能源方面

目前，焊接热源已非常丰富，如火焰、电弧、电阻、超声、摩擦、等离子、电子束、激光束、微波等，但焊接热源的研究与开发并未终止，其新的发展可概括为三个方面。

首先是对现有热源的改善，使它更为有效、方便、经济适用，在这方面，电子束和激光束焊接的发展较显著；其次是开发更好、更有效的热源，采用两种热源叠加以求获得更强的能量密度，如在电子束焊中加入激光束等；最后是节能技术，由于焊接所消耗的能源很大，所以出现了不少以节能为目标的新技术，如太阳能焊和电阻点焊中利用电子技术的发展来提高焊机的功率等。

2. 计算机技术在焊接中的应用

计算机技术在工业控制领域有着广泛应用，大大提高了工业控制精度。弧焊设备计算机控制系统可对焊接电流、焊接速度、弧长等多项参数进行分析和控制，对焊接操作程序和参数变化等进行显示和数据保留，从而给出焊接质量的确切信息。目前以计算机为核心建立的各种控制系统包括焊接顺序控制系统、PID 调节系统、最佳控制及自适应控制系统等。这些系统均在电弧焊、压焊和钎焊等不同的焊接方法中得到应用。计算机软件技术在焊接中的应用越来越得到人们的重视。目前，计算机模拟技术已用于焊接热过程、焊接冶金过程、焊接应力和变形等的模拟；数据库技术用于建立焊工档案管理数据库、焊接符号检索数据库、焊接工艺评定数据库、焊接材料检索数据库等；在焊接领域中，CAD/CAM 的应用正处于不断开发阶段，焊接的柔性制造系统也已出现。

3. 焊接机器人和智能化

焊接机器人是焊接自动化的革命性进步，它突破了焊接刚性自动化的传统方式，开拓了一种柔性自动化新方式，焊接机器人的主要优点是：稳定和提高焊接质量，保证焊接产品的质量；提高生产率；可在有害环境下长期工作，改善了工人劳动条件；降低了对工人操作技术要求；可实现小批量产品焊接自动化；为焊接柔性生产线提供了技术基础。为提高焊接过程的自动化程度，除了控制电弧对焊缝的自动跟踪外，还应实时控制焊接质量，为此需要在焊接过程中检测焊接坡口的状况，如熔宽、熔深和背面焊道成形等，以便能及时地调整焊接参数，保证良好的焊接质量，这就是智能化焊接。智能化焊接的第一个发展重点在视觉系统，它的关键技术是传感器技术。虽然目前智能化还处在初级阶段，但有着广阔前景，是一个重要的发展方向。有关焊接工程的专家系统，近年来国内外已有较深入的研究，并已推出或准备推出某些商品化焊接专家系统。焊接专家系统是具有相当于专家的知识和经验水平，以及具有解决焊接专门问题能力范围的计算机软件系统。在此基础上发展起来的焊接质量计算机综合管理系统在焊接中也得到了应用，其内容包括对产品的初始试验资料和数据的分析、产品质量检验、销售监督等，其软件包括数据库、专家系统等技术的具体应用。

4．提高焊接生产率

提高焊接生产率是推动焊接技术发展的重要驱动力。提高生产率的途径有两个方面。

(1) 提高焊接熔敷率。手弧焊中的铁粉焊、重力焊、躺焊等工艺；埋弧焊中的多丝焊、热丝焊均属此类，其效果显著。

(2) 减少坡口截面及熔敷金属量。窄间隙焊接采用气体保护焊为基础，利用单丝、双丝或三丝进行焊接。无论接头厚度如何，均可采用对接形式。例如，钢板厚度 50～300mm，间隙均可设计为 13mm 左右，因此可以大大降低熔敷金属量的用量，从而提高了生产率。窄间隙焊接的主要技术关键是如何保证两侧熔透和保证电弧中心自动跟踪处于坡口中心线上。

为解决这两个问题，世界各国开发出多种不同方案，因而出现了种类多样的窄间隙焊接法。电子束焊、激光束焊及等离子弧焊时，可采用对接接头，且不用开波口，因此是理想的窄间隙焊接法，这是它们受到广泛重视的重要原因之一。

15.7　焊 接 缺 陷

焊接缺陷必然要影响接头的力学性能和其他使用上的要求(如密封性、耐蚀性等)。对于重要的接头，上述缺陷一经发现，必须修补，否则可能产生严重的后果。对于不太重要的接头，如个别的小缺陷，在不影响使用的情况下可以不必修补。但在任何情况下，裂纹和烧穿都是不能允许的。常见焊接缺陷如表 15-5 所示。

表 15-5　焊接缺陷

缺陷类型	图例	特征	产生原因	预防措施
夹渣		焊缝内部和熔合线内存在非金属夹杂物	(1) 前道焊缝除渣不干净 (2) 焊条摆动幅度过大 (3) 焊条前进速度不均匀 (4) 焊条倾角过大	(1) 应彻底除锈、除渣 (2) 限制焊条摆动宽度 (3) 采用均匀一致的焊速 (4) 减小焊条倾角
气孔		焊缝内部(或表面)的孔穴	(1) 焊件表面受锈、油、水分或脏物污染 (2) 焊条药皮中水分过多 (3) 电弧拉得过长 (4) 焊接电流太大 (5) 焊接速度过快	(1) 清除焊件表面及坡口内侧的污染 (2) 在焊前烘干焊条 (3) 尽量采用短电弧 (4) 采用适当的焊接电流 (5) 降低焊接速度
裂纹		焊缝、热影响区内部或表面缝隙	(1) 熔池中含有较多的 C、S、P 等有害元素 (2) 熔池中含有较多的氢 (3) 焊件结构刚性大 (4) 接头冷却速度太快	(1) 在焊前进行预热 (2) 限制原材料中 C、S、P 的含量 (3) 尽量降低熔池中氢的含量 (4) 采用合理的焊接顺序和方向
未焊透		焊缝金属与焊件之间或焊缝金属之间的局部未熔合	(1) 焊接速度太快 (2) 坡口钝边太厚 (3) 装配间隙过小 (4) 焊接电流过小	(1) 正确选择焊接电流和焊接速度 (2) 正确选用坡口尺寸

续表

缺陷类型	图例	特征	产生原因	预防措施
烧穿		焊缝出现穿孔	(1)焊接电流过大 (2)焊接速度过小 (3)操作不当	(1)选择合理的焊接工艺规范 (2)操作方法正确、合理
咬边		焊缝与焊件的交界处被烧熔而形成的凹陷或沟槽	(1)焊接电流过大 (2)电弧过长 (3)焊条角度不当 (4)运条不合理	(1)选用合适的电流，避免电流过大 (2)操作时，电弧不要拉得过长 (3)焊条角度适当 (4)运条时，坡口中间的速度稍快，而边缘的速度要慢些
未熔合		母材与焊缝或焊条与焊缝未完全熔化结合	(1)焊接电流过小 (2)焊接所读过快 (3)热量不够 (4)焊缝处有锈蚀	(1)选较大电流 (2)运条合理 (3)焊缝要清理干净

15.8 焊接创新训练

读者可从自身专业出发设计一个零件，根据零件的材料规格和焊接要求确定焊接方法，并分析该零件的加工成本与工艺过程。

零件焊接完成后应从内部质量、外观质量、尺寸精度等各方面对其进行分析，总结优缺点，对不足之处提出改进措施，并写出心得与体会。

注意事项：在设计形状时一定要与相关工种的指导教师协商，确认其结构的合理性和加工的成本控制。在生产过程如遇到问题也要及时请教指导教师，避免发生不必要的事故。

15.9 焊接安全技术操作规程

进入电弧现场须穿戴好全部防护用品。

未经指导老师允许不得随意触动任何设备及工具。

1. 电弧焊

(1)操作时不得将皮肤暴露在弧光下，以防灼伤皮肤。

(2)不戴防护面罩不得直接观看弧光，以防灼伤眼睛。

(3)施焊期间严禁调节电焊机的电流或拉开配电箱闸刀，以防弧光伤人或损坏电焊机。

(4)启动直流电焊机要在指导老师指导下进行，并注意启动程序。

(5)严禁将焊钳放在焊接工作台上，以防短路。

(6)禁止直接用手触碰焊过的钢板及焊条残头，以防烫伤。

(7)清除熔渣壳时，要注意防止熔渣飞进眼睛，造成伤害。

(8)严禁用气焊眼镜代替电焊面罩，以防伤害眼睛及皮肤。

(9)如发生事故，应立即切断电源，并报告指导老师，等候处理。

2. 二氧化碳气体保护焊

(1)操作前二氧化碳气体应预热 15min。开气时，操作人员必须站在瓶嘴的侧面。

(2)操作前应检查并确认焊丝的进给机构、电线的连接部分、二氧化碳气体的供应系统及冷却水循环系统合乎要求，焊枪冷却水系统不得漏水。

(3) 二氧化碳气体瓶宜放阴凉处，其最高温度不得超过 30℃，并应放置牢靠，不得靠近热源。

(4) 二氧化碳气体预热器端的电压不得大于 36V，操作完成后应切断电源。

(5) 焊接操作人员必须按规定穿戴劳动防护用品，并必须采取防止触电、瓦斯中毒和火灾等事故的安全措施。

(6) 焊接铜、铝、锌、锡等有色金属时，应通风良好，焊接人员应戴防毒面罩、呼吸滤清器或采取其他防毒措施。

(7) 当消除焊缝焊渣时，应戴防护眼镜，头部应避开敲击焊渣飞溅方向。

3. 气焊、气割安全操作规程

(1) 操作前应检查氧气瓶、乙炔瓶的阀、表是否齐全有效，紧固牢靠，不得有松动、破损和漏气。

(2) 氧气瓶与乙炔瓶储存和使用时的距离不得少于 10m，氧气瓶、乙炔瓶与明火或割炬(焊炬)间距离不得小于 10m。

(3) 操作氧气瓶时应保持接触物的干净，禁止用任何带油污的物品操作。

(4) 点燃焊(割)炬时，应先开乙炔阀点火，然后开氧气阀调整火焰，关闭时先关闭乙炔阀，再关闭氧气阀。

(5) 工作中如发现氧气瓶阀门失灵或损坏不能关闭时，应让瓶内的氧气自动跑尽后再行拆卸修理。

(6) 使用中，氧气软管着火时不得拆弯胶管断气，应迅速关闭氧气阀门，停止供气。乙炔软管着火时，应先关熄炬火，可弯抓前面一段胶管的办法将火熄灭。

(7) 不得将胶管背在背上操作。割(焊)炬内若带有乙炔、氧气时不得放在金属管、槽、缸、箱内。

(8) 工作完毕后，应关闭氧气瓶、乙炔瓶，拆下氧气表、乙炔表，拧上气瓶安全帽。

(9) 工作结束，应认真检查操作地点及周围，确认无起火危险后方可离开。

4. 氩弧焊安全操作规程

(1) 开机前需先检查水管、电线有无漏水和漏电，有问题及时处理，不得带病使用。

(2) 开机时应保证三通：水通、电通、气通；依次打开次序为水→电→气，关闭时反向依次进行，焊接前确认接好地线。

(3) 在电弧附近不准赤身和裸露其他部位，不准在电弧附近吸烟，进食，以免臭氧、烟尘吸入体内。

(4) 机器上和机器周围不准堆放导电物品。

(5) 氩气瓶不准碰撞砸，立放必须有支架，并远离明火 3m 以上。

(6) 安装氩气表时要十分注意，必须将表母和瓶嘴丝扣拧紧。开气时身体、头部严禁对准氩气表和气瓶节门，以防氩气表和节门打开伤人。

(7) 移动焊机时必须切断总电源后方可进行，严禁带电移动焊机。

(8) 工作完毕要关好气门、水门，切断电源总闸，然后方可离开工作岗位。

第四篇　特种加工与产品探伤

第16章　线　切　割

实训目的　本实训内容是为加强学生对电火花线切割加工原理与操作技能的掌握所开设的一项基本训练科目。

通过对线切割机床的实习，使学生能了解电火花机床在机械制造中的作用及工作过程，了解线切割机床常用的工艺基础知识，为相关课程的理论学习及将来从事生产技术工作打下基础。

实训要求

(1) 了解线切割机床加工的基本原理、特点与应用范围。

(2) 了解线切割机床的用途、型号及主要组成部分。

(3) 了解线切割机床可达到的精度等级与表面粗糙度的大致范围。

(4) 了解常用电参数的选择原则与机床的基本操作方法。

(5) 了解线切割机床的安全操作规程。

16.1　线切割加工基本原理、特点及应用范围

16.1.1　电火花线切割基本原理

电火花切割加工(Wire cut Electrical Discharge Machining)是在电火花加工的基础上由苏联在 20 世纪 50 年代末发展起来的一种新的加工工艺，目前国内外线切割机床已占电加工机床的 60%以上。

被切割的工件作为工件电极，钼丝作为工具电极，脉冲电源发出一连串的脉冲电压，加到工件电极和工具电极上。钼丝与工件之间施加足够的具有一定绝缘性能的工作液，当钼丝与工件的距离小到一定程度时，在脉冲电压的作用下，工作液被击穿，在钼丝与工件之间形成瞬间放电通道，产生瞬时高温，使金属局部熔化甚至汽化而被蚀除。若工作台带动工件不断进给，就能切割出所需要的形状。由于储丝筒带动钼丝交替作正、反向的高速移动，所以钼丝基本上不被蚀除，可使用较长的时间，如图 16.1 所示。

通常认为电极丝与工件的放电间隙$\delta_{电}$在 0.01mm 左右，若电脉冲电压高，放电间隙会大一些。线切割编程时，一般取$\delta_{电}$=0.01mm。

每来一个电脉冲，要保证在电极丝和工件之间产生的是火花放电而不是电弧放电，则其必要的条件是：两个电脉冲之间有足够的间隙时间使放电间隙中的介质消电离，即使放电通道中的带电粒子复合为中性粒子，恢复本次放电通道处间隙中介质的绝缘强度，以免总在同一处发生放电而导致电弧放电。因此，一般脉冲间隙应为脉冲宽度的 4 倍以上。

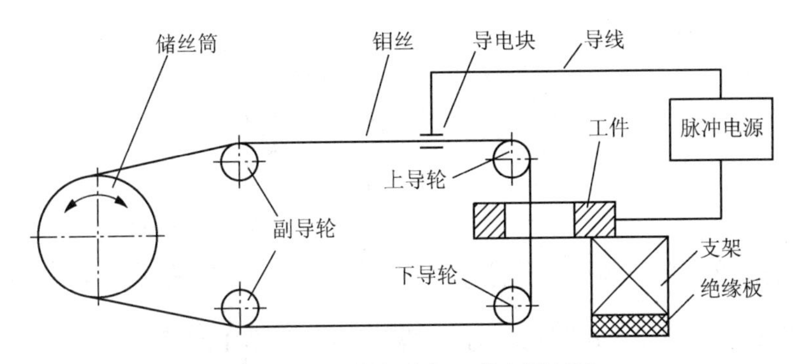

图 16.1　线切割机床加工基本原理图

根据电极丝的运行速度不同，电火花线切割机床通常分为以下两类。

1．快走丝电火花线切割机床(WEDM-HS)

电极丝作高速往复运动(一般走丝速度为 8～10m/s)，电极丝可重复使用，加工速度较高，但快速走丝容易造成电极丝抖动和反向时停顿，使加工质量下降，是我国生产和使用的主要机种，也是我国独创的电火花线切割加工模式。一般加工的尺寸精度可达±0.012mm，表面粗糙度可达 *Ra*2.5μm。

2．慢走丝电火花线切割机床(WEDM-LS)

电极丝作低速单向运动，一般走丝速度低于 0.2m/s，电极丝放电后不再使用，工作平稳、均匀、抖动小、加工质量较好，但加工速度较低，是国内外生产和使用的主要机种。一般加工的尺寸精度可达±0.005mm，表面粗糙度可达 *Ra*0.5～0.8μm。

16.1.2　电火花线切割的加工特点

(1) 不需要制造电极，节省了工具电极的设计、制造时间，提高了生产效率。

(2) 能切割 0.05mm 左右的窄缝、微细异形孔。

(3) 加工中不需要把全部多余材料加工成为废屑，提高了材料的利用率。

(4) 对工件材料的硬度没有限制，只要是导体或半导体都能加工。

(5) 加工精度较高，可直接用于精加工。

(6) 自动化程度高、操作方便、可实现昼夜连续加工。

(7) 钼丝加工一定时间后存在磨损现象，因此，精加工时要对钼丝的直径进行测量，以控制补偿间隙，保证加工精度。

16.1.3　电火花线切割的应用范围

(1) 广泛应用于各类模具和机械零件的加工。

(2) 只能加工二维零件和三维直纹曲面，不能加工型腔等不通孔和内腔。

(3) 可加工微细孔、槽、窄缝、异形孔、曲线等。

(4) 可对各类导电材料(如特殊材料、贵重金属、薄壁件等)进行加工、精确切断等。

16.2　线切割机床的型号与主要结构

16.2.1　线切割机床型号介绍

以 DK7725 型数控电火花线切割的含义说明如下：

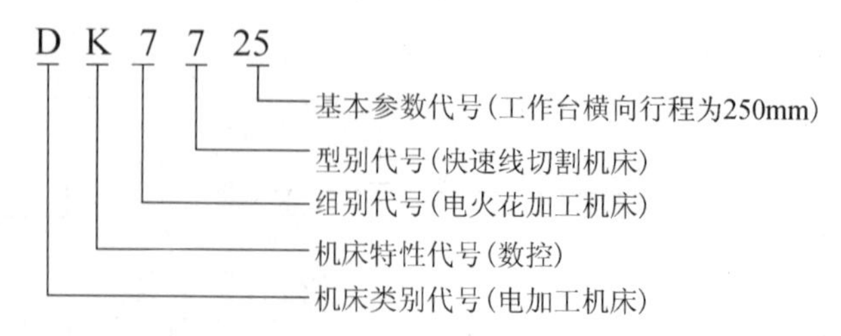

16.2.2　线切割机床的主要组成部分

DK7725 型数控电火花线切割机床的主要组成部分如图 16.2 所示。

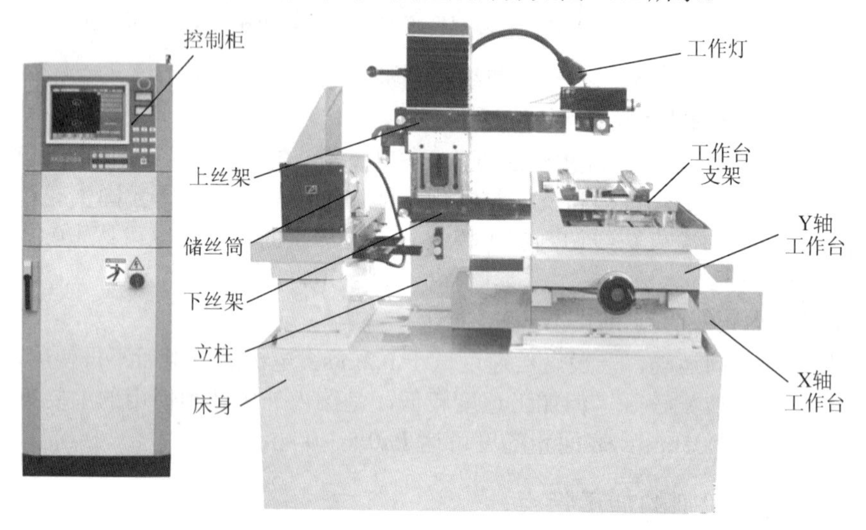

图 16.2　DK7732 电火花线切割机床

16.2.3　线切割机床结构

线切割机床由工作台、运丝机构、丝架、床身四部分组成。

(1) 工作台主要由拖板、导轨、丝杆运动副、齿轮传动机构组成，如图 16.3 所示。

(2) 运丝机构主要由储丝筒组合件、上下拖板、齿轮副、丝杆副、换向装置和绝缘件等组成，如图 16.4 所示。

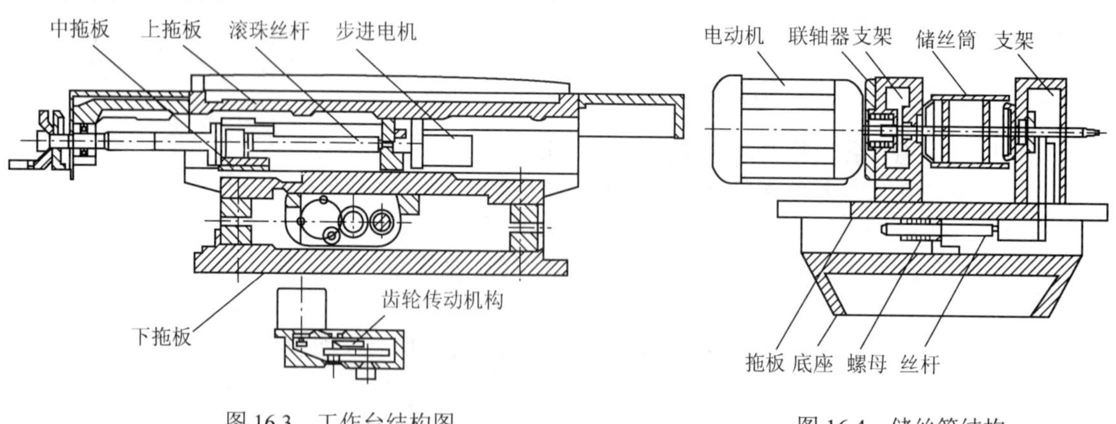

图 16.3　工作台结构图　　　　图 16.4　储丝筒结构

16.3　线切割机床操作要领

16.3.1　线切割机床操作准备

(1) 检查脉冲电源、控制台接线、各按钮位置是否正常。

(2) 检查线切割机床的电极丝是否都落入导轮槽内，导电块是否与电极丝有效接触，钼丝松紧是否适当。

(3) 检查行程撞块是否在两行程开关之间的区域内，冷却液管是否通畅。

(4) 用油枪给工作台导轮副、齿轮副、丝杠螺母及储丝机构加油(HJ-30 机械油)，线架导轮加 HJ-5 高速机械油。

(5) 开机前确定机床处于下列状态：电柜门必须关严，丝筒行程撞块不能压住行程开关，急停按钮处于复位的状态。如未绕丝，开机后应使其处于断开状态。

(6) 安装工件，电极丝接脉冲电源负极，工件接脉冲电源正极。

16.3.2　线切割机床的工件装夹

1. 线切割机床工件装夹的一般要求

工件装夹的形式对加工精度有直接的影响。电火花线切割机床的夹紧件比较简单，一般是在线切割机床所配通用夹具上采用压板螺钉固定工件。为了适应各种形状的加工要求，还可以使用磁性夹具、旋转夹具或者专用夹紧件等。

工件装夹的一般要求：

(1) 工件在基准面应该清洁无毛刺，经热处理的工件在穿丝孔内及扩孔的台阶处，要求清洁热处理的多余的废物和氧化皮。

(2) 夹具应具有必要的精度，将其稳定地固定在工作台上，拧紧螺母时要均匀用力。

(3) 工件装夹时的位置应该有利于工件的找正，并应该与机床行程相对应。

(4) 工件的装夹余量要足够，严禁在加工过程钼丝切割到工件台。

(5) 检查工件与线架的位置，严禁在加工过程发生干涉现象。

(6) 对工件的夹紧力要均匀，不得使工件变形或者是移位。

(7) 大批零件加工时，最好采用专用的夹具，以提高生产的效率。

(8) 细小、精密、薄壁的工件应该固定在不易变形的辅助夹具上。

2. 常见的装夹方案

(1) 悬臂式装夹。如图 16.5 所示，这种方式装夹方便、通用性强，但由于工件一端悬伸，易出现切割表面与工件上、下平面间的垂直度误差。因此，仅用于加工要求不高或悬臂较短的情况。

(2) 两端支撑方式装夹。如图 16.6 所示两端支撑方式装夹工件，这种方式装夹方便、稳定，定位精度高，但不适于装夹较大的零件。

(3) 桥式支撑方式装夹。这种方式是在通用夹具上放置垫铁后再装夹工件，如图 16.7 所示。这种方式装夹方便，对大、中、小型工件都能采用。

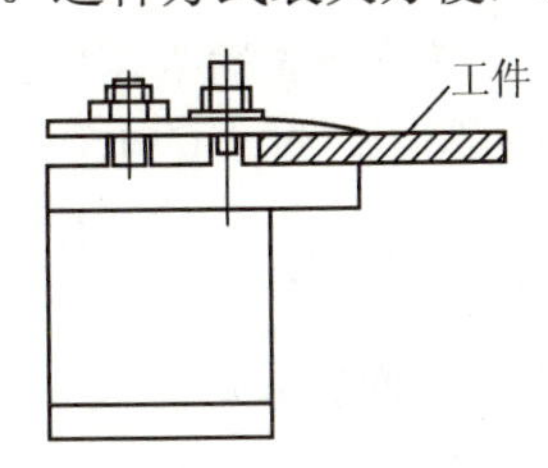

图 16.5　悬臂式装夹

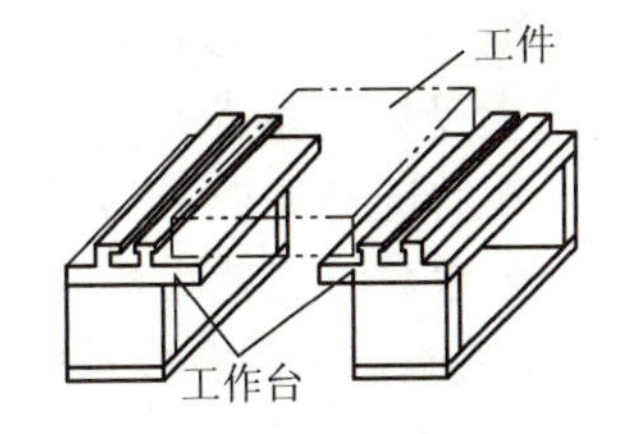

图 16.6　两端支撑方式装夹

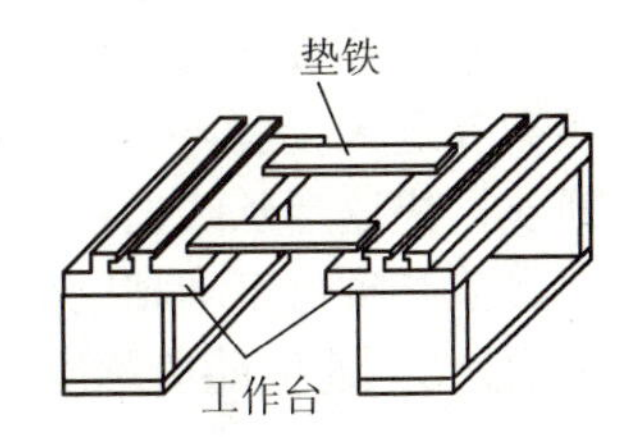

图 16.7　桥式支撑方式装夹

16.3.3　电极丝位置的调整

线切割加工之前，应将电极丝调整到切割的起始坐标位置上，其调整方法有以下几种。

1. 目测法

对于加工要求较低的工件，在确定电极丝与工件基准间的相对位置时，可以直接利用目测或借助 2～8 倍的放大镜来进行观察。图 16.8 是利用穿丝处划出的十字基准线，分别沿划线方向观察电极丝与基准线的相对位置，根据两者的偏离情况移动工作台，当电极丝中心分别与纵横方向基准线重合时，工作台纵、横方向上的读数就确定了电极丝中心的位置。

2. 火花法

如图 16.9 所示，运行钼丝，移动工作台使工件的基准面逐渐靠近电极丝，在出现火花的瞬时，记下工作台的相应坐标值，再根据放电间隙推算电极丝中心的坐标。此法简单易行，但往往因电极丝靠近基准面时产生的放电间隙，与正常切割条件下的放电间隙不完全相同而产生误差。

3. 自动找中心

所谓自动找中心，就是让电极丝在工件孔的中心自动定位。此法是根据线电极与工件的短路信号来确定电极丝的中心位置。目前的线切割机床均配有此功能。如图 16.10 所示，在钼丝不运行的情况下，机床首先往 X 轴方向移动至与孔壁接触(此时 X 坐标为 X1)，接着往反方向移动与孔壁接触(此时 X 坐标为 X2)，然后系统自动计算 X 方向中点坐标 X0=(X1+X2)/2，并使机床到达 X 轴的中点 X0；接着在 Y 轴方向进行上述过程，使机床到达 Y 轴的中点 Y0，这样就确定了孔的中心。

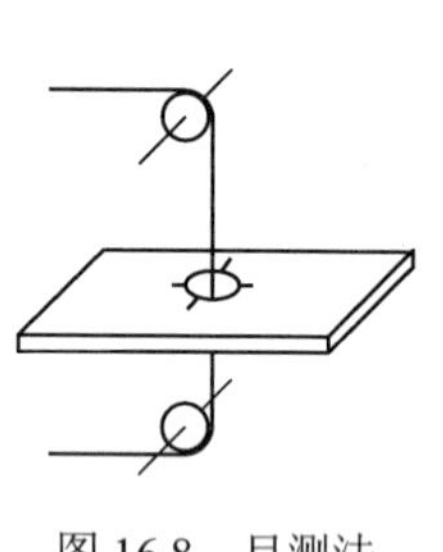

图 16.8　目测法

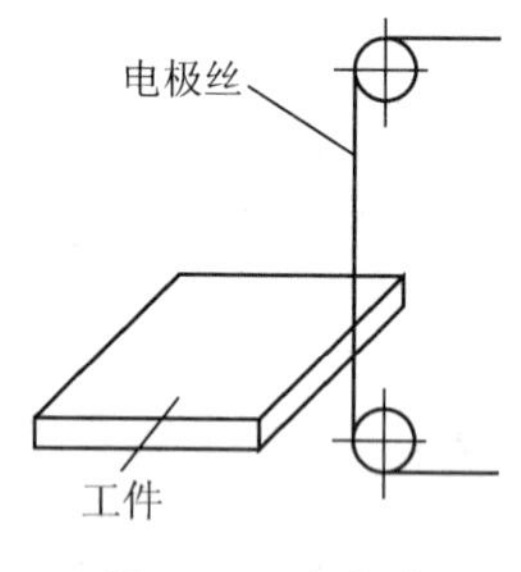

图 16.9　火花法

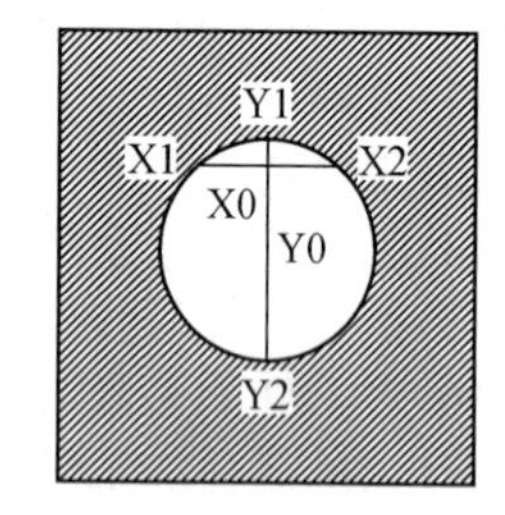

图 16.10　自动找中心

16.3.4　工艺参数的选择

1. 电参数的选择

线切割加工一般都采用晶体管高频脉冲电源，用单个脉冲能量小、脉宽窄、频率高的脉冲参数进行正极性加工。加工时，可改变的脉冲参数主要有电流峰值、脉冲宽度、脉冲间隔、空载电压、放电电流等。

要求获得较好的表面粗糙度时，所选用的电参数要小；若要求获得较高的切割速度，脉冲参数要选大一些，但加工电流的增大受排屑条件及电极丝截面积的限制，过大的电流易引起断丝，快速走丝线切割加工脉冲参数的选择如表 16-1 所示。

在工艺条件基本相同的条件下，电参数对工艺指标的影响主要有如下规律：

(1) 切割速度随着脉冲电流、脉冲电压、脉冲宽度及脉冲频率的增大而提高。

表 16-1　快速走丝线切割加工脉冲参数的选择

应用	脉冲宽度 t_i/μs	电流峰值 I_a/A	脉冲间隔 t_0/μs	空载电压/V
快速切割或加大厚度工件 Ra>2.5μm	20～40	>12	为实现稳定加工，一般选择 t_0/t_i=3～4	一般为 70～90
半精加工 Ra=1.25～2.5μm	6～20	6～12		
精加工 Ra<1.25μm	2～6	<4.8		

(2) 加工表面粗糙度随着脉冲电流、脉冲电压、脉冲宽度的减小而减小。

(3) 加工间隙随着脉冲电压的提高而增大。

(4) 表面粗糙度的改善有利于提高加工精度。

(5) 在脉冲电流一定的情况下，脉冲电压增大，有利于提高加工稳定性和脉冲利用率。

根据上述分析，为兼顾加工效率和质量两方面情况，当采用乳化介质和高速走丝方式时，通常脉冲电压在 60～120V 范围内选取，其中 70～110V 为最佳脉冲电压。当脉冲电压高于 120V 时，脉冲源稳定性变差，工件进给速度将小于电火花放电腐蚀速度，此时放电通道不稳定，极易引起烧丝或断丝。

通常在精加工时，将脉冲宽度限制在 20μs 内，一般加工可在 20～60μs 范围内选取，且与工件厚度有关系，厚度越大，脉冲间隔也越大。

2. 电极丝及其移动速度

电火花线切割加工使用的金属丝材料有钼丝、黄铜丝、钨丝和钨钼丝等。

对于快走丝采用钨丝和钨钼丝加工可以获得较好的加工效果，但放电后丝质变脆，容易断丝，一般不采用。黄铜丝切割速度高，加工稳定性好，但抗拉强度低、损耗大，不宜用于快走丝线切割。采用钼丝，加工速度不如前几种，但它的抗拉强度高、不易变脆、断丝较少，因此在实际生产中快速走丝线切割广泛采用钼丝作电极丝。

走丝速度提高，加工速度也提高。提高走丝速度有利于脉冲结束时放电通道的迅速消电离。同时，高速运动的金属丝将工作液带入厚度较大的工件放电间隙中，有利于电蚀产物的排除和放电加工的稳定。但走丝速度过高，将引起机械振动，易造成断丝。快速走丝线切割机床的走丝速度一般采用 6～12m/s。

3. 进给速度

进给速度要维持接近工件被蚀除的线速度，使进给均匀平稳。进给速度太快，超过工件的蚀除速度，会出现频繁的短路现象；进给速度太慢，滞后于工件的蚀除速度，电极间将偏于开路，这两种情况都不利于切割加工，影响加工速度指标。

4. 工件材料及其厚度

在采用快速走丝方式和乳化液介质的情况下，通常切割铜、铝、淬火钢等材料比较稳定，切割速度也较快。而切割不锈钢、磁钢、硬质合金等材料时，加工不太稳定，切割速度较慢。对淬火后低温回火的工件用电火花线切割进行大面积去除金属和切断加工时，会因材料内部残余应力发生变化而产生很大变形，影响加工精度，甚至在切割过程中造成材料突然开裂。工件材料薄，工作液容易进入并充满放电间隙，对排屑和消电离有利，灭弧条件好，加工稳定。但工件太薄，金属丝易产生抖动，对加工精度和表面粗糙度不利。工件厚，工作液难以进入和充满放电间隙，加工稳定性差，但电极丝不易振动，因此精度较高、表面粗糙度值较小。

16.3.5　工艺尺寸的确定

线切割加工时，为了获得所要求的加工尺寸，钼丝和加工图形之间必须保持一定的距离，如图 16.11 所示。图中双点划线表示钼丝的中心轨迹，实线表示型腔孔或凸模轮廓。编程时首先要求出钼丝中心轨迹与加工图形之间的垂直距离ΔR(补偿间隙距离)，并将钼丝中心轨迹分割成单一的直线或圆弧段，求出各线段的交点坐标后，逐步进行编程。具体步骤如下：

(1) 设置加工坐标系。根据工件的装夹情况和切割方向，确定加工坐标系。为简化计算，应尽量选取图形的对称轴线为坐标轴。

(2) 补偿计算。按选定的钼丝半径 r，放电间隙δ和凸、凹模的单面配合间隙 $Z/2$，则加工凹模的补偿距离$\Delta R_1 = r + \delta$，如图 16.11(a) 所示。加工凸模的补偿距离$\Delta R_2 = r + \delta - Z/2$，如图 16.11(b) 所示。

(3) 将电极丝中心轨迹分割成平滑的直线和单一的圆弧线，按型孔或凸模的平均尺寸计算出各线段交点的坐标值。

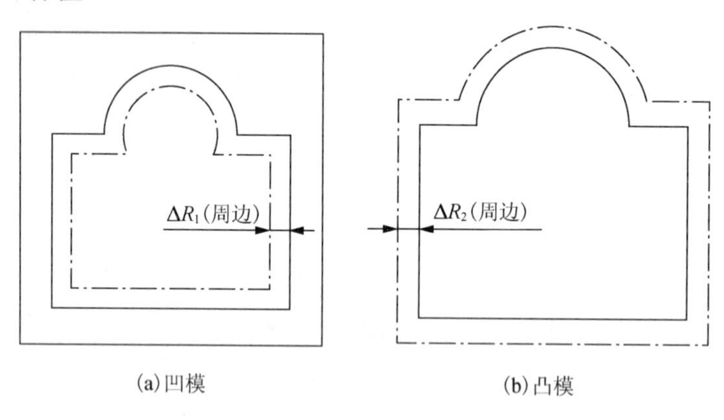

(a) 凹模　　(b) 凸模

图 16.11　电极丝中心轨迹

16.3.6　工作液的选配

工作液对切割速度、表面粗糙度、加工精度等都有较大影响，加工时必须正确选配。常用的工作液主要有乳化液和去离子水。

(1) 慢速走丝线切割加工，目前普遍使用去离子水。为了提高切割速度，在加工时还要加入有利于提高切割速度的导电液，以增加工作液的电阻率。加工淬火钢，使电阻率在 $2\times10^4\Omega\cdot$cm 左右；加工硬质合金电阻率在 $30\times10^4\Omega\cdot$cm 左右。

(2) 对于快速走丝线切割加工目前最常用的是乳化液。乳化液是由乳化油和工作介质配制(浓度为 5%～10%) 而成的。工作介质可用自来水，也可用蒸馏水、高纯水和磁化水。

16.4　线切割机床操作及系统介绍

16.4.1　线切割编程软件使用

线切割零件的设计编程采用国产软件 CAXA 线切割，该软件集绘图编程功能于一体，已在工程实际中得到广泛应用，逐步取代最初的手动编程方式，可高效准确地完成设计编程任务。

CAXA 线切割可以为各种线切割提供快速、高效率、高品质的数控编程代码，极大地简化了数控编程人员的工作内容，对于在传统编程方式下很难完成的工作，CAXA 线切割可以快速、准确地完成；CAXA 线切割为数控编程人员提高了工作效率；CAXA 线切割可以交互式绘制需要切割的图形，生成带有复杂形状轮廓的两轴线切割加工轨迹；CAXA 线切割支持快走丝线切割机床，可输出 3B/4B 代码；CAXA 线切割软件提供计算机与线切割机床通信接口，可以把计算机与线切割机床连接起来，直接把生成的 3B/4B 代码输入机床。图 16.12 为该软件的操作界面。

图 16.12　CAXA 线切割操作界面

1. 图形设计

利用该软件进行加工轨迹的设计非常方便，操作与其他 CAD 软件类似，其中包括基本绘图命令：直线、圆弧、圆、矩形、样条线、点、椭圆、公式曲线、等距线等；修改命令：删除、平移、旋转、镜像、缩放、裁剪、过渡、齐边、打断等；工程标注：基本标注、连续标注、基准标注、公差标注等操作。在此不再赘述。

2. 轨迹生成

给定被加工的轮廓及加工参数，生成线切割加工轨迹。

用鼠标左键点取“轨迹生成”指令，弹出图 16.13 所示的对话框。

此对话框是一个需要用户填写的参数表。参数表的内容包括切割参数、偏移量/补偿值选项卡。

步骤 1：对“切割参数”对话框项各种参数进行设置

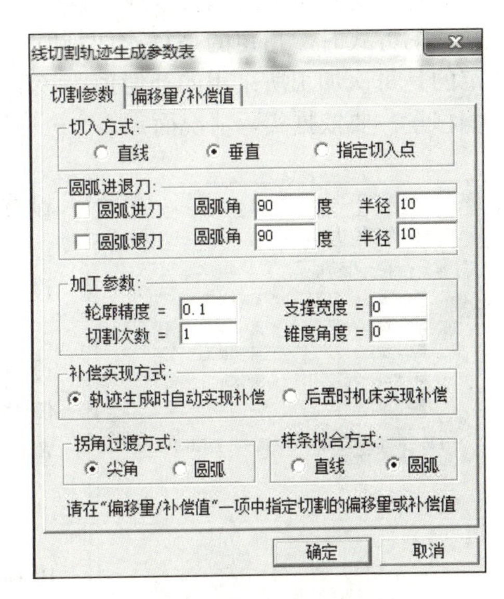

图 16.13　轨迹生成对话框

1) 切入方式

(1) 直线方式：丝直接从穿丝点切入到加工起始段的起始点。

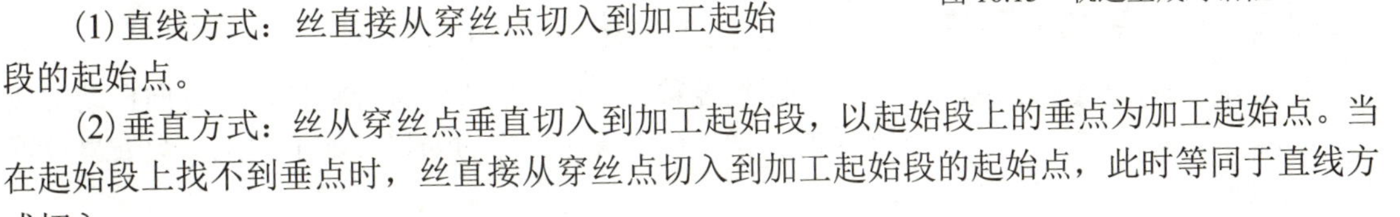

(2) 垂直方式：丝从穿丝点垂直切入到加工起始段，以起始段上的垂点为加工起始点。当在起始段上找不到垂点时，丝直接从穿丝点切入到加工起始段的起始点，此时等同于直线方式切入。

(3) 指定切入点方式：丝从穿丝点切入到加工起始段，以指定的切入点为加工起始点。

2) 加工参数

(1) 切割次数：加工工件次数，最多为 10 次。

(2) 轮廓精度：轮廓有样条时的离散误差，对由样条曲线组成的轮廓系统将按给定的误差把样条离散成直线段或圆弧段，用户可按需要来控制加工的精度。

(3) 锥度角度：做锥度加工时，丝倾斜的角度。如果锥度角度大于 0，关闭对话框后用户可以选择是左锥度或右锥度。

(4) 支撑宽度：进行多次切割时，指定每行轨迹的始末点间保留的一段没切割的部分的宽度。当切割次数为一次时，支撑宽度值无效。

3) 补偿实现方式

(1) 轨迹生成时自动实现补偿：生成的轨迹直接带有偏移量，实际加工中即沿该轨迹加工。

(2) 后置时机床实现补偿：生成的轨迹在所要加工的轮廓上，通过在后置处理生成的代码中加入给定的补偿值来控制实际加工中所走的路线。

4) 拐角过渡方式

(1) 尖角：轨迹生成中，轮廓的相邻两边需要连接时，各边在端点处沿切线延长后相交形成尖角，以尖角的方式过渡。

(2) 圆弧：轨迹生成中，轮廓的相邻两边需要连接时，以插入一段相切圆弧的方式过渡连接。

5) 样条拟合方式

(1) 直线：用直线段对待加工轮廓进行拟合。

(2) 圆弧：用圆弧和直线段对待加工轮廓进行拟合。

每次切割所用的偏移量或补偿值在“偏移量/补偿值”一项中指定。当采用轨迹生成实现补偿的方式时，指定的是每次切割所生成的轨迹距轮廓的距离；当采用机床实现补偿时，指定的是每次加工所采用的补偿值，该值可能是机床中的一个寄存器变量，也可能就是实际的偏移量，要依据实际情况而定。

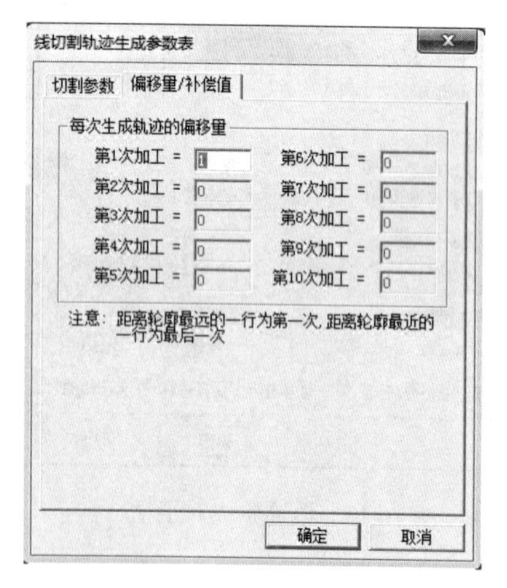

图 16.14　补偿量修改对话框

点取“偏移量/补偿值”选项，可显示偏移量或补偿值设置对话框，如图 16.14 所示。

步骤 2：对“偏移量/补偿值”对话框项各项参数进行设置

在此对话框中可对每次切割的偏移量或补偿值进行设置，对话框内共显示了 10 次可设置的偏移量或补偿值，但并非每次都能设置，例如，切割次数为 2 时，就只能设置两次的偏移量或补偿值，其余各项均无效。

步骤 3：拾取轮廓线

在确定加工的偏移量后，系统提示拾取轮廓。此时可以利用轮廓拾取工具菜单，线切割的加工方向与拾取的轮廓方向相同。

步骤 4：选择加工侧边

即丝偏移的方向，生成的轨迹将按这一方向自动实现丝的补偿，补偿量即指定的偏移量加上加工参数表里设置的加工余量。

步骤 5：指定穿丝点位置及最终退出点的位置

完成上述步骤后即可生成红色加工轨迹。

3. 轨迹仿真

对已有的加工轨迹进行加工过程模拟，以检查加工轨迹的正确性。对系统生成的加工轨迹，仿真时用生成轨迹时的加工参数，即轨迹中记录的参数；对从外部反读进来的刀位轨迹，仿真时用系统当前的加工参数。轨迹仿真分为连续仿真和静态仿真。仿真时可指定仿真的步长，用来控制仿真的速度。当步长设为 0 时，步长值在仿真中无效；当步长大于 0 时，仿真中每一个切削位置之间的间隔离即所设的步长。

4. 生成 3B 代码

轨迹生成完成后，单击 3B 图标，选择要生成代码的文件名，然后拾取红色加工轨迹，鼠标右键或键盘回车键结束拾取后，被拾取的加工轨迹即转化成 3B 加工代码，如图 16.15 所示。

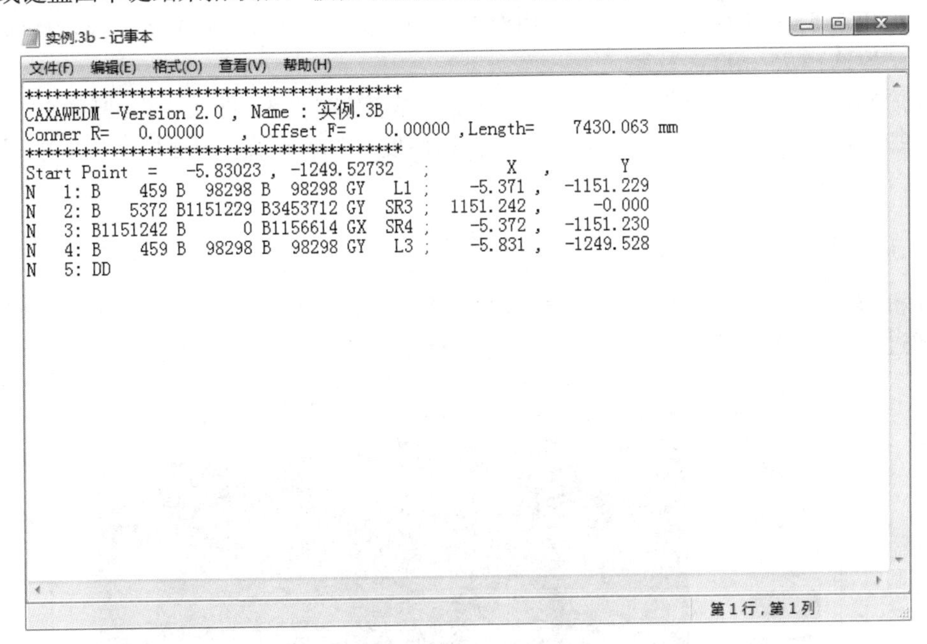


```
****************************************
CAXAWEDM -Version 2.0 , Name : 实例.3B
Conner R=    0.00000     , Offset F=     0.00000 ,Length=     7430.063 mm
****************************************
Start Point  =    -5.83023 , -1249.52732   ;        X   ,        Y
N   1: B    459 B  98298 B  98298 GY   L1 ;    -5.371 ,  -1151.229
N   2: B   5372 B1151229 B3453712 GY  SR3 ;  1151.242 ,     -0.000
N   3: B1151242 B      0 B1156614 GX  SR4 ;    -5.372 ,  -1151.230
N   4: B    459 B  98298 B  98298 GY   L3 ;    -5.831 ,  -1249.528
N   5: DD
```

图 16.15　生成的 3B 代码

16.4.2　数控快走丝电火花线切割机床脉冲电源

电源接通后，启动机床，根据零件的材料和几何参数，合理设置脉冲电源参数，线切割机床的脉冲电源主要有以下参数。

1. 脉冲宽度

脉冲宽度为 2～99μs 以 1μs 为数量级可调，可对应的加减键进行调节控制。选择的原则是：脉冲宽度宽时，放电时间长，单个脉冲能量大，加工稳定，切割效率更高，但表面粗糙度较差。反之，脉冲宽度窄时，单个脉冲能量小，加工稳定较差，切割效率低，但表面粗糙度较好。

一般情况下：厚度在 15mm 以下的工件，脉冲宽度选 2～20μs；厚度在 15～100mm 的工件，脉冲宽度选 10～20μs；厚度在 100～200mm 的工件，脉冲宽度选 20～40μs；厚度在 200mm 以上的工件，脉冲宽度选 30～80μs。

2. 脉冲间隙

脉冲间隙为脉 3～15 连续可调。可用对应的加减键进行调节控制。选择的原则是：加工工件高度较高时，适当加大脉冲间隔，以利排屑，减少切割处的电蚀污物的生成，使加工稳定，防止断丝。在有稳定高频电流指示和脉宽确定的情况下，调节“脉冲间隔”，间隔加大电流变小，间隔减小电流变大。

3. 功率管

功率输出为 0～9 级连续可调，分别控制 0～9 个功率管输出，能灵活调节除脉冲的峰值电流，保证各种不同的工艺要求下获得多需求的平均加工电流。

选择原则：功率输出级数越多(相当于功放管数选得越多)，加工电流就越大，加工速度就快一些，但在同一脉冲宽度下，加工电流越大，表面粗糙度也就越差。一般情况下：厚度在 50mm 以下的工件，功放输出数在 1～4 级；厚度在 50～200mm 的工件，功放输出数在 3～7 级；厚度在 200mm 以上的工件，功放输出数在 5～9 级。

4. 幅值电压

加工电压在 55～110V 分五挡可调，用对应的加减键进行调节，脉冲电压显示值即加工电压幅值，一般选择 75～90V 为宜。

选择原则：厚度 50mm 以下的工件，加工电压选择在 70V 左右，即第二挡；厚度 50～150mm 的工件，加工电压选择在 90V 左右，即第三挡；厚度 150mm 以上的工件，加工电压选择在 110V 左右，即第四挡。

16.4.3 快走丝电火花线切割机床控制系统

启动机床控制电脑后，运行线切割机床加工控制软件 WINCUT。若加工零件代码已经生成，可通过 WINCUT 直接调用，图 16.16 是 WINCUT 启动后系统的画面。

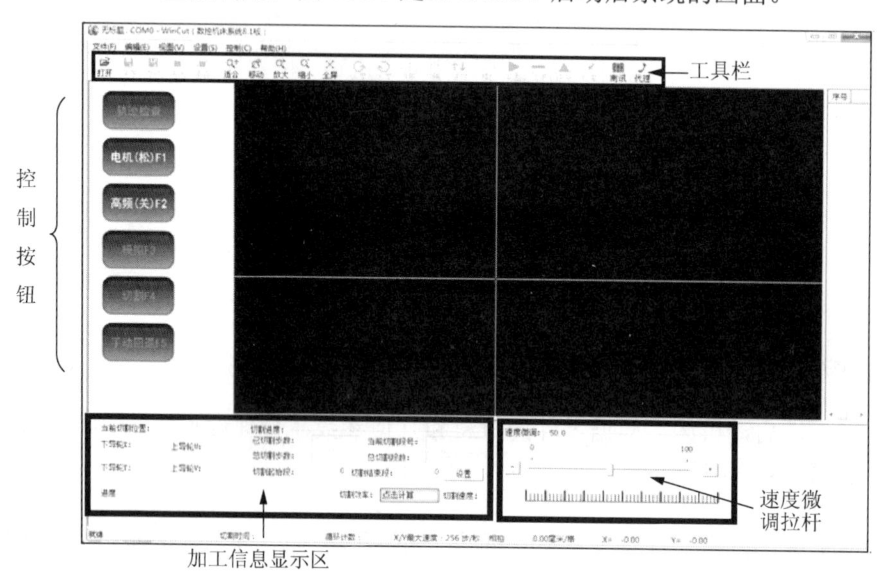

图 16.16　线切割加工控制软件

1. 工具栏

工具栏中的操作工具按钮用来完成菜单系统的部分功能，包括文件菜单、编辑菜单、视图菜单和控制菜单中最常用的功能，要完成这些功能，无需操作菜单，只需单击工具栏上相应的按钮就可以完成，关于工具栏和菜单系统的对应关系，如图 16.17 所示。

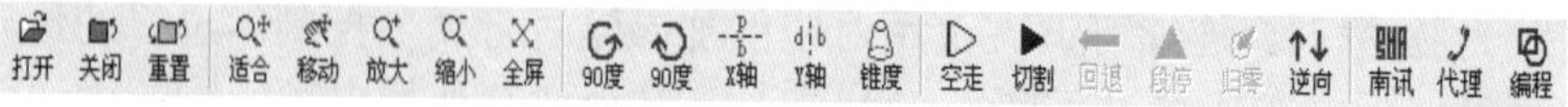

打开 关闭 重置 适合 移动 放大 缩小 全屏 90度 90度 X轴 Y轴 锥度 空走 切割 回退 段停 归零 逆向 南讯 代理 编程

图 16.17　工具栏

2. 控制按钮

在控制系统主体窗口的左边设有 6 个控制按钮(轨迹检查、电机(松/锁)、高频(开/关)、模拟、切割、手动回退)，在线切割加工过程中最常用到的操作都可以通过单击相应的控制按钮来完成。六个蓝色控制按钮能够保证用户完成正常的加工过程，在加工过程中，用户无需单击菜单和工具栏按钮，只要单击相应的控制按钮就能够完成空走和切割的全部过程。

(1) “仿真”按钮的作用是在用户加载切割文件之后，对切割轨迹进行校验和检查。仿真按钮为双状态的控制按钮，可以用来进行“仿真”和“暂停仿真”两个操作。

(2) “电机”控制按钮用来“锁定”和“松开”电机，该控制按钮旁边有一个用来显示电机状态的“指示灯”。

(3) “高频”控制按钮用来“打开”或者“关闭”控制卡硬件上的“高频继电器”，进而控制高频电源的输出或者断开，该控制按钮旁边也设有一个用来显示“高频继电器”状态的“指示灯”，通过连续单击该控制按钮，高频继电器在“打开”和“关闭”两个状态间连续切换，指示灯的状态也随之变化，同时控制卡硬件上的继电器也会有相伴随的“打开”或者“关闭”声音，表明该继电器工作状态的切换。

(4) “模拟”按钮可以用来进行“空走”和“暂停空走”两个操作，连续单击该按钮，这个按钮就会在“空走”和“暂停空走”两个命令之间切换。

(5) “切割”按钮可以用来进行“切割”和“暂停切割”两个操作，连续单击该按钮，这个按钮就会在“切割”和“暂停切割”两个命令之间切换，该按钮对应“控制菜单”中“切割”功能选项，也和工具按钮中的“切割”按钮对应。“切割”按钮操作直接影响“电机”和“高频”两个控制按钮的状态，无论当前“电机”和“高频”两个控制按钮处于哪种状态，只要单击“切割”按钮，“电机”和“高频”两个控制按钮就会自动处于有效状态，即电机处于“开启”状态，高频电压处于“打开”状态；而当单击“暂停切割”后，高频自动变换为“关闭”状态。当系统处于切割状态时，“切割”控制按钮边上的指示灯在不停变化，表明机床处于运动状态，加工工作正在进行中。

(6) “手动回退”按钮可以用来进行“手动回退”和“暂停回退”操作。“模拟”、“切割”和“手动回退”三个按钮互斥，当单击其中任何一个按钮时候，其他两个按钮自动失效，表明在某一个时刻，机床只能处于一种工作状态下。

3. 切割信息显示区域

实时切割坐标显示窗口会实时并精确显示当前加工过程中钼丝的轨迹变化，如果当前加工过程为“上下同形”线切割加工，则只显示 X 和 Y 的坐标变化，如果为锥度和上下异形，则显示 X / Y 和 U / V 四轴的坐标变化，如图 16.18 所示。

切割进度和段区间显示窗口(图 16.19 和图 16.20)为系统的“切割进度和段区间显示窗口”，该窗口的主要功能有以下几个方面。

(1) 切割步数的显示：包括切割当前段的总步数和已完成步数。

(2) 切割段号的显示：包括当前加工工件的总切割段数和工件当前切割段的段号。

(3) 起始、结束段的显示：包括当前选择的起始加工段号和结束加工段号。

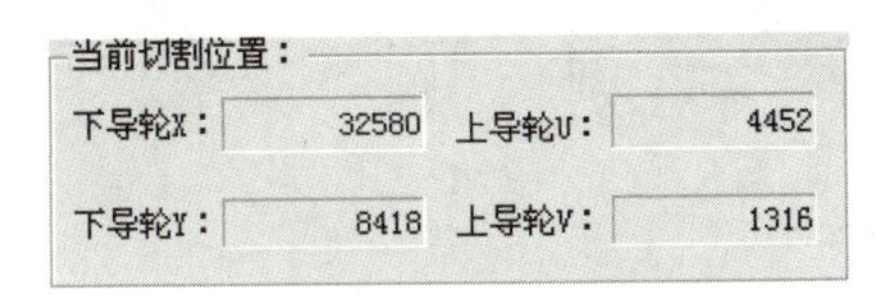

图 16.18　实时切割坐标

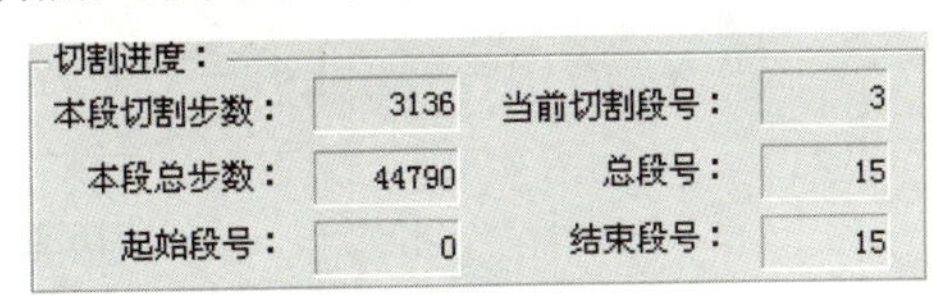

图 16.19　切割段区间

图 16.20　切割进度

进度状态条和实时加工速度状态条：进度条能够表示当前的加工进度，以百分比量化的方式显示“加工轨迹切割完毕的部分占总切割轨迹的百分比”。

当前切割速度状态条显示“每秒钟机床所运行的步数”，单位为“步数/秒”，该值越大，表明切割的速度越快。同时，在输入工件厚度值后，在切割效率状态一栏中显示当前速度计算出的切割效率，单位为“平方毫米/小时”，这个数值每秒钟更新一次，为实时加工效率，系统平均加工效率可以在编辑菜单中计算。

4. 实时间隙电压监测窗口

“实时间隙电压监测窗口”(图 16.21)实时显示工件和钼丝之间的放电状态，WinCut 实时监测放电间隙电压，并对该值进行了线性化处理，间隙电压值和窗口内的“带有刻度的状态条”显示的值一一对应。

图 16.21　实时间隙电压监测窗口

系统定义状态条的取值范围为[0～100]，并进行了 50 等分，因此图 16.21 中状态条的读数为 92。由于该状态条的读数和间隙电压一一对应，而间隙电压最能够反映加工状态，因此，通过实时读取该状态条的刻度值，并结合机床内置的电压和电流表的状态，可以“确定”当前的加工状态：

(1) 刻度值＝[0～60]：即将发生短路状态，处于“过跟踪”状态，应该大幅度降低跟踪速度；

(2) 刻度值＝[60～80]：处于过跟踪状态，应该对跟踪速度进行“微调”，适当降低跟踪速度；

(3) 刻度值＝[80～85]：跟踪合理，切割处于稳定状态；

(4) 刻度值＝[85～90]：为“欠跟踪”状态，应该对跟踪速度进行“微调”，适当增加跟踪速度；

(5) 刻度值＝[90～100]：空载状态。

5. 速度微调拉杆(图 16.22)

在线切割加工的过程中，如果用户根据机床电压表或者电流表的变化状态，以及由“实时间隙电压监测窗口”的刻度值得到的信息“判定”加工处于“过跟踪”或者“欠跟踪”状态，用户应及时调整跟踪速度，让加工进入稳定状态。在控制系统窗口内，“实时监测电压窗口”上的“变频跟踪速度调整拉杆”能够方便快捷地让用户调整跟踪速度。速度微调的范围为[0～100]，值越大，进给速度越快；值越小，进给速度越慢。

图 16.22　速度微调拉杆

按键盘上的“＋”或者“－”键来调整，每按一次，拉杆增加或者减小 0.5 个步进值。常按住“＋”或者“－”键不放，就可以快速调整跟踪速度。

当被加工工件的厚度一定且切割进入稳定时，拉杆的值和工件厚度有一定的对应关系，工件越厚，拉杆值应该设置得越小，工件越薄，拉杆值应该设置得越大。

6. 加工轨迹显示区域

控制系统主体窗口用来显示线切割过程中的加工轨迹，其中红色轨迹表示钼丝的运行轨迹，白色线标识的为加工代码原始轨迹。

默认情况下，主体窗口的背景色为黑色。可以通过选择“视图”菜单选项中的“网格线”来改变主体窗口的显示，用白色的单元格线对主体窗口进行“分割”，单元格的尺寸用系统信息栏里面的“主体窗口单元格的长度”这一参数来表示，这样可以通过判断每段代码轨迹在主体窗口中的长度值来估算每段代码的加工长度。

主体窗口中的轨迹显示可以通过单击“放大”、“缩小”、“适合”和“移动”按钮来控制，进而实现轨迹图形的放大、缩小、适合或移动操作。

16.5　线切割创新训练

读者可从自身专业或个人爱好出发，自行设计一个线切割零件(如人物、鸟兽、风景等)，零件加工完成后应从外观形状、尺寸精度、表面粗糙度、加工成本与工艺过程等各方面对其进行分析，总结优缺点，对不足之处提出改进措施，并写出心得与体会。

注意事项：在设计形状时一定要与相关工种的指导教师协商，确认其结构的合理性和加工的成本控制。在生产过程如遇到问题也要及时请教指导教师，避免发生不必要的事故。

16.6　线切割训练安全技术操作规程

(1) 开机前须了解和掌握线切割机床的机械、电气等性能。

(2) 未经指导教师允许，严禁乱动设备和相关物品。

(3) 检查各按键、仪表、手柄及运动部件是否灵活正常。

(4) 操作机床时，操作者必须站在绝缘板上，且不准用手柄或其他导体触摸工件或电极。

(5) 装卸工件时，工作台上必须垫上木板或橡胶板，以防工件掉下砸伤工作台。

(6) 机床不准超负荷运转，X、Y 轴不准超出限制尺寸。

(7) 计算机为机床附件，禁止他用。

(8) 更换切削液或清扫机床，必须切断电源。

(9) 工作结束后，应关闭机床电源，立即擦洗机床，对易腐蚀部位涂保护油，认真清扫和整理现场。

第 17 章　数控电火花

实训目的　本实训内容是为加强学生对电火花加工原理与操作技能的掌握所开设的一项基本训练科目。

通过对电火花机床的实习，使学生能了解电火花机床在机械制造中的作用及工作过程，了解电火花机床常用的工艺基础知识，为相关课程的理论学习及将来从事生产技术工作打下基础。

实训要求

(1) 了解电火花机床加工的基本原理、特点与应用范围。

(2) 了解电火花机床的用途及主要组成部分。

(3) 掌握常用电参数的选择原则与机床的基本操作方法。

(4) 了解电火花机床的安全操作规程。

17.1　电火花成形加工的基本原理及工艺指标

17.1.1　电火花成形加工的基本原理及特点

1. 电火花成形加工的基本原理

电火花成形加工是与机械加工完全不同的一种新工艺。其基本原理如图 17.1 所示，用被加工的工件做工件电极，用石墨或者紫铜做工具电极。脉冲电源发出一连串的脉冲电压，加到工件电极和工具电极上，此时工具电极和工件均淹没于具有一定绝缘性能的工作液中，在自动进给调节装置的控制下，当工具电极与工件的距离小到一定程度时，在脉冲电压的作用下，两极间最近处的工作液被击穿，工具电极与工件之间形成瞬时放电通道，产生瞬时高温，使金属局部熔化甚至汽化而被蚀除下来，形成局部的电蚀凹坑。这样随着频率的增大，连续不断地重复放电，工具电极不断地向工件进给，就可以将工具电极的形状复制到工件上，加工出所需要的与工具电极形状阴阳相反的零件。电火花机床如图 17.2 所示。

2. 电火花成形加工的特点

(1) 脉冲放电的能量密度高，便于加工特殊材料和复杂形状的工件。不受材料硬度的影响，不受热处理状况的影响。

(2) 脉冲放电时间短，放电时产生的热量传导范围小，材料受热处理影响范围小。

(3) 加工时，工具电极和材料不接触，两者之间宏观作用力极小。工具电极材料不需要比工件材料硬度高。

(4) 直接利用电能加工，便于实现加工过程的自动化。

电火花加工也具有如下的局限性：

(1) 只能加工金属等导电材料。但最近研究表明，在一定条件下，也可以加工半导体和聚晶金刚石等非导体超硬材料。

(2) 加工速度一般较慢。

(3) 存在电极损耗。由于电火花加工靠电、热来蚀除金属，电极也会不断受损耗，从而影响加工精度。

(4) 最小角部半径有限制。

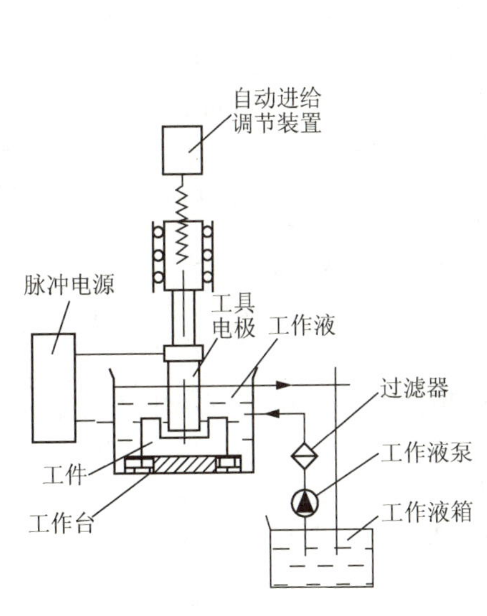

图 17.1　电火花加工原理示意图

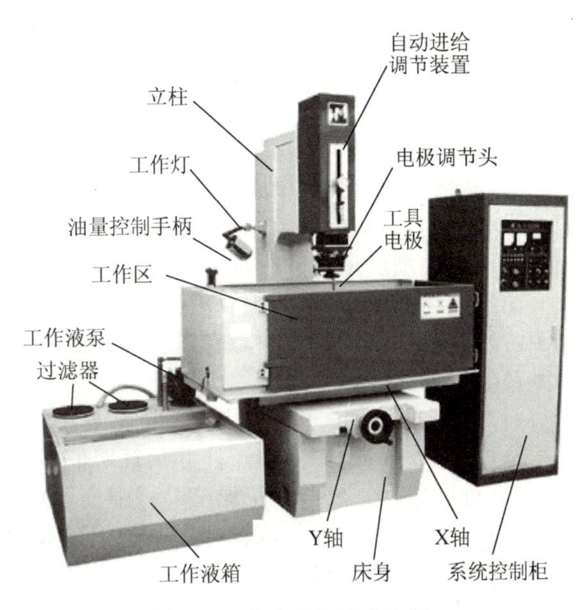

图 17.2　电火花机床实物图

3. 电火花适合加工的零件类型

(1) 加工形状复杂的表面，如各类模具的型腔。

(2) 加工小孔、异形孔、薄壁孔、深孔、窄缝等。

(3) 其他(如强化金属表面、取出折断的工具、在淬火件上穿孔、直接加工型面复杂的零件等)。

4. 电火花成形加工的基本条件

(1) 工具电极和工件电极之间必须维持合理的距离，即相应于脉冲电压和相应于介质的绝缘强度的距离。若两电极距离过大，则脉冲电压不能击穿介质，不能产生火花放电，若两极短路，则在两电极间没有脉冲能量消耗，也不能实现电腐蚀加工。

(2) 两极间必须加入介质。电火花成形加工通常使用煤油或去离子水作为工作液。

(3) 输送到两极间的脉冲能量密度应足够大。一般为 10^5～10^6A/cm^2。能量密度足够大，才可以使被加工材料局部熔化或者气化，被加工材料表面形成一个腐蚀痕，从而实现电火花加工。

(4) 放电必须是短时间的脉冲放电。一般放电时间为 1μs～1ms。这样才能使放电时产生的热量来不及在被加工材料内部扩散，从而把能量作用局限在很小的范围内，保持火花放电的冷极特性。

(5) 脉冲放电须重复多次进行，并且多次脉冲放电在时间和空间上是分散的。

(6) 脉冲放电后的电蚀产物应能及时排放至放电间隙之外，使重复性放电顺利进行。

17.1.2　电火花加工的工艺指标影响因素与选择方法

1. 加工速度

是指在单位时间内，工件被蚀除的体积或重量(一般用体积表示)。若在时间 t 内，工件被蚀除的体积为 V，则加工速度 V_w 为

$$V_w=V/t\,(\text{mm}^3/\text{min})$$

影响加工速度的因素主要有以下几点。

1) 电参数

(1) 脉冲宽度：脉冲宽度增加，则加工速度随之增加。但脉冲宽度过大，会使转换的热能有较大部分散失在电极与工件之中，不能起到蚀除的作用，加之蚀除物增多，排气排屑条件恶化，间歇消电离时间不足导致拉弧，使加工稳定性变差，从而导致速度降低。

(2) 脉冲间隔：在脉冲宽度一定的条件下，若脉冲间隔减小，则加工速度提高。但如果过小，会因放电间歇来不及消电离而引起加工稳定性变差，反而导致速度降低。

(3) 峰值电流：当脉冲宽度和脉冲间隔一定时，随着峰值电流的增加，加工速度随着增加。但如果峰值电流过大，仍然会导致加工速度降低。此外，峰值电流增大将降低工件的表面粗糙度，而且会增加电极的损坏。

由上述可知，在实际加工中，可在粗加工阶段适当提高电参数，以增加加工速度；在精加工阶段则应适当降低电参数，以提高加工的稳定性和工件的表面粗糙度。

2) 非电参数

(1) 加工面积：由于峰值电流不同，最小临界加工面积也不同。因此，在实际加工中应首先根据加工面积确定工作电流，并估算峰值电流。

(2) 排屑条件：在电火花加工过程中会不断产生气体、炭黑和金属屑末等，如不及时排除就会影响加工的稳定性，因此，实际加工过程中(特别是大面积、深型腔、深孔加工)，都应采用冲(抽)油，且电极往复抬起加工。

3) 电极材料

加工极性的选择对电极的损坏和加工速度有较大的影响。当用石墨做电极时，正极性加工比负极性加工速度高，但在粗加工中，电极损坏会很大。因此，在对电极损耗要求较低的如通孔加工、取折断的丝锥等场合，都可以用正极性加工。但在对电极损耗较高的如精加工模具型腔和形状复杂的曲面等场合，应采用负极性加工。

因此，电极材料的选择对电火花加工非常重要，也是在确定加工工艺的过程中应首要考虑的问题。

根据电加工原理，可以说任何导电的材料都可以用来制作工具电极。但在实际生产中往往选择放电损耗小、放电稳定、价格低廉、来源丰富、机械加工性能优良的材料作电极材料。常用的电极材料如表 17-1 所示。

表 17-1　常用的电极材料

电极材料	电加工性能		机加工性能	说　明
	稳定性	电极损耗		
钢	较差	中等	好	常用的电极材料，在选择电规参数时应注意加工的稳定性
铸铁	一般	中等	好	最不常用的电极材料
黄铜	好	大	较好	电极损耗大
紫铜	好	较大	较差	磨削困难，难以与凸模连接后加工
石墨	较好	小	较好	机械强度较差，易崩角
铜钨合金	好	小	较好	价格较贵，用于深孔、硬质合金加工
银钨合金	好	小	较好	价格较贵，一般加工中较少采用

4) 工作液

工作液的种类、黏度和清洁度对加工的速度有一定的影响，从工作液的种类和优先选择顺序依次为高压水、煤油+机油、煤油、酒精水溶液。但在实际加工中通常选用的是煤油。

2. 工具电极损耗

在电火花成形加工中，工具电极损耗直接影响仿形精度，特别对于型腔加工，电极损耗这一工艺指标较加工速度更为重要。电极损耗分为绝对损耗和相对损耗。

绝对损耗最常用的是体积损耗 V_e 和长度损耗 V_{eh}，它们分别表示在单位时间内，工具电极被蚀除的体积和长度。即 $V_e=V/t$（mm^3/min）、$V_{eh}=H/t$（mm/min）。

相对损耗是指工具电极绝对损耗与工件加工速度的百分比。通常采用长度损耗比较直观，测量也比较方便。影响电极损耗的因素如表 17-2 所示。

表 17-2　影响电极损耗的因素

因素	说明	减少损坏条件
脉冲宽度	脉冲宽度越大，损坏越小	脉宽足够大
峰值电流	峰值电流增大，电极损坏增加	减小峰值电流
加工面积	影响不大	大于最小加工面积
极性	影响很大。应根据不同电源、电参数、电极材料、工件材料、工作液选择合适的极性	一般脉宽大用正极性，脉宽小用负极性。钢电极用负极性
电极材料	常用电极材料中黄铜的损坏最大，紫铜、铸铁、钢次之，石墨和铜钨、银钨合金较小。紫铜在一定的电参数和工艺条件下，也可以得到低损耗加工	石墨做粗加工电极，紫铜做精加工电极
工件材料	加工硬质合金工件时电极损坏比钢件大	用高压脉冲加工，用水作工作液，在一定条件下可降低损耗
工作液	常用煤油+机油获得低损耗加工，需具备一定的工艺条件。水和水溶液比煤油容易实现低损耗加工，如硬质合金工件的低损耗加工，黄铜和钢电极的低损耗加工	
排屑条件和二次放电	在损耗较小的加工时，排屑条件越好则损耗越大，如紫铜。有些电极材料则对此不敏感，如石墨。损耗较大的电参数加工时，二次放电会使损耗增加	在许可条件下，最后不采用强迫冲（抽）油

3. 加工精度（包括尺寸精度和仿形精度）

1）放电间隙

加工过程中，工件电极与工件间存在放电间隙，因此，工件的尺寸、形状与工具电极并不一致，间隙越大，则复制精度越差，特别是对形状复制的表面。

在实际精加工过程中，应选择较小的电参数以缩小放电间隙，且应保证加工的稳定性。

2）二次放电

在实际加工过程中，由于工具电极下面部分的加工时间长，损坏较大，从而导致电极变小，而孔或型腔的入口处由于电蚀物的存在，易发生因电蚀产物的介入而再次进行的非正常放电，即二次放电，因而产生加工斜度。

3）工具电极的损耗

在实际加工过程中，随着加工深度的不断增加，工具电极进入放电区域的时间是从端部向上逐渐减少的。实际上，工具侧壁主要是靠工具电极底部端面的周边加工出来的。因此，电极的损坏也必然从端部底部向上逐渐减少，从而形成了损坏锥度，工具电极的损坏锥度反映到工件上就是加工孔出现斜度。

4. 表面粗糙度

表面粗糙度是指加工表面上的微观几何形状误差。对电加工表面来讲，即加工表面放电痕，由于坑穴表面会形成一个加工硬化层，而且能存润滑油，其耐磨性比同样粗糙度的机加工表面要好，所以加工表面允许比要求的粗糙度大些。而且在相同粗糙度的情况下，电加工表面比机加工表面亮度低。

工件的电火花加工表面粗糙度直接影响其使用性能，如耐磨性、配合性质、接触刚度、疲劳强度和抗腐蚀性等。尤其对于高速、高洁、高压条件下工作的模具和零件，其表面粗糙度往往是决定其使用性能和使用寿命的关键。

影响表面粗糙度的因素主要有以下几点。

(1) 电参数：峰值电流、脉宽、脉间。

① 峰值电流、脉宽越大则表面粗糙度越大，且影响较为明显。
② 脉间越小加工效率越大，而表面粗糙增大不多。
(2) 非电参数。
① 电极材料和表面质量：电加工是反复制加工。
② 工艺组合：合理的工艺留量、负极性精修。
③ 工件材料及厚度：硬度大、密度大的材料加工表面好，快走丝工件厚度大则表面好。
④ 加工面积：成形机加工电极面积越大则最终加工表面越差。

17.1.3　电火花成形加工的矛盾

1. 两电极蚀除量之间的矛盾

本篇中，已经明确阐述了脉冲放电时间越长，越有利于降低工具电极相对损耗。在电火花加工的实用过程中，粗加工采用长脉冲时间和高放电电流，既体现了高速度，又体现了低损耗，反映了加工速度和工具电极损耗这一矛盾的缓解。但是，在精加工时，矛盾激化了。为了实现小能量加工，必须大大压缩脉冲放电时间。为达到脉冲放电电流与脉冲放电时间参数组合合理，也必须大大压缩脉冲放电电流。这样，不仅加大了工具电极相对损耗，又大幅度降低了加工速度。

2. 加工速度与加工表面粗糙度之间的矛盾

为了解决电火花加工工艺的这一基本矛盾，人们试图将一个脉冲能量分散为若干个通道同时在多点放电。用这种方法既改善了加工表面粗糙度，又维持了原有的加工速度。 到目前为止，实现人为控制的多点同时放电的有效方法只有一种，即分离工具电极多回路加工。 为了实现整体电极的多通道加工，人们设想了各种方法，并进行了多年的实验摸索，但是迄今为止尚没有彻底解决。

在实用过程中，型腔模具的加工采用粗、中、精逐挡过渡式加工方法。加工速度的矛盾是通过大功率、低损耗的粗加工规则解决的；而中、精加工虽然工具电极相对损耗大，但在一般情况下，中、精加工余量仅占全部加工量的极小部分，故工具电极的绝对损耗极小，可以通过加工尺寸控制进行补偿，或在不影响精度要求时予以忽略。

17.1.4　电火花成形加工的极性效应和覆盖效应

1. 极性效应

电火花加工时，相同材料两电极的被腐蚀量是不同的。其中一个电极比另一个电极的蚀除量大，这种现象叫做极性效应。如果两电极材料不同，则极性效应更加明显。

2. 覆盖效应

在油类介质中放电加工会分解出负极性的游离碳微粒，在合适的脉宽、脉间条件下将在放电的正极上覆盖碳微粒，称为覆盖效应。利用覆盖效应可以降低电极损耗。注意负极性加工才有利于覆盖效应。

17.1.5　电火花加工常用名词、术语及符号

(1) 放电间隙：是指加工时工具和工件之间产生火花放电的一层距离间隙。在加工过程中则称为加工间隙 S，它的大小一般在 0.01～0.5mm，粗加工时间隙较大，精加工时则较小。加工间隙又可分为端面间隙 S_F 和侧面间隙 S_L。

(2) 脉冲宽度 t_i(μs)：简称脉宽，它是加到工具和工件上放电间隙两端的电压脉冲的持续时间。为了防止电弧烧伤，电火花加工只能用断断续续的脉冲电压波。粗加工可用较大的脉宽 t_i>100μs，精加工时只能用较少的脉宽 t_i<50μs。

(3) 脉冲间隔 t_o(μs)：简称脉间或间隔，也称脉冲停歇时间。它是两个电压脉冲之间的间

隔时间。间隔时间过短，放电间隙来不及消电离和恢复绝缘，容易产生电弧放电，烧伤工具和工件；脉间选得过长，将降低加工生产率。加工面积、加工深度较大时，脉间也应稍大。

(4) 开路电压或峰值电压：是指间隙开路时电极间的最高电压，等于电源的直流电压。峰值电压高时，放电间隙大，生产率高，但成形复制精度稍差。

(5) 火花维持电压：是指每次火花击穿后，在放电间隙上火花放电时的维持电压，一般在25V 左右，但它实际是一个高频振荡的电压。电弧的维持电压比火花的维持电压低 5V 左右，高频振荡频率很低，一般示波器上观察不到高频成分，观察到的是一水平亮线。过渡电弧的维持电压则介于火花和电弧之间。

(6) 加工电压或间隙平均电压 U(V)：是指加工时电压表上指示的放电间隙两端的平均电压，它是多个开路电压、火花放电维持电压、短路和脉冲间隔等零电压的平均值。在正常加工时，加工电压在 30～50V，它与占空比、预置进给量等有关。占空比大、欠进给、欠跟踪、间隙偏开路，则加工电压偏大；占空比小、过跟踪或预置进给量小(间隙偏短路)，加工电压即偏小。

(7) 加工电流 I(A)：是指加工时电流表上指示的流过放电间隙的平均电流。精加工时小，粗加工时大；间隙偏开路时小，间隙合理或偏短路时则大。

(8) 短路电流 I_S(A)：是指放电间隙短路时(或人为短路时)电流表上指示的平均电流(因为短路时和停歇时间内无电流)。它比正常加工时的平均电流要大 20%～40%。

(9) 峰值电流 I_S(A)：是指间隙火花放电时脉冲电流的最大值(瞬时)，虽然峰值电流不易直接测量，但它是实际影响生产率、表面粗糙度等指标的重要参数。在设计制造脉冲电源时，每一功率放大管串联限流电阻后的峰值电流是预先选择计算好的。为了安全，每个 50W 的大功率晶体管选定的峰值电流为 2～3A，电源说明书中也有说明，可以按此选定粗、中、精加工时的峰值电流(实际上是选定用几个功率管进行加工)。

(10) 放电状态：是指电火花加工时放电间隙内每一脉冲放电时的基本状态。一般分为五种放电状态和脉冲类型。

① 开路(空载脉冲)放电间隙没有击穿，间隙上有大于 50V 的电压，但间隙内没有电流流过，为空载状态(t_d=t_i)。

② 火花放电(工作脉冲，或称有效脉冲)。间隙内绝缘性能良好，工作液介质击穿后能有效地抛出、蚀除金属。波形特点是电压上有 t_d、t_e 和 I_e 波形上有高频振荡的小锯齿波形。

③ 短路(短路脉冲)。放电间隙直接短路相接，这是伺服进给系统瞬时进给过多或放电间隙中有电蚀产物搭接所致。间隙短路时电流较大，但间隙两端的电压很小，没有蚀除加工作用。

④ 电弧放电(稳定电弧放电)。由于排屑不良，放电点集中在某一局部而不分散，局部热量积累，温度升高，恶性循环，此时火花放电就成为电弧放电，由于放电点固定在某一点或某局部，因此称为稳定电弧，常使电极表面结炭、烧伤。波形特点是 t_d 和高频振荡的小锯齿波基本消失。

⑤ 过渡电弧放电(不稳定电弧放电，或称不稳定火花放电)。过渡电弧放电是正常火花放电与稳定电弧放电的过渡状态，是稳定电弧放电的前兆。波形特点是击穿延时 t_d 很小或接近于零，仅成为一尖刺，电压电流波上的高频分量变低成为稀疏和锯齿形。早期检测出过渡电弧放电，对防止电弧烧伤有很大意义。

以上各种放电状态在实际加工中是交替、概率性地出现的(与加工规则和进给量、冲油、间隙污染等有关)，甚至在一次单脉冲放电过程中，也可能交替出现两种以上的放电状态。

17.2　电火花加工机床的操作与编程

17.2.1　主界面与主功能表流程图

主界面如图 17.3 所示，主功能表功能菜单如图 17.4 所示。

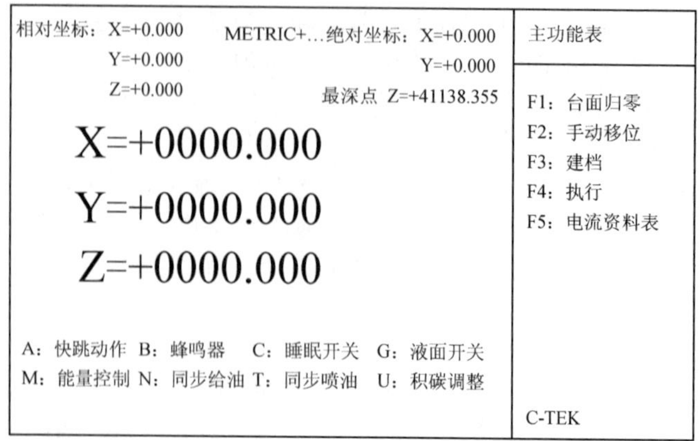

图 17.3　主界面

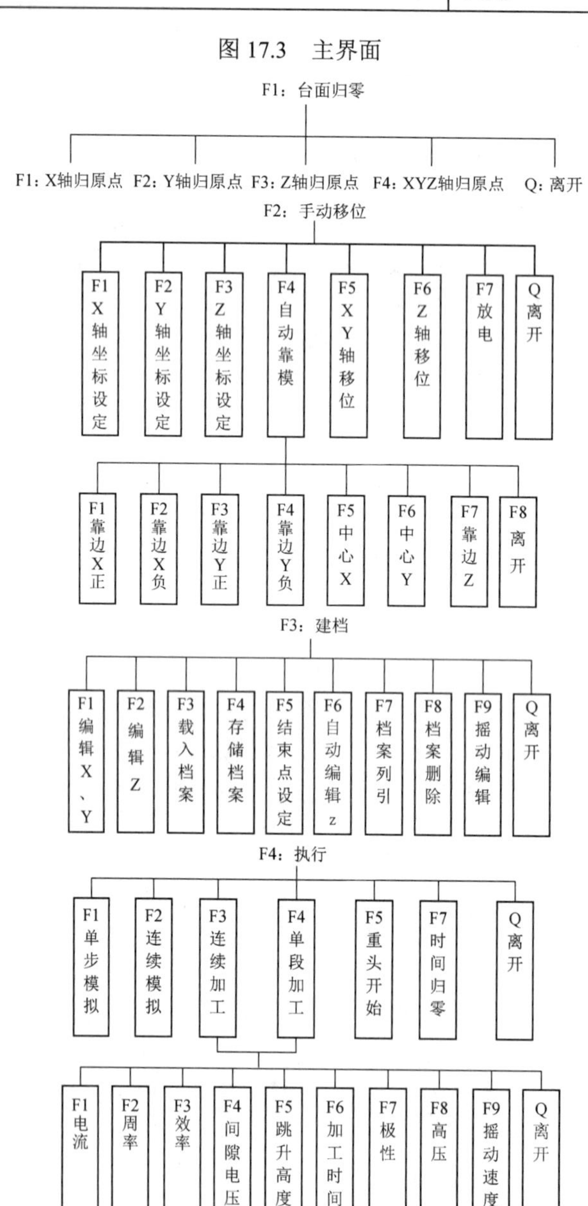

图 17.4　主功能表功能菜单

17.2.2　主功能表功能菜单说明

系统主要由四大功能表及 X、Y、Z 三轴坐标显示(含 X、Y、Z 绝对坐标和 X、Y、Z 相对坐标)组成。操作者可根据功能表界面的提示以对话交谈的输入方式逐一完成设定工作。

(1) F1　台面归零：可选择一个轴或三个轴同时回原点，该功能一般用于开机时执行，目的是将工作台面回机床坐标系原点，即寻找台面的基准点(屏幕上的绝对坐标系清零)。

(2) F2 手动移位：由遥控器操作，可控制 X、Y、Z 三轴做正反方向的移动，配合三段速度选择键，做快、中、慢的移位，并可配合自动靠模及中心点寻找功能，做快速靠模寻边的动作。

(3) F3　建档：将 X、Y、Z 及移动轨迹的移位坐标一次输入，并将放电参数(含深度设定及十段 I/O 等)一并输入，并可将这些数据存储于磁盘上，作为以后再次使用的依据。

(4) F4 执行：依照所设定的移位坐标执行定位功能，并可配合 Z 轴参数做全自动的定位放电。

(5) F5 电流资料表：电流与 Ton 对照表，可事先将每一电流所相对于值预设于此，在以后编辑时就不需要再输入 Ton 值。

17.2.3　编辑

1. 编辑菜单

编辑主要将 X、Y、Z 加工坐标输入，并对这些资料做档案存储功能，使用者可根据此功能表的引导，逐一将加工坐标输入并存储。具体说明如下。

(1) F1 编辑 X、Y：输入 X、Y 移位坐标，在“TIME”处输入重复次数，在“Z”处输入所选用的 Z 轴子程序号码，即完成此编辑模式。

(2) F2 编辑 Z：在编辑 X、Y 坐标时，有选用的 Z 轴子程序号码在此均须编辑，此处可定义加工深度、电流大小、排渣高度等。

(3) F3 载入档案：将以前所存储的档案调入使用，以免重复输入。

(4) F4 存储档案：当 X、Y、Z 坐标编辑完成后，可将这些资料存储在磁盘上，以便再次使用时调入。

(5) F5 结束点设定：在编辑 X、Y 坐标时，须在最后一点设定结束点，作为位移和加工深度的依据。

(6) F6 自动编辑 Z：按此键可直接输入深度和电流，计算机会自动将粗、精的放电资料设定在第 0～4 号 Z 轴子程序，以节省输入时间。

(7) F7 档案列引：按此键可将计算机内所有档案号码显示在屏幕上。

(8) F8 档案删除：按此键可将不需要的档案号码删除。

(9) F9　摇动编辑：当控制系统附有摇动功能时才有此设定，主要是设定放电时的“摇摆之图形”“象限”“轨迹”等参数的设定。

2. 编辑菜单详细说明

在主功能表界面下按下“F1”键后进入编辑界面，并得到一个新的功能表，此时可根据你的需要并依照功能表界面的提示，来完成编辑操作。

1) 编辑 X、Y

编辑模具加工的位置坐标。按“F1”，此时屏幕出现一个闪动的光标，并在对应处输入相应的值。

STEP：表示现在编辑 X、Y 坐标的行数，此值由电脑根据编辑资料的增加而自动增加，最大值为 100，该值表示若模具上孔与孔之间的距离完全不同时，最大可输入 100 个孔的位置坐标，该值不用输入。

X：表示所编辑的 X 轴方向位置坐标，即孔与孔之间的 X 轴方向距离，该值用增量坐标表示(本孔相对于前一个孔的距离，而不是以基准点为依据)，正方向输入“+”，负方向输入“-”，其取值范围为+40000.000～-40000.000。

Y：表示所编辑的 Y 轴方向位置坐标，即孔与孔之间的 Y 轴方向距离，该值用增量坐标表示(本孔相对于前一个孔的距离，而不是以基准点为依据)，正方向输入“+”，负方向输入“-”，其取值范围为+40000.000～-40000.000。

Z：表示所编辑 XY 轴位置坐标系参考哪组 Z 轴子程序，该值仅表示子程序的号码，而不是真正的 Z 轴深度值，真正的 Z 轴深度值需要在“编辑 Z”时才能输入，该值范围为 0～4，即一次可编辑五种不同的深度，当所有加工孔的深度均相同时，用一种号码调用可节省输入速度。

TIMES：表示所编辑 X、Y 轴位置坐标在执行时的重复次数，当模具出现连续孔加工且孔与孔之间的距离相同时，可在此输入重复次数，以节省输入时间。当该值为“0”时，表示此处的 X、Y 值为绝对坐标。

注意：当坐标输入完成后，须将光标移动到输入的最后一个“STEP”处，并按“F5”键，以作为执行时坐标位置的结束点，若没有设定结束点则在执行时会出现“结束点未设定”的错误报警，此时可在编辑完成后按下“Q”键，以回到编辑界面。

2) 编辑 Z

编辑模具加工的加工深度。按“F2”，此时屏幕出现一个闪动的光标，并在对应处输入相应的值，将编辑 XY 时的 Z 轴子程序逐一进行编辑。

段数：表示所编辑的 Z 轴段数值，共有十段，编号为 0～9，该值由电脑自动输入。

深度：表示所编辑的 Z 轴深度值，因 Z 轴坐标系使向下为正值，故不需要输入正负号，该值以零点以下的绝对坐标输入，其取值范围为+40000.000～-40000.000。

电流：表示放电时所使用的电流值，其取值范围为 0～75(A)。

周率：表示放电电压波形的导通时间，其取值范围为 2～2500(μs)。

效率：表示放电电压波形的导通时间与整个周期的比值，其取值范围为 1～9，即 10%～90%。(TON/TON+TOFF)=效率值。

间隙：表示放电时电极与模具之间的间隙电压，其取值范围为 25～99。

跳升：表示放电时电极上升与最深点的距离，即排渣高度，其取值范围为 0～99，每个单位排渣高度为 0.1mm，“0”表示不排渣，“94”表示排渣高度为 9.4mm。

时间：表示放电的加工时间，其取值范围为 0～99，每个单位的时间为 0.1s，最大为 9.9s。

极性：表示放电时，电极与模具之间的电压极性，数值为 0～1，“0”表示电极正模具负，“1”表示电极负模具正。

高压：表示放电时，电极与模具之间的最高电压，数值为 0～3，“0”为无高压，“1”为 150V，“2”为 200V，“3”为 250V。

摇动：表示所编辑的 Z 轴加工坐标系参考哪组摇摆轴子程序，该值仅表示子程序的号码，而不是真正的摇摆轨迹值，真正的摇摆轨迹值需要在“摇摆编辑”时才能输入，该值范围为 0～4，共有五种，编号“5”代表不使用摇摆功能，当所有加工孔的摇摆方式均相同时，用一种号码调用可节省输入速度。

注意：当数据输入完毕后，须将光标移动到输入的最后一个“CH”处，并按“F5”键，以作为执行时的加工结束点，若没有设定结束点则在执行时会出现“Z 轴资料错误”的报警，此时可在编辑完成后按下“Q”键，以跳到另一个编辑界面。

结束跳升 Z：表示放电完成深度到达时，电极上升与模具之间的最高距离，电极上升在到该点后即进行位置移动，故该值的其取值范围为-1～-40000.000，均为负值。当输入的值大于此范围时，在执行时会出现“Z 轴资料错误”的报警。若 Z 轴坐标往下为负值，则该值应为正值。

补偿：表示电极消耗的补偿值。可在此输入预计的电极消耗量，在电脑执行时自动补偿，该补偿值应根据放电孔数的增加而增加，当更换电极时，应将 Z 轴重新归零，已避免错误的发生。

积碳高度：检测积碳时的位置设定，系统内设定值为零点往上 1mm 即-1mm，若启动时（即在-1mm 以上放电时）会产生积碳动作报警。

注意：当数据输入完毕后，按下“Q”键，以跳到输入号码处，若还有子程序需要编辑时就继续以上操作，否则再按下“Q”键以回到编辑界面。

3）摇摆编辑

编辑模具加工时的摇摆功能，即编辑扩孔和侧放轨迹。按下“F9”键，此时屏幕出现如图所示的界面，并出现一个闪动的光标，并在对应处输入相应的值，将编辑 Z 轴段数时的 OB 子程序逐一进行编辑。

模式：共有 4 种，根据其下方的排列顺序，编号为 1～4，根据图形需要进行选择。

象限：共有 5 种，根据其下方的排列顺序，编号为 1～4 即第一至第四象限，而“5”表示四个象限全部都做。

操作：共有两种，根据其下方的排列顺序，编号“1”表示操作方式为 X、Y 模式，编号“2”表示操作方式为 X、Y、Z 模式。

速度：共有 10 种，编号为 0～9，当操作方式为 X、Y、Z 模式时，此参数控制 X、Y 轴移动的速度，而操作方式为 X、Y 模式时，则不需要此参数。

轨迹半径：输入摇动的轨迹半径范围，最小值应大于 0.02mm，最大值为+200。

注 1：当资料输入完后，按“Q”键可跳到输入号码处，如需要编辑子程序，可继续，否则按“Q”键回到编辑界面。

注 2：所有子程序圆半径的总和不能超过 200mm，否则无法运算。

4）存储档案

当以上资料全部输入完毕后，可按“F4”键将资料存储到磁盘上。当按“F4”键后屏幕出现“请输入档案号码 0～999”的提示，此时可输入 0～999 中的任何一个号码以存储此程序，但由于存储空间的限制系统只能存储 30 个文件，当超过 30 个文件时就会出现错误报警，此时可按“F8：档案删除”功能，将不需要的文件删除。

5）载入档案

当需要再次调用以前的文件时，可按“F3”键，屏幕将出现“请输入档案号码 0～999”的提示，此时可输入以前的文件号码就可将该文件调入。

当想看磁盘上的所有文件列表时，可按“F7”键，屏幕将出现所有已存档的文件号码。

注意：当所有建档功能完成后，可按“Q”键回到主功能表，以继续其他的操作。

17.2.4　执行

1. 执行菜单

当所有的参数设定完成时，就可进入执行模式，进行模具的加工。

(1) F1 单步模拟：每按一下"+，-"表示往前、往后根据所编辑的坐标做单点移动。

(2) F2 连续模拟：连续单点移动，自动重复"F1 单步模拟"的功能，在孔与孔之间停留约 1 秒钟。该功能用于编辑后的验证工作。

(3) F3 连续加工：自动执行放电和位置移动。放电过程根据所设定的 Z 轴参数由起始段加工到结束段，完成后自动移到下一个孔位继续加工，直到所有孔加工完成。

(4) F4 单段加工：该功能动作与"F3 连续加工"基本相似，但每次仅执行一个 Z 轴的加工段，当全部孔加工完成后，再加深一个 Z 轴深度重复执行，直到所以孔的坐标深度均到位。

(5) F5 重头开始：按此键，可将位置坐标设为第一孔，即下次移动时会从第一孔开始。

(6) F7 时间归零：按此键，可将时间计数器归零。

注意：进入放电模式时，可按功能键来改变放电参数，具体说明如下。

F1 电流：改变电流大小。按下该键并按上下键可改变参数大小，再按该键即设定完成。该值的范围为 0～75。

F2 周率：改变放电周期导通的宽度。按下该键并按上下键可改变参数大小，再按该键即设定完成。该值的范围为 2～2500。

F3 效率：改变放电周期截止的宽度。按下该键并按上下键可改变参数大小，再按该键即设定完成。该值的范围为 1～9。

F4 间隙电压：改变电压大小。操作同上。该值的范围为 25～99。

F5 跳升高度：改变排渣高度。操作同上。该值的范围为 0～99。

F6 加工时间：改变加工时间。操作同上。该值的范围为 0～99。

F7 极性：改变正负极性。操作同上。该值的范围为 0～1。

F8 高压：改变高压大小。操作同上。该值的范围为 0～3。

F9 速度：改变摇动速度大小。操作同上。该值的范围为 0～9。此功能只要有摇动模式时才有。

2. 执行菜单说明

(1) 在单步或连续模拟时，仅用于编辑完成后的校验，屏幕右下方会出现执行中的行数和重复次数，移动完毕后屏幕会出现"移动结束"的提示，此时可按"F5"键重新开始。

注意：当编辑的坐标有改变时，必须按"F5"键，否则移动的坐标将不正确。

(2) 进入加工前，须事先设定供油状态。若在放电时供油，则须设定同步供油状态。

(3) 进入单段加工时，屏幕下方会出现要求输入起始及结束段，此时可根据顺序输入，若所输入的结束段大于所编辑的结束段数，则执行时会以编辑时的结束段为准；若所输入的结束段小于所编辑的起始段数，则系统不接受，必须重新输入。

(4) 进入加工时，屏幕即切换为条件变更界面，即出现所有的加工状态，可根据此功能界面的提示来变更工作条件。

(5) 若想在执行加工完成后可将所有的电源关闭，可在执行前先设定睡眠开关功能在开状态；反之，设定为关状态。

注意：当执行动作错误时，必须按"Q"键停止放电并回到执行功能界面。

17.2.5　手段移位

1. 手段移位菜单

本功能可完成以下操作：

(1) 操作者可用遥控器来控制工作台手动移动。

(2) 可进入自动靠模功能由计算机自动执行靠模动作。

(3) 可直接输入位置坐标控制工作台移动。

具体说明如下：

(1) F1 X 轴坐标设定：X 轴相对坐标设定，即设定 X 轴模具参考点。

(2) F2 Y 轴坐标设定：Y 轴相对坐标设定，即设定 Y 轴模具参考点。

(3) F3 Z 轴坐标设定：Z 轴相对坐标设定，即设定 Z 轴模具参考点。

(4) F4 自动靠模：由计算机自动执行靠模动作。具体说明如下。

进入自动靠模时，可选择电极与模具面之间的移动方向，并选择相应的功能键，机床就能自动进行靠模动作。如要跳出此功能则 F1～F4 的坐标需再靠边一次，系统离开此功能便不再记忆 F1～F4 坐标。

F1 靠边 X 正：电极在左，模具在右，以 5μm 的移动量向模具移动，短路时停止移动。

F2 靠边 X 负：电极在右，模具在左，以 5μm 的移动量向模具移动，短路时停止移动。

F3 靠边 Y 正：电极在前，模具在后，以 5μm 的移动量向模具移动，短路时停止移动。

F4 靠边 Y 负：电极在后，模具在前，以 5μm 的移动量向模具移动，短路时停止移动。

F5 中心 X：经过 F1 及 F2 两点靠模后，可按此键计算两点的中心，并将电极移动至中心后将 X 轴相对坐标清零。如没有经过 F1 和 F2 功能而执行该功能则中心点会不准确。

F6 中心 Y：经过 F3 及 F4 两点靠模后，可按此键计算两点的中心，并将电极移动至中心后将 Y 轴相对坐标清零。如没有经过 F3 和 F4 功能而执行该功能则中心点会不准确。

F7 靠边 Z：电极在后，模具在前，电极以 5μm 的移动量向模具移动，短路时就停止。

(5) F5 X、Y 轴移位：该功能可直接输入位置坐标来控制 X、Y 轴的位移，需要注意的是，所输入的位移坐标是以相对坐标零点为基准的。

(6) F6 Z 轴移位：该功能可直接输入位置坐标来控制 Z 轴的位移，需要注意的是，所输入的位移坐标是以相对坐标零点为基准的。

(7) F7 放电：该功能为手动放电，X、Y 轴可以移动，放电参数以 Z 轴子程序的第 4 组为依据。

2. 手段移位菜单说明

在主功能表界面下按“F2”键即可得到手动移位的界面。此时可根据具体情况在屏幕的引导和遥控器的操作下，完成工作台的移动和靠模功能。

(1) 如要将模具的单点归零，可利用遥控器移动工作台后，用短路停止功能和归零功能逐一将各轴归零。

(2) 如要将模具的中心点归零，可进入自动靠模功能，将电极根据功能表上的图形移动到适当位置，执行两点靠模后，再按中心归零功能，电脑就可自动做中心归零动作。

(3) 遥控器的操作只要在手动移位功能下才有用，但“UP”“DOWN”两键则在任何功能下均可执行。但在放电时“DOWN”键不能使用。

17.2.6　台面归零

在每次重新开机时，都需要将工作台回原点。其目的是使系统寻找工作台的基准点和将绝对坐标归零。具体说明如下。

F1 X 轴归原点：X 轴台面回原点，并将绝对坐标 X(ABS X)清零。

F2 Y 轴归原点：Y 轴台面回原点，并将绝对坐标 Y(ABS Y)清零。

F3 Z 轴归原点：Z 轴台面回原点，并将绝对坐标 Z(ABS Z)清零。

F4 X、Y、Z 轴归原点：X、Y、Z 轴台面同时回原点，并将绝对坐标 X(ABS X)、Y(ABS Y)、Z(ABS Z)清零。

17.2.7 操作注意事项

(1)操作顺序：

① 开机时应先进入台面归零界面，将 X、Y、Z 轴回原点。

② 进入手动移位，找出模具的基准点或模具的中心点。

③ 进入编辑功能，将所有的 X、Y、Z 资料以及摇动轨迹输入。

④ 利用档案存储功能，将所有的资料存入磁盘中。

⑤ 进入执行功能，开始放电加工。

(2)断电时的处理：

① 重新开机。

② 进入台面归零界面，将 X、Y、Z 轴回原点。

③ 进入编辑功能界面，利用“F3：载入档案”功能将事先存入磁盘的文件读入系统内。

④ 此时就可进入执行功能，开始放电加工，而不需再重新靠模和编辑资料。

注意：断电后必须按照以上步骤操作，否则将重新靠模和编辑资料。

(3)在编辑或执行过程中，屏幕上如果出现一些错误或状态信息，如“错误键”“资料设定错误”等，请根据这些错误信息的提示重新设定资料。

(4)当档案文件超过 30 个时，可将一些不需要的文件删除。也可将文件用相同的文件名存入磁盘中，新文件将覆盖旧文件。

(5)当执行过程中机床突然停止而无法继续进行移位时，首先检查所输入的行程是否超过工作台的最大行程，此时可查看 X、Y、Z 轴的极限开关是否已经动作，如已经动作可进入手动移位界面，将工作台移开极限开关即可。其次检查所编辑的资料是否有错误。

(6)放电供油动作组合

① 同步供油动作：放电时才供油。

② 同步供油不动作：不放电时才供油，放电时也供油。

(7)遥控器上的“S/C”键。仅用于电极短路时移动工作台，按住此键移动各轴时所有的短路信号不侦测，系统仅以声音警告并在屏幕上出现警告信息。因此在使用时请务必小心，在电极脱离短路状态时立即放掉“S/C”键，否则将造成电极损坏。

17.3 数控电火花典型零件加工

加工如图 17.5 所示的零件图。

(1)在主功能表中按 F1，再按 F4，将 X、Y、Z 轴回机床原点，按 Q 回到主功能表。

(2)按 F2 进入手动模式，操作遥控器移动 X 轴到模具边缘(即 X 靠模)，接着按 F1，将 X 相坐标设定为零点，Y、Z 轴的零点同 X 轴操作方式一样。当各轴的零点找到以后按 Q 回到主功能表。

(3)按 F3 进入编辑模式，再按 F1 进入编辑 X、Y，开始输入移动坐标，如图 17.6 所示。当编辑完成后，将光标移动到最后一个 SETP 处并按下 F5 设定结束点后，按 Q 回到编辑模式。

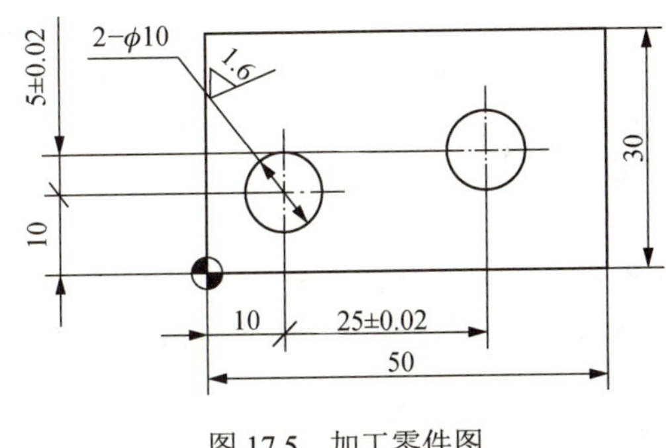

图 17.5　加工零件图

SETP	X	Y	Z	TIMES
1	10	10	0	1
E 2	35	15	0	1

图 17.6　X、Y 编辑模式

(4) 按 F2 进入编辑 Z，开始输入加工深度及条件，如图 17.7 所示。或将光标移到最后一个段数处按 F5 设定最深点后，按 Q 键回到编辑模式。

(5) 按 F4 将输入资料及坐标值存储起来，再按 Q 回到主功能表。

(6) 按 F4 进入执行模式，可先执行 F1 或 F2，根据输入的资料模拟移动，确定无误后再执行放电加工。

(7) 按 F3 进入连续放电模式，或 F4 分段放电模式，计算机会先检查全部资料，确定无误后就会自动地从第一个孔加工到最后一个孔。如设定了睡眠开关，则在加工完毕后系统会自动关掉电源。

段数	深度
0	+1.000
1	+2.000
2	+3.000
3	+4.000
4	+5.000

图 17.7　Z 编辑模式

17.4　电火花成形加工安全技术操作规程

(1) 开机前应检查机械、液压和电气各部分是否正常。通电检查待一切正常后方可进行工作。

(2) 熟悉所操作机床的结构、原理、性能及用途等方面的知识，按照工艺规程做好加工前的一切准备工作，严格检查工具电极与工件电极是否都已校正和固定好。

(3) 调节好工具电极与工件电极之间的距离，锁紧工作台面，启动油泵，使工作液高于工件加工表面至少 3mm 距离后，才能启动脉冲电源进行加工。

(4) 在加工过程中，工作液的循环方法根据加工方式可采用冲油或浸油，以免失火。

(5) 机床断电后应在 3 分钟后启动。

(6) 工作结束后，应关闭机床电源，认真清扫和整理现场。

第18章　激光加工

实训目的　本实训内容是为加强学生对激光加工原理与操作技能的掌握所开设的一项训练科目。

通过对激光加工机床的实习，使学生能了解激光加工机床在机械制造中的作用及工作过程，了解激光加工机床常用的工艺基础知识，为相关课程的理论学习及将来从事生产技术工作打下基础。

实训要求

(1) 了解激光加工机床的基本原理、特点与应用范围。

(2) 了解激光加工机床的用途及主要组成部分。

(3) 掌握常用电参数的选择原则与机床的基本操作方法。

(4) 了解激光加工机床的安全操作规程。

18.1　激光加工的基本原理、特点

1. 激光加工的基本原理

激光加工是利用光能经过一系列的光学系统聚焦后，在焦点上达到很高的能量密度(高达 $10^{8}\sim10^{10}W/cm^{2}$)，靠光热效应(能产生 10^{4}℃以上的高温)对材料进行各种加工，如打孔、切割、划片、焊接、热处理等。激光是单色光，强度高、相干性好、方向性好，可聚焦成几微米的光斑。激光加工不需要工具、加工速度快、表面变形小，可加工各种材料。图18.1所示为气体激光器的加工原理图。

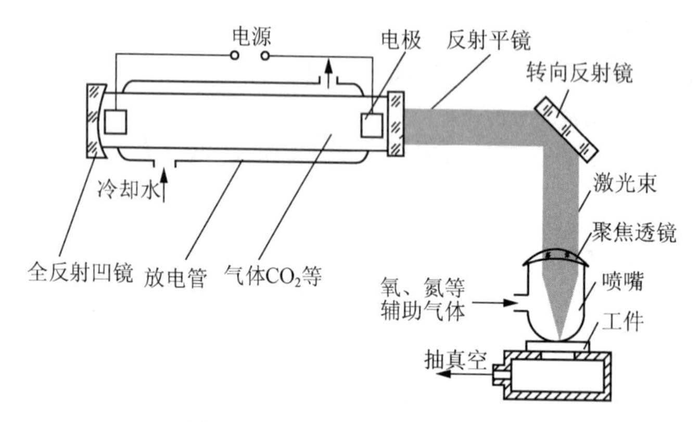

图18.1　气体激光器加工原理图

2. 激光加工的特点

(1) 激光功率密度大，工件吸收激光后温度迅速升高而熔化或汽化，即使熔点高、硬度大和质脆的材料(如陶瓷、立方氮化硼、金刚石等)也可用激光加工；

(2) 激光头与工件不接触，不存在加工工具磨损问题；

(3) 工件不受应力，不易污染；

(4) 可以对运动的工件或密封在玻璃壳内的材料加工；

(5) 激光束的发散角可小于1mrad，光斑直径可小到微米量级，作用时间可以短到纳秒和皮秒，同时，大功率激光器的连续输出功率又可达千瓦至十千瓦量级，因而激光既适于精密微细加工，又适于大型材料加工；

(6) 激光束容易控制，易于与精密机械、精密测量技术和电子计算机相结合，实现加工的高度自动化，达到很高的加工精度；

(7) 在恶劣环境或其他人难以接近的地方，可用机器人进行激光加工。

18.2　激光加工的主要应用领域

激光技术与原子能、半导体及计算机一起，是 20 世纪最负盛名的四项重大发明。

经过几十年的发展，现已广泛应用于工业生产、通信、信息处理、医疗卫生、军事、文化教育以及科研等方面。据统计，从高端的光纤到常见的条形码扫描仪，每年与激光相关产品和服务的市场价值高达上万亿美元。中国激光产品主要应用于工业加工，占据了 40%以上的市场空间。

激光加工作为激光系统最常用的应用，主要技术包括激光焊接、激光切割、表面改性、激光打标、激光钻孔、微加工及光化学沉积、立体光刻、激光刻蚀等，如图 18.2 所示。

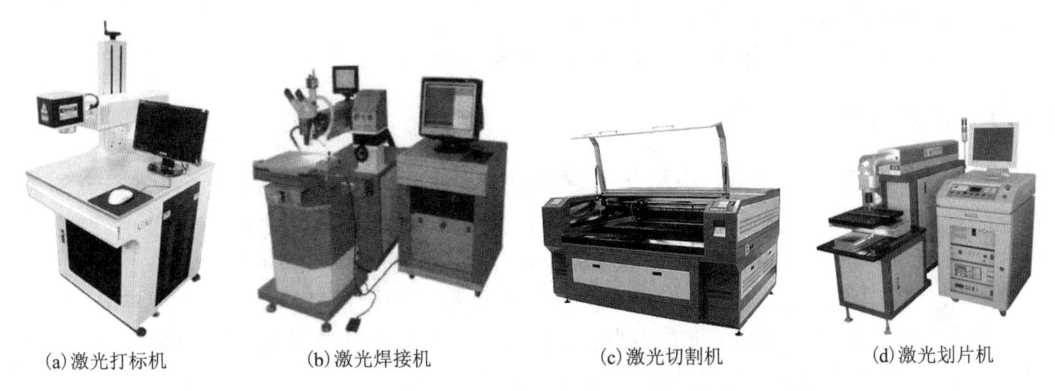

(a) 激光打标机　(b) 激光焊接机　(c) 激光切割机　(d) 激光划片机

图 18.2　典型激光加工机

18.2.1　激光切割

激光切割技术广泛应用于金属和非金属材料的加工中，可大大减少加工时间，降低加工成本，提高工件质量。与传统的板材加工方法相比，激光切割具有高的切割质量、高的切割速度、高的柔性(可随意切割任意形状)、广泛的材料适应性等优点。

目前激光切割分为以下几种：

(1) 激光熔化切割。在激光熔化切割中，工件被局部熔化后借助气流把熔化的材料喷射出去。因为材料的转移只发生在液态情况下，所以该过程被称为激光熔化切割。激光光束配上高纯惰性切割气体促使熔化的材料离开割缝，而气体本身不参与切割。

(2) 激光火焰切割。激光火焰切割与激光熔化切割的不同之处在于使用氧气作为切割气体。借助氧气和加热后的金属之间的相互作用，产生化学反应使材料进一步加热。对于相同厚度的结构钢，采用该方法可得到的切割速率比熔化切割要高。

(3) 激光汽化切割。在激光汽化切割过程中，材料在割缝处发生汽化，此情况需要非常高的激光功率。为了防止材料蒸汽冷凝到割缝壁上，材料的厚度一定不要超过激光光束的直径，因而只适合于在必须避免有熔化材料排除的情况下，且铁基合金很小的使用领域。该加工不能用于木材和某些陶瓷等。

18.2.2　激光焊接

激光焊接是激光材料加工技术应用的重要方面之一，激光辐射加热到工件表面，其热量通过热传导向内部扩散，通过控制激光脉冲的宽度、能量、峰功率和重复频率等参数，使工件熔化，从而达到焊接的目的，如图 18.3 所示。由于其独特的优点，已成功地应用于微、小型零件焊接中。

与其他焊接技术比较，激光焊接的主要优点是：

(1) 激光焊接速度快、焊缝精度高、焊缝宽度小、表面质量高、变形小。

(2) 能在室温或特殊的条件下进行焊接，焊接设备装置简单；激光可对绝缘材料直接焊接，焊接异种金属材料比较容易，甚至能把金属与非金属焊在一起。

激光焊接的主要缺点是：

(1) 焊件位置需非常精确，务必在激光束的聚焦范围内。

(2) 焊件需使用夹具时，必须确保焊件的最终位置与激光束将冲击的焊点对准。

(3) 最大可焊厚度受到机床功率的限制。

(4) 高反射性及高导热性材料如铝、铜及其合金等，焊接性会受激光改变。

(5) 当进行中能量至高能量的激光束焊接时，需使用等离子控制器将熔池周围的离子化气体驱除，以确保焊道再出现。

(6) 能量转换效率太低，通常低于 10%。

(7) 焊道快速凝固，可能有气孔及脆化的顾虑。

18.2.3　激光打孔

随着电子产品朝着便携式、小型化的方向发展，对电路板小型化提出了越来越高的需求，提高电路板小型化水平的关键就是越来越窄的线宽和不同层面线路之间越来越小的微型过孔和盲孔。传统的机械钻孔最小的尺寸仅为100μm，这显然已不能满足要求，代而取之的是一种新型的激光微型过孔加工方式。用CO_2激光器加工在工业上可获得过孔直径为30～40μm的小孔，或用 UV 激光加工10μm 左右的小孔。在世界范围内激光在电路板微孔制作和电路板直接成形方面的研究成为激光加工应用的热点，利用激光制作微孔及电路板直接成形与其他加工方法相比其优越性更为突出，具有极大的商业价值。激光打孔已广泛用于钟表和仪表的宝石轴承、金刚石拉丝模、化纤喷丝头等工件的加工，如图 18.4 所示。

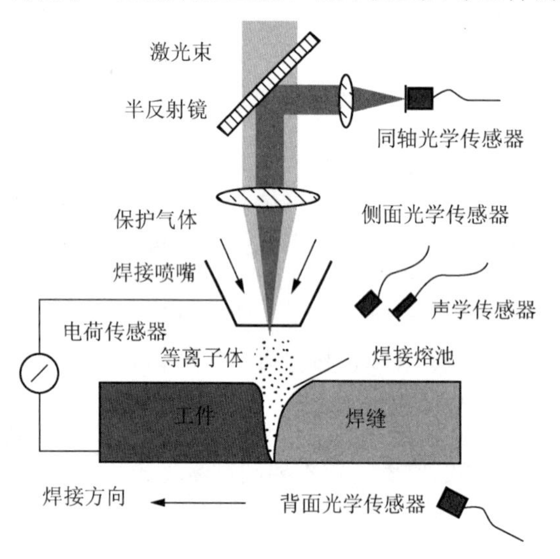

图 18.3　激光焊接原理图

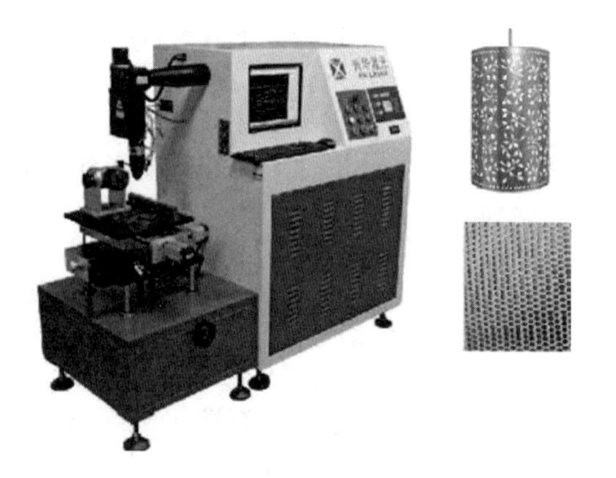

图 18.4　激光打孔机与典型零件

18.2.4　激光热处理

由于激光功率密度极高，工件传导散热无法及时将热量传走，工件被激光照射区迅速升温到奥氏体化温度实现快速加热，当激光加热结束时，因为快速加热时工件基体大部分仍保持较低的温度，被加热区域可以通过工件本身的热传导迅速冷却，从而实现淬火等热处理效果。

激光热处理技术的应用极为广泛，几乎一切金属表面热处理都可以应用。应用比较多的有汽车、冶金、石油、重型机械、农业机械等存在严重磨损的机器行业，以及航天、航空等高技术产品，如可对各种导轨、大型齿轮、轴颈、气缸内壁、模具、减振器、摩擦轮、轧辊、滚轮零件进行表面强化。如激光淬火的铸铁发动机气缸，其硬度由HB230提高到HB680，使用寿命提高了2～3倍。

激光热处理技术与其他热处理(如高频淬火、渗碳、渗氮等)工艺相比具有以下特点：

(1) 无需使用外加材料。仅改变被处理材料表面的组织结构处理后的改性层具有足够的厚度。可根据需要调整深浅，一般可达0.1～0.8mm。

(2) 处理层和基体结合强度高。激光表面处理的改性层和基体材料之间是致密的冶金结合，而且处理层表面是致密的冶金组织，具有较高的硬度和耐磨性。

(3) 被处理件变形极小。由于激光功率密度高，与零件的作用时间很短，故零件的热变形区和整体变化都很小，适合高精度零件的最后处理工序。

(4) 加工柔性好，适用面广。利用灵活的导光系统，可方便地处理深孔、内孔、盲孔和凹槽等，也可对局部进行选择性的处理。

18.2.5 激光强化

激光冲击强化技术是利用强激光束产生的等离子冲击波，提高金属材料的抗疲劳、耐磨损和抗腐蚀能力的一种高新技术。它具有非接触、无热影响区、可控性强以及强化效果显著等突出优点。

激光冲击强化技术和其他表面强化技术相比较，具有如下特点：

(1) 高压。冲击波的压力可达数吉帕乃至太帕量级，这是常规的机械加工难以达到的。

(2) 高能。激光束单脉冲能量达到几十焦耳，峰值功率达到兆瓦量级，在10～20ns内将光能转变成冲击波机械能，实现了能量的高效利用。并且由于激光器的重复频率只需几赫兹以下，整个激光冲击系统的负荷仅30kW左右，是低能耗的加工方式。

(3) 超高应变率。冲击波作用时间仅几十纳秒，由于冲击波作用时间短，应变率达到10^{-10}/s，这比机械冲压高出10000倍，比爆炸成形高出100倍。

激光冲击强化对各种铝合金、镍基合金、不锈钢、钛合金、铸铁以及粉末冶金等均有良好的强化效果，除了在航空工业具有极好的应用前景外，在汽车制造、医疗卫生、海洋运输和核工业等都有潜在的应用价值。

18.3 激光加工的精度控制

激光切割的加工精度是由机床性能、激光束品质、加工现象而决定的。

(1) 零件整体尺寸误差。虽然在相同条件下，对相同的加工物使用同一偏置补偿值可以确保其精度，但是焦点位置的设定要凭借操作人员的感觉来确定，而且热透镜作用也会造成焦点位置的变化，所以需要定期检查最佳的偏置补偿值，以避免零件出现整体的尺寸变化。

(2) 加工方向上的尺寸误差。板材上部的尺寸精度与下部的尺寸精度有不同的情况。这主要有两方面的原因：首先，光束圆度和强度分布不均一，造成切口宽度沿加工方向有所不同。解决的方法是进行光轴调整或清洗光学部件；其次，被加工物体受热膨胀会引起加工形状长度方向尺寸变短的情况。

(3) 翘曲现象误差。当加工铝、铜、不锈钢等材料时，受到线膨胀系数、热容量等物性的影响，会使材料发生热变形而造成翘曲的现象。就加工形状来说，纵横比越大，翘曲量就越大。此外，板材自身的残余应力对翘曲和尺寸误差也有影响，所以需要对加工的走刀路线进行优化。

(4)孔中心距误差。加工孔群时，由于热膨胀现象会造成孔与孔之间的中心距出现偏差。其解决方法是在正式加工前要预加工，以测定加工尺寸和误差，然后灵活运用形状缩放功能对误差进行控制。

(5)孔的圆度误差。在激光加工中加工孔和切割面会产生锥度(工件上面直径比背面直径大)是无法避免的，特别是对于厚的工件更加明显。

18.4　激光加工的基本操作

本节以 JHM-1GY-500B 型激光加工机为例进行讲解。

图 18.5 为机床的电源面板，图 18.6 为机床的操作面板。

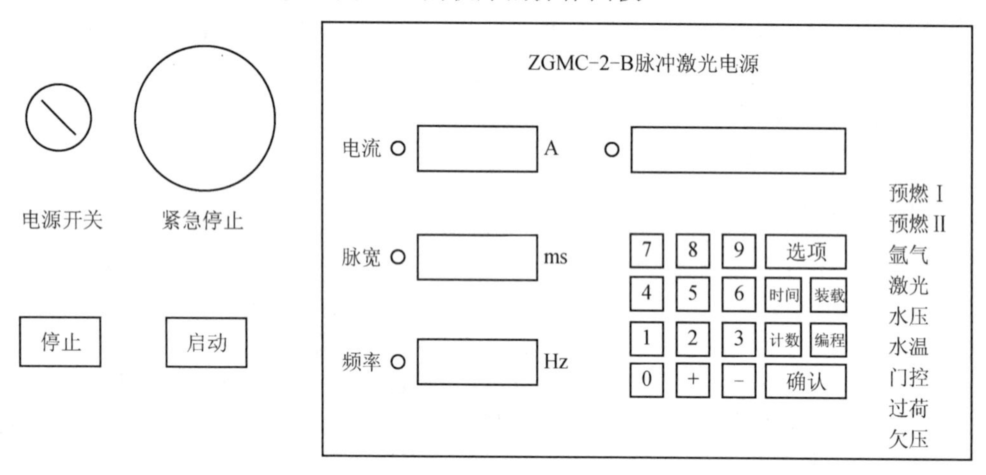

图 18.5　电源面板

1. 开机步骤

合上总电源开关→合上水箱后部开关→合上电源控制箱后部开关→旋转电源面板左上角的“电源开关”至“开”状态→顺时针旋转“紧急停止”开关使其复位→按“启动”按钮→按“选项”键→当显示面板显示“ON”后按“确认”键，等待 2min→启动计算机。

JHM-1GY-500B多功能激光加工机

驱动　照明　程控

激光　校正　备用

紧急停止

图 18.6　操作面板

机床正常启动后，电源面板右侧的“预燃 I ”“预燃 II ”灯亮。显示面板显示“P”。

2. 参数调节

“电流”“脉宽”的选择可按“编程”→“选项”→“确认”在这两个参数中切换到要编辑的选项，输入相应的值后按“确认”键即可切换到“频率”进行输入，按两次“确认”键。注意：这三个参数是相互协调的，必须根据实际情况进行输入。

3. 找激光焦点

将“频率”参数设置为 1Hz，按下操作面板上的“激光”按钮使激光照射到工件上，调节激光头上的“导光、聚焦”旋钮，使激光照到工件上有火花时即找到了焦点。

4. 找程序原点

将工件安装固定到工作台，移动工作台到合适位置后，调整激光点和工件的相对位置，确认该点与程序原点符合后，按操作面板上的“校正”按钮即可。

5. 模拟程序

当通过CAD软件绘制加工图形并生成相应的程序后，需通过程序模拟验证后方能进入正式加工阶段，程序的模拟有以下三种方法：单击主菜单中的“运行”→“工作台空走”选项；按操作面板上的“运行”按钮；按“面板操作”选项，然后用脚踩下脚踏开关。

6. 正式加工

经过程序模拟步骤后，按操作面板上的“驱动”→“照明”→“程控”按钮即可开始正式加工。

7. 关机步骤

按电源面板上的“选项”按钮，直至显示面板出现“OFF”→按“确认”按钮，2min后系统自动关机→按“停止”按钮→旋转电源面板左上角的“电源开关”至“关”状态→关闭机床电源开关。

18.5 激光切割机安全操作规程

(1) 遵守一般切割机安全操作规程。严格按照激光器启动程序启动激光器、调光、试机。

(2) 操作者须经过培训，熟悉切割软件、设备结构、性能，掌握操作系统有关知识。

(3) 按规定穿戴好劳动防护用品，在激光束附近必须佩带符合规定的防护眼镜。

(4) 在未弄清某一材料是否能用激光照射或切割前，不要对其加工，以免产生烟雾和蒸汽。

(5) 设备开动时操作人员不得擅自离开岗位或托人代管，如的确需要离开时应停机或切断电源开关。

(6) 要将灭火器放在随手可及的地方，不加工时要关掉激光器或光闸，不要在未加防护的激光束附近放置纸张、布或其他易燃物。

(7) 在加工过程中发现异常时，应立即停机，及时排除故障或上报主管人员。

(8) 保持激光器、激光头、床身及周围场地整洁、有序、无油污，工件、板材、废料按规定堆放。

(9) 使用气瓶时，应避免压坏焊接电线，以免漏电事故发生。气瓶的使用、运输应遵守气瓶监察规程。禁止气瓶在阳光下暴晒或靠近热源。开启瓶阀时，操作者必须站在瓶嘴侧面。

(10) 维修时要遵守高压安全规程。每运转1天或每周维护、每运转1000小时或每六个月维护时，要按照规定和程序进行。

(11) 开机后应手动低速X、Y、Z轴方向开动机床，检查确认有无异常情况。

(12) 对新的工件程序输入后，应先试运行，并检查其运行情况。

(13) 工作时，注意观察机床运行情况，以免切割机走出有效行程范围或两台发生碰撞造成事故。

(14) 设备处于自动工作运转中有一定的危险性，任何操作过程都必须注意安全。无论任何时间进入机器运转范围内都可能导致严重的伤害。

(15) 送料时一定要看着送料状态，以免坂料起拱撞上激光头，后果严重。

(16) 生产运行前要检查所有准备工作是否到位，保护气是否开启，气压是否达到。激光是否待命状态。

(17) 实训结束后应擦拭机床，清扫和整理现场。

第 19 章　三维扫描与快速成形技术

教学目的　本章的教学目的是强化对三维扫描仪与快速成形机的认识与理解。通过学习三维扫描仪与快速成形机的结构与原理，掌握三维扫描与快速成形机的一般步骤，进一步加深对先进制造技术的理解。重点培养学生学习兴趣，对今后大三、大四专业的学习打下基础。

教学要求

(1) 掌握三维激光扫描技术的特点。

(2) 掌握三维激光扫描成像的原理。

(3) 掌握快速成形基本理论。

(4) 了解快速成形工艺方法种类及特点。

(5) 掌握快速成形设备操作方法。

19.1　三维扫描技术

三维激光扫描技术由于其扫描速度快、直接获得数字信息、非接触性、扫描效率高、使用简单方便等优点，使其在当今工业生产、科技研究、生活等各方面的应用越来越广泛。本章简单介绍了三维激光扫描技术的发展历程及现状，并从几个方面介绍了三维激光扫描技术的原理，以及三维激光扫描技术的特点和现在的应用领域。

19.1.1　三维激光扫描技术简介

三维激光扫描技术(Three-Dimensional Laser Scan Technology)，又称“实景复制技术”。它通过高速激光扫描测量的方法，大面积高分辨率地快速获取被测对象表面的三维坐标数据。可以快速、大量地采集空间点位信息，快速建立物体的三维影像模型的一种技术手段。

随着科技的进步和工业技术的发展，三维测量在应用中越来越重要，三维激光扫描技术是伴随着激光扫描技术、三维测量技术以及现代计算机图像处理技术产生和发展的。

19.1.2　三维激光扫描技术的优势

1) 三维测量

传统测量概念里，所测的数据最终输出的都是二维结果(如 CAD 出图)，现在测量仪器里全站仪、GPS 比重居多，但测量的数据都是二维形式的。在逐步数字化的今天，三维数据已经逐渐代替二维数据，因为其直观是二维无法表示的，现在的三维激光扫描仪每次测量的数据不仅包含 X、Y、Z 点的信息，还包括 R、G、B 颜色信息，同时还有物体反色率的信息，这样全面的信息能给人一种物体在电脑里真实再现的感觉，是一般测量手段无法做到的。

2) 快速扫描

快速扫描是扫描仪诞生产生的概念，在常规测量手段里，每一点的测量费时都在 2～5s，有的甚至要花几分钟的时间对一点的坐标进行测量。显然，这样的测量速度在数字化时代已经不能满足需求，三维激光扫描仪的诞生改变了这一现状，最初每秒 1000 点的测量速度已经让测量界大为惊叹，而现在脉冲扫描仪(scanstation2)最大速度已经达到 50000 点/秒，相位式扫描仪 Surphaser 三维激光扫描仪最高速度已经达到 120 万点/秒，这是三维激光扫描仪对物体详细描述的基本保证，古文体、工厂管道、隧道、地形等复杂领域无法测量的情况已经成为过去式。

19.1.3　三维激光扫描技术的国内外研究现状

1994 年，M. Levovy 和他的小组利用三角原理的激光扫描仪和高分辨率的彩色图像获取并重建了 Michelangelo 的主要雕塑品，并提出了一系列相关的技术。

1997 年，加拿大 NRC(National Research Council)的 El-Halkim 构建了自己的硬件平台，他们将激光扫描仪和 CCD 照相机固定在小车上，得到了一个数据采集和配准系统，并于 1998 年在原有系统的基础上实现了一个室内的三维建模系统。

2001 年，Y. YU 等在对室内场景建模的同时，将场景的一些实现提取出来，并对物体的三维模型提供了编辑和一定功能。

2002 年，I. Stamos 和 P.K.Allen 实现了一个完整的系统，该系统能同时获得室外大型建筑的深度图像和彩色图像，并最终会付出建筑物具有照片真实感的三维模型。除此之外，Fruh 等使用 2D 激光扫描仪、数码照相机并同时借助航空图像和航空激光扫描数据恢复了建筑物屋顶带有色彩的集合模型，得到了更为完整的街区三维模型。

国内对于三维激光扫描重建技术起步比较晚，但是也在部分领域取得一定的成果。自 2000 年起至今，北京大学的三维视觉与机器人实验室使用具有不同扫描特性的激光扫描仪、全方位摄像系统与高分辨率照相机完成了建模对象集合与纹理采集，并通过这些数据的配准与无缝拼接完成了三维物体模型的建立。2005 年，首都师范大学三维空间信息获取与地学应用教育部重点实验室给出了一种基于激光扫描数据的室外场景表面重建方法，该方法可以完成建筑物单一表面的重建。

目前，国内外对于三维激光扫描技术的研究均受到复杂场景的几何结构、未知物体表面反射特性、变化的光照条件、复杂的地形以及不规则的未知遮挡物等限制。因此，如何快速而又精确扫描出复杂的三维物体仍是研究该技术的关键。

19.1.4　三维激光扫描技术的原理

无论扫描仪的类型如何，三维激光扫描仪的构造原理都是相似的。三维激光扫描仪的主要构造是由一台高速精确的激光测距仪，配上一组可以引导激光并以均匀角速度扫描的反射棱镜。激光测距仪主动发射激光，同时接受由自然物表面反射的信号从而可以进行测距，针对每一个扫描点可测得测站至扫描点的斜距，再配合扫描的水平和垂直方向角，可以得到每一扫描点与测站的空间相对坐标。如果测站的空间坐标是已知的，那么则可以求得每一个扫描点的三维坐标。以 Riegl LMS -Z420i 三维激光扫描仪为例，该扫描仪以反射镜进行垂直方向扫描，水平方向则以伺服马达转动仪器来完成水平 360° 扫描，从而获取三维点云数据。

三维激光扫描系统工作原理：三维激光扫描仪发射器发出一个激光脉冲信号，经物体表面漫反射后，沿几乎相同的路径反向传回到接收器，可以计算目标点 P 与扫描仪距离 S，控制编码器同步测量每个激光脉冲横向扫描角度观测值α和纵向扫描角度观测值β，如图 19.1 所示。三维激光扫描测量一般为仪器自定义坐标系。X 轴在横向扫描面内，Y 轴在横向扫描面内与 X 轴垂直，Z 轴与横向扫描面垂直。

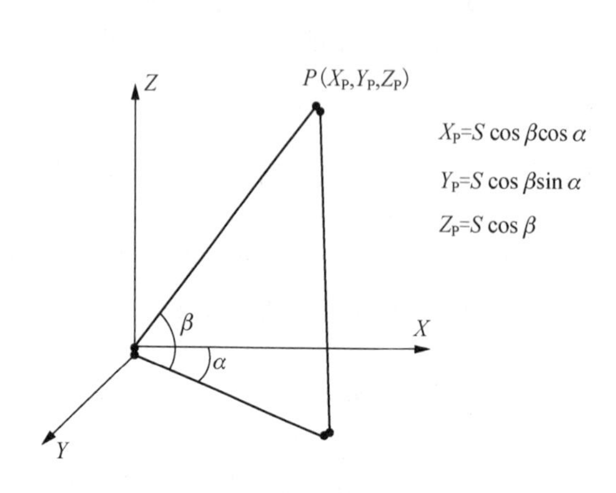

图 19.1　扫描点坐标计算原理

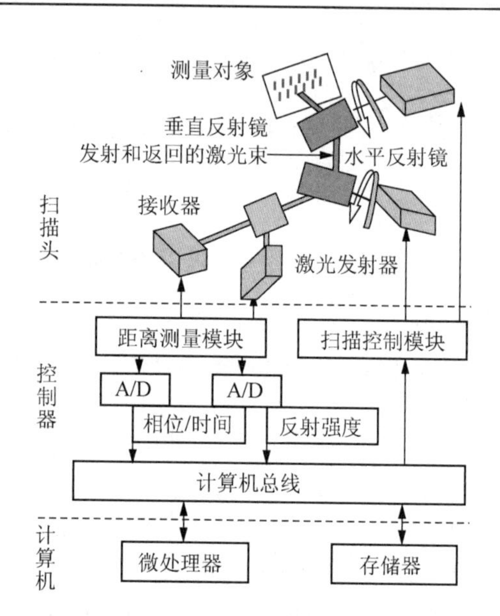

图 19.2　地面激光扫描仪测量的基本原理

整个系统由地面三维激光扫描仪、数码相机、后处理软件、电源以及附属设备构成，它采用非接触式高速激光测量方式，获取地形或者复杂物体的几何图形数据和影像数据，其基本原理如图 19.2 所示。最终由后处理软件对采集的点云数据和影像数据进行处理，转换成绝对坐标系中的空间位置坐标或模型，以多种不同的格式输出，满足空间信息数据库的数据源和不同应用的需要。地面激光扫描仪系统组成如图 19.3 所示。

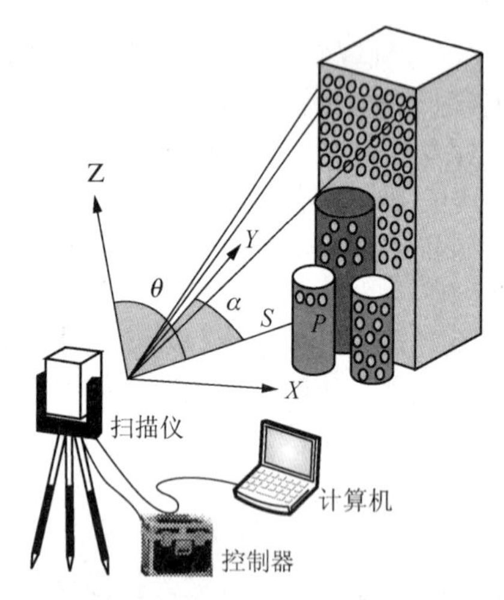

图 19.3　地面激光扫描仪系统组成与坐标系

目前，需要通过两种类型的软件才能使三维激光扫描仪发挥其功能：一类是扫描仪的控制软件，另一类是数据处理软件。前者通常是扫描仪随机附带的操作软件，既可以用于获取数据，也可以对数据进行相应处理，如 Riegi 扫描仪附带的软件 RiSCAN Pro；而后者多为第三方厂商提供，主要用于数据处理。Optech 三维激光扫描仪所用数据处理软件为 Polyworks 10.0。

19.1.5　三维建模的步骤

三维激光扫描系统采集的数据为点云数据，点云数据处理一般包含下面几个步骤：噪声去除、多视对齐、数据精简、曲面重构。

噪声去除是指除去点云数据中扫描对象之外的数据。在扫描过程中，由于某些环境因素的影响，如移动的车辆、行人及树木等，也会被扫描仪采集。这些数据在后处理时需要删除。

多视对齐是指由于被测件过大或形状复杂，扫描时往往不能一次测出所有数据，而需要从不同位置、多视角进行多次扫描，这些点云就需要对齐、拼接，称为多视对齐。点云对齐、拼接可以通过在物体表面布设同名控制点来实现。多视对齐的实质是计算满足如下目标函数的旋转和平移变换矩阵 R，T：

$$f(R,T)=\min\sum[R\cdot p_i+T-q_i]^2 \tag{19-1}$$

其中，p_i、q_i 为需对齐的点云，式(19-1)是一个高度非线性问题。点云对齐的研究主要集中于寻求该问题的快速有效的求解方法。其中最著名的是 Basl 和 Mokay 于 1992 年提出的 ICP 算法。

点云的数据精简指的是由于点云数据是海量数据，在不影响曲面重构和保持一定精度的情况下需要对数据进行精简。常用的精简方法可采用两种方式：平均精简(原点云中每 n 个点保留 1 个)；按距离精简(删除一些点后使保留的点云中点与点间的距离均大于某值)。

为了真实地还原扫描目标的本来面目，需要将扫描数据用准确的曲面表示出来，这个过程叫曲面重构。曲面常见表示种类有：三角形网格、细分曲面、明确的函数表示、暗含的函数表示、参数曲面、张量积 B 样条曲面、NURBS 曲面等。经过曲面重构后，就可以进行三维建模，还原扫描目标的本来面目。点云数据处理步骤基本完成后就可以应用点云数据来解决后续问题。

19.1.6　三维扫描技术的应用

近几年，三维激光扫描技术不断发展并日渐成熟，目前三维扫描设备也逐渐商业化，三维激光扫描仪的巨大优势就在于可以快速扫描被测物体，不需反射棱镜即可直接获得高精度的扫描点云数据。这样一来可以高效地对真实世界进行三维建模和虚拟重现。因此，已经成为当前研究的热点之一，并在文物数字化保护、土木工程、工业测量、自然灾害调查、数字城市地形可视化、城乡规划等领域有广泛的应用。

(1) 测绘工程领域。大坝和电站基础地形测量、公路测绘、铁路测绘、河道测绘、桥梁、建筑物地基等测绘、隧道的检测及变形监测、大坝的变形监测、隧道地下工程结构、测量矿山及体积计算等。

(2) 结构测量方面。桥梁改扩建工程，桥梁结构测量，结构检测与监测，几何尺寸测量，空间位置冲突测量，空间面积，体积测量，三维高保真建模，海上平台，测量造船厂、电厂、化工厂等大型工业企业内部设备的测量，管道、线路测量，各类机械制造安装等。

(3) 建筑、古迹测量方面。建筑物内部及外观的测量保真、古迹(古建筑、雕像等)的保护测量、文物修复、古建筑测量、资料保存等古迹保护、遗址测绘、赝品成像、现场虚拟模型、现场保护性影像记录等。

(4) 紧急服务业。反恐怖主义、陆地侦察和攻击测绘、监视、移动侦察、灾害估计、交通事故正射图、犯罪现场正射图、森林火灾监控、滑坡泥石流预警、灾害预警和现场监测、核泄露监测等。

(5) 娱乐业。用于电影产品的设计，为电影演员和场景进行的设计、3D 游戏的开发、虚拟博物馆、虚拟旅游指导、人工成像、场景虚拟、现场虚拟等。

(6) 采矿业。在露天矿及金属矿井下作业，以及一些危险区域人员不方便到达的区域，如塌陷区域、溶洞、悬崖边等进行三维扫描。

19.1.7　3DSS 型三维扫描仪简介

3DSS (Three Dimentional Sensing System) 能对物体进行高速高密度扫描，输出三维点云供进一步后处理。3DSS 是一种非接触扫描设备，能对任何材料的物体表面进行数字化扫描，如工件、模型、模具、雕塑、人体等，用于逆向工程、工业设计、三维动画、文物数字化等领域。

3DSS 系统包含扫描硬件和扫描软件。硬件包括计算机、摄像头、数字光栅发生器、三脚架；扫描软件的操作系统是 Win2000/XP，软件对摄像头和光栅发生器进行实时采集和控制，对采集的图像进行软件处理，生成三维点云，并能进行三维显示，输出各种格式(asc, wrl,igs ,stl 等)的点云文件，可用 Surfacer、Geomagic 等软件进行进一步处理，如图 19.4 所示。

如图 19.5 所示是扫描控制软件的主界面，客户区被固定分成四个区域，其中第一象限是扫描点云显示区；第二象限是参考点管理区；第三象限是左摄像头图像显示区；第四象限是右摄像头图像显示区。

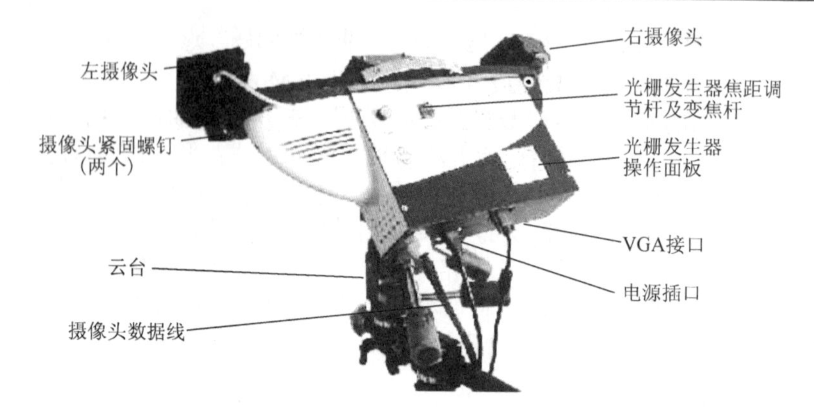

图 19.4　三维扫描仪结构

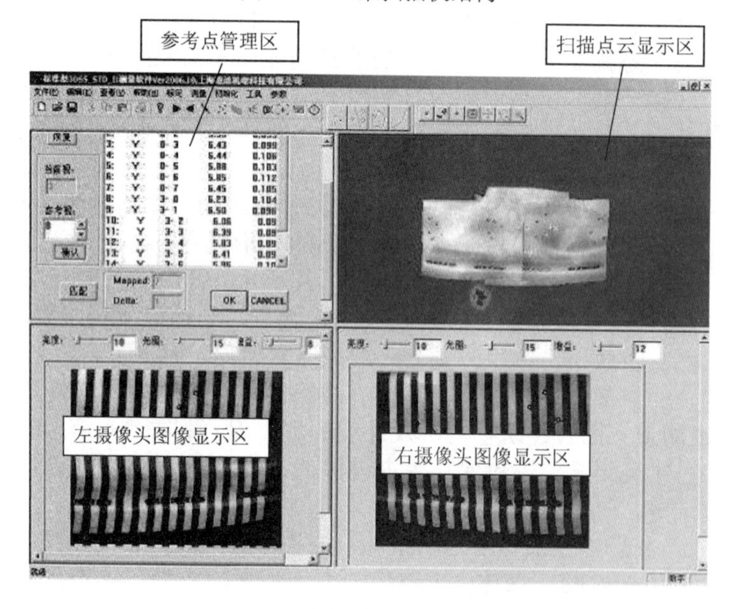

图 19.5　扫描控制软件主界面

标定板是一块印有白色点阵的平板，如图 19.6 所示。扫描范围不同，点的大小和点距也不一样，其中有 5 个大点，这是标识方向的。其中有两个紧邻的大点必须总在上方，标定时，标定板不能侧放或颠倒。标定板须保持干静、不能污损，圆点的边界不能缺损。

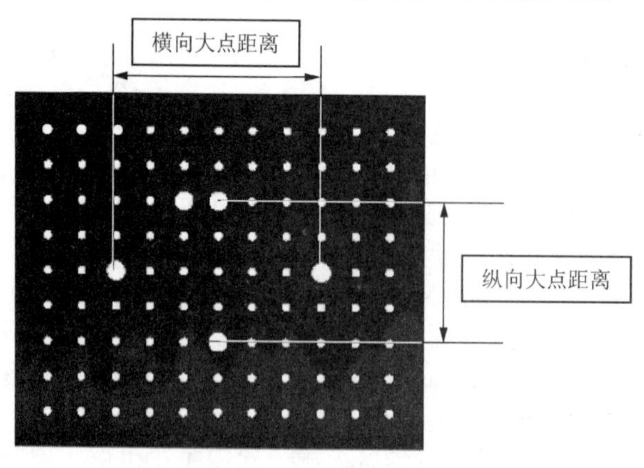

图 19.6　标定板

19.2　快速成形技术

快速原型制造技术(Rapid Prototyping Manufacturing，RPM)，又叫快速成形技术(Rapid Prototyping，RP 技术)。RP 技术是在现代 CAD/CAM 技术、激光技术、计算机数控技术、精密伺服驱动技术等基础上集成发展起来的一项先进制造技术，对促进企业产品创新、缩短开发周期、降低开发成本、提高产品竞争力有积极推动作用。它可以在无需准备任何模具、刀具和工装卡具的情况下，直接接受产品设计(CAD)数据，快速制造出新产品的样件、模具或模型。由传统的“去除法”到今天的“增长法”，由有模制造到无模制造，这就是 RP 技术对制造业产生的革命性意义。

19.2.1　RP 系统的基本工作原理

不同种类的快速成形系统因所用成形材料不同，成形原理和系统特点也各有不同。但其基本工作原理都是一样的，那就是“分层制造、逐层叠加”，类似于数学上的积分过程。可形象地将快速成形系统比喻成一台“立体打印机”。将一个复杂的三维物理实体离散成一系列二维层片的加工，是一种降维制造的思想，大大降低了加工难度，并且成形过程的难度与待成形的物理实体的形状和结构的复杂程度无关，如图 19.7 所示。

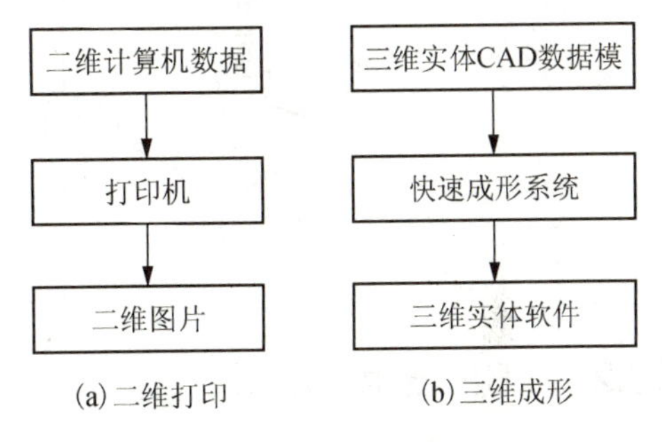

图 19.7　RP 基本工作原理

快速成形过程是在没有任何刀具、模具及工装卡具的情况下，快速直接地实现零件单件的生产，这个过程只需很短的时间。

19.2.2　RP 系统的成形机理

快速成形的工艺过程如图 19.8 所示，根据其工艺过程快速成形应按照以下步骤进行：

(1) 由 CAD 软件设计出所需零件的计算机三维曲面模型或实体模型。

(2) 根据工艺要求，按一定的规则将该模型离散为一系列有序单元，通常在 Z 向将其按一定厚度进行离散(习惯称为分层或切片)，把三维数字模型变成一系列的二维层片。

(3) 根据每个层片的轮廓信息进行工艺规划，选择合适的加工参数，自动生成数控代码。

(4) 由成形机(数控机床)接受指令控制激光器(或喷嘴)有选择性地烧结一层又一层的粉末材料(或固化一层又一层的液态光敏树脂，或切割一层又一层的片状材料，或喷射一层又一层的热熔材料或黏合剂)形成一系列具有一个微小厚度和特定形状的片状实体，再采用熔结、聚合、黏结等手段使其逐层堆积成一个三维物理实体。

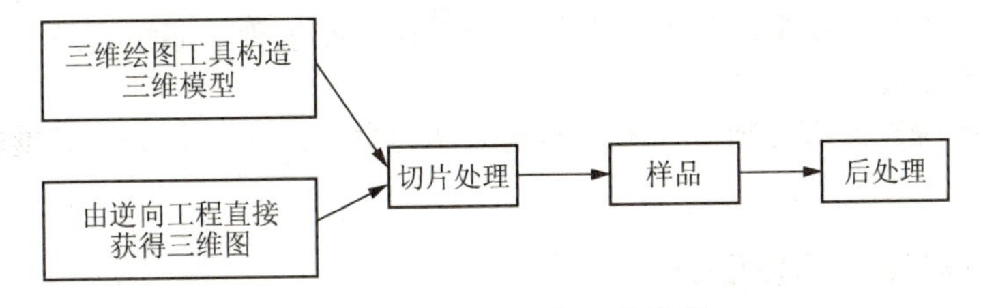

图 19.8　快速成形的工艺过程

19.2.3 熔融挤压工艺原理

熔融挤出成形(FDM)工艺的材料一般是热塑性材料，如蜡、ABS、PC、尼龙等，以丝状供料。其工艺原理如图 19.9 所示。材料在喷头内被加热熔化，喷头沿零件截面轮廓和填充轨迹运动，同时将熔化的材料挤出，材料迅速固化，并与周围的材料黏结。每一个层片都是在上一层上堆积而成的，上一层对当前层起到定位和支撑的作用，随着高度的增加，层片轮廓的面积和形状都会发生变化，当形状发生较大的变化时，上层轮廓就不能给当前层提供充分的定位和支撑作用，这就需要设计一些辅助结构(如支撑)，对后续层提供定位和支撑，以保证成形过程的顺利实现。

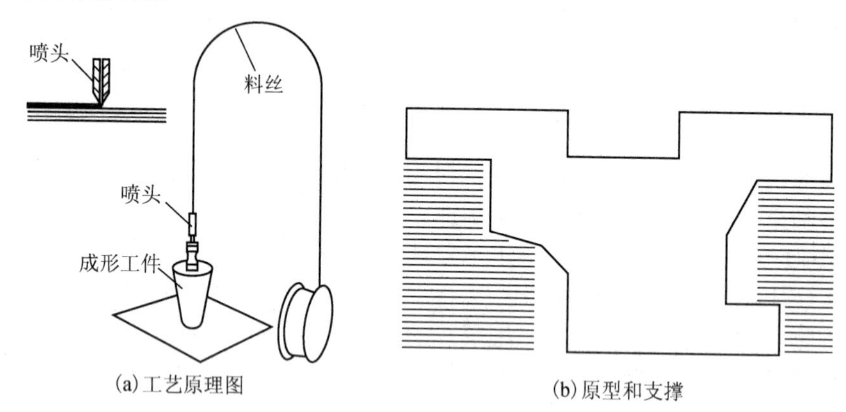

(a)工艺原理图　　(b)原型和支撑

图 19.9　熔融挤压工艺原理

19.2.4 RP 技术的应用

RP 技术的实际应用主要集中在以下几个方面：

(1)在新产品造型设计过程中，快速成形技术为工业产品的设计开发人员建立了一种崭新的产品开发模式。

(2)广泛应用于机械制造领域中的单件、小批量金属零件的制造，其优点是成本低、周期短。

(3)将快速成形技术与传统的模具制造技术相结合，可以大大缩短模具制造的开发周期，提高生产率，是解决模具设计与制造薄弱环节的有效途径。快速成形技术在模具制造方面的应用可分为直接制模和间接制模两种(直接制模是指采用 RP 技术直接堆积制造出模具，间接制模是先制出快速成形零件，再由零件复制得到所需要的模具)。

(4)在医学领域以医学影像数据为基础，利用 RP 技术制作人体器官模型，对外科手术有极大的应用价值。

(5)在文化艺术领域，快速成形制造技术多用于艺术创作、文物复制、数字雕塑等。

(6)快速成形系统在国内的家电行业上得到了很大程度的普及与应用，使许多家电企业走在了国内前列。如美的、华宝、科龙、春兰、小天鹅、海尔等，都先后采用快速成形系统来开发新产品，收到了很好的效果。

可以相信，随着快速成形制造技术的不断成熟和完善，它将会在越来越多的领域得到更广泛的应用。

19.2.5 快速成形技术的发展方向

从目前 RP 技术的研究和应用现状来看，快速成形技术的进一步研究和开发工作主要有以下几个方面：

(1) 开发性能好的快速成形材料，如成本低、易成形、变形小、强度高、耐久及无污染的成形材料。

(2) 提高 RP 系统的加工速度和开拓并行制造的工艺方法。

(3) 改善快速成形系统的可靠性，提高其生产率和制作大件能力，优化设备结构，尤其是提高成形件的精度、表面质量、力学和物理性能，为进一步进行模具加工和功能实验提供基础。

(4) 开发快速成形的高性能 RPM 软件。提高数据处理速度和精度，研究开发利用 CAD 原始数据直接切片的方法，减少由 STL 格式转换和切片处理过程所产生精度损失。

(5) 直接金属成形技术将会成为今后研究与应用的又一个热点。

(6) 进行快速成形技术与 CAD、CAE、RT、CAPP、CAM 以及高精度自动测量、逆向工程的集成研究。

(7) 提高网络化服务的研究力度，实现远程控制。

19.2.6　快速成形机操作简介

ModelWizard 工作界面由三部分构成。上部为菜单和工具条，左侧为工作区窗口，有三维模型、二维模型和三维打印机三个窗口，显示 STL 模型列表等；右侧为图形窗口，显示三维 STL 或 CLI 模型，以及打印信息，如图 19.10 所示。

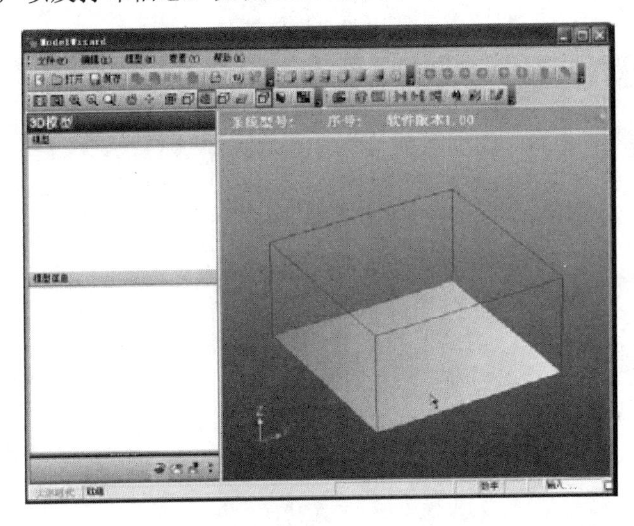

图 19.10　ModelWizard 工作界面

第一次运行 ModelWizard 需要从三维打印机/快速成形系统中读取一些系统设置。首先连接好三维打印机/快速成形系统和计算机，然后打开计算机和三维打印机/快速成形系统，启动软件，选择菜单中“文件→三维打印机→连接”，系统自动和三维打印机/快速成形系统通信，读取系统参数。

(1) 启动软件，载入三维模型(如果模型已经处理成二维模型，则可省略本步骤)。将模型用“变形”，“自动排放”等命令放置到合适的位置(三维图形和二维图形窗口显示了三维打印机/快速成形系统在工作台面的实际位置)。用户应根据需要放置到合理的位置，如图 19.11 所示。

(2) 分层处理，根据三维打印机/快速成形系统安装的喷头大小和实际需要，选择合适的参数集，对三维模型进行分层处理，并保存为 CLI 文件，如图 19.12 和图 19.13 所示。

(3) 载入 CLI 模型，如成形位置有变动，则可以在二维图形窗口内将其移动到适宜的位置。注意：打印模型将输出所有已载入的二维模型，并非选中的层片模型。

(4) 打开三维打印机/快速成形系统的电源。如果刚开机，则需要对系统进行初始化，选择命令“文件→三维打印机→初始化”。如果系统刚完成前一个模型，或者刚修复好错误，则需要恢复就绪状态，选择命令“文件→三维打印机→恢复就绪状态”。

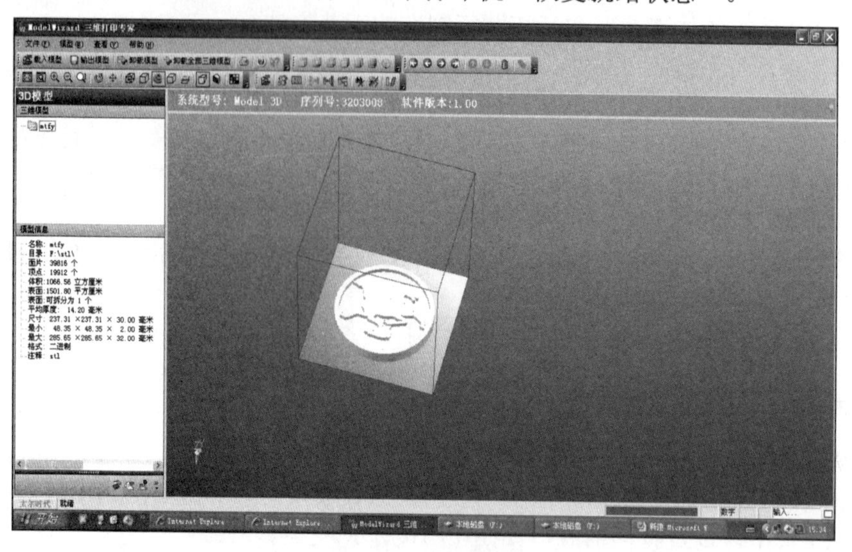

图 19.11　模型载入

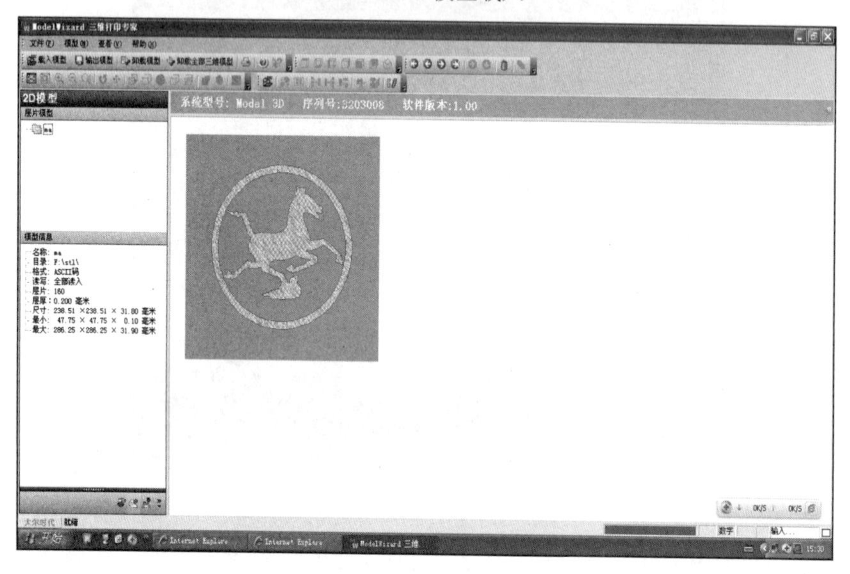

图 19.12　模型分层处理

(5) 如有必要，可以先打开温控系统，温控系统可以通过系统面板或本软件的调试对话框打开，以减少等待系统升温的时间。

打开三维打印机/快速成形系统，进行完打印准备工作后，即可开始打印，打印分为以下步骤：

(1) 升高工作台到靠近喷头 1～5mm 的高度。注意，升高工作台时应防止工作台升高过快，撞击喷头，发生意外。为保证高度测量准确，可以先将喷头移动到成形位置附近。

(2) 测量工作台到喷头距离。

(3) 选择命令“文件→三维打印→打印模型”，系统弹出“三维打印”对话框，用户可以选择要输出的层数，即“层片范围”中的开始层和结束层，系统默认从第一层到最后一层，其他参数为预留选项，暂不使用。

(4) 系统弹出工作台高度对话框，输入前面测量的工作台到喷头距离。

(5) 系统自动开始打印。

此外，打印前还要进行打印参数的设置，如图 19.13。包括输出范围是按高度范围还是层片范围的选择，还有路径优化方式的选择。打印前还要进行平台调整，如图 19.14 所示。其方法是用一固定基准高度，调节 Z 轴使工作台与喷嘴的距离等于基准值，调整 X、Y 方向，使喷嘴在另外两点的高度也等于基准值，表示工作台已处于水平位置。温度控制也是成形的关键因素，如图 19.15 所示，275℃和 55℃分别表示喷头熔化材丝温度和工作形腔温度的设定值，262℃和 32℃分别表示对应的实侧值。温度达到设定值后，打印机就会自动逐层打印，最终成形的实物图如图 19.16 所示。

图 19.13　打印参数的设置

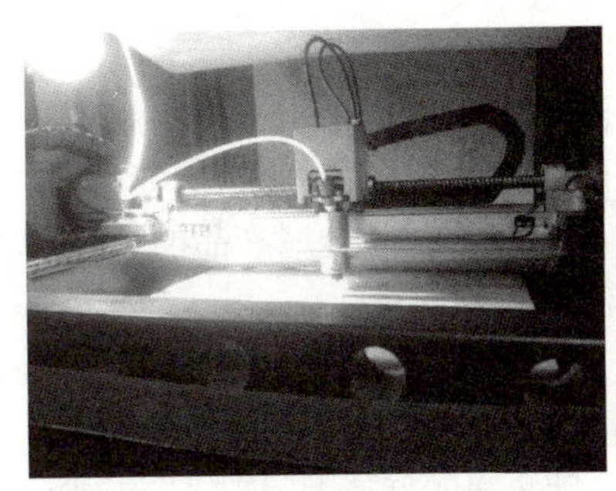

图 19.14　快速成形机工作台调试

图 19.15　快速成形温度的控制

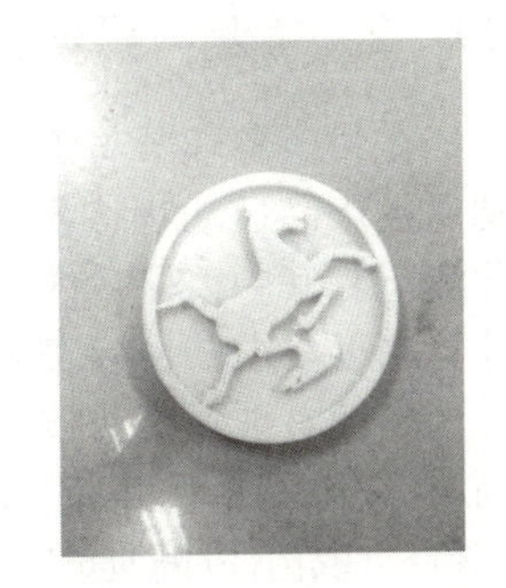

图 19.16　最终成形的实物图

19.3　快速成形创新训练

读者可从自身专业或个人爱好出发，自行设计一个零件或部件能直接由快速成形机打印成形，零件打印完成后应从外观形状、尺寸精度、表面粗糙度、加工成本与工艺过程等各方面对其进行分析，总结优缺点，对不足之处提出改进措施，并写出心得与体会。

注意事项：在设计形状时一定要相关工种的指导教师协商，确认其结构的合理性和加工的成本控制。在生产过程如遇到问题也要及时请教指导教师，避免发生不必要的事故。

第 20 章　产品检测与探伤

20.1　产品检测与探伤概述

20.1.1　检测与探伤定义

产品检测，顾名思义包括产品的检验与测量。

产品检验的过程是指用工具、仪器或其他分析方法检查各种原材料、半成品、成品是否符合特定的技术标准、规格的工作过程。产品测量，是对产品或工序过程中的实体进行度量、测量、检查和实验分析,并将结果与规定值进行比较和确定是否合格所进行的活动。

产品探伤是指探测金属材料或部件内部的裂纹或缺陷。

在众多工业产品检测技术中，目前发展最快、使用最多、效果最优的检测方法即无损检测技术。为保证工业产品优异的质量，在工业检测过程中需要一种不破坏产品原本的形状、不改变其使用性能的检测方法，对产品进行百分之百的检测(或抽检)，以确保其可靠性和安全性，无损检测技术能够完美地达到以上要求。

本章内容主要介绍产品检测与探伤技术中的各种无损检测技术。目前，无损检测技术已发展成为一门独立、成熟的技术性学科，优点突出、技术成熟、应用广泛。无损检测技术是在不损伤被检测产品的条件下，利用材料内部结构异常或缺陷存在所引起的对电、磁、光、声、热等反应的变化，由此可探测出产品内部及表面缺陷。无损检测工序具有非破坏性、全面性、全程性、可靠性等特点，在材料和产品的静态和动态检测以及质量管理中成为一个不可缺少的重要环节。

20.1.2　检测与探伤技术的意义与发展过程

在科研各环节与工业生产中，针对产品的设计、模拟、测量、仿制、仿真、产品质量控制以及产品运动状态各个阶段，都需要使用产品检测技术，因此发展出一门技术性学科，工业测量。其中，测量内容以产品的几何尺寸为主，同时，生产实践中针对金属产品的目标尺寸、精度要求、目标表面质地、目标运动状态等多项指标进行检验与测量。

伴随着现代工业技术与科研技术的不断创新与发展，对于工业金属制品来说，抗高温、高压、高速度和高负荷等能力已成为现代工业制品的重要标准。实现高标准的金属产品也是建立在材料(或构件)高质量的基础之上的。而产品检测技术的目的，即定量掌握缺陷与强度的关系，评价构件的允许负荷、寿命或剩余寿命；检测设备在制造和使用过程中产生的结构不完整性及缺陷情况，以便改进制造工艺，提高产品质量，及时发现故障，保证设备安全、高效、可靠地运行。

对于工业企业、工业行业，甚至工业国家而言，发展产品检测与探伤技术必不可少，其重要性也不言而喻。1979 年，美国在一次政府工作报告中提出成立六大技术中心，其中之一就是无损检测技术中心。德国、日本等工业发达国家则是将无损检测技术与工业化实际应用协调得最为有效的国家。在我国，产品检测与探伤技术得到了国家工信部与科技部的高度重视，不仅成立了专门的学术组织，还设立了专门从事无损检测与评价的研究机构。

开展产品检测与探伤技术的研究与实践的意义是多方面的，主要表现如下：①改进生产工艺；②提高产品质量；③降低生产成本；④保障设备的安全运行。显然，产品检测与探伤技术，特别是无损检测技术，在确保设备与产品安全完好运行方面，有着举足轻重的影响。

产品检测与探伤技术起源于何时目前已难以考证，而在浩如烟海的史书记载中，闻名遐迩的阿基米德(Archimedes，公元前 287～前 212 年)利用液体浮力原理评判“真假金皇冠案”算是产品检测技术的首次运用与实践。产品检测与探伤中重要组成部分——无损检测技术由个别实践逐渐发展成为一门学科，大致经历了无损探伤(Non-destructive Inspection，NDI)、无损检测(Non-destructive Testing，NDT)、无损评价(Non-destructive Evaluation，NDE)等几个发展阶段。各个阶段之间无绝对明确的时间界限，它们之间既有继承与发展，又有各自不同的研究重点。

1. 无损探伤

在无损检测发展的初期阶段(20 世纪 50 年代)，主要是利用超声、射线等技术手段来推断被检对象中是否存在缺陷(或异常)，缺陷的检出是当时最为关心的问题。在无损探伤发展阶段，研究的重点是如何检出被检对象中的缺陷，其基本任务是将被检对象区分为有缺陷和无缺陷两大类。

2. 无损检测

随着生产和科技的发展，人们不再满足于仅探测出被检件中是否存在缺陷，而是对无损检测提出了更高的要求。在这个发展阶段中，不仅要回答被检件中是否存在缺陷，还希望进一步提供有关缺陷的性质、类型、位置等方面的信息，这个阶段称为无损检测阶段。对工业发达国家来说，无损检测阶段大致始于 20 世纪 70 年代末 80 年代初。

3. 无损评价

目前，无损检测已进入无损评价发展阶段，在这个阶段中，不仅要对缺陷的有无、性质、位置等进行检测，还要进一步评价缺陷的大小及其对被检件性能指标(如强度、寿命)的影响。

20.1.3　检测与探伤技术的分类

目前，产品检测与探伤技术主要按检测原理的不同进行分类。其中，产品检测与探伤技术中主要以无损检测为主要方法。本章则主要介绍现代无损检测技术的分类情况。

根据不同技术中使用的不同检测原理，无损检测主要分为以下八种：射线检测、声学方法检测、电学方法检测、磁学方法检测、光学方法检测、热学方法检测、渗透法检测、微波与介电测量检测等，另外每一种方法又分为多种测量方法，如表 20-1 所示。

表 20-1 无损检测技术的分类

无损检测种类	具体检测方法
射线检测	X 射线检测、γ射线检测、中子射线法检测、射线计算机层析检测、质子射线照相、正电子湮没检测、中子活化分析、穆斯堡尔谱法、电子射线照相
声学方法检测	超声检测、声发射检测、声-超声检测、声振检测、声成像与声全息检测和声显微镜检测
电学方法检测	涡流检测、电位差和交流场检测、电流微扰检测、带电粒子检测、电晕放电检测、外激电子发射检测
磁学方法检测	磁粉检测、漏磁场检测、Barkhausen 噪声检测、磁声发射检测、核磁共振检测、磁吸收检测
光学方法检测	目视检测、光全息术检测、错位散斑干涉检测
热学方法检测	光声光热检测、温差电方法检测、液晶检测、热敏材料涂覆检测
渗透法检测	液体渗透检测、滤出粒子检测、氪气体渗透成像检测、挥发液检测
微波与介电测量检测	微波检测、介电测量检测

在所有无损检测技术中，射线检测技术、超声波检测技术、涡流检测技术和磁粉检测技术和渗透检测技术是五种最常用、最成熟的检测方法，也成为常规(常用)无损检测技术。

20.1.4　检测与探伤方法的选择

目前，最常用的产品检测与探伤方法有射线检测、超声检测、磁粉检测和涡流检测、渗透检测等。同时，声发射检测、红外无损检测、激光无损检测技术也是应用比较广泛的检测技术。那么，如何在不同的情况下，在诸多的检测技术中选择合适的检测技术与方法十分重要。通常情况下，选择检测技术时主要从以下两个方面考虑。

1. 经济方面的考虑

在选用产品检测与探伤技术时，首先考虑的通常是进行必要的资本投入，同时仔细评估资金的回收情况。如果检测方法与可靠性收益方面成反比，通常会导致企业效益低下，甚至倒闭。而一个好企业选择了经济效益比较高的检测技术，一般情况下会收到相当的经济效益。

现代加工制造业中，利用无损检测技术最终检测成品非常普遍，其主要目的即达到用户使用标准。这就要考虑两个方面，即制造成本与使用成本。而成本很大程度上取决于对关键零部件及组装件的检测效能。例如，德国某汽车公司对汽车的几千个零件进行无损检测后，大大提高了汽车运行公里数，增强了企业竞争力。

应用无损检测技术，必须有全局观念。在加工工艺中针对局部过程使用无损检测技术，其经济收益并不明显。例如，若能检测出钢中的夹层，就可减少焊缝中产生的缺陷，而要防止钢中存在夹层，在轧钢时就应检测钢坯，而要保证钢坯的质量，在连续铸造时就应对工艺过程进行有效的控制。在此过程中，一环紧扣一环，无损检测融入产品生产制造的各个过程。而这一切控制和检测工作，在资本投入方面，往往是企业领导人最关注的。据资料统计，一些先进的大型企业在检测方面的投资高达整个企业投资的10%。

2. 技术方面的考虑

任何材料都会存在缺陷，同理，任何加工方法加工出的产品都会存在缺陷。各种加工工艺和材料中常见的缺陷如表20-2所示。

表20-2　各种加工工艺和材料中的常见缺陷

材料与工艺		常见缺陷
加工工艺	铸　造	气孔、疏松、缩孔、裂纹、冷隔
	锻　造	偏析、疏松、夹杂、缩孔、白点、裂纹
	焊　接	气孔、夹渣、未焊透、未熔合、裂纹
	热处理	开裂、变形、脱碳、过烧、过热
	冷加工	表面粗糙、深度缺陷层、组织转变、晶格扭曲
金属型材	板　材	夹层、裂纹等
	管　材	内裂、外裂、夹杂、翘皮、折叠等
	棒　材	夹杂、缩孔、裂纹等
	钢　轨	白核、黑核、裂纹
非金属材料	橡　胶	气泡、裂纹、分层
	塑　胶	气孔、夹杂、分层、黏合不良等
	陶　瓷	夹杂、气孔、裂纹
	混凝土	空洞、裂纹等
复合材料		未黏合、黏合不良、脱黏、树脂开裂、水溶胀、柔化等

在选择检测方法时，任何情况下都要首先明确检测对象，即先分析被检工件的材质、成形方法、加工过程和使用经历等，对缺陷的可能类型、方位和性质必须进行预先分析，以便有针对性地选择合适的检测方法。任何一种检测方法都不是完美的，仅一种检测方法通常不能达到所需检测要求。此时，需要选择两种或多种检测方法互相配合，构成一个有机的检测系统，从而达到较为满意的检测结果。

就缺陷类型来说，通常可分为体积型和面积型两种。对于不同类型的缺陷，必须采用相应的无损检测方法才能有效检测出来。如表20-3、表20-4、表20-5所示。

表 20-3　不同的体积型缺陷及其可采用的检测方法

缺陷类型	可采用的检测方法
夹杂、夹渣、夹钨、疏松	目视检测(表面)、渗透检测(表面)、磁粉检测(表面及近表面)、涡流检测(表面及近表面)
缩孔、气孔、腐蚀坑	超声检测、射线检测、红外检测、微波检测、中子照相、光全息检测

表 20-4　不同的面积型缺陷及其可采用的检测方法

缺陷类型	可采用的检测方法
分层、粘接不良、折叠	目视检测、超声检测、磁粉检测、涡流检测
冷隔、裂纹、未熔化	微波检测、声发射检测、红外检测

表 20-5　不同材质可采用的无损检测方法

检测方法	主要材料特性	检测方法	主要材料特性
渗透检测	缺陷必须延伸到表面	微波检测	能透入微波
磁粉检测	必须是磁性材料	射线检测	随工件厚度、密度以及化学成分变化而变化
涡流检测	必须是导电材料	中子照相	随工件厚度、密度以及化学成分变化而变化

20.2　常用产品检测与探伤方法

20.2.1　X 射线检测技术

1. X 射线检测概述

射线，是指波长较短的电磁波，或运动速度高、能量大的粒子流。射线检测也是五种常规无损检测技术之一。射线检测主要根据被检件的成分、密度、厚度等的不同，对射线(即电磁辐射或粒子辐射)产生不同的吸收或散射的特性，由此对被检件的特性、质量、尺寸等作出判断。射线根据波长不同，主要分为微波、红外线、阴极射线、β 射线、α 射线和质子射线、X 射线、γ 射线等，其中，X 射线与 γ 射线是间接电离辐射所产生的不带电离子，贯穿物质的本领较强，广泛应用于无损检测。

X 射线，其历史要追溯到 1895 年 X 射线的发现，是由德国物理学家伦琴发现的。后来直到 1911 年，德国的 Muller(米勒)博士才发明了世界上第一支 X 射线管，正式开启了 X 射线的广泛应用。20 世纪 30 年代，射线照相检验技术正式开始进入工业应用。1962 年前后，建立了完整的、至今仍在指导常规射线照相检验技术的基本理论。1990 年后，X 射线检测技术进入了数字射线检测技术时代。

X 射线的特点主要包括：

(1) 以光速沿直线传播。X 射线因不带电荷，呈电中性，故不受电场和磁场的作用。

(2) 不可见，也不能用透镜聚光或用棱镜分光。

(3) 具有穿透能力。X 射线的能量随被穿透物质厚度(穿透的距离)的增加而衰减。对 X 射线而言，被穿透物质的原子序数越大，衰减越严重。因此，X 射线很容易穿透氢、硼等轻元素(即原子序数小的元素)，而不易穿透铅等重金属。

(4) 具有波粒二象性。X 射线在材料传播的过程中，可以产生折射、反射、干涉和衍射等现象，但不同于可见光在传播时的折射、反射、干涉和衍射。因为 X 射线的波长远小于可见光，所以干涉、衍射等现象只有在孔、狭缝等特别小时才能观察到。

(5) 具有光化作用。X 射线能使某些物质起光化学反应，使某些物质产生荧光现象，能使

X 光胶片感光，但中子对 X 光胶片的作用效率较低。

(6) 具有生物效应。X 射线能够杀伤生物细胞，损害生物组织，危及生物器官的正常功能。因此，射线检测中存在安全隐患，应特别注意安全防护。

(7) 具有荧光效应。射线能使某些材料发出荧光，荧光屏就是利用荧光效应将某些射线转换为光。

(8) 具有电离性质。X 射线能排斥原子层中的电子，使气体电离，也能影响液体或固体的电特性。

(9) X 射线束是具有混合波长的连续光谱。

2. X 射线检测的基本原理

现代科学实验显示，X 射线是由高速运动的电子撞击金属靶时急剧减速，其动能转化为电磁辐射，从而产生了 X 射线。而常用的 X 射线源为 X 射线管。X 射线源主要由发射电子的灯丝(阴极)、受电子轰击的阳极靶面和加速电子的装置(高压发生器)三部分组成，如图 20.1 所示。

图 20.2 所示为 X 射线部分元素谱图，为钨靶、钼靶、铬靶。从图中可以看出，X 射线是一种混合线，由连续 X 射线和标识 X 射线两部分组成。连续谱是从最短波长开始，随波长的增加强度逐渐变化的部分；而标识谱则是在某些特定波长上叠加在连续谱上的线状谱部分。

在工业射线检测中所获得的 X 射线谱中既有连续谱，也有标识谱。但主要起作用的是连续谱。因为，与连续射线相比，标识射线的能量要小得多。

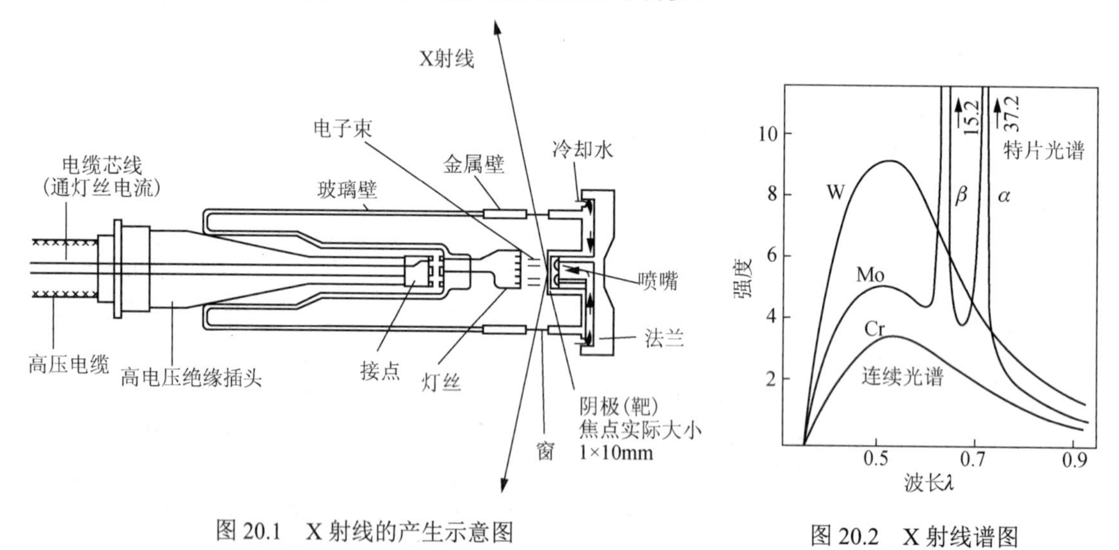

图 20.1　X 射线的产生示意图　　图 20.2　X 射线谱图

3. X 射线检测的技术

对于 X 射线检测，目前工业上主要应用的有照相法、电离检测法、荧光屏直接观察法以及电视观察法等。因篇幅限制，本章中只介绍照相法与电离检测法。

1) 照相法

照相法是将感光材料(胶片)置于被检测试件后面，来接收透过试件不同强度的射线。如图 20.3 所示，利用 X 射线的感光特性，通过观察、记录在射线照相胶片(底片)上的有关 X 射线在被检材料或工件中发生的衰减变化，来判定被检材料和工件的内部是否存在缺陷，从而在不破坏或不损害被检材料和工件的情况下，评估其质量和使用价值。因为胶片乳剂的摄影作用与感受到的射线强度有直接关系，经过暗室处理后就会得到透照影像，这样根据影像的形状和黑度的情况，就可以评定材料中有无缺陷及缺陷的形状、大小和位置。

因为照相法灵敏度高、直观可靠，而且重复性好，所以是目前最常用的射线检测方法之一，在工农业生产、基础设施建设和科学研究中应用非常广泛。

2) 电离检测法

当射线通过气体时，与气体分子撞击，部分气体分子失去电子而电离，生成正离子，也有部分气体分子得到电子而生成负离子，即气体的电离效应。电离效应会产生电离电流，其大小与射线强度有关。如果让透过试件的 X 射线再通过电离室进行射线强度的测量，便可根据电离室内电离电流的大小来判断试件的完整性，如图 20.4 所示。

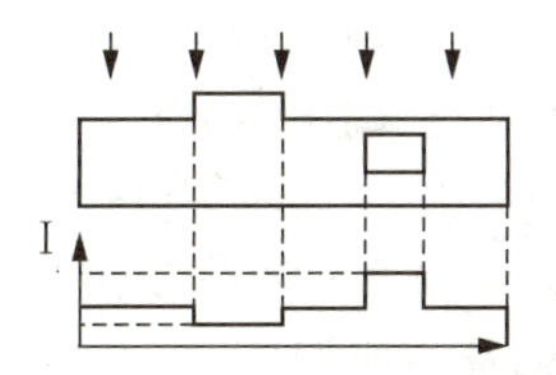

图 20.3　射线照相原理示意图

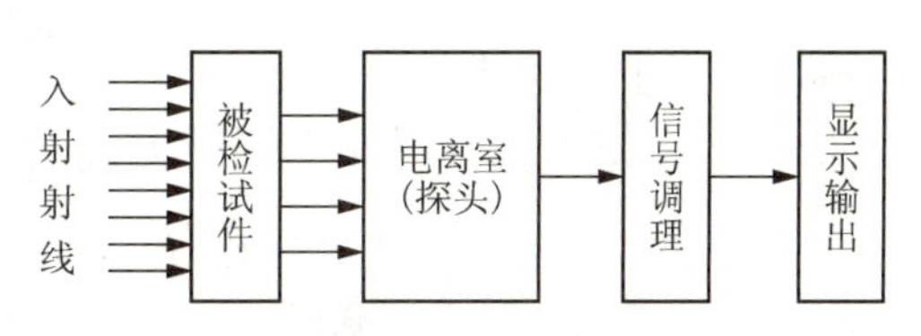

图 20.4　电离法检测原理示意

电离检测法的自动化程度高，可对被检件进行自动、连续检测，检测成本低，但只适用于形状简单、表面平整的工件，缺陷定性比较困难，因此在探伤方面应用较少。

而在具体实施 X 射线检测方案时，选择恰当的透照工艺不仅可以提高检测精度，同时会大大提高检测效率。透照工艺包括透照方向、焦距及曝光参数等方面的内容，透照工艺的确定是射线检测的关键环节，对检测结果有很大影响。透照方向的确定，应考虑以下几方面的因素：被检件的特性(材质、形状和尺寸)、预计的缺陷特性(形状、取向)、对检测的质量要求以及检测效率等。一般原则为：尽量使透照方向与被检件的尺寸最小、而与其中预计的缺陷厚度最大的方向一致，以提高检测灵敏度；尽量使一次透照能发现其中的多个缺陷，提高检测效率等。

X 射线与 γ 射线同属于射线检测技术，区别在于 X 射线与 γ 射线检测使用的射线波长不同，而检测得到的缺陷特征判别方法类似。具体缺陷分析内容见 20.2.2 节。

4. X 射线检测的应用

X 射线无损检测应用领域非常广泛，在材料测试、食品检测、制造业、电器、仪器仪表、电子、汽车零部件、医学、生物学、军工、考古、地质等领域都有不俗的表现。如图 20.5 所示，为目前市面上最常用的 X 检测探伤机。

图 20.5　常用射线检测探伤机

目前常用的 X 射线检测方法及步骤如下：①同步采样被检测物的透射图以及背散射图；②对上述透射图以及背散射图进行坐标校正并匹配，形成同时显示被检测物透射信息和背散射信息的综合图；③提取背散射图的危险物体的区域以及区域特征；④匹配对应透射图中对应危险物体的区域；⑤在所述综合图中匹配相对应的区域上做上标记并显示出来。这种方法能够实现透射图和背散射图融合，进一步丰富检测图像信息，提高射线检测的观察和识别效率。

20.2.2　γ 射线检测技术

1. γ 射线检测概述

X 射线检测技术与 γ 射线检测技术同属于射线检测中使用最广泛的检测技术。而 X 射线与 γ 射线的不同之处在于两种射线的波长不同，因此在检测原理、检测工艺、检测结果上有细微的差异，但是同时也有相当多的相似之处。

1896 年 2～5 月间，出身于科学世家的法国科学家安东尼·亨利·贝克勒尔(Antoine Henri Becquere:1852.12.15～1908.08.25)发现了金属铀的天然放射性现象，并且发现所放射出来的射线的强度与试样中的含铀量有关，这标志着原子核物理学的开端。科学界为了表彰他的杰出贡献，将放射性物质的射线定名为“贝克勒尔射线”。后经居里夫妇等的努力，发现钍、镭等都会放射这种射线，从而把这种现象定名为放射性，把放射性物质所发出的射线命名为“γ 射线”。贝克勒尔和居里夫妇因此共同荣获 1903 年的诺贝尔物理学奖。

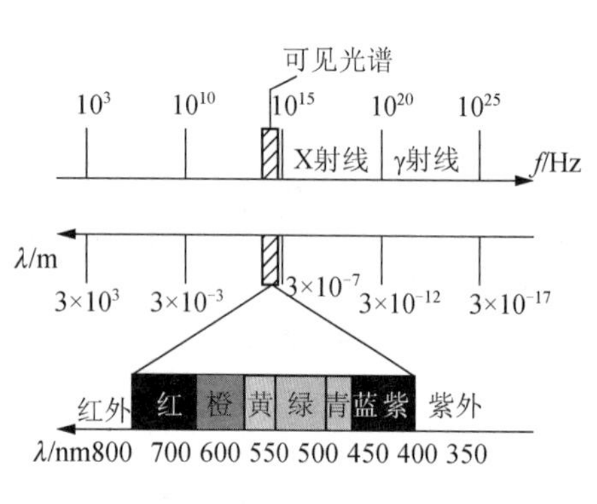

图 20.6　电磁波谱

物理学家劳厄在 1912 年成功进行 X 射线穿过晶体的衍射实验，证实了 X 射线与光一样，也是电磁波，它的波长范围为 0.05×10^{-8}～100×10^{-8}cm。γ 射线也是波长很短的电磁波，在本质上与 X 射线相同。两种射线在电磁波谱中的位置如图 20.6 所示。

2. γ 射线检测的基本原理

γ 射线是放射性同位素(人工的或天然的)的原子核在自然衰变过程产生的，它也是一种电磁波。换句话说，γ 射线是具有特定能量的光子流。实际上，γ 射线是在放射性衰变过程中所产生的处于激发态的核，在向低能级的激发态或基态跃迁过程中产生的辐射。由于不同的原子核具有不同的能级结构，因此不同的放射性元素辐射的γ射线具有不同的能量。

需要注意的是，γ 射线的产生过程与 X 射线的产生过程并不相同，但 γ 射线也属于一种电磁波(只是波长短于 X 射线)，因此在本质上 γ 射线与 X 射线相同。

对于一个γ射线的放射性源，描述其放射性的指标是放射性活度。放射性活度是放射源在单位时间内(通常是 1s)发生衰变的核的个数，单位名称是贝克(勒尔)，符号是 Bq,1Bq 表示在 1s 时间内发生一个核的衰变，即

$$1\text{Bq}=1/\text{s}$$

放射性衰变的专用单位符号是 Ci，单位名称是居里：

$$1\text{Ci} = 3.7\times10^{10}/\text{s} = 3.7\times10^{10}\text{Bq}$$

注意，活度并不等于射线强度。对于同一放射性元素，活度大的源其射线强度也大，但对不同的放射性元素，不一定存在这样的关系。在实际应用中，镭-226、铀-235 等天然放射性同位素，价格高而且不易制作，因此射线探伤中使用的 γ 射线源一般采用由核反应制成的人工放射线源，应用较多的 γ 射线源有钴-60、铱-192、铯-137、铥-170、钇-169 等。

3. γ 射线检测的技术

γ 射线检测与 X 射线检测的工艺方法基本上是一样的，γ 射线检测不同于 X 射线检测的地方主要有以下几点：

(1) γ 射线源不像 X 射线那样，可以根据不同检测厚度来调节能量(如管电压)，它有自己固定的能量，所以要根据被检测工件的厚度以及检测的精度要求合理选取 γ 射线源。

(2) γ 射线比 X 射线辐射剂量(辐射率)低，所以曝光时间比较长，一般要使用增感屏。

(3) γ 射线源随时都在放射，不像 X 射线机那样不工作就没有射线产生，所以应特别注意射线的防护工作。

(4) γ 射线比普通 X 射线穿透能力强，但灵敏度较 X 射线低，可以用于高空、水下、野外作业。在那些无水无电及其他设备不能接近的部位(如狭小的孔洞、高压线的接头等)，均可

使用 γ 射线进行有效的检测。

而使用 γ 射线进行透照方向的选择时，选择目的、选择要求均与 X 射线相同。具体方法及技术流程图请参照图 20.3 和图 20.4。

4．γ 射线检测缺陷分析

在射线检测技术过程中，对于检测结果进行缺陷分析非常重要。它是整个检测过程的总结性步骤。此处将简单介绍铸件和焊缝中的常见缺陷，供读者参考。需要指出，缺陷的特征用文字很难进行准确描述，而准确生动的视觉印象只有在实践中才能建立起来。

1) 铸件的常见缺陷及其影像特征

(1) 气孔。铸件上的气孔主要是在铸造过程中部分未排出的气体造成的。气孔大部分都接近表面，在底片上呈圆形、椭圆形、长形或梨形的黑斑，边界清晰，中间较边缘黑，其分布既有单个的，也有密集的，也有呈链状的，如图 20.7 所示。

(2) 疏松。疏松是在铸造过程中，因局部偏差过大，在金属收缩过程中临近金属补缩不良造成的。疏松多产生在冒口的根部、厚大部位的厚薄交界处和面积较大的薄壁处，其形貌一般为羽毛状和海绵状两种，前者在底片上呈类似羽毛或层条状的暗色影像，后者呈现为海绵状或云状的暗色团块，如图 20.8 所示。

(3) 缩孔。缩孔在射线底片上呈树枝状、细丝或锯齿状的黑色影像，如图 20.9 所示。

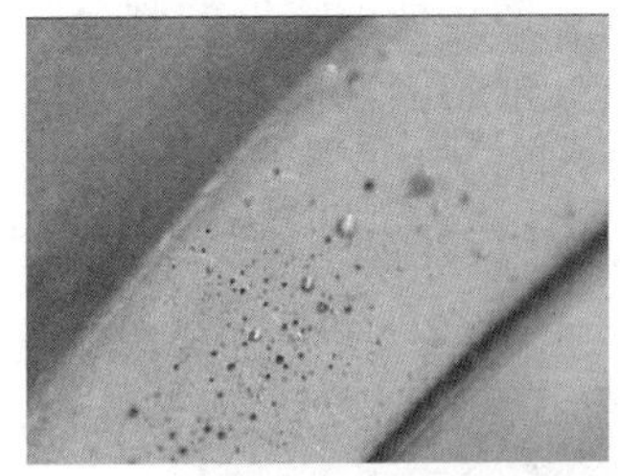

图 20.7　铸件气孔

图 20.8　铸件疏松

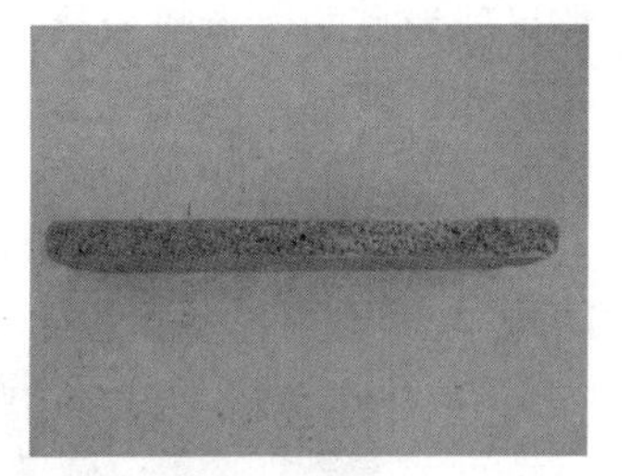

图 20.9　铸件截面缩孔

(4) 针孔。铸件中的针孔一般分为圆形和长形针孔两种。前者在底片上呈近似圆形的暗点，而后者则呈现为长形暗色影像，它们属于铸件内部的细小空洞，呈局部或大面积分布，如图 20.10 所示。

(5) 夹渣。氧化夹渣是在铸造过程中，熔化了的氧化物在冷却下来时来不及浮出表面，停留在铸件内部而形成的。在底片上呈形状不定而轮廓清晰的黑斑，既有单个的，也有密集的，如图 20.11 所示。

图 20.10　铸件针孔

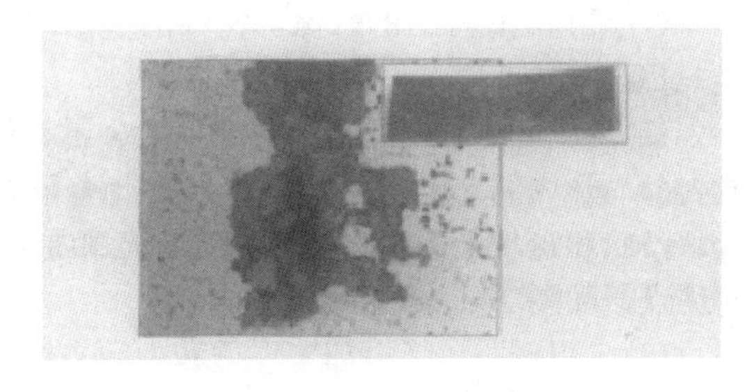

图 20.11　铸件夹渣

(6) 夹砂。夹砂是在铸造过程中，部分砂型在浇铸时被破坏造成的。对于镁、铝等轻金属合金铸件，夹砂在底片上呈近白色的斑点；对于黑色金属，夹砂呈黑色斑点，边界比较清晰，形状不规则，影像密度不均匀，如图 20.12 所示。

(7) 金属夹杂物。铸件中的金属夹杂物比铸件金属密度大的呈明亮影像，反之呈黑色影像，轮廓一般较明晰，形状不一，如图 20.13 所示。

(8) 冷隔。铸件中的冷隔是在浇铸时，因温度偏低，两股金属液体虽流到一起但没有真正融合而形成的，常出现在远离浇口的薄截面处。在底片上呈很明显的似断似续的黑色条纹，形状不规则，边缘模糊不清。这种缺陷多半在铸件表面上也有痕迹，呈未能熔合的带有圆角或卷边的缝隙或凹痕，如图 20.14 所示。

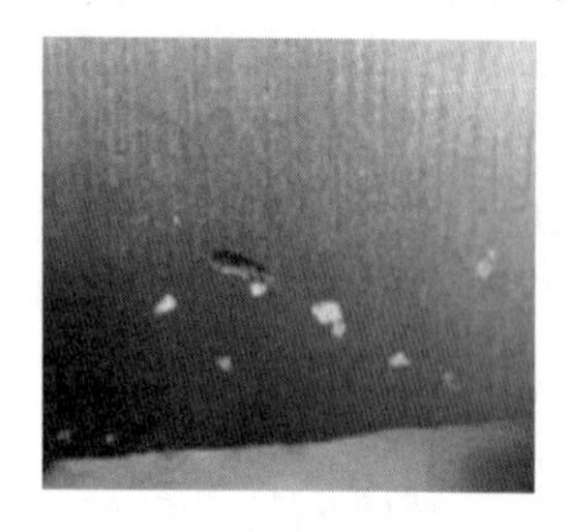

图 20.12　铸件夹砂

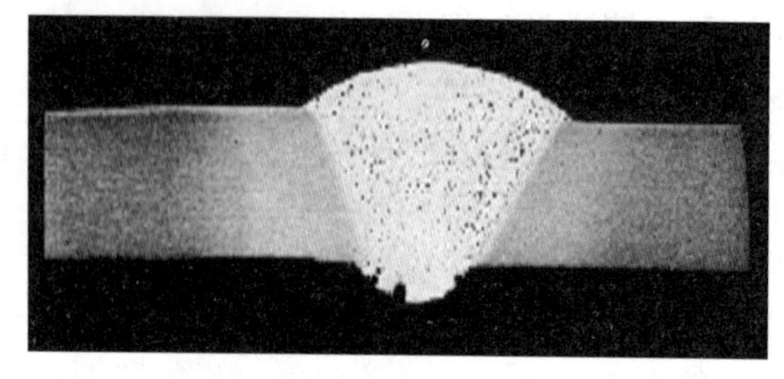

图 20.13　铸件含有金属夹杂物

图 20.14　铸件冷隔

(9) 偏析。铸件中的偏析在底片上呈现为摄影密度变化的区域。按生成的原因可分为密度(差异)偏析和共晶偏析两大类。密度偏析是在液化线以上沉淀的颗粒聚集而形成的，在底片上呈现为亮的斑点或云状。共晶偏析是在铸件固化时，某些缺陷或不连续处被临近的剩余共晶液体所填充，形成高密度的富集区，在底片上多呈现亮的影像，其形状因被填充的缺陷形状而变化，如原缺陷为疏松，则呈现为亮暗相反的影像，如图 20.15 所示。

(10) 裂纹。裂纹是铸件在收缩时产生的，多产生在铸件厚度变化的转接处或表面曲率变化大的地方。在底片上呈黑色的曲线或直线，两端尖细而密度渐小，有时带有分叉，如图 20.16 所示。

图 20.15　铸件偏析

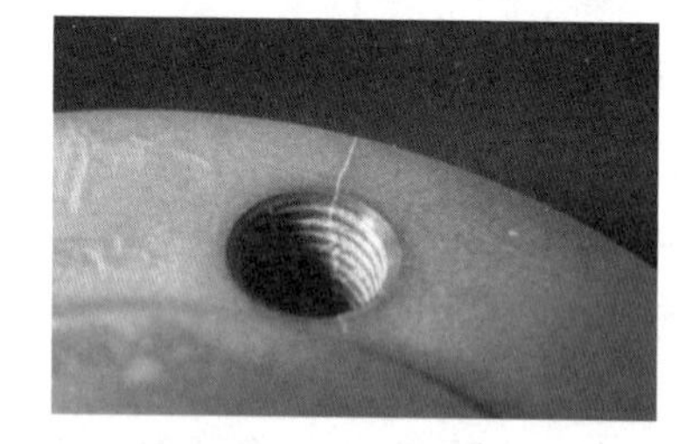

图 20.16　铸件裂纹

2) 焊件中的常见缺陷及其影响特征

(1) 气孔。底片上的影像与铸件的基本相同，分布情况不一，有密集的、单个的和链状的，如图 20.17 所示。

(2) 夹渣。是在熔焊过程中产生的金属氧化物或非金属夹杂物来不及浮出表面，停留在焊缝内部而形成的缺陷，故分为非金属夹渣和金属夹渣两种。前者在底片下呈不规则的黑色块状、条状和点状，影像密度较均匀；后者是钨极氩弧焊中产生的钨夹渣等，在底片上呈白色的斑点，如图 20.18 所示。

(3) 未焊透。包括根部未焊透和中间未焊透两种。前者产生于单面焊缝的根部，如直边对接单面焊缝，V 形坡口单面焊缝和直边角焊缝的根部。后者产生于双面焊缝的中间直边部分，如图 20.19 所示。

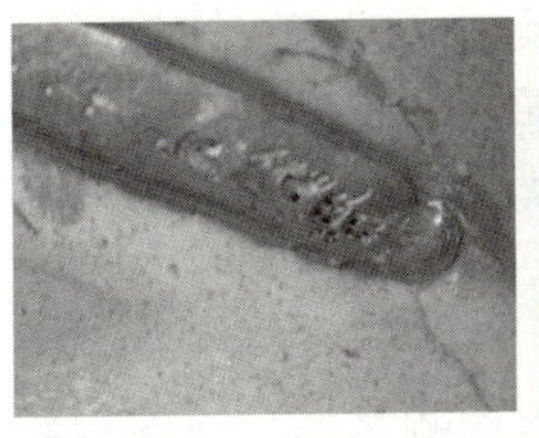

图 20.17　焊接气孔

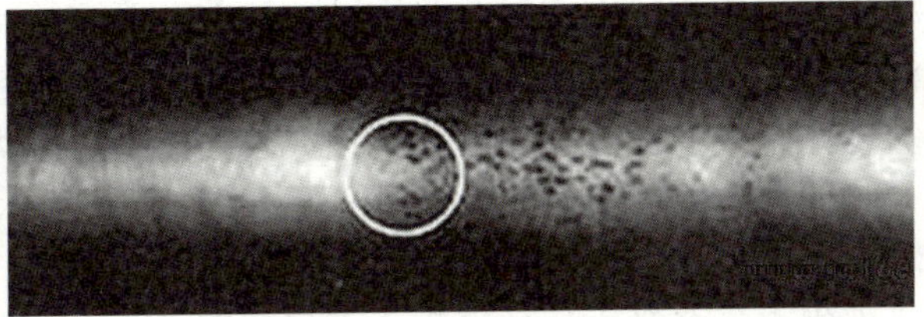

图 20.18　焊缝夹渣

图 20.19　未焊透

(4) 未熔合。包括边缘(坡口)未熔合和层间未熔合两种。前者是母材与焊条材料之间未熔合，其间形成缝隙或夹渣。在底片上呈直线状的黑色条纹，位置偏离焊缝中心，靠近坡口边缘一边的密度较大且直。对于 V 形坡口，沿坡口方向透照较易发现。未熔合在底片上呈黑色条纹，但不是很长，有时与非金属夹渣相似，如图 20.20 所示。

(5) 裂纹。主要是在熔焊冷却时因热应力和相变应力而产生的，也有在校正或疲劳过程中产生的，是危险性最大的一种缺陷。焊件裂纹在底片上的影像与铸件基本相同，其分布区域自然是在焊缝上及其附近的热影响区，尤以起弧处、收弧处及接头处最易产生。方向可以是横向的、纵向的或任意方向的，如图 20.21 所示。

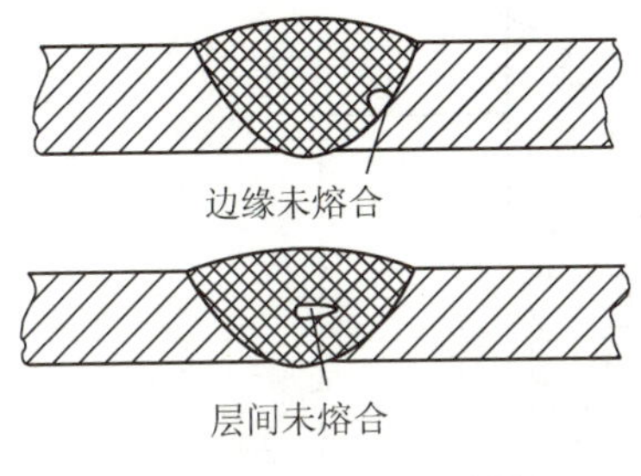

图 20.20　焊缝未熔合

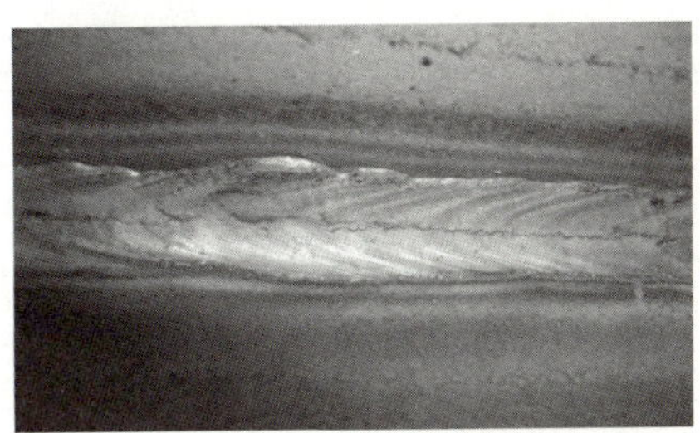

图 20.21　焊缝裂纹

20.2.3　超声波检测技术

1. 超声波检测概述

超声成像检测由于能够通过彩色或灰度图像反映被测材料内部的质量，可以方便地对缺陷进行定性定量分析，已逐渐成为研究的热点之一。

利用声波从物体外界不损坏地检测其内部情况的方法早已问世。在日常生活中，经常可以看到人们用手拍打西瓜来判断西瓜是否熟了，铁道工人用榔头敲击火车车轮以检查车轮是否开裂或松脱等都是声波检测的例子。超声波是超声振动在介质中的传播，其实质是以波动形式在弹性介质中传播的机械振动。

1929 年，Sokolov(索科洛夫)首次采用超声波方法来探测缺陷。1940 年，Firestone(范苏通)首次将声音定位原理用于材料的检测。1945 年以后，出于对无损检测日益迫切的需要，超声检测铸件成为人们普遍接受的使用工具。目前，超声检测已发展成为五种常规无损检测方法之一，在无损检测的整个技术体系中占有极其重要的地位。

与其他常规无损检测方法相比，超声检测具有被检对象广泛、检测深度大、缺陷定位准确、检测灵敏度高、成本低、使用方便、速度快、对人体无害以及便于使用等特点。超声检测诊断技术是无损检测中应用最为广泛的方法之一，适用于各种尺寸的锻件、轧制件、焊缝和某些铸件。无论有色金属和非金属都可以采用超声法进行检测，包括各种机械零件、结构件、电站设备、船体、锅炉、压力和化工容器、非金属材料等。

与其他机械波一样，超声波也可有多种分类方法，这些分类方法反映了超声波的不同侧面。最常用的分类方法为按质点振动方向与声波传播方向的关系，将超声波分为：纵波、横波、表面波和板波。另外，超声波的分类方法还有按波阵面的形状分类、按振动持续的时间分类等方法。

2. 超声波检测技术

超声波检测方法虽然很多，各种方法的操作也不尽相同，但它们在探测条件、耦合与补偿、仪器的调节、缺陷的定位、定量、定性等方面却存在一些通用的技术问题，掌握这些通用技术对于发现缺陷并正确评价是很重要的。

1）超声波检测方法

超声波检测方法可从多个角度对其进行分类，本节中仅讨论超声波按检测原理的分类情况，大致将超声波检测方法分为三种：脉冲反射法、穿透法和共振法。

脉冲反射法，是指超声波以持续极短的时间发射脉冲到被检试件内，根据反射波来检测试件内有无缺陷的方法。此法拥有探测灵敏度高，能准确地确定缺陷的位置和深度、应用范围广、可自动探测等特点。图 20.22 所示为脉冲反射法的基本应用。

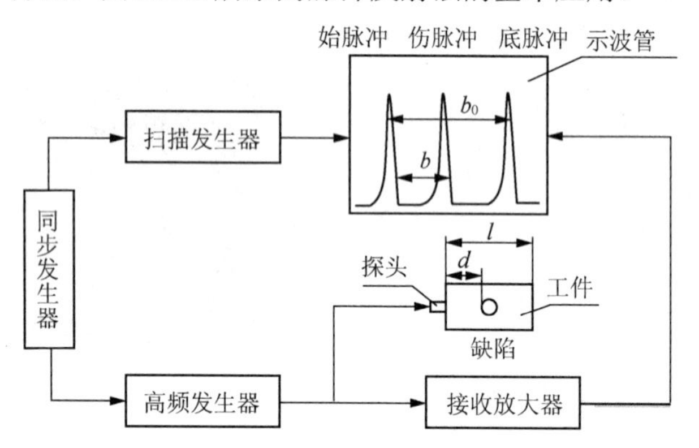

图 20.22　脉冲反射法检测流程图

穿透法，是依据超声波（连续波或脉冲波）穿透试件之后的能量变化来判断缺陷情况的一种方法。穿透法用两个探头，置于工件的相对两面，一个发射声波，一个接收声波。由于发射声波的不同，可分为连续波穿透法和脉冲波穿透法。此法的特点：探测灵敏度比反射法低，不能定位，适宜探测超声波衰减大的材料，适宜探测薄板，便于自动探伤等。

共振法，是指根据试件的共振特性来判断缺陷情况的方法。其拥有的特点如下：可精确测厚度，测量精度可达 0.1mm 甚至微米级，特别适宜测量薄板及薄壁管；对工件表面粗糙度要求高，否则不能进行测量；探测灵敏度比脉冲反射法低。图 20.23 所示为一般超声检测流程图。

2）探测条件的选择

探测条件的选择一般是指仪器、探头和扫查方式等的选择。正确选择探测条件对于有效地发现缺陷并对其进行定位、定量与定性都是至关重要的。实际检测中一般根据工件结构形状、加工工艺和技术要求来选择探测条件。探测条件的选择一般要经历检测仪的选择、探头的选择和探头晶片尺寸的选择三个步骤。

3）超声检测的缺陷定位、定量与定性

超声波检测缺陷的定位、定量与定性主要目的是对检测结果进行分析与总结，从而得到产品检测结果。其中涉及的方法较多且复杂。有兴趣的读者可参阅这方面的相关文献，在此不再详述。

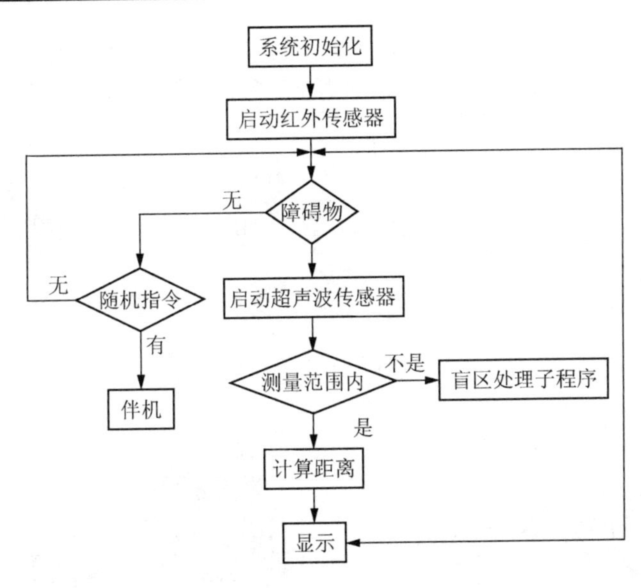

图 20.23　超声检测流程图

3. 超声检测设备

超声检测设备是从事超声检测的工具，通常指超声波检测仪和超声波探头，但由于试块在超声检测中的重要作用，所以也经常将其视为超声检测设备的组成部分。

1) 超声检测仪

根据指示的参量，可将超声检测仪器分为三类。第一类仪器指示的是声的穿透能量，常用于穿透法。此法设备简单，结果易于解释，但是因为自身检测缺点，应用范围不广。第二类仪器指示的是频率可变的超声连续波在工件中形成驻波的情况，可用于共振测量厚度，目前已很少使用。第三类仪器指示的是反射声波的幅度和运行时间，常用于脉冲反射法，是最常用的检测方法。

另一种分类方法是根据检测原理将超声检测仪器分为三类：全波采样数字式超声检测仪、峰值采样数字式超声检测仪、模拟数字混合式超声检测仪。图 20.24 所示为一种常用的超声检测仪。

2) 探头

能将其他形式的能量转换成超音频振动形式能量的器件均可用来发射超声波，当其具有可逆效应时又可用来接收超声波，这类元件成为超声换能器，其中的接收器件则成为探头。如图 20.25 所示。作为超声换能器，当前常采用的有压电片、电磁声器材和激光声器件，其中又以压电片的使用最为广泛。

探头是超声波检测设备的重要组成部分，其性能的好坏对超声波检测的成功与否起关键性作用。

3) 试块

按一定用途设计制作成具有简单形状的人工反射体的试件称为试块，如图 20.26 所示。试块的主要作用有：①确定合理的检测方法；②确定和校验检测灵敏度；③测试和校验仪器、探头的性能；④调节探测范围，确定缺陷位置；⑤评价缺陷大小对被探工件进行评级和判废；⑥测量材质衰减数据和确定耦合补偿等。

4. 超声检测的应用

超声波检测的应用是多方面的，既可用于铸件、锻件、板材、管材、棒材以及焊缝等的检测，又可用于液位、涂层厚度、硬度以及材料的弹性模量、晶粒度、残余应力等的检测。本节中介绍几个典型的超声检测应用实例。图 20.27 所示为两种超声检测的实际应用实例。

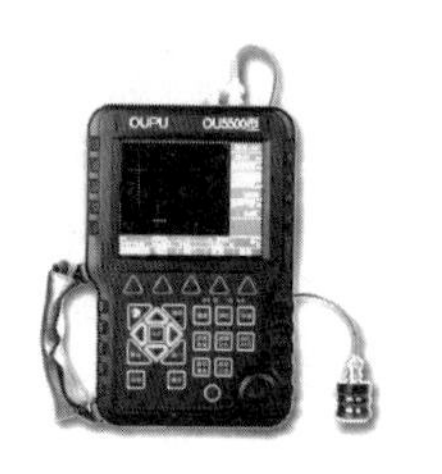

图 20.24　超声检测仪

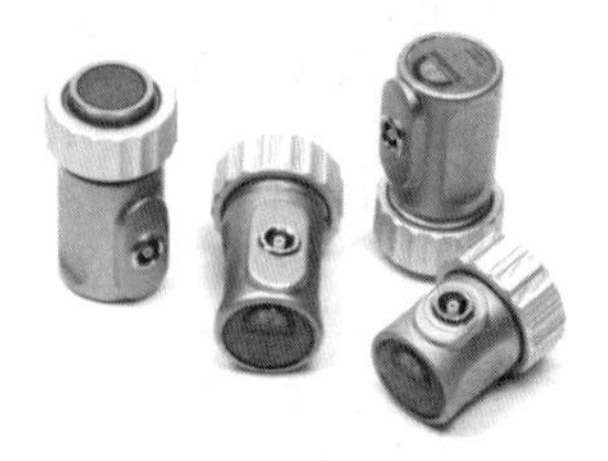

图 20.25　超声检测探头

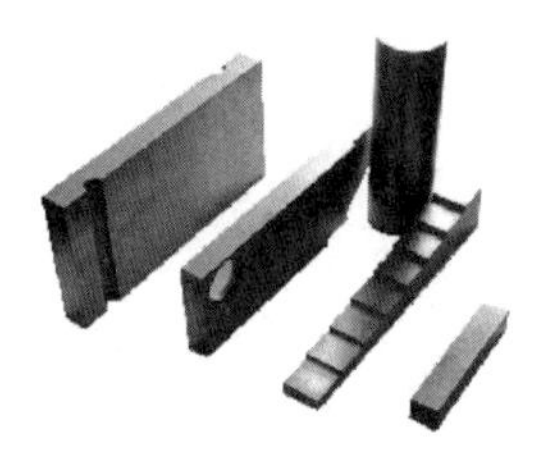

图 20.26　超声检测试块

图 20.27　超声检测应用实例

1) 金属板材的超声波检测

根据金属板材材质分类，金属板材分为普通板材和复合板材两大类，对这两类板材的超声检测，既有相同之处，又有所差异。

针对普通板材来说，超声波检测常根据其厚度分为薄板(<4mm)、中板(4～40mm)和厚板(>40mm)三大类。对于薄板超声波检测的扫查方式为列线法，对于中厚板超声波检测则主要采用脉冲反射法。

对复合钢板，超声检测的重点是其中的脱黏缺陷。对于厚度较大的平板状工件，可采用直接接触法从较厚的一侧(通常为基材)入射检测；对于较薄的工件或曲面工件，多采用液浸法进行检测。

2) 锻件的超声波检测

锻件是超声检测实际应用的主要对象之一。锻件品种繁多，形状和尺寸各异，典型锻件有轴类、圆盘类和管类三大类。

对轴类锻件，检测方式以纵波径向和横波周向检测为主，同时为发现各种取向的缺陷，也可辅以纵波和横波的轴向检测。

对盘、轮、盖等盘类锻件，由于其生产工序甚多，生产周期较长。因此，在整个制造过程中，通常至少要进行两次探伤，即锻坯探伤和精坯探伤。对盘类精坯(已作最终热处理的圆盘类锻件)，除纵波和横波直探头的端面检测外，必要时还用联合双晶探头垂直法、表面波法进行检测。

对管类锻件，以斜探头进行周向检测和轴向检测为主。

3) 非金属材料的超声波检测

超声波在非金属材料(塑料、有机玻璃、陶瓷、橡胶、混凝土等)中的衰减一般都比金属大，为了减小衰减多采用低频检测，一般为 20～200kHz，有的也用 2～5MHz。为了获得较窄的声束，常采用较大尺寸的探头。

塑料零件的检测多采用纵波法，探测频率为 0.5～1MHz，使用脉冲反射法。陶瓷材料可用 0.5～15MHz 的纵波、横波或液浸聚焦探头探测。橡胶检测的频率更低，可用穿透法检测。

20.2.4　涡流检测技术

1. 涡流检测概述

所谓涡流检测(Eddy Current Testing，ECT)，就是利用电磁感应原理，通过测定被检导电工件在交变磁场激励作用下所感生的涡流特征，来无损地检测该试件中有无缺陷或评定其技术状态的无损检测方法。

涡流检测技术的应用可追溯到 1879 年，英国人休斯最先发现。他利用感生涡流的方法对不同的合金进行判断实验。事实上，在此后很长一段时间内，涡流检测技术发展缓慢。直到第二次世界大战后，才在少数国家的研究机构和大企业中开始应用涡流检测设备。20 世纪 50 年代初，德国学者福斯特博士(Friedreich Foerster)发表了大量有关涡流检测的论文，并建立了 Foerster 学院，专门从事涡流检测的理论研究和涡流检测设备的研制开发。此后，随着电子技术，尤其是计算机和信息处理技术的发展，影响和促进了涡流检测方法与设备的不断更新和发展。

与其他无损检测方法比较，涡流检测的主要优点如下：

(1) 对导电材料表面和近表面缺陷的检测灵敏度较高。

(2) 应用范围广，对影响感生涡流特性的各种物理和工艺因素均能实时检测。

(3) 在一定条件下，能反映有关裂纹深度的信息。

(4) 不需用耦合剂，易于实现管、棒、线材高速、高效的自动化检测。

(5) 可在高温、薄壁管、细线、零件内孔表面等其他检测方法不适用的场合实施检测。

不过，虽然涡流检测技术优点很多，但是当需要对形状复杂的机械零部件进行全面检测时，涡流检测的效率则相对较低。此外，在工业探伤中，仅依靠涡流检测通常也难以区分缺陷的种类和形状。

2. 涡流检测的基本原理

涡流检测是建立在电磁感应基础上的一种无损检测方法，通常由三部分组成，即交变电流的检测线圈(探头)、检测电流的仪器和被检的金属工件。涡流检测实质是检测线圈阻抗的变化。当检测线圈靠近被检工件时，其表面出现电磁涡流，该涡流同时产生一个与原磁场方向相反的磁场，并部分抵消原磁场，导致检测线圈电阻和电感分量的变化。若金属工件存在缺陷，就会改变涡流场的强度及分布，使线圈阻抗发生变化，通过检测这个变化就可发现有无缺陷，如图 20.28 所示。

如图 20.29 所示，为涡电流在检测工件上流动的情形。垂直于涡电流流向的裂纹阻挡了涡电流流动，使工件上的反射磁场随之发生变化，进而导致检测线圈阻抗和电压改变而被探测出；如果裂纹的走向与涡电流的方向平行，缺陷很难被发现。因此，一般涡流检测时必须从多个方向进行检测。

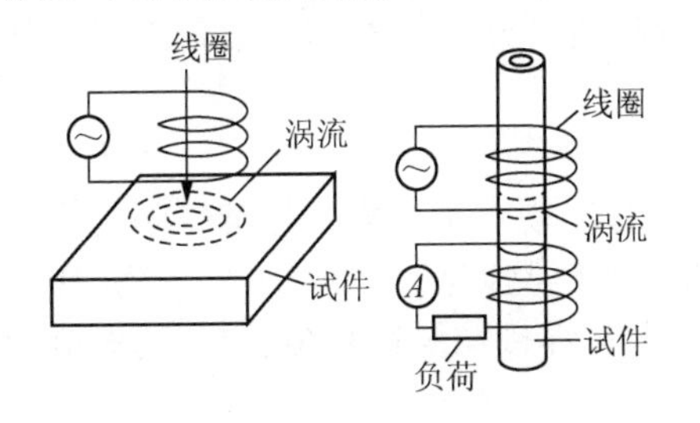

图 20.28　金属试件中产生涡流的示意图

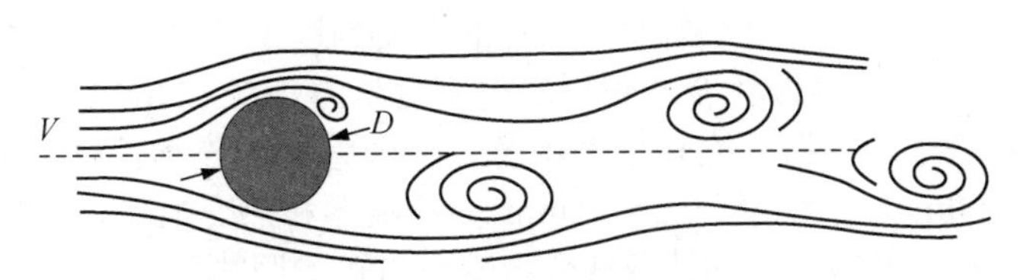

图 20.29　裂纹垂直于涡流流向易被检测

对于涡流检测，涡流电流拥有很多特性。如涡流的趋肤效应，线圈的阻抗分析，有效磁导率，特征频率，涡流检测的相似率等，本节内容主要简介涡流检测的基本原理，读者可自行延伸阅读。

3. 涡流检测技术

将涡流检测技术大致归纳，可得到如图 20.30 所示框图。

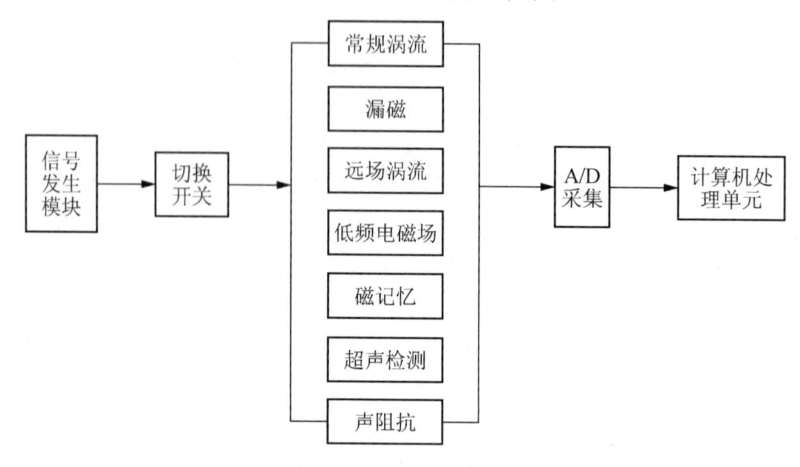

图 20.30 涡流检测技术步骤

不同型号的涡流检测仪的操作步骤虽然各不相同，但总体来说，操作步骤可大致归纳如下。

1) 检测前的准备

在对工件正式实施检测前，应做好以下准备工作。

(1) 根据被检工件的材质、形状、尺寸、数量以及检测的目的和要求(灵敏度、效率)等，正确选择涡流检测设备和检测方法、确定检测条件和检测工艺。

(2) 对被检工件进行必要预处理，如去除氧化皮、油脂等表面污染物，校直变形严重的管(棒)工件，以免检测线圈在通过工件时被损坏。

(3) 对仪器设备及辅助设施进行必要的检测、校准。

2) 检测过程

根据在准备阶段确定的检测工艺，对被检工件实施检测。

3) 检测结果及检测报告

对检测结果进行记录、分析处理，并编制检测报告。不同的检测对象，检测报告的内容不完全相同，但一般应包括被检工件的信息(名称、形状、尺寸、材质、加工工艺等)、涡流检测设备的型号、检测所采用的工艺条件、被检工件的技术状态(如有无缺陷、质量等级等)、检测人员等。

4) 后处理

对检出的缺陷进行标志，根据其质量等级对被检工件进行分装，对经饱和磁化工艺处理的被检工件进行退磁等。

涡流检测诊断的常用标准主要为以下几种。

(1) 钛及钛合金管材的涡流检验。GB/T 12969.2—1991 标准规定了以人工标准缺陷的反应信号为依据，检验损害钛及钛合金管材的连续性缺陷的涡流检测方法，适用于外径为 10～60mm，壁厚为 0.5～45mm 的冷凝器和热交换器(无缝钛管、焊接钛及钛合金管材)的涡流检验，其他用途的钛及钛合金管材也可参照执行。

(2) 圆钢穿过式涡流检测诊断标准。GB/T 11260—1996 标准规定了对圆钢进行穿过式涡流检验时的对比试样、设备、步骤和结果的评定，适用于直径为 2～100mm 圆钢（含钢丝）的表面和近表面缺陷的涡流检验，直径小于 2mm 的钢丝的涡流检验也可参照使用。

（3）铝及铝合金冷拉薄壁管材涡流检测诊断标准。GB/T 5126—1985 标准适用于以外穿过式涡流探伤法检测冷拉航空高压导管、普通导管以及其他一些一般用途的薄壁圆管。被检测管材的外径在 6～22mm，壁厚在 0.5～1.5mm。

（4）铜及铜合金无缝管涡流检测诊断标准。GB/T 5248—1998 标准适用于对铜及铜合金无缝管的表面或内部裂纹、夹杂、起皮、碰伤等缺陷的涡流无损检测，所述的规程适合穿过式线圈方法，激励频率范围为 1～125kHz。

4. 涡流检测设备

1）传感器

涡流检测传感器又称探头，其重要功能是在被检试件中激发出涡流，并检测涡流反作用后的原磁场的变化，如图 20.31 所示。传感器是涡流检测的关键设备，其性能的高低对检测结果影响很大。理论上，只要对磁场变化敏感的器件都可用作涡流检测的传感器，如霍尔元件、磁敏二极管等，但目前最常用的涡流检测传感器是检测线圈。而且，为适应不同工件的检测要求，研制开发了多种形式不同、功能各异的检测线圈。

按感应方式，检测线圈可分为自感式检测线圈和互感式检测线圈两种。按检测时检测线圈与被检试件的相互位置关系，涡流检测线圈可分为穿过式、放置式、内插式三种。按使用时的电路连接方式，涡流检测线圈可分为绝对式和差动式两类。

2）涡流检测仪器主机

涡流检测的电子电路主要分为基本电路和信号处理电路两大部分。基本电路包括振荡器、信号检出电路、放大器、显示器和电源，这些几乎是所有涡流检测仪都具有的；信号处理电路是鉴别影响因素和抑制干扰的电路，随检测目的不同而不同。图 20.32 所示为涡流检测仪。

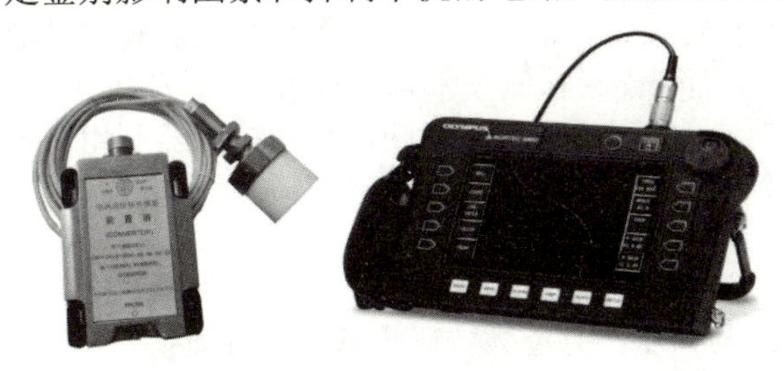

图 20.31　涡流检测传感器

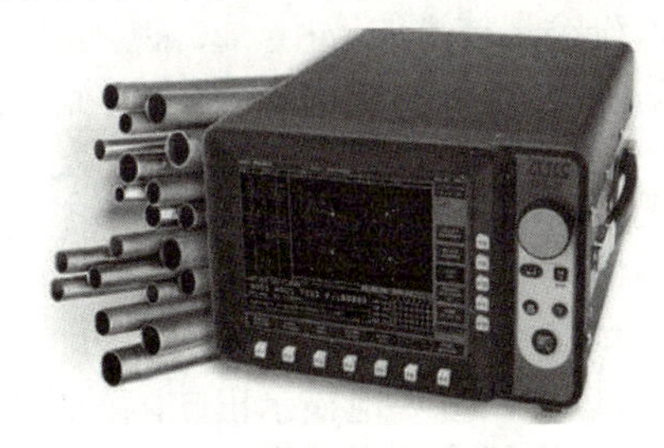

图 20.32　涡流检测仪

3）参考试样

除探头和涡流仪器主机外，在涡流检测中，还经常要用到参考试样。

所谓参考试样，就是含有特定人工缺陷的试件。根据其功能，参考试样可分为标准试样和对比试样两大类。其中，标准试样是由各级标准化组织制定的人工缺陷试件，主要用来检定或调整涡流检测仪器设备的性能，如灵敏度、分辨率、末端不可检测长度等。对比试样用于特定的检测对象，用来评价涡流检测系统的性能、估计缺陷大小、确定验收标准等。

4）其他辅助设施

要采用涡流检测技术对被检试件进行高效检测，除以上设施外，通常还需一些辅助设施，如自动检测的进给装置、分选装置、磁饱和装置等。读者可查阅相关材料。

5. 涡流检测应用

涡流检测广泛应用于航空、航天、核工业、机械、冶金、石油、化工、电力、有色金属、汽车等领域，用于对各种金属和非金属导电材料及其制件的产成品、加工工艺过程和使用于维修检验等各个环节的质量检测与控制。既可用于检测试件中的缺陷(探伤)、进行材料分选，还可用于测量厚度、位移、振动等物理参量。图 20.33 为涡流探伤实例。

图 20.33　涡流检测实例

(1) 涡流探伤。涡流探伤能发现导电材料的表面和近表面缺陷，且具有简便、不需用耦合剂和易于实现高速、自动化检测等优点，故在金属管材、线材及其制品的探伤中应用广泛。

(2) 材质检验。用涡流法进行材质检验的实质是检测材料电导率的变化对检测线圈阻抗的影响，而材料的电导率受其成分、热处理状态等因素的影响。因此，采用涡流方法(涡流电导仪)检测材料的电导率，即可鉴别材料的成分、热处理状态以及混料分选等。这种方法不会损伤零部件的加工表面，且检测过程方便快捷，特别适合现场使用。

(3) 涡流测厚。用涡流方法可以测量金属基体上的非导电覆层厚度以及金属薄板的厚度。

20.2.5　磁粉检测技术

1. 磁粉检测概述

所谓磁粉检测(Magnetic Particle Testing，MT)，就是利用磁粉在缺陷漏磁场处的聚集，得到放大且对比度更高的缺陷磁痕，以显示试件表面与近表面缺陷的无损检测方法。

远在春秋战国时期，我国人民就发现了磁石吸铁现象。我国发明了指南针，并最早应用于航海。早在 18 世纪，人们就已开始磁通检漏试验。1922 年，美国人 Hoke 发现，由磁性夹具夹持的硬钢块上磨削下来的金属粉末，会在钢块表面的裂纹区域形成一定的花样，这促使了磁粉检测技术的应用。20 世纪 30 年代，固定式、移动式磁化设备和便携式磁轭相继研制成功并得到应用，退磁问题也得到了解决，从而使磁粉检测技术真正进入实际应用阶段。

我国近年来磁粉检测设备的发展也很快，已实现了系列化。断电相位控制器利用可控硅技术，不仅可以代替自耦变压器无级调节磁化电流，同时也为我国磁粉检测设备的电子化和小型化奠定了基础。

与其他无损检测方法相比较，磁粉检测的主要优点如下：

(1) 可以直观地显示出缺陷的形状、位置与大小，并能大致确定缺陷的性质；

(2) 检测灵敏度较高，可检出宽度仅为 0.1μm 的表面裂纹；

(3) 应用范围广，几乎不受被检件大小及几何形状的限制；

(4) 工艺简单，检测速度快，费用低廉。

磁粉检测的局限性在于：

(1) 只能检测铁磁性材料，不能检测非铁磁性材料(如奥氏体不锈钢，铜、铝、镁等有色金属，非金属)；

(2) 只能检测表面或近表面缺陷，可探测的缺陷深度一般只有 1～2mm；

(3) 对缺陷的取向有一定的限制，一般要求磁化场的方向与缺陷主平面的夹角大于 20°；

(4) 对试件表面的质量要求较高；

(5) 对深度方向缺陷的定量与定位困难。

2. 磁粉检测的基本原理

1) 磁场及其特征参量

所谓磁场，就是产生磁力的场，也就是磁力的作用空间。

描述磁场和磁介质特征的物理量有磁场强度、磁感应强度、磁化强度、磁力线、磁通量。

具体物理量含义，请读者自行查阅。

2）介质的磁特性及其影响因素

介质的磁特性是其在与外磁场的相互作用过程中表现出来的，所谓的抗磁性、顺磁性和铁磁性即介质磁特性的一个方面。

描述铁磁性材料的磁特性的参量有磁导率、相对磁导率、剩余磁感应强度和居里点温度等。而铁磁性材料的磁特性不是恒定不变的，它会受其晶格结构、化学成分、组织、冷热变形等因素的影响。例如，晶格结构因素中，面心立方晶格的铁是非磁性材料，体心立方晶格的铁则是铁磁性材料。图 20.34 所示为磁粉检测原理示意图。

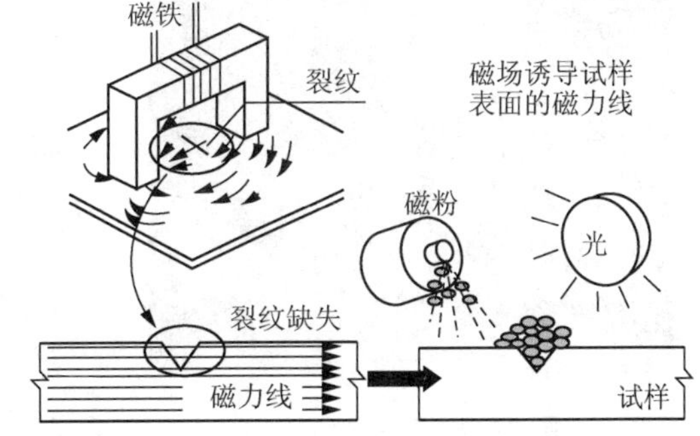

图 20.34　磁粉检测(MT)原理示意图

3）漏磁场及其影响因素

所谓漏磁场，是指被磁化的物体内部的磁力线在缺陷或磁路截面发生突变的部位逸出物体表面所形成的磁场。而漏磁场的形成起因于磁导率在缺陷处的突变。那么，磁粉检测的基本原理就是利用缺陷漏磁场对外加磁粉或磁悬液中的磁性颗粒的聚集，得到尺寸更大、对比度更高的磁痕，以此显示缺陷的存在。

磁粉检测的灵敏度与漏磁场强度有关。在实际检测过程中，影响缺陷漏磁场强度的因素主要有外加磁场强度、缺陷特征(类型、位置、尺寸、形状、取向、磁导率等)、基体材料的状态、被检表面的状态(油污、覆层等)。

3. 磁粉检测技术

磁粉检测工艺，是指从磁粉检测的预处理、磁化工件(包括选择磁化方法和磁化规范)、施加磁粉或磁悬液、磁痕分析评定、退磁以及后处理的整个过程，如图 20.35 所示。

图 20.35　磁粉检测技术流程

磁粉检测一般包括以下基本步骤：预处理、磁化、施加磁粉、观察与记录、后处理。

(1) 预处理。工件的表面状态对于磁粉检测的灵敏度有很大影响，因此在磁粉检测前，应该对工件进行清除、打磨、分解、封堵、涂敷等预处理。

(2) 磁化。磁化是磁粉检测的关键步骤。实际工作中，应根据被检工件的几何形状、尺寸大小，以及预计的缺陷种类、大小、位置和取向等特征，选取合适的磁化方法和工艺参数。

(3) 施加磁粉。在磁粉检测中，根据所施加的磁痕显示介质是干磁粉还是磁悬液，分为干法与湿法两种。干法就是使用干燥磁粉显示缺陷磁痕的检测方法。湿法就是将干磁粉调配在油、水或其他载体中，制成悬浮状溶液作为磁痕显示介质的磁粉检测方法。

(4) 观察与记录。磁痕的观察与评定一般应在磁痕形成后立即进行。工件上的磁痕有时需要保留下来，作为永久性的记录。记录磁痕可采用照相、贴印、橡胶铸型、摹绘以及可剥性涂层等方法。

(5) 后处理。后处理主要是清洗掉工件表面以及孔中、裂纹和通路中的磁粉。

4. 磁粉检测设备

磁粉检测用的设备与器材主要有磁粉探伤机、磁粉或磁悬液、磁场指示器、灵敏度试块(试片)等。按可移动性分为固定式、移动式和携带式三种；按设备的组合方式又可分为一体型和分立型。

(1)固定式探伤机。固定式探伤机的体积和质量都比较大，带有照明装置、退磁装置、磁悬液搅拌/喷洒装置，有夹持工件的磁化夹头和放置工件的工作台及格栅，适于对中小工件进行磁粉探伤，能进行通电法、中心导体法、感应电流法、线圈法、磁轭法整体磁化或复合磁化。另外，固定式探伤机还常常附带配备有触头和电缆，以便对搬上工作台比较困难的大型工件进行检测，如图 20.36 所示。

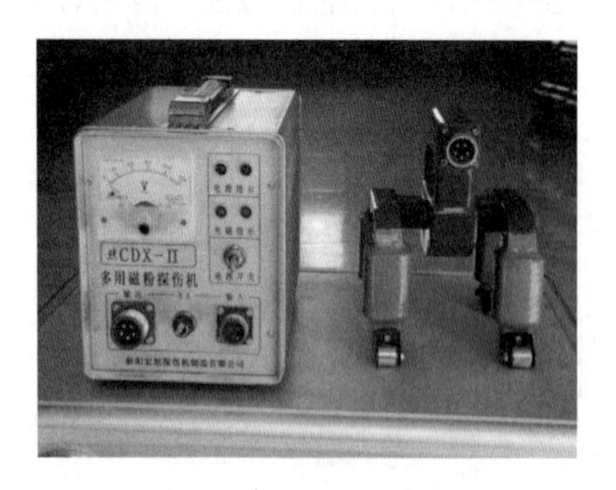

图 20.36　磁粉检测仪

(2)移动式探伤仪。移动式探伤仪的主体是磁化电源，可提供交流和单相半波整流电的磁化电流，能进行触头法、夹钳通电法和线圈法磁化。移动式探伤设备一般装有滚轮，可推动或吊装在车上拉到检验现场，便于对大型工件进行探伤。

(3)携带式探伤仪。携带式探伤仪的体积小、质量小、携带方便，适用于现场、高空和野外探伤，可用于现场检验压力容器和压力管道焊缝，以及对飞机、火车、舰船进行原位探伤，或对大型工件进行局部探伤。随设备配备的常用仪器主要有带触头的小型磁粉探伤仪、电磁轭、交叉磁轭或永久磁铁等。

另外，磁粉检测中涉及磁场强度、剩磁大小、白光照度、黑光辐照度和通电时间等的测量，因而配备了如高特斯拉计、袖珍式磁强计、照度计、黑光辐射计、弱磁场测量仪、快速断电试验器等测量仪器。

5. 磁粉检测应用

目前，磁粉检测仍然是铁磁性材料及其制品表面裂纹最灵敏的检测方法，广泛应用于汽车、摩托车制造、冶金、石油化工、机械、铁路、航空航天等领域，小到螺栓、螺母，大到海上钻井平台、2000m^3 以上的高压储罐等，磁粉检测都有其用武之地。磁粉检测与探伤如图 20.37 所示。

图 20.37　磁粉检测与探伤实例

磁粉检测方法与工艺主要可检测一些典型工件，如轴类工件、管类工件、盘类工件、环形工件、焊接件、弹簧、钢制压力容器、内燃机活塞销、起重机吊钩等。具体检测方法读者可自行查阅。在实际工作中，针对具体的检测要求，在参考有关标准的前提下，可灵活应用这些检测方法。

20.2.6　渗透检测技术

1. 渗透检测概述

渗透检测(Penetrant Testing，PT)是用黄绿色的荧光渗透液或者红色的着色渗透液来显示放大的缺陷痕迹，从而能够用肉眼观察到试件表面开口缺陷的一种无损检测方法。渗透检测是除目视检查外应用最早的无损检测方法，目前已发展成为五种常规无损检测方法之一。

渗透检测技术始于 20 世纪初，也是目视检查以外最早应用的无损检测方法。20 世纪 30 年代，磁粉检测的广泛应用以及它在探测非表面开口缺陷方面的优势，使渗透检测一度陷于发展的低谷。直到 20 世纪 60～70 年代，渗透检测技术迎来了一个发展高峰。当时西方国家成功研制了闪烁荧光渗透材料，显著提高了渗透检测的灵敏度。近年来，由于过滤性微粒型渗透剂的出现，使渗透检测的应用扩展到多孔型材料。

20 世纪 50 年代，我国的渗透检测技术开始起步，当时主要是沿用苏联工业中的成熟技术和材料。20 世纪 60 年代中期，我国的许多大型企业和科研单位纷纷自行研制渗透液，开发的品种达数十种。20 世纪 70 年代后期，我国已成功研制出基本无毒害、可检测微米级宽的表面裂纹的着色剂，并研制出了水洗型和后乳化型荧光渗透液，这些产品的性能都达到国外同类产品的水平。

渗透检测技术的分类方法较多，根据渗透液的种类可分为着色法、荧光法和荧光着色法；根据表面多余渗透液的去除方法可分为水洗型、后乳化型和溶剂清洗型；根据渗透液的种类和去除方法可分为水洗型荧光渗透检测、亲油性后乳化型荧光渗透检测、溶剂去除型荧光渗透检测、亲水性后乳化型荧光渗透检测、水洗型着色渗透检测、后乳化型着色渗透检测、溶剂去除型着色渗透检测等；而根据显像方法分类可分为干式显像法、水基湿显像法、非水基湿显像法、特殊显像法以及自显像法等。

与其他无损检测方法相比，渗透检测的主要优点如下：

(1) 不受试件形状、大小、化学成分、组织结构的限制，也不受缺陷方位的限制；

(2) 检测设备及工艺过程简单，检测费用低；

(3) 对人员的要求不高；

(4) 缺陷显示直观；

(5) 检测灵敏度较高；

(6) 一次操作可同时检出所有的表面开口缺陷，检测效率较高。

渗透检测的局限性在于：

(1) 只能检测表面开口缺陷；

(2) 对多孔性材料的检测困难；

(3) 检测结果受检测人员的影响较大。

2. 渗透检测的基本原理

渗透检测的基本原理：渗透液在毛细现象的作用下进入表面开口的缺陷，在去除被检试件表面多余的渗透液后，残留于缺陷中的渗透液随后被显像剂吸附和显像，形成对比度更高、尺寸被放大的缺陷显示痕迹，从而使原缺陷更易于被观察到。渗透检测基本步骤如图 20.38 所示。

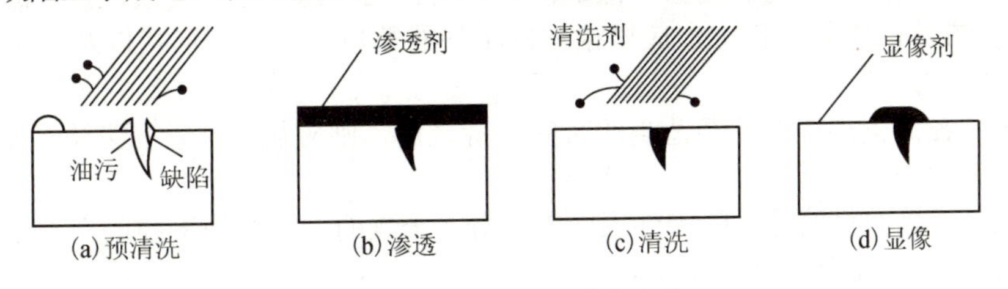

图 20.38 渗透检测基本步骤

渗透检测包含渗透、清洗、显像、观察等多个环节，检测效果受检测材料设备、检测工艺和环境条件等诸多因素的影响，涉及表面张力、润湿、毛细现象、表面活性、乳化作用等诸多理论。为更好地理解渗透检测的原理，在此简单介绍渗透检测所涉及的有关理论基础知识。

(1) 表面张力。液体的表面张力是发生在两个共存相之间的一种界面现象，是力图使液体表面向其内部收缩以减小液体表面积的力。

(2)润湿现象。润湿是常见的自然现象，液体和气体对固体都有润湿现象，但通常能观察到的只是液体对固体的润湿。

(3)毛细现象。如果把内径小于 1mm 的玻璃管(毛细管)插入盛有水的容器中，由于水能润湿玻璃，水在管内形成凹液面，对内部液体产生拉应力，故水会沿着管内壁自动上升，使玻璃管内的液面高出容器的液面。管子内径越小，里面上升的水面也越高。这种润湿的液体在毛细管中呈凹面并且上升，不润湿的液体在毛细管中呈凸面并且下降的现象，称为毛细现象。

(4)表面活性和表面活性剂。能使溶剂的表面张力降低的性质称为表面活性，具有表面活性的物质称为表面活性物质。表面活性剂的定义如下：当在溶剂(如水)中加入少量的某种溶质时，能明显地降低溶剂的表面张力，改变溶剂的表面状态，产生润湿、乳化、起泡及增溶等一系列作用。

(5)乳化作用和乳化剂。通过加入表面活性剂，使原本难以互溶的两种液体能互溶而混合在一起的现象称为乳化作用，起乳化作用的表面活性剂称为乳化剂。

(6)光学基础知识。主要包括可见光和紫外线、着色强度及荧光强度、发光强度、光通量、照度、对比度等。

3. 渗透检测技术

不同检测的具体步骤不尽相同，典型的渗透检测过程一般由预清洗、渗透、清洗、干燥、显像和观察六个基本步骤组成。其基本技术流程如图 20.39 所示。

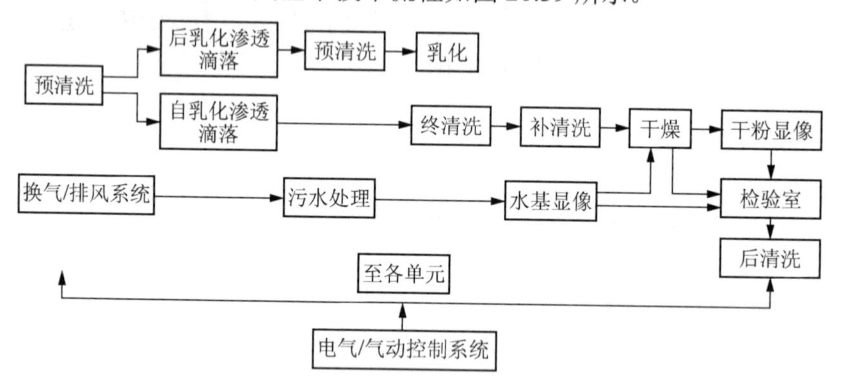

图 20.39　渗透探伤工艺流程总图

(1)预清洗。零件在使用渗透液之前必须进行预清洗，以去除被检试件表面的油脂、铁屑、铁锈以及各种涂料、氧化皮等，防止这些污物堵塞缺陷，以便使渗透液容易渗入缺陷中。

(2)渗透。渗透是将渗透液覆盖被检试件表面的工艺，具体方法有喷涂、刷涂、静电喷涂或浸涂等多种方法。实际工作中，应根据被检试件的数量、大小、形状以及渗透液的种类来选择具体的渗透方法。

(3)清洗。在涂覆渗透剂并经适当的时间保持之后，则应从零件表面去除多余的渗透剂，即清洗。

(4)干燥。干燥的目的是去除零件表面的水分。干燥的方法有用干净的布擦干、压缩空气吹干、热风吹干、热空气循环烘干等。

(5)显像。显像就是用显像剂将试件表面缺陷内的渗透剂吸附至试件表面，形成清晰可见的缺陷图像的工艺。

(6)观察。在着色检验时，显像后的零件可在自然光或白光下观察，不需要特别的观察装置。

渗透检测的操作步骤较多，其中每一个环节的工艺因素都可能影响检测灵敏度。此外，缺陷本身的特性也是影响渗透检测灵敏度的主要因素。例如，渗透剂的渗透能力越强，保留性能越好；在乳化性渗透检测中，乳化不足，冲洗不干净会降低灵敏度；此外，操作方法、工作环境、缺陷性质均会对检测结果产生相对应的影响。

4. 渗透检测设备

(1) 试块。试块是用于衡量渗透检测灵敏度的器材，是带有人工缺陷或自然缺陷的试件，也称灵敏试块。渗透检测灵敏度是指在工件或试块表面发现细微裂纹的能力。

(2) 便携式渗透检测装置。便携式渗透检测装置也称便携式压力喷罐装置，由渗透液喷罐、显像剂喷罐、灯、毛刷、金属刷等组成，对现场检测和大工件的局部检测非常有效，如图 20.40 所示。

(3) 固定式渗透检测装置。一般采用水洗型或后乳化型渗透检测方法。当工作场所流动性不大、工件数量较多、要求布置流水检测作业线时可采用此装置。其作用主要是将缺陷信息显示出来，如图 20.41 所示。

图 20.40　渗透液喷罐

图 20.41　渗透检测装置

(4) 黑光灯。也称水银石英灯，是荧光检测必备的照明装置，由高压汞蒸气弧光灯、紫外线滤光片(或称黑光滤光片)和镇流器组成。

(5) 黑光辐照度检测仪和照度计。荧光渗透检测时要用到黑光辐照度检测仪和照度计，黑光辐照度监测仪检测时有两种形式：直接测量法与间接测量法。照度计一般和黑光辐照度监测仪配合使用，主要用于测量黑光辐照度，此外也可以用来比较荧光液的亮度以及测量被检工件表面的可见光照度。

(6) 渗透检测整体装置。即根据被检工件的大小、数量和现场情况，将渗透检测的各个独立的装置按检测工艺合理地排列，组成一个整体。

5. 渗透检测应用

渗透检测可广泛应用于有色金属和黑色金属材料的铸件、锻件、焊接件、粉末冶金件以及陶瓷、塑料和玻璃制品等表面缺陷的检测。

目前，渗透检测的最新研究主要是灵敏度高，环境友好，价格低廉的新型渗透剂、清洗剂和显像剂的研制；多功能灵敏度试块(片)的研制；检测过程自动化；检测结果评定的智能化等方面发展。

20.3　其他产品检测与探伤方法

20.3.1　声发射检测技术

1. 声发射检测概述

材料或结构受外力或内应力作用变形或断裂，或内部缺陷状态发生变化时，以弹性波方式释放出应变能的现象称为声发射(Acoustic Emission,AE)。

声发射检测技术是一种评价材料或构件损伤的动态无损检测技术，它通过对声发射信号的处理和分析来评价缺陷的发生和发展规律，并确定缺陷的位置。具体来说，就是指物体在外界条件作用下，缺陷或物体异常部位因应力集中而产生变形或断裂，并以弹性波形式释放出应变能的一种现象。

声发射检测的优点有：

(1) 不受材料限制；

(2) 声发射检测是一种动态无损检测技术；

(3) 灵敏度高；

(4) 可检测活动裂纹；

(5) 可以实现在线监测。

声发射检测的局限性有：

(1) 结构必须承载才能进行检测；

(2) 检测受材料的影响很大；

(3) 测量受电噪声和机械噪声的影响很大；

(4) 定位精度不高；

(5) 对裂纹类型只能给出有限的信息；

(6) 测量结果的解释比较困难。

2. 声发射检测技术

(1) 发射信号特征。声发射信号是物体受到外部条件作用使其状态发生改变而释放出来的一种瞬时弹性波，其主要特征为：①信号上升时间很短；②频率范围很宽；③信号不可逆，具有不复现性；④信号产生因素由内、外因素综合影响；⑤信号具有模糊性。

(2) 声发射信号参数见表 20-6。

表 20-6　声发射信号参数

参数	含　义	特点与用途
波击(Hit)、波击计数	一通道上一声发射信号的探测与测量和所测得波击个数，可分为总计数、计数率	反映声发射活动的总量和频度，常用于声发射活动性评价
事件计数	由一个或几个波击鉴别所得声发射事件的个数，可分为总计数、计数率。一阵列中，一个或几个波击对应一个事件	反映声发射事件的总量和频度，用于源的活动性和定位集中度评价
振铃计数	越过门槛信号的振荡次数，可分为总计数和计数率	信号处理简便，适于两类信号，又能粗略反映信号强度和频度，因而广泛用于声发射活动性评价，但受门槛的影响很大
幅　度	事件信号波形的最大振幅值，通常用 dB 表示	与事件大小有直接关系，不受门槛的影响，直接决定事件的可测性，常用于波源的类型鉴别、强度及衰减的测量
持续时间	事件信号第一次越过门槛到最后门槛所经历的时间间隔，以μs 表示	与振铃计数十分相似，但常用于特殊波源类型和噪声的鉴别
上升时间	事件信号第一次越过门槛至最大振幅所经历的时间间隔，以μs 表示	因受传播的影响很大，其物理意义变得不明确，有时用于机电噪声鉴别

(3) 声发射信号处理。声发射信号的检测过程如图 20.42 所示。传感器用来接受声发射信号；前置放大器对传感器输出的非常微弱的信号(有时只有十几微伏)进行放大，以实现阻抗匹配；滤波器用来选择合适的频率窗口，以消除各种噪声的影响；主放大器对滤波后的声发射信号进一步放大，以便进行记录、分析和处理。

(4) 声发射检测程序。根据声发射检测的目的、对象、选定的外部加载方法及所用仪器的不同，声发射检测的程序也有很大差别。如压力容器升压过程的声发射检测的主要程序过程为：

①准备工作；②布置声发射换能器；③校准声发射仪器；④试验；⑤试验结果分析和报告。

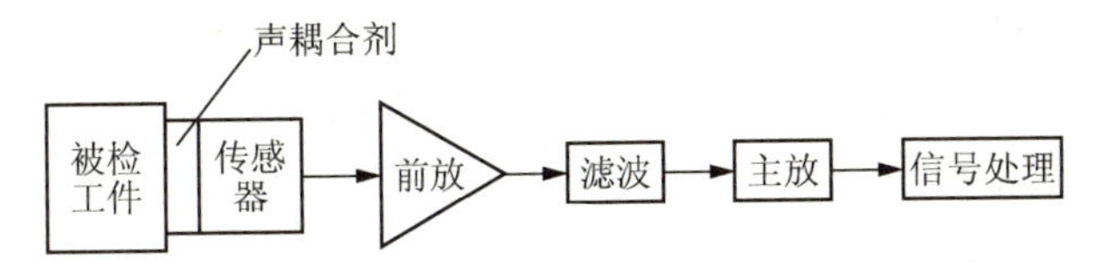

图 20.42　声发射信号处理流程

3. 声发射检测设备

1)模拟式声发射仪

仪器由信号接收(传感器)、信号处理(包括前置放大器、主放大器、滤波器以及各种处理方法相适应的仪器)和信号显示(各种参数显示装置)三部分组成。

2)数字式声发射仪

数字式声发射仪是一种全数字式声发射系统，由于它比模拟式声发射仪具有明显的优越性，近几年得到了迅速发展。其主要工作原理如图 20.43 所示。

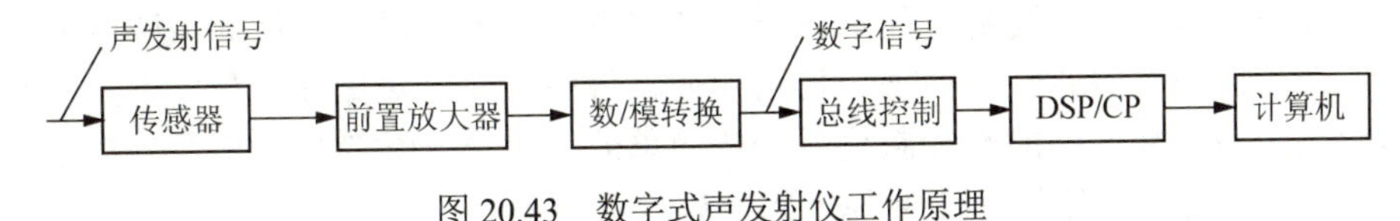

图 20.43　数字式声发射仪工作原理

4. 声发射检测应用

声发射检测技术的应用范围很广，主要有以下几个方面：①机械制造过程中的在线监控；②压力容器的安全性评价；③油田应力测量；④结构完整性评价；⑤复合材料特性研究；⑥泄露检测；⑦焊接构件疲劳损伤的检测。

另外，声发射检测的应用主要通过在压力容器的检测、焊接质量的检测、材料研究中的应用、评价构件的完整性和核反应堆检测中实现。图 20.44 所示为声发射技术在压力结构和金属容器中的应用。

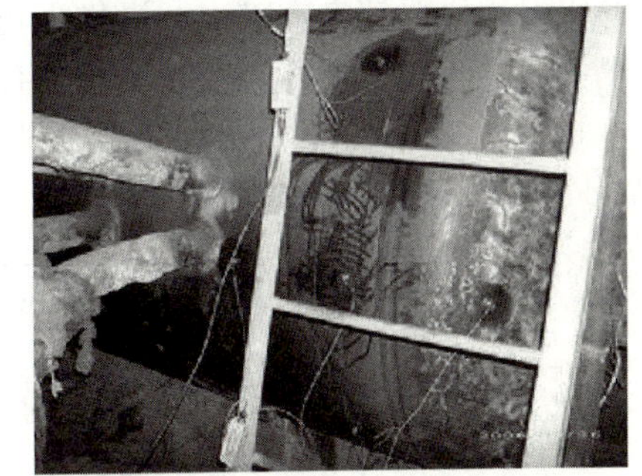

图 20.44　声发射检测技术的应用

20.3.2　红外检测技术

1. 红外检测概述

红外检测是利用红外辐射原理对设备或材料及其他物体的表面进行检验和测量的专门技术，也是采集物体表面温度信息的一种手段。

当一个物体本身具有不同于周围环境的温度时，不论物体的温度高于环境温度，还是低于环境温度，也不论物体的高温来自外部热量的注入，还是由于其在内部产生的热量，都会在该物体内部产生热量的流动。热流在物体内部扩散和传递的路径中，将会由于材料或设备的热物理性质不同，最终会在物体表面形成相应的“热区”和“冷区”，这种由里及表出现的温差现象，就是红外检测的原理。

红外检测方法相比于其他无损检测方法，拥有独特的优势，主要表现为：①非接触性；②安全性极强；③检测准确；④操作便捷。但是红外检测技术也有其局限性，主要表现在：①检测费用很高；②对表面缺陷敏感、对内部缺陷的检测有困难；③对低发射率材料和导热快的材料检测有一定困难；④确定温度困难。

2. 红外诊断技术

1)红外诊断技术原理

红外诊断技术是设备诊断技术的一种，它是利用红外技术来了解和掌握设备在使用过程中的状态，确定其整体和局部是正常或异常，早期发现故障及其原因，并能预测故障发展趋势的技术。

2)红外诊断技术的构成

构成红外诊断技术的要素有四个，如图 20.45 所示。①检出信息(特征参量红外辐射信息的检出)；②信号处理；③识别评价；④预测技术。

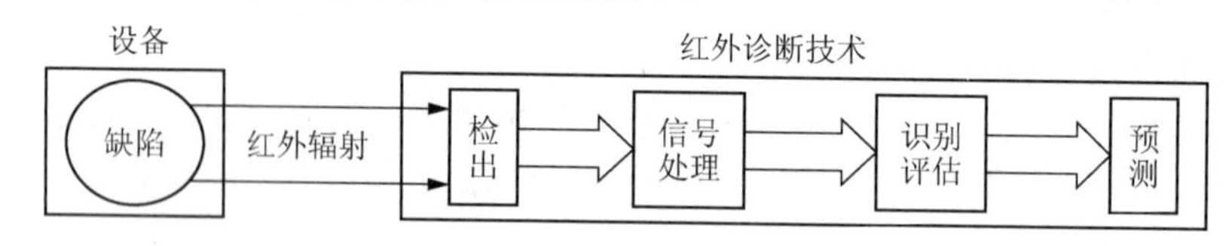

图 20.45　红外诊断技术的构成

3)红外简易诊断技术

所谓红外简易诊断的“简易”包括仪器、使用方法、人员素质和诊断故障性质等多方面的内容。①红外检测仪器要轻巧便携、使用简便、价格低廉；对操作人员的素质不会有太高要求；诊断方法易于掌握；能够诊断设备一些简单的故障等。②简易的也是基础的，所以红外简易诊断技术更是普遍应用于工业现场的红外诊断技术。

其诊断目的与要求主要包括四方面的内容：①设备热异常的早期检出；②设备热状态监测；③设备状态劣化倾向的定量管理；④找出要求进行精密红外诊断的设备。

4)红外精密诊断技术

红外精密诊断是相对于红外简易诊断而言的。“精密”的含义有以下几个方面的内容：①使用的仪器精密准确；②操作人员的素质要求高；③要求诊断人员掌握热故障失效机理、设备多方面知识和热力学知识；④有逐渐形成和完善的量化判定基准。

图 20.46 所示为红外简易诊断与红外精密诊断的关系。

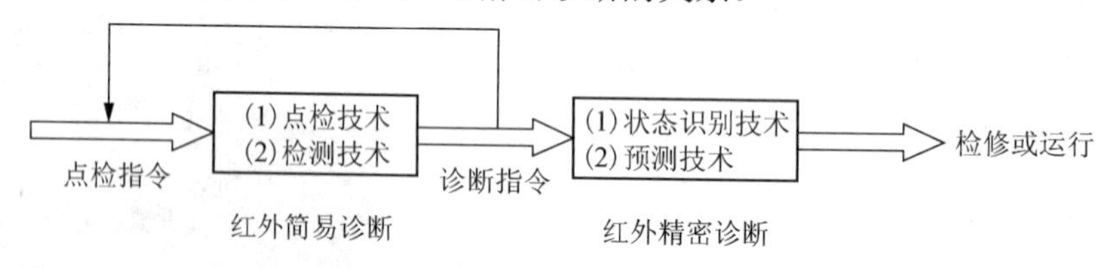

图 20.46　红外简易诊断与精密诊断的关系

5)影响红外诊断的因素

红外诊断的结果是否正确，最直接和关键的取决于对设备缺陷的特征参量——红外辐射检测的准确性和可靠性。通过上述可知，影响红外测温结果准确的因素主要有发射率的选择、距离系数的大小、太阳光的照射、尘埃的散射、风的冷却、临近辐射体的干扰、大气的吸收、设备符合不同的影响、仪器工作波段不同的影响等。所以，对设备能否进行准确无误的红外诊断，必须首先把红外检测这一基础工作做好。

3. 红外检测设备

实施红外检测首要的设备是红外检测仪器，在应用红外诊断技术于预知维修工作时，为了保证红外检测结果的可靠与准确，还配备黑体炉、面接触式便携温度计、风速风向仪、温度计和测距仪等，在一些特殊的场合，还需外加扫描装置或不同的加热设备配合。

常见的红外检测仪器分类如表 20-7 所示。

表 20-7　红外检测仪器分类

类别 性质	红外点温仪	红外热电视	红外扫描热像仪	焦平面热像仪
特点	(1) 测点温 (2) 使用便捷 (3) 价格低廉 (4) 效率较低	(1) 显示二维热像 (2) 价格低于热像仪	(1) 显示一维热像 (2) 热像质量较高	(1) 显示二维热像 (2) 结构轻巧 (3) 热像质量高 (4) 价格高
主要性能	(1) 距离系数 (2) 测温范围	(1) 无测温功能 (2) 有测温功能	(1) 测温范围 (2) 温度分辨率 (3) 空间分辨率 (4) 测温准确率	(1) 测温范围 (2) 温度分辨率 (3) 空间分辨率 (4) 测温准确度 (5) 功耗 (6) 使用方便度
形式	(1) 瞄准方式：光瞄准器、望远镜式、激光式 (2) 使用方式：便携式、固定式	(1) 平移式 (2) 斩波式 按使用方式可分：便携式、固定式	按制冷方式分：制冷剂外置、内循环制冷、热电制冷	按制冷方式分：内循环制冷、热电制冷
输出方式	(1) 输出信息：模拟量、数字量 (2) 记录方式：无存储、存储接打印机	(1) 图像显示：模拟量、数字量 (2) 记录：无存储和内存储	(1) 图像存储能力 (2) 图像处理能力	(1) 图像存储能力 (2) 图像处理能力

4. 红外检测应用

红外检测和诊断技术在石化工业生产当中有广泛的应用，并取得了显著的效果。例如，对受热设备的散热损失评估；保温效果及损坏程度和耐火、隔热层质量的评定；设备衬里损伤部位、程度、形状、面积的诊断，超温故障诊断和原因分析；设备内料位和液位的测定；工业炉管温度的测试等。图 20.47 所示为红外检测技术在应用中的红外成像效果。

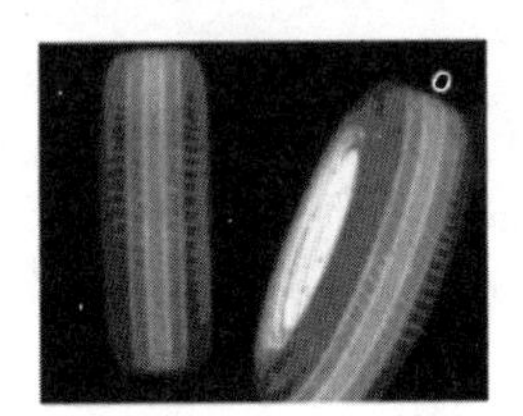

(a) 在汽车行业中对轮胎检测

(b) 在管路结垢或阻塞检测中

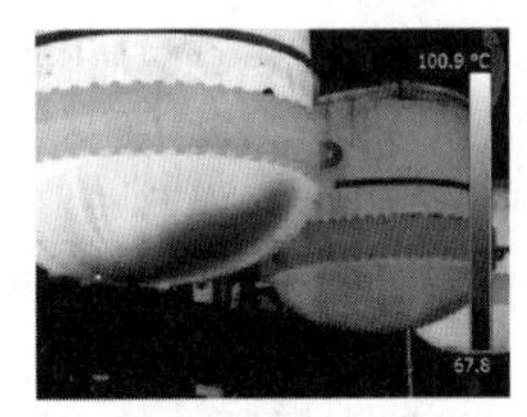

(c) 在特殊行业中

图 20.47　红外检测技术的应用

红外检测与诊断技术在我国电力系统的设备诊断和其他行业的电气设备诊断中的应用已取得显著实效，为提高我国电力系统的安全性和经济性发挥了独具特色的作用。另外，红外检测技术在冶金设备中也有广泛应用。

20.3.3　激光检测技术

1. 激光检测概述

激光检测是利用激光全息照相检验产品的表面和内部缺陷。通常的激光检测即指全息照相干涉测量技术与散斑干涉测量技术。散斑测量技术也就是众所周知的电子全息照相、电视全息照相或视频全息照相。

激光检测的优点主要有：①检验灵敏度很高；②检验效率高；③适应范围广；④可借助干涉条纹的数量和分布状态来确定缺陷的大小、部位和深度，便于对缺陷进行定量分析。此外，这种检验方法还有直观感强、非接触检验、检验结果便于保存等特点。

目前，激光全息检测的不足之处主要体现在：①对内部缺陷的检测灵敏度较低；②对工作环境要求很高。

2. 激光检测技术

激光全息无损检测是利用激光全息照相来检测物体表面和内部缺陷的。因为物体在外界载荷作用下会产生变形，这种变形与物体是否含有缺陷直接相关。通过外界加载的方法，激发物体表面的变形，再利用激光全息照相法，把物体表面的变形以明暗相间的条纹形式记录下来，通过观察、分析、比较全息图，从而判断物体表面或内部是否存在缺陷。其激光光路图如图 20.48 所示。

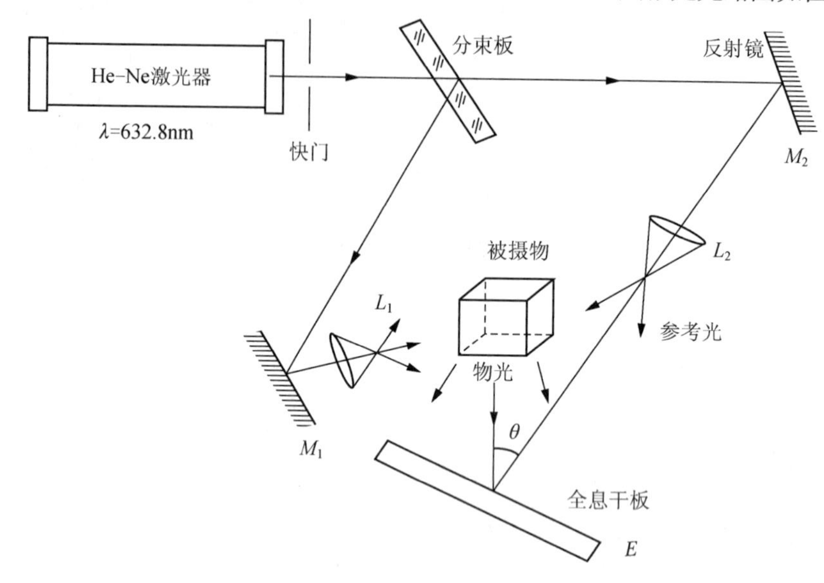

图 20.48　激光全息照相光路图

激光全息照相过程大致分为如下几个步骤：

(1) 光路布置。采用合适的扩束镜(可用显微物镜或透镜)充分而又均匀地照射物体表面，并使其正确地反射到全息板上(记录介质)，以便让全息干版接受到丰富的物光信息。

(2) 测量物光和参考光的光强。除了保证在记录介质上接收到足够的物体光强外，还必须选择合适的物光和参考光的光强比。

(3) 装夹干版。装夹干版时不要让药面受到污染(如指纹、灰粒或其他脏物)，装夹时药面对着物光传播方向。

(4) 曝光。干板装夹完毕后，需要静待 1～2min，让整个照相系统稳定以后，再打开快门曝光。

(5) 冲洗干板。干板从停显液中取出后，即可放到 F-5 定影液中进行定影。

(6) 再现观察。全息图干燥后，即可进行再现，观察记录效果。

激光全息照相用于产品的无损检测，采用的是全息干涉计量术，它是激光全息照相干涉计量技术的综合。这种技术的依据是物体内部的缺陷在外力作用下，使它所对应的物体表面产生与周围不相同的微差位移，然后，用激光全息照相的方法进行比较，从而检测物体内部的缺陷。

用激光全息照相来检测物体内部缺陷的实质是比较物体在不同受载情况下的表面光波，因此需要对物体施加载荷。一般使物体表面产生 0.2μm 的微差位移，就可以使物体内部的缺陷在干涉条纹图样中有所表现。但是，如果缺陷位置过深，在加载时，缺陷反映不到物体表面或反映非常微小，则无法采用激光全息检测。常用的加载方式有：①内部充气法；②表面真空法；③热加载法；④声振动法。

3. 激光检测设备

激光检测设备的基本组成有：①光源(激光器)；②曝光控制；③光束分离器；④光束扩

展器(空间滤波器)；⑤镜子；⑥全息照相底片与胶片夹持器；⑦透镜；⑧部件固定器；⑨支持全息系统的平台。其实验装置如图 20.49 所示。

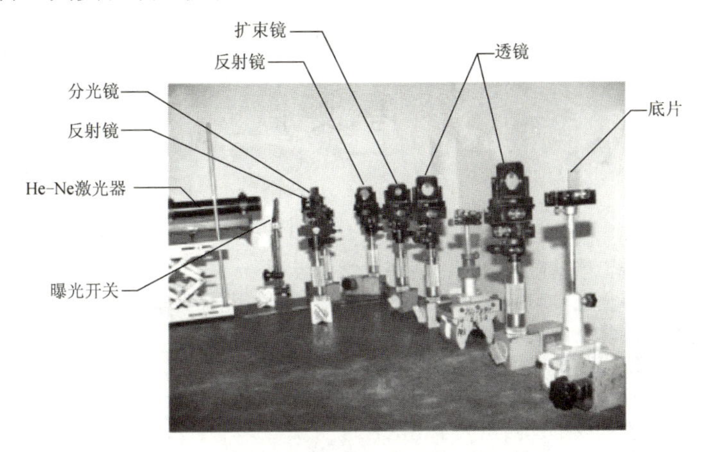

图 20.49　激光全息照相实验装置

(1) 激光器。常用于全息照相的激光器共有 6 种，其中氦-氖、氮和红宝石激光器是最为常用的；双频钕-钇铝石激光器已日渐广泛地用于脉冲全息照相，如图 20.50 所示。

(2) 防振工作台。全息照相部件必以足够的刚度加以固定，并使之与环境振动隔离，以便在记录和实时分析过程中维持它们的尺寸关系在几十纳米之内，如图 20.51 所示。

图 20.50　激光全息照相激光器

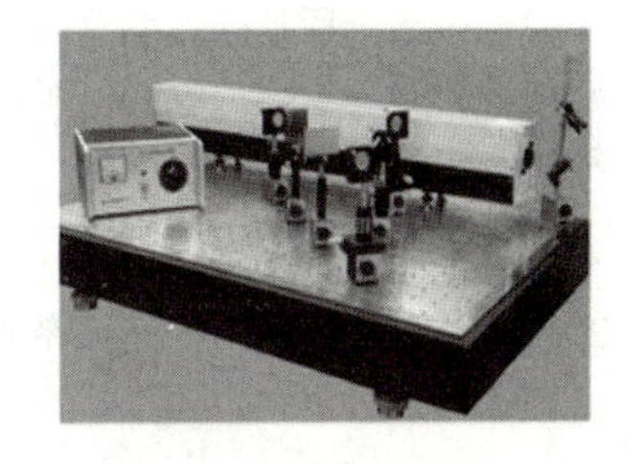

图 20.51　激光全息照相防振工作台

(3) 全息照相光学元件。很多全息照相系统用安装于激光器的机械的或电子的快门控制曝光。光束分离器通称分束镜，记录用的生产型全息照相系统的分束镜，用一片平板玻璃即已足够。光束扩展器通称为扩束镜。

(4) 反射镜。很多全息照相的反射镜是前表面涂层的。且因为反射镜是反射光而不是传输光，它们在全息照相系统中是特别敏感的光学元件，因此必须固定牢固，而且不应大于实际需要的尺寸。

(5) 透镜与光具座。透镜的功能是发散或会聚光束。光具座起到固定作用，在实践中，全息照相部件的定位要尽可能靠近支持结构。

4. 激光检测应用

作为超声、射线等常规无损检测方法的一种补充。目前，激光全息无损检测主要应用于航空、航天以及军事等领域，对一些常规方法难以检测的零部件进行了检测，如直升机旋翼后段、玻璃纤维胶结中锥雷达罩、碳纤维喇叭内壁纯金镀层、密封橡胶油垫、固体火箭发动机推进火药柱包覆层、运载火箭姿态发动机燃烧室、金属蜂窝结构、层合板、先进复合材料、航空轮胎等。此外，在石油化工、铁路、机械制造、电力电子等领域也获得了越来越广泛的应用，如管道和压力容器的腐蚀和裂纹检测、印刷电路板焊接缺陷的检测、机械构件的疲劳裂纹检测等。

参 考 文 献

冯文灏．2004．工业测量．武汉：武汉大学出版社．
傅水根．1998．机械制造工艺基础．北京：清华大学出版社．
郭永环，姜银方．2006．金工实习．北京：中国林业出版社；北京大学出版社．
胡特生．1993．电弧焊．北京：机械工业出版社．
李国华，吴淼．2009．现代无损检测与评价．北京：化学工业出版社．
刘贵民．2006．无损检测技术．北京：国防工业出版社．
刘胜青．2002．工程训练．成都：四川大学出版社．
孟昭山，赵锐．2009．激光扫描应用的关键技术问题综述．测绘与空间地理信息，6(32): 60-63．
上海数造机电科技有限公司．3DSS 三维扫描仪用户手册．2008．
宋天民．2012．无损检测新技术．北京：中国石化出版社．
王浩全．2011．超声成像检测方法的研究与实现．北京：国防工业出版社．
王湘江，程鸿．2014．金工实习．成都：电子科技大学出版社．
王秀峰，等．2001．快速原型制造技术．北京：中国轻工业出版社．
王志海，罗继相，吴飞．2007．工程实践与训练教程．武汉：武汉理工大学出版社．
魏华胜．2002．铸造工程基础．北京：机械工业出版社．
吴鹏，迟剑锋．2005．工程训练．北京：机械工业出版社．
张继祥，杨钢．2011．工程创新实践．北京：国防工业出版社．
张木青，于兆勤．2007．机械制造工程训练．广州：华南理工大学出版社．
张启福，孙现申．2011．三维激光扫描仪测量方法与前景展望．北京测绘，1: 39-42．
张远智．2002．基于工程应用的三维激光扫描系统．测绘通报．